国外电子与通信教材系列

数字逻辑电路分析与设计

（第二版）

Digital Logic Circuit Analysis and Design
Second Edition

Victor P. Nelson

[美]　Bill D. Carroll　　著

H. Troy Nagle

J. David Irwin

熊　兰　杨子康　周　静　申利平　李昌春　译

电子工業出版社

Publishing House of Electronics Industry

北京·BEIJING

内 容 简 介

本书以介绍数字设计的基础知识及丰富实例为主要特色，并在第一版的基础上进行了全面的修订与更新，更加突出了数字设计相关技术的应用。本书的内容包括：计算机与数字系统，数制系统与数字编码，逻辑电路与布尔代数，组合逻辑电路分析与设计，时序逻辑电路简介，同步时序逻辑电路分析与设计，异步时序逻辑电路分析与设计，可编程数字逻辑器件，数字系统设计。

本书可作为电气工程、电子工程、通信工程和计算机工程或计算机科学等相关专业的教材，也可作为电子设计工程师的参考书。

Authorized translation from the English language edition, entitled Digital Logic Circuit Analysis and Design, Second Edition, by Victor P. Nelson, Bill D. Carroll, H. Troy Nagle, and J. David Irwin, published by Pearson Education, Inc., Copyright © 2021 by Pearson Education, Inc.

CHINESE SIMPLIFIED language edition published by PUBLISHING HOUSE OF ELECTRONICS INDUSTRY CO., LTD., Copyright © 2023.

图书在版编目(CIP)数据

数字逻辑电路分析与设计：第二版/(美)维克多·P. 纳尔逊(Victor P. Nelson)等著；熊兰等译. —北京：
电子工业出版社，2023.6
（国外电子与通信教材系列）
书名原文：Digital Logic Circuit Analysis and Design, Second Edition
ISBN 978-7-121-45779-1

Ⅰ. ①数⋯　Ⅱ. ①维⋯　②熊⋯　Ⅲ. ①数字电路－逻辑电路－电路分析②数字电路－逻辑电路－电路设计　Ⅳ. ①TN79

中国国家版本馆 CIP 数据核字(2023)第 107172 号

责任编辑：冯小贝
印　　刷：三河市鑫金马印装有限公司
装　　订：三河市鑫金马印装有限公司
出版发行：电子工业出版社
　　　　　北京市海淀区万寿路 173 信箱　　邮编：100036
开　　本：787×1092　1/16　印张：36.25　字数：1072 千字
版　　次：2023 年 6 月第 1 版(原著第 2 版)
印　　次：2023 年 6 月第 1 次印刷
定　　价：149.00 元

凡所购买电子工业出版社图书有缺损问题，请向购买书店调换。若书店售缺，请与本社发行部联系，联系及邮购电话：(010)88254888，88258888。

质量投诉请发邮件至 zlts@phei.com.cn，盗版侵权举报请发邮件至 dbqq@phei.com.cn。

本书咨询联系方式：fengxiaobei@phei.com.cn。

译 者 序

数字电路与系统在我们的日常生活中很常见且日益重要，已经广泛地应用于因特网、物联网、人工智能、无线通信、计算机、自动控制、数字诊断与医疗等领域。"数字电子技术/数字逻辑"是电气工程、计算机科学与技术、电子工程、信息工程等专业的一门非常重要的专业基础课程。

我们翻译此书的目的是为上述专业的本科生推荐一本优秀的教材，这是一本系统介绍数字电路与系统设计的理论和技术实践相结合的巨著。本书的作者之一 Victor P. Nelson 获得了美国俄亥俄州立大学电气工程博士学位，现为 Auburn 大学电气与计算机工程教授，并且是 IEEE 计算机协会和 IEEE 教育协会的终身高级会员。Nelson 教授出版过多部数字电路设计方面的教材，并且被评聘为多家公司的微处理器应用和容错系统的顾问。

本书的第一版出版于 1995 年，已经被多所著名大学选作教材。第二版于 2021 年出版，主要内容包括：计算机与数字系统，数制系统与数字编码，逻辑电路与布尔代数，组合逻辑电路分析与设计，时序逻辑电路简介，同步时序逻辑电路分析与设计，异步时序逻辑电路分析与设计，可编程数字逻辑器件，数字系统设计。本书文字精练、内容系统完整、理论叙述严谨，逻辑性和可读性非常强。书中提供了超过 600 幅的插图，使知识的展示更加直观、生动；并且给出了超过 250 个的工程实例和附加的程序源文件，着重提高学生使用系统方法来解决问题及掌握数字电路设计方法的能力。此外，本书对基本概念和理论的讲解具有一定的广度与深度，增加了非常实用的设计方法；内容与时俱进，与电子器件和数字电路的生产及发展趋势紧密相关，更加突出了数字系统设计相关技术的应用。

本教材还具有如下几个特点。

1. 章节内容和习题的层次分明，难易程度由浅至深，可供不同学时或者教学要求的课程选用。例如，可同时满足数字电子技术课程 56 学时和后续 2 周的数字电子技术课程设计的需要。首先，理论基础部分的介绍言简意赅，归纳总结的电路分析与设计步骤易于理解和掌握。然后，通过丰富的实例，针对典型的工程电路来阐述理论和方法的应用。最后，详细讲解了 CPLD/FPGA 可编程逻辑器件的工作原理和行业标准，以及数字系统的多种设计方案的实施，例如模块化分层设计等内容，有助于学生获得坚实的、系统的问题解决能力，为电子信息领域的未来发展做好准备。

2. 每章最后提供"总结和复习"和"小组协作练习"这两个专题，其中的练习从易到难，包括简单的题目到具有挑战性的练习，直至问题求解的技能训练。教师既可以将其用于课堂练习，也可以开展小组合作学习的 PBL 或者案例教学方式。学生可以从归纳的角度，以决策者身份来分析和解决问题，这样在学习过程中会更加积极主动地思考和探究，从而达到良好的教学效果。

3. 第 2 章介绍了硬件描述语言 Verilog 和 VHDL，使用这两种语言建模数字电路的设计实例贯穿于整本书，其中包括组合逻辑电路和时序逻辑电路的设计实现，也包括第 7 章和第 8 章的综合性设计实例。有关 HDL 建模方法的介绍强调其通用性，有助于学生应用该方法进行各种电路的建模、仿真及开发可编程逻辑器件。

4．本书作者充分总结了其丰富的教学及工作经验，书中的内容和实例与工程应用密切相关。本书首先回顾了计算机发展史，讲述了实现数字系统的各种方法与其适合的应用场景，以及数字系统在计算机、控制器和物联网等领域的广泛应用。本书在前面的章节讲解了数制系统、逻辑电路和布尔代数等基本概念，介绍了 ASM 图、分层设计法等；然后根据这些知识与方法，在后续章节对综合性设计实例进行分析，如二进制乘法器/除法器、自动投币售货机、UART、交通灯控制器和电梯控制器等。本书通过应用多种方法进行电路设计，完成了对前述知识的回顾和综合性应用，实现了首尾呼应、举一反三，有助于提高学生的数字系统设计能力。同时，本书讲解的知识可以很好地与后续如单片机与嵌入式系统等课程进行衔接，便于学生进一步使用和/或设计专用集成电路(ASIC)、计算机、嵌入式系统及其他数字系统。

综上所述，本书可作为高等学校电气类、电子信息类、计算机类本科专业的数字电子技术或者数字逻辑等课程的教材。

本书由熊兰教授负责翻译工作，第 0 章、第 3 章由周静翻译，第 1 章由申利平翻译，第 2 章由李昌春翻译，第 4～6 章由熊兰翻译，第 7～8 章和附录由杨子康翻译。全书由熊兰审校统稿。

数字电路与系统的新型器件不断涌现，其分析与设计技术的更新非常快，工程应用领域也十分广阔。由于译者知识所限，难免存在疏漏和错误，敬请读者批评指正。

前　言①

本书的写作目标

本书的第一版(于 1995 年出版)由 Nelson、Carroll、Nagle 和 Irwin 共同编著,并且被美国多所大学的相关专业长期使用。本书介绍了组合逻辑电路和时序逻辑电路的分析与综合的基础知识,第二版对这些内容进行了大量的修订,并且拓宽和强化了数字设计部分,从而更好地适应当今学生学习的需求。

本书的第一版以介绍数字设计的广泛基础知识及提供丰富实例为主要特色。在此基础上,第二版显著扩展了数字设计的相关知识并更加有效地帮助学生学习。本书的作者均在课堂上使用此教材多年,非常清楚那些对于学生而言十分困惑或者难以掌握的概念和内容。本书强化的内容包括大量生动的实例,有助于提高学生对重要概念的理解。书中的实例包括数制转换、布尔代数表达式的变换、组合逻辑电路和时序逻辑电路的化简、数字电路分析与设计的步骤及其逐步应用。

本书的另一个特点是同时引入了两种硬件描述语言(HDL)进行数字电路的建模,即Verilog 和 VHDL。对于每一个实例,读者均可以选择使用 Verilog 或者 VHDL 编写的程序。这些程序模块能够用于仿真教材中描述的功能,或者读者也可自行综合多个电路模块。

本书的读者对象

我们推荐本书作为数字逻辑设计的入门教材,适用于电气工程与计算机工程专业的相关课程,或者可供计算机科学专业的大一、大二学生使用,便于学生使用和/或设计专用集成电路(ASIC)、计算机、嵌入式系统及其他数字系统。目前,市面上有太多类似的书籍,这使得教师难以在具有权威性的、应用先进技术的书籍及有利于学生学习和掌握基本概念的教材中做出选择。本书同时具备了较强的理论性和实践性,但是不会因过高的技术性或者数学语言描述而导致学生学习困难,书中展示了大量的新知识,例如使用 Verilog 和 VHDL 进行建模,采用可编程逻辑器件进行设计,以及实现计算机辅助设计。此外,大量的注释、实例和习题能够帮助学生学会如何将理论付诸于工程实践。

学习本书无须具备电子电路或者计算机系统的基础知识,因此本书适用于数字系统的第一门专业课。但是,书中涵盖了丰富的、先进的技术资料,以及具备足够的理论深度,同样也满足高年级学生的需求。本书可供教师根据专业课的需求来弹性选择有用的主题内容,也适合自学数字设计知识的读者,或者作为应用工程师的参考书。

---

① 中文翻译版的一些字体、正斜体、图示、参考文献沿用了英文原版的写作风络。

本书的主要特色

本书是三所大学的四位教师合作编著的成果，并且得到了著名出版社指定专家的审稿。在本书正式出版前，已经在两所高校进行了试用，并且收集到一些学生和教师的反馈信息。此外，本书第一版的特色就是内容清晰和严谨，已经得到审阅专家和读者的赞誉，第二版将继续保持和加强这些特色，具体如下：

- 基本概念和理论的讲解具有一定的广度与深度，同时增加了非常实用的设计方法。
- 基础知识的讲述与解释形象、生动，实用性强。
- 在介绍理论之后即举例加以说明。
- 通过丰富的实例，展示复杂电路的模块化分层设计过程。
- 超过 250 个的工程实例，着重提高学生使用系统方法来解决问题及掌握数字电路设计方法的能力。
- 超过 600 幅的插图，使知识的展示更加直观、生动。
- 在每章末尾提供大量习题，难易程度不同，便于读者选择。
- 补充了模块化分层设计和标准的数字电路模块的相关内容。
- 通过单独一章来介绍数字电路的综合性设计过程。
- 补充了异步时序逻辑电路、HDL 程序设计和可编程逻辑器件(PLD)的相关内容。
- 在为教师提供的习题解答手册中给出了大部分习题的详细解答。

本书第二版在第一版的基础上，补充了最新的数字电子技术和工程设计应用，具备如下新的特点：

- 在附录中增加了 Verilog 和 VHDL 这两种硬件描述语言的入门知识。
- 在可编程逻辑器件部分强化了 FPGA 器件的内容。
- 在第 0 章至第 8 章的章末增加了多个小组协作练习。
- 第 1 章至第 8 章给出了新的实例，更新了相关的习题。
- 在每章开头列出了学习目标。
- 在第 0 章至第 8 章的章末给出了总结和复习。
- 第 3 章至第 7 章的综合性设计实例包含了多种硬件电路的实际约束问题。
- 整本书均通过扩展性的实例来阐述基本概念和高级知识。
- 补充了固定逻辑器件和可编程逻辑器件的设计流程。
- 保持概念与器件的技术独立性。
- 内容精挑细选，紧扣主题，避免冗余。

第二版的新增内容

硬件描述语言

现代数字电路设计工程的复杂性要求采用计算机辅助设计方法和工具，包括采用硬件描述语言(如 Verilog 和 VHDL)来辅助数字电路的建模、仿真与综合。因此,本书在第 2 章就介绍了 Verilog 和 VHDL,并且把使用二者建模数字电路的设计实例贯穿整本书,其中也包括第 7 章和第 8 章的综合性设计实例。

对 HDL 建模方法的介绍强调其通用性,而不是将其认定为某些软件供应商的专业工具。这样,有助于学生应用该方法进行各种电路的建模、仿真及开发可编程逻辑器件。另外,学生和教师还可以下载其他的仿真工具(通常可免费试用或费用很低)。

可编程逻辑器件

随着可编程逻辑器件(PLD)的不断升级、复杂数字系统的不断完善,本书第 7 章专门介绍这种先进技术,以纯技术探讨的形式介绍那些易获得的器件、开发工具及器件开发商的系列产品。同时,本书阐述了 FPGA 器件的构成,以及使用其实现组合逻辑电路和时序逻辑电路的方法。通过设计实例简述了使用 Verilog 和 VHDL 模块,然后由 FPGA 器件实现复杂的数字电路功能。然后,又以类似的方式介绍了 PLD 技术、系统架构和器件结构及设计实例。第 7 章列举了几个使用 HDL 模型,然后由 FPGA 和 PLD 实现数字系统功能的综合性设计实例。

本书的内容概要

本书首先介绍基本概念与原理,以便学生打下坚实的理论基础。然后,将原理应用于分析和设计简单的电路,进而优化电路的设计。最后,讨论相关实例的设计流程和方法,包括模块化设计方法,以及采用 HDL 和 PLD 建模的流程。每章都通过大量的实例来阐述,增强学生对概念的理解。

背景介绍

由于对读者没有前期学习基础的特定要求,本书前两章介绍了一些背景资料,有助于理解数字电路的设计。

第 0 章介绍了数字电路和计算机,其中包括电子技术和摩尔定律、表示和实现数字系统的方法、数字系统的设计方法,以及计算机和其他数字系统的通用电路结构。

第 1 章介绍了数制系统,以及二进制数如何表示计算机和其他电路中的数字与信息。同时,该章介绍了二进制数的布尔代数规则,由此可实现计算机电路的多种运算功能。

组合逻辑电路

组合逻辑电路分析与设计是本书第二部分的内容。第 2 章介绍了基本的逻辑电路、布尔代数基础知识、逻辑表达式的化简。第 3 章讲述逻辑电路的设计与模块化设计。

第 2 章首先介绍基本的逻辑门与功能,组合逻辑电路和时序逻辑电路的构成,以及数字 HDL。然后,讲解布尔代数规则,由此展开讨论逻辑电路的设计方法。接着,介绍表示逻辑函数的方法,如真值表、逻辑表达式、电路图和 HDL 模型。该章还总结了采用卡诺图和 Quine-McClusky(Q-M)法化简逻辑表达式的规则与算法。

第 3 章讲述了如何使用基本概念来分析和设计由基本门电路构成的数字电路,并且描述了如何采用分层法和模块法,将标准逻辑电路(如编码器、数据选择器和运算电路等)构成数字电路。同时,上述实例多采用 Verilog 和 VHDL 模型来仿真。

时序逻辑电路

这部分讲述包含存储器的时序逻辑电路。第 4 章介绍了构成时序逻辑电路的存储单元，以及大量由存储单元构成的标准电路模块的设计与工作原理。第 5 章讲述了同步时序逻辑电路分析与设计的基础知识，包括优化电路的方法。其中，大多数实例均采用 Verilog 和 VHDL 模块来仿真。

第 4 章首先介绍时序逻辑电路，包括存储单元在这些电路中的作用。同时，分析了两种基本存储单元——锁存器和触发器的设计与工作原理。接着，介绍了一些标准数字逻辑电路如寄存器、移位寄存器和计数器的设计与工作原理。该章对每一种存储单元的设计与工作原理均有阐述，并且总结了一些典型电路的特点和使用方法。

第 5 章阐述了同步时序逻辑电路分析与设计的基础和技巧，如时序图、状态表、触发器驱动变量表等。该章介绍了使用电路优化方法来减少冗余状态，从而减少电路设计需要的存储单元的数量；最后，对几个同步时序逻辑系统的设计实例进行总结。

第 6 章分析了脉冲型和基本型的异步时序逻辑电路，介绍了每一种电路的分析和综合方法，例如对基本型电路的竞争冒险的识别及预防措施。

可编程逻辑器件

第 7 章介绍了可编程逻辑器件(PLD)技术，用于实现复杂的数字系统。该章简述了 FPGA 器件的组成，包括通过 Verilog 和 VHDL 模型来实现复杂数字电路的设计实例，阐述其用于设计组合逻辑电路和时序逻辑电路的方法。同样，该章也介绍了 PLD 的技术、系统架构和器件结构及设计实例，通过几个实例展示了使用 HDL 模块并由 FPGA 和 PLD 实现数字系统功能的流程。

数字设计实例学习

第 8 章介绍了由 Auburn 大学和 Texas 大学 Arlington 分校的学生完成的 4 个综合性的数字系统设计实例：微型 RISC 4(TRISC4)处理器；用于在一条单车道上实现双向行驶的交通灯控制器；用于串行通信的通用异步收发器(UART)；两层或三层电梯控制器。

附录——HDL 的学习指导

为了支持本书的 HDL 建模实例与练习，附录 A 给出了使用 Verilog 进行数字系统建模的学习指导，附录 B 给出了使用 VHDL 进行数字系统建模的学习指导。

建议的课程教学目录

本书可用于开设一季度或者一学期的课程，也可用于开设两季度的课程。建议一门开设 15 周的课程按照本书的目录进行讲解，并且精简第 2 章和第 5 章的部分内容，补充第 7 章的 PLD 知识，有助于学生深入理解采用 Verilog 或 VHDL 进行数字系统建模和仿真的方法。

建议开设 10 周的课程按照下面的内容开展教学：

第 0 章：绪论。
第 1 章：二进制数和逻辑代数。
第 2 章：逻辑电路、布尔代数、开关函数和一种化简方法(通常使用卡诺图)。

第 3 章：组合逻辑电路分析与设计，采用标准电路模块的分层法进行设计。

第 4 章：触发器和锁存器、简单顺序移位寄存器和计数器电路模块的设计与工作原理。

第 5 章：同步时序逻辑电路的分析与综合。

如果开设了以上课程之后第二阶段的 10 周课程，则应该开展更高级的系统设计课程，即采用 Verilog 或 VHDL 进行数字系统建模和仿真；然后，分别采用 FPGA 或者 CPLD 及异步时序逻辑电路等来实现数字系统。

教师资源[①]

本书为教师提供了相关的教师资源，包含大部分章节习题的解答、PPT 形式的教学资料及本书中出现的所有 Verilog 和 VHDL 实例的程序源文件，这些程序可以仿真和/或综合可编程逻辑器件，以此帮助教师开展数字系统相关课程的备课和授课活动。

致谢

非常感谢本书的两位合著者 H. Troy Nagle 教授和 J. David Irwin 教授，他们为本书第一版撰写的内容同时纳入了第二版。

作者同时感谢 Auburn 大学和 Texas 大学 Arlington 分校的学生，他们试用了本书出版前的手稿。还要感谢使用试用教材开展教学的同事和研究生助教，他们是 David Levine 教授、Gergely Zaruba 博士、Shawn Gieser 博士、Sona Hasani、Xavia Kirk、Peter Sassaman、Kevin Marnell、Rushi Dixit、Walter Oduk、Daniel Geiger 博士、Adit Singh 教授、Vishwani Agrawal 教授、Spencer Millican 教授、Jason Clark 教授和 Soo-Young Lee 教授等。

同时，感谢本书的编辑 Andrew Gilfillan、Julie Bai、Norrin Dias、Holly Stark 和 Carole Snyder，他们对本书的前期准备、撰写和设计提出了很多有益的建议并做了大量的工作。

另外，本书的多位审阅专家提出了非常有价值的意见和建议。

最后，作者向各自的家庭成员 Margaret、Stephanie 和 Whitney 表达感激之情，感谢她们的支持和理解。

Victor P. Nelson

Bill D. Carroll

---

① 教师资源申请方式请参见后页的教辅申请表。

Pearson

尊敬的老师:

您好!

为了确保您及时有效地申请培生整体教学资源,请您务必完整填写如下表格,加盖学院的公章后传真给我们,我们将会在 2~3 个工作日内为您处理。

请填写所需教辅的开课信息:

采用教材			□中文版 □英文版 □双语版
作　者		出版社	
版　次		**ISBN**	
课程时间	始于　年 月 日	学生人数	
	止于　年 月 日	学生年级	□专　科　　□本科 **1/2** 年级 □研究生　　□本科 **3/4** 年级

请填写您的个人信息:

学　校			
院系/专业			
姓　名		职　称	□助教 □讲师 □副教授 □教授
通信地址/邮编			
手　机		电　话	
传　真			
official email(必填) **(eg:XXX@ruc.edu.cn)**		**email** **(eg:XXX@163.com)**	
是否愿意接收我们定期的新书讯息通知:　　□是　　□否			

系 / 院主任:＿＿＿＿＿＿(签字)

(系 / 院办公室章)

＿＿年＿＿月＿＿日

资源介绍:

--教材、常规教辅(PPT、教师手册、题库等)资源。

(免费)

--MyLabs/Mastering 系列在线平台:适合老师和学生共同使用;访问需要 Access Code。

(付费)

100013　北京市东城区北三环东路 36 号环球贸易中心 D 座 1208 室

电话:(8610)57355003　　传真:(8610)58257961

Please send this form to:

目　　录

第0章　计算机与数字系统

学习目标

学生通过本章知识点的学习，能获得必要的知识和技能，并掌握以下概念：

1. 计算机和数字系统的发展史简介。
2. 数字系统和模拟系统的优缺点。
3. 设计层次、抽象级和复杂性隐藏。
4. 摩尔定律及其对数字系统设计人员的意义。
5. CMOS 和 TTL 电路的基本特点。
6. 表示数字系统的方法。
7. 实现数字系统的方法。
8. 数字系统设计方法的演变。
9. 数字系统的一般应用领域。
10. 数字计算机的基本结构。

自 20 世纪 80 年代以来，低成本、易于使用的计算机问世（如 IBM 的个人计算机和 Apple II），计算机在社会生活方方面面的应用不断扩展。其后，因特网（Internet）使世界各地的计算机互连成为可能，进一步刺激了计算机在更广泛领域的使用，包括云计算等。微电子产品的小型化及成本的进一步降低，使移动设备数量激增，物联网（IoT）和片上并行处理逐渐兴起。在未来几年，计算机硬件持续发展，结合人工智能和软件，将扩展出更加复杂的应用领域。

现代通用和专用计算机都由两个部分组成，一部分称为硬件，包括电子、机械和/或光学元件；另一部分称为软件，由程序和数据组成。本书主要介绍计算机硬件，尤其是计算机硬件的基础，包括逻辑电路的分析与设计。

0.1　计算机发展简史

计算机是能够根据规定的指令序列（或程序），使用某种机械和/或电气过程来解决问题或处理信息的设备。自几千年前人类开始处理问题以来，一直在寻求解决问题的简化方法，其中主要的焦点之一是算术运算的自动化。计算机技术的出现为执行简单的算术运算提供了一种廉价的方法。随着技术的成熟，计算机技术的应用迅速扩展到解决复杂的数字问题，比如存储、检索和传输信息，控制机器人、家电、汽车、游戏及不同的生产过程和机器等。最令人惊叹的是，这场计算机革命发生在仅仅过去的 70 多年中。以下是这一发展史的简要概述。

0.1.1　起点：机械式计算机

算盘可称为第一台计算机，它在亚洲已经使用了 3000 多年，一直沿用至今。直到 17 世纪，John Napier 使用对数作为基础进行乘法运算，他的工作使计算尺得以发明。然后到了 1642 年，Blaise Pascal 制作了含齿轮的加法器，类似于 21 世纪的里程表。

1820 年，Charles Babbage 制造了第一台使用现代计算机原理的设备。该设备(即差分机)使用有限差分方法计算多项式(参见文献[1])。他还构思了一种机械设备，类似于带有存储和算术单元的现代计算机。但是，制造该机械齿轮所需的精度远远超出了当时工匠的能力和技术水平。

0.1.2 早期电子计算机

数字计算机取得的第一个真正进步出现在 20 世纪 30 年代末，哈佛大学的 Howard Aiken 和 Bell 实验室的 George Slibitz 开发了使用中继网络的自动计算器。其中，继电器是电磁控制的开关。在第二次世界大战期间，各种中继机相继出现，主要用于炮弹弹道的计算。尽管这些中继机的速度相对较慢且体积较大，但的确展示了电子计算机的通用性。在 20 世纪 40 年代早期，宾夕法尼亚大学的 John Mauchly 和 J. Presper Eckert, Jr. 设计并制造了真空管计算机，并命名为电子数值积分器和计算器(electronic numerical integrator and calculator, ENIAC)。它于 1945 年建成，安装在马里兰州阿伯丁实验场。ENIAC 使用了 18 000 个电子管，其工作需要大量的电能，故障率很高，且由于使用了插件板而很难编程。

在接下来的二十年中，4 个至关重要的发明推动了数字计算机的飞速发展。其一，John von Neumann 提出让程序保存在计算机的内存中，且该程序可以随意修改，解决了 ENIAC 的编程难题。其二，1947 年 John Bardeen、Walter H. Brattain 和 William Shockley 发明了晶体管，由于晶体管取代电子真空管，大大降低了计算机的尺寸和功率要求。其三，J. W. Forrester 及其麻省理工学院的同事一起开发了磁芯存储器，使得大容量存储成为可能。其四，1956 年，Jack Kilby 和 Robert Noyce 分别发明了集成电路(IC)。

0.1.3 前四代计算机

出现在 20 世纪 40 年代末至 50 年代的 ENIAC 和其他真空管计算机被称为第一代数字计算机。晶体管在 20 世纪 50 年代后期问世，推动了第二代计算机的发展；第二代计算机尺寸更小，速度更快，具有比其前代更多的功能。在 20 世纪 60 年代后期和整个 70 年代，出现了第三代计算机，其特点是使用了由多个晶体管电路组成的小规模 IC，这又大大减小了计算机的尺寸。封装与存储技术的改进也为第三代计算机的发展做出了贡献。

20 世纪 60 年代后期出现了微型计算机。除了通常被称为大型机的大型复杂机器，许多制造商还提供较小的、功能有限的通用计算机。小型计算机，其名称源于它们的大小和成本，在许多不同领域得到了广泛应用，在计算机的普及中发挥了重要作用。小型计算机在科学界和工程界的广泛使用促进了计算机的应用推广。计算机逐步进入工业领域和大学研究实验室。基于计算机的过程控制在工业领域中普遍出现。

第四代计算机出现在 20 世纪 70 年代末、80 年代初，当时出现了基于大规模集成(LSI)电路和极大规模集成(VLSI)电路的计算机。VLSI 使制造体积小但功能强大的计算机(称为个人计算机或工作站)成为可能。这种计算机的核心组件是微处理器，它是由单个 VLSI 实现的中央处理器单元。在此期间，Intel 公司和 Motorola 公司引领了微处理器技术的发展。图 0.1(a)展示了 30 年中 IBM 与 IBM 兼容机使用的 Intel 微处理器的演变历程。

诸如基于 Intel 微处理器的 IBM 个人计算机和基于 Motorola 微处理器的 Apple II 之类的个人计算机的出现，对计算机应用范围的拓展影响最大。在个人计算机普及之前，可以肯定地说大多数计算机仅由计算机专家使用，而现在，专家和普通人都在使用计算机。计算机网络在第四代中也变得司空见惯。网络增加了对计算机的使用，并催生了新的应用，例如电子邮件、电子商务、智能电话、社交网络等。

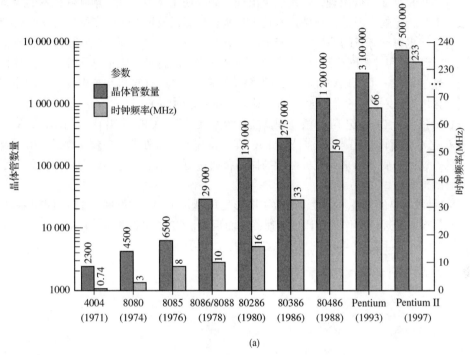

(a)

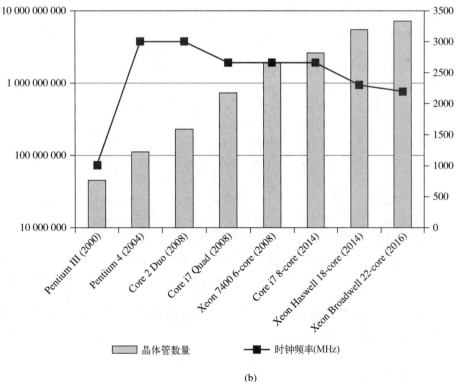

(b)

图 0.1 Intel 微处理器的演变历程。(a) 20 世纪的计算机；(b) 21 世纪的计算机

0.1.4　第五代及未来的计算机

第五代计算机什么时候出现，还是已经出现？如果使用是否出现了新硬件技术的经典评估方法，那么答案是否定的。但是，硬件技术是否是衡量计算机发展的唯一指标？答案是否定的。显然，软件的进步也对计算机的使用方式产生深远影响。新的用户界面(例如语音激活)或新的计算范式(例如并行处理和神经网络)也可能成为下一代计算机的特征。无论是哪种情况，并行处理、人工智能、光学处理、可视化编程和千兆网络都可能在未来的计算机系统中发挥关键作用。也许在第五代计算机出现之前，我们已经不知不觉地使用一段时间了。

图 0.1(b)展示了 21 世纪 Intel 微处理器的持续发展历程，CPU 芯片中的晶体管数量已经接近惊人的 100 亿个。有两个趋势是显而易见的，即支持片上并行处理的多核计算机的出现及时钟速度趋于平稳。这就表明，未来计算机性能的提高将通过更多地使用并行处理来实现而不是通过更高的时钟频率来实现。

21 世纪集成电路的日益复杂性也导致了图形处理单元(GPU)的发展。最初，GPU 在 2D 和 3D 图形、图像及视频处理中用作视觉计算加速器。而现在，GPU 在高性能计算应用程序中用作协处理器。图 0.2 表明了自 2000 年以来 Nvidia GPU 的发展历程。

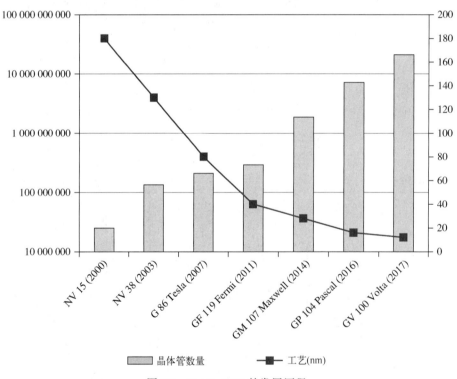

图 0.2　Nvidia GPU 的发展历程

借助以上概念，我们回顾了分析和设计计算机及其他数字系统所需的一些重要术语与概念。有关 IC 的更多信息，请参见文献[2]。

0.2　数字系统

如前所述，通用计算机可能是广泛应用的数字系统的最典型代表。其他常见的数字系统还包括数字手表、交通灯控制器、便携计算器和健身手环等。本节将进一步探讨数字系统，为什么它比模拟系统更受青睐，它的未来发展如何？

0.2.1　数字系统与模拟系统

数字系统（或设备）是以离散形式而不是连续形式表示和处理信息的系统或设备。基于连续形式表示和处理信息的系统称为模拟系统（或设备）。以时、分、秒指针显示时间的传统手表是模拟设备的典型例子，而以十进制数字显示时间的手表则是数字设备。传统乐器产生模拟形式的声音，因此被记录在原始的留声机唱片上。而今天，音乐是以数字方式录制的，因此可以存储在云上，在智能手机和计算机上播放，并通过因特网传输。

例如，图 0.3(a) 所示的波形可能是代表一个乐音的模拟信号。将其转换为数字信号的第一步是以均匀的时间间隔对模拟信号进行采样，并将其转换为离散的数值，如图 0.3(b) 所示。最后，用二进制数表示每个离散电平值，得到如图 0.3(c) 所示的数字信号。因此，二进制数字符串是原始模拟信号的数字形式。采样率和二进制数的容量是正相关的——采样越快，转换成的二进制数就越多，因而声音质量就越好。

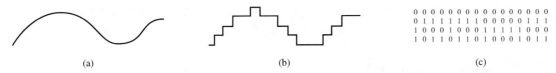

图 0.3　电信号的模拟和数字波形。(a)模拟信号波形；(b)模拟信号采样波形；(c)数字信号

数字计算机和其他数字系统之间的一个主要区别是，计算机是可编程的通用设备，而其他数字系统具有特定的功能并应用于特定的场合。

计算机发展的一个显著趋势是，用于替代汽车发动机、家用电器和电子游戏等产品中的专用电路。在这些产品中，通过编写程序来执行应用任务，然后将编程后的计算机嵌入到产品中。通过编程来执行任意任务的能力，使得嵌入式计算机可以代替各种各样的专用电路，而且成本要低得多。

早在数字系统完善之前，模拟计算机和其他模拟系统就已经被长期使用了。但为什么在大多数应用领域，数字系统逐渐取代了模拟系统呢？原因有以下几个方面。

- 一般来说，数字技术比模拟技术更灵活，数字技术更容易编程以实现所需算法。
- 在速度方面，数字电路可以提供更强大的处理能力。
- 与模拟信号相比，数字信号能在更大范围、以更高精度表示数字。
- 与模拟形式相比，以数字形式更容易实现信息存储和检索功能。
- 数字技术具有自检错和纠错机制。
- 数字系统比模拟系统更有利于设备小型化。

0.2.2　数字系统的抽象层次

数字系统的设计和分析可以在多个不同层面上进行，包括从不涉及硬件的行为模型，到材料结构的物理层。表 0.1 列出了数字系统的抽象层次。图 0.4 显示了一台简单计算机的硬件层次结构。

表 0.1　数字系统的抽象层次

设计层次	等级	细节量	模型种类
系统	最高	最少	行为模型
子系统	↓	↑	行为模型
寄存器传输级 (ISA)	↓	↑	行为模型/结构模型
逻辑级 (门和触发器)	↓	↑	结构模型
电子器件级 (晶体管)	↓	↑	结构模型
物理层	最低	最多	结构模型

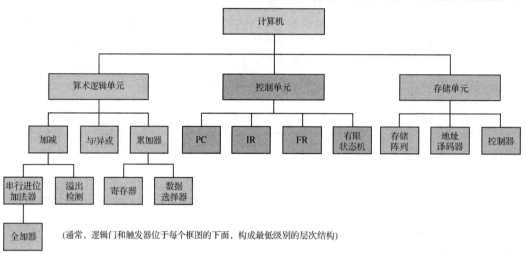

图 0.4　一台简单计算机的硬件层次结构

系统和子系统级

在最高层次上，数字系统可被视为一个或多个相互作用的功能模块。在描述系统和每个模块的行为时不涉及具体实现细节。例如，从系统层面来看，台式计算机包括微处理器、存储器、控制器、键盘、打印机和其他外围设备。在这种情况下，计算机是系统，其他组件是它的子系统。

每个抽象级的重要特征是隐藏了其下级的复杂性。也就是说，我们可以理解计算机的功能及如何使用它，而不需要理解微处理器和其他子系统是如何工作的。同样，我们可以理解微处理器是如何工作的，而不需要理解它的算术逻辑单元(ALU)和控制器是如何工作的。抽象层次与复杂性隐藏的概念在计算机和数字系统的设计中非常重要，因为这样就可以将复杂的系统划分为由更简单的组件或模块形成的层次结构。然后，这些组件可以单独设计并通过系统集成而形成完整的系统。理想情况下，有些组件可能是标准的现成设备，不需要重新设计，只需与其他组件集成即可。

指令集结构(ISA)和寄存器传输级(RTL)

作为可编程的机器，计算机都有一组基本指令，用于编写所要执行的程序。这些指令加上其他细节，如指令和数据格式及数据寄存器组织，形成了计算机的指令集结构。在寄存器级，数字系统被视为存储信息的寄存器单元的集合，这些寄存器单元通过信号线以某种方式相互连接。数字系统通过信号线在寄存器之间传输并处理信息。有些情况下，在一个或多个功能模块中传输信息时，也在寄存器传输级进行信息转换。

　　图 0.5(a) 和(b) 说明了一个数字系统的系统级和寄存器级模型，该模型计算一个二进制序列的和，系统一次输入一个二进制数。在系统级，已知的是系统的基本功能，即计算：

$$Total = \sum_{i=1}^{N} Input_i$$

　　在寄存器级，如图 0.5(b) 所示，可以看到系统包括一个存储寄存器 A 和一个加法器电路。首先使用清零信号($Clear$)清除寄存器 A 的内容，然后将输入数添加到寄存器 A 中，使用存储信号($Store$)将新的求和结果替换寄存器 A 中原有的内容，从而得到总和。因此，通过一定的顺序执行以下寄存器传输指令，可以计算一串数字的和。

$$Clear: A \leftarrow 0$$

$$Store: A \leftarrow A + Input$$

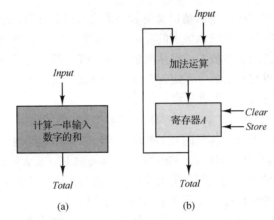

图 0.5　求解一串数字序列之和的数字系统模型。(a) 系统级；(b) 寄存器级

逻辑级

　　在逻辑级，数字系统的行为由一组布尔代数逻辑方程给出，这些方程可以由逻辑电路硬件实现。数字系统硬件的最小逻辑单元称为门。门是实现布尔代数基本运算的逻辑元素。如图 0.6 所示，门的互连形成组合逻辑电路(combinational logic circuit)，在硬件中实现逻辑方程。图 0.6 所示的电路中有 6 个门，其中输入表示为 $x_1,\cdots,x_5$，输出 $f(x_1,\cdots,x_5)$ 仅是输入信号当前值的函数。因此，组合逻辑电路的一个显著特征就是它不能存储之前的输入信号。组合逻辑电路分析与设计是本书的主要内容之一。

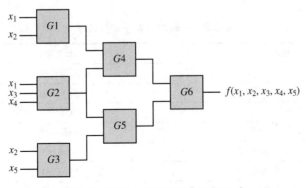

图 0.6　具有 6 个门的组合逻辑电路

所有的数字计算机都包含称为寄存器的存储设备，作为临时存储信息之用。这些寄存器和控制单元称为时序逻辑电路(sequential logic circuit)。时序逻辑电路通常由组合逻辑电路和存储器构成，如图0.7所示。与组合逻辑电路不同，时序逻辑电路的输出不仅是输入信号当前值的函数，而且取决于输入信号的历史值，由寄存器中存储的信息所反映。时序逻辑电路分析与设计是本书的第二个重点。只有当读者掌握了组合逻辑电路和时序逻辑电路的基本原理后，才能继续进行数字系统硬件的设计和应用。

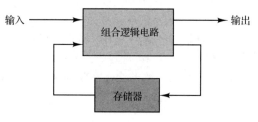

图 0.7　时序逻辑电路模型

电子器件级

组合逻辑电路和时序逻辑电路全面地定义了数字系统的逻辑行为。最终，每个逻辑门必须由较低级别的晶体管电路来实现，而较低级别的晶体管电路又是通过各种半导体和其他材料来合成的。逻辑门和其他逻辑器件的制造技术已经从机械器件、继电器、电子管、分立晶体管发展到了集成电路(IC)。现代计算机和专用数字系统通常由集成电路构成，从完成计算机指令集或系统功能所需的寄存器到控制电路都是由集成电路来实现的。

集成电路包含多个逻辑器件。每个集成电路的门或晶体管的数量决定了集成电路的规模。小规模集成(SSI)电路对应具有2~100个晶体管的IC，中等规模集成(MSI)电路对应具有100~500个晶体管的IC，大规模集成(LSI)电路对应具有500~20 000个晶体管的IC，极大规模集成(VLSI)电路对应具有20 000~100万个晶体管的IC，超大规模集成(ULSI)电路对应具有100万个以上晶体管的IC。

虽然晶体管和逻辑门的物理层设计不在本书的探讨范围之内，但对不同技术的各种电气和物理特性有一个基本的了解还是很重要的，这样才能对数字系统设计的逻辑运算、性能、成本和其他参数进行全面评估。

0.3　电子技术

各种硬件技术不断发展，以满足设计人员对不同性能的需求，如速度、功耗、封装密度、功能和成本等。通常，一种技术不可能满足所有的性能需求，因此人们一直在寻求改进现有技术或开发新技术。表0.2和表0.3列出了自晶体管时代开始以来最重要的技术和相应的特性。图0.8所示的是TTL和CMOS二输入与非门(NAND)电路。关于TTL和CMOS器件与电路的更多信息请参见文献[3]和[4]。

表 0.2　代表性的电子硬件技术

技术	晶体管类型	说明
电阻-晶体管逻辑(RTL)	双极结型	已过时
二极管-晶体管逻辑(DTL)	双极结型	已过时
晶体管-晶体管逻辑(TTL)	双极结型	仍在使用
射极耦合逻辑(ECL)	双极结型	已过时
p型场效应管(pMOS)	MOSFET	已过时
n型场效应管(nMOS)	MOSFET	已过时
互补场效应管(CMOS)	MOSFET	广泛使用

表 0.3　部分电子硬件技术的特性

技术	速度	功率	电源	逻辑 0	逻辑 1	封装
TTL	中速	中	5 V	0~0.8 V	2.0~5.0 V	SSI, MSI
ECL	高速	高	5 V	0~3.6 V	4.4~5.0 V	SSI, MSI, LSI
CMOS 5.0	中速	低	5 V	0~1.5 V	3.5~5.0 V	SSI, MSI, LSI, VLSI
CMOS 3.3	中速	低	3.3 V	0~0.8 V	2.0~3.3 V	LSI, VLSI, ULSI
CMOS 1.8	高速	低	1.8 V	0~0.63 V	1.17~1.8 V	VLSI, ULSI
CMOS 1.5	高速	低	1.5 V	0~0.53 V	0.98~1.5 V	VLSI, ULSI

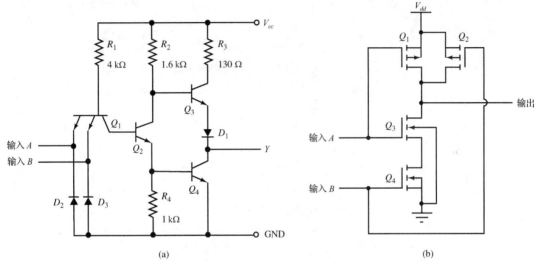

图 0.8　TTL 和 CMOS 二输入与非门(NAND)电路。(a) TTL 二输入与非门电路；(b) CMOS 二输入与非门电路

多年来，逻辑门和其他逻辑器件的封装发生了极大变化。早期的电子逻辑器件通常由大型电子管、分立电阻和电容构成，安装在铝制底盘上，并用铜线连接起来。电子管技术进一步缩小了器件尺寸，印制电路板取代了电线。后来，分立晶体管取代了电子管，电阻器、电容器和印制电路板仍在使用，但尺寸更小了。20 世纪 60 年代早期，集成电路的出现使印制电路板和其他无源器件的尺寸进一步缩小。如今，已经可以在单个芯片上实现完整系统。

集成电路以标准、半定制和定制的形式制造。标准集成电路为大多数应用提供构建系统所需的部件。然而，某些应用可能需要半定制或定制电路来满足特殊功能、较低成本或尺寸的要求。定制电路是根据客户的特定要求制造的。定制电路的设计和制造成本非常高昂。更重要的是，定制电路的功能在制造后不能改变，这使得它们容易过时，导致成本变得更高。与定制电路相比，半定制电路通过编程满足客户需求，极大地降低了成本；但容易过时的问题并没有得到解决。半定制器件也称为专用集成电路(ASIC)。近来，高性价比、功能强大的复杂可编程逻辑器件(CPLD)和现场可编程门阵列(FPGA)解决了以上两个问题，并逐渐取代定制器件和专用集成电路而成为设计人员的首选。本书将在后面章节详细地讨论可编程逻辑器件。

0.3.1　摩尔定律

首先，摩尔定律不是真正的定律，而是 Intel 创始人之一戈登·摩尔(Gordon Moore)的一个观察结果，即集成电路的复杂度每 12 个月就会翻倍。摩尔用集成电路芯片上晶体管的数量来衡量 IC

的复杂度。该标准至今仍然是 IC 领域的主要标准。自 1965 年摩尔在 *Electronics* 杂志上首次发表了他的观察结果[5]之后，该结果一直非常准确地反映了 IC 的发展趋势。直到 1990 年左右，此时 IC 的增长放缓至每 18 个月翻倍。摩尔定律问世 50 年后，这一速度放缓至两年，一些人甚至宣称摩尔定律已经"死亡"，这意味着 IC 复杂度的增长变得不可预测。摩尔定律的演变可以参见文献[6]和[7]。图 0.9 显示了微处理器在复杂性、性能、时钟频率、功率和逻辑内核方面的增长趋势[8]。这张图也印证了摩尔定律所预测的集成电路的惊人发展速度。

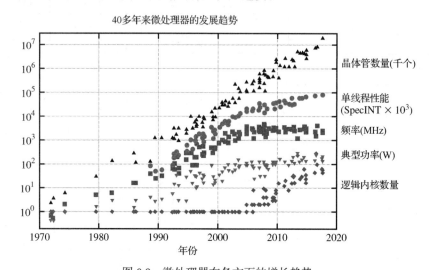

图 0.9　微处理器在各方面的增长趋势

注：2010 年之前的原始数据由 M. Horowitz、F. Labonte、O. Shacham、K. Olukotun、
L.Hammond 和 C. Batten 收集绘制。2010—2017 年的数据由 K. Rupp 收集绘制。

0.3.2　固定逻辑与可编程逻辑

集成电路复杂性的增长对逻辑函数的实现产生了深远影响。首先，小规模集成(SSI)电路通过门级器件互连实现逻辑函数。其后，中规模集成(MSI)电路为设计人员提供了更高级别的器件，如译码器、数据选择器(复用器)和加法器/减法器。大规模集成(LSI)电路增加了简单的 4 位处理器及小型随机存取存储器(RAM)和只读存储器(ROM)。但是，这些器件仍然需要电线或印制电路板把它们连接起来。电路一旦搭建后，不容易修改，因此称之为固定逻辑。

可编程逻辑器件和存储器的出现促使集成电路设计人员逐渐使用可编程逻辑器件来实现逻辑函数，而固定逻辑的使用将会减少。通常，可编程逻辑器件更容易设计，也更容易修改，提供了更有效的设计方式，性价比更高。现有许多商业化的可编程逻辑器件，比如可编程逻辑阵列(PLA)、可编程阵列逻辑(PAL)、可编程只读存储器(PROM)、复杂可编程逻辑器件(CPLD)和现场可编程门阵列(FPGA)。表 0.4 展示了实现逻辑电路的集成电路技术的演变历程。请注意，FPGA 在复杂性(每个芯片的晶体管数量)上可与 GPU 相当。有关可编程逻辑器件的更多内容请参见文献[4]和[9]。

0.3.3　微控制器

微控制器是低成本、低功耗的微处理器，用于嵌入式系统，如电器、玩具、汽车、打印机等。由于是可编程的，因此微控制器是通用的；但是，其计算能力非常有限，不能作为通用计算平台。这样，它们通常针对特定的应用进行编程，并在产品生命周期中专用于该目的。由于它们的程序不会改变，因此通常由 ROM 而不是 RAM 执行。

表 0.4　实现逻辑电路的集成电路技术的演变历程

集成/器件	晶体管数量	时间
小规模集成电路(SSI)	2～100	1964
非门(NOT)	2	
二输入与非门	4	
二输入与门	6	
D 触发器	12	
4-1 线数据选择器	24	
一位加减法器	48	
中规模集成(MSI)电路	100～500	1968
4-16 线译码器	148	
4 位加减法器	192	
UART		
大规模集成(LSI)电路	500～20 000	1971
PLS100 PLA	不超过 2000	
16 位乘法器	9000	
DMA 控制器		
极大规模集成(VLSI)电路	20 000～1 000 000	1980
32 位乘法器	21 000	
Intel 8087 FP 协处理器	45 000	1980
82S321 PROM	不超过 100 000	
图形适配器		
超大规模集成(ULSI)电路	1 000 000 以上	1984
Xilinx Virtex-Ⅱ FPGA	350 000 000(130 nm)	2000
Xilinx Virtex-4 FPGA	1 000 000 000(90 nm)	2004
Altera Stratix Ⅳ FPGA	2 500 000 000(40 nm)	2008
Xilinx Virtex-7 FPGA	6 800 000 000(28 nm)	2011
Intel Stratix 10 FPGA	17 000 000 000(14 nm)	2017

在某些情况下，微控制器已经成为固定逻辑和可编程逻辑实现时序电路的替代选择。具体来说，对于速度、功耗和尺寸不太看重的应用场合，微控制器都是不错的选择；否则，固定逻辑或可编程逻辑是更好的选择。

0.3.4　设计演变

计算机硬件技术的发展伴随着设计方法和工具的发展。事实上，设计人员利用新器件进行设计，甚至是设计下一代器件时，计算机辅助设计(CAD)工具的作用至关重要。

在集成电路出现之前，逻辑设计本质上是一个采用纸和笔进行工作的过程。在这个过程中，最有用的工具之一是用于绘制电路的逻辑符号模板。设计完成后，构建原型电路并测试其正确性。如果需要更改，则重复这个过程。在设计小型集成电路和微型集成电路器件时，使用类似的方法是可行的；但该方法不能扩展到大规模集成电路、极大规模集成电路和超大规模集成电路的设计中。

使用复杂器件进行设计时需要复杂的 CAD 工具，并由此催生了一个新的行业。下面列出了一些早期的 CAD 工具。至今，大多数这些工具的更高级形式或版本仍然在使用。

原理图编辑器——一种使设计人员能够输入和保存所设计逻辑电路的逻辑器件及其连接关系的工具。电路结构被保存为可由其他计算机辅助设计工具使用的网表。早期的原理图编辑器是基于文本的，但其后的版本则使用了图形化界面。

逻辑仿真器——为验证设计，进行逻辑电路行为仿真的工具。早期版本提供基于文本的输入和输出，后期版本采用波形图来模拟信号在示波器上的显示结果。

元件放置器——用于在印制电路板(或其他连接方式)上寻找电路元件最佳或接近最佳的位置的工具。

布线器——寻找电路元件之间最佳或接近最佳的连线路径的工具。

搭建并测试实验原型的技术也在不断演变，以支持复杂电路和系统的设计，下面列出了一些开发工具。

面包板——一种无须焊接就能放置元件并互连形成电路的装置，对搭建固定逻辑的原型电路很有用。

开发板——一种用于搭建用可编程逻辑器件实现的逻辑电路和系统原型的实验室设备。

逻辑分析仪——用于测试和调试逻辑电路和系统功能的实验室仪器。

自动化测试设备——一种用于为逻辑电路和系统生成测试模式并记录测试结果的实验室仪器。

当使用固定逻辑设计时，原理图编辑器工作良好，但当针对包含可编程逻辑器件(如 PROM、PLA、PAL、CPLD 和 FPGA)的设计时，原理图编辑器的应用受到限制。为应对这一挑战，硬件描述语言(HDL)发展起来。目前，这种语言在逻辑电路和数字系统的设计中很常见。HDL 在语法上类似于 C、C++、Ada 等编程语言。然而，有一些区别值得注意，HDL 代码代表物理电子系统的结构和/或行为，因此其语句通常必须并行执行，而不是顺序执行。此外，HDL 必须能够处理时序约束，将系统描述为互连的组件，并把不同的抽象级别结合起来。

多年来，硬件供应商和 CAD 工具供应商已经开发了各种不同的 HDL。前者通常针对供应商特定的设备，可以跨多个设计平台使用；而后者是针对特定的设计平台，适用于多个不同供应商的设备。Monolith Memories 公司的 PAL 汇编器(PALASM)、Logic Devices 公司的通用可编程逻辑编译器(CUPL)和 Data I/O Corporation 公司的高级布尔方程语言(ABEL)是早期广泛使用的 HDL 工具。在过去的二十年里，Verilog HDL 和 VHSIC HDL(即 VHDL)逐渐成为工业界和学术界使用的主流 HDL。有关 HDL 的更多信息请参见文献[4]和[10]。

Verilog HDL(简称为 Verilog)出现在 20 世纪 80 年代中期，经过不断升级强化，已经发展成为最广泛使用的 HDL 之一，并已形成标准 IEEE 1364。Verilog 构建的模型经过综合或编译，可以在诸如 CPLD、FPGA、可编程片上系统(PSoC)和 ASIC 等可编程逻辑器件中实现。

VHDL 是在 20 世纪 80 年代中后期由美国国防部资助开发的 HDL。鉴于美国国防部先前对 Ada 编程语言的支持，VHDL 在结构和语法上与 Ada 相似也就不足为奇了。VHDL 也已经形成标准，即 IEEE 1076。与 Verilog 一样，VHDL 构建的模型经过综合或编译，可以在可编程逻辑器件或专用集成电路中实现。

0.4　数字系统的应用

到此为止，我们已经介绍了数字系统的一般概念和基本单元，接下来让我们看看数字系统的一些实际应用。我们将着眼于几个应用领域，以便将通用的可编程解决方案与专用的不可编程解决方案进行对比。鉴于应用程序涉及面广且不断扩展，因此仅给出一些代表性例子。

0.4.1　通用数字计算机

数字计算机是一种系统，其功能单元包括算术逻辑单元(ALU)、控制单元、存储器(内存)或存储单元及输入/输出(I/O)设备。这些单元的相互作用如图 0.10 所示。每个计算机系统都有一组机器指令，规定算术逻辑单元对数据执行的操作，以及管理算术逻辑单元、存储器和输入/输出设备之间的其他交互。存储单元包含数据和称为程序的机器指令列表。这里着重描述计算机系统的功能单元，想深入了解计算机组成的读者可以参见文献[11]。

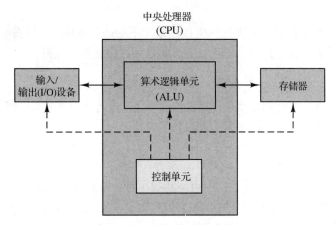

图 0.10　数字计算机的上层结构

控制单元通过不断循环执行一组操作指令来协调算术逻辑单元、存储器和输入/输出设备的所有操作。这些操作指令从存储器中取出并得到执行。数字计算机的指令周期如图 0.11 所示，包括以下基本步骤。

1. 从内存中取出当前程序的下一条指令并送入控制单元。
2. 指令译码，也就是确定要执行哪个机器指令。
3. 从内存或输入设备中获取指令所需的任何操作数。
4. 执行指令指定的操作。
5. 将操作产生的任何结果存储在内存中，或将结果发送到输出设备。

图 0.11　数字计算机的指令周期

指令按顺序从内存中取出，除非遇到诸如分支、跳转、跳过或转移等特殊指令。分支指令可用于编写循环和决策程序。

计算机指令

当数字计算机的控制单元从存储器中取出指令来执行时，可能会产生以下几种操作。

1. 算术指令，使二进制数按照程序员在程序中指定的方式进行加、减、乘、除运算。
2. 测试或比较操作指令，确定两个二进制数的关系(大于、小于、等于或其他)。

3. 分支或跳过指令，根据测试或比较的结果改变程序执行的顺序。这类指令大大增加了程序的灵活性。

4. 输入和输出指令，用于计算机读取信息、输出信息及外围设备控制。

5. 逻辑和移位操作指令，为计算机提供了翻译和解释其使用的不同代码的能力。这些指令允许在程序控制下进行位操作。

通常，任何数字计算机的所有指令都可以归为以上五类。

计算机中的信息表示

我们已经简要讨论了存储在数字计算机存储单元中的指令和数据，但没有提到这些内容的形式。计算机系统中的信息通常分为三类：数字、非数字代码和指令代码。

数字

数字以二进制数(位)的形式存储在计算机内存中。二进制数用两个二进制数字 1 和 0 来表示。相应地，我们在书写十进制数时要使用十进制数字。

例如，十进制数 129 表示 $1 \times 10^2 + 2 \times 10^1 + 9 \times 10^0$，即每个数字的位置代表 10 的加权幂。请注意，十进制数字包括 0 到 9(即 10 − 1)这 10 个数。同样，二进制数中的每个数字都用 2 的加权幂表示，比如 1101 可表示为 $1 \times 2^3 + 1 \times 2^2 + 0 \times 2^1 + 1 \times 2^0$。为了将二进制数转换为十进制数，可以计算其加权和，比如 $(1101)_2 = 1 \times 8 + 1 \times 4 + 0 \times 2 + 1 \times 1 = (13)_{10}$，即二进制数 1101 等于十进制数 13。本书第 1 章将详细介绍十进制数和二进制数之间的转换规则。

二进制形式的数据存储在计算机的寄存器中，可表示为

$$1011000111$$

这是一个 10 位的寄存器，可能位于算术逻辑单元或存储单元中。在内存中，单个寄存器中的数据称为一个字(在本例中，字长为 10 位)。1 和 0 是唯一可以存储在计算机寄存器或内存中的信息。为二进制代码赋予一定的含义即为编码。大多数计算机中用于数字的编码都是由二进制加权规则得到的。

非数字(输入/输出)代码

虽然计算机使用二进制数据，但用户更喜欢用字母和数字表示信息，例如销售记录、姓名列表或考试成绩等。适用于大多数计算机的字母数字符号集被称为字符集，并有一个特殊的类似二进制的代码，称为美国信息交换标准代码(ASCII)。在 ASCII 码中，字母、数字和其他特殊字符(标点符号、代数运算符等)均用 8 位二进制数进行编码。本书第 1 章给出了 ASCII 码的部分清单。假设我们要向计算机发送一个消息"ADD 1"，该消息包含 5 个字符，第 4 个字符是空格。在 ASCII 码中，该信息表示如下。

字符	ASCII 码
A	01000001
D	01000100
D	01000100
空格	00100000
1	00110001

当该信息被发送到计算机后，计算机内存中的程序接受该指令并采取相应的行动。

指令代码

计算机指令驻留在主存储器中，因此也用 1 和 0 来表示。指令通常被分解成单独编码的字段，包括操作码(op 码)字段和内存地址字段，其中操作码指定要执行的功能。

计算机硬件

现在，让我们进一步梳理图 0.8 所示的计算机功能单元之间的交互。如前所述，程序存储在计算机内存中。而程序是由控制单元和输入/输出设备(也称为外设)一起存入存储器的。程序通常由磁性、电子或光学外部存储设备提供给计算机。然后，计算机从内存中取出程序指令并执行。程序使用的数据从键盘、扫描仪、磁盘和其他外设输入到内存中。

控制单元

控制单元遵循指令列表，指导算术逻辑单元和输入/输出设备的活动，直到程序运行完成。每个功能单元在控制单元的同步时钟控制下执行其任务。

算术逻辑单元

算术逻辑单元(ALU)是组合或时序逻辑电路，根据控制单元的指令对数据执行各种操作。每个算术逻辑单元都由处理的数据类型和对这些数据执行的操作来表征。大多数算术逻辑单元支持对不同大小的整数进行运算，也可能包括操作定点数、浮点数和各种非数字数据的运算。典型的算术逻辑单元操作包括以下几种。

◇ 算术运算：加、减、乘、除。
◇ 逻辑运算：与、或、异或、取反(这些运算将在本书第 2 章中探讨组合逻辑电路时进行定义)。
◇ 移动和循环数据。
◇ 将数据从一种类型转换成另一种类型。

控制单元和算术逻辑单元电路通常由各种封装的半导体器件构成。第二代机器在印制电路板上安装了晶体管、电阻、二极管等，而第三代机器在电路板上使用了 SSI 电路，第四代机器则使用了 LSI 和 VLSI 电路。

存储单元

如果计算机的存储单元可以被中央处理器直接访问，则将其归类为主存储器，否则将其归类为辅助存储器。

目前，数字计算机中的主存储器通常由高速半导体器件 RAM 和 ROM 构成。1980 年以前制造的多数系统——其中很少一部分至今仍在运行——使用磁芯阵列作为它们的主要存储器件。而对于一些专用系统，特别是太空飞行器中的设备，在需要抗辐射的场合使用镀磁线来代替磁芯。

存储单元按字分成独立的单元，每个单元通过其物理位置(存储地址)来确定。存储单元的地址就好比邮箱的邮件地址一样。例如，每个邮局都有一排排的邮箱——每个邮箱都由一个唯一的编号来标识。类似地，每个存储单元对应唯一的位置编号，该编号就是这个单元的存储地址。

存储单元的特征包括存取时间和周期时间。存储器的存取时间定义为存储器提取(读取)字所需要的时间长度；存储器的周期时间定义为连续存储操作之间所需的最小时间间隔。内存的存取时间决定了中央处理器获取信息的速度，而周期时间则决定了连续访问内存的速度。

辅助存储器用于程序和数据的大容量或海量存储，包括旋转磁性设备，如软盘、硬盘、闪存、固态硬盘(SSD)、磁带、诸如光盘(CDROM)之类的光设备及其他设备。与主存储器相比，辅助存储器中的信息不能被中央处理器直接访问。而是采用一个特殊的控制器在存储器中搜索并定位包含所需信息的存储区域。通常在找到相关区域后，整个存储块被转移到主存储器中，以方便 CPU 存取所需的信息。

输入/输出设备

计算机可以向几类外设输出数据，其中最典型的是磁盘、激光打印机。阴极射线管、液晶显示器和发光二极管也可以用来显示程序的执行结果。模数转换器、数模转换器、绘图仪、磁性读写设备及激光/喷墨打印机是最常用的输入/输出设备。

计算机软件

软件由存储在计算机内存中的程序和数据组成。软件决定了计算机硬件的使用方式，可大致分为应用程序或系统程序。

应用程序

对数字计算机进行编程就是为计算机设计一系列指令的过程，以便它能够有效地执行特定的任务。计算机的指令必须以 1 和 0 的方式进行编码，这样计算机才能解释它们。如果所有的程序都必须以这种形式编写，那么计算机的使用将会受到极大限制。以 1 和 0 的形式表达的计算机指令称为机器语言，目前，已经很少有程序员用这种方式编写程序了。

计算机机器语言的符号表示称为汇编语言，通常用于开发应用程序。在厨房电器、电子游戏和汽车设备中的应用程序，基本采用汇编语言开发。汇编语言允许程序员对内部寄存器和内存中的数据进行操作，同时避免了采用机器语言的麻烦。

然而，大多数程序员更喜欢使用更高级的符号语言来编程。高级语言，如 C、C++、Java 或 Python，其指令更丰富，更容易掌握，使用效率更高。尤其是每种语言针对特定类型的问题提供量身定制的指令。高级语言很难融合机器语言的全部灵活性，但还是保留了相当一部分，在这方面，C 语言尤为突出。

系统程序

系统程序包括计算机系统上提供的所有软件，以帮助程序员和用户开发和/或执行应用程序。比如，每当使用符号语言(汇编语言或高级语言)编写程序时，程序必须先被翻译成机器语言，然后才能被计算机执行。现在的问题是由谁来完成这项费力的翻译工作。最有效率的翻译不是程序员完成的，而是利用计算机本身。计算机处理的任何工作都是在程序控制下完成的，因此将高级语言翻译成机器语言的程序被赋予了一个特殊的名称：编译器。该翻译过程如图 0.12 所示。同样，把汇编语言翻译成机器语言的程序称为汇编器。编译器和汇编器是系统程序的典型例子，用于输入和修改程序语句的文本编辑器也是如此。

现在，我们来考虑操作计算机的可能方式。操作系统(OS)是一种特殊的系统程序，它完成例行任务以便执行不同的用户程序。操作系统可以分为单用户系统、多任务系统、分时系统、分布式系统和实时系统[12]等类型。

如果一台计算机由用户操作执行一个程序，那么此时它就专用于这个程序，在当前用户完成程序之前，其他人不得使用这台计算机。因此，计算机的工作依赖于人工干预，在执行程序的间隙里，时间就浪费掉了。如果用户需要使用计算机，那么这种单用户操作系统很方便。一旦这个用户"上机"，他就可以修改并重新执行程序，或者连续运行多个程序，直到他把计算机移交给下一个用户使用。早期版本的 MS-DOS 和 Macintosh OS 都是单用户操作系统的典型例子。目前，运行在嵌入式系统上的操作系统也是类似的单用户操作系统。

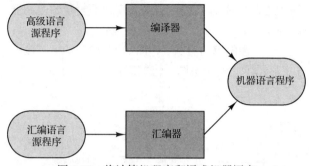

图 0.12 将计算机程序翻译成机器语言

目前，大多数计算机中(包括个人计算机)运行的是多任务或多线程操作系统，这是一种更复杂的操作系统。这种操作系统支持在单个处理器上并发运行多个进程。多任务处理的主要需求之一是在执行输入/输出操作时保持处理器工作，以此来提高处理器的利用率。通常，这种系统支持交互式和批处理作业。Windows 操作系统就是多任务操作系统的典型例子。

分时操作系统是一种更先进的操作系统，它支持多任务处理，允许多个用户几乎同时执行他们的程序。常见的例子是在各种个人计算机、工作站和服务器上使用的 UNIX 和 Linux 操作系统。由有限的输入/输出设备组成的远程终端连接到共享计算机，每个终端分配给一个用户。此时，用户速度相对较慢，但计算机速度极快。这种速度差异允许计算机在不同用户之间切换(或分时使用)，在这种方式下，每个用户都相信自己独立拥有计算机。虽然这种操作系统看起来很有吸引力，但它也有缺点：首先是成本；其次，分时系统程序长且复杂，也就是它的运行需要占用大量的内存空间和计算机时间。此外，由于所有用户的程序同时存储在内存中，每个用户可用的内存空间就会受到限制。因此，分时系统通常需要能够容纳最大内存空间的特殊计算机。

随着计算机成本的降低、处理器性能的提高及高速互联网的出现，对计算机分时复用的需求不断下降。因此，目前大多数计算机都是网络化的，使得多台计算机之间能够共享信息和资源，此时要求操作系统同时提供底层的网络访问及高层次的服务，例如文件传输和应用软件服务。最基本的网络操作系统为登录到客户端机器的用户提供连接和访问服务器上资源的能力。更通用的分布式操作系统为登录到客户端的用户提供跨多个服务器透明地访问资源的能力。

通常，嵌入式系统和物联网应用程序在实时环境中运行，这意味着它们的部分或全部任务都有严格的完成期限。硬期限意味着任务必须在开始后的给定时间内完成，而软期限则意味着任务应该在给定的时间内完成。实时操作系统是多任务系统，支持任务调度技术来执行硬期限和软期限任务。

0.4.2 控制器

控制器是接收来自人或另一个数字系统的输入信号并产生输出，以操控机电系统或显示器的数字系统。图 0.13 显示了一个通用数字控制器的框图。

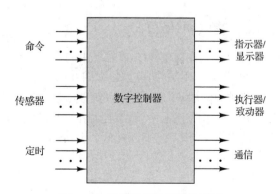

图 0.13 通用数字控制器的框图

　　控制器在数字系统应用中无处不在，从定时器、烤面包机等简单设备到计算机、机器人和火箭等复杂系统都存在控制器。有些控制器是组合逻辑电路，但大多数是时序逻辑电路。简单的控制器可以用固定逻辑、可编程逻辑和/或微控制器来实现，而复杂的控制器通常需要可编程逻辑、微控制器和/或微处理器来实现。

　　交通灯控制器是一个简单易懂的控制器例子，图 0.14(b)中的框图显示了交通灯控制器的输入/输出(I/O)信号，图 0.15 中显示了它的状态图。该控制器的实现方法将在本书后面进行介绍。

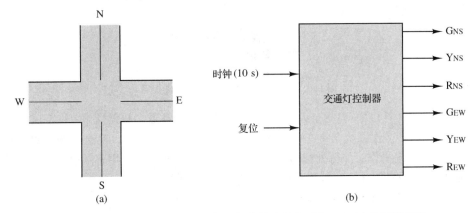

图 0.14　交通灯控制器。(a)两条双车道道路的交叉路口；(b)控制器框图

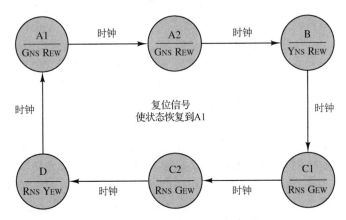

图 0.15　交通灯控制器的状态图

0.4.3　物联网(IoT)

　　数字系统在物联网(IoT)领域中的应用不断扩展[13]。简单来说，物联网是智能对象(物)通过因特网和/或其他网络进行互连，如图 0.16 所示。

　　智能对象的基本形式包括处理器、存储器、传感器和/或执行器、通信设备(通常是无线的)和电源。物联网本质上是一个数字控制器，与其他组件集成在一起，以满足特定的应用需求。大多数应用要求智能对象体积小且功耗低。表 0.5 列出了一些常见的物联网传感器和执行器等智能对象。

0.4.4　接口

　　数字系统通常是包含模拟器件和/或机电设备的复杂系统，通常需要使用特殊组件将各个部分连接起来。这种组件被称为"接口"逻辑或"接口"器件。通常，数字电子技术课程中包含接口设计的具体内容，这里只介绍一些术语和概念，这些术语和概念有时会出现在数字逻辑设计的内容中。

图 0.16　物联网(IoT)

表 0.5　常见的物联网传感器和执行器

传感器	执行器
加速度传感器	直流电机
CO_2 传感器	电磁继电器
湿度传感器	线性执行器
红外探测器	微型阀
麦克风	气压缸
脉搏血氧仪	机械臂
温度传感器	电磁阀

图 0.17 说明了在实际中使用的三种不同的接口方案。图 0.17(a) 展示了模数和数模转换。现实世界充满了模拟设备，通常这些设备需要以某种方式与数字系统接口。例如，为了控制电机速度，需要先检测当前的转速，而这是一个模拟量，将其转换成数字量后再输入到控制器中。然后，控制器对该数字量进行计算，根据需要改变电机速度或保持不变。同样，控制器输出的数字信号必须先转换成模拟信号，才能用以控制电机速度。本例所示的模数和数模转换接口非常常见，因此可以采用标准器件。大多数这类接口是电子器件，但是也有适用于某些特殊场合的机电类器件。

模拟信号本质上是连续的，至少在理论上是无限精确的。数字信号的精度或分辨率由其位数决定。因此，分辨率是模数和数模转换器件的一个重要参数。商用转换器的分辨率范围为 6～24 位。

当采用不同系列的逻辑器件构建数字系统时，需要另一种接口来实现互连，如图 0.17(b) 所示。假设系统 A 使用 5.0 V CMOS 器件构建，系统 B 使用 1.8 V CMOS 器件构建。从表 0.3 可以看出，以上系统的逻辑电平不兼容，因此不能直接连接。解决的方案是在两个系统之间使用电平转换器，如图 0.17(b)所示。电平转换器是标准组件，某些专用集成电路和可编程逻辑器件中内置了电平转换器。

　　第三种接口方案与信号缓冲有关，如图 0.17(c)所示。通常有必要在信号源和数字系统之间使用电子隔离或输入缓冲。开关消抖电路就是一种缓冲接口，通常用于防止开关在断开或闭合时产生多个而不是一个开关信号。消抖电路或滤波器将在本书第 6 章进行讨论。缓冲还用于将数字系统与可能存在的输入冲击电压隔离开来，避免损坏系统。比如，三态缓冲器可用于将数字系统与输入源(如共享总线)进行电隔离。

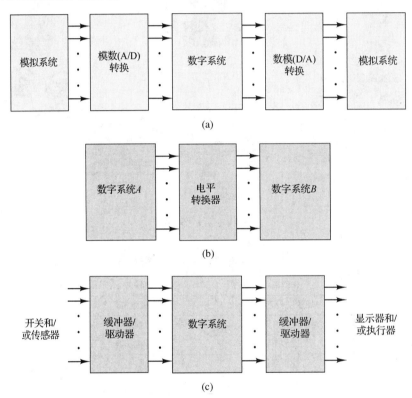

图 0.17　数字系统的接口方案。(a)模数和数模转换；(b)电平转换；(c)信号缓冲

　　由于各种原因，数字系统输出端也可能需要缓冲。比如，驱动器充当电流放大器，使系统能够驱动更大的负载。与输入一样，缓冲器和三态门也可分别用于将数字系统与输出连接(或总线)进行电气隔离。由于缓冲的应用非常普遍，因此为各种应用开发的缓冲器已经成为标准器件。通常，专用集成电路和可编程逻辑器件中内置了缓冲器。

0.5　总结和复习

　　本章介绍了数字系统，重点介绍了数字技术及其设计方法的发展历史。学完本章的知识，读者应该理解以下概念和术语。

1. 熟悉计算机发展的 5 个时代及各代计算机的特点。
2. 了解数字系统相对于模拟系统的优点，以及何种条件下选用模拟系统。

3. 理解分层设计、抽象级和复杂性隐藏的概念及意义。
4. 理解摩尔定律的概念及发展，了解在过去、现在和未来它对数字系统设计人员的意义。
5. 了解 CMOS 技术在计算机发展中的意义和主导地位。
6. 理解数字系统的标准表示方法及其与分层设计的关系。
7. 了解实现数字系统的各种方法及每种方法最适合的应用场合。
8. 理解数字系统的设计方法如何与电子技术并行发展及其原因。
9. 了解数字系统的广泛应用。
10. 了解数字计算机的基本结构和功能单元。

参考文献

1. John P. Hayes, *Computer Architecture and Organization*, 2nd ed. New York: McGraw-Hill Book Co., 1988.
2. *Transistor Count*, Wikipedia, May 25, 2017.
3. David A. Hodges and H. G. Jackson, *Analysis and Design of Digital Integrated Circuits*, 2nd ed. New York: McGraw-Hill Book Co., 1988.
4. John F. Wakerly, *Digital Design Principles and Practices*, 4th ed. Upper Saddle River, NJ: Pearson/Prentice Hall, 2006.
5. Gordon E. Moore, "Cramming More Components onto Integrated Circuits", *Electronics*, April 19, 1965, pp. 114–117.
6. Chris Mack, "The Multiple Lives of Moore's Law", *IEEE Spectrum*, April 2015, pp. 30–37.
7. Andrew Huang, "Moore's Law Is Dying (and That Could Be Good)", *IEEE Spectrum*, April 2015, pp. 43–60.
8. Karl Rupp, karlrupp.net, February 15, 2018.
9. Juan Jose Rodriguez Andina, Eduardo de la Torre Arnanz, and Maria Dolores Valdes Pena, *FPGAs*. Boca Raton, FL: CRC Press, 2017.
10. Samir Palnitkar, *Verilog HDL*, 2nd ed. Mountain View, CA: SunSoft Press, 2003.
11. David A. Patterson and John L. Hennessy, *Computer Organization & Design: The Hardware/Software Interface, Fifth Edition*. Oxford: Elsevier, 2014.
12. Ramez Elmasri, A. Gil Carrick, and David Levine, *Operating Systems: A Spiral Approach*, New York: McGraw-Hill, 2010.
13. David Hanes, Gonzalo Salgueiro, Patrick Grossetete, Rob Barton, and Jerome Henry, *IoT Fundamentals: Networking Technologies, Protocols, and Use Cases for the Internet of Things*. Indianapolis, IN: Cisco Press, 2017.

0.6　小组协作练习

1. 传统上，硬件技术被视为描述各代计算机的典型特征，然而各代计算机在其他方面也有诸多不同，请找出并描述这些不同之处。
2. 请列举模拟系统优于数字系统的应用场合。
3. 许多电子技术应用结合了模拟和数字器件，被称为"混合信号"电子系统。请列举一些这样的系统并进行讨论。
4. 分层设计的方法在复杂数字系统的设计中是必要的。讨论这种方法是否既适用于硬件设计也适用于软件设计。讨论这种方法是否也适用于模拟系统设计。
5. 一些预测者说摩尔定律已经不适用了。讨论支持或反对这一结论的原因。
6. 解释摩尔定律对半导体和计算机行业的价值与益处。讨论其不足及负面影响。
7. 试解释为什么微控制器一定比固定逻辑或可编程逻辑速度慢且耗能多。
8. 专用集成电路已被广泛用于各个应用领域。讨论哪些类型的应用场合适合专用集成电路，哪些不适合？
9. 专用集成电路的市场份额正被其他类型的器件取代。这些器件包括哪些？为什么它们比专用集成电路更有吸引力？

10. 探讨使用 FPGA 实现"软处理器"的利弊。

11. 列举你经常使用的商业产品中的数字控制器。该控制器是用固定逻辑、可编程逻辑、专用集成电路还是微控制器实现的？

12. 列举专为物联网(IoT)开发的商业产品。

13. 列举模数和数模转换器在音乐中的应用。说明转换器的分辨率如何影响声音质量。

14. 分析各种集成电路技术的逻辑电平，包括 TTL 5.0、TTL 3.3、CMOS 5.0、CMOS 3.3、CMOS 2.5、CMOS 1.5 和 CMOS 1.2。罗列不需要电平转换器来连接的技术并说明原因。

15. 研究三态缓冲器的特性，并列举它们在计算机中的应用。

第1章　数制系统与数字编码

学习目标

学生通过本章知识点的学习，能获得必要的知识和技能，并完成以下目标：

1. 理解如何读写二进制、八进制、十进制和十六进制的数字，并能将数字从一种进制转换为另一种进制。
2. 能够对二进制数、十进制数、十六进制数进行加法、减法、乘法和除法运算。
3. 理解如何表示二进制正数和负数的原码、补码和反码，以及利用补码进行二进制数的加、减运算。
4. 理解并能够使用二-十进制编码 (BCD) 和美国信息交换标准代码 (ASCII) 来表示十进制数字及字母、数字和字符。
5. 理解错误检测编码方法和简单的错误检测码，如奇偶校验码和五中取二码。
6. 了解汉明码的基本概念。

计算机和其他数制系统将处理信息作为其主要功能，因此，需要有用来表示信息形式的方法和系统，可以使用电子或其他类型的硬件来处理和存储这些信息。

在本章中，我们将介绍计算机和数字系统中常用的数制与编码，所涵盖的内容包括二进制、八进制和十六进制数制系统及这些进制的代数运算；不同进制数的基本转换方法；负数表示方法，例如使用原码、补码和反码；定点数和浮点数的数字编码；字符编码，包括 BCD 和 ASCII；格雷码和移码，以及错误检测码和校验码。本书的后续各章介绍了硬件的分析与设计，这些硬件用来处理本章所述的各种形式的信息。

1.1　数制系统

数制系统由一组有序的符号组成，这些符号称为数字，数字之间的运算关系有加 (+)、减 (-)、乘 (×)、除 (÷)。数制系统的进制 (r) 或基数是某个数制系统中所允许的数字的总个数，计算机和其他数字系统中常用的数制系统包括十进制 ($r = 10$)、二进制 ($r = 2$)、八进制 ($r = 8$) 和十六进制 ($r = 16$)。给定数制系统中的任意数字都可能同时含有整数部分和小数部分，由小数点 (.) 分隔。在某些情况下，可能没有整数部分或没有小数部分。现在，让我们来研究表示数字的位置表示法和多项式表示法。

1.1.1　位置表示法和多项式表示法

假设你从当地银行借了 123 美元和 35 美分，你得到的支票的显示金额为 $123.35，在写这个数字时，使用了位置表示法。这张支票可以兑现一张 100 美元、两张 10 美元、三张 1 美元的钞票，以及三个 10 美分和五个 1 美分的硬币。因此，每个数字的位置表示其相对权重或重要性。

位置表示法

通常，一个正数 N 可以按位置表示法写为

$$N = (a_{n-1}a_{n-2}\cdots a_1a_0 . a_{-1}a_{-2}\cdots a_{-m})_r \tag{1.1}$$

其中

　　. 表示分隔整数和小数的小数点

　　r 表示所使用的数制的进制或基数

　　n 表示小数点左侧的整数位数

　　m 表示小数点右侧的小数位数

　　当 $n-1 \geq i \geq 0$ 时，a_i 表示整数 i

　　当 $-1 \geq i \geq -m$ 时，a_i 表示小数 i

　　a_{n-1} 表示最高有效位

　　a_{-m} 表示最低有效位

请注意，所有数字 a_i 的取值范围为 $r-1 \geq a_i \geq 0$。使用此表示法，银行贷款金额将被写成 \$$(123.35)_{10}$。如果基数是上下文已知的或另外指定的，则可以省略表示基数的括号和下标。

多项式表示法

　　$(123.35)_{10}$ 美元的贷款可以用多项式形式或级数形式表示为

$$N = 1 \times 100 + 2 \times 10 + 3 \times 1 + 3 \times 0.1 + 5 \times 0.01$$
$$= 1 \times 10^2 + 2 \times 10^1 + 3 \times 10^0 + 3 \times 10^{-1} + 5 \times 10^{-2}$$

　　注意，每个数字都位于一个加权位置，每个位置的权重是基数 10 的幂次方。一般来说，基数为 r 的任意数 N 可以写成多项式形式，如下所示：

$$N = \sum_{i=-m}^{n-1} a_i r^i \tag{1.2}$$

其中每个符号的定义与式(1.1)中的定义相同。对于上述银行贷款，

$$r = 10, a_2 = 1, a_1 = 2, a_0 = 3, a_{-1} = 3, a_{-2} = 5$$

当 $i \geq 3$ 或者 $i \leq -3$ 时，$a_i = 0$。

1.1.2　常用数制系统

　　十进制、二进制、八进制和十六进制数制系统对数字系统的研究都很重要。表 1.1 总结了每个数制系统的基本特征，并说明了每个数制系统中正整数的有限范围。表 1.1 中的所有数字都是用位置表示法表示的。

　　数字系统通常使用处于关闭或开启这两种状态的设备来构造。因此，二进制数制系统非常适合于在数字系统中表示数字，因为二进制数制系统只需要两个数字 0 和 1，这两个数字通常称为位（二进制数字）。一位二进制数字可以存储在一个通常称为触发器的两态存储设备中。n 位二进制数据可以存储在称为寄存器的 n 位长的存储设备中，该寄存器由 n 个触发器构成。图 1.1 显示了保存二进制数 10011010 的 8 位寄存器。

图 1.1　一个 8 位寄存器

表 1.1　重要的数制系统

名称	十进制	二进制	八进制	十六进制
基数	10	2	8	16
数字	0, 1, 2, 3, 4, 5, 6, 7, 8, 9	0, 1	0, 1, 2, 3, 4, 5, 6, 7	0, 1, 2, 3, 4, 5, 6, 7, 8, 9, A, B, C, D, E, F
前 17 个正整数	0	0	0	0
	1	1	1	1
	2	10	2	2
	3	11	3	3
	4	100	4	4
	5	101	5	5
	6	110	6	6
	7	111	7	7
	8	1000	10	8
	9	1001	11	9
	10	1010	12	A
	11	1011	13	B
	12	1100	14	C
	13	1101	15	D
	14	1110	16	E
	15	1111	17	F
	16	10000	20	10

1.2　算术运算

　　每个人都可以通过分别记忆表 1.2（a）和（b）所示的以 10 为基数的加法表和乘法表来学习算术的基本知识。减法运算可以通过反向使用加法表来完成，同样，长除法使用反复试探相乘和相减来获得商。任何基数的算术运算的基础都是运用它的加法表和乘法表。给定这些表，所有基数的算术运算都以类似的方式进行。本节的后面部分将介绍二进制和十六进制数制系统中的算术运算。

表 1.2　十进制算术运算表

+	0	1	2	3	4	5	6	7	8	9
0	0	1	2	3	4	5	6	7	8	9
1	1	2	3	4	5	6	7	8	9	10
2	2	3	4	5	6	7	8	9	10	11
3	3	4	5	6	7	8	9	10	11	12
4	4	5	6	7	8	9	10	11	12	13
5	5	6	7	8	9	10	11	12	13	14
6	6	7	8	9	10	11	12	13	14	15
7	7	8	9	10	11	12	13	14	15	16
8	8	9	10	11	12	13	14	15	16	17
9	9	10	11	12	13	14	15	16	17	18

（a）加法表

×	0	1	2	3	4	5	6	7	8	9
0	0	0	0	0	0	0	0	0	0	0
1	0	1	2	3	4	5	6	7	8	9
2	0	2	4	6	8	10	12	14	16	18
3	0	3	6	9	12	15	18	21	24	27
4	0	4	8	12	16	20	24	28	32	36
5	0	5	10	15	20	25	30	35	40	45
6	0	6	12	18	24	30	36	42	48	54
7	0	7	14	21	28	35	42	49	56	63
8	0	8	16	24	32	40	48	56	64	72
9	0	9	18	27	36	45	54	63	72	81

（b）乘法表

1.2.1　二进制算术运算

加法

　　表 1.3（a）和（b）分别显示了二进制数制系统的加法表和乘法表。这些表非常小，因为系统中只有两位数字，因此二进制算术运算非常简单。

表 1.3　二进制算术运算表

+	0	1
0	0	1
1	1	10

(a) 加法表

×	0	1
0	0	0
1	0	1

(b) 乘法表

请注意，加法 $1 + 1$ 产生的和位为 0，进位为 1。随着加法按照从右到左的常规方式进行，必须将该进位加到下一列的位。接下来给出二进制加法的两个示例。

例 1.1　将两个二进制数$(111101)_2$和$(10111)_2$相加。

```
  1  1  1  1  1  1      进位
     1  1  1  1  0  1    加数
+       1  0  1  1  1    加数
  ─────────────────
  1  0  1  0  1  0  0    和
```

在前面的例子中，出现了两列加数都为 1、进位也为 1 的情况，这 3 个 1 必须相加。这 3 个 1 的加法比较容易理解为

$$1 + 1 + 1 = (1 + 1) + 1$$
$$= (10)_2 + (01)_2$$
$$= 11$$

因此，和位和进位都是 1。

在完成多个二进制数的加法运算时，可以先成对地相加，再将结果相加，从而轻松地执行运算，如例 1.2 所示。

例 1.2　将$(101101)_2$、$(110101)_2$、$(001101)_2$和$(010001)_2$这 4 个数相加。

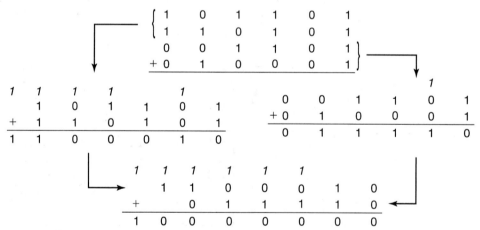

也可以直接执行加法运算，可省略上述方法所需的中间步骤，如例 1.3 所示。

例 1.3　通过一次性求和来完成例 1.2。

```
  10  10  10  10   1  10      进位
       1   0   1   1  0  1
       1   1   0   1  0  1
       0   0   1   1  0  1
+      0   1   0   0  0  1
  ─────────────────────────
  1   0   0   0   0  0  0  0    和
```

请注意，第一列中的数字总和为 $1+1+1+1=(100)_2$。因此，该列中的和为 0，而在下一列的进位值为 10。

减法

减法可以被认为是加法的逆运算，二进制的减法运算规则直接来自表 1.3(a) 中的二进制加法表：

$$1-0=1$$
$$1-1=0$$
$$0-0=0$$
$$0-1=1 \quad 借1，或 \quad 10-1=1$$

最后一条规则表明，如果某一位是从 0 减去 1，则必须从相邻高位列中借 1。借项在各列之间向左传播，如例 1.4 所示。

例 1.4　计算 $(1001101)_2-(10111)_2$。

6	5	4	3	2	1	0	列
	1			10			借位
0	10	10	0	0̷	10		借位
1̷	0̷	0̷	1̷	1̷	0̷	1	被减数
−			1	0	1	1	减数
	1	1	0	1	1	0	差

在本例中，首先在第 1 列中遇到借位，该借位取自第 2 列，并且在第 1 列中产生 (10)，在第 2 列中被减数变为 0，表示第 2 列的被减数不够减，必须从第 3 列中借。第 3 列不需要其他借位，第 4 列需要借位，但第 5 列中没有 1 可以借用。因此，必须从第 6 列借 1，导致第 6 列输出 0，而第 5 列得到 10。现在，第 4 列从第 5 列借用 1，得到借位 10，因此输出为 1；而第 5 列输出值 $1(10-1=1)$。注意：将借位序列显示在被减数位的上方。

乘法与除法

二进制乘法的执行方式与十进制乘法相似，但二进制乘法更简单，如表 1.3(b) 所示。不过，在填写部分乘积项的值时必须小心，如例 1.5 所示。

例 1.5　计算 $(10111)_2 \times (1010)_2$。

			1	0	1	1	1	被乘数
×				1	0	1	0	乘数
			0	0	0	0	0	
		1	0	1	1	1		
	0	0	0	0	0			
1	0	1	1	1				
1	1	1	0	0	1	1	0	乘积

注意，每一位乘数与被乘数相乘都会有一个部分乘积项。当乘数的某位为 0 时，只需将被乘数向左移动一列，而不需要列出全零的部分乘积项，就可以更有效地执行此乘法过程。从本例可以看出，二进制乘法是很容易实现的。

二进制除法使用与十进制除法相同的反复试探过程来执行。但是，二进制除法比较容易，因为只有两个值可以试探。从被除数中反复减去除数项，然后得到正的余数项。二进制除法过程如例 1.6 所示。

例 1.6　计算 $(1110111)_2 \div (1001)_2$。

```
                            1  1  0  1      商
除数   1  0  0  1 | 1  1  1  0  1  1  1     被除数
                  1  0  0  1
                  1  0  1  1
                  1  0  0  1
                        1  0  1  1
                        1  0  0  1
                              1  0          余数
```

1.2.2　十六进制算术运算

十六进制加法表和乘法表比十进制和二进制的更复杂，表 1.4 所示为十六进制算术运算表。但是，与其他数制系统一样，了解这些表就可以执行十六进制算术运算，以下四个例子说明了十六进制数的运算过程。

例 1.7　计算 $(2A58)_{16} + (71D0)_{16}$。

```
        1          进位
    2  A  5  8     被加数
 +  7  1  D  0     加数
    9  C  2  8     和
```

例 1.8　计算 $(9F1B)_{16} - (4A36)_{16}$。

```
    E  1          借位
    9  F̶  1̶  B     被减数
 -  4  A  3  6     减数
    5  4  E  5     差
```

表 1.4　十六进制算术运算表

+	0	1	2	3	4	5	6	7	8	9	A	B	C	D	E	F
0	0	1	2	3	4	5	6	7	8	9	A	B	C	D	E	F
1	1	2	3	4	5	6	7	8	9	A	B	C	D	E	F	10
2	2	3	4	5	6	7	8	9	A	B	C	D	E	F	10	11
3	3	4	5	6	7	8	9	A	B	C	D	E	F	10	11	12
4	4	5	6	7	8	9	A	B	C	D	E	F	10	11	12	13
5	5	6	7	8	9	A	B	C	D	E	F	10	11	12	13	14
6	6	7	8	9	A	B	C	D	E	F	10	11	12	13	14	15
7	7	8	9	A	B	C	D	E	F	10	11	12	13	14	15	16
8	8	9	A	B	C	D	E	F	10	11	12	13	14	15	16	17
9	9	A	B	C	D	E	F	10	11	12	13	14	15	16	17	18
A	A	B	C	D	E	F	10	11	12	13	14	15	16	17	18	19
B	B	C	D	E	F	10	11	12	13	14	15	16	17	18	19	1A
C	C	D	E	F	10	11	12	13	14	15	16	17	18	19	1A	1B
D	D	E	F	10	11	12	13	14	15	16	17	18	19	1A	1B	1C
E	E	F	10	11	12	13	14	15	16	17	18	19	1A	1B	1C	1D
F	F	10	11	12	13	14	15	16	17	18	19	1A	1B	1C	1D	1E

(a) 加法表

续表

×	0	1	2	3	4	5	6	7	8	9	A	B	C	D	E	F
0	0	0	0	0	0	0	0	0	0	0	0	0	0	0	0	0
1	0	1	2	3	4	5	6	7	8	9	A	B	C	D	E	F
2	0	2	4	6	8	A	C	E	10	12	14	16	18	1A	1C	1E
3	0	3	6	9	C	F	12	15	18	1B	1E	21	24	27	2A	2D
4	0	4	8	C	10	14	18	1C	20	24	28	2C	30	34	38	3C
5	0	5	A	F	14	19	1E	23	28	2D	32	37	3C	41	46	4B
6	0	6	C	12	18	1E	24	2A	30	36	3C	42	48	4E	54	5A
7	0	7	E	15	1C	23	2A	31	38	3F	46	4D	54	5B	62	69
8	0	8	10	18	20	28	30	38	40	48	50	58	60	68	70	78
9	0	9	12	1B	24	2D	36	3F	48	51	5A	63	6C	75	7E	87
A	0	A	14	1E	28	32	3C	46	50	5A	64	6E	78	82	8C	96
B	0	B	16	21	2C	37	42	4D	58	63	6E	79	84	8F	9A	A5
C	0	C	18	24	30	3C	48	54	60	6C	78	84	90	9C	A8	B4
D	0	D	1A	27	34	41	4E	5B	68	75	82	8F	9C	A9	B6	C3
E	0	E	1C	2A	38	46	54	62	70	7E	8C	9A	A8	B6	C4	D2
F	0	F	1E	2D	3C	4B	5A	69	78	87	96	A5	B4	C3	D2	E1

(b) 乘法表

例 1.9　计算 $(5C2A)_{16} \times (71D0)_{16}$。

```
          5 C 2 A    被乘数
        × 7 1 D 0    乘数
    4 A E 2 2 0      部分积
    5 C 2 A
  2 8 5 2 6
  2 8 F 9 6 C 2 0    乘积
```

例 1.10　计算 $(27FCA)_{16} \div (3E)_{16}$。

```
              A 5 1      商
  除数 3 E | 2 7 F C A    被除数
            2 6 C
            1 3 C
            1 3 6
              6 A
              3 E
              2 C        余数
```

1.3　进制转换

计算机和其他数字系统的用户和设计人员经常遇到需要将基数 A 中的给定数字转换为基数 B 中的等效数字的情况，本节将介绍和说明用于执行基数转换的算法。

1.3.1　转换方法和算法

多项式替代法

之前由式 (1.2) 给出的一个数的多项式表示法构成了多项式替代法的基础。式 (1.2) 可以展开写成如下形式：

$$N = a_{n-1}r^{n-1} + \cdots + a_0 r^0 + a_{-1}r^{-1} + \cdots + a_{-m}r^{-m} \qquad (1.3)$$

可以通过两个步骤将基数 A 中的数字转换为基数 B 中的数字。

(1) 按照式(1.3)的格式，写出数字在基数 A 中的多项式序列形式。

(2) 使用基数 B 的算法计算多项式序列。

以下四个例子说明了这个过程。

例 1.11   将 $(10100)_2$ 转换为十进制数。

我们根据每个数字的权重不同来进行转换。在 $(10100)_2$ 中从右到左计算，我们发现最右边的数字 0 的权重为 2^0，下一个数字 0 的权重为 2^1，依次类推。将这些值代入式(1.3)中，计算以 10 为基数的多项式序列，得到

$$\begin{aligned}
N &= 1 \times 2^4 + 0 \times 2^3 + 1 \times 2^2 + 0 \times 2^1 + 0 \times 2^0 \\
&= (16)_{10} + 0 + (4)_{10} + 0 + 0 \\
&= (20)_{10}
\end{aligned}$$

例 1.12   将 $(274)_8$ 转换为十进制数。

$$\begin{aligned}
N &= 2 \times 8^2 + 7 \times 8^1 + 4 \times 8^0 \\
&= (128)_{10} + (56)_{10} + (4)_{10} \\
&= (188)_{10}
\end{aligned}$$

例 1.13   将 $(1101.011)_2$ 转换为八进制数。

该数字的整数部分将像前面的示例一样进行转换，对于二进制小数点右边的数字，我们从左到右进行计算。二进制小数点右边的第一位数字 0 的权重为 2^{-1}，第二位数字 1 的权重为 2^{-2}，第三位数字 1 的权重为 2^{-3}，代入式(1.3)得到

$$\begin{aligned}
N &= 1 \times 2^3 + 1 \times 2^2 + 0 \times 2^1 + 1 \times 2^0 + 0 \times 2^{-1} + 1 \times 2^{-2} + 1 \times 2^{-3} \\
&= (10)_8 + (4)_8 + 0 + (1)_8 + 0 + (.2)_8 + (.1)_8 \\
&= (15.3)_8
\end{aligned}$$

例 1.14   将 $(AF3.15)_{16}$ 转换为十进制数。

$$\begin{aligned}
N &= A \times 16^2 + F \times 16^1 + 3 \times 16^0 + 1 \times 16^{-1} + 5 \times 16^{-2} \\
&= 10_{10} \times 256_{10} + 15_{10} \times 16_{10} + 3_{10} \times 1_{10} + 1_{10} \times 0.0625_{10} + 5_{10} \times 0.00390625_{10} \\
&= 2560_{10} + 240_{10} + 3_{10} + 0.0625_{10} + 0.01953125_{10} \\
&= (2803.08203125)_{10}
\end{aligned}$$

注意，在前面的例子中，当基数 $A < B$ 时，从基数 A 到基数 B 的转换会更容易些。现在将描述与之相反的转换方法。

基数除法

基数除法的转换方法可用于以基数 A 表示的整数转换为以基数 B 表示的相等的整数。为了理解该方法，请观察整数 N_I 的表示形式：

$$(N_I)_A = b_{n-1}B^{n-1} + \cdots + b_0 B^0 \qquad (1.4)$$

式(1.4)中，b_i 表示以基数 A 表示的 $(N_I)_B$ 中的数字，最低有效数字 $(b_0)_A$ 可以通过将 $(N_I)_A$ 除以 $(B)_A$ 得到，如下所示：

$$\begin{aligned}
N_I / B &= (b_{n-1}B^{n-1} + \cdots + b_1 B^1 + b_0 B^0)/B \\
&= \underbrace{b_{n-1}B^{n-2} + \cdots + b_1 B^0}_{\text{商 } Q_1} + \underbrace{\frac{b_0}{B}}_{\text{余数 } R_0}
\end{aligned}$$

换句话说，$(b_0)_A$ 是 $(N_I)_A$ 除以 $(B)_A$ 产生的余数。通常，$(b_i)_A$ 是将商 Q_i 除以 $(B)_A$ 产生的余数，即 R_i。通过将每个 $(b_i)_A$ 转换为基数 B 来完成转换。然而，如果 $B < A$，最后一步可以忽略。基数除法的转换过程总结如下。

1. 将 $(N_I)_A$ 除以期望的基数 $(B)_A$，得到商 Q_1 和余数 R_0。R_0 是结果的最低有效数字 d_0。
2. 将商 Q_i 除以 $(B)_A$，计算 $i = 1, \cdots, n-1$ 时的每个剩余数字 d_i，得到商 Q_{i+1}，以及余数 R_i，R_i 即 d_i。
3. 当商 $Q_{i+1} = 0$ 时停止。

下面通过两个例子来说明基数除法。

例 1.15　将 $(234)_{10}$ 转换为八进制数。
我们通过反复将整数 $(234)_{10}$［即 $(N)_A$］除以 8［即 $(B)_A$］，直到商为 0 来解决这个问题。

$$
\begin{array}{r}
\ \ 2\ 9 \\
8\ |\overline{2\ 3\ 4} \\
\underline{1\ 6} \\
7\ 4 \\
\underline{7\ 2} \\
2\ = b_0
\end{array}
\qquad
\begin{array}{r}
3 \\
8\ |\overline{2\ 9} \\
\underline{2\ 4} \\
5\ = b_1
\end{array}
\qquad
\begin{array}{r}
0 \\
8\ |\overline{3} \\
\underline{0} \\
3\ = b_2
\end{array}
$$

因此，$(234)_{10} = (352)_8$，这些计算可以用以下简写格式进行总结。

$$
\begin{array}{rl}
8\ |\ 2\ 3\ 4 & 2\ \uparrow\ \text{LSB} \\
8\ |\ 2\ 9 & 5 \\
8\ |\ 3 & 3\ |\ \text{MSB} \\
0
\end{array}
$$

例 1.16　将 $(234)_{10}$ 转换为十六进制数。

$$
\begin{array}{r}
1\ 4 \\
1\ 6\ |\overline{2\ 3\ 4} \\
\underline{1\ 6} \\
7\ 4 \\
\underline{6\ 4} \\
1\ 0\ = (A)_{16} = b_0
\end{array}
\qquad
\begin{array}{r}
0 \\
1\ 6\ |\overline{1\ 4} \\
\underline{0} \\
1\ 4\ = (E)_{16} = b_1
\end{array}
$$

因此，$(234)_{10} = (EA)_{16}$，简写格式如下：

$$
\begin{array}{rl}
16\ |\ 2\ 3\ 4 & 10 = (A)_{16}\ \uparrow \\
16\ |\ 1\ 4 & 14 = (E)_{16} \\
0
\end{array}
$$

基数乘法

小数的转换可以通过基数乘法来完成。假设 N_F 为以基数 A 表示的小数，该小数可表示为多项式序列形式：

$$(N_F)_A = b_{-1}B^{-1} + b_{-2}B^{-2} + \cdots + b_{-m}B^{-m} \tag{1.5}$$

式 (1.5) 中，b_i 表示以基数 A 表示的 $(N_F)_B$ 中的数字，最高有效数字 $(b_{-1})_A$ 可以通过将 $(N_F)_A$ 乘以 $(B)_A$ 得到，如下所示：

$$
\begin{aligned}
B \times N_F &= B \times (b_{-1}B^{-1} + b_{-2}B^{-2} + \cdots + b_{-m}B^{-m}) \\
&= \underbrace{b_{-1}}_{\text{整数},\, I_{-1}} + \underbrace{b_{-2}B^{-1} + \cdots + b_{-m}B^{-(m-1)}}_{\text{小数},\, F_{-2}}
\end{aligned}
$$

因此，$(b_{-1})_A$ 是 (N_F) 乘以 $(B)_A$ 所得乘积的整数部分。通常，$(b_{-i})_A$ 是 $F_{-(i+1)}$ 乘以 $(B)_A$ 所得乘积的整数部分，即 I_{-i}。因此，基数乘法的转换过程总结如下。

(1) 设 $F_{-1} = (N_F)_A$。

(2) 对于 $i = 1, \cdots, m$，通过将 F_i 乘以 $(B)_A$，计算 $(b_{-1})_A$，得到的整数 I_{-i} 即为数字 $(b_{-i})_A$ 及小数 $F_{-(i+1)}$。

(3) 将每个数字 $(b_{-i})_A$ 转换为基数 B 的形式。

下面两个例子说明了这种方法。

例 1.17　将 $(0.1285)_{10}$ 转换为八进制数。

$$
\begin{array}{cccc}
0.1285 & 0.0280 & 0.2240 & 0.7920 \\
\times\ \ 8 & \times\ \ 8 & \times\ \ 8 & \times\ \ 8 \\
\hline
1.0280 & 0.2240 & 1.7920 & 6.3360 \\
\uparrow & \uparrow & \uparrow & \uparrow \\
b_{-1} & b_{-2} & b_{-3} & b_{-4}
\end{array}
$$

$$
\begin{array}{cccc}
0.3360 & 0.6880 & 0.5040 & 0.0320 \\
\times\ \ 8 & \times\ \ 8 & \times\ \ 8 & \times\ \ 8 \\
\hline
2.6880 & 5.5040 & 4.0320 & 0.2560 \\
\uparrow & \uparrow & \uparrow & \uparrow \\
b_{-5} & b_{-6} & b_{-7} & b_{-8}
\end{array}
$$

因此

$$0.1285_{10} = (0.10162540\cdots)_8$$

例 1.18　将 $(0.828125)_{10}$ 转换为二进制数。

在本例中，当应用基数乘法方法时，将使用简写格式。在每一行上，小数乘以 2 得到下一行：

$$
\begin{array}{l}
\text{MSD} \quad 1.656250 \leftarrow 0.828125 \times 2 \\
\qquad\quad 1.312500 \leftarrow 0.656250 \times 2 \\
\qquad\quad 0.625000 \leftarrow 0.312500 \times 2 \\
\qquad\quad 1.250000 \leftarrow 0.625000 \times 2 \\
\qquad\quad 0.500000 \leftarrow 0.250000 \times 2 \\
\text{LSD} \quad 1.000000 \leftarrow 0.500000 \times 2
\end{array}
$$

因此

$$0.828125_{10} = (0.110101)_2$$

到目前为止，我们已举例说明了基数转换的原理，定义解决各种问题的通用步骤是有帮助的，以便按正确的顺序应用基本步骤。上述进制转换方法已被描述为两种常用的进制转换算法。

算法 1.1

将数 N 从基数 A 转换为基数 B，请使用

(a) 基数 B 运算的多项式替代法。

(b) 基数 A 运算的基数除法和/或基数乘法。

算法 1.1 可用于任意两个基数之间的转换。不过，有可能在一个不熟悉的基数上进行算术运算。下面介绍的算法以较长的计算过程为代价克服了这一困难。

算法 1.2

将数 N 从基数 A 转换为基数 B，请使用

(a)以 10 为基数的多项式替代法,将 N 从基数 A 转换为基数 10。

(b)使用十进制算术运算的基数除法和/或基数乘法,将 N 从基数 10 转换为基数 B。

通常,算法 1.2 比算法 1.1 需要更多的步骤。但是,后者的实现经常更容易、更快捷且更不容易出错,因为所有计算都是在十进制中进行的。

1.3.2 当 $B = A^k$ 时基数 A 和基数 B 之间的转换

当一个基数是另一基数的幂时,例如 $B = A^k$,可以使用简化的转换过程。这些过程非常有用,下面将进行描述。

算法 1.3

(a)当 $B = A^k$ 且 k 为正整数时,要将数 N 从基数 A 转换为基数 B,可以从小数点开始,将 N 的各位数字按两个方向每 k 个数字分组,然后用基数 B 中的等效数字替换每组。

(b)当 $B = A^k$ 且 k 为正整数时,要将数 N 从基数 B 转换为基数 A,可以将 N 的每个以基数 B 表示的数字替换为基数 A 中的 k 个数字。

以下示例说明了在 $A = 2$ 的情况下此算法的性能和速度。

例 1.19 将 $(1011011.1010111)_2$ 转换为八进制数。

当 $B = 8 = 2^3 = A^k$ 时可以应用算法 1.3(a),因此将二进制数每三位一组就能得到对应的八进制数的每一位。

$$\underbrace{001}_{1}\ \underbrace{011}_{3}\ \underbrace{011}_{3}\ .\ \underbrace{101}_{5}\ \underbrace{011}_{3}\ \underbrace{100}_{4}$$

$$1011011.1010111_2 = (133.534)_8$$

例 1.20 将 $(AF.16C)_{16}$ 转换为八进制数。

因为 16 和 8 都是 2 的幂,所以算法 1.3 可以应用两次,如下所示。

使用算法 1.3(b)将 $(AF.16C)_{16}$ 转换为二进制数,因为 $16 = 2^4$,十六进制数的每一位用一组四位二进制数代替:

$$\underbrace{A}_{1010}\ \underbrace{F}_{1111}\ .\ \underbrace{1}_{0001}\ \underbrace{6}_{0110}\ \underbrace{C}_{1100}$$

$$(AF.16C)_{16} = (10101111.0001011011)_2$$

使用算法 1.3(a)将二进制数转换为八进制数:

$$\underbrace{010}_{2}\ \underbrace{101}_{5}\ \underbrace{111}_{7}\ .\ \underbrace{000}_{0}\ \underbrace{101}_{5}\ \underbrace{101}_{5}\ \underbrace{100}_{4}$$

因此

$$(AF.16C)_{16} = (257.0554)_8$$

1.4 带符号数表示法

S	数值表示

符号表示

图 1.2 带符号数的格式

数字系统中使用的符号由一个称为符号位的数字指定,通常将其放置在数的最左边,如图 1.2 所示。二进制正数的符号位用 0 来表示,负数的符号位用 1 来表示。正数的数值大小仅由其相应位置上的数字表示,然而,负数的数值大小可以有几种表示方法。表 1.5 所示为带符号二进制数的原码、补码和反码表示方法，下面将详细讨论每种表示方法。

表 1.5　带符号数表示示例

带符号十进制数	二进制原码	补码	反码
+15	0,1111	0,1111	0,1111
+14	0,1110	0,1110	0,1110
+13	0,1101	0,1101	0,1101
+12	0,1100	0,1100	0,1100
+11	0,1011	0,1011	0,1011
+10	0,1010	0,1010	0,1010
+9	0,1001	0,1001	0,1001
+8	0,1000	0,1000	0,1000
+7	0,0111	0,0111	0,0111
+6	0,0110	0,0110	0,0110
+5	0,0101	0,0101	0,0101
+4	0,0100	0,0100	0,0100
+3	0,0011	0,0011	0,0011
+2	0,0010	0,0010	0,0010
+1	0,0001	0,0001	0,0001
0	0,0000	0,0000	0,0000
	(1,0000)	—	(1,1111)
−1	1,0001	1,1111	1,1110
−2	1,0010	1,1110	1,1101
−3	1,0011	1,1101	1,1100
−4	1,0100	1,1100	1,1011
−5	1,0101	1,1011	1,1010
−6	1,0110	1,1010	1,1001
−7	1,0111	1,1001	1,1000
−8	1,1000	1,1000	1,0111
−9	1,1001	1,0111	1,0110
−10	1,1010	1,0110	1,0101
−11	1,1011	1,0101	1,0100
−12	1,1100	1,0100	1,0011
−13	1,1101	1,0011	1,0010
−14	1,1110	1,0010	1,0001
−15	1,1111	1,0001	1,0000
−16	—	1,0000	—

*符号位以逗号分隔。

1.4.1　带符号原码

最简单的表示方法是带符号原码，然而，使用这种方法需要更多的硬件和算法，导致电路更复杂，计算时间更长。因此，原码表示法在实践中并不常用。

一个带符号二进制数 $N = \pm(a_{n-1}\cdots a_0 . a_{-1}\cdots a_{-m})_r$ 用原码形式写成

$$N = (sa_{n-1}\cdots a_0 . a_{-1}\cdots a_{-m})_{rsm} \tag{1.6}$$

如果 N 为正数，则 $s = 0$；如果 N 为负数，则 $s = r - 1$。

例 1.21　确定 $N = -(13)_{10}$ 的二进制原码$(r = 2)$和十进制原码$(r = 10)$。

二进制：

$$\begin{aligned}
N &= -(13)_{10} \\
&= -(1101)_2 \\
&= (1,1101)_{2sm}
\end{aligned}$$

十进制：

$$\begin{aligned}
N &= -(13)_{10} \\
&= (9,13)_{10sm}
\end{aligned}$$

其中 9 表示 $r = 10$ 时的负号。

有关二进制原码的更多示例，请参见表 1.5。为了清楚起见，使用逗号来分隔符号位。

1.4.2　互补数制

互补数制是互补算术的基础，是数字系统中处理带符号数的算术运算的一种有效方法。正数的表示与原码相同，而负数则用相应正数的补码表示。数字系统常用补码和反码来表示，下面将分别讨论，并举例说明表示方法。

基数补码

按式(1.2)的格式，数$(N)_r$的基数补码$[N]_r$定义为

$$[N]_r = r^n - (N)_r \tag{1.7}$$

其中 n 是$(N)_r$中的位数，最大的正数（称为正满刻度）是 $r^{n-1} - 1$，而最大的负数（称为负满刻度）是 $-r^{n-1}$。

二进制补码(two's complement)是二进制数$(r = 2)$的基数补码（简称补码），由下式给出：

$$[N]_2 = 2^n - (N)_2 \tag{1.8}$$

其中 n 是$(N)_2$中的位数，补码是数字系统中最常用的表示带符号数的格式，下面举例说明。

例 1.22　求$(N)_2 = (01100101)_2$的补码（负数）。

根据式(1.8)，

$$\begin{aligned}
[N]_2 &= [01100101]_2 \\
&= 2^8 - (01100101)_2 \\
&= (100000000)_2 - (01100101)_2 \\
&= (10011011)_2
\end{aligned}$$

例 1.23　求$(N)_2 = (11010100)_2$的补码$[N]_2$，并通过证明$(N)_2 + [N]_2 = 0$，验证它可以用来表示$-(N)_2$。

首先，根据式(1.8)计算补码。

$$\begin{aligned}
[N]_2 &= [11010100]_2 \\
&= 2^8 - (11010100)_2 \\
&= (100000000)_2 - (11010100)_2 \\
&= (00101100)_2
\end{aligned}$$

现在验证$[N]_2$可以表示$-(N)_2$。计算$(N)_2 + [N]_2$：

$$
\begin{array}{r}
1\ 1\ 0\ 1\ 0\ 1\ 0\ 0 \\
+\quad 0\ 0\ 1\ 0\ 1\ 1\ 0\ 0 \\
\hline
1\ 0\ 0\ 0\ 0\ 0\ 0\ 0\ 0
\end{array}
$$

↑
进位

我们舍弃最高位的进位，得到$(N)_2 + [N]_2 = (00000000)_2$，即一个二进制数的原码与其补码之和为 0。因此，可以用$[N]_2$来表示$-(N)_2$。

例 1.24　求例 1.23 中计算的$[N]_2 = (00101100)_2$的补码$[[N]_2]_2$。

$$
\begin{aligned}
[[N]_2]_2 &= [00101100]_2 \\
&= 2^8 - (00101100)_2 \\
&= (100000000)_2 - (00101100)_2 \\
&= (11010100)_2
\end{aligned}
$$

注意，最终结果是$(N)_2$的原码。

从例 1.24 可见，对一个数(不计符号位)应用两次补码运算就会得到它的原码。一般情况下，用$-(N)_2$代替$[N]_2$，即可验证。

$$
\begin{aligned}
[[N]_2]_2 &= [-(N)_2]_2 \\
&= -(-(N)_2)_2 \\
&= (N)_2
\end{aligned}
$$

例 1.25　求 $n = 8$ 时 $(N)_2 = (10110)_2$ 的补码。
根据式(1.8)，

$$
\begin{aligned}
[N]_2 &= [10110]_2 \\
&= 2^8 - (10110)_2 \\
&= (100000000)_2 - (10110)_2 \\
&= (11101010)_2
\end{aligned}
$$

请注意，将结果保留 8 位数。读者可自行验证该$[N]_2$值可表示$-(N)_2$及$[[N]_2]_2 = (N)_2$。

虽然一个数的基数补码总是可以由式(1.7)的定义来获得，但是可以使用更简单的方法。在给定$(N)_r$的情况下，以下两种算法可计算$(N)_r$的补码$[N]_r$，无须证明。

算法 1.4　求给定$(N)_r$的$[N]_r$

从最低有效位开始，复制 N 的数字，继续向最高有效位方向移动，直到出现第一个非零数字为止。此时，用 $r - a_i$ 替换这个数字 a_i。如有必要，继续用$(r-1) - a_j$替换 N 的每个剩余数字 a_j，直到最高有效数字被替换为止。

对于二进制数$(r = 2)$，第一个非零数字 a_i 默认为 1。因此，a_i 被替换为 $r - a_i = 2 - 1 = 1$，即 a_i 保持不变，剩下的每位 a_j 被$(r-1) - a_j = 1 - a_j = \bar{a}_j$所替换。因此，当将算法 1.4 应用于二进制数时，获得补码的方法是从右向左复制所有位，直到出现第一个 1 值，该位也保持为 1，然后，对剩余位的值取反码。

例 1.26　求 $N = (01100101)_2$ 的补码。

$$
N = 0\ 1\ 1\ 0\ 0\ 1\ 0\ 1
$$

↕ 第一个非零数字

$$
[N]_2 = 1\ 0\ 0\ 1\ 1\ 0\ 1\ 1
$$

例 1.27　求 $N = (11010100)_2$ 的补码。

$$N = 1 \quad 1 \quad 0 \quad 1 \quad 0 \quad 1 \quad 0 \quad 0$$
$$\updownarrow \qquad \text{第一个非零数字}$$
$$[N]_2 = 0 \quad 0 \quad 1 \quad 0 \quad 1 \quad 1 \quad 0 \quad 0$$

例 1.28　求 $n = 8$ 时 $N = (10110)_2$ 的补码。

首先，由于 $n = 8$，必须在最高有效位的位置补上三个零，以形成一个 8 位数字。然后，应用算法 1.4，得到

$$N = 0 \quad 0 \quad 0 \quad 1 \quad 0 \quad 1 \quad 1 \quad 0$$
$$\updownarrow \qquad \text{第一个非零数字}$$
$$[N]_2 = 1 \quad 1 \quad 1 \quad 0 \quad 1 \quad 0 \quad 1 \quad 0$$

算法 1.5　求给定 $(N)_r$ 的 $[N]_r$

首先用 $(r-1) - a_k$ 替换 $(N)_r$ 的每个数字 a_k，然后将其结果加 1。

对于二进制数 $(r = 2)$，用 $(r-1) - a_k = 1 - a_k = \bar{a}_k$ 替换每位 a_k。因此，算法 1.5 只需对每一位求反，然后将其结果加 1。

例 1.29　求 $N = (01100101)_2$ 的补码。

$$
\begin{aligned}
N = &\ 01100101 \\
&\ 10011010 \quad \text{各位取反} \\
&\ +1 \quad\quad \text{加 1} \\
[N]_2 = &\ 10011011
\end{aligned}
$$

例 1.30　求 $N = (11010100)_2$ 的补码。

$$
\begin{aligned}
N = &\ 11010100 \\
&\ 00101011 \quad \text{各位取反} \\
&\ +1 \quad\quad \text{加 1} \\
[N]_2 = &\ 00101100
\end{aligned}
$$

请注意，算法 1.4 对于手工获得补码很方便，而算法 1.5 更有利于通过机器获得补码，这将在本章后面进行说明。

基数补码系统

此前定义了基数补码，并介绍了几种求已知二进制数的基数补码的方法。通过示例说明，一个数字的基数补码可用来表示该数的负数。接下来，将更精确地描述一个利用补码来表示负数的数制系统，类似的系统可应用于其他基数的情况。

在补码系统中，正数的表示与原码相同，最前面用 0 表示符号；而负数用对应的正数的补码来表示。我们将使用符号 $(N)_{2cns}$ 来表示数字的补码。

因此，当 $0 \leqslant N \leqslant 2^{n-1} - 1$ 时，$N = + (a_{n-2}, \cdots, a_0)_2 = (0, a_{n-2}, \cdots, a_0)_{2cns}$。对于负数，当 $-1 \geqslant -N \geqslant -2^{n-1}$ 时，如果 $N = (a_{n-1}, a_{n-2}, \cdots, a_0)_2$，则 $-N$ 用补码表示为 $[a_{n-1}, \cdots, a_0]_2$。补码系统中所有负数的符号位都用 1 表示。

以下示例说明了补码系统中正数和负数的编码方法。希望读者在研究以下示例之后验证表 1.5 中的补码项。

例 1.31　已知 $(N)_2 = (1100101)_2$，求 $n = 8$ 时 $\pm (N)_2$ 的补码。

可知

$$+(N)_2 = (0, 1100101)_{2cns}$$

根据式 (1.8)，

$$-(N)_2 = [+(N)_2]_2$$
$$= [0,1100101]_2$$
$$= 2^8 - (0,1100101)_2$$
$$= (100000000)_2 - (0,1100101)_2$$
$$= (1,0011011)_{2cns}$$

从符号位可知，$(0,1100101)_{2cns}$ 表示一个正数，而 $(1,0011011)_{2cns}$ 表示其对应的负数。在本例和后面的示例中，使用逗号来识别符号位。

例 1.32 当 $n=8$ 时，写出 $\pm(110101)_2$ 的补码。

可知

$$+(110101)_2 = (0,0110101)_{2cns}$$

根据式 (1.8)，有

$$-(110101)_2 = [110101]_2$$
$$= 2^8 - (110101)_2$$
$$= (100000000)_2 - (110101)_2$$
$$= (1,1001011)_{2cns}$$

例 1.33 求 $n=8$ 时 $-(13)_{10}$ 的补码。

首先，把 $(13)_{10}$ 从十进制转换成二进制：

$$+(13)_{10} = +(1101)_2 = (0,0001101)_{2cns}$$

接下来，求出 $(0,0001101)_{2cns}$ 的补码来表示 $-(13)_{10}$。

$$-(13)_{10} = -(0,0001101)_{2cns}$$
$$= [0,0001101]_2$$
$$= 2^8 - (0,0001101)_2$$
$$= (1,1110011)_{2cns}$$

例 1.34 确定 $n=8$ 时，由 $N=(1,1111010)_{2cns}$ 表示的十进制数。

$$N = (1,1111010)_{2cns}$$
$$= -[1,1111010]_2$$
$$= -(2^8 - (1,1111010)_2)$$
$$= -(0,0000110)_{2cns}$$
$$= -(6)_{10}$$

从符号位来看，N 是一个负数。因此，通过推导 N 的补码来确定 N 的绝对值大小(对应的正值)；有 $(0,0000110)_{2cns} = +(6)_{10}$。因此，$(1,1111010)_{2cns}$ 表示 $-(6)_{10}$。

接下来，我们分析一些使用基数补码的运算示例。

基数补码运算

大多数数字计算机使用基数补码系统来最大程度地减少执行整数运算所需的电路数量。例如，计算 $A-B$ 可以通过计算 $A+(-B)$ 来执行，其中 $(-B)$ 用 B 的补码表示。因此，计算机只需用二进制加法器和补码电路即可处理加法和减法运算，我们将在下面的段落中加以讨论。

由于计算机运算主要是通过二进制形式来执行的，因此我们重点讨论二进制的补码运算。在深入讨论之前，首先分析机器表示数值的范围限制。像数字计算机这样的机器是在有限数量的系统下运行的，此系统由表示数值的位数所决定。换句话说，计算机算术单元中可用的位数限制了机器可表示的数值的范围，系统无法处理超出此范围的数值。使用补码系统 $(2cns)$ 的计算机可以表示的整数范围为

$$-2^{n-1} \leqslant N \leqslant 2^{n-1} - 1 \qquad (1.9)$$

其中 n 表示数 N 的可用位数,注意 $2^{n-1} - 1 = (0, 11 \cdots 1)_{2cns}$ 及 $-2^{n-1} = (1, 00 \cdots 0)_{2cns}$(最左边的位表示正/负符号,其余的 $n-1$ 位表示数的大小)。因此,2^n 个 n 位代码中的一半表示负数,另一半表示非负数。

如果一次运算产生的结果超出了式(1.9)定义的数值范围,即如果 $N > 2^{n-1} - 1$ 或 $N < -2^{n-1}$,则称为溢出。在这种情况下,运算产生的 n 位数字将不是结果的有效表示。数字计算机在执行补码运算时会监视结果,并在数据溢出时发出警告信号,以确保不会将无效的数字误认为是正确的结果。

现在将分三种情形来说明补码系统的算术运算:$A = B + C$,$A = B - C$,$A = -B - C$。依次对每种情形进行简要介绍,然后通过适当的示例进行说明。后面的表 1.6 总结了这三种情形。对于所有情形,假定 $B \geqslant 0$ 和 $C \geqslant 0$,其结果很容易推广到 B 和 C 为负值的情况。

情形 1 计算 $A = B + C$。由于 B 和 C 均为非负数,因此 A 也为非负数,这简单地变为 $(A)_2 = (B)_2 + (C)_2$,由于这三个数字均为正数,因此无须使用补码。

在这种情况下可能出现的唯一问题是 $A > 2^{n-1} - 1$,即发生溢出。因为此时 A 的符号位不正确,所以很容易检测到溢出。为了说明这一点,假设 B 和 C 为两个可表示的最大 n 位正数,其和:

$$0 \leqslant A = (2^{n-1} - 1) + (2^{n-1} - 1) = 2^n - 2$$

由于可表示的最大 n 位正数是 $2^{n-1} - 1$,

$$A \geqslant 2^{n-1}$$

肯定会发生溢出。和 A 的第 n 位数字将为 1。遗憾的是,这恰好是 n 位补码表示中的符号位。因此,结果看上去为负数,其实反映了溢出。

由于 $A < 2^n$,应当注意,对于情形 1,二进制加法器的第 n 位永远不会有进位。

以下示例均使用 5 位补码系统,其值在表 1.5 中列出。

例 1.35 使用 5 位补码系统计算 $(9)_{10} + (5)_{10}$。

$$+(9)_{10} = +(1001)_2 = (0,1001)_{2cns}$$
$$+(5)_{10} = +(0101)_2 = (0,0101)_{2cns}$$

首先,写出 $(9)_{10}$ 和 $(5)_{10}$ 的 5 位二进制补码。由于这两个数字都是正数,因此每一位的最高位即符号位都为 0。根据表 1.5 得到

```
    0  1  0  0  1
+   0  0  1  0  1
―――――――――――――――――
    0  1  1  1  0
```

可见,结果的符号位也是 0,因此,这正确地表示了和也是正数。即

$$(0,1110)_{2cns} = +(1110)_2 = +(14)_{10}$$

例 1.36 计算 $(12)_{10} + (7)_{10}$。

根据表 1.5 得到

$$(12)_{10} = +(1100)_2 = (0,1100)_{2cns}$$
$$(7)_{10} = +(0111)_2 = (0,0111)_{2cns}$$

将这两个 5 位数相加,得到

```
    0  1  1  0  0
+   0  0  1  1  1
―――――――――――――――――
    1  0  0  1  1
```

结果是 $(1, 0011)_{2cns}$。根据表 1.5,可解释为

$$(1,0011)_{2cns} = -(1101)_2 = -(13)_{10}$$

但这不是正确的结果,和应该是$+(19)_{10}$。但是,在一个 5 位补码系统中可以表示的最大数是 $(0, 1111)_{2cns} = +(15)_{10}$,因此数据溢出了。可以通过观察符号位表示为负数来检测溢出,因为被加数和加数都是正数,说明上式的计算结果是不正确的。也就是说,两个正数之和不可能是负数。当两个负数之和产生一个正的(符号位为 0)的结果时,也会显示发生了溢出。

情形 2　计算 $A = B - C$。

按照以下方式,将计算视为 $A = B + (-C)$,令 $A = (B)_2 + (-(C)_2)$。用二进制补码对数字进行编码,正数$(B)_2$保持不变,而$-(C)_2$变为$[C]_2$。因此,

$$\begin{aligned} A &= (B)_2 + [C]_2 \\ &= (B)_2 + 2^n - (C)_2 \\ &= 2^n + (B - C)_2 \end{aligned}$$

这是我们想要的答案,但是出现了一个额外的2^n项,此项可以忽略吗?如果 $B \geq C$,那么 $B - C \geq 0$,使得$A \geq 2^n$,因此额外的2^n项表示一个进位(一个 n 位二进制加法器,当其和$A \geq 2^n$时将会产生一个进位),可以忽略;而剩下结果即$(B - C)_2$,因此,

$$(A)_2 = (B)_2 + [C]_2|_{进位舍弃}$$

如果$B < C$,即 $B - C < 0$,得到 $A = 2^n - (C - B)_2 = [C - B]_2$ 或 $A = -(C - B)_2$。这的确是所期望的答案。注意,在这种情况下,和没有进位。

当 B 和 C 都是正数时,$B - C$ 的大小总是小于这两个数中的任何一个,意味着在计算 $B - C$ 时不会发生溢出。

例 1.37　计算$(12)_{10} - (5)_{10}$。

将这个计算视为$(12)_{10} + (-(5)_{10})$,因此

$$(12)_{10} = +(1100)_2 = (0,1100)_{2cns}$$
$$-(5)_{10} = -(0101)_2 = (1,1011)_{2cns}$$

将这两个 5 位二进制数相加,得到

```
      0  1  1  0  0
   +  1  1  0  1  1
  ─────────────────
   ↟  0  0  1  1  1
      ↑
    舍弃进位
```

舍弃进位,符号位被视为 0。因此,结果可解释为

$$(0,0111)_{2cns} = +(0111)_2 = +(7)_{10}$$

例 1.38　将例 1.37 中的操作数的顺序颠倒过来,即计算$(5)_{10} - (12)_{10}$。

将这个计算视为$(5)_{10} + (-(12)_{10})$,

$$(5)_{10} = +(0101)_2 = (0,0101)_{2cns}$$
$$-(12)_{10} = -(1100)_2 = (1,0100)_{2cns}$$

将这两个 5 位二进制数相加得到

```
      0  0  1  0  1
   +  1  0  1  0  0
  ─────────────────
      1  1  0  0  1
```

在这种情况下,没有进位,符号位为 1,表示结果为负,即

$$(1,1001)_{2cns} = -(0111)_2 = -(7)_{10}$$

例 1.39 计算 $(0,0111)_{2cns} - (1,1010)_{2cns}$。

该计算可视为 $(0,0111)_{2cns} + (-(1,1010)_{2cns})$，左边的操作数 $(0,0111)_{2cns}$ 已经是补码形式，右边的操作数 $(1,1010)_{2cns}$ 的符号位为 1，表示为负数。用这个负数的补码得到相应的正数。请注意，根据补码的定义，得到

$$
\begin{aligned}
-[X]_2 &= [[X]_2]_2 \\
&= 2^n - [X]_2 \\
&= 2^n - (2^n - X) \\
&= X
\end{aligned}
$$

因此，

$$-(1,1010)_{2cns} = (0,0110)_{2cns}$$

将这两个 5 位二进制数相加，得到

```
    0  0  1  1  1
 +  0  0  1  1  0
 ---------------
    0  1  1  0  1
```

符号位为 0 表示结果为正，并解释为

$$(0,1101)_{2cns} = +(1101)_2 = +(13)_{10}$$

读者可以验证该计算等价于计算 $(7)_{10} - (-(6)_{10}) = (13)_{10}$。

情形 3 计算 $A = -B - C$。

所期望的结果是 $A = -(B + C) = [B + C]_2$，$-B$ 和 $-C$ 都用其补码来表示，计算将按 $A = (-B) + (-C)$ 进行。即

$$
\begin{aligned}
A &= [B]_2 + [C]_2 \\
&= 2^n - (B)_2 + 2^n - (C)_2 \\
&= 2^n + 2^n - (B + C)_2 \\
&= 2^n + [B + C]_2
\end{aligned}
$$

如果舍弃进位 (2^n)，则计算将产生正确的结果，这是 $-(B + C)_2$ 的补码形式。

例 1.40 计算 $-(9)_{10} - (5)_{10}$。

将这个计算视为 $(-(9)_{10}) + (-(5)_{10})$：

$$-(9)_{10} = -(1001)_2 = (1,0111)_{2cns}$$
$$-(5)_{10} = -(0101)_2 = (1,1011)_{2cns}$$

将这两个 5 位二进制数相加，得到

```
      1  0  1  1  1
   +  1  1  0  1  1
   ----------------
 + 1  0  0  1  0
      ↑
   舍弃进位
```

舍弃进位，留下符号位为 1。因此，结果是正确的，可解释为

$$(1,0010)_{2cns} = -(1110)_2 = -(14)_{10}$$

与两个正数相加的情况一样，如果两个负数相加得到的结果在下式所述的范围内，则会发生溢出，

$$A < -2^{n-1}$$

此运算结果(看起来是正数)会出现错误的符号，如例 1.41 所示。

例 1.41　计算$-(12)_{10}-(5)_{10}$。

将这个计算视为 $(-(12)_{10})+(-(5)_{10})$：

$$-(12)_{10} = -(1100)_2 = (1,0100)_{2cns}$$
$$-(5)_{10} = -(0101)_2 = (1,1011)_{2cns}$$

将这两个 5 位二进制数相加，得到

```
      1 0 1 0 0
  +   1 1 0 1 1
  ————————————
  1   0 1 1 1 1
      ↑
    舍弃进位
```

舍弃进位，结果可解释为

$$(0,1111)_{2cns} = +(1111)_2 = +(15)_{10}$$

请注意，符号位不正确，表示有溢出。这个结果即负值 "太大了"，由于期望的结果是$-(17)_{10}$，符号位的 1 表示在负值上超出了最大范围，因此结果被错误地解释为$+(15)_{10}$。

以下举例说明补码运算在数字计算机中的应用。

例 1.42　A 和 B 是计算机程序中的整数变量，其中 $A=(25)_{10}$ 和 $B=-(46)_{10}$，假设计算机使用 8 位二进制补码，展示如何计算 $A+B$、$A-B$、$B-A$ 和$-A-B$。

变量 A 和 B 以 8 位补码格式存储在计算机内存中。

$$A = +(25)_{10} = (0,0011001)_{2cns}$$
$$B = -(46)_{10} = -(0,0101110)_{2cns} = (1,1010010)_{2cns}$$

首先，计算 A 和 B 的补码，分别表示$-A$ 和$-B$。

$$-A = -(25)_{10} = -(0,0011001)_{2cns} = (1,1100111)_{2cns}$$
$$-B = -(-(46)_{10}) = -(1,1010010)_{2cns} = (0,0101110)_{2cns}$$

执行计算 $A+B$：

```
    0 0 0 1 1 0 0 1
  + 1 1 0 1 0 0 1 0
  ——————————————————
    1 1 1 0 1 0 1 1
```

结果是 $(1,1101011)_{2cns} = -(0,0010101)_{2cns} = -(21)_{10}$。

计算 $A-B = A+(-B)$：

```
    0 0 0 1 1 0 0 1
  + 0 0 1 0 1 1 1 0
  ——————————————————
    0 1 0 0 0 1 1 1
```

结果是 $(0,1000111)_{2cns} = +(71)_{10}$。

计算 $B-A = B+(-A)$：

```
    1 1 0 1 0 0 1 0
  + 1 1 1 0 0 1 1 1
  ——————————————————
  1 1 0 1 1 1 0 0 1
```

结果是 $(1,0111001)_{2cns} = -(0,1000111)_{2cns} = -(71)_{10}$。

计算$-A-B = (-A)+(-B)$：

```
    1 1 1 0 0 1 1 1
  + 0 0 1 0 1 1 1 0
  ——————————————————
  1 0 0 0 1 0 1 0 1
```

结果是 $(0,0010101)_{2cns} = +(21)_{10}$。

注意，在最后两种情形下，最高位的进位被舍弃。

补码的加法、减法运算规则如表 1.6 所示。

表 1.6　补码的加法、减法运算规则

情形	进位	符号位	条件	溢出
$B+C$	0	0	$B+C \leqslant 2^{n-1}-1$	没有
	0	1	$B+C > 2^{n-1}-1$	有
$B-C$	1	0	$B \geqslant C$	没有
	0	1	$B < C$	没有
$-B-C$	1	1	$-(B+C) \geqslant -2^{n-1}$	没有
	1	0	$-(B+C) < -2^{n-1}$	有

*B 和 C 为正数。

基数反码系统

一个数 $(N)_r$ 的基数反码 $[N]_{r-1}$ 定义为

$$[N]_{r-1} = r^n - (N)_r - 1 \tag{1.10}$$

其中，n 是 $(N)_r$ 中的数字位数。

1 的补码（one's complement）是用于二进制数（$r=2$）的基数减 1 的补码（习惯称为反码），由下式给出：

$$[N]_{2-1} = 2^n - (N)_2 - 1 \tag{1.11}$$

其中，n 是 $(N)_2$ 中的数字位数。

已知二进制数的反码可以直接从式（1.11）中得到，如例 1.43 所示。希望读者在研究示例之后，自行验证表 1.5 中的反码项。

例 1.43　求 $(01100101)_2$ 的反码。

根据式（1.11），

$$\begin{aligned}
[N]_{2-1} &= 2^8 - (01100101)_2 - 1 \\
&= (100000000)_2 - (01100101)_2 - (00000001)_2 \\
&= (10011011)_2 - (00000001)_2 \\
&= (10011010)_2
\end{aligned}$$

例 1.44　求 $(11010100)_2$ 的反码。

根据式（1.11），

$$\begin{aligned}
[N]_{2-1} &= 2^8 - (11010100)_2 - (00000001)_2 \\
&= (100000000)_2 - (11010100)_2 - (00000001)_2 \\
&= (00101100)_2 - (00000001)_2 \\
&= (00101011)_2
\end{aligned}$$

虽然一个数的反码总是可以由式（1.11）的定义来获得，但可以采用更简单的方法。建议在前面的示例中采用以下算法，以获得已知数 $(N)_r$ 的反码 $[N]_{r-1}$，无须证明。

算法 1.6　求已知数 $(N)_r$ 的 $[N]_{r-1}$。

将 $(N)_r$ 的每个数字 a_i 替换为 $r-1-a_i$。注意，当 $r=2$ 时，简化为对 $(N)_r$ 的每位数进行取反，即求反码。

比较式（1.7）和式（1.10），可以看出一个数 $(N)_r$ 的补码和反码具有如下关系：

$$[N]_r = [N]_{r-1} + 1 \qquad (1.12)$$

可见，用于求基数补码的算法 1.5 来自算法 1.6。

使用反码表示负数的数制系统可以用一种类似于补码的方式来表示。这里不再重复，仅说明算法。

基数反码运算

基数反码运算的关键点在以下示例中说明，着重于对正操作数和负操作数的各种组合进行补码加法运算。这些示例中使用的数字来自表 1.5。

例 1.45　将+$(1001)_2$ 和−$(0100)_2$ 相加。

正数用 01001 表示，负数用 00100 的反码表示，即 11011。因此，01001 + 11011 = 100100。请注意，这不是正确的结果。但是，如果将最高有效位的进位加到最低有效位的位置，则获得正确的结果。也就是 00100 + 1 = 00101。这一过程称为端回进位(end-around carry)，是反码算法中必要的校正步骤。

例 1.46　将+$(1001)_2$ 和−$(1111)_2$ 相加。

正数表示为 01001，负数表示为 10000，结果为 01001 + 10000 = 11001。注意，在这种情况下，端回进位为 0，因此不影响结果。

例 1.47　将−$(1001)_2$ 和−$(0011)_2$ 相加。

用反码表示每个数，得到 10110 + 11100 = 110010。再执行端回进位步骤，得到正确的结果，即 10010 + 1 = 10011。

1.5　数字编码

编码(代码)是对一组用来表示信息的已知符号的系统化和标准化的使用。简单形式的编码在日常生活中经常会遇到，例如，交通控制使用的红绿灯，绿色信号表示通行，红色信号表示停止，黄色信号表示小心。换句话说，编码的含义如下：

　　　　　　　　　　绿灯：通行
　　　　　　　　　　黄灯：小心
　　　　　　　　　　红灯：停止

计算机和其他数制系统会使用性质更复杂的编码来处理、存储和交换各种类型的信息。数字编码的四种重要类型是数值、字符、检错和纠错。接下来，我们简要讨论一些重要的编码。

1.5.1　数值编码

数值编码通常用于表示要处理和/或存储的数字，例如定点数和浮点数。

定点数

定点数用于表示带符号整数或带符号小数，如前所述，这两种情况均使用原码、补码或反码来表示带符号数。如图 1.3(a)所示，对于定点整数，在低有效位的右边有一个隐含的二进制小数点；而对于定点小数，在符号位和最高有效位之间有隐含的二进制小数点，如图 1.3(b)所示。

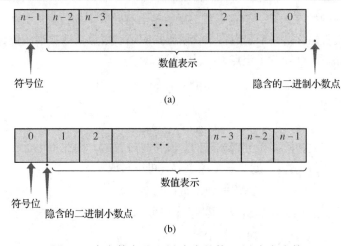

图 1.3　定点数表示。(a)定点整数；(b)定点小数

例 1.48　假设采用二进制补码系统，对 8 位定点数 01101010 给出两种可能的解释。

由于符号位为 0，如果二进制小数点如图 1.3(a)所示放置，则该数表示正整数 1101010；如果二进制小数点如图 1.3(b)所示放置，则该数表示正小数 0.1101010。

例 1.49　假设采用二进制补码系统，对 8 位定点数 11101010 给出两种可能的解释。

由于符号位为 1，因此该数表示–0010110 或–0.0010110，具体取决于二进制小数点的位置。

余码或移码

编码 C 的余 K 码是通过将值 K 与 C 相加形成的，经常用于表示浮点数的指数(也称为阶码)，这样最小(最大的负数)的阶码用全零表示。请注意，一个数偏移 2^n 的码恰好是该数的补码，只是符号位相反而已。

表 1.7 中所示的余 8 码是在 4 位补码中加上 $(1000)_2$ 产生的，注意，其结果是最小的数(–8)用 0000 表示，最大的数(+7)用 1111 表示。

表 1.7　余 8 码

十进制数	补码	余 8 码	十进制数	补码	余 8 码
+7	0111	1111	–1	1111	0111
+6	0110	1110	–2	1110	0110
+5	0101	1101	–3	1101	0101
+4	0100	1100	–4	1100	0100
+3	0011	1011	–5	1011	0011
+2	0010	1010	–6	1010	0010
+1	0001	1001	–7	1001	0001
0	0000	1000	–8	1000	0000

浮点数

浮点数在形式上与用科学计数法表示的数字相似，通常，数字 N 的浮点数形式写为

$$N = M \times r^E \tag{1.13}$$

其中，M 是尾数或有效数字，是一个定点数，尾数给出有效数字的位数，其决定了浮点数 N 的最高精度。E 是指数或阶码，是一个定点整数，阶码指明了小数点在数据中的位置，其决定了 N 的表示范围。一般情况下，已知一个定点数 N，

$$N = \pm(a_{n-1}\cdots a_0.a_{-1}\cdots a_{-m})_r$$

以浮点数形式可表示为

$$N = \pm(.a_{n-1}\cdots a_{-m})_r \times r^n$$

当用浮点数表示时，尾数和阶码是分别编码的。阶符是隐含的，因此不包含在表达式中。

尾数 M 通常以原码表示，一般是一个纯小数，可以写成

$$M = (S_M.a_{n-1}\cdots a_{-m})_{rsm} \tag{1.14}$$

其中 $(.a_{n-1}\cdots a_{-m})_r$ 表示 M 的大小，S_M 表示数字的符号。S_M 通常是这样选择的：

$$M = (-1)^{S_M} \times (.a_{n-1}\cdots a_{-m})_r \tag{1.15}$$

因此，$S_M = 0$ 表示正数，而 $S_M = 1$ 表示负数。

阶码 E 通常用偏移 K(excess-K)的补码来表示，阶码 E 的偏移 K 的补码是通过将偏移值 K 加到该指数的整数补码上而形成的。对于二进制浮点数(基数 $r = 2$ 的数字)，通常选择 K 为 2^{e-1}，其中 e 是阶码的位数。因此，$-2^{e-1} \leqslant E < 2^{e-1}$ 及 $0 \leqslant E + 2^{e-1} < 2^e$，这表明当 E 从最大负值到最大正值时，E 的变动范围是从 0 到 2^{e-1}。E 的偏移 K 码(余 K 码)形式可以写成

$$E = (b_{e-1},b_{e-2}\cdots b_0)_{excess-K} \tag{1.16}$$

其中 b_{e-1} 表示阶码 E 的符号。

将由式(1.14)和式(1.16)表示的 M 和 E 组合起来，可以得到如下浮点数格式：

$$N = (S_M b_{e-1}b_{e-2}\cdots b_0 a_{n-1}\cdots a_{-m})_r \tag{1.17}$$

代表数字

$$N = (-1)^{S_M} \times (.a_{n-1}\cdots a_{-m})_r \times r^{(b_{e-1}b_{e-2}\cdots b_0)-2^{e-1}} \tag{1.18}$$

式(1.17)的格式的一个例外是数字 0，它被视为特殊情况，通常由一个全零字表示。

已知数字的浮点数表示并不是唯一的，对于已知数 N，如式(1.13)所定义的，可以看出

$$N = M \times r^E \tag{1.19}$$

$$= (M \div r) \times r^{E+1} \tag{1.20}$$

$$= (M \times r) \times r^{E-1} \tag{1.21}$$

其中 $(M \div r)$ 是通过将 M 的数字向右移动一位来执行的，$(M \times r)$ 是通过将 M 的数字向左移动一位来执行的。因此，尾数和指数的多种组合可以表示同一个数。例如，设 $M = +(1101.0101)_2$，用式(1.14)的格式将 M 表示为原码小数，并重复应用式(1.20)得出

$$M = +(1101.0101)_2$$
$$= (0.11010101)_2 \times 2^4 \tag{1.22}$$
$$= (0.011010101)_2 \times 2^5 \tag{1.23}$$
$$= (0.0011010101)_2 \times 2^6 \tag{1.24}$$
$$\vdots$$

在计算机中进行计算时，希望每个数字都有唯一的表示方式，规格化用于提供浮点数的唯

一表示形式。如果对指数进行调整，使尾数在其最高有效位处具有非零值，则称浮点数是规格化的。因此，式(1.22)给出了 N 的规格化表示形式，而式(1.23)和式(1.24)中的数字不是规格化的。

请注意，规格化二进制数的最高有效位始终为 1，因此，如果 M 是以原码形式表示为规格化小数，则 $0.5 \leqslant |M| < 1$。

以下示例说明了浮点数的编码。

例 1.50　将二进制数 $N = (101101.101)_2$ 写成式(1.17)的浮点数形式，其中 $n + m = 10$ 及 $e = 5$。假设使用标准格式的原码小数来表示 M 及用偏移 16 的补码来表示 E。

首先，规格化该数，然后将余数 (M) 和阶码 (E) 进行编码：

$$N = (101101.101)_2 = (0.101101101)_2 \times 2^6$$

根据式(1.14)的格式，写出尾数

$$M = +(0.1011011010)_2$$
$$= (0.1011011010)_{2sm}$$

阶码的编码方法是先导出其补码形式，然后再加上偏移值 16。（注意阶码位数 $e = 5$，以及偏移值为 $2^{e-1} = 2^4 = 16$），因此

$$E = +(6)_{10}$$
$$= +(0110)_2$$
$$= (00110)_{2cns}$$

将偏移值 $16 = (10000)_2$ 加到补码中，得到

$$
\begin{array}{r}
00110 \\
+\quad 10000 \\
\hline
10110
\end{array}
$$

因此

$$E = (1,0110)_{excess-16}$$

注意，阶码的符号 b_{e-1} 为 1，表示阶码为正数。

组合 M 和 E 得到

$$N = (0101101011011010)_{fp}$$

例 1.51　当 $N = -(0.00101101101)_2$ 时重复例 1.50。

规格化 N，得到 $N = -(0.1011011010)_2 \times 2^{-2}$，将尾数转换为原码形式，得到 $M = (1.1011011010)_{2sm}$，阶码首先被编码为补码。然后，将按以下方式增加偏移值，$E = -(2)_{10} = -(0010)_2 = (11110)_{2cns} = (01110)_{excess-16}$。根据式(1.17)组合 M 和 E，得到 N 的表达式如下：

$$N = (1011101011011010)_{fp}$$

浮点数的算术运算需要特殊的算法来操作指数和尾数，本书不再介绍。

不同制造商的计算机系统中使用的浮点数格式，通常在表示尾数和指数所用的位数及它们的编码方法上会有所不同。但是，大多数系统使用图 1.4 所示的通用格式，符号位存储在最左边，然后是阶码，接着是尾数。图 1.4(a)的单字(单精度)格式通常用于字长为 32 位或更多位的计算机中。图 1.4(b)中的双字格式用于单精度浮点数的"短"字长的计算机中，或用于延伸精度(也称为双精度)表示的"长"字长的计算机中。

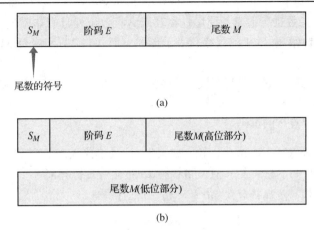

图 1.4 浮点数格式。(a)典型的单精度格式；(b)典型的延伸精度格式

美国电气与电子工程师协会(IEEE)为浮点数运算开发了一个标准(IEEE Std 754)，该标准已经影响了最近几代的浮点运算的执行，该标准于 1985 年首次获得批准并于 2008 年进行了修订。IEEE 754-2008 指定了三种二进制和两种十进制格式来表示浮点数，表 1.8 总结了 32 位二进制、64 位二进制和 128 位二进制浮点数格式。请注意，所有这些格式都使用具有不同位数的偏移阶码。此外，这些格式不允许存储尾数的最高有效位，由于所有数字都是规格化形式的二进制数值，而最高有效位已知为 1，因此该位的存储并不是必要的；这样可以获得额外的一位精度(在表 1.8 的第 5 列中用+1 表示)。

表 1.8 IEEE 754-2008 二进制浮点数格式

格式	总位数	阶码位数	阶码偏移	有效位数	尾数(M)编码
32 位二进制	32	8	127	23 (+1)	符号/数值 $1 \leqslant |M| < 2$
64 位二进制	64	11	1023	52 (+1)	
128 位二进制	128	15	16 383	112 (+1)	

1.5.2 字符和其他编码

通常需要或希望将信息表示为字母或数字字符串。为此，人们已经开发了许多字符编码，现在将讨论一些最重要的字符编码。

二-十进制编码(BCD)

二-十进制编码或 BCD 码用于表示十进制数字 0 到 9，这是一种加权编码。也就是说，编码中的每个位都有一个与之相关联的固定数值或权重，已知编码所表示的十进制数可通过对权重求和而得到。BCD 码使用 4 位其权重与 4 位二进制整数的权重相同的编码，因此，已知十进制数字的 BCD 码与最高位是 0 的二进制数编码相同。由于 BCD 码每位所对应的权重分别是 8-4-2-1，BCD 码也称为 8-4-2-1 码。完整的 BCD 码见表 1.9。

BCD 码用于对输出到数字显示器的数及在处理器中执行十进制运算的数进行编码，后者的实例是手持计数器。

例 1.52 用 BCD 码表示十进制数 $N = (9750)_{10}$。

首先，根据表 1.9 对各个数字进行编码：

$$9 \rightarrow 1001, 7 \rightarrow 0111, 5 \rightarrow 0101, \text{ 以及 } 0 \rightarrow 0000$$

将各组编码连接起来,得到

$$N = (1001011101010000)_{BCD}$$

表 1.9 BCD 码

十进制数字	BCD 码	十进制数字	BCD 码
0	0000	5	0101
1	0001	6	0110
2	0010	7	0111
3	0011	8	1000
4	0100	9	1001

    BCD 码的扩展已经发展到不仅包括十进制数字,还包括字母和其他可打印字符,以及非打印的控制字符。这些编码的长度通常为 7 位或更多位,用于表示输入或输出之间的数据,以及在内部表示非数字数据(例如文本),由 IBM 开发的扩展二进制编码的十进制交换码(EBCDIC 码)就是这样的一种编码。

ASCII 码

    在计算机应用中,使用最广泛的字符编码是美国信息交换标准编码(ASCII),读作"askey",表 1.10 给出了 7 位 ASCII 码。第 8 位通常与 7 位编码一起使用,以完成检错功能,这种称为奇偶校验码的技术将在本章后面讨论。

表 1.10 7 位 ASCII 码

		$c_6c_5c_4$							
		000	001	010	011	100	101	110	111
	0000	NUL	DLE	SP	0	@	P	`	p
	0001	SOH	DC1	!	1	A	Q	a	q
	0010	STX	DC2	"	2	B	R	b	r
	0011	ETX	DC3	#	3	C	S	c	s
	0100	EOT	DC4	$	4	D	T	d	t
	0101	ENQ	NAK	%	5	E	U	e	u
	0110	ACK	SYN	&	6	F	V	f	v
	0111	BEL	ETB	'	7	G	W	g	w
$c_3c_2c_1c_0$	1000	BS	CAN	(	8	H	X	h	x
	1001	HT	EM	)	9	I	Y	i	y
	1010	LF	SUB	*	:	J	Z	j	z
	1011	VT	ESC	+	;	K	[	k	{
	1100	FF	FS	,	<	L	/	l	|
	1101	CR	GS	-	=	M	]	m	}
	1110	S0	RS	.	>	N	^	n	~
	1111	S1	US	/	?	O	_	o	DEL

8 位版本的 ASCII 码已经开发出来,其第 8 位用来将可编码的字符数量加倍。然而,8 位编码所包含的字符数量仍不足以满足国际用户的需求,因此,Unicode(又称统一码)联盟已经开发出与 ASCII 码兼容的更大字符集的编码。

例 1.53　用 7 位的 ASCII 码编码单词"Digital",并分别用两个十六进制数字表示每个字符。

字符	二进制编码	十六进制编码
D	1000100	44
i	1101001	69
g	1100111	67
i	1101001	69
t	1110100	74
a	1100001	61
l	1101100	6C

注意,十六进制格式比二进制格式更简洁易读。因此,在表示 ASCII 编码信息时,通常使用前者,如上例所示。

格雷码

循环码定义为,对于其中的任一码字,经过循环移位可以产生另一码字。格雷码是循环码中最常见的一种,它具有两个连续数字的码字之间仅有 1 位不同的特点。也就是说,两个相邻码字之间的码距是 1。通常,两个二进制码之间的码距等于两个码字相比不同的位数。

例 1.54　定义用于编码十进制数 0 到 15 的格雷码。

需要 4 位来表示所有的数。如果相应二进制数的第 i 位和第 $i+1$ 位相同,则将对应格雷码的第 i 位赋值为 0 来构造所需的编码,否则将其赋值为 1。使用此方法时,必须始终将二进制数的最高有效位与 0 进行比较。所得到的编码如表 1.11 所示。

表 1.11　十进制数 0 到 15 的格雷码

十进制数	二进制数	格雷码	十进制数	二进制数	格雷码
0	0000	0000	8	1000	1100
1	0001	0001	9	1001	1101
2	0010	0011	10	1010	1111
3	0011	0010	11	1011	1110
4	0100	0110	12	1100	1010
5	0101	0111	13	1101	1011
6	0110	0101	14	1110	1001
7	0111	0100	15	1111	1000

在许多应用中都需要观察或测量圆盘的位置,这可以通过在轴上安装一个已编码的导电盘,并通过电气传感器感应盘的位置来完成。如何对导电盘进行编码,以便当传感器从导电盘的一个扇区移动到另一个扇区时,不会读取错误的位置信息?

如果导电盘扇区用格雷码来编码,则可以获得期望的结果,因为当传感器从一个扇区移动到下一个扇区时,编码中只有一个位的位置会改变。图 1.5 阐明了该解决方案。

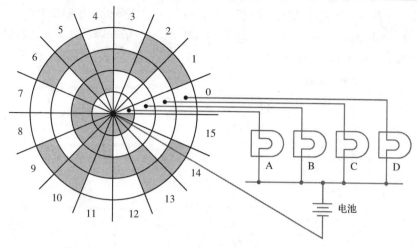

图 1.5　格雷码编码盘

1.5.3　检错码与纠错码

二进制数据中的错误定义为一位或多位数值出现错误,单个错误是指只有一位数值出现错误,而多重错误指两位或更多位数值出现错误。错误可能是由硬件故障、外部干扰(噪声)或其他不希望发生的事件引起的。可以使用特殊代码对信息进行编码,以此检测某些数值的错误,有时还可以纠错。下面介绍一些简单的检错码与纠错码。

在给出具体的编码之前,首先声明一些很有用的定义和符号。设 I 和 J 为 n 位二进制数码, $w(I)$ 为 I 的权重,定义为 I 的数值为 1 的数码个数, I 和 J 之间的距离(码距) $d(I,J)$ 等于 I 和 J 中相同位置不同数值的个数。

例 1.55　如果 $I=(01101100)$ 和 $J=(11000100)$,请计算 I 和 J 的权重及码距。

数一下 I 和 J 中值为 1 的数码个数,得到

$$w(I) = 4 \quad 和 \quad w(J) = 3$$

接下来,逐位比较这两个数,注意哪些位的数值不同:

```
0 1 1 0 1 1 0 0
1 1 0 0 0 1 0 0
↑     ↑   ↑
```

对于位置相同而数值不同的数码,一共有 3 位,因此,码距 $d(I,J) = 3$ 。

检错码与纠错码的一般性质

如果编码系统 C 的任意两个数码之间的码距 $\geqslant d_{min}$,则称该编码系统具有最小码距 d_{min} 。编码系统的错误检测和纠正特性部分取决于其最小码距,如图 1.6 所示。其中,带圆圈的点表示有效码字,未带圆圈的点表示出错的码字。如果两组数码仅在一位的数值不同,则把这两个点连接起来。对于已知的最新码距 d_{min} ,至少需要 d_{min} 个错误才能将一个有效码字转换为另一个有效码字。如果错误个数小于 d_{min} ,则会产生一个可检测的非法码字。如果非法码字相比其他码字"更接近"一个有效码字,则可以推导出原始码字,从而纠正错误。

一般来说,当且仅当满足以下不等式时,编码提供 t 个错误纠正和 s 个附加错误检测:

$$2t + s + 1 \leqslant d_{min} \tag{1.25}$$

通过对式(1.25)的进一步研究可以看出，SED 码$(s=1$，$t=0)$需要的最小码距为 2；SEC 码$(s=0$，$t=1)$需要的最小码距为 3；同时，具有 SED 和 DED$(s=t=1)$的编码需要的最小码距为 4。图 1.6 说明了这些组合及其他组合的情况。

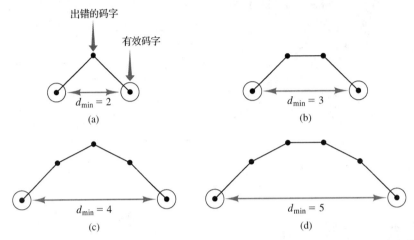

图 1.6　两个码字间的最小距离与检测和纠正数值错误的能力之间的关系。(相连的码字仅其中一位的数值不同。)(a)单个错误检测(SED)；(b)单个错误纠正(SEC)或双重错误检测(DED)；(c)SEC 和 DED，或三重错误检测(3ED)；(d)双重错误纠正(DEC)，SEC 和 3ED，或四重错误检测(4ED)

简单奇偶校验码

奇偶校验码是通过将数码 C 的码字连接(|)一个奇偶校验位 P 而形成的，图 1.7 说明了这一方法。在奇校验码中，根据需要将奇偶校验位指定为 0 或 1，以使 $w(P|C)$ 为奇数。在偶校验码中，选择相应的奇偶校验位以使 $w(P|C)$ 为偶数。图 1.8 显示了如何在九轨磁带上使用偶校验码。

图 1.7　带奇偶校验码的信息

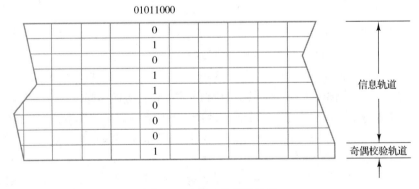

图 1.8　磁带上的偶校验码

例 1.56　将奇偶校验位连接到字符"0""X""="和"BEL"的 7 位 ASCII 码，以形成奇校验码。

字符	ASCII码	奇校验码
0	0110000	10110000
X	1011000	01011000
=	0111100	10111100
BEL	0000111	00000111

例 1.57　使用具有偶校验的 ASCII 码对信息"CATCH 22"进行编码，并将编码字分割为每 16 位一组。

分割 1: (11000011 01000001) ASCII
　　　　　　C　　　　A

分割 2: (11010100 11000011) ASCII
　　　　　　T　　　　C

分割 3: (01001000 10100000) ASCII
　　　　　　H　　　空格

分割 4: (10110010 10110010) ASCII
　　　　　　2　　　　2

请注意，此信息可以存储在 32 位计算机的两个内存字中，如下所示：

字 X:　　　11000011010000011101010011000011

字 $X + 1$:　01001000101000001011001010110010

通过检查码字是否具有正确的奇偶校验，可以很容易地完成对加入了奇偶校验码的信息的检错。例如，如果具有奇校验特性的码字在进行奇偶校验时，确认 1 值的数量是偶数，则说明发生了可检测的错误。本书后面将会介绍如何很容易地构建逻辑电路以检测数码的奇偶性。

奇偶校验码是最小码距为 2 的编码，因此可用于检测单个错误。实际上，它们可用于检测任何奇数个错误，因为此类错误总会更改码字的奇偶性。但是，数码的偶数位的错误不会改变奇偶性，因此无法使用奇偶校验码加以检测。

五中取二码

五中取二码是一种检错码，是 n 取 m 码的代表，其码字有两位值为 1，另外三位值为 0。其检错方法即统计一串码字中 1 的个数。当 1 的个数不等于 2 时，就会提示错误，因此五中取二码可以检测在相邻位中包含的单个错误和多重错误。表 1.12 给出了十进制数字的五中取二码。

汉明码

汉明码是一类重要的检错码与纠错码，可以将其认为是奇偶校验码的扩展，它定义了几个奇偶校验位（监督位），每个监督位都位于不同组的信息位中，这些监督位以某种方式建立编码的错误检测和纠正特性。分组以一定的方式重叠，即使得每个信息位都位于至少两个分组中。单个错误纠正（SEC）码允许检测和纠正任何单错码，单个错误纠正/双重错误检测（SEC/DED）码除了提供单错码的检测和纠正，还提供任何双错码的检测但不纠正错码。

表 1.12 十进制数字的五中取二码

十进制数字	五中取二码
0	00011
1	00101
2	01001
3	10001
4	00110
5	01010
6	10010
7	01100
8	10100
9	11000

汉明码的错误检测和纠正特性取决于其所使用的监督位的数量及如何在信息位上定义监督位。最小码距 d_{min} 等于最小非零码字的权重,换句话说,d_{min} 等于 1 值较少的那个码字中的 1 的个数。汉明码的设计已超出了本书的讨论范围,表 1.13 中给出两种汉明码,可以简单了解汉明码的属性。

表 1.13 4 位信息字的两种汉明码

信息字 $(i_3i_2i_1i_0)$	汉明码 1 $(i_3i_2i_1i_0c_2c_1c_0)$	汉明码 2 $(i_3i_2i_1i_0c_3c_2c_1c_0)$
0000	0000000	00000000
0001	0001011	00011011
0010	0010101	00101101
0011	0011110	00110110
0100	0100110	01001110
0101	0101101	01010101
0110	0110011	01100011
0111	0111000	01111000
1000	1000111	10000111
1001	1001100	10011100
1010	1010010	10101010
1011	1011001	10110001
1100	1100001	11001001
1101	1101010	11010010
1110	1110100	11100100
1111	1111111	11111111

汉明码 1 支持单个错误纠正,但没有双重错误检测功能,因为它的最小码距是 3,这可以从下面的分析中更清楚地看出。例如,码字 0100110 最左边的一个位错误产生错误字 1100110。表 1.14 显示了每个有效码字与该错误字之间的差异和码距。

请注意,只有发生错误的码字与错误字的码距才为 1,这意味着任何其他码字中的单个错误都不会产生此错误字。因此,检测错误字 1100110 相当于纠正该错误字,因为产生这种模式的唯一可能的单个错误是码字 0100110 最左位出现错误。

表 1.14 错误对汉明码 1 的码字的影响

码字	错误字	差异(错误模式)	码距
0000000	1100110	1100110	4
0001011	1100110	1101101	5
0010101	1100110	1110011	5
0011110	1100110	1111000	4
0100110	1100110	1000000	1
0101101	1100110	1001011	4
0110011	1100110	1010101	4
0111000	1100110	1011110	5
1000111	1100110	0100001	2
1001100	1100110	0101010	3
1010010	1100110	0110100	3
1011001	1100110	0111111	6
1100001	1100110	0000111	3
1101010	1100110	0001100	2
1110100	1100110	0010010	2
1111111	1100110	0011001	3

前面的分析还提出了错误检测和纠正过程,也就是说,我们可以从找到数据字和每个可能的有效码字之间的差异开始。码距为 0 表示有效匹配;码距为 1 表示在对应码字中,在码元位置有一个码元不同,即存在单个错误;在所有码字之间的码距为 2 或更大时表示存在多重错误。尽管此过程在理论上有效,但对于具有大量码字的编码系统而言,这是不切实际的。

分析还显示,有几个码字与错误字之间的码距为 2,因此,这些码字中出现的双重错误都可能产生与单个错误中相同的错误字(请参见图 1.6),这意味着该编码通常无法检测到双重错误。如汉明码 2 所提供的那样,既能实现单个错误纠正又能实现双重错误检测,需要最小码距为 4 的编码。

汉明码 1 的监督位定义为在信息位的各个分组提供偶校验,如下所示:

$$c_2: \quad i_3, \quad i_2, \quad i_1$$
$$c_1: \quad i_3, \quad i_2, \quad i_0$$
$$c_0: \quad i_3, \quad i_1, \quad i_0$$

对汉明码字译码等效于计算每个监督位和相应的信息位的奇偶性。连接后的结果将产生一个称为校正子的向量,表 1.15 中针对码字 0100110 进行了说明(无错误、单个错误及选定的双重错误和三重错误)。

表 1.15 说明了单个错误纠正(SEC)汉明码的一些特性。首先,已知码向量的校正子指示无错误或有错误的位。如果知道某位是错误的,就可以纠正它。然而,双重或三重错误将产生与无错误或单个错误相同的校正子,因为该代码无法检测或纠正双重或三重错误。因此,随着出现多个错误的可能性增加,SEC 码的用处就越来越小。另外,请注意错误模式向量可以用来生成一个校正子,而不必使用实际的码字。

汉明码 2 使用 4 个监督位,并且最小码距为 4。因此,该编码具有单个错误纠正和双重错误检测的特点,这意味着双重错误将产生与无错误和单个错误情况不同的校正子,本章的习题将研究该编码的其他特性。

表 1.15 汉明码 1 的码字 0100110 的校正子

码向量 ($i_3i_2i_1i_0c_2c_1c_0$)	错误模式 ($e_7e_6e_5e_4e_3e_2e_1$)	校正子 ($s_2s_1s_0$)	校正子说明
0100110	0000000	000	无错误
0100111	0000001	001	c_0 有错误
0100101	0000010	010	c_1 有错误
0100010	0000100	100	c_2 有错误
0101110	0001000	011	i_0 有错误
0110110	0010000	101	i_1 有错误
0000110	0100000	110	i_2 有错误
1100110	1000000	111	i_3 有错误
1000110	1100000	001	c_0 有错误
0101111	0001001	010	c_1 有错误
0010110	0110000	011	c_2 有错误
0110111	0010001	100	i_0 有错误
0100011	0000101	101	i_1 有错误
0111110	0011000	110	i_2 有错误
0000111	0100001	111	i_3 有错误
0011110	0111000	000	无错误

1.6 总结和复习

本章介绍了计算机与其他数字设备中使用的数制系统和计算机编码。现在,读者应该熟悉十进制、二进制、八进制和十六进制数制系统,并且能够将数字从这些进制中的任何一个转换为任意其他进制。此外,读者能够以十进制、二进制和十六进制执行算术运算,并且了解计算机中负数的表示方式。此外,熟悉定点数和浮点数,能够对 BCD 码和 ASCII 字符编码有所了解,并掌握了格雷码和余码(移码)。最后,本章给出了简单的检错码与纠错码的知识。下面的复习题将帮助读者评估自己的理解水平。

1. 解释和写出十进制、二进制、八进制、十六进制的整数和小数及混合数。
2. 写出数的位置和多项式形式。
3. 用十进制、二进制和十六进制进行基本的算术运算(加法、减法、乘法和除法)。
4. 把十进制、二进制、八进制和十六进制的数从一种基数表示转换成另一种基数表示。
5. 表示正数和负数的原码、基数补码及基数反码。
6. 在原码和补码系统中进行二进制正数和负数的加减运算。
7. 了解溢出的概念,以及如何在加减运算后检测溢出。
8. 掌握定点数和浮点数在计算机中的表示方式。
9. 了解 BCD 码,以及如何在计算机或其他数字系统中使用 BCD 码表示十进制数。
10. 了解 ASCII 码,以及如何在计算机或其他数字系统中使用 ASCII 码表示字符串。
11. 了解格雷码的概念,以及如何使用格雷码对一组已知的字符进行编码。
12. 了解检错码与纠错码的基本知识,比如错误、权重和码距。
13. 对偶校验码或奇校验码进行译码和编码。
14. 了解汉明码的基本原理。

1.7　小组协作练习

1. 假设 A 和 B 都是负数，编写一个类似于表 1.6 的表格。
2. 讨论补码系统相比反码系统的优缺点。
3. 为 8 位 ASCII 码开发一个类似于表 1.10 的表格，使用十六进制标记表的行和列，用 8 位代码对下面的句子进行编码。

My name is your first name.

4. 讨论表情符号是如何在计算机中表示的。
5. 探索在当前型号的微处理器(例如 Intel Core i7、ARM Cortex-A9 和 AMD Athlon)中，定点数和浮点数是如何表示的。
6. 在一些计算机中使用双字定点数，假设采用如下所示的格式，定点整数可以表示的数字范围是多少？假设负数用补码表示。如果是定点小数呢？重复上面的过程。

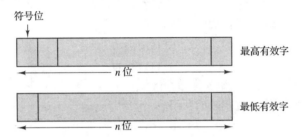

7. 讨论用定点数和浮点数表示数字的利弊。
8. 设计一个 6 位格雷码。此编码可以表示多少个磁盘扇区？
9. 在式(1.25)的上下文中讨论五中取二码的错误检测和纠正特性。
10. 讨论使用奇偶校验码和纠错码的利弊。

习题

1.1　计算以下几对二进制数的 $A+B$、$A-B$、$A\times B$ 和 $A\div B$ 的结果。

(a) 10101, 1011　　　　　　(b) 1011010, 101111
(c) 101, 1011　　　　　　　(d) 10110110, 01011011
(e) 1101011, 1010　　　　　(f) 1010101, 101010
(g) 10000, 1001　　　　　　(h) 1011.0101, 110.11

1.2　计算以下几对八进制数的 $A+B$、$A-B$、$A\times B$ 和 $A\div B$ 的结果。

(a) 372, 156　　　　　　　(b) 704, 230
(c) 1000, 777　　　　　　 (d) 423, 651

1.3　计算以下几对十六进制数的 $A+B$、$A-B$、$A\times B$ 和 $A\div B$ 的结果。

(a) 2CF3, 2B　　　　　　　(b) FFFF, 1000
(c) 9A5, D17　　　　　　　(d) 372, 156

1.4　将以下每个十进制数转换为二进制数、八进制数和十六进制数。

(a) 27　　　　　　　　　　(b) 915

(c) 0.375   (d) 0.65

(e) 174.25   (f) 250.8

1.5 使用最合适的转换方法将以下每个二进制数转换为八进制数、十六进制数和十进制数。

(a) 1101   (b) 101110

(c) 0.101   (d) 0.01101

(e) 10101.11   (f) 10110110.001

1.6 使用最合适的转换方法将以下每个八进制数转换为二进制数、十六进制数和十进制数。

(a) 65   (b) 371

(c) 240.51   (d) 2000

(e) 111111   (f) 177777

1.7 使用最合适的转换方法将以下每个十六进制数字转换为二进制数、八进制数和十进制数。

(a) 4F   (b) ABC

(c) F8.A7   (d) 2000

(e) 201.4   (f) 3D65E

1.8 假设 $n = 8$，求下列每个二进制数的补码。

(a) 101010   (b) 1101011

(c) 0   (d) 11111111

(e) 10000000   (f) 11000

1.9 假设 $n = 8$，求下列每个二进制数的反码。

(a) 110101   (b) 1010011

(c) 0   (d) 10000000

(e) 100001   (f) 01111111

1.10 计算下面每一对二进制数的 $A + B$、$A - B$、$-A + B$ 和 $-A - B$ 的结果，假设采用 8 位补码系统。用十进制算术检查运算结果，解释任何异常结果。

(a) 1010101, 1010   (b) 1101011, 0101010

(c) 11101010, 101111   (d) 10000000, 01111111

1.11 采用反码，对下列二进制数重复习题 1.10 的要求。

(a) 101011, 1101   (b) 10111010, 11010

(c) 1010101, 0101010   (d) 10000000, 01111111

1.12 演示 16 位计算机如何使用补码系统执行以下计算。

(a) $(16850)_{10} + (2925)_{10} = (?)_{10}$ (b) $(16850)_{10} - (2925)_{10} = (?)_{10}$

(c) $(2925)_{10} - (16850)_{10} = (?)_{10}$ (d) $-(2925)_{10} - (16850)_{10} = (?)_{10}$

1.13 演示如何在 IEEE754-2008 32 位二进制和 64 位二进制格式中将以下每个二进制数表示为浮点数。

(a) 1101   (b) 101110

(c) 0.101   (d) 0.01101

(e) 10101.11   (f) 10110110.001

1.14 写出下列各数的 BCD 码。

(a) 39   (b) 1950

(c) 94704   (d) 625

1.15 写出下列各字符串的 ASCII 码，并用十六进制数表示。

(a) 1980　　　　　　　　　　　　(b) A = b + C

(c) COMPUTER ENGINEERING　　(d) The End

1.16　重复习题 1.15，假设一个奇偶校验位被连接到 ASCII 码以产生奇校验。

1.17　定义一个用于表示十进制数字的 4 位编码，该编码具有以下特性：任何两个差为 1 的数字的码字仅在一位位置上有所不同，并且该特性也适用于数字 0 和 9。

1.18　五中取二码能检测出多少位错误？五中取二码可以纠正多少位错误(如果有的话)？用数学方法证明你的答案。

1.19　根据图 1.5 的格雷码编码盘，假设显示灯给出以下指示：A 熄灭，B 亮，C 亮，D 闪烁。通过扇区号找到磁盘的位置。

1.20　对于图 1.8 所示的九轨磁带，假设以下 8 位信息被记录。为每个信息建立奇校验，确定奇偶校验位。

(a) P10111010　　　　　　　(b) P00111000

(c) P10011001　　　　　　　(d) P01011010

1.21　假设以下是 8 位偶校验的码字。请问哪些码字包含错误？

(a) 00000000　　　　　　　(b) 00110100

(c) 01010101　　　　　　　(d) 10111010

1.22　制作一张表，显示表 1.13 中汉明码 2 的监督位是如何跨越信息位进行定义的。

1.23　为汉明码 2 开发一个校正子表，该表涵盖涉及数据位 i_3 的无错误、单个错误和双重错误的情况。

1.24　找到一些例子，说明汉明码 2 既不能实现双重错误纠正，也不能实现三重错误检测。

1.25　下面定义了用于对 8 位信息字 $(i_7 i_6 i_5 i_4 i_3 i_2 i_1 i_0)$ 进行编码的汉明码的监督位：

c_3: |i_7, i_6, i_5, i_3, i_2　　　　c_2: |i_7, i_6, i_4, i_3, i_1

c_1: |i_7, i_5, i_4, i_2, i_0　　　　c_0: |i_6, i_5, i_4, i_1, i_0

(a) 有多少信息字？

(b) 有多少码字？

(c) 写出信息字 00000000、01010101、10101010 和 11111111 的汉明码。

(d) 这种汉明码的检错和纠错有什么特性？

(e) 制定一个涵盖无错误和单个错误情况的校正子表。

第 2 章 逻辑电路与布尔代数

学习目标

学生通过本章知识点的学习，能获得必要的知识和技能，并完成以下目标：

1. 了解逻辑变量和逻辑函数的概念。
2. 理解基本逻辑门与组合逻辑电路的功能。
3. 理解组合逻辑电路与时序逻辑电路的基本模型。
4. 用真值表、逻辑代数表达式、电路图与硬件描述语言来定义和表示逻辑函数。
5. 用布尔代数的定理和基本公理推导出标准形式。
6. 用布尔代数、卡诺图或 Q-M 法推导出最小（化简）代数表达式。

2.1 逻辑门与逻辑电路

本章主要介绍逻辑电路设计的基本工具与基本数学概念。这些内容不仅本身很重要，而且为后面贯穿全书的更高级概念的讲解提供了基础。这一章的内容不涉及用于实现逻辑门或者逻辑电路的特定的电子技术。为了更好地学习和解释布尔代数及其在逻辑电路分析与设计中的应用，首先介绍基本逻辑门及电路。

逻辑电路被视为包含二进制输入变量 $x_1, x_2, \cdots, x_n$ 及二进制输出变量 $z_1, z_2, \cdots, z_m$ 的系统，x_i 和 z_j 都只能是 0 或 1，如图 2.1 所示。其中有 n 个输入及 m 个输出，每个输出是一个逻辑函数 f，即 $z_i = f_i(x_1, \cdots, x_n)$。常用的两类逻辑电路 —— 组合逻辑电路和时序逻辑电路将在本书后面的章节中讨论。

图 2.1 逻辑电路的框图

2.1.1 真值表

真值表常用于确定或者定义组合逻辑函数的功能，例如图 2.2 为二变量、三变量及四变量奇函数的真值表，每一行代表输入变量的一种组合及其相应的函数值。请注意这些真值表的行数，其中 $2^2 = 4$（行），$2^3 = 8$（行），$2^4 = 16$（行），总之，n 个输入变量的真值表有 2^n 行。

2.1.2 基本逻辑门

逻辑电路的基本模块称为逻辑门，对应的逻辑运算符号为：与——AND（$\wedge$），或——OR（$\vee$），非——NOT（$\overline{}$）；也可以是它们的组合。每一类门都可用真值表、逻辑符号和逻辑表达式来表示。注意，在逻辑电路中通常使用符号"·"和"+"而不是符号"$\wedge$"和"$\vee$"来表示与运算和或运算，本书均使用符号"·"和"+"。在正式的逻辑中，用 TRUE（T）和 FALSE（F）分别表示逻辑 1 和 0。

与门

与（AND）门有两个输入变量 x、y 及一个输出函数 z。当且仅当 $x = y = 1$ 时，$z = 1$。若 $x = 0$

或 $y = 0$，即两个输入变量都等于 0，则输出 $z = 0$。二输入与门的真值表、逻辑符号及逻辑表达式如图 2.3 所示。注意，逻辑表达式中的 "·" 表示与(逻辑乘)函数，而在算术表达式中通常用符号 "×" 表示。

x_2	x_1	f_{odd}
0	0	0
0	1	1
1	0	1
1	1	0

(a)

x_3	x_2	x_1	f_{odd}
0	0	0	0
0	0	1	1
0	1	0	1
0	1	1	0
1	0	0	1
1	0	1	0
1	1	0	0
1	1	1	1

(b)

x_4	x_3	x_2	x_1	f_{odd}
0	0	0	0	0
0	0	0	1	1
0	0	1	0	1
0	0	1	1	0
0	1	0	0	1
0	1	0	1	0
0	1	1	0	0
0	1	1	1	1
1	0	0	0	1
1	0	0	1	0
1	0	1	0	0
1	0	1	1	1
1	1	0	0	0
1	1	0	1	1
1	1	1	0	1
1	1	1	1	0

(c)

图 2.2　二变量、三变量及四变量奇函数的真值表。(a)二变量奇函数；(b)三变量奇函数；(c)四变量奇函数

x	y	z
0	0	0
0	1	0
1	0	0
1	1	1

(a)

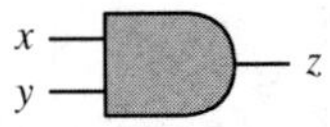

(b)

$z = x \cdot y = xy$

(c)

图 2.3　二输入与门。(a)真值表；(b)逻辑符号；(c)逻辑表达式

或门

或(OR)门有两个输入变量 x、y 及一个输出函数 z。当且仅当 $x=1$ 或 $y=1$ 或两个输入变量都为 1 时，输出 $z=1$，否则 $z=0$。二输入或门的真值表、逻辑符号及逻辑表达式如图 2.4 所示。

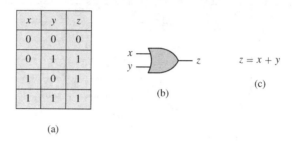

图 2.4　二输入或门。(a)真值表；(b)逻辑符号；(c)逻辑表达式

非门

一个非(NOT)门包含一个输入变量 x 和一个输出函数 z。当输入为 0 时，输出为 1；当输入为 1 时，输出为 0。非门又称为反相器，因为输入与输出值是相反的。非门的真值表、逻辑符号及逻辑表达式如图 2.5 所示。

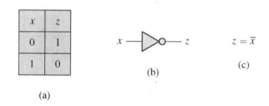

图 2.5　非门。(a)真值表；(b)逻辑符号；(c)逻辑表达式

与门、或门和非门电路是逻辑电路中最基本的元件，任何组合逻辑函数都可以使用这三种门相互连接来描述或者实现。此特性称为功能实现，本章后续会详细介绍。实际上，接下来介绍的与非门、或非门和异或门更常用于实现组合逻辑电路，从概念上说，这三种门电路也是由两个或多个基本门电路组合而成的。

与非门

与非(NAND)门有两个输入变量 x、y 及一个输出函数 z。当且仅当 $x=0$ 或 $y=0$ 时，输出 $z=1$；否则，$z=0$。一个与非门由一个与门连接一个非门而构成，如图 2.6(a) 所示。二输入与非门的真值表、逻辑符号及逻辑表达式如图 2.6(b)～(d) 所示。

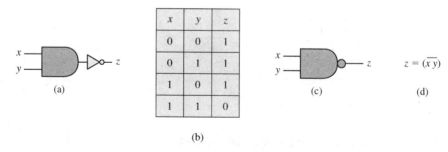

图 2.6　二输入与非门。(a)与门-非门电路；(b)真值表；(c)逻辑符号；(d)逻辑表达式

或非门

　　或非(NOR)门有两个输入变量 x、y 及一个输出函数 z。当且仅当 $x = y = 0$ 时，$z = 1$；否则，$z = 0$。一个或非门由一个或门连接一个非门构成，如图 2.7(a)所示。二输入或非门的真值表、逻辑符号及逻辑表达式如图 2.7(b)～(d)所示。

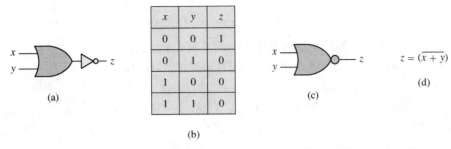

图 2.7　二输入或非门。(a)或门-非门电路；(b)真值表；(c)逻辑符号；(d)逻辑表达式

异或门

　　异或(XOR)门有两个输入变量 x、y 及一个输出函数 z。当且仅当 $x = 0$、$y = 1$ 或 $x = 1$、$y = 0$(即 $x \neq y$)时，$z = 1$；否则，$z = 0$。异或门的另一种定义是，当且仅当 $x = 1$ 或 $y = 1$(二者相异)时，$z = 1$。在这里可把异或门看成一个特殊的或门。异或门是由与门、或门和非门组合而成的逻辑电路，如图 2.8(a)所示。二输入异或门的真值表、逻辑符号及逻辑表达式如图 2.8(b)～(d)所示。

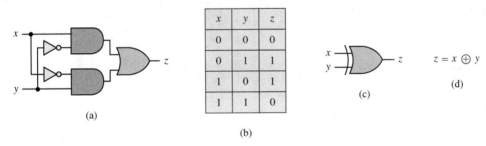

图 2.8　二输入异或门。(a)与门-或门-非门组合电路；(b)真值表；(c)逻辑符号；(d)逻辑表达式

异或非门(同或门)

　　异或非(XNOR)门有两个输入变量 x、y 及一个输出函数 z。当 $x = 0$、$y = 1$ 或 $x = 1$、$y = 0$(即 $x \neq y$)时，$z = 0$；否则，$z = 1$。异或非门相当于一个异或门连接一个非门，如图 2.9(a)所示。异或非门也称为同或门，因为当输入值相同($x = y$)时，输出值为 1。二输入异或非门的真值表、逻辑符号及逻辑表达式如图 2.9(b)～(d)所示。

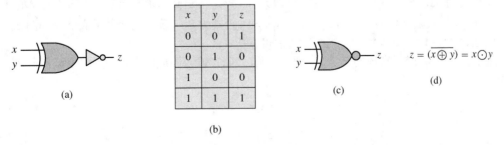

图 2.9　二输入异或非门(同或门)。(a)异或门-非门电路；(b)真值表；(c)逻辑符号；(d)逻辑表达式

2.1.3　组合逻辑电路

组合逻辑电路是多个逻辑门互连的电路网络，如图 2.10 的框图所示。图中，$x_1, x_2, \cdots, x_n$ 是二进制输入变量，每个二进制输出变量 $z_1, z_2, \cdots, z_m$ 是与输入变量有关的函数，分别用符号 $f_1, f_2, \cdots, f_m$ 表示，即

$$z_i = f_i(x_1, \cdots, x_n), \quad i = 1, \cdots, m \tag{2.1}$$

这些函数通过电路(原理)图、逻辑表达式和/或真值表来定义或者描述，类似于对逻辑门的定义。函数也可以用硬件描述语言(HDL)来描述，本章后续会进一步介绍。

首先，我们举例阐述组合逻辑电路的概念，以及在实际应用中常见的逻辑函数。

图 2.10　组合逻辑电路的框图

多数表决函数

n 变量的多数表决函数是指，当其输入变量 x_i 的值多数为 1 时，其值 $f_{majority}(x_1, \cdots, x_n) = 1$，否则为 0。图 2.11 是三输入 $(n = 3)$ 多数表决函数的真值表、逻辑表达式及逻辑电路。

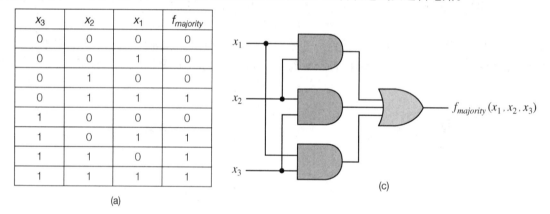

x_3	x_2	x_1	$f_{majority}$
0	0	0	0
0	0	1	0
0	1	0	0
0	1	1	1
1	0	0	0
1	0	1	1
1	1	0	1
1	1	1	1

(a)

(c)

$$f_{majority}(x_1, x_2, x_3) = x_1 x_2 + x_1 x_3 + x_2 x_3$$

(b)

图 2.11　三输入多数表决函数。(a)真值表；(b)逻辑表达式；(c)逻辑电路

奇偶函数

奇偶函数可能是奇函数也可能是偶函数。定义奇函数如下：当输入变量的 1 值统计数是奇数时，其输出值为 1，即 $f_{odd}(x_1, \cdots, x_n) = 1$，否则为 0。反之，定义偶函数如下：当输入变量的 1 值统计数是偶数时，其输出值为 1，即 $f_{even}(x_1, \cdots, x_n) = 1$，否则为 0。三变量奇函数的真值表如图 2.2(b) 所示。图 2.12 是三输入奇函数的逻辑电路及逻辑表达式。

注意，二输入异或门实现的就是二变量奇函数，而二输入同或门实现的是二变量偶函数，其逻辑表达式分别表示如下：

$$x_1 \oplus x_2 = x_1 \bar{x}_2 + \bar{x}_1 x_2 \tag{2.2}$$

$$x_1 \odot x_2 = x_1 x_2 + \bar{x}_1 \bar{x}_2 \tag{2.3}$$

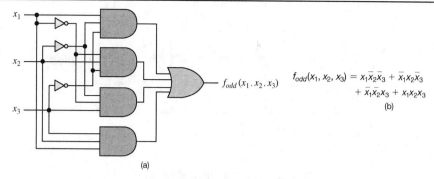

$$f_{odd}(x_1, x_2, x_3) = x_1\bar{x}_2\bar{x}_3 + \bar{x}_1 x_2 \bar{x}_3 \\ + \bar{x}_1\bar{x}_2 x_3 + x_1 x_2 x_3$$

(b)

图 2.12　三输入奇函数。(a)逻辑电路；(b)逻辑表达式

半加器和全加器

半加器和全加器是一位二进制加法器，通过级联可实现 n 位二进制加法器。半加器有两个二进制输入变量 a_i 和 b_i，它们相加产生两个输出函数，即和 s_i 与进位输出 $cout_i$。注意，全加器有三个输入变量 a_i、b_i 与 cin_i，其框图及真值表如图 2.13 所示。图 2.14 是由半加器和全加器构成的 4 位二进制串行进位加法器。

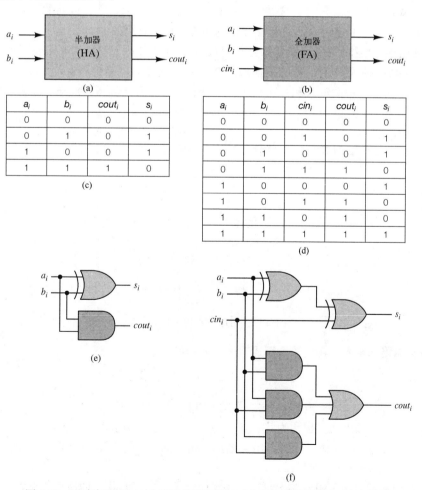

图 2.13　基本加法器。(a)半加器的框图；(b)全加器的框图；(c)半加器
真值表；(d)全加器真值表；(e)半加器电路；(f)全加器电路

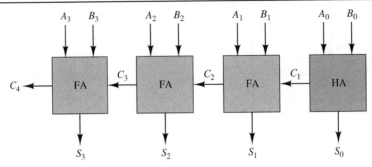

图 2.14　4 位二进制串行进位加法器

注意，半加器与全加器的输出和函数 s_i 可以分别由异或函数和奇函数来实现。奇函数是异或函数的另一种形式。另外，半加器和全加器中的进位输出 $cout_i$ 分别由与函数和多数表决函数构成。

2.1.4　时序逻辑电路

对于组合逻辑电路，只要已知当前的输入值，就可通过真值表、逻辑表达式、电路图或 HDL 描述来确定其输出值。也就是说，这类电路不具有记忆功能。换言之，以前的输入值不能决定当前的输出值。而时序逻辑电路就具有存储数据的功能，具体介绍如下。

时序逻辑电路由逻辑门和存储器相互连接的电路网络构成，因此其电路模型包含组合逻辑电路及含有存储器的反馈电路，框图描述如图 2.15 所示。在此电路中，输入变量 $x_1, \cdots, x_n$ 与输出变量 $z_1, \cdots, z_m$ 分别称为一次输入和一次输出；而变量 $y_1, \cdots, y_r$ 与 $Y_1, \cdots, Y_r$ 分别称为二次输入和二次输出。

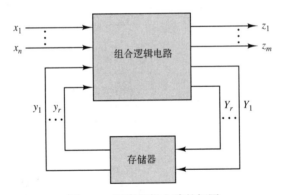

图 2.15　时序逻辑电路的框图

时序逻辑电路的输入、输出关系用逻辑函数表示如下：

$$z_i = g_i(x_1, \cdots, x_n, y_1, \cdots, y_r), \quad i = 1, \cdots, m \tag{2.4}$$

$$Y_i = h_i(x_1, \cdots, x_n, y_1, \cdots, y_r), \quad i = 1, \cdots, r \tag{2.5}$$

二次输入、二次输出变量也称为状态变量，$y_1, \cdots, y_r$ 代表当前状态，即现态，$Y_1, \cdots, Y_r$ 代表时序电路的下一个状态，即次态。因此，组合逻辑电路根据一次输入 x 和现态 y 来产生次态 Y 和一次输出 z，而存储器储存状态变量值。

电梯可视为一种时序逻辑电路，可以用来说明输入、输出和状态的概念。例如，我们来分析四层建筑的电梯运行过程。之所以将其当作时序逻辑电路，是因为电梯的工作状态由来自控制面板(包含每层楼的按键和电梯里的控制器)的输入信号及当前电梯位置(可能是 1 层、2 层、3 层或 4 层)共同决定。电梯必须以某种方式"记住"当前位置,以便决定移动到下一个楼层。因此,定义电梯现在所在楼层的位置为现态,包含了其过去楼层转换的历史记录。例如,电梯可能是"在 3 层并上行",那么现态不同于"在 3 层并下行"。电梯的次态(这里指下一个楼层的位置)由其当前位置和输入指令决定,输入指令(信号)来自各楼层安装的控制面板上的按键。如果电梯是"在 3 层并下行",则将响应下行到 2 层的请求,而忽略 2 层上行的请求。一旦次态被确定,通过发送状态转换指令去驱动皮带轮电机,使电梯运行到达新的楼层。现态、次态、输入和状态转换的概念是时序逻辑电路学习的基础。

　　基于启动或触发状态转换的方法,可以把时序逻辑电路分为两种类型。第一种是同步时序逻辑电路,其使用特殊的输入信号(称为时钟)来触发电路状态转换。第二种是异步时序逻辑电路,其与时钟或存储器无关,而是通过组合逻辑电路的延时传递来改变状态。我们将在第 4 章和第 5 章深入学习同步时序逻辑电路,而第 6 章将会介绍异步时序逻辑电路。

2.2　硬件描述语言(HDL)

　　已知逻辑函数可以通过真值表、代数表达式和/或逻辑电路(原理)图来定义和确定。后者由电子器件或硬件构成,用于实现逻辑函数。对于分析和设计逻辑电路,所有这些形式都是有用的。然而,随着电子技术的不断发展及更加复杂化,在逻辑函数的定义和确定中,设计人员需要采用较高级别的抽象工具。因此,硬件描述语言(HDL)应运而生,并且广泛应用于逻辑电路和数字系统的设计中。HDL 的语法类似于 C、C++和 Ada 的语法,然而它们之间还是有区别的。HDL 代码表示物理电子系统的结构和/或行为,因此所有语句是并行执行而不是顺序执行的。另外,HDL 也必须能处理时序约束或规范,并且描述器件互连的系统,以及协调不同层次的抽象。

　　Verilog 和 VHSIC 硬件描述语言(VHDL)是两种主流的 HDL,在过去的 20 多年里广泛应用于工业和学术界。下面将同时介绍这两种语言,在本书后面的分析与设计实例中均有采用。Verilog 和 VHDL 各自的语法及细节特征可查阅附录 A 和附录 B。

2.2.1　Verilog

　　Verilog 产生于 20 世纪 80 年代中期,经过不断升级和功能增强,它成为 HDL 中应用最广泛的语言之一。Verilog 已经具有标准 IEEE 1364,其语法类似于 C 语言,Verilog 语句要区分大小写。Verilog 模型可以进行综合或编译,从而通过可编程逻辑器件,如复杂可编程逻辑器件(CPLD)、现场可编程门阵列(FPGA)、可编程片上系统(PSoC)及专用集成电路(ASIC)等实现逻辑函数。可编程逻辑器件将在第 7 章详细介绍。

　　Verilog 模型是一种多模块的层次结构,通过声明输入和输出变量或者双向端口/变量进行模块到模块的通信。图 2.13 的全加器的 Verilog 模型可以用结构语句描述如下:

```
// Structural description of a full adder
module fulladder (si, couti, ai, bi, cini);
   input ai, bi, cini;
   output si, couti;
   wire d,e,f,g;
   xor (d, ai, bi);
   xor (si, d, cini);
   and (e, ai, bi);
   and (f, ai, cini);
```

```
    and (g, bi, cini);
    or (couti, e, f, g);
endmodule
```

全加器模块名称(fulladder)的后面是模块的输入/输出变量列表。变量在列表中的顺序是任意的,但此后必须以特定顺序加以引用。指定的输入、输出变量分别用加粗的 **input** 和 **output** 关键字表示。关键字 **wire** 用于指定内部变量。在使用逻辑运算符 **xor**、**and** 和 **or** 时,必须先列出输出变量,然后是输入变量。通常用"//"符号插入注释语句。

在 Verilog 中使用 **assign**(赋值)语句来定义模块的功能,而无须指定其结构,以全加器为例说明如下。这些语句通常称为数据流模型。同时,Verilog 也支持行为建模方式,这部分知识将在第 3 章加以介绍。

```
// Dataflow description of a full adder
module fulladder (si, couti, ai, bi, cini);
    input ai, bi, cini;
    output si, couti;
    assign si = ai ^ bi ^ cini; // ^ is the XOR operator in Verilog
    assign couti = ai & bi | ai & cini | bi & cini; // & is the AND operator and | is OR
endmodule
```

图 2.14 的串行进位加法器可以用以下 Verilog 模型进行结构描述,该模型采用了之前的全加器的结构描述,作为进行 4 次实例化的组件。

```
//Ripple Carry Adder Structural Model
module RippleCarryAdderStructural (
    input[3:0] A, B,
    output[3:0] S,
    output Cout);
    wire[4:0] C;
    assign C[0] = 1'b0;
    fulladder s0 (S[0], C[1], A[0], B[0], C[0]);
    fulladder s1 (S[1], C[2], A[1], B[1], C[1]);
    fulladder s2 (S[2], C[3], A[2], B[2], C[2]);
    fulladder s3 (S[3], C[4], A[3], B[3], C[3]);
    assign Cout = C[4];
endmodule
```

串行进位加法器的 Verilog 数据流模型如下:

```
//Ripple Carry Adder Dataflow Model
module RippleCarryAdderDataflow (
    input[3:0] A, B,
    output[3:0] S,
    output Cout);
    wire[4:0] C;
    assign C[0] = 1'b0;
    assign S[0] = A[0]^B[0]^C[0];
    assign C[1] = A[0]&B[0] | A[0]&C[0] | B[0]&C[0];
    assign S[1] = A[1]^B[1]^C[1];
    assign C[2] = A[1]&B[1] | A[1]&C[1] | B[1]&C[1];
    assign S[2] = A[2]^B[2]^C[2];
    assign C[3] = A[2]&B[2] | A[2]&C[2] | B[2]&C[2];
    assign S[3] = A[3]^B[3]^C[3];
    assign C[4] = A[3]&B[3] | A[3]&C[3] | B[3]&C[3];
    assign Cout = C[4];
endmodule
```

以上示例说明了 Verilog 的几个基本特征,其他一些基本的或者更高级的特征将在本书后续章节予以介绍。Verilog 的基本概念请参见附录 A。

2.2.2 VHDL

20 世纪 80 年代中后期,美国国防部资助研发了 VHDL。鉴于美国国防部之前对 Ada 语言的资助，VHDL 的结构和语法与 Ada 语言的相似。VHDL 已经具有标准 IEEE 1076，并且 VHDL 是强类型的，其语句不区分大小写。与 Verilog 一样，VHDL 模型也可以进行综合或编译，从而在可编程逻辑器件上实现逻辑函数。以下举例说明采用 VHDL 代码来实现全加器和串行进位加法器。

```vhdl
--VHDL structural model for a full adder
entity fulladder is
    port (ai, bi, cini: in bit; si, couti: out bit);
end fulladder;

architecture structure of fulladder is
    signal x1, a1, a2, a3: bit;  -- internal signal wires
begin
    -- define the schematic diagram
    x1 <= ai xor bi;
    si <= x1 xor cini;
    a1 <= ai and bi;
    a2 <= ai and cini;
    a3 <= bi and cini;
    couti <= a1 or a2 or a3;
end structure;
```

```vhdl
--VHDL behavioral model for a full adder
entity fulladder is
 port (ai, bi, cini: in bit; si, couti: out bit);
end fulladder;

architecture behavior of fulladder is
begin
    si <= ai xor bi xor cini;
    couti <= (ai and bi) or (ai and cini) or (bi and cini);
end behavior;
```

使用 VHDL 描述的图 2.14 的串行进位加法器的结构模型如下所示。注意，之前定义的全加器模块作为组件经过了 4 次实例化，用来对串行进位加法器进行 VHDL 建模。

```vhdl
--VHDL structural model for a ripple-carry adder
entity ripple_carry_adder is
    port (A, B: in bit_vector (3 downto 0); S: out bit_vector (3 downto 0); Cout: out bit);
end ripple_carry_adder;

architecture structure of ripple_carry_adder is
    signal C: bit_vector (4 downto 0);
    component fulladder
        port (ai, bi, cini: in bit; si, cout: out bit);
    end component;
begin
    C(0) <= '0';
    s0: fulladder port map (A(0), B(0), C(0), S(0), C(1));
    s1: fulladder port map (A(1), B(1), C(1), S(1), C(2));
    s2: fulladder port map (A(2), B(2), C(2), S(2), C(3));
    s3: fulladder port map (A(3), B(3), C(3), S(3), C(4));
    Cout <= C(4);
end behavior
```

下面是串行进位加法器的 VHDL 行为模型。

```vhdl
--VHDL ripple-carry adder behavioral model
entity ripple_carry_adder is
    port (A, B: in bit_vector (3 downto 0); S: out bit_vector (3 downto 0); Cout: out bit);
end ripple_carry_adder;

architecture behavior of ripple_carry_adder is
begin
    C(0) <= '0';
    S(0) <= A(0) xor B(0) xor C(0);
    C(1) <= (A(0) and B(0)) or (A(0) and C(0)) or (B(0) and C(0));
    S(1) <= A(1) xor B(1) xor C(1);
```

```
C(2) <= (A(1) and B(1)) or (A(1) and C(1)) or (B(1) and C(1));
S(2) <= A(2) xor B(2) xor C(2);
C(3) <= (A(2) and B(2)) or (A(2) and C(2)) or (B(2) and C(2));
S(3) <= A(3) xor B(3) xor C(3);
C(4) <= (A(3) and B(3)) or (A(3) and C(3)) or (B(3) and C(3));
Cout <= C[4];
end behavior
```

这些示例说明了 VHDL 的一些基本特征，以及与 Verilog 的不同与相似之处。VHDL 的其他基本的或者更高级的特征将在本书后续章节予以介绍。VHDL 的基本概念请参见附录 B。

2.3 布尔代数

之前介绍的真值表、逻辑表达式可用来定义或表示逻辑函数和逻辑电路。理解布尔代数是必要的，这样才能充分利用真值表和逻辑表达式，进而掌握逻辑电路的分析与设计方法。本节阐述布尔代数。

1847 年，乔治·布尔(George Boole)提出了用于逻辑思想和推理的代数公式，这就是布尔代数。1938 年，克劳德·香农(Claude Shannon)认识到布尔代数可用于分析和设计继电器构成的开关电路，由此诞生了香农版的布尔代数，逻辑电路的设计人员至今仍在使用。

2.3.1 公理与基本定理

布尔代数公式的基本描述基于集合论概念，其中，布尔代数被正式定义为满足分配律和非运算的网格。接下来，我们汇总一组公理，用于表示布尔代数的基本要素与特性。

公理 1(P1) *定义*

布尔代数是一个封闭的代数系统，包含具有两个或两个以上元素的集合 K，具有两种运算符，即 "·"(与运算)和 "+"(或运算)。这样，对于集合 K 中的每个 a 和 b，$a \cdot b$ 属于集合 K，$a + b$ 也属于集合 K。

公理 2(P2) *0 和 1 元素的存在性*

集合 K 中的每个 a 都有唯一的 0 和 1 元素。

$$(a)\ a + 0 = a \qquad 且 \qquad (b)\ a \cdot 1 = a$$

其中，在 + 运算中，0 是单位元；在 · 运算中，1 是单位元。

公理 3(P3) *+ 和 · 运算的交换律*

对于集合 K 中的每个 a 和 b，有

$$(a)\ a + b = b + a \qquad 且 \qquad (b)\ a \cdot b = b \cdot a$$

公理 4(P4) *+ 和 · 运算的结合律*

对于集合 K 中的每个 a、b、c，有

$$(a)\ a + (b + c) = (a + b) + c \qquad 且 \qquad (b)\ a \cdot (b \cdot c) = (a \cdot b) \cdot c$$

公理 5(P5) *+ 和 · 运算的分配律*

对于集合 K 中的每个 a、b、c，有

$$(a)\ a+(b\cdot c)=(a+b)\cdot(a+c) \qquad 且 \qquad (b)\ a\cdot(b+c)=(a\cdot b)+(a\cdot c)$$

公理 6(P6)　非运算的存在性

对于集合 K 中的每个元素 a，有唯一的非元素 $\bar{a}$，即

$$(a)\ a+\bar{a}=1 \qquad 且 \qquad (b)\ a\cdot\bar{a}=0$$

根据这组公理，可以推导其他有用的关系式，即定理。为了简化正文后续的标注方式，在与运算中把符号"·"省略掉，例如：

$$a+b\cdot c=(a+b)\cdot(a+c)$$
$$a+bc=(a+b)(a+c)$$

在推导定理前，先讨论对偶原理及其在布尔代数中的应用。

对偶原理

对偶原理的定义如下：如果一个表达式在布尔代数中是有效的，那么其对偶式也是有效的。把原始表达式中所有的 + 运算用 · 运算替换，· 运算用 + 运算替换，所有的 0 变为 1，所有 1 变为 0，即构成原始表达式的对偶式。对偶原理源自公理 2~6，因为 a 和 b 表达式互为对偶式。

例 2.1　求 $a+(bc)=(a+b)(a+c)$ 的对偶式。

把所有的 · 变成 + ，+ 变成 · ，则对偶式为

$$a(b + c) = ab + ac$$

当推导对偶式时，如果原始表达式中有括号，则必须保持其位置不变。请注意，上例中的两个表达式分别就是公理 5 中的(a)式和(b)式。

对偶原理在逻辑代数定理的证明中广泛使用。事实上，一旦采用公理及之前已证明过的定理去验证一个表达式的正确性，即可采用对偶性来验证其对偶式的正确性。

下面展示如何证明布尔代数中几个有用的定理。在这些定理中，字母 $a, b, c,\cdots$ 代表布尔代数中的元素，可以运用公理和之前已证明过的定理。下面的第 1 个定理描述了幂等性的性质，仅根据公理就可以证明。

定理 1(T1)　幂等性

(a) $a + a = a$　　　　　(b) $aa = a$

证明：可以证明这个定理的(a)式或(b)式。若首先证明了(a)式，则(b)式就可根据对偶性得证。

$$
\begin{aligned}
a + a &= (a + a)1 & &[\text{P2(b)}]\\
&= (a + a)(a + \bar{a}) & &[\text{P6(a)}]\\
&= a + a\bar{a} & &[\text{P5(a)}]\\
&= a + 0 & &[\text{P6(b)}]\\
&= a & &[\text{P2(a)}]
\end{aligned}
$$

在上述每个表达式的右侧列出了公理的编号，以证明每一步是正确的。请记住，等号两侧的符号可以互换使用，如定理 1 所述：aa 可变换成 a，反之亦然。

下面这个定理进一步强调了唯一元素 0 和 1 的特性。

定理 2(T2)　+ 和 · 运算中的无效元素

(a) $a + 1 = 1$　　　　　(b) $a\cdot 0 = 0$

证明： 下面证明这个定理的(a)式。

$$a + 1 = (a + 1)1 \qquad\qquad \text{[P2(b)]}$$
$$= 1 \cdot (a + 1) \qquad\qquad \text{[P3(b)]}$$
$$= (a + \bar{a})(a + 1) \qquad\qquad \text{[P6(a)]}$$
$$= a + \bar{a} \cdot 1 \qquad\qquad \text{[P5(a)]}$$
$$= a + \bar{a} \qquad\qquad \text{[P2(b)]}$$
$$= 1 \qquad\qquad \text{[P6(a)]}$$

由于证明了这个定理的(a)式是有效的，根据对偶原理，因此(b)式也是有效的。

定理 3(T3)　对合律

$$\bar{\bar{a}} = a$$

证明： 由公理 6 可知 $a \cdot \bar{a} = 0$ 和 $a + \bar{a} = 1$，因此 $\bar{a}$ 是 a 的非，而 a 是 $\bar{a}$ 的非。由于 $\bar{a}$ 的非元素是唯一的，因此 $\bar{\bar{a}} = a$ 成立。

我们用之前的知识总结一下唯一元素 0 和 1 的特性，如表 2.1 所示。另外，可知元素 0 和 1 的 "·"(与)特性与标准数学中的乘法运算的一致性。然而，除此之外，+(或)运算等其他运算与标准数学中的加法等运算完全不同。因此，对于这个全新的、不同的逻辑系统，只能使用之前获得的公理和定理。

表 2.1　唯一元素 0 和 1 的特性

或	与	非
$a + 0 = a$	$a \cdot 0 = 0$	$\bar{0} = 1$
$a + 1 = 1$	$a \cdot 1 = a$	$\bar{1} = 0$

下一个定理即布尔代数的吸收律。在 "普通" 代数中没有与 "吸收" 对应的概念。

定理 4(T4)　吸收律

(a) $a + ab = a$ 　　　　(b) $a(a + b) = a$

证明： 下面证明(a)式：

$$a + ab = a \cdot 1 + ab \qquad\qquad \text{[P2(b)]}$$
$$= a(1 + b) \qquad\qquad \text{[P5(b)]}$$
$$= a(b + 1) \qquad\qquad \text{[P3(a)]}$$
$$= a \cdot 1 \qquad\qquad \text{[T2(a)]}$$
$$= a \qquad\qquad \text{[P2(b)]}$$

以下举例说明如何采用定理 4 化简逻辑表达式：

$$(X + Y) + (X + Y)Z = (X + Y) \qquad\qquad \text{[T4(a)]}$$
$$A\bar{B}(A\bar{B} + \bar{B}C) = A\bar{B} \qquad\qquad \text{[T4(b)]}$$
$$A\bar{B}C + \bar{B} = \bar{B} \qquad\qquad \text{[T4(a)]}$$

以下 3 个定理类似于定理 4，用于在逻辑表达式中消除多余的变量。

定理 5(T5)　吸收律

(a) $a + \bar{a}b = a + b$ 　　　　(b) $a(\bar{a} + b) = ab$

证明： (a)式证明如下：

$$a + \bar{a}b = (a + \bar{a})(a + b) \qquad\qquad \text{[P5(a)]}$$
$$= 1 \cdot (a + b) \qquad\qquad \text{[P6(a)]}$$
$$= (a + b) \cdot 1 \qquad\qquad \text{[P3(b)]}$$
$$= (a + b) \qquad\qquad \text{[P2(b)]}$$

以下举例说明如何采用定理 5 化简逻辑表达式：

$$B + A\bar{B}\bar{C}D = B + A\bar{C}D \qquad \text{[T5(a)]}$$
$$\bar{Y}(X + Y + Z) = \bar{Y}(X + Z) \qquad \text{[T5(b)]}$$
$$(X + Y)((\overline{X + Y}) + Z) = (X + Y)Z \qquad \text{[T5(b)]}$$
$$AB + (\overline{AB})C\bar{D} = AB + C\bar{D} \qquad \text{[T5(a)]}$$

定理 6(T6) 吸收律

(a) $ab + a\bar{b} = a$ (b) $(a + b)(a + \bar{b}) = a$

证明：(a) 式证明如下：

$$ab + a\bar{b} = a(b + \bar{b}) \qquad \text{[P5(b)]}$$
$$= a \cdot 1 \qquad \text{[P6(a)]}$$
$$= a \qquad \text{[P2(b)]}$$

以下举例说明如何采用定理 6 化简逻辑表达式：

$$ABC + A\bar{B}C = AC \qquad \text{[T6(a)]}$$
$$(AD + B + C)(AD + \overline{(B + C)}) = AD \qquad \text{[T6(b)]}$$
$$(\bar{W} + \bar{X} + \bar{Y} + \bar{Z})(\bar{W} + \bar{X} + \bar{Y} + Z)(\bar{W} + \bar{X} + Y + \bar{Z})(\bar{W} + \bar{X} + Y + Z)$$
$$= (\bar{W} + \bar{X} + \bar{Y})(\bar{W} + \bar{X} + Y + \bar{Z})(\bar{W} + \bar{X} + Y + Z)$$
$$= (\bar{W} + \bar{X} + \bar{Y})(\bar{W} + \bar{X} + Y) \qquad \text{[T6(b)]}$$
$$= (\bar{W} + \bar{X})$$

定理 7(T7) 恒等性(一致性)

(a) $ab + \bar{a}c + bc = ab + \bar{a}c$

(b) $(a + b)(\bar{a} + c)(b + c) = (a + b)(\bar{a} + c)$

证明：

$$ab + \bar{a}c + bc = ab + \bar{a}c + 1 \cdot bc \qquad \text{[P2(b)]}$$
$$= ab + \bar{a}c + (a + \bar{a})bc \qquad \text{[P6(a)]}$$
$$= ab + \bar{a}c + abc + \bar{a}bc \qquad \text{[P5(b)]}$$
$$= (ab + abc) + (\bar{a}c + \bar{a}cb) \qquad \text{[P3, P4]}$$
$$= ab + \bar{a}c \qquad \text{[T4(a)]}$$

使用此定理的关键是，根据符号标注找到一个变量和它的非变量，然后删除恒等式中的多余项。

恒等性(一致性)定理常用于化简或者扩展表达式，如下所示：

$$AB + \bar{A}CD + BCD = AB + \bar{A}CD \qquad \text{[T7(a)]}$$
$$(a + \bar{b})(\bar{a} + c)(\bar{b} + c) = (a + \bar{b})(\bar{a} + c) \qquad \text{[T7(b)]}$$

学习至本章后面，就会发现这些公理和定理为化简逻辑表达式提供了基本方法。

在布尔代数的应用中，经常需要求得逻辑表达式的反函数。下面这个定理为实现反函数运算提供了基础。

定理 8(T8) 德·摩根定理

(a) $\overline{a + b} = \bar{a} \cdot \bar{b}$ (b) $\overline{a \cdot b} = \bar{a} + \bar{b}$

证明：下面证明 (a) 式。

若 $X = a + b$，那么 $\bar{X} = \overline{a + b}$。

由公理 6 可知，$X \cdot \bar{X} = 0$ 和 $X + \bar{X} = 1$。

若 $X \cdot Y = 0$ 和 $X + Y = 1$，因为 X 的非元素 $\overline{X}$ 是唯一的，则有 $Y = \overline{X}$。

现在假设 $Y = \overline{a}\,\overline{b}$，验证 $X \cdot Y$ 和 $X + Y$：

$$
\begin{aligned}
X \cdot Y &= (a + b)(\overline{a}\overline{b}) \\
&= (\overline{a}\overline{b})(a + b) && \text{[P3(b)]} \\
&= (\overline{a}\overline{b})a + (\overline{a}\overline{b})b && \text{[P5(b)]} \\
&= a(\overline{a}\overline{b}) + (\overline{a}\overline{b})b && \text{[P3(b)]} \\
&= (a\overline{a})\overline{b} + \overline{a}(b\overline{b}) && \text{[P4(b)]} \\
&= 0 \cdot \overline{b} + \overline{a}(b \cdot \overline{b}) && \text{[P6(b), P3(b)]} \\
&= \overline{b} \cdot 0 + \overline{a} \cdot 0 && \text{[P3(b), P6(b)]} \\
&= 0 + 0 && \text{[T2(b)]} \\
&= 0 && \text{[P2(a)]}
\end{aligned}
$$

$$
\begin{aligned}
X + Y &= (a + b) + \overline{a}\overline{b} \\
&= (b + a) + \overline{a}\overline{b} && \text{[P3(a)]} \\
&= b + (a + \overline{a}\overline{b}) && \text{[P4(a)]} \\
&= b + (a + \overline{b}) && \text{[T5(a)]} \\
&= (a + \overline{b}) + b && \text{[P3(a)]} \\
&= a + (\overline{b} + b) && \text{[P4(a)]} \\
&= a + (b + \overline{b}) && \text{[P3(a)]} \\
&= a + 1 && \text{[P6(a)]} \\
&= 1 && \text{[T2(a)]}
\end{aligned}
$$

由于 $\overline{X}$ 的唯一性，$Y = \overline{X}$，因此证明了 $\overline{ab} = \overline{a} + \overline{b}$。

定理 8 可以概括如下：

$$
\overline{a + b + \cdots + z} = \overline{a} \cdot \overline{b} \cdots \overline{z}
$$

$$
\overline{a \cdot b \cdots z} = \overline{a} + \overline{b} + \cdots + \overline{z}
$$

在对表达式求反函数时，遵循的规则是关系式 (a) 和 (b)，用 $\cdot$ 运算代替每个 $+$ 运算，反之，用 $+$ 运算代替每个 $\cdot$ 运算，并且用反变量替换原变量。

还需要注意运算的顺序，在应用德·摩根定理时，必须遵循运算符的优先级，即 $\cdot$ 优先于 $+$。以下举例说明。

例 2.2　求 $a + b \cdot c$ 表达式的反函数。

$$
\begin{aligned}
\overline{a + b \cdot c} &= \overline{a + (b \cdot c)} && \text{[P4]} \\
&= \overline{a} \cdot \overline{(b \cdot c)} && \text{[T8(a)]} \\
&= \overline{a} \cdot (\overline{b} + \overline{c}) && \text{[T8(b)]} \\
&= \overline{a}\overline{b} + \overline{a}\overline{c} && \text{[P5(b)]}
\end{aligned}
$$

注意：$\overline{a + b \cdot c} \neq \overline{a} \cdot \overline{b} + \overline{c}$。

以下进一步举例说明了德·摩根定理的应用。

例 2.3　求表达式 $X + \overline{Y}$ 的反函数。

$$
\begin{aligned}
\overline{X + \overline{Y}} &= \overline{X} \cdot \overline{\overline{Y}} && \text{[T8(a)]} \\
&= \overline{X} \cdot Y && \text{[T3]}
\end{aligned}
$$

例 2.4　求表达式 $a(b + z(x + \overline{a}))$ 的反函数，并化简。

$$
\begin{aligned}
\overline{a(b + z(x + \overline{a}))} &= \overline{a} + \overline{(b + z(x + \overline{a}))} && \text{[T8(b)]} \\
&= \overline{a} + \overline{b}\,\overline{(z(x + \overline{a}))} && \text{[T8(a)]}
\end{aligned}
$$

$$= \overline{a} + \overline{b}(\overline{z} + \overline{(x + \overline{a})}) \quad [T8(b)]$$
$$= \overline{a} + \overline{b}(\overline{z} + \overline{x} \cdot \overline{a}) \quad [T8(a)]$$
$$= \overline{a} + \overline{b}(\overline{z} + \overline{x}a) \quad [T3]$$
$$= \overline{a} + \overline{b}(\overline{z} + \overline{x}) \quad [T5(a)]$$

例 2.5　求表达式 $a(b+c)+\overline{a}b$ 的反函数。

$$\overline{a(b + c) + \overline{a}b} = \overline{ab + ac + \overline{a}b} \quad [P5(b)]$$
$$= \overline{b + ac} \quad [T6(a)]$$
$$= \overline{b}(\overline{ac}) \quad [T8(a)]$$
$$= \overline{b}(\overline{a} + \overline{c}) \quad [T8(b)]$$

例 2.5 说明，在求表达式的反函数时，在应用德·摩根定理之前，应该首先化简表达式。
以下举例说明了如何用恒等性（一致性）和德·摩根定理化简表达式。

例 2.6　化简表达式 $ABC + \overline{A}D + \overline{B}D + CD$。

$$ABC + \overline{A}D + \overline{B}D + CD = ABC + (\overline{A} + \overline{B})D + CD \quad [P5(b)]$$
$$= ABC + \overline{AB}D + CD \quad [T8(b)]$$
$$= ABC + \overline{AB}D \quad [T7(a)]$$
$$= ABC + (\overline{A} + \overline{B})D \quad [T8(b)]$$
$$= ABC + \overline{A}D + \overline{B}D \quad [P5(b)]$$

德·摩根定理对于求反函数非常实用。当需要使用特定的逻辑门来实现逻辑函数时，通常采用德·摩根定理来变换逻辑表达式。

前面各例表明，一个变量或表达式及其反变量或者反函数可用于化简逻辑表达式。

注意，通过维恩（Venn）图可方便地展示上述定理。因此，建议读者通过图形更轻松地记住这些重要定理。表 2.2 概括了布尔代数的公理和定理。

表 2.2　布尔代数的公理和定理

逻辑表达式	对偶式
P2(a)：$a + 0 = a$	P2(b)：$a \cdot 1 = a$
P3(a)：$a + b = b + a$	P3(b)：$a \cdot b = b \cdot a$
P4(a)：$a + (b + c) = (a + b) + c$	P4(b)：$a \cdot (b \cdot c) = (a \cdot b) \cdot c$
P5(a)：$a + bc = (a + b)(a + c)$	P5(b)：$a \cdot (b + c) = a \cdot b + a \cdot c$
P6(a)：$a + \overline{a} = 1$	P6(b)：$a \cdot \overline{a} = 0$
T1(a)：$a + a = a$	T1(b)：$a \cdot a = a$
T2(a)：$a + 1 = 1$	T2(b)：$a \cdot 0 = 0$
T3：$(\overline{\overline{a}}) = a$	
T4(a)：$a + ab = a$	T4(b)：$a(a + b) = a$
T5(a)：$a + \overline{a}b = a + b$	T5(b)：$a(\overline{a} + b) = a \cdot b$
T6(a)：$ab + a\overline{b} = a$	T6(b)：$(a + b)(a + \overline{b}) = a$
T7(a)：$ab + \overline{a}c + bc = ab + \overline{a}c$	T7(b)：$(a + b)(\overline{a} + c)(b + c) = (a + b)(\overline{a} + c)$
T8(a)：$\overline{(a + b)} = \overline{a}\overline{b}$	T8(b)：$\overline{(ab)} = \overline{a} + \overline{b}$

2.3.2　布尔（逻辑）函数和表达式

前面提到的布尔代数的公理和定理给出了一般术语而没有特指集合 K，因此对任何布尔代数的结果是有效的。下面将重点讨论集合 $K = \{0,1\}$ 的布尔代数。

学习过普通代数的人都熟悉函数的概念。布尔函数表示了布尔代数的相应概念，可以进行如下定义：设 $X_1, X_2, \cdots, X_n$ 为变量，每个变量都可以取值为 0 或 1(0 或 1 称为变量值)，令 $f(X_1, X_2, \cdots, X_n)$ 表示 $X_1, X_2, \cdots, X_n$ 的布尔函数，其函数 f 的值是 0 还是 1，取决于变量 $X_1, X_2, \cdots, X_n$ 的值。由于有 n 个变量，每个变量都有两种取值，因此对 n 变量的数值分配有 2^n 种组合，而对每一种组合其函数 $f(X_1, X_2, \cdots, X_n)$ 的值也有两种可能。因此，n 变量有 2^{2^n} 种不同的布尔函数。

对于变量 $n = 0$ 的这种特殊情况，其布尔函数的两种形式为

$$f_0 = 0 \qquad\qquad f_1 = 1$$

对于 $n = 1$，输入变量 A 而输出的 4 种逻辑函数如下：

$$f_0 = 0 , \qquad\qquad f_2 = A$$

$$f_1 = \overline{A} , \qquad\qquad f_3 = 1$$

对于 $n = 2$，有 16 种函数 $f_0, \cdots, f_{15}$，如表 2.3 所示。

表 2.3　两个输入变量组合对应的所有 16 种布尔(逻辑)函数

AB	f_0	f_1	f_2	f_3	f_4	f_5	f_6	f_7	f_8	f_9	f_{10}	f_{11}	f_{12}	f_{13}	f_{14}	f_{15}
00	0	1	0	1	0	1	0	1	0	1	0	1	0	1	0	1
01	0	0	1	1	0	0	1	1	0	0	1	1	0	0	1	1
10	0	0	0	0	1	1	1	1	0	0	0	0	1	1	1	1
11	0	0	0	0	0	0	0	0	1	1	1	1	1	1	1	1

反映每个函数的逻辑表达式的代数式可用下式表示，其中 $i = 0, \cdots, 15$，

$$f_i(A,B) = i_3 AB + i_2 A\overline{B} + i_1 \overline{A}B + i_0 \overline{A}\,\overline{B} \tag{2.6}$$

注意，$(i)_{10} = (i_3 i_2 i_1 i_0)_2$ 表示二进制数分别为 $0000, 0001, \cdots, 1111$。依次把这些值代入式(2.6)，得到如下二输入变量的 16 种函数的代数表达式：

$$f_0(A, B) = 0$$
$$f_1(A, B) = \overline{A}\,\overline{B}$$
$$f_2(A, B) = \overline{A}B$$
$$f_3(A, B) = \overline{A}B + \overline{A}\,\overline{B} = \overline{A}$$
$$f_4(A, B) = A\overline{B}$$
$$f_5(A, B) = A\overline{B} + \overline{A}\,\overline{B} = \overline{B}$$
$$f_6(A, B) = A\overline{B} + \overline{A}B$$
$$f_7(A, B) = A\overline{B} + \overline{A}B + \overline{A}\,\overline{B} = \overline{A} + \overline{B}$$
$$f_8(A, B) = AB$$
$$f_9(A, B) = AB + \overline{A}\,\overline{B}$$
$$f_{10}(A, B) = AB + \overline{A}B = B$$
$$f_{11}(A, B) = AB + \overline{A}B + \overline{A}\,\overline{B} = \overline{A} + B$$
$$f_{12}(A, B) = AB + A\overline{B} = A$$
$$f_{13}(A, B) = AB + A\overline{B} + \overline{A}\,\overline{B} = A + \overline{B}$$
$$f_{14}(A, B) = AB + A\overline{B} + \overline{A}B = A + B$$
$$f_{15}(A, B) = AB + A\overline{B} + \overline{A}B + \overline{A}\,\overline{B} = 1$$

2.3.3　最小项、最大项及标准式

已知函数的真值表是唯一的。然而，不同的代数表达式和电路图实际上可能表示的是相同的函数。两种表达式是否等价，可以通过布尔代数的公理和定理或通过构造并比较二者的真值表进行推导证明。

总体来说，函数的代数形式不唯一。但是对于已知函数，可以定义一个唯一的标准式。现在考查两种形式，它们分别是标准与或（CSOP）式及标准或与（CPOS）式，然后在真值表中对比展示二者的关系。

积之和（与或）式及和之积（或与）式　对于一个代数表达式，当且仅当其由多个乘积项之和组成时，称其为积之和（SOP）式。每个乘积项由一定数量的原变量或反变量相与而构成，每一原变量或者反变量称为一个因子。如下表达式是多数表决函数 $f_{majority}(x, y, z)$ 的 SOP 式：

$$f_{majority}(x, y, z) = x y \bar{z} + \bar{x} y z + x \bar{y} z + x y z$$
$$f_{majority}(x, y, z) = x y + y z + x z$$

对于一个代数表达式，当且仅当其由多个和项相与而组成时，称其为和之积（POS）式。每个和项由不同的因子构成。多数表决函数 $f_{majority}(x, y, z)$ 的两种 POS 式如下：

$$f_{majority}(x, y, z) = (x + y + z)(x + \bar{y} + z)(\bar{x} + y + z)(x + y + \bar{z})$$
$$f_{majority}(x, y, z) = (x + y)(x + z)(y + z)$$

除 SOP 式和 POS 式外的表达式通常称为因式分解式，例如 $A(B + \bar{C}) + \bar{A} C$。

最小项和最大项

n 变量的最小项是 n 个因子的乘积项，且每个变量仅出现一次。例如，乘积项 $x y \bar{z}$、$\bar{x} y z$、$x \bar{y} z$ 及 $x y z$ 是三变量多数表决函数 $f_{majority}(x, y, z)$ 函数的最小项。另一方面，乘积项 $x y$、$y z$、$x z$ 不是其最小项，因为在这些乘积项中仅出现了三变量中的两个变量。n 变量的最大项是 n 个因子之和，且每个变量仅出现一次。对于三变量多数表决函数 $f_{majority}(x, y, z)$ 的 POS 式，其和项有 $x + y + z$、$x + \bar{y} + z$、$\bar{x} + y + z$ 及 $x + y + \bar{z}$ 等最大项，而 $x + y$、$x + z$、$y + z$ 不是最大项。

标准式

当且仅当 SOP 式中包含的乘积项是最小项且没有重复时，称这个 n 变量的 SOP 式是 CSOP 式。当且仅当所包含的和项是最大项且没有重复时，称这个 n 变量的 POS 式是一个 CPOS 式。一个已知函数的 CSOP 式和 CPOS 式都是唯一的，也就是说，一个已知函数只有唯一的 CSOP 式和 CPOS 式。例如，以下表达式表示了三变量多数表决函数与奇校验函数。在本章后面，将学习如何推导标准式。

$$\text{CSOP}: f_{majority}(x, y, z) = x y \bar{z} + \bar{x} y z + x \bar{y} z + x y z$$
$$\text{CPOS}: f_{majority}(x, y, z) = (x + y + z)(x + \bar{y} + z)(\bar{x} + y + z)(x + y + \bar{z})$$
$$\text{CSOP}: f_{odd}(x, y, z) \quad = x \bar{y} \bar{z} + \bar{x} \bar{y} z + \bar{x} y \bar{z} + x y z$$
$$\text{CPOS}: f_{odd}(x, y, z) \quad = (x + y + z)(x + \bar{y} + \bar{z})(\bar{x} + y + \bar{z})(\bar{x} + \bar{y} + z)$$

最小项和最大项的编号

为了简化标准 SOP 式的表达方法，通常用 n 位二进制码表示每个最小项。其中的每一位表示最小项中的一个变量，且原变量赋值为 1，而反变量赋值为 0。

在每个最小项中，变量以相同的顺序排列。这种标记法的重要性是，当原变量取 1、反变量

取 0 时，已知最小项的值必定是 1。这样，多数表决函数 $f_{majority}(x, y, z)$ 的最小项可以用下表中的任何一种标记法写出。

代数式	二进制码	缩写
$\bar{x}yz$	011	m_3
$x\bar{y}z$	101	m_5
$xy\bar{z}$	110	m_6
xyz	111	m_7

这样，多数表决函数 $f_{majority}(x, y, z)$ 的 CSOP 式用列表中的缩写式表示如下：

$$f_{majority}(x, y, z) = m_3 + m_5 + m_6 + m_7$$

$$f_{majority}(x, y, z) = \sum m(3, 5, 6, 7)$$

同理，利用相应的标记法可以写出最大项的 CPOS 式。若最大项中变量的取值方式为原变量取 0，而反变量取 1，则最大项的值为 0。

因此，多数表决函数 $f_{majority}(x, y, z)$ 的最大项可以用下表中的任何一种标记法写出。

代数式	二进制码	缩写
$x + y + z$	000	M_0
$x + y + \bar{z}$	001	M_1
$x + \bar{y} + z$	010	M_2
$\bar{x} + y + z$	100	M_4

于是，$f_{majority}(x, y, z)$ 的 CPOS 式如下：

$$f_{majority}(x, y, z) = M_0 \cdot M_1 \cdot M_2 \cdot M_4$$

$$f_{majority}(x, y, z) = \prod M(0, 1, 2, 4)$$

推导标准式

函数的标准式可以很容易地从真值表中推导获得。三变量函数 $f(A, B, C)$ 由下表定义，表中的每行均列出了最小项和最大项的缩写及其相应的值。

Row(i)	ABC	f	m_0	m_1	m_2	m_3	m_4	m_5	m_6	m_7	M_0	M_1	M_2	M_3	M_4	M_5	M_6	M_7
0	000	1	**1**	0	0	0	0	0	0	0	0	1	1	1	1	1	1	1
1	001	0	0	1	0	0	0	0	0	0	1	**0**	1	1	1	1	1	1
2	010	1	0	0	**1**	0	0	0	0	0	1	1	0	1	1	1	1	1
3	011	0	0	0	0	1	0	0	0	0	1	1	1	**0**	1	1	1	1
4	100	1	0	0	0	0	**1**	0	0	0	1	1	1	1	0	1	1	1
5	101	0	0	0	0	0	0	1	0	0	1	1	1	1	1	**0**	1	1
6	110	1	0	0	0	0	0	0	**1**	0	1	1	1	1	1	1	0	1
7	111	0	0	0	0	0	0	0	0	1	1	1	1	1	1	1	1	**0**

注意：当 $f = 1$ 时，表中粗体最小项的值为 1；当 $f = 0$ 时，粗体最大项的值为 0。因此，将所

有的粗体最小项"或"在一起，表示涵盖了所有函数值 $f=1$ 的最小项，则函数 f 的 CSOP 式推导如下：

$$
\begin{aligned}
f(A,B,C) &= m_0 + m_2 + m_4 + m_6 \\
&= \sum m(0,2,4,6) \\
&= \overline{A}\,\overline{B}\,\overline{C} + \overline{A}B\overline{C} + A\overline{B}\,\overline{C} + AB\overline{C}
\end{aligned}
$$

类似地，将所有粗体最大项相乘，即涵盖了所有函数值 $f=0$ 的最大项，则 f 函数的 CPOS 式如下：

$$
\begin{aligned}
f(A,B,C) &= M_1 \cdot M_3 \cdot M_5 \cdot M_7 \\
&= \prod M(1,3,5,7) \\
&= (A+B+\overline{C})(A+\overline{B}+\overline{C})(\overline{A}+B+\overline{C})(\overline{A}+\overline{B}+\overline{C})
\end{aligned}
$$

标准式也可以通过代数表达式，利用布尔代数的公理与定理推导而获得。为达到此目的，定理 6 特别有用，下面通过两例加以说明。

例 2.7　将函数 $f(A,B,C) = AB + A\overline{C} + \overline{A}C$ 转换为 CSOP 式。

应用定理 6(a)，把表达式中的三个乘积项的每一个加以变换，即

$$
\begin{aligned}
AB &= AB\overline{C} + ABC = m_6 + m_7 \\
A\overline{C} &= A\overline{C}B + A\overline{C}\overline{B} = AB\overline{C} + A\overline{B}\,\overline{C} = m_4 + m_6 \\
\overline{A}C &= \overline{A}CB + \overline{A}C\overline{B} = \overline{A}BC + \overline{A}\,\overline{B}C = m_1 + m_3
\end{aligned}
$$

所以，

$$
\begin{aligned}
f(A,B,C) &= AB + A\overline{C} + \overline{A}C \\
&= (m_6 + m_7) + (m_4 + m_6) + (m_1 + m_3) \\
&= \sum m(1,3,4,6,7)
\end{aligned}
$$

例 2.8　把函数 $f(A,B,C) = A(A+\overline{C})$ 转换为 CPOS 式。

应用定理 6(b)，进行以下变换，则可以产生最大项。

$$
\begin{aligned}
A &= (A+\overline{B})(A+B) \\
&= (A+\overline{B}+\overline{C})(A+\overline{B}+C)(A+B+\overline{C})(A+B+C) \\
&= M_3 M_2 M_1 M_0 \\
(A+\overline{C}) &= (A+\overline{C}+\overline{B})(A+\overline{C}+B) \\
&= (A+\overline{B}+\overline{C})(A+B+\overline{C}) \\
&= M_3 M_1
\end{aligned}
$$

所以 $A(A+\overline{C}) = (M_3 M_2 M_1 M_0)(M_3 M_1) = \prod M(0,1,2,3)$。

2.3.4　未完整定义的函数（无关项）

在逻辑电路设计中，经常遇到逻辑函数未被完整定义的情况。换言之，一个函数要求包含某些最小项，忽略其他最小项，而其余最小项是可选择使用的或者弃用的。在这种情况下，可选的最小项包含在逻辑设计中，既能用于简化逻辑电路，也可能被忽略不用。可选的最小项称为无关项。如果用最大项表示函数，那么在相应的最大项表达式中通常可写入无关项，称为无关项最大项。

无关项以两种方式出现。首先，某一个输入组合不会出现在特定的逻辑电路中，因为它们不可能发生，其最小项以选择的方式而定。这样，在许多实际应用中会出现无关项条件。例如，假设一个逻辑电路有 $a_3 a_2 a_1 a_0$ 输入，其表示的 BCD 码在表 2.4 中给出（BCD 码已在第 1 章讨论过）。其中每一个二进制码代表的十进制数仅采用前 10 个最小项，即 $m_0, \cdots, m_9$，分别对应着 10 个十

进制数，余下的 6 个最小项 $m_{10},\cdots,m_{15}$ 则不出现，这些项在 $f(a_3a_2a_1a_0)$ 逻辑函数中可能被使用或被忽略。

表 2.4   BCD 码

0:	0000	5:	0101
1:	0001	6:	0110
2:	0010	7:	0111
3:	0011	8:	1000
4:	0100	9:	1001

其次，对于给定的电路，当所有输入组合都发生时，无关项条件也可能出现，因为仅对于某个组合，要求其输出值为 0(SOP 式)或 1(POS 式)。

在列写布尔表达式时，无关项最小项用 d_i 代替 m_i 表示，无关项最大项用 D_i 代替 M_i 表示，示例如下。

例 2.9 推导一个未完整定义的函数 $f(A,B,C)$ 的最小项和最大项的编号。

假定已知函数 $f(A,B,C)$ 有最小项 m_0,m_3,m_7 ，无关项条件是 d_4 和 d_5。

此函数的最小项式与最大项式分别为

$$f(A,B,C) = \sum m(0,3,7) + d(4,5)$$
$$f(A,B,C) = \prod M(1,2,6) \cdot D(4,5)$$

因此，一个已知的输入组合不是最小项就是最大项，或是无关项。注意，无关项的编号出现在最小项式和最大项式中，且保持不变。因此，只需更换最小项和最大项的编号，保持无关项的编号不变，可以得到函数的反函数表达式，如下所示：

$$\bar{f}(A,B,C) = \sum m(1,2,6) + d(4,5)$$
$$= \prod M(0,3,7) \cdot D(4,5)$$

2.4 逻辑表达式的化简

目前，我们已经学习了如何用布尔代数消除逻辑表达式中不必要的项或变量因子。项和变量因子的数量关系到实现逻辑函数的逻辑门的数量及每个门的输入变量的数量，这一点很重要。因此，在设计电路时必须化简表达式、最小化门的数量，从而降低电路的成本和复杂性。遗憾的是，如何灵活选择不同的公理和定理需要技巧与经验，采用代数法只能用于处理含少量变量的函数。

本节探讨化简方法，使得完整定义和未完整定义的函数的化简过程更简便、实用。以下介绍两种方法：卡诺图(K 图)化简和 Quine-McCluskey(Q-M)法化简。卡诺图化简是一种图形化的方法，可推导出最简 SOP 式和最简 POS 式，而利用 Q-M 法能化简含有单输出和多输出变量的函数。卡诺图尤其适合手动处理含 2~6 个变量的函数，Q-M 法适合自动处理含 6 个以上变量的函数。

HDL 程序能够描述逻辑函数，进而由可编程逻辑器件实现函数功能，从某种程度上来讲，这改变了化简逻辑表达式的必要性。换言之，这些工具和器件有时使得化简逻辑表达式的重要性低于缩短设计时间或最小化其他事项，后面的章节会进一步讨论。

2.4.1 电路化简的目标和方法

电路化简的目标是降低实现逻辑函数的电路元件的费用或成本，而成本与使用的电路元件密切相关。因此，力求精简电路元件的数量，以及使每个元件的变量的数量尽可能少。对于 SOP 式而言，成本最低意味着在表达式中减小乘积项的数量(为了减少门的数量)且最小化每个乘积项的变量因子数量(为了减小门电路的复杂性，这里是指门的输入变量的数量)。如果采用可编程逻辑器件(后面的章节将会介绍)，则其构成乘积项的输入变量的数量是不变的。因此减少门的输入变量的数量并不能节省硬件成本；只需减少乘积项的数量即可。在其他函数的实现方式下，非 SOP 式的逻辑表达式，例如 POS 式，可能更方便化简。在设计印制电路板时，集成电路(IC)装置的总数量可能比单个门数量更重要。为了实现逻辑函数，现场可编程门阵列(FPGA)使用查找表(LUT)方式，这时减少乘积项和变量的数量基本是无意义的。

无论如何，设计必须满足所采用的电路元件的约束。电路元件可能对输入(或扇入)数量有限制，也可能对驱动输出(或扇出)数量有限制。有时，要求设计人员只能使用特定的电路元件。最后，从传输时间上考虑，设计人员可能被要求设计速度更快的二级电路，而不是较慢的三级或三级以上的电路。此外，需要采取措施来防止出现瞬时的输出变化，称之为"冒险"(hazard)，这一现象是信号通过电路时不均匀的传输延时导致的。

本节将采用传统的方法化简逻辑电路，即采用二级电路实现逻辑函数，并且门的数量最少(或者在 SOP 式中减少乘积项的数量，或者在 POS 式中减少和项的数量)。如果有两个或更多表达式的项数是相同的，则选择变量因子数量最少的表达式，可以使用扇入数量最少的门电路。举例如下。

例 2.10　分析如下函数的项数和变量因子数量。

$$g(A, B, C) = A\bar{B} + \bar{A}B + AC$$
$$f(X, Y, Z) = \bar{X}Y(Z + \bar{Y}X) + \bar{Y}Z$$

$g(A, B, C)$ 是一个二级电路，有 3 个乘积项和 6 个变量因子。$f(X, Y, Z)$ 是一个因式分解式，有 7 个变量因子，由 3 个乘积项与两个和项组合而成。

最简式

一个表达式为最简 SOP(MSOP)式是指，当且仅当不存在包含更少的乘积项的等价 SOP 式，或者不存在具有相同的乘积项但总的变量因子数量更少的情况。一个表达式为最简 POS(MPOS)式是指，当且仅当不存在包含更少的和项的等价 POS 式，或者不存在具有相同的和项但总的变量因子数量更少的情况。

例 2.11　利用布尔代数，从例 2.10 的 $f(X, Y, Z)$ 函数中获得 MSOP 式和 MPOS 式。

表达式的化简过程如下：

$$
\begin{aligned}
f(X, Y, Z) &= \bar{X}Y(Z + \bar{Y}X) + \bar{Y}Z \\
&= \bar{X}YZ + \bar{X}Y\bar{Y}X + \bar{Y}Z && \text{[P5(b)]} \\
&= \bar{X}YZ + \bar{Y}Z && \text{[P6(b), P2(a)]} \\
&= (\bar{X}Y + \bar{Y})Z && \text{[P5(b)]} \\
&= (\bar{X} + \bar{Y})Z && \text{[T5(a)]} \\
&= \bar{X}Z + \bar{Y}Z && \text{[P5(b)]}
\end{aligned}
$$

最后两个式子分别代表了 MPOS 式与 MSOP 式。MSOP 式有两个乘积项及 4 个变量因子，因此需要两个二输入与门及一个二输入或门来实现。而 MPOS 式有两个和项及 3 个变量因子，需要一个二输入或门及一个二输入与门来实现。

例 2.12　利用布尔代数，获得具有 4 个变量和 13 个因子的逻辑函数 $f(A, B, C, D) = ABC + ABD + \bar{A}B\bar{C} + CD + B\bar{D}$ 的 MSOP 式。

$$f(A, B, C, D) = ABC + ABD + \overline{A}\,\overline{B}\overline{C} + CD + B\overline{D}$$
$$\qquad\qquad = ABC + AB + \overline{A}\,\overline{B}\overline{C} + CD + B\overline{D} \qquad \text{[P3(a), P5(b), T5(a)]}$$
$$\qquad\qquad = ABC + AB + B\overline{C} + CD + B\overline{D} \qquad \text{[P5(b), T5(a)]}$$
$$\qquad\qquad = AB + B\overline{C} + CD + B\overline{D} \qquad \text{[T4(a)]}$$
$$\qquad\qquad = AB + CD + B(\overline{C} + \overline{D}) \qquad \text{[P3(a), P5(b)]}$$
$$\qquad\qquad = AB + CD + B\overline{CD} \qquad \text{[T8(b)]}$$
$$\qquad\qquad = AB + CD + B \qquad \text{[T5(a)]}$$
$$\qquad\qquad = B + CD \qquad \text{[T4(a)]}$$

结果变量因子数量从 13 减少到 3。

例 2.13　利用布尔代数化简含无关项的函数：$f(A, B, C) = \sum m(0, 3, 7) + d(4, 5)$。

利用代数式写出的最小项和无关项如下：

$$f(A, B, C) = \overline{A}\,\overline{B}\overline{C} + \overline{A}BC + ABC + d(A\overline{B}\overline{C} + A\overline{B}C)$$

第二项和第三项的区别在于单个变量因子的不同，因此可合并化简而得到下式：

$$f(A, B, C) = \overline{A}\,\overline{B}\overline{C} + BC + d(A\overline{B}\overline{C} + A\overline{B}C)$$

如果不使用无关项，表达式不可能进一步化简。注意，回忆一下定义的无关项可以选择性地视为 0（在 SOP 式中）或者 1（在 POS 式中）。因此，可以分析这两个无关项最小项可用还是忽略，这取决于是否有助于化简。若在上面的表达式中，选用 d_4 而略去 d_5，则其表达式变为

$$f(A, B, C) = \overline{A}\,\overline{B}\overline{C} + BC + A\overline{B}\overline{C}$$
$$\qquad\qquad = \overline{B}\overline{C} + BC$$

此式是函数 $f(A, B, C)$ 的 MSOP 式。类似的分析可用于化简最大项函数。使用无关项来化简表达式的方法仅适用于特定情况，不易扩展到更复杂的电路。然而，卡诺图和 Q-M 法能更容易地处理无关项的使用，本章后面将做具体讨论。

上述示例演示了最终表达式的优化过程。在化简过程的每一步如何采用合适的公理与定理，依赖于设计人员的经验和技巧。随着逻辑表达式复杂性的增加，化简任务将更加困难。为了化简逻辑表达式，下面介绍两种系统的方法：卡诺图化简和 Q-M 法化简。

2.4.2　卡诺图(K 图)

卡诺图(K 图)是一种图形化工具，对于二变量到六变量函数的化简相当方便。卡诺图实际上是真值表、维恩图、最小项、最大项概念的扩展应用，现在我们将维恩图转换为卡诺图，首先观察图 2.16(a) 所示的维恩图。

全集中的两个指定分区(子集)代表变量 A 和 B。图 2.16(b) 说明了维恩图中各个独立不相交的分区是由交叉项 $AB, A\overline{B}, \overline{A}B, \overline{A}\,\overline{B}$ 组成的。注意，这些交叉项正是这两个变量的最小项。在图 2.16(c) 中，维恩图的各个分区按最小项重新标记为 m_0, m_1, m_2, m_3，维恩图的这种形式对于四个最小项分区而言有不相等的面积。可以调整面积，使得它们都相同，如图 2.16(d) 所示。注意，在图 2.16(d) 中，分区邻近的最小项也是相邻的。不过图 2.16(d) 中的一半代表变量 A，一半代表变量 B。由于图中的最小项是用各个单元格来识别的，因此可以忽略字母 m 而直接使用下标序号表示，如图 2.16(e) 所示，这就是卡诺图的一种形式。卡诺图的第二种形式如图 2.16(f) 所示，在后一种形式中，图中每个单元格与特定变量相关联，例如对于 A 变量：$\overline{A}$ 用 0 表示，A 用 1 表示。

在图中，两个变量 A 和 B 也可以用行和列来表示。特别地，$A = 0$ 对应左列，$A = 1$ 对应右列；$B = 0$ 对应上行，$B = 1$ 对应下行。由行与列的交集形成的单元格代表了相应的组合值，这些组合值是 00, 01, 11, 10，从左上角的单元格开始逆时针排列。注意，图中的单元格相邻，在物理上是指

水平或垂直相邻而不是对角线相邻。这样，它们只有一个变量值不同。

重点强调，卡诺图是真值表的图形化或形象化的表示，两者之间存在一对一的映射关系。每个最小项在真值表中有对应的一行，而在卡诺图中有对应的一个单元格，图 2.16(g) 说明了这一点。同样，对于最大项来说，真值表的每一行与卡诺图中的每个单元格也一一对应。

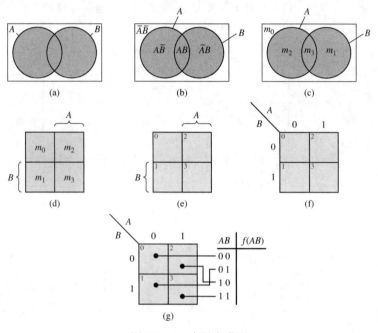

图 2.16　二变量卡诺图

图 2.17 是三变量卡诺图，图 2.17(c) 到 (d) 的转换是重点，要仔细分析。例如，考虑最小项 m_0，在图 2.17(c) 中 m_0 是与 m_1、m_2、m_4 相邻的。然而，在图 2.17(d) 中，m_0 和 m_4 在物理上并不相邻的。为了协调这个矛盾，图中左、右两个边界被认为是相接触的，可看成是同一条线。换言之，左边界与右边界接触，从而把三变量卡诺图视为一圆柱体。实际绘制的卡诺图如图 2.17(e) 或 (f) 所示，左边界和右边界是相连的。

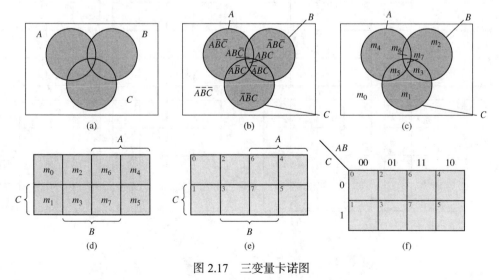

图 2.17　三变量卡诺图

图 2.18 分别展示了四变量、五变量、六变量卡诺图。注意，四变量卡诺图是三变量卡诺图的扩展。我们将 $f(A,B,C,D,E)$ 的五变量卡诺图分成两块：左边表示最小项包含 $\overline{A}$，右边表示最小项包含 A。这两块被视为一块重叠在另一块之上，其中垂直相邻的单元仅在变量 A 上不同，因此逻辑上相邻。例如，单元格对应的最小项 $m_5(\overline{A}\,\overline{B}C\overline{D}E)$ 和 $m_{21}(A\overline{B}C\overline{D}E)$ 在逻辑上是相邻的。同样，六变量卡诺图被分成了四块，每一块代表了变量 A 和 B 的一个组合。这四个块可被看成彼此之间重叠在一起，在垂直方向上的单元格也是相邻的。

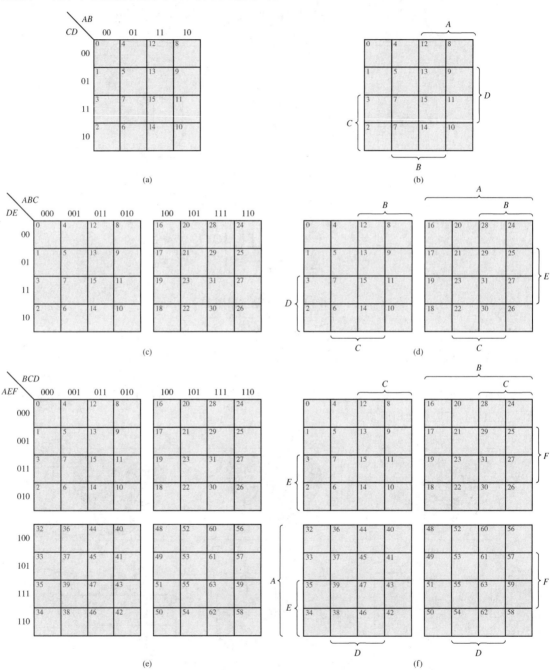

图 2.18　四变量、五变量、六变量卡诺图

图 2.18(c)～(f)的五变量和六变量卡诺图具有处理第 5 个和第 6 个变量的重叠的结构。图 2.19 展示了另一种使用格雷码标注单元格变量的方式。采用格雷码排序的主要优点是可以展示为二维图而不是三维图，其不足在于难以识别内部所有的相邻关系。

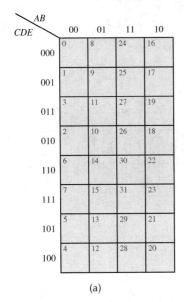

图 2.19　五变量、六变量的格雷码结构卡诺图。(a)五变量(A, B, C, D, E)；(b)六变量(A, B, C, D, E, F)

我们之前学习过，逻辑函数可以用多种形式表示，从最小项/最大项的编号到简单的 SOP/POS 式，再到更复杂的因式分解式。但是，每一种形式都有唯一的标准 SOP/POS(CSOP/CPOS)式。现在将探讨用卡诺图表示不同形式的逻辑函数。

逻辑函数若用标准式表示，则可容易地绘制在卡诺图上，因为每个标准最小项/最大项对应于卡诺图中的一个单元格。下面绘制如下函数的卡诺图。

$$f(A,B,C) = \sum m(0,3,5) = m_0 + m_3 + m_5$$
$$= \prod M(1,2,4,6,7) = M_1 M_2 M_4 M_6 M_7$$

从最小项的编号很容易推导出最大项的编号，反之亦然。首先，考虑最小项 0, 3, 5 之和式表示的函数。函数 $f(A,B,C)$ 采用卡诺图方式描述，在图 2.20(a)中用阴影表示。图 2.20(b)是对同一函数绘制的标准卡诺图。

注意，在卡诺图上通常不采用阴影，而是用真值表中的 1 和 0 态，每个阴影区域(即最小项)用 1 表示，每个非阴影区域(即最大项)则用 0 表示。在这种约定下，卡诺图直接与函数真值表相对应，且卡诺图中的一个单元格对应着真值表中的一行。当函数以最小项之和表示时，通常不采用最大项来表示这个函数，如图 2.20(c)所示。同样，若函数是以最大项之积表示，则略去最小项，如图 2.20(d)所示。

例 2.14　绘制如下函数的卡诺图。
$$f(a, b, Q, G) = \sum m(0, 3, 5, 7, 10, 11, 12, 13, 14, 15)$$
$$= \prod M(1, 2, 4, 6, 8, 9)$$

可以用两种约定标记方法中的一种来绘制卡诺图。例如，函数用最小项之和表示，如图 2.21(a)所示。如果函数用最大项之积表示，则其卡诺图如图 2.21(b)所示。

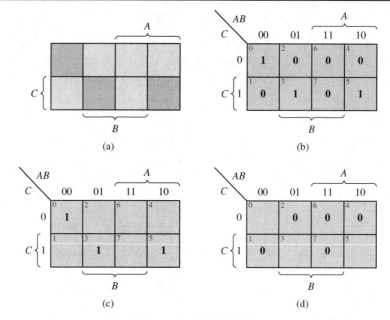

图 2.20　映射逻辑函数

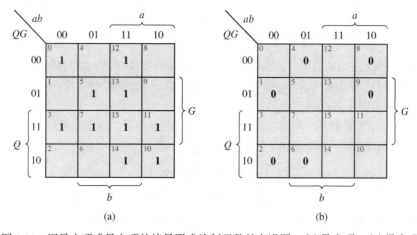

图 2.21　用最小项或最大项的编号形式绘制函数的卡诺图。(a)最小项；(b)最大项

最重要的一点是关于变量的排序。这将在后面讨论，如果改变了变量的排序，则在列表中也会更改最小项和最大项的编号。因此，函数中变量的排序固定了卡诺图中变量的排序。

例 2.15　重复例 2.14，对函数 $f(Q, G, b, a)$ 重新排序。

首先，写出函数 $f(a, b, Q, G)$ 的最小项：

$$f(a, b, Q, G) = \sum m(0, 3, 5, 7, 10, 11, 12, 13, 14, 15)$$
$$= \overline{a}\overline{b}\overline{Q}\overline{G} + \overline{a}\overline{b}QG + \overline{a}b\overline{Q}G + \overline{a}bQG + a\overline{b}Q\overline{G}$$
$$+ a\overline{b}QG + ab\overline{Q}\overline{G} + ab\overline{Q}G + abQ\overline{G} + abQG$$

其次，重新安排变量：

$$f(Q, G, b, a) = \overline{Q}\overline{G}\overline{b}\overline{a} + QG\overline{b}\overline{a} + \overline{Q}Gb\overline{a} + QGb\overline{a} + Q\overline{G}ba$$
$$+ QG\overline{b}a + \overline{Q}\overline{G}ba + \overline{Q}Gba + Q\overline{G}ba + QGba$$
$$= \sum m(0, 12, 6, 14, 9, 13, 3, 7, 11, 15)$$
$$= \sum m(0, 3, 6, 7, 9, 11, 12, 13, 14, 15)$$

图 2.22 给出了该函数的卡诺图，它与图 2.21(a)是等价的。

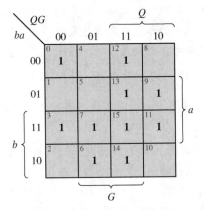

图 2.22　对于图 2.21(a)重新安排变量的卡诺图

卡诺图也能方便地将函数扩展为标准式。为了说明这一技巧，我们将继续使用两个卡诺图的组合形式，如图 2.18 所示。

例 2.16　试分析如下函数的 SOP 式。

$$f(A, B, C) = AB + B\overline{C}$$

首先绘制函数的卡诺图，从而确定其最小项和最大项的编号。

图 2.23(a)显示了两个乘积项。AB 乘积项是图中的一部分，如图 2.23(b)所示，表明 A 和 B 的值都是 1，即最小项 6 和 7。图中，$B\overline{C}$ 乘积项表明 $B = 1$ 和 $C = 0$ 对应的圈，即最小项 2 和 6。如图 2.23(b)所示，通常在图中直接将乘积项标注为 1，而不采用卡诺图中的阴影表示法。那么如图 2.23(c)所示，函数的最大项对应的卡诺图可直接由最小项的卡诺图获得。

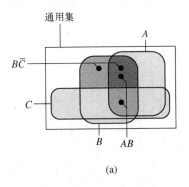

(a)

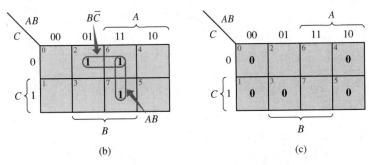

(b)　　　　　　　　　(c)

图 2.23　使用卡诺图推导最小项和最大项的编号

注意，本例使用了最小项 6 两次，即被两个乘积项圈中。在逻辑函数中，最小项和最大项的多次使用是常见规则，而非例外。并且的确没必要画出图 2.23(c)的卡诺图，因为从图 2.23(b)的最小项卡诺图就可发现，图中没填 1 的单元格即为最大项。

从图 2.23(b)和(c)可知，本例中函数的最小项、最大项表达式如下：

$$f(A, B, C) = \sum m(2, 6, 7) = \prod M(0, 1, 3, 4, 5)$$

例 2.17　绘制如下函数的卡诺图，并确定其最小项和最大项的编号。

$$f(A, B, C, D) = (A + C)(B + C)(\overline{B} + \overline{C} + D)$$

此表达式是 POS 式，即在卡诺图上填 0(对应于一个最大项)，如图 2.24(a)所示。

当 $A = C = 0$ 时，$(A + C)$ 项使得该函数的值为 0，因此图中的圈包含了 $A = 0$ 和 $C = 0$ 的多个最大项，即包含最大项 0, 1, 4, 5。同理，$(B + C)$ 项圈出了最大项 0, 1, 8, 9。$(\overline{B} + \overline{C} + D)$ 圈出了最大项 6 和 14，因为当 $B = 1$、$C = 1$、$D = 0$ 时，或项的值为 0。图 2.24(b)为对应的最小项卡诺图。

从图 2.24(a)和(b)可知，该函数表示如下：

$$f(A, B, C, D) = \prod M(0, 1, 4, 5, 6, 8, 9, 14)$$
$$= \sum m(2, 3, 7, 10, 11, 12, 13, 15)$$

绘制 POS 式的卡诺图比较困难。其实，可以采用反函数的方案来解决。首先，应用德·摩根定理获得 $\overline{f}(A, B, C, D)$ 的 SOP 式：

$$\overline{f}(A, B, C, D) = \overline{(A + C)(B + C)(\overline{B} + \overline{C} + D)}$$
$$= \overline{(A + C)} + \overline{(B + C)} + \overline{(\overline{B} + \overline{C} + D)}$$
$$= \overline{A}\,\overline{C} + \overline{B}\,\overline{C} + BC\overline{D}$$

然后，对 $\overline{f}(A, B, C, D)$ 的 SOP 式画出卡诺图，如图 2.24(c)所示。回顾一下，$\overline{f}(A, B, C, D)$ 最小项的编号就是 $f(A, B, C, D)$ 最大项的编号，反之亦然。因此，图 2.24(a)的卡诺图可直接由 $\overline{f}(A, B, C, D)$ 的卡诺图变换获得，即把图 2.24(c)中填 1 的单元格改为 0。注意，图 2.24(b)中(为 1)的每个乘积项对应于图 2.24(c)中为 0 的各项。

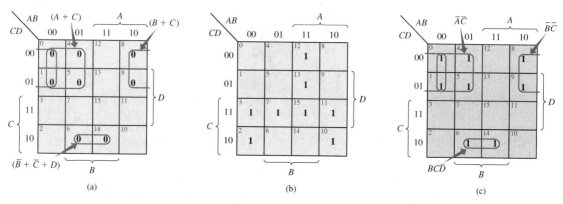

图 2.24　推导最小项和最大项的编号。(a) f 的最大项；(b) f 的最小项；(c) $\overline{f}$ 的最小项

正如例 2.16 所示，没必要通过画出图 2.24(b)的卡诺图来决定最小项的编号，因为图 2.24(a)中的非 0 单元格即对应最小项的编号。

例 2.18　推导如下函数的最小项的编号。

$$f(A, B, C, D) = (\overline{A} + \overline{B})(\overline{A} + C + \overline{D})(\overline{B} + \overline{C} + \overline{D})$$

通过反函数及德·摩根摩根定理可得

$$\overline{f}(A, B, C, D) = \overline{(\overline{A} + B)(\overline{A} + C + \overline{D})(\overline{B} + \overline{C} + D)}$$
$$= \overline{(\overline{A} + B)} + \overline{(\overline{A} + C + \overline{D})} + \overline{(\overline{B} + \overline{C} + D)}$$
$$= A\overline{B} + A\overline{C}D + BC\overline{D}$$

图 2.25(a)是函数 $\overline{f}(A,B,C,D) = A\overline{B} + A\overline{C}D + BC\overline{D}$ 的卡诺图，从卡诺图可得如下表达式：

$$\overline{f}(A, B, C, D) = \sum m(7, 9, 12, 13, 14, 15)$$

由于图 2.25(a)中的 0 单元格代表函数 $f(A,B,C,D)$，通过探查卡诺图，可以写出函数 $f(A,B,C,D) = \sum m(0,1,2,3,4,5,6,8,10,11)$，其卡诺图如图 2.25(b)所示。

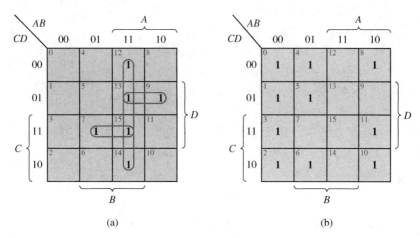

(a)   (b)

图 2.25 德·摩根定理的应用。(a) $\overline{f}(A,B,C,D)$；(b) $f(A,B,C,D)$

2.4.3 利用卡诺图化简逻辑表达式

前面学习了如何在卡诺图上绘制布尔函数，现在学习如何在卡诺图上获得函数的 MSOP 式和 MPOS 式。卡诺图上函数的化简可以通过图中逻辑相邻和物理相邻的最小项或最大项快速获得。定义逻辑相邻的两个最小项 m_i 和 m_j，其只有一个变量不同。例如，$AB\overline{C}\overline{D}$ 和 $ABC\overline{D}$ 是四变量的逻辑相邻最小项，因为它们的不同在于变量 D。从定理 6(a)可知，$AB\overline{C}\overline{D} + AB\overline{C}D = AB\overline{C}$；因此 $AB\overline{C}\overline{D}$ 和 $AB\overline{C}D$ 合并，消去了变量 D。总之，任意两个逻辑相邻的最小项合并，可消去一个变量。多个最小项的合并可以消除两个或更多变量，这将在后面举例说明。类似地，使用定理 6(b)，最大项也能合并，如 $(w+x+y+z)(w+\overline{x}+y+z) = (w+y+z)$，这样可以消除变量 x。

通过在卡诺图上对相邻最小项画圈来进行合并，可以产生一个含较少变量因子的表达式。下面举例说明用布尔代数和卡诺图方法进行逻辑相邻项合并的过程。

例 2.19 用布尔代数和卡诺图两种方法化简如下函数：

$$f(A, B, C, D) = \sum m(1, 2, 4, 6, 9)$$

通过逻辑代数对此函数进行化简，过程如下：

第 1 步 将 m_1 和 m_9 合并。

$$f(A, B, C, D) = \overline{A}\,\overline{B}\,\overline{C}D + \overline{A}\,\overline{B}C\overline{D} + \overline{A}B\overline{C}\overline{D} + \overline{A}BC\overline{D} + A\overline{B}\,\overline{C}D$$
$$= (\overline{A}\,\overline{B}\,\overline{C}D + A\overline{B}\,\overline{C}D) + \overline{A}\,\overline{B}C\overline{D} + \overline{A}B\overline{C}\overline{D} + \overline{A}BC\overline{D}$$
$$= \overline{B}\,\overline{C}D + \overline{A}\,\overline{B}C\overline{D} + \overline{A}B\overline{C}\overline{D} + \overline{A}BC\overline{D}$$

第 2 步 合并 m_2 和 m_6。首先复制 m_6，

$$f(A, B, C, D) = \overline{B}\,\overline{C}D + \overline{A}\,\overline{B}C\overline{D} + \overline{A}B\overline{C}\overline{D} + (\overline{A}BC\overline{D} + \overline{A}BC\overline{D})$$
$$= \overline{B}\,\overline{C}D + (\overline{A}\,\overline{B}C\overline{D} + \overline{A}BC\overline{D}) + \overline{A}B\overline{C}\overline{D} + \overline{A}BC\overline{D}$$

$$= \overline{B}C\overline{D} + \overline{A}C\overline{D} + \overline{A}B\overline{C}\overline{D} + \overline{A}\overline{B}\overline{C}\overline{D}$$

第 3 步　合并 m_4 和 m_6。

$$f(A, B, C, D) = \overline{B}C\overline{D} + \overline{A}C\overline{D} + (\overline{A}B\overline{C}\overline{D} + \overline{A}\overline{B}\overline{C}\overline{D})$$
$$= \overline{B}C\overline{D} + \overline{A}C\overline{D} + \overline{A}\overline{B}\overline{D}$$

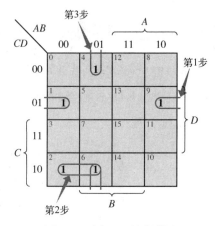

图 2.26 是相应的化简的卡诺图。化简过程包括圈出物理相邻即逻辑相邻的最小项的多个单元格。由于图 2.26 两侧的边界实际上是重合的，因此图中相对的马蹄(U)形圈中的两个最小项可合并，从而产生更简单的乘积项。

第 1 步，最小项 m_1 和 m_9 在卡诺图中是相邻的，所以将其圈起来，并将这两个单元格合并。比较这两个单元格可知，最小项 m_1 的变量 A 是 0，而最小项 m_9 的变量 A 是 1。正如第 1 步的布尔代数括号中所示，当合并这两个最小项时，消去了变量 A。第 2 步，合并卡诺图中的 m_2 和 m_6，比较这两个单元格，仅变量 B 不同，因此消去变量 B。最后

图 2.26　例 2.19 的卡诺图

第 3 步，将单元格 4 和 6 合并，消去变量 C。因此，卡诺图上的这三步等价于对应的布尔代数式化简的三步。请读者注意，从第 2 步执行到第 3 步时，可知最小项可重复使用，因为通过幂等性(定理 1)有 $X = X + X$。

使用卡诺图化简函数的指导意见

在卡诺图中化简函数时，需要记住以下重要的 5 条原则。

1. 在二变量卡诺图中，每个单元格(最小项或最大项)总有两个单元格是相邻的；而在三变量卡诺图中，每个单元格(最小项或最大项)总有三个单元格是相邻的，依次类推。总之，对于 n 变量卡诺图的每个单元格，有 n 个逻辑相邻的单元格，每对相邻的单元格只有一个变量不同。

2. 当卡诺图上的单元格(对应的项)合并时，每组单元格的数量都是 2 的倍数，即两个单元格、4 个单元格、8 个单元格，依次类推。两个单元格合并可消去一个变量；4 个单元格合并则消去两个变量；2^n 个单元格合并则消去 n 个变量。

3. 将尽可能多的单元格作为一组进行合并；合并的单元格越多，其结果项中的变量因子数量就越少。

4. 为了圈出函数的所有单元格(最小项或最大项)，应尽可能少分组。一个最小项或最大项至少应被圈在一个组里。分组越少，则化简的函数中的乘积项数量就越少。根据合并的需要，每个最小项或最大项可多次使用，但必须至少使用一次。一旦所有的最小项或最大项被全部圈出，则停止化简过程。

5. 在图中进行单元格合并时，总是从相邻单元格数量最少(即最孤独的单元格)的开始。在化简过程中，对具有多个相邻(最小或最大)项的合并应留到最后处理。

化简 SOP 式的基本原则

为了简化布尔函数，之前的讨论说明了卡诺图和布尔代数之间的关系。现在定义 4 个术语：蕴含项、质蕴含项、基本质蕴含项和卡诺圈涵盖。这在使用卡诺图化简函数及后面讲解 Q-M 法时是很有用的。

蕴含项是一个乘积项(即一个或多个变量因子的乘积)，其圈出了函数的一个或多个最小项。

在图 2.27 中共有 11 个蕴含项，其中有 5 个分别只圈出了一个最小项，例如乘积项 $\{\overline{A}B\overline{C}, \overline{A}BC,$ $A\overline{B}C, A\overline{B}\overline{C}, AB\overline{C}\}$，另外 5 个圈出了含两个最小项的乘积项 $\{\overline{A}B, AB, A\overline{C}, B\overline{C}, BC\}$，最后 1 个圈出了 4 个最小项，即蕴含项 $\{B\}$。

质蕴含项也是蕴含项，但它不被其他蕴含项所包含。回顾之前的例子，当合并几个最小项(蕴含项)时，消去了部分变量。当合并多个蕴含项(数量为 2 的幂次)之后，得到的就是质蕴含项。在卡诺图中，质蕴含项相当于将一组单元格合并，同时，该组不属于任何其他更大数量的单元格组。即质蕴含项代表了在已知逻辑函数中获得的最大数量单元格的合并组。在图 2.27 的卡诺图中，只有两个质蕴含项：B 和 $\overline{A}C$。质蕴含项 B 圈出蕴含项 $\overline{A}B\overline{C}, \overline{A}BC, AB\overline{C}, ABC, \overline{A}B, AB, B\overline{C}, BC$。而质蕴含项 $\overline{A}C$ 圈出了蕴含项 $\overline{A}\overline{B}C$ 和 $\overline{A}BC$。

基本质蕴含项是指一个质蕴含项至少包含了一个最小项且其未被其他质蕴含项圈出。在图 2.27 的卡诺图中，质蕴含项 $\overline{A}C$ 是一个基本质蕴含项，因为只有它是圈出唯一一个最小项 1 的质蕴含项。同样，质蕴含项 B 也是基本质蕴含项，因为只有 B 这个质蕴含项圈出了最小项 2、6 和 7。在卡诺图上很容易发现基本质蕴含项，因为它至少圈出了一个最小项，而这个最小项只被圈出了一次。

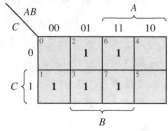

图 2.27 说明卡诺图中的蕴含项

最后，函数的卡诺圈涵盖是指包含了一组质蕴含项，而函数的每个最小项至少被这组质蕴含项中的某一项所涵盖。一个函数的所有基本质蕴含项一定处于函数的卡诺圈涵盖中。对于图 2.27 的卡诺图，$\{B, \overline{A}C\}$ 代表了该函数的卡诺圈涵盖，可以获得 MSOP 式 $B + \overline{A}C$。

使用卡诺图推导 MSOP 式的过程

在化简逻辑函数时，主要目的是找到涵盖函数的数量最少的质蕴含项，由此产生 MSOP 式。现在介绍如何寻找函数的最小化涵盖集合，并绘制在卡诺图上。这些处理步骤遵循之前介绍的 5 条原则，因而简化了化简过程，且对一个已知函数获得了卡诺圈的最小化涵盖。

过程 2.1 用卡诺图获得 n 变量布尔函数的 MSOP 式。

1. 在卡诺图中标注函数的最小项。

2. 找到所有独立的最小项，即不与任何其他最小项相邻。这些最小项不能被化简，且必须包含在 MSOP 式中，作为 n 个变量因子的基本质蕴含项。圈出每个独立的最小项，以标记它们已经被涵盖。

3. 找到一个最小项，其仅与另一个最小项相邻。如果没有这样的最小项，则进入第 4 步；如果有，则合并这两个最小项，得到一个含 $n-1$ 个变量因子的基本质蕴含项。

4. 找到一个尚未被圈出且相邻最小项数量最少的最小项。如果没有这样的最小项，则说明最小化涵盖已经完成，可以推导出 MSOP 式。如果还有更多的这种最小项存在，则选择一个最大卡诺圈涵盖，尽可能包含最多的未涵盖的最小项，合并这些最小项，产生一个质蕴含项。圈出这些最小项，表示它们已被涵盖。在质蕴含项中，变量因子数量取决于圈出的这组最小项的数量，其范围从 $n-2$ 到 0，这些变量因子是圈出的这组中所有最小项的共同部分。

5. 如果所有的最小项已经被卡诺圈涵盖，则可推导出最简 MSOP 式，即圈出的所有质蕴含项之和。否则，重复第 4 步。

现在用几个例子来说明过程 2.1 的应用方法。

例 2.20　求函数 $f(A,B,C) = \sum m(2,5,6)$ 的 MSOP 式。

第 1 步　绘制函数对应的卡诺图,如图 2.28 所示。

第 2 步　最小项 m_5 是独立的,因此是一个基本质蕴含项。

第 3 步　最小项 m_2 和 m_6 是相邻的,圈为一组,产生基本质蕴含项 2-6,如图 2.28 所示。

第 4 步、第 5 步　当图中的所有最小项由最小化涵盖{5, 2-6}圈出后,得到 MSOP 式如下:

$$f(A,B,C) = A\overline{B}C + B\overline{C}$$

例 2.21　求函数 $f(A,B,C) = \sum m(1,2,3,6)$ 的 MSOP 式。

第 1 步　绘制函数对应的卡诺图,如图 2.29 所示。

第 2 步　没有独立的最小项,进入第 3 步。

第 3 步　最小项 m_1 和 m_6 各自有一个相邻最小项,即 m_3 和 m_2。通过卡诺圈分组合并,得到基本质蕴含项 1-3 和 2-6。

第 4 步、第 5 步　所有 4 个最小项都已被卡诺圈涵盖,因此{1-3, 2-6}是最小化涵盖,可以得到 MSOP 式: $\overline{A}C + B\overline{C}$。注意,$m_2$ 和 m_3 也可以被圈起来,合并产生一个质蕴含项 2-3。然而,合并 2-3 是多余的,因为前面得到的两个基本质蕴含项已经涵盖了这些最小项。

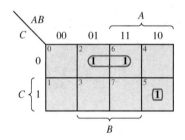
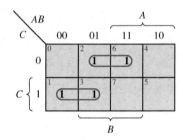

图 2.28　$f(A,B,C) = \sum m(2,5,6)$　　　　图 2.29　$f(A,B,C) = \sum m(1,2,3,6) = \overline{A}C + B\overline{C}$

例 2.22　用卡诺图和过程 2.1 求出函数 $f(A,B,C,D) = \sum m(2,3,4,5,7,8,10,13,15)$ 的 MSOP 式。

第 1 步　绘制函数对应的卡诺图,如图 2.30(a)所示。

第 2 步　图中没有独立的最小项,进入第 3 步。

第 3 步　从图 2.30(a)看到,最小项 m_4 仅与 m_5 相邻,因此合并产生基本质蕴含项 4-5。同样,最小项 m_8 仅与 m_{10} 相邻,合并产生基本质蕴含项 8-10。这些组被圈起来,表明对应的最小项已经被涵盖,如图 2.30(b)所示。

第 4 步　图 2.30(b)展示了 m_2、m_3、m_{13} 和 m_{15} 尚未被涵盖,且各自有两个相邻最小项。由于 m_2 和 m_3 相邻,把它们圈出合并,得到质蕴含项 2-3,如图 2.30(c)所示。余下的最小项 m_7、m_{13} 和 m_{15} 未被涵盖,这 3 项与 m_5 一起被卡诺圈涵盖,产生基本质蕴含项 5-7-13-15,因为它是唯一涵盖了 m_{13} 和 m_{15} 的质蕴含项。

第 5 步　在图 2.30(d)中,所有最小项都已被圈完,即最小化涵盖为{4-5, 8-10, 2-3, 5-7-13-15},根据质蕴含项获得的乘积项表示如下。在卡诺圈中,质蕴含项 2-3 位于 A 和 B 的外部及 C 的内部,因而合并后的乘积项是 $\overline{A}\overline{B}C$。质蕴含项 4-5 位于 A 和 C 的外部及 B 的内部,则合并后的项是 $\overline{A}B\overline{C}$。质蕴含项 5-7-13-15 位于 B 和 D 内部,因而合并为 BD 项。最后,质蕴含项 8-10 位于 A 的内部及 B 和 D 的外部,由此产生的项是 $A\overline{B}\overline{D}$。所以,函数的 MSOP 式为

$$f(A,B,C,D) = \overline{A}\overline{B}C + \overline{A}B\overline{C} + BD + A\overline{B}\overline{D}$$

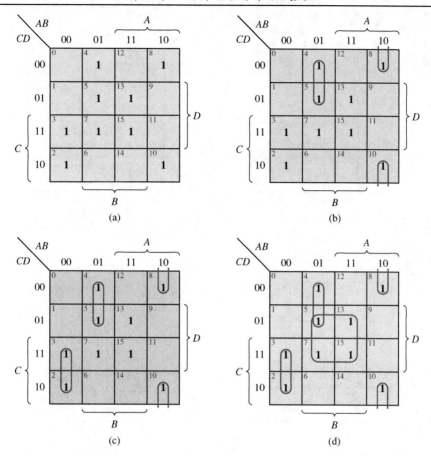

图 2.30　用卡诺图说明过程 2.1 的推导过程。(a) 函数的卡诺图；(b) 质蕴含项 4-5
和 8-10；(c) 涵盖 m_2 的质蕴含项 2-3；(d) 完全涵盖的质蕴含项 5-7-13-15

例 2.23　用卡诺图和过程 2.1 求出函数 $f(A,B,C,D) = \sum m(0,5,7,8,10,12,14,15)$ 的 MSOP 式。

第 1 步　绘制函数对应的卡诺图，如图 2.31 (a) 所示。

第 2 步　图中没有独立的最小项，进入第 3 步。

第 3 步　最小项 m_0 和 m_5 各自仅有一个相邻最小项。把最小项 m_0 和 m_8 圈出，合并产生基本质蕴含项 0-8，把 m_5 和 m_7 圈出，合并产生基本质蕴含项 5-7。

第 4 步　最小项 m_{15} 未被涵盖，且有两个相邻项 m_7 和 m_{14}，选择与 m_7 合并，产生质蕴含项 7-15；选择与 m_{14} 合并，产生质蕴含项 14-15，分别如图 2.31 (b) 和 (c) 所示。两种方案只能二选一，选择合并 7-15。余下的最小项 m_{10}、m_{12} 和 m_{14} 尚未被涵盖，它们与 m_8 合并，产生基本质蕴含项 8-10-12-14，如图 2.31 (d) 所示。由于该质蕴含项仅涵盖 m_{10} 和 m_{12}，所以它是基本质蕴含项。

第 5 步　现在，所有最小项都已被圈出，即最小化涵盖为 {0-8, 5-7, 7-15, 8-10-12-14}，可获得 MSOP 式为

$$f(A,B,C,D) = \overline{B}\,\overline{C}\,\overline{D} + \overline{A}BD + A\overline{D} + BCD$$

若选择质蕴含项 14-15 而不是 7-15，那么最小化涵盖是 {0-8, 5-7, 14-15, 8-10-12-14}，产生如下 MSOP 式：

$$f(A,B,C,D) = \overline{B}\,\overline{C}\,\overline{D} + \overline{A}BD + A\overline{D} + ABC$$

由于这两个 SOP 式包含了相同数量的项与变量因子，因此任意一个都可表示函数的 MSOP 式。

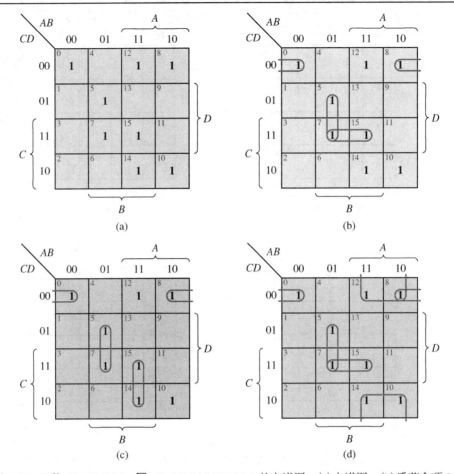

图 2.31　函数 $f(A,B,C,D) = \sum m(0,5,7,8,10,12,14,15)$ 的卡诺图。(a)卡诺图；(b)质蕴含项 0-8、
5-7 和 7-15；(c)质蕴含项 0-8、5-7 和 14-15；(d)最小化涵盖{0-8, 5-7, 7-15, 8-10-12-14}

接下来，无须参考过程 2.1 即可求出函数的 MSOP 式。首先，每个示例均要求化简函数。其次，绘制最小化涵盖的卡诺图，圈出最小项，获得质蕴含项。最后，从质蕴含项中选择函数的最小化涵盖，从而得到化简的逻辑表达式。

例 2.24　求函数 $f(A,B,C,D) = \sum m(0,1,2,7,8,9,10,15)$ 的 MSOP 式。

如图 2.32 所示，这个函数有 3 个质蕴含项 7-15、0-1-8-9 和 0-2-8-10，都是基本质蕴含项，因此形成了函数的最小化涵盖。注意，质蕴含项 0-2-8-10 涵盖了卡诺图中的 4 个角。这 4 个角是相邻的，因为顶行和底行相邻(变量 C 不同)；同样，最左列和最右列是相邻的(变量 A 不同)。

例 2.25　求函数 $f(A,B,C,D) = \sum m(0,4,5,7,8,10,14,15)$ 的 MSOP 式。

从图 2.33(a)的卡诺图可以看出，每个最小项都被两个质蕴含项涵盖，因而没有基本质蕴含项。此

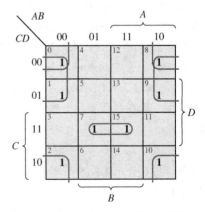

图 2.32　函数 $f(A,B,C,D) = \overline{B}\,\overline{D} + \overline{B}\,\overline{C} + BCD$

外，每个最小项都有两个相邻最小项，这种现象称为循环。一旦出现循环的情况，必须断开循环，即做出第一步选择，逐步合并圈出的最小项。

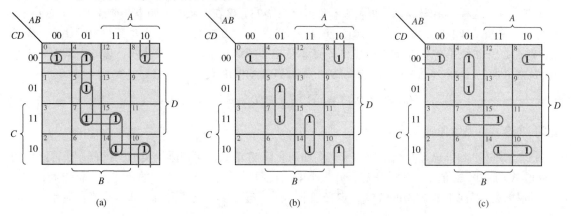

图 2.33　无基本质蕴含项的函数。(a) 所有的质蕴含项；(b) 最小化涵盖方案 1；(c) 最小化涵盖方案 2

首先，用卡诺圈圈出 m_0。观察到它可以被两个质蕴含项涵盖，即 0-4 或 0-8。如果选择质蕴含项 0-4，合并得到的最小化涵盖如图 2.33(b) 所示，那么获得的 MSOP 式为

$$f(A,B,C,D) = \overline{A}\,\overline{C}\,\overline{D} + \overline{A}\,\overline{B}\,D + ABC + A\overline{B}\,\overline{D}$$

如果选择质蕴含项 0-8，合并得到的最小化涵盖如图 2.33(c) 所示，那么获得的 MSOP 式为

$$f(A,B,C,D) = \overline{B}\,\overline{C}\,\overline{D} + \overline{A}\,\overline{B}\,C + BCD + AC\overline{D}$$

这样，函数就对应了两个完全不同的 SOP 式，但两个表达式都有相同数量的项及变量因子，因此是等价的。

例 2.26　求五变量函数的 MSOP 式。
$$f(A,B,C,D,E) = \sum m(0,2,4,7,10,12,13,18,23,26,28,29)$$

五变量卡诺图如图 2.34 所示，每个最小项仅有 5 个可能的相邻项，例如 m_7 与 m_3、m_5、m_6、m_{15} 和 m_{23} 相邻。因此，出现在图中两部分相似位置上的最小项是相邻的，可以合并。也可以这样看，图的两部分是重叠在一起的，因此相邻部分在两部分之间垂直对齐且水平对齐。如 m_7 与 m_{23} 为垂直对齐，可作为一组。类似地，m_{12}、m_{13} 与另外半边的 m_{28}、m_{29} 可作为另一组进行合并。

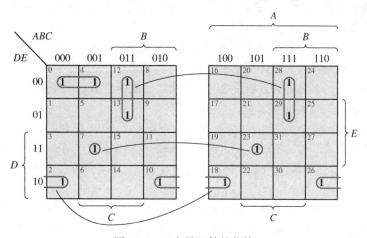

图 2.34　五变量函数的化简

利用之前的论述及过程 2.1 进行指导，推导 MSOP 式的步骤如下。

首先，观察到没有独立的最小项。接下来，寻找只有一个相邻最小项的最小项，合并得到基本质蕴含项。这样，m_7 与 m_{23} 合并成基本质蕴含项 7-23。现在寻找具有两个相邻最小项的最小项，产生质蕴含项 0-4、0-2、4-12、2-10-18-26、12-13-28-29，且后两个是基本质蕴含项。注意，除了 m_0 与 m_4 合并组成单个质蕴含项 0-4，3 个基本质蕴含项涵盖了其余的最小项。因此，最小化涵盖是 {7-23, 0-4, 2-10-18-26, 12-13-28-29}，从而得到如下 MSOP 式：

$$f(A, B, C, D, E) = \overline{A}\,\overline{B}\,D\overline{E} + BC\overline{D} + \overline{B}CDE + \overline{C}DE$$

化简 POS 式的基本原则

综上所述，目前已经介绍了使用卡诺图如何化简 SOP 式。可以采用类似的过程，获得函数的 MPOS 式。此外，之前学习过的所有合并最小项的技巧都可以用于最大项的合并，从而产生 MPOS 式。同样，为了便于推导 MPOS 式，定义如下术语：蕴含项、质蕴含项、基本质蕴含项和卡诺圈涵盖。

蕴含项是一个和项，即一个或多个变量因子之和，且涵盖了函数的一个或多个最大项。注意，一个蕴含项表示函数值为 0 的一种输入变量组合。在卡诺图中，一个蕴含项是一组相邻的最大项或者值为 0 的单元格。质蕴含项是蕴含项，且没有被函数的任何其他的质蕴含项所涵盖。在卡诺图中，质蕴含项是一组相邻的最大项，且没有被更大一组的最大项所涵盖。基本质蕴含项是一个质蕴含项，涵盖至少一个最大项，而且此最大项没有被任何其他质蕴含项所涵盖。在卡诺图中，一个基本质蕴含项至少涵盖一个仅被圈出一次的最大项。函数的卡诺圈涵盖是指包含了一组蕴含项，函数的每个最大项被包含(涵盖)在至少一个质蕴含项中。

使用卡诺图推导 MPOS 式的过程

可以容易地将推导 MSOP 式的过程 2.1 修改为推导 MPOS 式的方法。首先，把值为 0 的单元格分组为多个最大项组，然后寻找函数的最小化涵盖。因此，推导 MPOS 式的过程如下。

过程 2.2　用卡诺图获得 n 变量布尔函数的 MPOS 式。

1. 在卡诺图中标注函数的最大项。
2. 找到所有独立的最大项，即没有任何其他最大项与之相邻。这些最大项不能被化简，且必须包含在 MPOS 式中，作为 n 个变量因子的基本质蕴含项。圈出每个独立的最大项，以标记它们已经被涵盖。
3. 找到一个仅与另一个最大项相邻的最大项。如果没有这样的最大项，则进入第 4 步。如果有，则合并这两个最大项，产生一个含 $n-1$ 个变量因子的基本质蕴含项，变量是合并的两个最大项中的共同部分。圈出这两个最大项，表示它们已被涵盖。继续这个过程，直到所有这样的最大项都已被涵盖。
4. 找到一个尚未被圈出且相邻最大项数量最少的最大项。如果没有这样的最大项，则说明最小化涵盖已经完成，可以推导出 MPOS 式。如果还有多个这样的最大项存在，则选择一个最大卡诺圈涵盖，尽可能包含最多的未涵盖的最大项，合并这些最大项，产生一个质蕴含项。圈出这些最大项，表示它们已被涵盖。在质蕴含项中，变量因子数量取决于圈出的这组最大项的数量，其范围从 $n-2$ 到 0，这些变量因子是圈出的这组中所有最大项的共同部分。
5. 如果所有的最大项均已被卡诺圈涵盖，则可推导出 MPOS 式。该式由已产生的多个质蕴含项的乘积组成。否则，重复第 4 步。

下面举例说明过程 2.2。

例 2.27 求函数 $f(A,B,C,D) = \prod M(0,1,2,3,6,9,14)$ 的 MPOS 式。

第 1 步 绘制函数对应的卡诺图，如图 2.35(a) 所示。

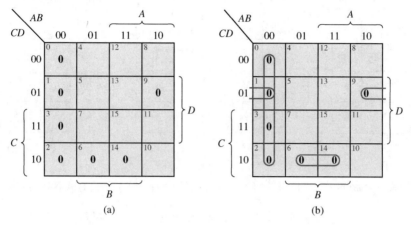

图 2.35 例 2.27 的卡诺图。(a) 函数的卡诺图；(b) 最小化涵盖

第 2 步 图中没有独立的最大项。

第 3 步 最大项 M_9 和 M_{14} 各自有一个相邻最大项。因此，把最大项 M_9 和 M_1 圈出，合并产生质蕴含项 1-9。再把 M_{14} 和 M_6 圈出，合并产生质蕴含项 6-14。

第 4 步 接下来，寻找具有两个相邻最大项且未被涵盖的最大项。我们找到了最大项 M_0，产生质蕴含项 0-1-2-3。

第 5 步 现在，所有最大项都已被卡诺圈涵盖，即 {1-9,6-14,0-1-2-3}，如图 2.35(b) 所示。这样得到的 MPOS 式为 $f(A,B,C,D) = (A+B)(B+C+\overline{D})(\overline{B}+\overline{C}+D)$。

例 2.28 求函数 $f(A,B,C,D) = \prod M(0,2,3,9,11,12,13,15)$ 的 MPOS 式和 MSOP 式。

首先，绘制函数的最大项对应的卡诺图，如图 2.36(a) 所示。根据过程 2.2，找到质蕴含项 0-2 涵盖 M_0。另外，最大项组合 9-11-13-15 涵盖了 M_9。剩下的最大项 M_3 可以用质蕴含项 3-11 或 2-3 涵盖，二者都包含了相同数量的变量因子。选择质蕴含项 2-3，则 MPOS 式为

$$f(A,B,C,D) = (A+B+D)(\overline{A}+\overline{B}+C)(\overline{A}+\overline{D})(A+B+\overline{C})$$

通过绘制 $\overline{f}$ 函数，如图 2.36(b) 所示，即可推导 $\overline{f}$ 函数的 MSOP 式。

$$\overline{f}(A,B,C,D) = \overline{A}\,\overline{B}\,\overline{D} + AB\overline{C} + AD + \overline{A}B C$$

利用反函数，得到

$$\begin{aligned}
f(A,B,C,D) &= \overline{\overline{A}\,\overline{B}\,\overline{D} + AB\overline{C} + AD + \overline{A}BC}\\
&= (\overline{\overline{A}\,\overline{B}\,\overline{D}})(\overline{AB\overline{C}})(\overline{AD})(\overline{\overline{A}BC})\\
&= (A+B+D)(\overline{A}+\overline{B}+C)(\overline{A}+\overline{D})(A+B+\overline{C})
\end{aligned}$$

为了直接获得函数 $f(A,B,C,D)$ 的 MSOP 式，绘制函数的最小项卡诺图，如图 2.36(c) 所示。根据过程 2.1 完成最小化涵盖，并显示在图 2.36(c) 中。根据这些质蕴含项，得到

$$f(A,B,C,D) = \overline{A}CD + A\overline{B}D + \overline{A}B + BC\overline{D}$$

我们从前面例子得出了非常重要的信息：从函数的任意描述中，能够产生 MSOP 式或 MPOS 式。为了获得 MSOP 式，需要对函数的最小项进行处理；而为了获得 MPOS 式，就要对最大项进

行处理。其实，一旦绘制了函数的最大项卡诺图，自然就得到了一个最小项卡诺图，反之亦然。因此，函数的最初形式并不影响是将函数化简为 SOP 式还是 POS 式。

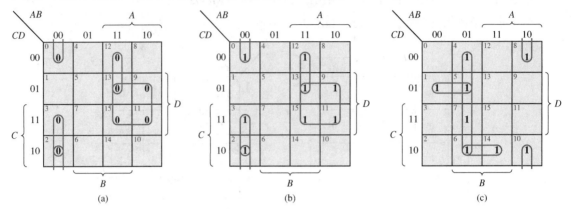

图 2.36　推导函数的 MPOS 式和 MSOP 式。(a) f 函数的最大项；(b) $\bar{f}$ 函数的最小项；(c) f 函数的最小项

　　有些设计人员认为，处理最大项和质蕴含项比较麻烦，因此宁可推导 MSOP 式。正如之前例子所述，利用 SOP 化简法也能获得函数 f 的 MPOS 式，具体流程是首先推导 $\bar{f}$ 的 MSOP 式，然后通过其反函数来获得 f 的 MSOP 式。首先，在卡诺图上绘制函数 f 的反函数，即把最大项对应单元格的 0 值改变为 1 值，使单元格成为最小项；然后，用过程 2.1 推导 $\bar{f}$ 的 MSOP 式。接下来，应用德·摩根定理(见定理 8)获得反函数的 MSOP 式，从而产生 f 的 POS 式。这样，把 $\bar{f}$ 化简为一个 SOP 函数，且它的反函数即为 f。我们将这个过程总结如下。

过程 2.3　求函数 f 的 MPOS 式。

1. 在卡诺图上绘制 $\bar{f}$ 函数的最小项。
2. 用过程 2.1 推导 $\bar{f}$ 的 MSOP 式。
3. 用德·摩根定理求出 MSOP 式的反函数，获得 f 的 MPOS 式。

例 2.29　用过程 2.3 求出函数 $f(A,B,C,D) = \prod M(0,1,2,3,6,9,14)$ 的 MSOP 式。

　　首先在卡诺图上寻找反函数 $\bar{f}$ 的最小项，如图 2.37(a) 所示，得到

$$\bar{f}(A,B,C,D) = \sum m(0,1,2,3,6,9,14)$$

　　注意，图 2.37(a) 类似于图 2.35(a)，只是把图 2.35(a) 中的 0 替换为 1。

　　通过过程 2.1，可以获得最小化涵盖 {1-9, 6-14, 0-1-2-3}。注意观察这些蕴含项的顺序，使得卡诺圈涵盖与之前的例子相同。不过，这里的卡诺圈涵盖表示 $\bar{f}$ 的质蕴含项，而不是 f 的质蕴含项。

　　现在，根据最小化涵盖的质蕴含项，写出 $\bar{f}$ 函数的 MSOP 式：

$$\bar{f}(A, B, C, D) = \overline{A}\,\overline{B} + \overline{B}\,\overline{C}D + BC\overline{D}$$

最后，用德·摩根定理推导这个函数的反函数，从而获得 $f(A,B,C,D)$ 的 MPOS 式。

$$f(A, B, C, D) = \overline{\overline{A}\,\overline{B} + \overline{B}\,\overline{C}D + BC\overline{D}}$$
$$= \overline{(\overline{A}\,\overline{B})}\,\overline{(\overline{B}\,\overline{C}D)}\,\overline{(BC\overline{D})}$$
$$= (A + B)(B + C + \overline{D})(\overline{B} + \overline{C} + D)$$

　　这种方法的主要优点是，能用 SOP 规则对函数的 SOP 式和 POS 式在卡诺图上进行化简。然而，反函数表达式的附加步骤是，需要应用德·摩根定理进行变换才能获得 MPOS 式。下面举例说明上述方法。

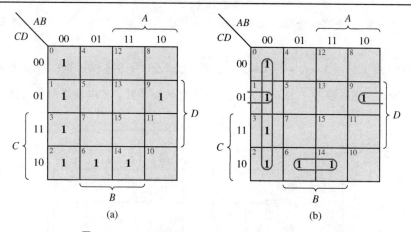

图 2.37 $\overline{f}(A,B,C,D)$ 的卡诺图。(a)函数的最小项；(b)最小化涵盖

例 2.30 求函数 $f(A,B,C,D) = \prod M(3,4,6,8,9,11,12,14)$ 的 MPOS 式。

在图 2.38(a)中圈出函数的最大项。采用过程 2.2，首先用质蕴含项 3-11 涵盖最大项 M_3；用质蕴含项 4-6-12-14 涵盖最大项 M_4；用质蕴含项 8-9 涵盖 M_8。最小化涵盖显示在图 2.38(a)中。推导出的 MPOS 式是相应的质蕴含项的和之积，其中 3-11 表示 $(B+\overline{C}+\overline{D})$，4-6-12-14 表示 $(\overline{B}+D)$，8-9 代表 $(\overline{A}+B+C)$。

则 MPOS 式为 $f(A,B,C,D) = (\overline{B}+D)(B+\overline{C}+\overline{D})(\overline{A}+B+C)$。

然后，采用过程 2.3。绘制反函数对应的卡诺图，如图 2.38(b)所示。我们获得了同样的单元格组合：3-11，4-6-12-14，8-9。写出这些质蕴含项的和：

$$\overline{f}(A,B,C,D) = B\overline{D} + \overline{B}CD + A\overline{B}\,\overline{C}$$

再用德·摩根定理求出这个表达式的反函数，得到同样的结果：

$$
\begin{aligned}
f(A,B,C,D) &= \overline{B\overline{D} + \overline{B}CD + A\overline{B}\,\overline{C}} \\
&= (\overline{B\overline{D}})(\overline{\overline{B}CD})(\overline{A\overline{B}\,\overline{C}}) \\
&= (\overline{B}+D)(B+\overline{C}+\overline{D})(\overline{A}+B+C)
\end{aligned}
$$

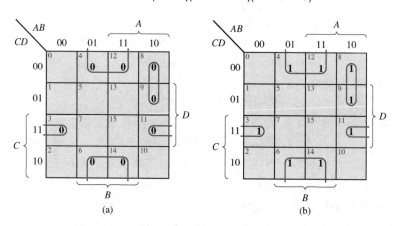

图 2.38 $f(A,B,C,D) = \prod M(3,4,6,8,9,11,12,14)$ 的最小化涵盖。(a) $f(A,B,C,D)$；(b) $\overline{f}(A,B,C,D)$

例 2.31 推导函数 $f(A,B,C,D,E) = \prod M(0,2,4,11,14,15,16,20,24,30,31)$ 的 MPOS 式。

函数的最小化涵盖绘制在图 2.39 的卡诺图中。

最小化涵盖包含 5 个质蕴含项，每个质蕴含项都是基本质蕴含项。写出这些质蕴含项的和之积，得到

$$f(A,B,C,D,E) = (A + B + C + E)(B + D + E)(\overline{B} + \overline{C} + \overline{D})(A + \overline{B} + \overline{D} + \overline{E})(\overline{A} + C + D + E)$$

读者也可验证，通过推导 $\overline{f}$ 的 MSOP 式，再求它的反函数，可以获得同样的结果。

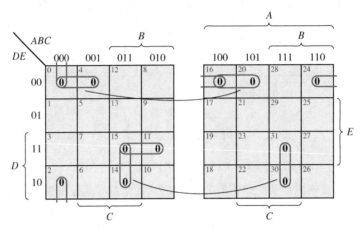

图 2.39 求五变量函数的 MPOS 表达式

未完整定义的函数

当无关项出现时，为了通过卡诺图化简函数，我们对之前讨论过的内容增加一条附加规则。回想一下，定义的无关项的值可能是 0 或 1。因此，当推导 MSOP 式或 MPOS 式时，可选择这些无关项的值是 1 或 0。这样，在考虑了无关项之后，卡诺图上的单元格可以被更大的卡诺圈涵盖。否则，当进行卡诺圈的最小化涵盖时，忽略无关项，仅选择足够的质蕴含项来涵盖最小项或最大项。换言之，是否使用无关项取决于它们在函数的化简过程中是否有帮助。以下举例说明此方法。

例 2.32 用卡诺图化简函数的 SOP 式和 POS 式。
$$f(A,B,C,D) = \sum m(1,3,4,7,11) + d(5,12,13,14,15)$$
$$= \prod M(0,2,6,8,9,10) \cdot D(5,12,13,14,15)$$

画出函数 $f(A,B,C,D)$ 的卡诺图，如图 2.40(a)和(b)所示。
从图 2.40(a)推导的 MSOP 式为
$$f(A,B,C,D) = B\overline{C} + \overline{A}D + CD$$
从图 2.40(b)推导的 MPOS 式为
$$f(A,B,C,D) = (B + D)(\overline{C} + D)(\overline{A} + C)$$

注意，如果应用布尔代数对 MPOS 式进行转换，则可得 MSOP 式如下：
$$f(A,B,C,D) = \overline{A}B\overline{C} + \overline{A}D + CD$$

这不同于从图中获得的 MSOP 式。随着无关项的出现，这种情况可能发生。在优化导出的每个表达式时，无关项的处理方法是不同的。在推导 MSOP 式时，本例的两个无关项(12, 13)可当作 1 使用；然而在推导 MPOS 式时，则可视为 0。不管哪种情况，都要求正确地涵盖所有的最小项和最大项。

以下举例说明无关项的产生原因，以及如何应用无关项进行电路设计。

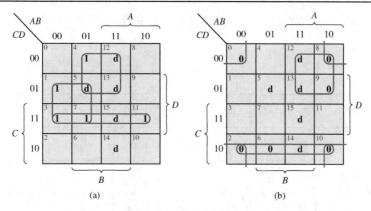

图 2.40　例 2.32 的卡诺图。(a)积之和；(b)和之积

例 2.33　设计一个 4 位 BCD 输入/单输出的逻辑电路，此电路用于区分大于或等于 5 的数字与小于 5 的数字。

令 4 位 BCD 输入分别表示十进制数 $0, 1, \cdots, 9$。若输入的十进制值大于等于 5，则输出为 1 态；若输入的十进制值小于 5，则输出为 0 态。

电路的框图如图 2.41(a)所示，其真值表如图 2.41(b)所示。

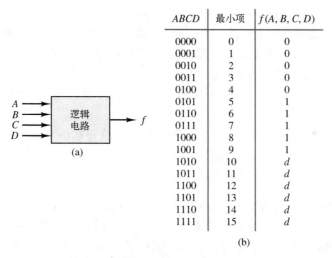

$ABCD$	最小项	$f(A, B, C, D)$
0000	0	0
0001	1	0
0010	2	0
0011	3	0
0100	4	0
0101	5	1
0110	6	1
0111	7	1
1000	8	1
1001	9	1
1010	10	d
1011	11	d
1100	12	d
1101	13	d
1110	14	d
1111	15	d

(b)

图 2.41　例 2.33 的框图和真值表。(a)框图；(b)真值表

注意，无关项出现在真值表中，这些特殊的输入不代表 BCD 数字，因此，这些输入被视作不可能发生。那么，输出函数 f 为

$$f(A,B,C,D) = \sum m(5,6,7,8,9) + d(10,11,12,13,14,15)$$

函数对应的卡诺图如图 2.42(a)所示。

根据卡诺图获得 MSOP 式：

$$f(A, B, C, D) = A + BD + BC$$

读者可以验证，通过合并最大项和无关项，能获得 MPOS 式，如图 2.42(b)所示：

$$f(A, B, C, D) = (A + B)(A + C + D)$$

注意，这个函数表达式比没有考虑无关项的表达式更简单。此外，请注意图 2.42(a)中所有的无关项均被涵盖(即视作 1 值)；而在图 2.42(b)中，无关项没有被选用(即视作 0 值)。当然，实际情况并不总是如此。

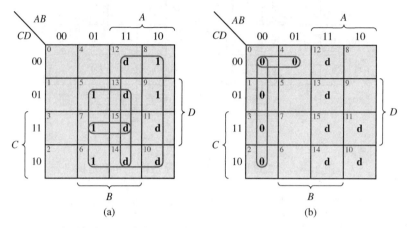

图 2.42　用无关项求出 SOP 式和 POS 式。(a)最小化 SOP 涵盖；(b)最小化 POS 涵盖

2.4.4　Q-M 法

对于布尔函数的化简，Quine-McCluskey(Q-M)法是一种常用的表格法。Q-M 法有两个优点超越了卡诺图。Q-M 法是非常直接的，相比于卡诺图，能够产生化简函数的系统化方法，较少依赖设计人员的辨识能力，并且它能用计算机辅助设计工具进行自动化处理。同时，这种方法也是处理多变量函数的切实可行的方案，而卡诺图仅限于五变量或六变量函数。首先，Q-M 法对函数的最小项执行有序搜索，并求出所有的质蕴含项。然后，通过质蕴含项的最小化涵盖产生函数的 MSOP 式。

Q-M 法开始时需列出函数的 n 变量最小项的编号，且逐次推导出 $(n-1)$ 个变量蕴含项，$(n-2)$ 个变量蕴含项，依次类推，直到识别所有的质蕴含项。这样，函数的最小化涵盖从所有质蕴含项中可以推导出来。整个过程有 4 步，如下所示。

第 1 步　列出函数的所有最小项，并用它们的二进制表示。根据二进制中 1 的位数将它们分组。这样的分组简化了以后逻辑相邻最小项的识别，两个逻辑相邻的最小项必须要有一个变量因子不同，因此用二进制表示的最小项必须比另一个最小项多一个或少一个 1 位。

第 2 步　为了寻找相邻最小项，在相邻组之间进行仔细搜索，并将其合并成 $(n-1)$ 个变量蕴含项的一列，检查组合中的每个最小项。每个新的蕴含项的二进制表示包含了一个被消除的变量。重复这个过程，从合并 $(n-1)$ 个变量蕴含项到 $(n-2)$ 个变量蕴含项，依次类推，直到没有更多的蕴含项可合并。任何未勾选的项都表示函数的一个质蕴含项，因为它没有被一个更大的蕴含项涵盖。最后得到开关函数的质蕴含项的编号。

第 3 步　构造质蕴含项图表，沿水平方向列出最小项，而质蕴含项沿垂直方向用×表示，不用考虑特定的质蕴含项(行)涵盖了一个给定的最小项(列)。

第 4 步　选择涵盖了开关函数的所有最小项的最少数量的质蕴含项。

下面将用一个完整的示例来说明这 4 步。

例 2.34　用 Q-M 法化简函数 $f(A,B,C,D)=\sum m(2,4,6,8,9,10,12,13,15)$。

第 1 步 为了使用 Q-M 法进行化简，根据用 4 位二进制码表示的最小项序号，对最小项进行分组。最小项分组如下表所示：

最小项	$ABCD$	说明
2	0010	
4	0100	组 1(单个 1)
8	1000	
6	0110	
9	1001	组 2(2 个 1)
10	1010	
12	1100	
13	1101	组 3(3 个 1)
15	1111	组 4(4 个 1)

第 2 步 寻找所有逻辑相邻的最小项进行合并。执行函数化简的方法在此进行总结，并在稍后进行详细说明。考虑下面的简化图表，此表包含了 3 个最小项列表。如果两个最小项有且仅有一个因子不同，则它们就能进行合并。因此，只能将列表 1 中组 1 的项与组 2 的项进行合并。当两组之间的所有相邻最小项都合并完后将进入列表 2，且在这些合并项处画一条线，然后进行组 2 与组 3 之间的合并。重复这个简单过程，以便产生完整的简化图表。

列表 1			列表 2			列表 3		
最小项	$ABCD$	已涵盖	最小项	$ABCD$	已涵盖	最小项	$ABCD$	已涵盖
2	0010	√	2, 6	0-10	PI_2	8, 9, 12, 13	1-0-	PI_1
4	0100	√	2, 10	-010	PI_3			
8	1000	√	4, 6	01-0	PI_4			
6	0110	√	4, 12	-100	PI_5			
9	1001	√	8, 9	100-	√			
10	1010	√	8, 10	10-0	PI_6			
12	1100	√	8, 12	1-00	√			
13	1101	√	9, 13	1-01	√			
15	1111	√	12, 13	110-	√			
			13, 15	11-1	PI_7			

表中有许多条目需要解释。列表 2 中的第一个元素表明最小项 2 和 6 已合并，因为它们仅有一个因子不同。在合并最小项 2 和 6 时，它们在变量 B 的位置因子出现冲突(不同)，因此合并这两项可以消除变量 B。这种合并很容易通过布尔代数检查。

$$\text{最小项} 2 = \overline{A}\,\overline{B}C\overline{D}, \qquad \text{最小项} 6 = \overline{A}BC\overline{D}$$

$$\overline{A}\,\overline{B}C\overline{D} + \overline{A}BC\overline{D} = \overline{A}C\overline{D} \Rightarrow 0\text{-}10$$

列表 1 中的每个最小项与另一组最小项合并后用一个"√"标注，说明它已经被包含在更大的集合中。虽然一个最小项可能不止一次被合并，但也只勾选一次。

一旦从列表 1 产生了列表 2，在列表 2 中全力搜索合并的最小项以产生列表 3。这一点非常重要，这表明了哪个变量将被消除。正如前面所述，列表 2 中的两个最小项合并时只有一个因子不同，即两个最小项在相同的位置有冲突才可能合并。注意，在列表 2 中，最小项组合 8, 12 和 9, 13

及 8，9 和 12，13 也能被组合，从而产生列表 3 中的 8,9,12,13 组合。观察列表 2 可以看出，最小项组合 8,12 及 9,13 两者都有相同的缺失因子，且有一个不同的因子。其他组合也是同样的情况。这样，在列表 2 中勾选了 4 项。之后，在列表 2 中没有其他项能被组合。因此，在整个表格中没有被勾选的其他项是质蕴含项(PI)，且用 $PI_1 \cdots PI_7$ 标注。函数的实现则为所有质蕴含项的和；然而，我们要寻找的是最简实现，因此要涵盖所有最小项且具有最少的质蕴含项。

第 3 步　为了找到最小化涵盖，采用如下所示的质蕴含项图表。每列对应一个最小项，每行对应一个在第 2 步中找到的质蕴含项。在以下图表中，一个"×"表明质蕴含项涵盖了对应的最小项。在 PI_1 和 PI_2 之间的粗实水平线分隔了具有不同因子数量的质蕴含项。

	2	4	6	8 √	9 √	10	12 √	13 √	15 √
**PI_1				×	⊗		×	×	
PI_2	×		×						
PI_3	×					×			
PI_4		×	×						
PI_5		×					×		
PI_6				×		×			
**PI_7								×	⊗

第 4 步　在质蕴含项图表中，观察最小项列，发现最小项 9 和 15 各自仅有一个质蕴含项涵盖(被圈出的×)。因此，质蕴含项 1 和 7 必须选；它们是基本质蕴含项(用双星号"**"标注)。注意，选择这两个质蕴含项也涵盖了最小项 8, 12, 13。在表中 5 个已被涵盖的最小项用"√"标出。

现在，余下的问题就是选择尽可能少的附加(非基本的)质蕴含项涵盖最小项 2, 4, 6, 10。其方法是，通过删除对应之前选择的 PI 的行和对应之前涵盖的最小项的列，形成一个简化的质蕴含项图表，如下所示。

	2 √	4 √	6 √	10 √
PI_2	×		×	
*PI_3	×			×
*PI_4		×	×	
PI_5		×		
PI_6				×

应该选择哪个剩余的 PI 呢？选择 PI_2 将要求两个附加的 PI，不是 PI_4 和 PI_6 就是 PI_5 和 PI_6。另一种选择是 PI_3 和 PI_4，这里将只用两个 PI 涵盖所有 4 个最小项。单星号"*"表示我们的选择，然后在简化图表中对所有剩余的最小项上打 √。从而得出原始函数的 MSOP 式为

$$f(A,B,C,D) = PI_1 + PI_3 + PI_4 + PI_7$$
$$= 1\text{-}0\text{-} + \text{-}010 + 01\text{-}0 + 11\text{-}1$$
$$= A\overline{C} + \overline{B}C\overline{D} + \overline{A}B\overline{D} + ABD$$

同样的结果也可从卡诺图获得，如图 2.43 所示。

涵盖过程

对于开关函数的实现，选择最小数量的质蕴含项称为涵盖问题。应用下面的过程，可系统地从质蕴含项图表中选择最小数量的非基本的质蕴含项。

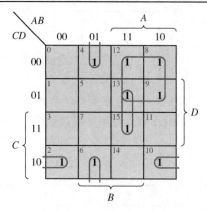

图 2.43 最小项分组

首先,从表中删除所有基本质蕴含项行及它们涵盖的最小项列,正如上一个例子所述。对于开关函数 $f(A,B,C,D) = \sum m(0,1,5,6,7,8,9,10,11,13,14,15)$,考虑如下 PI 图表。

	√	√	√		√	√	√	√			√	√
	0	1	5	6	7	8	9	10	11	13	14	15
**PI$_1$	⊗	×				×	×					
PI$_2$		×	×				×			×		
PI$_3$			×		×					×		×
PI$_4$						×	×	×	×			
PI$_5$						×	×	×	×	×		×
PI$_6$								×	×		×	×
**PI$_7$				⊗	×						×	×

其中,PI$_1$ 和 PI$_7$ 是基本 PI,用双星号标注。删除这两行及这两行中打×的列,得到如下简化的 PI 图表。

	5	10	11	13
PI$_2$	×			×
PI$_3$	×			×
PI$_4$		×	×	
PI$_5$		×	×	×
PI$_6$		×	×	

这张图表利用行的定义和列的涵盖可以进一步简化。在 PI 图表中,如果 i 行(列)在每列(行)中含有一个×,其中 j 行(列)在相应列(行)也含有一个×,则 i 行(列)涵盖 j 行(列)。每一行表示一个非基本质蕴含项 PI$_i$,而每一列代表开关函数的一个最小项 m_i。根据如前所述的行的定义与列的涵盖,行 PI$_2$ 涵盖行 PI$_3$(反之亦然),行 PI$_4$ 涵盖行 PI$_6$(反之亦然),列 11 涵盖列 10,以及列 13 涵盖列 5。

根据这些概念总结如下规则,并产生如下图表。

规则 1 删除所有被涵盖的行。当出现相同行时,除一行外,其余行均可删除。这个例子中,行 PI$_3$ 和行 PI$_6$ 都可删除。

规则 2 删除所有被涵盖的列。除一列外,其余列均可删除。在本例中,列 11 和列 13 可以删除。

	√	√
	5	10
*PI$_2$	×	
*PI$_4$		×

因此，选择 PI$_2$ 和 PL$_4$ 连同基本的 PI$_1$ 和 PI$_7$ 来获得函数的最小化涵盖。

循环的 PI 图表是不包含基本 PI 的图表，且不能通过规则 1、2 化简。对于开关函数，一个循环图表的例子显示如下。

$$f(A,B,C) = \sum m(1,2,3,4,5,6)$$

	√		√			
	1	2	3	4	5	6
*PI$_1$	×		×			
PI$_2$		×	×			
PI$_3$		×				×
PI$_4$				×		×
PI$_5$				×	×	
PI$_6$	×					

化简循环图表的过程是从图表中任意选择一个 PI。如果 PI 这行对应的最小项已被涵盖，那么行 PI 即可删除。若产生的简化图表没有循环，则规则 1、2 可用。然而，若有另外的循环图表产生，则重复这个循环图表的化简过程且任意选择 PI。例如，在前面的循环图表中任意选择 PI$_1$，通过删除行 PI$_1$ 和列 1、3，获得如下非循环图表。

	2	4	5	6
PI$_2$	×			
PI$_3$	×			×
PI$_4$		×		×
PI$_5$		×	×	
PI$_6$			×	

此图表可以通过规则 1、2 进一步化简。行 PI$_3$ 涵盖行 PI$_2$，因此可以删除行 PI$_2$。行 PI$_5$ 涵盖行 PI$_6$，因此可以删除行 PI$_6$。其简化图表为

	√	√	√	√
	2	4	5	6
*PI$_3$	⊗			×
PI$_4$		×		×
*PI$_5$		×	⊗	

为了涵盖图表，必须选择 PI$_3$ 和 PI$_5$。

因此，逻辑函数的最小化涵盖是 PI$_1$、PI$_3$ 和 PI$_5$。选择不同的最小化涵盖将有不同的结果，这里用 PI$_6$ 替换了 PI$_1$。

未完整定义的函数

函数的化简涉及对无关项的准确处理，正如之前的例子所示。

例 2.35 用 Q-M 法化简函数

$$f(A,B,C,D,E) = m(2,3,7,10,12,15,27) + d(5,18,19,21,23)$$

参照之前的例子的化简过程：在简化列表中，把所有最小项和无关项罗列出来，然后进行合并。其结果显示在以下图表中。

表 1			表 2			表 3		
最小项	$ABCDE$	已涵盖	最小项	$ABCDE$	已涵盖	最小项	$ABCDE$	已涵盖
2	00010	√	2, 3	0001-	√	2, 3, 18, 19	-001-	PI_1
3	00011	√	2, 10	0-010	PI_4	3, 7, 19, 23	-0-11	PI_2
5	00101	√	2, 18	-0010	√	5, 7, 21, 23	-01-1	PI_3
10	01010	√	3, 7	00-11	√			
12	01100	PI_7	3, 19	-0011	√			
18	10010	√	5, 7	001-1	√			
7	00111	√	5, 21	-0101	√			
19	10011	√	18, 19	1001-	√			
21	10101	√	7, 15	0-111	PI_5			
15	01111	√	7, 23	-0111	√			
23	10111	√	19, 23	10-11	√			
27	11011	√	19, 27	1-011	PI_6			
			21, 23	101-1	√			

本例函数的 PI 图表构造如下。现在的方法不同于早期的方法，因为在列表 1 中有些项是无关项，无须涵盖它们。仅有一些特殊的最小项必须被涵盖；因此，在 PI 图表中只有最小项出现。换言之，在 PI 图表中不列出无关项。

	√	√	√	√	√	√	√
	2	3	7	10	12	15	27
PI_1	×	×					
PI_2		×	×				
PI_3			×				
**PI_4	×			⊗			
**PI_5			×			⊗	
**PI_6							⊗
**PI_7					⊗		

从表中可以看出，PI_4、PI_5、PI_6 和 PI_7 是基本质蕴含项。最小项 3 没有被基本质蕴含项涵盖，它可用 PI_1 或 PI_2 涵盖，所以本例函数有两个最小化涵盖。

$$f(A,B,C,D,E) = PI_1 + PI_4 + PI_5 + PI_6 + PI_7 \text{ 或者 } (A,B,C,D,E) = PI_2 + PI_4 + PI_5 + PI_6 + PI_7$$

函数的 SOP 式为

$$f(A,B,C,D,E) = \overline{B}\,\overline{C}D + \overline{A}\,\overline{C}D\overline{E} + \overline{A}CDE + A\overline{C}DE + \overline{A}BC\overline{D}\overline{E}$$

$$f(A,B,C,D,E) = \overline{B}DE + \overline{A}\,\overline{C}D\overline{E} + \overline{A}CDE + A\overline{C}DE + \overline{A}BC\overline{D}\overline{E}$$

2.5 总结和复习

本章介绍了布尔代数及其与逻辑电路的关系。布尔代数的与、或、非逻辑运算通过逻辑电路实现，且能互连形成逻辑电路来实现逻辑函数。本章列举了常用的逻辑电路——半加器、全加器、串行进位加法器、多数表决电路及奇偶校验电路，以便更清楚地说明这些概念。另外，逻辑电路的功能可用几种方式进行描述，即真值表、逻辑表达式、卡诺图和HDL。

本章介绍了布尔代数的公理和定理，以及采用不同形式的表达式来描述逻辑电路。介绍了最小项、最大项、最小项和最大项的编号形式及CSOP式、CPOS式、MSOP式和MPOS式等概念。为了从其他函数表达式获得MSOP式和MPOS式，本章还介绍了卡诺图化简和Q-M法。

本章呈现的知识点都是基础概念，后续章节会用到这些概念和技巧，应充分理解并熟练掌握。完成下面这些练习，以此评定自己的知识水平。

1. 构造基本逻辑门(与门，或门，非门，与非门，或非门，异或门，同或门)的真值表。
2. 构造逻辑函数，例如多数表决函数、奇偶函数、和函数及进位函数的真值表。
3. 描述组合逻辑电路与时序逻辑电路的概念。
4. 通过组合逻辑电路的HDL模型，绘制出(I/O)框图和真值表。
5. 用布尔代数的公理和定理，求出逻辑函数的CSOP式与CPOS式。
6. 用布尔代数的公理和定理，求出逻辑函数的MSOP式和MPOS式。
7. 从真值表或逻辑式获得最小项和最大项。
8. 写出用最小项和最大项的编号表示的逻辑函数。
9. 用布尔代数的公理与定理，完成对逻辑表达式的因式扩展。
10. 理解无关项的概念。
11. 绘制逻辑函数的卡诺图。
12. 用卡诺图获得逻辑函数的MSOP式。
13. 用卡诺图获得逻辑函数的MPOS式。
14. 用Q-M法获得逻辑函数的MSOP式。
15. 用Q-M法获得逻辑函数的MPOS式。

2.6 小组协作练习

1. 除了构建逻辑电路，布尔代数还有更多的应用。请举例说明。
2. 2.1.4节用电梯说明了时序电路或电器的概念，请列举其他设备。
3. 逻辑函数的CSOP式是唯一的，试讨论其意义和重要性。同理，解释逻辑函数的CPOS式的唯一意义。
4. 对两个变量组合而成的所有可能的函数，式(2.6)推导了其布尔函数表达式。写出三变量A、B、C的类似表达式，概括出n变量的表达式，并证明n变量有2^{2^n}种函数。利用已知布尔函数最小项的编号，描述用表达式写出该函数的CSOP式的过程。
5. 当函数的大多数变量值为1时，函数值为1，否则为0，由此定义n变量的多数表决函数。当n为偶数时，此定义是有歧义的。试讨论重新定义多数表决函数，以解决这种歧义性。
6. 讨论最小项、质蕴含项和基本质蕴含项等概念，以及它们之间的关系。给出一个四变量布尔函数的特殊例子，加以说明。
7. 用布尔代数的公理和定理，解释卡诺图是如何工作的。
8. 对比五变量卡诺图和六变量卡诺图与格雷码的结构，讨论堆叠结构的利弊。
9. 写出计算机程序以运行Q-M法的化简过程。
10. 在定义布尔函数时讨论无关项的概念。如何才能产生无关项？为何重要？请举例说明。

习题

2.1　画出图中与门和或门的真值表。

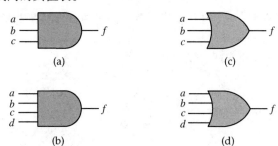

2.2　画出图中与非门和或非门的真值表。

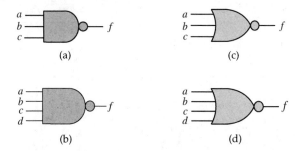

2.3　画出图中异或门和异或非门(同或门)的真值表。

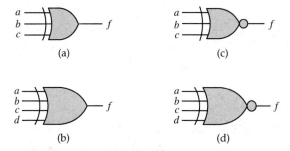

2.4　证明：三变量异或函数等价于全加器的和函数。

2.5　证明：三变量多数表决函数等价于全加器的进位函数。

2.6　证明：三变量异或函数等价于三变量的奇校验函数。

2.7　画出三变量偶校验函数的真值表。

2.8　通过下面的 Verilog 模型，画出 I/O 框图，并画出已知函数的真值表。

```
module problem_2_8 (x, y, z);
    input x, y;
    output z;
    wire a, b, c;
    nand (a, x, y);
    nand (b, a, x);
    nand (c, a, y);
    nand (z, b, c);
endmodule
```

2.9　根据下面的模型，重复习题 2.8 的要求。

```
module problem_2_9 (A,B,C,f,g);
    input A,B,C;
    output f,g;
    assign f = ~A&~B&C | B&~C | A&B;
    assign g = ~A&C | A&~B&C | A&B&~C;
endmodule
```

2.10 通过下面的 VHDL 模型，画出 I/O 框图，并画出已知函数的真值表。

```
entity prob2_10 is
        port (x, y: in bit; z: out bit);
end prob2_10;

architecture structure of prob2_10 is
        signal a, b, c: bit;
begin
        a <= x nor y;
        b <= x nor a;
        c <= y nor a;
        z <= c nor b;
end structure;
```

2.11 根据下面的模型，重复习题 2.10 的要求。

```
entity prob2_11 is
        port (A, B, C: in bit; f, g: out bit);
end prob2_11;

architecture structure of prob2_11 is
begin
        f <= ((not A) and (not B)) or (B and C) or (A and C);
        g <= ((not A) and (not B)) or ((not B) and (not C)) or (A and B and C);
end structure;
```

2.12 画出以下函数的真值表。

(a) $f(a,b,c) = ab + \bar{a}c$

(b) $F(A, B, C, D) = A(\bar{B} + C\bar{D}) + \overline{A}B\overline{C}D$

(c) $g(a,b,c) = \sum m(1,4,5)$

(d) $h(a,b,c) = \prod M(2,5,6,7)$

2.13 用布尔代数的公理和定理化简下式。

(a) $(\overline{AB} + AC)(A + \bar{B})$　　　　　　(b) $x + xyz + \bar{x}yz + wx + \overline{w}x + \bar{x}y$

2.14 用德·摩根定理得出以下表达式的反函数表达式。

(a) $XY + A\bar{C} + DE$　　　　　　(b) $X(Y + \bar{Z}(Q + \bar{R}))$

2.15 用适当的方法证明下式。

(a) $\overline{A}C + AB + \overline{B}\overline{C} = \overline{A}\overline{B} + BC + A\overline{C}$

(b) $A\overline{C} + BC + A\overline{B} \neq \overline{B}\overline{C} + \overline{A}B + AC$

2.16 对习题 2.12 中的 (a) 和 (c) 两函数，分别求其 CSOP 式和 CPOS 式。

2.17 在下面的真值表中，获得函数 f 和 $\overline{f}$ 的最小项及最大项的编号。

x	y	z	f
0	0	0	1
0	0	1	0
0	1	0	1
0	1	1	1

续表

x	y	z	f
1	0	0	0
1	0	1	1
1	1	0	0
1	1	1	1

2.18　用布尔代数化简下面每个逻辑表达式。

(a) $f(w, x, y, z) = x + xyz + \bar{x}yz + wx + \bar{w}x + \bar{x}y$

(b) $f(A, B, C, D, E) = (AB + C + D)(\bar{C} + D)(\bar{C} + D + E)$

(c) $f(x, y, z) = y\bar{z}(\bar{z} + \bar{z}x) + (\bar{x} + \bar{z})(\bar{x}y + \bar{x}z)$

2.19　化简以下每个逻辑表达式。

(a) $f(A, B, C, D) = \overline{(A + \bar{C} + D)(\bar{B} + C)(A + \bar{B} + D)(\bar{B} + C)(\bar{B} + C + \bar{D})}$

(b) $f(A, B, C, D) = AB + \bar{A}\bar{D} + B\bar{D} + \bar{A}B + C\bar{D}A + \bar{A}D + CD + A\bar{B}\bar{D}$

(c) $f(A, B, C, D) = \overline{AB}C + AB + \overline{ABC} + A\bar{C} + AB\bar{C}$

(d) $f(A, B, C) = \overline{(B + \bar{A})(AB + C) + AB\bar{A} + \bar{A}\bar{B}C + (A + B)(\bar{A} + C)}$

(e) $f(A, B, C) = \overline{(\bar{A} + \bar{B})(A + \bar{A}B)(\bar{A} + \bar{B} + \bar{A}\bar{B}C)} + (A + B)(\bar{A} + C)$

2.20　证明定理 4 的 (b) 式。

2.21　证明定理 5 的 (b) 式。

2.22　证明定理 7 的 (b) 式。

2.23　简化如下的逻辑表达式。

(a) $f(A, X, Z) = \bar{X}(X + Z) + \bar{A} + AZ$

(b) $f(X, Y, Z) = (\bar{X}Y + XZ)(X + \bar{Y})$

(c) $f(x, y, z) = \bar{x}y(z + \bar{y}x) + \bar{y}z$

2.24　求函数的最简逻辑表达式。

(a) $f(A, B, C) = \sum m(1, 4, 5)$

(b) $f(A, B, C, D) = \prod M(0, 2, 4, 5, 8, 11, 15)$

(c) $f(A, B, C, D) = \sum m(0, 2, 5, 8, 9, 10, 13)$

2.25　已知函数 $f(x, y, z) = x\bar{y} + x\bar{z}$，写出函数 $f(x, y, z)$ 的最小项的和及最大项的积。

2.26　对于以下每个函数，用布尔代数的公理和定理获得 MSOP 式。

(a) $f(a, b, c) = \sum m(1, 4, 5, 6)$

(b) $g(A, B, C, D) = A(\bar{B} + C\bar{D}) + \bar{A}B\bar{C}D$

(c) $h(a, b, c) = \prod M(5, 6, 7)$

2.27　用布尔代数的公理和定理，求习题 2.26 中每个函数的 MPOS 式。

2.28　画出习题 2.26 中每个函数的卡诺图，并同时显示最小项 (1 值) 和最大项 (0 值)。

2.29　用卡诺图获得以下逻辑函数的 MSOP 式和 MPOS 式。

(a) $F(x, y, z) = \sum m(0, 1, 3, 4, 6, 7)$

(b) $G(a, b, c, d) = \sum m(0, 1, 2, 3, 7, 8, 9, 12, 13, 14)$

(c) $H(a, b, c, d) = \prod M(4, 5, 6, 7, 13, 15)$

2.30　用卡诺图获得习题 2.29 (a) 中函数的反函数的 MSOP 式和 MPOS 式。

2.31　用卡诺图获得以下未完整定义的函数的 MSOP 式和 MPOS 式。

(a) $f(a, b, c, d) = \sum m(1, 5, 7, 9) + d(6, 13)$

(b) $g(a, b, c, d) = \prod M(3, 6, 8, 9, 14) \cdot D(1, 2, 4, 7, 11, 12, 13)$

2.32　用维恩图判断以下哪些逻辑函数是等价的。

　　　(a) $f_1(A, B, C) = A\overline{B}\overline{C} + B + \overline{A}\overline{B}C$

　　　(b) $f_2(A, B, C) = \overline{A}\,\overline{B}\overline{C} + B + A\overline{B}C$

　　　(c) $f_3(A, B, C) = \overline{A}\overline{C} + AC + B\overline{C} + \overline{A}B$

　　　(d) $f_4(A, B, C) = A\overline{C} + AB + B\overline{C} + \overline{A}C$

2.33　在维恩图上描述下列函数。

　　　(a) $f(A, B) = AB + \overline{A}\,\overline{B}$

　　　(b) $f(A, B, C) = AB + \overline{A}\overline{C}$

　　　(c) $f(A, B, C, D) = A + \overline{B}CD + \overline{A}BD$

　　　(d) $f(A, B, C, D) = \overline{A}B + C\overline{D}$

　　　提示：将维恩图分割成两部分，每个新变量由不相交线段的轮廓表示。四变量维恩图显示
　　　如下：

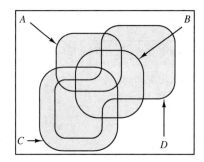

2.34　用维恩图证明以下的表达式是正确的。

　　　(a) $A + B = A\overline{B} + \overline{A}B + AB = \overline{\overline{A}\,\overline{B}}$

　　　(b) $A\overline{C} + BC + A\overline{B} \neq \overline{B}\overline{C} + \overline{A}B + AC$

　　　(c) $\overline{A}C + AB + \overline{B}\,\overline{C} = \overline{A}B + BC + A\overline{C}$

　　　(d) $AD + A\overline{C}\overline{D} + AB + \overline{A}BD + \overline{A}\,\overline{B}\overline{C} = AB + BD + AD + \overline{B}\overline{C}$

2.35　用定理 5 化简以下表达式。

　　　(a) $\overline{X} + XAB\overline{C} + \overline{B}C$ 　　　　　　(b) $\overline{X}\,\overline{Y} + (X + Y)Z$

　　　(c) $Z(\overline{Z} + AB\overline{C}) + \overline{A}\overline{B}$ 　　　　　(d) $(\overline{X} + \overline{Y})(XY + Z)$

2.36　用德·摩根(定理 8)获得以下函数的反函数表达式。

　　　(a) $X(Y + \overline{Z}(Q + \overline{R}))$ 　　　　　　(b) $X + Y(\overline{Z} + Q\overline{R})$

　　　(c) $XY + A\overline{C} + IQ$ 　　　　　　　(d) $(A + B\overline{C})(\overline{A} + \overline{D}E)$

2.37　应用布尔代数定理 7 化简以下表达式。

　　　(a) $QR + \overline{X}Q + RX$ 　　　　　　　(b) $(X + Y)Z + \overline{X}\overline{Y}W + ZW$

　　　(c) $(\overline{X} + Y)WZ + X\overline{Y}V + VWZ$ 　　(d) $(X + Y + Z + \overline{W})(V + X)(\overline{V} + Y + Z + \overline{W})$

2.38　画出以下逻辑函数的真值表。

　　　(a) $f(A, B) = A + \overline{B}$ 　　　　　　　(b) $f(A, B, C) = AB + \overline{A}C$

　　　(c) $f(a, b, c) = a\overline{b}c + b\overline{c}$ 　　　　　(d) $f(a, b, c) = a(b + \overline{c})(\overline{b} + c)$

2.39　画出以下每个逻辑函数的真值表。

　　　(a) $f(A, B, C, D) = AB\overline{C}D + ABC\overline{D}$

(b) $f(A, B, C, D) = AB + \overline{A}\overline{B} + C\overline{D}$

(c) $f(A, B, C, D) = A(\overline{B} + C\overline{D}) + \overline{A}B\overline{C}D$

2.40 对习题 2.39 的逻辑函数列出最小项和最大项的编号。

2.41 求习题 2.39 逻辑函数的 CSOP 式。

2.42 将函数的表达式扩展为 CSOP 式。

$f(x_1, x_2, x_3) = x_1\overline{x_3} + x_2\overline{x_3} + x_1x_2x_3$

2.43 将函数的表达式扩展为 CPOS 式。

$f(W, X, Q) = (Q + \overline{W})(X + \overline{Q})(W + X + Q)(\overline{W} + \overline{X})$

2.44 画出以下函数的卡诺图。

(a) $f(A, B, C) = \overline{A}\overline{B} + \overline{B}C + \overline{A}C$

(b) $f(A, B, C, D) = \overline{B}\overline{C}D + \overline{A}B\overline{C} + AB\overline{D}$

(c) $f(A, B, C, D, E) = \overline{B}\overline{C}\overline{E} + \overline{B}CE + C\overline{D}E + \overline{A}BC\overline{D} + AB\overline{C}D\overline{E}$

2.45 用卡诺图化简以下函数。

(a) $f(A, B, C) = \sum m(3, 5, 6, 7)$

(b) $f(A, B, C, D) = \sum m(0, 1, 4, 6, 9, 13, 14, 15)$

(c) $f(A, B, C, D) = \sum m(0, 1, 2, 8, 9, 10, 11, 12, 13, 14, 15)$

(d) $f(A, B, C, D, E) = \sum m(3, 4, 6, 9, 11, 13, 15, 18, 25, 26, 27, 29, 31)$

(e) $f(A, B, C, D, E) = \sum m(1, 5, 8, 10, 12, 13, 14, 15, 17, 21, 24, 26, 31)$

2.46 用卡诺图化简以下含有无关项的函数。

(a) $f(A, B, C, D) = \sum m(2, 9, 10, 12, 13) + d(1, 5, 14)$

(b) $f(A, B, C, D) = \sum m(1, 3, 6, 7) + d(4, 9, 11)$

(c) $f(A, B, C, D, E) = \sum m(3, 11, 12, 19, 23, 29) + d(5, 7, 13, 27, 28)$

2.47 用卡诺图将以下函数的表达式扩展为 CPOS 式。

(a) $f(A, B, C) = (A + \overline{B})(\overline{A} + B)(B + \overline{C})$

(b) $f(A, B, C, D) = (A + \overline{D})(\overline{A} + C)$

2.48 用卡诺图化简以下函数。

(a) $f(A, B, C, D) = \sum m(3, 4, 6, 8, 9, 12, 14)$

(b) $f(A, B, C, D, E) = \sum m(1, 3, 4, 9, 11, 12, 13, 15, 17, 19, 22, 25, 27, 29, 30, 31)$

2.49 用卡诺图将以下函数扩展为 CSOP 式。

(a) $f(A, B, C) = (\overline{A} + B)(A + B + \overline{C})(\overline{A} + C)$

(b) $f(A, B, C, D) = A\overline{B} + \overline{A}CD + B\overline{C}\overline{D}$

(c) $f(A, B, C, D) = (A + \overline{B})(C + \overline{D})(\overline{A} + C)$

(d) $f(A, B, C, D, E) = \overline{A}E + BCD$

2.50 判断以下哪些函数是等价的。

$f_1(A, B, C, D) = AC + BD + A\overline{B}\overline{D}$

$f_2(A, B, C, D) = A\overline{B}\overline{D} + AB + \overline{A}B\overline{C}$

$f_3(A, B, C, D) = BD + A\overline{B}\overline{D} + ACD + ABC$

$f_4(A, B, C, D) = AC + A\overline{B}\overline{C}\overline{D} + \overline{A}BD + B\overline{C}D$

$f_5(A, B, C, D) = (B + \overline{D})(A + B)(A + \overline{C})$

2.51 用卡诺图求以下逻辑函数的 (a) CSOP 式；(b) CPOS 式。

$f(A, B, C, D, E) = B\overline{D}E + A\overline{B}D + \overline{A}C\overline{D}E + AC\overline{E}$

2.52 在卡诺图上表示以下函数。

(a) $f_1(A, B, C, D) = f_\alpha(A, B, C, D) \cdot f_\beta(A, B, C, D)$

(b) $f_2(A, B, C, D) = f_\alpha(A, B, C, D) + f_\beta(A, B, C, D)$

(c) $f_3(A, B, C, D) = \bar{f}_1(A, B, C, D) \cdot f_2(A, B, C, D)$

(d) $f_4(A, B, C, D) = f_\alpha(A, B, C, D) \oplus f_\beta(A, B, C, D)$

其中

$f_\alpha(A, B, C, D) = AB + BD + \bar{A}\bar{B}C$

$f_\beta(A, B, C, D) = \bar{A}B + B\bar{D}$

2.53　为了用具有两个输出变量的逻辑电路实现以下函数，试用卡诺图找到所有的质蕴含项。

$f_\alpha(A, B, C, D) = AB + BD + \bar{A}\bar{B}C$

$f_\beta(A, B, C, D) = \bar{A}B + B\bar{D}$

2.54　用 Q-M 法化简以下函数。

(a) $f(A, B, C, D) = \sum m(0, 2, 4, 5, 7, 9, 11, 12)$

(b) $f(A, B, C, D, E) = \sum m(0, 1, 2, 7, 9, 11, 12, 23, 27, 28)$

2.55　用 Q-M 法化简以下具有无关项的函数。

(a) $f(A, B, C, D) = \sum m(0, 6, 9, 10, 13) + d(1, 3, 8)$

(b) $f(A, B, C, D) = \sum m(1, 4, 7, 10, 13) + d(5, 14, 15)$

2.56　采用卡诺圈涵盖的方法获得最小化函数的质蕴含项。

$f(A, B, C, D) = \sum m(1, 3, 4, 6, 7, 9, 13, 15).$

2.57　画出以下函数的卡诺图，并列写最小项的编号。

(a) $f(A, B, C) = \bar{B} + A\bar{C}$

(b) $f(A, B, C) = \bar{A}\bar{C} + \bar{A}B + BC$

2.58　画出以下函数的卡诺图，并列写最小项的编号。

(a) $f(A, B, C) = \bar{A}B + BC + AC + A\bar{B}$

(b) $f(A, B, C) = \bar{B}C + \bar{A}B + B\bar{C}$

2.59　画出以下函数的卡诺图，并列写最小项的编号。

(a) $f(A, B, C, D) = \bar{A}\bar{B}C + A\bar{C}\bar{D} + \bar{B}C\bar{D} + AB\bar{D}$

(b) $f(A, B, C, D) = \bar{A}\bar{B}\bar{C} + \bar{B}CD + AB\bar{D} + ABC$

2.60　画出以下函数的卡诺图，并列写最小项的编号。

(a) $f(A, B, C, D) = \bar{B}CD + \bar{A}B\bar{D} + B\bar{C}D + A\bar{B}D$

(b) $f(A, B, C, D) = \bar{B}\bar{C}\bar{D} + \bar{A}B\bar{C} + \bar{A}CD + BCD + ABC$

2.61　画出以下函数的卡诺图，并列写最小项的编号。

(a) $f(A, B, C, D, E) = \bar{B}\bar{C}D + \bar{B}DE + \bar{A}BCD + BCDE + \bar{A}B\bar{D}\bar{E} + BC\bar{D}\bar{E} + AB\bar{C}\bar{E}$

(b) $f(A, B, C, D, E) = \bar{A}\bar{B}D\bar{E} + \bar{A}B\bar{D} + BE + A\bar{B}\bar{C}\bar{D} + A\bar{C}\bar{D}E$

2.62　画出以下函数的卡诺图，并列写最大项的编号。

(a) $f(A, B, C) = (A + B)(\bar{B} + C)$

(b) $f(A, B, C) = \bar{B}(\bar{A} + C)$

2.63　画出以下函数的卡诺图，并列写最大项的编号。

(a) $f(A, B, C) = A(B + \bar{C})$

(b) $f(A, B, C) = (B + C)(A + \bar{B})$

2.64　画出以下函数的卡诺图，并列写最大项的编号。

(a) $f(A, B, C, D) = (\bar{C} + D)(\bar{A} + \bar{B} + D)(\bar{A} + \bar{C} + \bar{D})(\bar{A} + C + D)(B + C + D)$

(b) $f(A, B, C, D) = (\bar{B} + C)(A + C + \bar{D})(A + B + \bar{D})(B + \bar{C} + \bar{D})$

2.65　画出以下函数的卡诺图，并列写最大项的编号。

(a) $f(A, B, C, D) = (A + \bar{D})(A + \bar{B})(\bar{B} + D)(\bar{A} + C + D)$

(b) $f(A, B, C, D) = (A + \bar{B} + C)(\bar{A} + \bar{B} + \bar{D})(\bar{A} + \bar{C} + D)(B + \bar{C} + D)$

2.66　画出以下函数的卡诺图，并列写最大项的编号。

$$f(A, B, C, D, E) = (B + \overline{C} + \overline{D})(A + C + D)(A + \overline{B} + D)$$
$$\cdot (\overline{A} + B + D + E)(\overline{B} + D + \overline{E})$$

2.67　用卡诺图化简以下函数。

(a) $f(A, B, C) = \sum m(1, 5, 6, 7)$

(b) $f(A, B, C) = \sum m(0, 1, 2, 3, 4, 5)$

2.68　用卡诺图化简以下函数。

(a) $f(A, B, C) = \sum m(0, 2, 3, 5)$

(b) $f(A, B, C) = \sum m(0, 3, 4, 6, 7)$

2.69　用卡诺图找到以下函数的 MSOP 式和 MPOS 式。

(a) $f(A, B, C, D) = \sum m(0, 2, 5, 7, 8, 10, 13, 15)$

(b) $f(A, B, C, D) = \sum m(1, 3, 4, 5, 6, 7, 9, 11, 12, 13, 14, 15)$

2.70　用卡诺图化简以下函数。

(a) $f(A, B, C, D) = \sum m(0, 4, 5, 7, 8, 10, 11, 15)$

(b) $f(A, B, C, D) = \sum m(1, 4, 5, 6, 9, 11, 15)$

2.71　用卡诺图找到以下函数的 MSOP 式和 MPOS 式。

(a) $f(A, B, C, D) = \sum m(1, 2, 5, 6, 7, 9, 11, 15)$

(b) $f(A, B, C, D) = \sum m(0, 1, 2, 5, 12, 13, 14, 15)$

2.72　用卡诺图化简以下函数。

(a) $f(A, B, C, D) = \sum m(1, 4, 5, 6, 8, 9, 11, 13, 15)$

(b) $f(A, B, C, D) = \sum m(1, 2, 4, 5, 6, 9, 12, 14)$

2.73　用卡诺图找到以下函数的 MSOP 式和 MPOS 式。

(a) $f(A, B, C, D, E) = \sum m(0, 4, 6, 7, 8, 11, 15, 20, 22, 24, 26, 27, 31)$

(b) $f(A, B, C, D, E) = \sum m(2, 7, 10, 12, 13, 22, 23, 26, 27, 28, 29)$

2.74　用卡诺图化简以下函数。

(a) $f(A, B, C, D, E) = \sum m(1, 3, 8, 9, 11, 12, 14, 17, 19, 20, 22, 24, 25, 27)$

(b) $f(A, B, C, D, E) = \sum m(0, 7, 8, 10, 13, 15, 16, 24, 28, 29, 31)$

2.75　用卡诺图找到以下函数的 MSOP 式和 MPOS 式。

(a) $f(A, B, C, D, E) = \sum m(1, 2, 5, 6, 13, 15, 16, 18, 22, 24, 29)$

(b) $f(A, B, C, D, E) = \sum m(1, 7, 9, 12, 14, 15, 16, 23, 24, 28, 30)$

2.76　用卡诺图化简以下函数。

(a) $f(A, B, C, D, E) = \sum m(0, 5, 10, 11, 13, 15, 16, 18, 29, 31)$

(b) $f(A, B, C, D, E) = \sum m(4, 5, 7, 8, 9, 12, 13, 16, 18, 23, 24, 25, 28, 29)$

2.77　求以下函数的 MPOS 式。

(a) $f(A, B, C) = \prod M(0, 2, 3, 4)$

(b) $f(A, B, C) = \prod M(0, 3, 4, 7)$

2.78　求以下函数的 MPOS 式。

(a) $f(A, B, C) = \prod M(0, 1, 4, 5, 6)$

(b) $f(A, B, C) = \prod M(1, 2, 3, 6)$

2.79　求以下函数的 MPOS 式。

(a) $f(A, B, C) = \prod M(1, 2, 5, 7)$

(b) $f(A, B, C) = \prod M(1, 2, 3, 4)$

2.80　求以下函数的 MPOS 式。

(a) $f(A, B, C) = \prod M(0, 1, 3, 4, 6, 7)$

(b) $f(A, B, C) = \prod M(2, 3, 5, 7)$

2.81 求以下函数的 MPOS 式和 MPOS 式。

(a) $f(A, B, C, D) = \prod M(0, 1, 5, 7, 8, 10, 11, 15)$

(b) $f(A, B, C, D) = \prod M(0, 1, 2, 4, 6, 7, 8, 10, 14)$

2.82 求以下函数的 MPOS 式。

(a) $f(A, B, C, D) = \prod M(2, 3, 4, 5, 7, 12, 13)$

(b) $f(A, B, C, D) = \prod M(1, 2, 5, 7, 11, 13, 15)$

2.83 求以下函数的 MPOS 式。

(a) $f(A, B, C, D) = \prod M(0, 2, 4, 5, 6, 9, 11, 13)$

(b) $f(A, B, C, D) = \prod M(1, 3, 4, 5, 6, 9, 11, 12, 13)$

2.84 求以下函数的 MPOS 式。

(a) $f(A, B, C, D) = \prod M(0, 1, 5, 7, 9, 11, 12, 14)$

(b) $f(A, B, C, D) = \prod M(3, 4, 5, 7, 8, 9, 10)$

2.85 求以下函数的 MPOS 式。

(a) $f(A, B, C, D, E) = \prod M(3, 4, 6, 13, 15, 16, 19, 24, 29, 31)$

(b) $f(A, B, C, D, E) = \prod M(1, 4, 7, 9, 15, 17, 20, 22, 25, 30)$

2.86 求以下函数的 MPOS 式。

(a) $f(A, B, C, D, E) = \prod M(0, 1, 2, 5, 7, 8, 10, 15, 17, 21, 22, 24, 26, 29)$

(b) $f(A, B, C, D, E) = \prod M(0, 2, 4, 6, 9, 11, 13, 15, 16, 19, 20, 25, 27, 29, 31)$

2.87 求以下函数的 MSOP 式。

(a) $f(A, B, C, D) = \sum m(1, 2, 7, 12, 15) + d(5, 9, 10, 11, 13)$

(b) $f(A, B, C, D) = \sum m(0, 2, 5, 15) + d(8, 9, 12, 13)$

2.88 求以下函数的 MSOP 式。

(a) $f(A, B, C, D) = \sum m(4, 7, 9, 15) + d(1, 2, 3, 6)$

(b) $f(A, B, C, D) = \sum m(0, 2, 3, 4, 5) + d(8, 9, 10, 11)$

2.89 求以下函数的 MSOP 式。

$f(A, B, C, D, E) = \sum m(7, 9, 12, 13, 19, 22) + d(0, 3, 20, 25, 27, 28, 29)$

2.90 求以下函数的 MPOS 式。

(a) $f(A, B, C, D) = \prod M(4, 7, 9, 11, 12) \cdot D(0, 1, 2, 3)$

(b) $f(A, B, C, D) = \prod M(0, 3, 7, 12) \cdot D(2, 10, 11, 14)$

2.91 求以下函数的 MPOS 式。

(a) $f(A, B, C, D) = \prod M(3, 4, 10, 13, 15) \cdot D(6, 7, 14)$

(b) $f(A, B, C, D) = \prod M(0, 7, 11, 13) \cdot D(1, 2, 3)$

2.92 求以下函数的 MPOS 式。

$f(A, B, C, D, E) = \prod M(0, 5, 6, 9, 21, 28, 31) \cdot D(2, 12, 13, 14, 15, 25, 26)$

2.93 用 Q-M 法化简以下函数。

(a) $f(A, B, C, D) = \sum m(0, 2, 3, 5, 7, 11, 12, 14, 15)$

(b) $f(A, B, C, D) = \sum m(0, 1, 6, 8, 9, 13, 14, 15)$

2.94 用 Q-M 法化简以下函数。

(a) $f(A, B, C, D) = \sum m(1, 4, 5, 6, 8, 9, 10, 12, 14)$

(b) $f(A, B, C, D) = \sum m(4, 5, 6, 8, 11, 13, 15)$

2.95 用 Q-M 法化简以下函数。

(a) $f(A, B, C, D) = \sum m(1, 3, 6, 7, 8, 9, 12, 14)$

(b) $f(A, B, C, D) = \sum m(0, 2, 4, 5, 10, 11, 13, 15)$

2.96　用 Q-M 法化简以下具有无关项的函数。

(a) $f(A, B, C, D) = \sum m(1, 6, 7, 9, 12) + d(8, 11, 15)$

(b) $f(A, B, C, D) = \sum m(7, 8, 13, 15) + d(3, 4, 10, 14)$

2.97　用 Q-M 法化简以下具有无关项的函数。

(a) $f(A, B, C, D) = \sum m(5, 7, 11, 12, 27, 29) + d(14, 20, 21, 22, 23)$

(b) $f(A, B, C, D) = \sum m(1, 4, 6, 9, 14, 17, 22, 27, 28) + d(12, 15, 20, 30, 31)$

第3章 组合逻辑电路分析与设计

学习目标

学生通过本章知识点的学习，能获得必要的知识和技能，并完成以下目标：

1. 使用基本门(与门、或门、非门、与非门、或非门和异或门)设计组合逻辑电路。
2. 对由基本门实现的组合逻辑电路进行分析。
3. 使用编码器、译码器、数据选择器和加法器等 MSI 器件设计组合逻辑电路。
4. 对由 MSI 器件实现的组合逻辑电路进行分析。
5. 使用硬件描述语言设计组合逻辑。
6. 对使用 Verilog 或 VHDL 描述的组合逻辑进行分析。
7. 理解传输延时和时序图。
8. 了解分层设计及其应用。

第 1 章和第 2 章介绍了分析和设计组合逻辑电路所需的基本概念与工具。本章将介绍在分析和设计过程中使用这些概念与工具的技术及方法。本教材在数字电路实现中一般不特别限定使用某种技术，但是某些示例使用标准逻辑器件来实现，这样更能说明问题。而且，标准逻辑器件仍然存在于大多数计算机辅助设计(CAD)工具的组件库中，即使不用于实现最终设计，它们在设计过程中也非常有用。研究标准逻辑器件另一个重要的原因是，能够加深对以前遗留的系统的理解和维护。大多数例子中还给出了 Verilog 和 VHDL 程序。如果需要进一步了解虚拟仪器和硬件描述语言的细节，请分别参见附录 A 和附录 B。

3.1 组合逻辑电路的设计

组合逻辑电路的设计是将逻辑要求或规范转化为由门、可编程逻辑器件和/或其他电路元件互连实现的过程。逻辑要求可以按文字描述、布尔代数式、真值表、时序图、框图、高级描述语言和/或其他方式给出。这一节将集中介绍由基本逻辑门——与门、或门、非门、与非门和或非门——组成的组合逻辑电路。

3.1.1 与或电路和与非–与非电路

用与或(AND-OR)电路可以很容易地实现以积之和(SOP)式(与或式)书写的逻辑表达式,每个乘积项(与项)由与门实现,或门用于对乘积项求和以产生输出。例如,

$$f_\delta(p,q,r,s) = p\overline{r} + qrs + \overline{p}s$$

用与或逻辑实现如图 3.1(a) 所示。

通过用与非(NAND)门替换与或电路中的所有门,可以用与非–与非电路实现 SOP 的逻辑函数,如图 3.1(b)所示。图 3.1(c)展示了这种替换的有效性,也可推证如下。

使用布尔代数的简单变换可以将 SOP 式直接转换成与非形式。在整个 SOP 逻辑表达式上两次求反,然后用德·摩根定理(定理 8)求出函数的与非形式。

$$f_\delta(p, q, r, s) = \overline{p\overline{r} + qrs + \overline{p}s}$$

[T3]

$$= \overline{\overline{p\overline{r}} \cdot \overline{qrs} \cdot \overline{\overline{p}s}}$$

[T8(a)]

$$= \overline{x_1 \cdot x_2 \cdot x_3}$$

其中 $x_1 = \overline{p\overline{r}}$, $x_2 = \overline{qrs}$, $x_3 = \overline{\overline{p}s}$。该逻辑函数的与非门实现如图 3.1(b) 所示。

　　图 3.1(c) 是同一逻辑函数的实现电路，但输出与非门显示为其德·摩根定理的等效形式。下面写出输出逻辑表达式

$$f_\delta(p, q, r, s) = \overline{x}_1 + \overline{x}_2 + \overline{x}_3$$

$$= \overline{\overline{p\overline{r}}} + \overline{\overline{qrs}} + \overline{\overline{\overline{p}s}}$$

$$= p\overline{r} + qrs + \overline{p}s$$

　　注意，图 3.1(c) 中导线 x_1、x_2 和 x_3 两端的求反小圈可以相互抵消，使得该图等同于图 3.1(a)，因此可以清楚地显示出该电路为 SOP 式的实现形式。

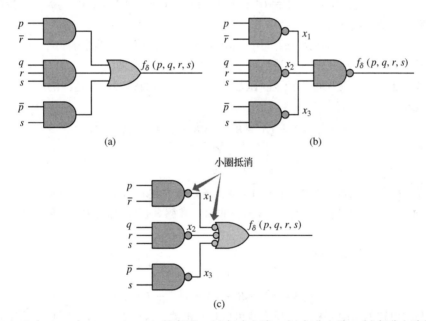

图 3.1　$f_\delta(p, q, r, s) = p\overline{r} + qrs + \overline{p}s$ 的实现。(a) 与或电路；(b) 与非电路；(c) 与非电路的变形

　　德·摩根定理也说明图 3.2 中的两个符号都代表与非门。在第一种情况下，$Y = \overline{(AB)}$。在第二种情况下，$Y = \overline{A} + \overline{B}$。而德·摩根定理指出，$\overline{(AB)} = \overline{A} + \overline{B}$。因此，两个表达式在逻辑上是等价的，这证明了两个符号都表示与非门，可以互换使用。这种情况可以推广到任意数量的输入变量。

　　当从与或逻辑转换为与非-与非逻辑时，需要特别注意含有一个或多个单变量乘积项的表达式的处理。例如，

$$g(x, y, z) = x + yz$$

可以由图 3.3(a) 所示的与或电路实现，也可由图 3.3(b) 所示的与非-与非电路实现。注意，x 是只含单变量的乘积项，它在与或电路中为原变量，但在与非-与非电路中要采用反变量，用于抵消与非门输入上的非(小圈)。

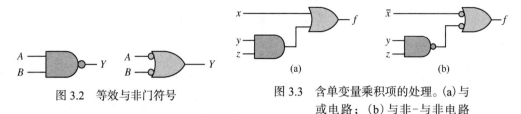

图 3.2　等效与非门符号　　　　　图 3.3　含单变量乘积项的处理。(a) 与
　　　　　　　　　　　　　　　　　　　或电路；(b) 与非-与非电路

该方法可以用于任何 SOP 式函数，以导出与或电路或者与非-与非电路实现。一旦清楚地理解了该方法，就没有必要每次都先做代数转换，再得出实现电路了。

3.1.2　或与电路和或非-或非电路

或与(OR-AND)电路使用或门形成和项(或项)，并使用与门形成这些和项的乘积。因此，和之积(POS)式(或与式)的逻辑表达式可以很容易地用或与形式实现。例如，

$$f_\varepsilon(A, B, C, D) = (\overline{A} + B + C)(B + C + D)(\overline{A} + D)$$

用或与逻辑实现如图 3.4(a) 所示。

如图 3.4(b) 和图 3.4(c) 所示，通过用或非(NOR)门替换或与电路中的每个门，可以用或非-或非电路实现以上逻辑表达式。这种替换可以使用如下布尔代数来证明。

如前所述，布尔代数变换可以把逻辑函数 $f_\varepsilon(A, B, C, D)$ 直接表示为适当的或非形式，同样使用德·摩根定理：

$$
\begin{aligned}
f_\varepsilon(A, B, C, D) &= \overline{\overline{(\overline{A} + B + C)(B + C + D)(\overline{A} + D)}} \\
&= \overline{\overline{\overline{A} + B + C} + \overline{B + C + D} + \overline{\overline{A} + D}} \qquad \text{[T3]} \\
&= \overline{y_1 + y_2 + y_3} \qquad\qquad\qquad\qquad\qquad \text{[T8(b)]}
\end{aligned}
$$

其中 $y_1 = \overline{\overline{A} + B + C}$，$y_2 = \overline{B + C + D}$，$y_3 = \overline{\overline{A} + D}$，该函数的或非实现如图 3.3(b) 所示。

图 3.4(c) 是同一个电路的变形，但输出或非门为其德·摩根定理的等效形式。写出输出逻辑表达式：

$$
\begin{aligned}
f_\varepsilon(A, B, C, D) &= \overline{y_1} \cdot \overline{y_2} \cdot \overline{y_3} \\
&= \overline{\overline{(\overline{A} + B + C)}} \cdot \overline{\overline{(B + C + D)}} \cdot \overline{\overline{(\overline{A} + D)}} \\
&= (\overline{A} + B + C)(B + C + D)(\overline{A} + D)
\end{aligned}
$$

与二级与非电路的情况一样，求反小圈可以相互抵消。这种方法更清楚地说明了 POS 式函数的实现。

和与非门一样，或非门也有两种符号，如图 3.5 所示，可以应用德·摩根定理来验证它们是等价的。

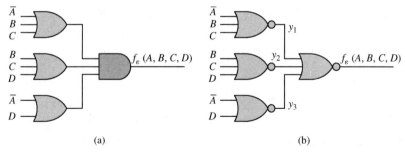

(a)　　　　　　　　　　　　　　　　(b)

图 3.4　$f_\varepsilon(A, B, C, D) = (\overline{A} + B + C)(B + C + D)(\overline{A} + D)$ 的实
现。(a) 或与电路；(b) 或非电路；(c) 或非电路的变形

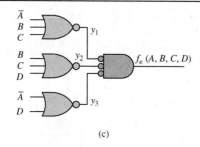

图 3.4(续)　$f_\varepsilon(A, B, C, D) = (\bar{A} + B + C)(B + C + D)(\bar{A} + D)$ 的实现。(a) 或与电路；(b) 或非电路；(c) 或非电路的变形

类似于 SOP 式的情况，在变换中带有单变量的和项表达式需要特殊考虑。如下逻辑函数的或与和或非-或非实现分别如图 3.6(a) 和 (b) 所示。

$$f(x, y, z) = x(y + z)$$

该方法可以推广到以或非-或非逻辑实现任意的 POS 式函数。同样，一旦理解了这个过程，就没有必要每次都先做代数变换了。

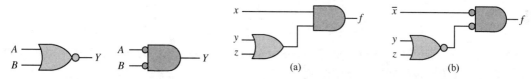

图 3.5　等效或非门符号　　　图 3.6　含单变量的和项的处理。(a) 或与电路；(b) 或非-或非电路

3.1.3　二级电路

具有如图 3.1 和图 3.4 所示结构的电路称为二级电路，因为输入信号在到达输出端之前必须通过两级门。如图 3.7(a) 所示，用于产生输出的这一级门电路为第 1 级，接收输入的门为第 2 级。当输入反变量需要非门时，产生第 3 级电路，如图 3.7(b) 所示。当至少有一个输入信号必须通过 n 个门才能到达输出端时，称这个电路有 n 级。

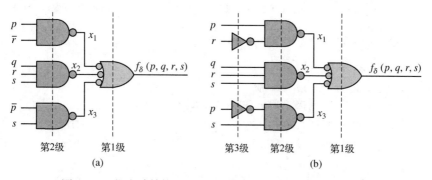

图 3.7　二级电路结构。(a) 二级电路；(b) 带非门的二级电路

当输入既有反变量形式又有原变量形式时，SOP 式和 POS 式可以直接以二级电路实现。当只允许一种形式的输入时，则需要三级电路实现。在这种情况下，第 3 级电路只需要非门。

关于这一点，读者可以把逻辑表达式转换为最小项或最大项的形式，然后分别用与非逻辑或者或非逻辑实现它。

过程 3.1 把逻辑函数转换为最小项之和的形式，即 $f_\phi(X,Y,Z) = \sum m(0,3,4,5,7)$。

过程 3.1　与非逻辑的实现过程归纳如下，如果在或非逻辑中实现，则使用括号中的术语。

1. 逻辑函数转换为最小项(最大项)形式。
2. 用代数形式写出最小项(最大项)。
3. 使用布尔代数化简 SOP 式(POS 式)函数。
4. 使用定理 8(a)[定理 8(b)]和定理 3 将表达式转换为与非(或非)形式。
5. 画出与非(或非)逻辑框图。

例 3.1　用与非逻辑实现 $f_\phi(X,Y,Z) = \sum m(0,3,4,5,7)$。

$$1.\ f_\phi(X,\,Y,\,Z)\ =\ \sum m(0,\,3,\,4,\,5,\,7)$$

$$2.\ f_\phi(X,\,Y,\,Z) = m_0 + m_3 + m_4 + m_5 + m_7$$
$$= \bar{X}\bar{Y}\bar{Z} + \bar{X}YZ + X\bar{Y}\bar{Z} + X\bar{Y}Z + XYZ$$

$$3.\ f_\phi(X,\,Y,\,Z) = \bar{Y}\bar{Z} + YZ + XZ \qquad\qquad\qquad\qquad \text{[T6(a)]}$$

$$4a.\ f_\phi(X,\,Y,\,Z) = \overline{\overline{\bar{Y}\bar{Z}}} + \overline{\overline{YZ}} + \overline{\overline{XZ}} \qquad\qquad\qquad \text{[T3]}$$

或

$$4b.\ f_\phi(X,\,Y,\,Z) = \overline{\overline{\bar{Y}\bar{Z} + YZ + XZ}} \qquad\qquad\qquad \text{[T3]}$$
$$= \overline{\overline{\bar{Y}\bar{Z}} \cdot \overline{YZ} \cdot \overline{XZ}} \qquad\qquad\qquad \text{[T8(a)]}$$

根据第 4 步中的表达式画出逻辑电路，如图 3.8(a)所示，并称其为逻辑函数的最简二级 SOP 式实现。这个例子完整地说明了设计过程。

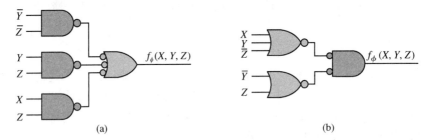

图 3.8　$f_\phi(X,Y,Z) = \sum m(0,3,4,5,7)$ 的与非和或非电路的规范形式。(a)与非电路实现；(b)或非电路实现

例 3.2　用或非电路实现 $f_\phi(X,Y,Z) = \sum m(0,3,4,5,7)$。

$$1.\ f_\phi(X,\,Y,\,Z) = \prod M(1,\,2,\,6)$$

$$2.\ f_\phi(X,\,Y,\,Z) = M_1 \cdot M_2 \cdot M_6$$
$$= (X + Y + \bar{Z})(X + \bar{Y} + Z)(\bar{X} + \bar{Y} + Z)$$

$$3.\ f_\phi(X,\,Y,\,Z) = (X + Y + \bar{Z})(\bar{Y} + Z) \qquad\qquad\qquad \text{[T6(b)]}$$

$$4a.\ f_\phi(X,\,Y,\,Z) = \overline{\overline{(X + Y + \bar{Z})} \cdot \overline{(\bar{Y} + Z)}} \qquad\qquad \text{[T3]}$$

或

$$4b.\ f_\phi(X,\,Y,\,Z) = \overline{\overline{(X + Y + \bar{Z})(\bar{Y} + Z)}} \qquad\qquad \text{[T3]}$$
$$= \overline{\overline{(X + Y + \bar{Z})} + \overline{(\bar{Y} + Z)}} \qquad\qquad \text{[T8(b)]}$$

根据第 4 步画出或非电路，如图 3.8(b)所示，这是逻辑函数的最简二级 POS 式实现。图 3.8 所示的每个电路都能实现 $f_\phi(X,Y,Z)$ 函数。注意，一旦熟悉了该过程，那么第 4 步就可以省略了。

下面给出了与非电路的硬件描述语言结构模型。读者可以参考附录 A 和附录 B，分别了解关于 Verilog 和 VHDL 的结构、语法与功能的详细信息。需要注意的是，Verilog 中提供了可以使用的基本门的运算；而 VHDL 依赖库来定义这些元件，ieee.std_logic_1164 库定义了 std_logic 数据类型，本示例中均采用该类型。结构模型要求对电路的内部节点进行命名。在 Verilog 程序中，**wire** 语句用于指定内部节点 a，b，c；在 VHDL 程序中，则用 **signal** 语句指定内部节点。

```
//Verilog structural model
//NAND gate circuit -- Fig. 3.8a
module fig3_8nand (X, Y, Z, f);
      input X, Y, Z;
      output f;
      wire a, b, c;
      nand (a, ~Y, ~Z);
      nand (b, Y, Z);
      nand (c, X, Z);
      nand (f, a, b, c);
endmodule

--VHDL structural model
--NAND gate circuit -- Fig. 3.8a

--NAND gate circuit -- Fig. 3.8a
library ieee;
use ieee.std_logic_1164.all;
entity fig3_8nand is
      port (X, Y, Z: in std_logic;
                  f: out std_logic);
end;
architecture eqns of fig3_8nand is
      signal a, b, c: std_logic;
begin
      a <= (not X) nand (not Y);
      b <= Y nand Z;
      c <= X nand Z;
      f <= (a nand b) nand c;
end;
```

3.1.4　多级电路和因式分解

如果与二级电路相比所需的门更少和/或二级电路不满足门的扇入限制，那么采用多级电路实现是有利的(意味着具有多于两级门的电路)。缺点是多级电路比二级电路产生更多的传输延时。传输延时将在本章后面讨论。一般采用逻辑表达式的因式分解来获得实现多级电路的逻辑形式。当应用扇入限制时，因式分解用于将大型乘积项或和项中的变量数量减少到小于或等于门输入的可接受数量。

当存在扇入限制时，通常需要两级以上的电路来实现给定逻辑函数。例如，函数 $f(a, b, c, d, e) = abcde$ 可以用单个五输入与门来实现，如图 3.9(a)所示。但是，如果限制设计人员只能采用二输入与门，则需要一个三级或四级电路来实现，分别如图 3.9(b)和(c)所示。读者应该可以验证这些电路是等效的。下面将详细讨论多级电路。

多级电路的设计技术有时比二级电路的直接设计技术更难，因为涉及布尔表达式的分解。因式分解通常涉及布尔代数的分配律(公理 5)的使用，比 SOP 式和 POS 式变换需要更多的技巧。在使用中，由于必须在中间步骤添加冗余项，以便通过分解获得更简单的实现表达式，因此使得该方法变得更加复杂。下面举例演示这种方法。

例 3.3　给定逻辑函数 $f_\lambda(A, B, C, D) = A\overline{B} + A\overline{D} + A\overline{C}$，比较其两级实现电路和采用因式分解之后的实现电路。

图 3.10(a)为使用与非门实现给定逻辑函数的二级电路。

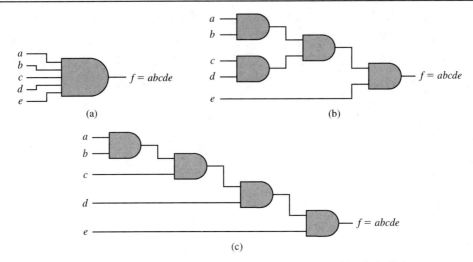

图 3.9　扇入限制使多级电路成为必需的。(a)一个五输入与门的电
路；(b)二输入与门的三级电路；(c)二输入与门的四级电路

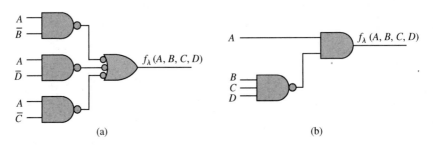

图 3.10　$f_\lambda(A,B,C,D)$ 的实现电路。(a)原始电路；(b)采用因式分解之后的实现电路

请注意，该逻辑函数的二级实现需要 4 个门和 9 个输入变量。但是，如果对该逻辑函数提取
公因子，就可以获得更高级的实现，如下所示：

$$
\begin{aligned}
f_\lambda(A, B, C, D) &= A\overline{B} + A\overline{D} + A\overline{C} \\
&= A(\overline{B} + \overline{D} + \overline{C}) \\
&= A(\overline{BCD})
\end{aligned}
$$

如图 3.10(b)所示，实现 $f_\lambda(A,B,C,D)$ 只需要两个门和 5 个输入变量。

例 3.4　仅使用二输入与门和二输入或门实现函数 $f(a,b,c,d) = \sum m(8,13)$。

从写出标准 SOP(CSOP)式开始，

$$
\begin{aligned}
f(a, b, c, d) &= \sum m(8, 13) \\
&= a\overline{b}\,\overline{c}\,\overline{d} + ab\overline{c}d
\end{aligned}
\tag{3.1}
$$

式(3.1)中的两个乘积项不能用布尔代数化简。因此，需要两个四输入与门和一个二输入或门来实
现二级与或电路。

由于只有二输入的门可用，因此可以提取表达式中两个乘积项的公因子，将乘积项减少到两
个变量，如下所示：

$$
\begin{aligned}
f(a, b, c, d) &= a\overline{b}\,\overline{c}\,\overline{d} + ab\overline{c}d \\
&= (a\overline{c})(b\overline{d} + \overline{b}\,\overline{d})
\end{aligned}
\tag{3.2}
$$

在式(3.2)中，没有一个乘积项或和项包含两个以上的变量。因此，这个逻辑表达式完全可以

用二输入门来实现，如图 3.11 所示。请注意，该电路包含三级逻辑门，如果加上反相器，则形成了一个四级电路。

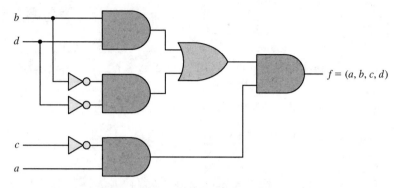

图 3.11　利用二输入与门和或门实现 $f(a,b,c,d)=\sum m(8,13)$

例 3.5　仅使用二输入与非门和或非门实现例 3.4 中的函数 $f(a,b,c,d)=\sum m(8,13)$。

如本例所示，仅使用二输入与非门和或非门的要求会使设计更加复杂，需要更多级的逻辑电路来实现。使用小圈法，标准 SOP 式 $bd+\overline{b}\,\overline{d}$ 可以很容易地用 3 个二输入与非门实现，如图 3.12(a) 所示。然而，三输入"与"功能的实现更加复杂。图 3.12(b) 说明了如何使用小圈来开发一个与非-或非电路实现。将这两个电路放在一起实现逻辑函数 f 还需要在两者之间插入一个非门，如图 3.13(a) 所示；或者进行代数变换 $\overline{(bd+\overline{b}\,\overline{d})}=b\overline{d}+\overline{b}d$ 并实现，如图 3.13(b) 所示。通常优先选择后者，因为它的逻辑电路级数更少。

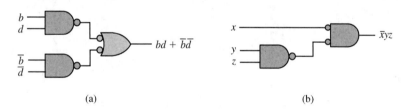

(a)　　　　　　　　　　　　　　　　(b)

图 3.12　用于实现 $f(a,b,c,d)=\sum m(8,13)$ 的因式分解组件

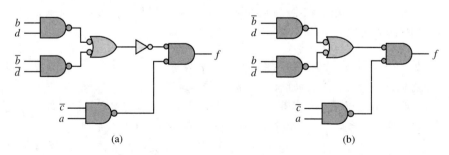

(a)　　　　　　　　　　　　　　　　(b)

图 3.13　用二输入与非门和或非门实现 $f(a,b,c,d)=\sum m(8,13)$

例 3.6　用二输入与非门实现逻辑函数 $f(a,b,c,d)=ad+bd+\overline{a}\overline{b}\overline{c}\overline{d}$。

上面的表达式中没有可以直接分解的项，因此本例中展示了另一种分解方法。通过应用分配律 $x+yz=(x+y)(x+z)$，重写给定的逻辑表达式，如下所示：

$$ad+bd+\overline{a}\overline{b}\overline{c}\overline{d}=(ad+\overline{a}\overline{b})(ad+\overline{c}\overline{d})+bd$$

重写的表达式可以实现为图 3.14(a)所示的二输入与门和或门电路。应用小圈法,可以实现为图 3.14(b)所示的全与非门的电路。

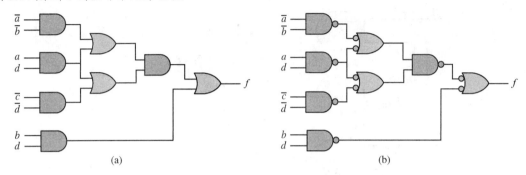

图 3.14　用二输入与非门实现 $f = ad + bd + \overline{abcd}$

3.1.5　异或电路

第 2 章介绍了异或(XOR)函数,并证明了在逻辑上异或函数等价于半加器或全加器中的和函数。在此,将进一步探讨它在算术运算电路、误码检测和纠错电路中的重要应用。

图 3.15 展示了如何使用二输入异或门来实现三变量、四变量和五变量异或函数。以下举例说明如何使用异或函数对简单的奇偶校验实现检验位生成和误码检测。

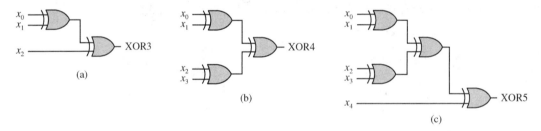

图 3.15　三变量、四变量和五变量异或函数的实现

奇偶校验位是一个额外的位,附加到存储设备和通信信道中的数据上,以提供一位数字误码的检测能力。可以回顾一下第 1 章中讨论过的奇偶校验码。以下示例展示了如何由异或电路生成奇偶校验位及如何检查误码。

例 3.7　为二进制数据设计偶校验位生成电路和校验电路。

假设一个存储设备的信息或数据位数为 8 位。添加奇偶校验位将允许在读/写操作期间进行单个误码的校验。图 3.16(a)为奇偶校验码的格式。假设使用偶校验码对数据进行编码。这意味着编码数据的权重将是偶数。因此,当数据字中 1 的个数为偶数时,奇偶校验位的值赋为 0;当数据字中 1 的个数为奇数时,奇偶校验位的值赋为 1。然后,误码校验变成检查数码序列的偶校验。如图 3.16(b)和图 3.16(c)所示,异或电路可分别用于奇偶校验位的生成和误码校验。

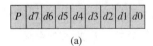

(a)

图 3.16　偶校验电路。(a)奇偶校验码的格式;(b)偶校验位生成电路;(c)校验电路

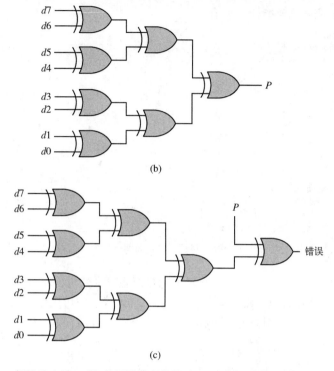

图 3.16(续)　偶校验电路。(a)奇偶校验码的格式；(b)偶校验位生成电路；(c)校验电路

　　这种电路也称为奇偶树。图 3.16(b)所示的偶校验编码函数的 Verilog 和 VHDL 结构模型如下所示。

```verilog
//Verilog structural model
//Even-Parity Code Encoder
module ParityEncoderStructural (d, P);
      input [7:0] d;
      output P;
      wire e0, e1, e2, e3, e4, f0, f1;
      xor(e0, d[1], d[0]);
      xor(e1, d[3], d[2]);
      xor(e2, d[5], d[4]);
      xor(e3, d[7], d[6]);
      xor(f0, e1, e0);
      xor(f1, e3, e2);
      xor(P, f1, f0);
endmodule
```

```vhdl
-- VHDL structural model
--Even-Parity Code Encoder
library ieee;
use ieee.std_logic_1164.all;
entity ParityEncoder is
      port (d: in std_logic_vector(7 downto 0);
            P: out std_logic);
end;
architecture structure of ParityEncoder is
signal e0, e1, e2, e3, e4, f0, f1: std_logic;
begin
      e0 <= d(1) xor d(0);
      e1 <= d(3) xor d(2);
      e2 <= d(5) xor d(4);
      e3 <= d(7) xor d(6);
      f0 <= e1 xor e0;
      f1 <= e3 xor e2;
      P <= f1 xor f0;
end;
```

偶校验编码器的数据流模型如下所示。

```
//Verilog dataflow model
//Even-Parity Code Encoder
module ParityEncoderBehavioral (d, P);
      input [7:0] d;
      output P;
      assign P = d[7]^d[6]^d[5]^d[4]^d[3]^d[2]^d[1]^d[0];
endmodule

--VHDL dataflow model
--Even-Parity Code Encoder
library ieee;
use ieee.std_logic_1164.all;
entity ParityEncoder is
      port (d: in std_logic_vector(7 downto 0);
            P: out std_logic);
end;
architecture behavioral of ParityEncoder is
begin
      P <= ((d(7) xor d(6)) xor (d(5) xor d(4))) xor ((d(3) xor d(2)) xor (d(1) xor d(0)));
end;
```

二输入异或门的另一个应用是根据一个输入信号产生输入变量的原码或反码,如图 3.17 所示。如果 $x = 0$,则 $g = f$;如果 $x = 1$,则 $g = \overline{f}$。因此,二输入异或门可用作可编程非门,其中 x 为控制变量。该功能对于实现二进制补码加法器/减法器电路非常有用,本章稍后将对此进行说明。

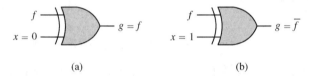

图 3.17 可编程非门。(a)如果 $x = 0$,则 $g = f$;(b)如果 $x = 1$,则 $g = \overline{f}$

本节主要介绍了使用基本逻辑门进行逻辑电路设计的方法,包括使用原理图和硬件描述语言(HDL)进行设计。还介绍了使用 HDL 进行功能/数据流描述。在设计中,主要是在给定函数或要求的情况下,完成对该函数或一组函数的电路实现。

下一节将着重分析组合逻辑电路,即分析给定电路或设计方案实现了哪个或哪些逻辑函数。本质上,分析与设计的过程相反。

3.2 组合逻辑电路的分析

组合逻辑电路的分析是在给定门、可编程逻辑器件(PLD)或其他形式的硬件实现情况下,分析电路实现的逻辑函数的过程。这种分析过程有时称为逆向工程。可以使用布尔代数式、真值表、时序图或其他工具(如逻辑仿真程序)来分析逻辑函数。我们可以分析用于验证电路的行为是否符合其定义,或者辅助将电路转换为不同的形式,以减少门的数量或用不同的元件来实现。广义地讲,电路的行为指输出功能,又指硬件输入信号和输出信号之间的时序关系。在这点上,时序图分析方法特别有用。

3.2.1 布尔代数

如前面所述,组合逻辑电路可以通过逻辑门互连或可编程逻辑器件的编程来实现。任何给定的组合逻辑电路都可以用布尔表达式或逻辑函数来表示,因此,应用布尔代数可以将逻辑表达式处理成任何形式。

下面用 3 个例子来说明布尔代数如何分析组合逻辑电路的功能。

例 3.8　求图 3.18(a)所示电路的简化逻辑表达式，并画出新的逻辑电路。

写出每个门的输出逻辑表达式：

$$P_1 = \overline{ab}$$
$$P_2 = \overline{\overline{a} + c}$$
$$P_3 = b \oplus \overline{c}$$
$$P_4 = P_1 \cdot P_2 = \overline{ab}(\overline{\overline{a} + c})$$

则输出函数的表达式为

$$f(a, b, c) = \overline{P_3 + P_4}$$
$$= \overline{(b \oplus \overline{c}) + \overline{ab}(\overline{\overline{a} + c})}$$

为了分析逻辑函数，利用布尔代数将其转换为更简单的形式：

$$\overline{f}(a, b, c) = (b \oplus \overline{c}) + \overline{ab} \cdot \overline{\overline{a} + c}$$
$$= b\overline{c} + \overline{b}c + \overline{ab} \cdot \overline{a} + c \qquad \text{[Eq. 2.2]}$$
$$= b\overline{c} + \overline{b}c + (\overline{a} + \overline{b})a\overline{c} \qquad \text{[T8(a) and (b)]}$$
$$= b\overline{c} + \overline{b}c + a\overline{b}\overline{c} \qquad \text{[T5(b)]}$$
$$= b\overline{c} + \overline{b}c \qquad \text{[T4(a)]}$$
$$\overline{f}(a, b, c) = b \odot c \qquad \text{[Eq. 2.3]}$$

因此，由式(2.3)，

$$f(a, b, c) = \overline{b \odot c} = b \oplus c$$

该逻辑函数已化简为单个异或门，如图 3.18(b)所示。

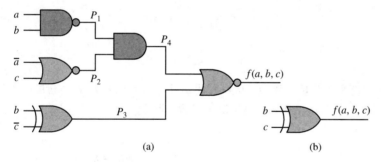

图 3.18　例 3.8 的等效逻辑电路

图 3.18 所示的两个逻辑电路具有相同的真值表，因此是等效的。很明显，图 3.18(b)中的实现电路更简单、更理想。

例 3.9　求图 3.19(a)所示电路的简化逻辑表达式，画出新的逻辑电路。

每个门的输出逻辑表达式如图 3.19(a)所示。由此导出输出函数的表达式为

$$f(a, b, c) = \overline{\overline{(a \oplus b)(b \oplus c)} \cdot \overline{(\overline{a} + \overline{b} + \overline{a} + c)}}$$
$$= \overline{\overline{(a \oplus b)(b \oplus c)}} + \overline{\overline{a} + \overline{b} + \overline{a} + c} \qquad \text{[T8(b)]}$$
$$= (a \oplus b)(b \oplus c) + (\overline{a} + \overline{b})(a + c) \qquad \text{[T8(a)]}$$
$$= (a\overline{b} + \overline{a}b)(b\overline{c} + \overline{b}c) + (\overline{a} + \overline{b})(a + c) \qquad \text{[Eq. 2.2]}$$
$$= a\overline{b}b\overline{c} + a\overline{b}\overline{b}c + \overline{a}bb\overline{c} + \overline{a}b\overline{b}c + \overline{a}a + \overline{a}c + a\overline{b} + \overline{b}c \qquad \text{[P5(b)]}$$
$$= a\overline{b}c + \overline{a}b\overline{c} + \overline{a}c + a\overline{b} + \overline{b}c \qquad \text{[P6(b), T4(a)]}$$
$$= \overline{a}b\overline{c} + \overline{a}c + a\overline{b} + \overline{b}c \qquad \text{[T4(a)]}$$
$$= \overline{a}b\overline{c} + \overline{a}c + a\overline{b} \qquad \text{[T7(a)]}$$
$$= \overline{a}b + \overline{a}c + a\overline{b} \qquad \text{[P5(b), T5(a)]}$$
$$= \overline{a}c + a \oplus b \qquad \text{[Eq. 2.2]}$$

注意，新的逻辑电路如图 3.19(b) 所示。

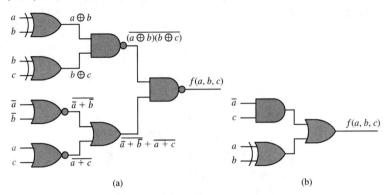

(a)　　　　　　　　　　　　　(b)

图 3.19　例 3.9 的等效逻辑电路

例 3.10　验证图 3.20 中的电路实现了逻辑函数 $g(a,b,c,d) = ab + ac + bc + \overline{a}\,\overline{c}d$ 。

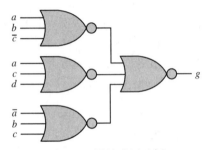

图 3.20　设计验证示例

注意电路是由二级或非门实现的，所以逻辑函数可以写成 POS 式，利用布尔代数，转换成给定的 SOP 式。因此，该电路正确地实现了以上逻辑函数。

$$
\begin{aligned}
(a + b + \overline{c})(a + c + d)(\overline{a} + b + c) &= (a + (b + \overline{c})(c + d))(\overline{a} + b + c) \\
&= (a + bc + bd + \overline{c}c + \overline{c}d)(\overline{a} + b + c) \\
&= (a + bc + bd + \overline{c}d)(\overline{a} + b + c) \\
&= a\overline{a} + ab + ac + \overline{a}bc + bc + bc + \overline{a}bd + bd + bdc \\
&\quad + \overline{a}\,\overline{c}d + b\overline{c}d + c\overline{c}d \\
&= ab + ac + bc + bd + \overline{a}\,\overline{c}d \\
&= ab + ac + bc + \overline{a}\,\overline{c}d
\end{aligned}
$$

除了使用逻辑表达式变换，也可以用卡诺图的方法来解决这个问题。首先，从电路导出的 POS 式，在卡诺图中填写出全部的 0。然后，在卡诺图的其余位置填写 1，对 1 进行卡诺图化简，得出所需的 SOP 式，如下所示。

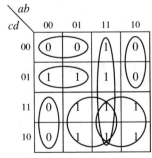

$(a + b + \overline{c})(a + c + d)(\overline{a} + b + c) = ab + ac + bc + \overline{a}\,\overline{c}d$

本节探讨了如何通过推导其逻辑表达式来分析一个给定的逻辑电路。可以使用布尔代数化简表达式，得到一个等价但更简单的实现电路。逻辑电路分析还可用于验证电路是否实现了正确的功能，或确定电路实现了哪种功能。

3.2.2　真值表

在第 2 章中，逻辑函数的真值表是通过依次计算逻辑表达式中每个项的值而导出的。对逻辑电路框图可以采用类似的方法，依次计算每个门的值，进而导出真值表。

图 3.19(b)所示电路的真值表可以用以下方法得到。

abc	$\bar{a}c$	$a\oplus b$	$f(a, b, c) = (\bar{a}c) + (a\oplus b)$
0 0 0	0	0	0
0 0 1	1	0	1
0 1 0	0	1	1
0 1 1	1	1	1
1 0 0	0	1	1
1 0 1	0	1	1
1 1 0	0	0	0
1 1 1	0	0	0

列 $\bar{a}c$ 对应与门的输出，当 $\bar{a}=1$ 且 $c=1$ 或 $a=0$ 且 $c=1$ 时，列 $\bar{a}c$ 为 1。列 $a\oplus b$ 为异或门的输出，当 $a\neq b$ 时，列 $a\oplus b$ 的值为 1，这两列的值相"或"，产生函数 $f(a, b, c)$ 的输出；因此，只有当 $\bar{a}c$ 和 $a\oplus b$ 都为 0 时，$f(a, b, c)$ 为 0。

真值表也可以从 HDL 模型中导出，如例 3.11 所示。

例 3.11　导出以下 HDL 模型描述的逻辑电路的真值表。

```
//Verilog analysis example
module VerilogAnalysisExample (a, b, c, d, f, g);
    input a, b, c, d;
    output f, g;
    assign f = a&d | b&~c | ~b&c;
    assign g = a&b | c&d;
endmodule
```

```
-- VHDL analysis example
library ieee;
use ieee.std_logic_1164.all;
entity VHDLAnalysisExample is
    port (a, b, c, d: in std_logic;
          f, g: out std_logic);
end;
architecture equations of VHDLAnalysisExample is
begin
    f <= (a and d) or (b and not c) or (not b and c);
    g <= (a and b) or (c and d);
end;
```

在 Verilog 中，声明语句将 a、b、c、d 标识为输入变量，将 f 和 g 标识为输出函数。用类似定义 SOP 式的赋值语句来定义函数，因此真值表可以用类似于前面例子的方式导出，如下所示。VHDL 也使用了相似的方法。

$abcd$	ad	$b\bar{c}$	$\bar{b}c$	ab	cd	$f(a, b, c, d)$	$g(a, b, c, d)$
0000	0	0	0	0	0	0	0
0001	0	0	0	0	0	0	0
0010	0	0	1	0	0	1	0
0011	0	0	1	0	1	1	1
0100	0	1	0	0	0	1	0
0101	0	1	0	0	0	1	0
0110	0	0	0	0	0	0	0
0111	0	0	0	0	1	0	1
1000	0	0	0	0	0	0	0
1001	1	0	0	0	0	1	0
1010	0	0	1	0	0	1	0
1011	1	0	1	0	1	1	1
1100	0	1	0	1	0	1	1
1101	1	1	0	1	0	1	1
1110	0	0	0	1	0	0	1
1111	1	0	0	1	1	1	1

3.2.3　时序图

到目前为止，我们已经采用分析逻辑表达式和/或真值表等方法来分析逻辑电路。另一种分析方法是在一段时间内，在电路的输入端输入一系列值，通过手工、实验或逻辑仿真程序等方法，得到相应的输出时序图，并观察输入和输出时序图之间的关系。从时序图中，可以导出电路实现的逻辑函数，并研究门传输延时对电路行为的影响。

时序图

时序图是逻辑电路中输入和输出信号关系的图形表示，可以通过示波器、逻辑分析仪或逻辑仿真程序观察到。通常，时序图也可以包括中间信号的波形。此外，时序图可以显示信号通过电路传输时由逻辑器件引起的传输延时。正确构建的时序图可以描述真值表中包含的所有信息，如下例所示。

给图 3.21(a)所示的电路施加一系列输入激励，产生如图 3.21(b)所示的时序图。在这个例子中，1 表示高电平信号，0 表示低电平信号。接下来确定电路实现的两个函数 $f_\alpha(A, B, C)$ 和 $f_\beta(A, B, C)$ 的真值表与最小项表达式。

示例中已经给出了输入和输出信号的波形图，我们选择合适的方式把时间轴划分为小段，使得输入 A、B、C 的每个可能组合为一个单位。

观察 $t_0, t_1, \cdots, t_7$ 时刻对应的时序图，确定每个时刻的输入和输出值，并按真值表的方式进行记录，如图 3.21(c)所示。从真值表写出最小项表达式，然后导出每个函数的简化逻辑表达式，如下所示：

$$
\begin{aligned}
f_\alpha(A, B, C) &= \sum m(1, 2, 6, 7) \\
&= \overline{A}\,\overline{B}C + \overline{A}B\overline{C} + AB\overline{C} + ABC \\
&= \overline{A}\,\overline{B}C + B\overline{C} + AB \\
f_\beta(A, B, C) &= \sum m(1, 3, 5, 6) \\
&= \overline{A}\,\overline{B}C + \overline{A}BC + A\overline{B}C + AB\overline{C} \\
&= \overline{A}C + A\overline{B}C + AB\overline{C}
\end{aligned}
$$

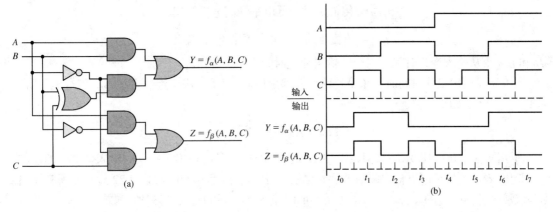

图 3.21　从时序图推导真值表。(a)实现两个逻辑函数的逻辑电路；(b)时序图；(c)真值表

在前面的示例中，所有门的输出都随着输入的变化而瞬时变化。实际上，在电路中，输入变化与对应的输出变化之间在时间上总是存在延时。下面将考虑门的传输延时对电路工作的影响。

传输延时和其他物理限制

除了行为(或功能)，设计人员还必须关注数字逻辑电路的一些物理特性，包括以下这些方面。

- 传输延时
- 门扇入和扇出限制
- 功耗
- 尺寸和质量

这些特性是由制造逻辑门的底层电路的物理特性及电路中门的数量和配置所决定的。低级电路器件的特性不在本书的范围之内，这里就不再讨论了。然而，传输延时和扇入/扇出限制将对逻辑设计产生重大影响，因此在任何数字逻辑电路分析和/或设计过程中都必须考虑。

逻辑门需要时间来对输入变化做出反应，并反映到输出状态的改变中，这个反应时间一定大于零。输入变化时间和相应的输出变化时间之间的延时称为传输延时。因此，如果用一个逻辑电路实现一个函数 $z = f(x_1, \cdots, x_n)$，那么传输延时就是变化"传输"的时间，或者说是变化从某个输入 x_i 通过电路传输到输出 z 所花费的时间。传输延时是电路复杂性、所使用的硬件技术、门扇出系数(由单个门输出驱动的其他门输入的数量)、温度和芯片电压等因素的函数。

随着输入的变化，逻辑电路的输出从低到高的切换时间可能不同于从高到低的切换时间。因此，通常为逻辑门定义两个传输延时参数。

$$t_{PLH} = 传输延时，低电平到高电平输出$$

$$t_{PHL} = 传输延时，高电平到低电平输出$$

t_{PLH} 和 t_{PHL} 由从输入变化时间到对应的输出变化时间之差来测定。

当不需要精确量化时间时，单个传输延时参数用 t_{PD} 表示，用于近似表示 t_{PLH} 和 t_{PHL}。通常，t_{PD} 取 t_{PLH} 和 t_{PHL} 的平均值。

$$t_{PD} = \frac{t_{PLH} + t_{PHL}}{2}$$

对于图 3.22(a) 中所示的与门，图 3.22(b)～(d) 给出了门输出对一系列输入值变化的响应。图 3.22(b) 表示理想情况下输出瞬时改变；也就是说，传输延时为 0。在图 3.22(c) 中，所有输出变化都被延迟了 t_{PD}。图 3.22(d) 给出了更精确的时序图，t_{PLH} 和 t_{PHL} 有单独的参数。

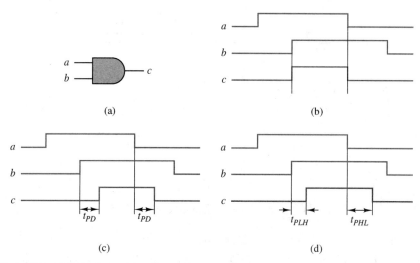

图 3.22　通过逻辑门的传输延时。(a)二输入与门；(b)理想(零)延时；(c) $t_{PD} = t_{PLH} = t_{PHL}$；(d) $t_{PLH} < t_{PHL}$

表 3.1 总结了各种数字电子技术的典型传输延时和其他物理特性。在以下讨论中将采用这些通用的典型参数。

表3.1　各种数字电子技术的特征参数

技术类型	传输延时(ns)	功耗(mW)	电平电压(V)		电源电压(V)
			V_H	V_L	
TTL-74LS00	10	2	2～5	0～0.8	5
CMOS-74HC00	11	0.17	3.5～5	0～1.5	5
CMOS-1.8 volt	0.1	0.1	1.2～1.8	0～0.63	1.8

例 3.12　将一系列输入应用于图 3.23(a)所示的电路，产生图 3.23(b)所示的时序图。每个门具有一个延迟时间 t_{PD}。求这个电路的真值表和最简逻辑表达式。并求通过该电路的最大传输延时。

根据时序图，推导每个输入变化后每个门的输出，得到真值表，如图 3.23(c)所示。由于信号传输到每个门输出需要不同的时间，因此必须等到所有信号传输完成后，才能确定对应当前输入的输出。注意，没有信号会通过 3 个以上的门，即在输入变化和稳定输出之间的时间差不会超过三个延迟时间，所以最大传输延时为 $3t_{PD}$。

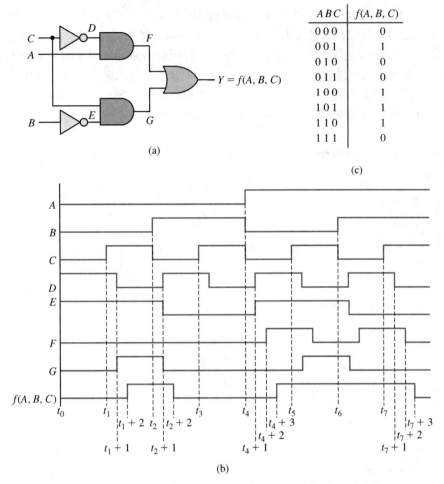

ABC	$f(A, B, C)$
0 0 0	0
0 0 1	1
0 1 0	0
0 1 1	0
1 0 0	1
1 0 1	1
1 1 0	1
1 1 1	0

图 3.23　由时序图推导真值表。(a)电路图；(b)时序图；(c)真值表

例如，在 t_1 时刻，输入 C 从 0 变为 1，这导致反相器输出 D 和与门输出 G 的变化都发生在 $t_1 + 1$ 时刻。而在 $t_1 + 2$ 时刻，G 的变化导致或门输出 Y 从 0 变为 1。这样，输入变化需要两个延迟时间才能从输入 C 传输到电路输出 Y。因此，应该等到 $t_1 + 2$ 时刻之后才能确定 Y 的最终值。注意，在 t_2 时刻发生的输入变化也需要两个延迟时间才能传输到输出，而在 t_4 和 t_7 时刻发生的变化则需要三个延迟时间才能传输到输出。

根据真值表写出最小项表达式，并推导出最简逻辑表达式，如下所示：

$$
\begin{aligned}
f(A, B, C) &= \sum m(1, 4, 5, 6) \\
&= \overline{A}\,\overline{B}C + A\overline{B}\,\overline{C} + A\overline{B}C + AB\overline{C} \\
&= A\overline{C} + \overline{B}\,\overline{C}
\end{aligned}
$$

在此，回顾一下本章前面已经讨论过的一些电路的传输延时。假设所有类型的门的传输延时均为 t_{gate}。在计算电路的传输延时的时候，寻找从输入到输出的最长路径，并沿路径添加延时。在所有门具有相同延时的假设条件下，这种方法将得到通过电路的传输延时的最坏情况。电路的处理速度与其传输延时成反比。

诸如图 3.1、图 3.3 和图 3.4 所示的二级电路具有最长路径 2，因此所有二级电路的传输延时都是 $2t_{gate}$。如果在输入端使用非门，则传输延时增加到 $3t_{gate}$。

如图 3.9 所示的多级电路具有较大的传输延时。图 3.9(b) 中的电路是三级电路，其传输延时

为 $3t_{gate}$，而图 3.9(c) 中的电路为四级电路，则传输延时为 $4t_{gate}$。图 3.13(a) 和 (b) 中的电路分别具有 $4t_{gate}$ 和 $3t_{gate}$ 的传输延时。如果使用输入非门，则传输延时将分别增加为 $5t_{gate}$ 和 $4t_{gate}$。

对于图 3.23(a) 中的电路，在 Verilog 模型中可以使用# <value>符号来指定传输延时。VHDL 使用 **after** 关键字来指定传输延时。请注意，传输延时是参数化的取值，设置为 10 个时间单位。电路设计人员要根据实际情况来定义时间单位。在以下示例中，假设一个时间单位为 1 ns。注意，Verilog 和 VHDL 模型中的传输延时对于电路仿真很有用，但在综合时会被忽略。

```
//Verilog model
//Circuit with propagation delays
module PropagationDelayExample (A, B, C, Y);
   input A, B, C;
   output Y;
   wire D, E, F, G;
   parameter tpd = 10;
   not #tpd (D, C);
   not #tpd (E, B);
   and #tpd (F, A, D);
   and #tpd (G, C, E);
   or #tpd (Y, F, G);
endmodule
--VHDL model
-- Circuit with propagation delays
library ieee; use ieee.std_logic_1164.all;
entity PropagationDelayExample is
        generic (tpd: time := 10 ns);
        port (A, B, C: in std_logic;
                Y: out std_logic);
end;
architecture delay of PropagationDelayExample is
        signal D, E, F, G: std_logic;
begin
        D <= not C after tpd;
        E <= not B after tpd;
        F <= A and D after tpd;
        G <= C and E after tpd;
        Y <= F or G after tpd;
end;
```

3.2.4 正负逻辑

图 3.21、图 3.22 和图 3.23 中使用的高电平和低电平分别代表逻辑器件的高电压 (V_H) 和低电压 (V_L)。各种硬件技术的典型取值如表 3.1 所示。

在前面的讨论中采用了正逻辑，这意味着高电平代表逻辑 1，低电平代表逻辑 0。必须指出，这只是一种常见约定。负逻辑则是采用高电平代表逻辑 0、低电平代表逻辑 1 的约定。混合逻辑系统对某些信号使用正逻辑，而对其他信号使用负逻辑。除非另有说明，通常实际中都采用正逻辑，本书也始终采用正逻辑。以下描述能更好地理解数字系统的各种约定。

如果信号被设置为逻辑 1，则被称为激活、有效或真。系统的高电平"有效"是指信号为高电平时为逻辑 1(采用正逻辑)，系统的低电平"有效"是指信号为低电平时为逻辑 1(采用负逻辑)。如果信号被设置为逻辑 0，则称信号为未激活、无效或者假。术语"极性"通常指逻辑信号是"高电平有效"或"低电平有效"。

用逻辑变量表示信号时，低电平有效信号的字符以反变量的形式书写(例如 $\bar{a}$，a'，$a*$)；高电平有效信号的字符则以原变量形式(例如 a)书写。每个变量名称应合理选用，以实现见名知意。例如，变量名称"RUN"表示该信号为高电平有效(或激活)，可以使一台设备开始运行。如果信号为低电平有效，则变量名称应为"$\overline{RUN}$"，表示当该信号为低电平时设备开始运行。本书主要使用高电平有效信号。然而，由于许多商用电路模块具有低电平有效输入和/或输出，因此书中也给出一些信号为低电平有效的例子。

给定逻辑电路实现的逻辑函数取决于所使用的约定规则，如下所示。图 3.24(a)中的框图表示一个具有输入变量 X 和 Y 及输出函数 Z 的逻辑电路，该电路实现的函数未知，但可以通过实验，把 $V_H(4.9\text{ V})$ 和 $V_L(0\text{ V})$ 的四种组合分别施加到输入端，并测量相应的输出来推导。测试结果列于图 3.24(b)，分别对应于图 3.24(c)中的正逻辑真值表和图 3.24(d)中的负逻辑真值表。当采用正逻辑时，此电路的逻辑函数为 $Z = X + Y$；而当采用负逻辑时，此电路的逻辑函数为 $Z = X \cdot Y$。

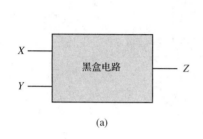

电压表		
V_X	V_Y	V_Z
0	0	0
0	4.9	4.9
4.9	0	4.9
4.9	4.9	4.9

(a)　　　　　　　　　　　　　　　　　　(b)

正逻辑真值表		
X	Y	z
0	0	0
0	1	1
1	0	1
1	1	1

负逻辑真值表		
X	Y	z
1	1	1
1	0	0
0	1	0
0	0	0

(c)　　　　　　　　　　　　　　　　　　(d)

图 3.24　正逻辑和负逻辑示例。(a)输入/输出框图；(b)电压表；(c)正逻辑真值表；(d)负逻辑真值表

3.3　使用高级器件的设计

许多组合逻辑，如译码、编码、多路选择和多路分配等，在逻辑电路中使用得非常频繁，因此通常将其集成为高级电路模块，而不需要分别采用门级实现。其他算术运算也是如此。本节将介绍一些最常见的组合逻辑模块及其门级实现，并展示其作为模块在电路设计中的应用。

3.3.1　译码器

如图 3.25 所示，n-2^n 线译码器是一个多输出组合逻辑电路，有 n 个输入变量及 2^n 个输出变量。对应每个输入，有且只有一个输出为逻辑 1。因此，可以将 n-2^n 线译码器简单地视为一个最小项生成器，每个输出恰好对应一个最小项。译码器是逻辑设计人员的重要工具，可

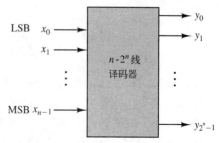

图 3.25　n-2^n 线译码器模块

用于内存寻址，以便从众多可用的字中选出一个特定的字用于代码转换（例如二进制到十进制），也可用于数据路由。

在研究 $n\text{-}2^n$ 线译码器的应用之前，我们首先了解一下实现该模块的基本电路结构。

2-4 线译码器的逻辑电路如图 3.26(a) 所示。由图可见，$BA = 00$ 的输入组合激活 m_0 输出线，$BA = 01$ 激活 m_1 输出线，依次类推。这意味着相应的输出为逻辑 1，而其他输出为逻辑 0，得到的真值表如下，逻辑表达式如式(3.3)所示。

BA	m_0	m_1	m_2	m_3
00	1	0	0	0
01	0	1	0	0
10	0	0	1	0
11	0	0	0	1

$$m_0 = \overline{B}\,\overline{A}$$
$$m_1 = \overline{B}A$$
$$m_2 = B\overline{A}$$
$$m_3 = BA$$

(3.3)

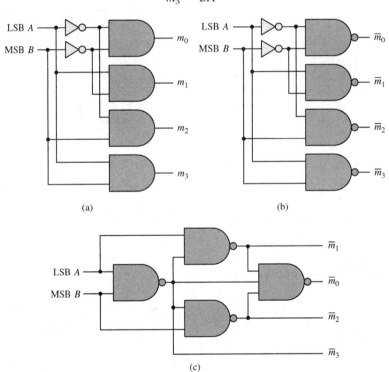

图 3.26　2-4 线（两位）译码器的二级电路结构。(a)输出高电平
有效；(b)输出低电平有效；(c)替换的（三级）结构

图 3.26(b) 为 2-4 线译码器的另一种实现电路，使用与非门和非门构成。图 3.26(c) 为另一种实现电路，仅使用与非门，没有反相器。在采用与非门的设计中，输出 0 表示对应的最小项有效。在这种情况下，输出为低电平有效，因为输出值 0（"有效"电平）表示出现"有效"输入（出现特定的最小项）；而在其他情况下，输出值为 1（"无效"电平）。高电平有效系统用 1 来表示事件出现，否则为 0，例如图 3.26(a) 的译码器电路，而图 3.26(b) 中的译码器电路为反变量输出。

　　注意，在图 3.26(a)和(b)所示的 n-2^n 线译码器的与门和与非门实现中有二级逻辑电路，且对于 2^n 条输出线中的每一个输出都需要一个 n 输入的与门（或与非门）。然而，随着 n 变大，这种电路设计会遇到一个问题，那就是门的输入数量（扇入系数）超过实际限制（8 个）。这个问题可以通过使用如图 3.27(b)所示的多级树形结构译码器来解决。与之对应，图 3.27(a)为单级译码器。这种类型的译码器采用二输入与门构成多级逻辑电路，与输入线的数量无关。图 3.27(c)给出了 4-16 线译码器的最终结构，又称其为双树。在双树结构中，n 条输入线被分成 j 组和 k 组（$j+k=n$），然后使用两个较小的 j-2^j 线译码器和 k-2^k 线译码器来产生 2^j 个和 2^k 个内部信号。接着，使用二输入与门来组合这些信号，以形成整个译码器电路的 2^n 条输出线。

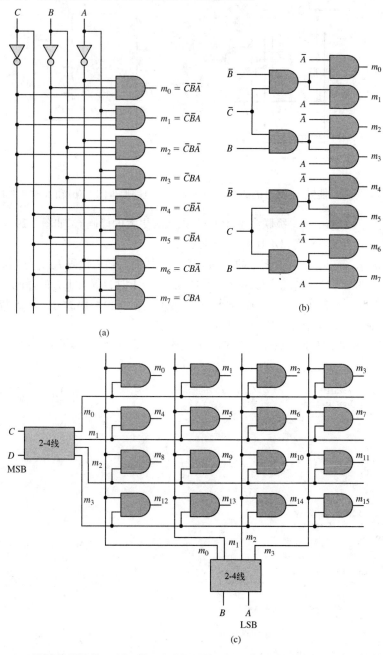

图 3.27　n-2^n 线译码器结构。(a) 3 位二级译码器；(b) 3 位树形译码器；(c) 4 位双树译码器

　　如图 3.28 所示,除数据输入外,译码器模块通常还包括一个或多个使能输入。使能输入信号用于禁止(禁用)指定功能或允许执行(启用)指定功能,即强制译码器的所有输出进入非有效状态(高电平有效器件为逻辑 0,低电平有效器件为逻辑 1),译码器的译码功能被禁止。换句话说,使能输入信号用于激活译码器的一个输出或禁止所有正常输出。例如,图 3.28(a)中 2-4 线译码器的输出 y_0 由 $y_0 = \overline{x}_1 \overline{x}_0 E = m_0 E$ 给出。一般来说,

$$y_k = m_k E \tag{3.4}$$

当 $E = 0$ 时,所有输出被强制为 0;而对于 $E = 1$,每个输出 y_k 等于 m_k。

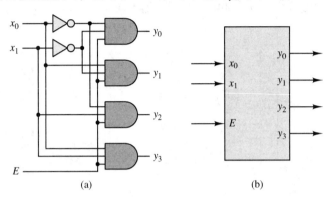

图 3.28　带使能输入端(E)的 2-4 线译码器。(a)电路原理图;(b)输入/输出框图

　　使能输入信号的常见用途是级联多个译码器,以实现更大的译码器。如图 3.29 所示,图 3.26(b)的 2-4 线译码器用于实现 3-8 线和 4-16 线译码器。

　　在图 3.29(a)中,输入 $I_2 = 0$ 使上方的译码器有效,从而对输入代码 $I_2 I_1 I_0$ 分别等于 000、001、010 和 011(代码值为 0～3)的情况进行译码。反之,当 $I_2 = 1$ 时,仅有下方的译码器有效,即该模块能够对输入代码值 4～7 进行译码。图 3.29(b)显示了一个 4 位数码的分级译码器,第一级译码器的输出恰好控制第二级 4 个译码器中的使能输入端。

　　译码器可以使用如下所示的 Verilog 和 VHDL 结构模型来描述。这些模型直接对应于图 3.26(b)所示的电路实现。

```verilog
//Verilog structural model
//Two to Four Active-Low Decoder
module Two2FourLow (A, B, m0, m1, m2, m3);
    input A, B;
    output m0, m1, m2, m3;
    nand (m0, ~B, ~A);
    nand (m1, ~B, A);
    nand (m2, B, ~A);
    nand (m3, A, B);
endmodule
```

```vhdl
--VHDL structural model
--Two to Four Active Low Decoder
library ieee; use ieee.std_logic_1164.all;
use work.gates.all;
entity Two2FourLow is
        port(A, B: in std_logic;
             m0, m1, m2, m3: out std_logic);
end;
architecture structure of Two2FourLow is
        signal An, Bn: std_logic;
begin
        IN1: inv port map(A, An);
        IN2: inv port map(B, Bn);
        NG1: nand02 port map(An, Bn, m0);
```

```
NG2: nand02 port map(A, Bn, m1);
NG3: nand02 port map(An, B, m2);
NG4: nand02 port map(A, B, m3);
end;
```

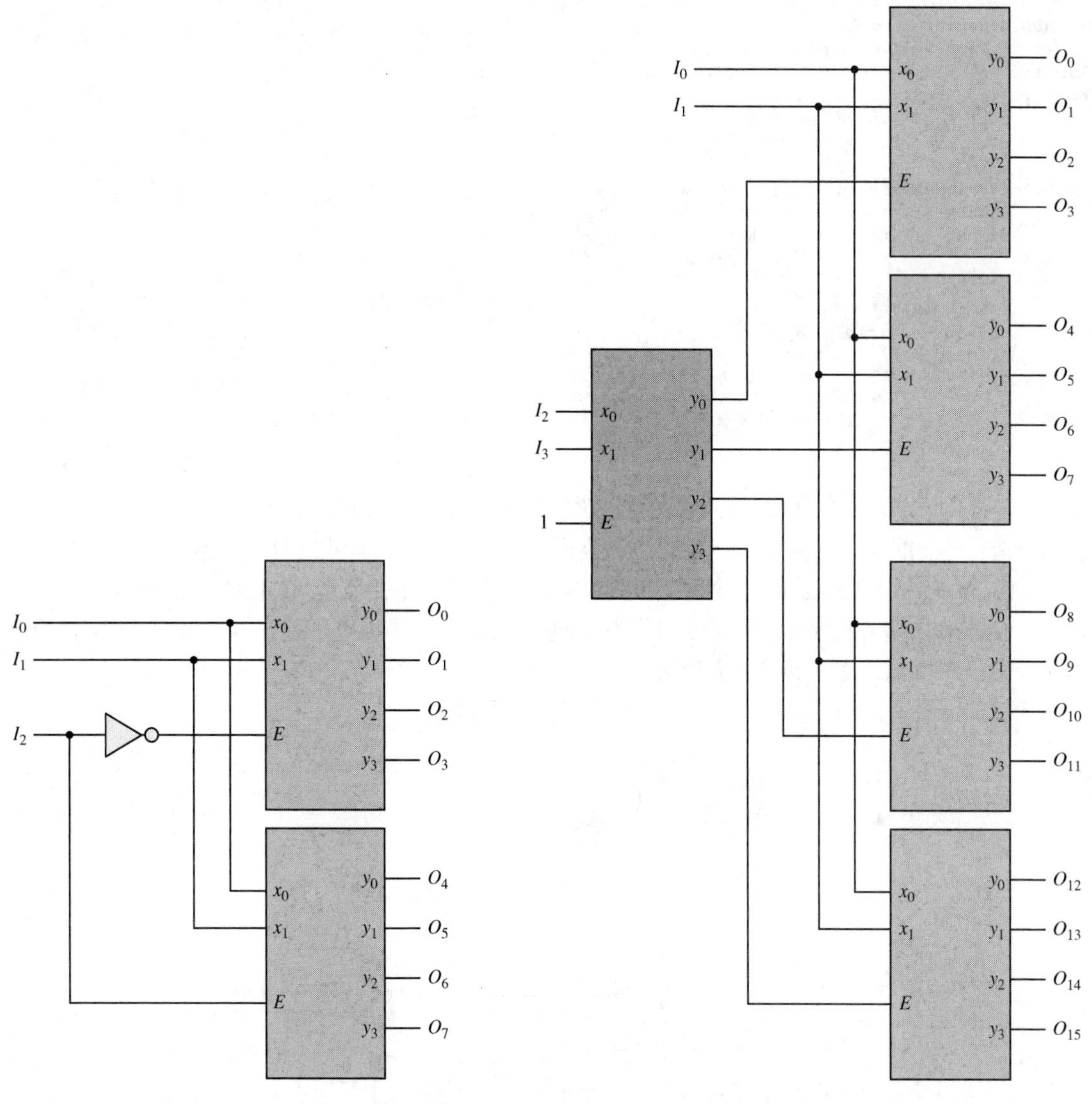

图 3.29　使用 2-4 线译码器模块实现更大的译码器。(a) 3-8 线译码器；(b) 4-16 线译码器

　　下面的例子给出了基于 Verilog 和 VHDL 的译码器的行为建模。行为建模是一种强大的技术，可以用来描述逻辑电路或模块的功能，而不必描述其电路实现。

```
//Verilog behavioral model
//Two to Four Active Low Decoder
module Two2FourActiveLow (A, B, m0, m1, m2, m3);
    input A, B;
    output reg m0, m1, m2, m3;
    always
    case ({B, A})
        2'b00: begin m0=0; m1=1; m2=1; m3=1; end
        2'b01: begin m0=1; m1=0; m2=1; m3=1; end
        2'b10: begin m0=1; m1=1; m2=0; m3=1; end
```

```
                2'b11: begin m0=1; m1=1; m2=1; m3=0; end
        endcase
endmodule


--VHDL behavioral model
--Two to Four Active Low Decoder
library ieee; use ieee.std_logic_1164.all;
entity  Two2FourActiveLow is
        port(A, B: in std_logic;
            m0, m1, m2, m3: out std_logic);
end;
architecture behavior of Two2FourActiveLow is
        signal S: std_logic_vector(1 downto 0);
        signal M: std_logic_vector(3 downto 0);
begin
        S <= B & A;
        with S select
            M <= "1110" when "00",
                "1101" when "01",
                "1011" when "10",
                "0111" when "11",
                "1111" when others;
            m0 <= M(0); m1 <= M(1); m2 <= M(2); m3 <= M(3);
end;
```

　　译码器通常具有多个使能输入端，以增强它们的互连性，从而构建更大的译码器，同时最小化对额外门电路的需求。使能输入端可以是高电平有效、低电平有效或两者的组合。

　　图 3.30 为一个 3-8 线译码器模块。如图 3.30(a) 中的逻辑电路所示，该电路输出为低电平有效，由三个使能输入端 $G1$、$G2A$ 和 $G2B$ 组合形成使能信号。$G1$ 为高电平有效，而 $G2A$ 和 $G2B$ 为低电平有效。考察输出 Y_i，其输出方程为

$$Y_i = \overline{m_i \cdot (G1 \cdot \overline{\overline{G2A} \cdot \overline{\overline{G2B}}})} \tag{3.5}$$

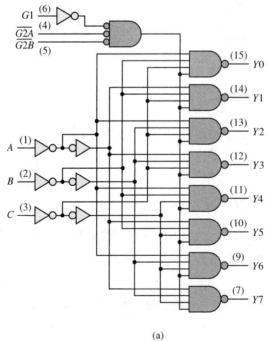

(a)

图 3.30　3-8 线译码器模块。(a)逻辑电路；(b)功能表；(c)逻辑符号

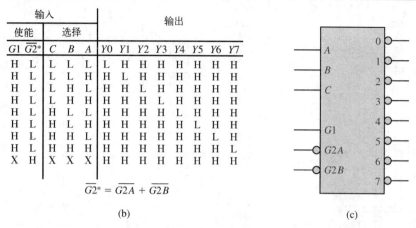

$$\overline{G2^*} = \overline{G2A} + \overline{G2B}$$

(b)   (c)

图 3.30(续)　3-8 线译码器模块。(a)逻辑电路；(b)功能表；(c)逻辑符号

其中 m_i 是输入 C、B 和 A 的第 i 个最小项。根据输出表达式，只有当 $G1 = 1$、$\overline{G2A} = 0$ 和 $\overline{G2B} = 0$ 时，译码器才能译码。比如，

$$Y_6 = \overline{m_6 \cdot (G1 \cdot \overline{\overline{G2A}} \cdot \overline{\overline{G2B}})}$$

其中 $m_6 = CB\bar{A}$，C 是最小项代码中的最高位。

描述译码器操作的功能表如图 3.30(b)所示。在该表中，L(低电平)表示逻辑 0，H(高电平)表示逻辑 1，逻辑符号如图 3.30(c)所示。

图 3.31 给出了 4-16 线译码器模块。该译码器有两个使能输入端 $G1$ 和 $G2$，两者均为低电平有效。我们先来查看一下图 3.31(a)的逻辑电路。考虑一个典型的四变量函数的最小项，比如 m_{14}，由译码器的 14 线输出的译码表达式为 $DCB\bar{A}(\overline{\overline{G1} \cdot \overline{G2}}) = m_{14}(\overline{\overline{G1} \cdot \overline{G2}})$。所以，一般有

$$Y_i = \overline{m_i(\overline{\overline{G1} \cdot \overline{G2}})} \tag{3.6}$$

注意，D 是最小项代码 (D, C, B, A) 的最高位，A 是最低位，并且输出为低电平有效(即当译码器使能输入端有效时，14 线输出为 $\bar{m}_{14}$)。在该模块中，由两个门控信号 $\overline{G1}$ 和 $\overline{G2}$ 完成使能功能，也就是说，只有当 $\overline{G1}$ 和 $\overline{G2}$ 都等于 0 ($\overline{\overline{G1} \cdot \overline{G2}} = 1$)时，译码器才能译码输出。

该译码器的功能表如图 3.31(b)所示，逻辑符号如图 3.31(c)所示。

译码器在逻辑电路设计中应用广泛，不过，在计算机存储器和输入/输出系统中作为地址译码器是其最重要的用途之一。这时，2^n 个器件(存储单元或输入/输出端口)中的每一个器件都被分配了一个唯一的 n 位二进制数(或地址)，这使得它与其他同类器件区分开来。计算机通过 n 条信号线翻译其地址来定位相应设备执行操作。如图 3.32 所示，一个 n-2^n 线译码器通过对 n 位地址进行译码，激活 2^n 条选择线中的一条，从而访问指定的设备或存储单元。例如，在计算机内存中，每个地址对应于存储在内存中的由若干位二进制数字组成的一组信息。在大多数存储器中，这组二进制数字称为一个字节(byte，B)，有 8 位。在一个简单的 4 KB (1 K = 2^{10} = 1024)内存中，$n = 12$，总共需要 4096 条选择线(或地址线)。1 MB 内存需要 20 条地址线和一个 20-2^{20} 线译码器。4 GB 内存需要 32-2^{32} 线译码器。大型存储器的译码器非常复杂，并且存储器支持独立的行和列译码，因此采用双树译码器。使用这种方法，一个 20-2^{20} 线的译码器可以被两个 10-2^{10} 线译码器取代，从而使译码器硬件更加简单。一个 32-2^{32} 线译码器可以被两个 16-2^{16} 线译码器代替。不过，即使是后者，也是比较复杂的译码器，所以人们又提出了其他存储器架构方案，但不在本书的讨论范围内。

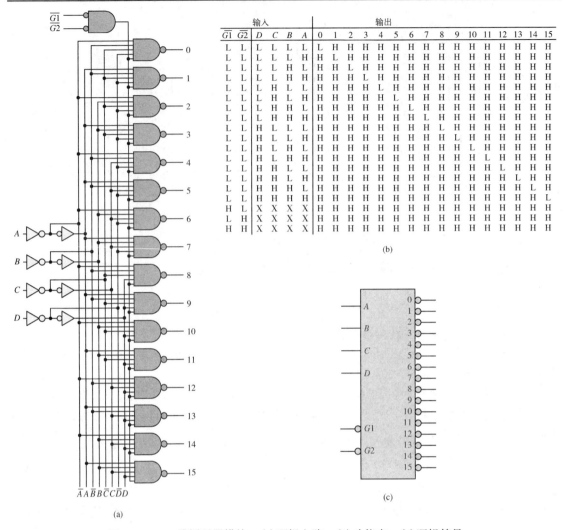

输入						输出															
$\overline{G1}$	$\overline{G2}$	D	C	B	A	0	1	2	3	4	5	6	7	8	9	10	11	12	13	14	15
L	L	L	L	L	L	L	H	H	H	H	H	H	H	H	H	H	H	H	H	H	H
L	L	L	L	L	H	H	L	H	H	H	H	H	H	H	H	H	H	H	H	H	H
L	L	L	L	H	L	H	H	L	H	H	H	H	H	H	H	H	H	H	H	H	H
L	L	L	L	H	H	H	H	H	L	H	H	H	H	H	H	H	H	H	H	H	H
L	L	L	H	L	L	H	H	H	H	L	H	H	H	H	H	H	H	H	H	H	H
L	L	L	H	L	H	H	H	H	H	H	L	H	H	H	H	H	H	H	H	H	H
L	L	L	H	H	L	H	H	H	H	H	H	L	H	H	H	H	H	H	H	H	H
L	L	L	H	H	H	H	H	H	H	H	H	H	L	H	H	H	H	H	H	H	H
L	L	H	L	L	L	H	H	H	H	H	H	H	H	L	H	H	H	H	H	H	H
L	L	H	L	L	H	H	H	H	H	H	H	H	H	H	L	H	H	H	H	H	H
L	L	H	L	H	L	H	H	H	H	H	H	H	H	H	H	L	H	H	H	H	H
L	L	H	L	H	H	H	H	H	H	H	H	H	H	H	H	H	L	H	H	H	H
L	L	H	H	L	L	H	H	H	H	H	H	H	H	H	H	H	H	L	H	H	H
L	L	H	H	L	H	H	H	H	H	H	H	H	H	H	H	H	H	H	L	H	H
L	L	H	H	H	L	H	H	H	H	H	H	H	H	H	H	H	H	H	H	L	H
L	L	H	H	H	H	H	H	H	H	H	H	H	H	H	H	H	H	H	H	H	L
H	L	X	X	X	X	H	H	H	H	H	H	H	H	H	H	H	H	H	H	H	H
H	H	X	X	X	X	H	H	H	H	H	H	H	H	H	H	H	H	H	H	H	H

(b)

(c)

(a)

图 3.31　4-16 线译码器模块。(a)逻辑电路；(b)功能表；(c)逻辑符号

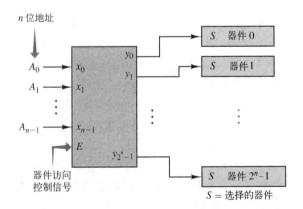

图 3.32　数字系统中的地址译码

　　译码器的另一个应用是实现逻辑函数。与可编程逻辑器件(PLD)一样，译码器可以与附加逻辑门一起使用，直接根据最小项或最大项表达式实现逻辑函数。例如，输出低电平有效(或反码输

出)的译码器可以和与非门或者与门一起使用,以实现逻辑函数;输出高电平有效的译码器可以和或非门或者或门一起使用,以实现逻辑函数。例 3.13 展示了具体做法。

例 3.13　使用译码器和适当的门实现以下逻辑函数。

$$f(Q, X, P) = \sum m(0, 1, 4, 6, 7) = \prod M(2, 3, 5)$$

根据译码器的类型,用四种不同的方式实现该逻辑函数。图 3.33(a)～(d)分别展示了四种方式,依次解释如下。

1. 使用输出高电平有效的译码器和或门。在这种情况下,译码器输出产生的最小项,通过或门进行或(OR)运算,输出逻辑函数 f。这相当于标准积之和(CSOP)式的与或实现,如下所示:

$$f(Q, X, P) = m_0 + m_1 + m_4 + m_6 + m_7$$

2. 使用输出低电平有效的译码器和与非门。这相当于 CSOP 式的与非-与非实现,如下所示:

$$f(Q, X, P) = \overline{\overline{m_0} \cdot \overline{m_1} \cdot \overline{m_4} \cdot \overline{m_6} \cdot \overline{m_7}}$$

3. 使用输出高电平有效的译码器和或非门。这相当于标准和之积(CPOS)式的或非-或非实现。

$$f(Q, X, P) = \overline{\overline{m_2 + m_3 + m_5}}$$

4. 使用输出低电平有效的译码器和与门。在这种情况下,译码器输出产生最大项,相当于 CPOS 式的或与实现。

$$f(Q, X, P) = \overline{m_2} \cdot \overline{m_3} \cdot \overline{m_5}$$

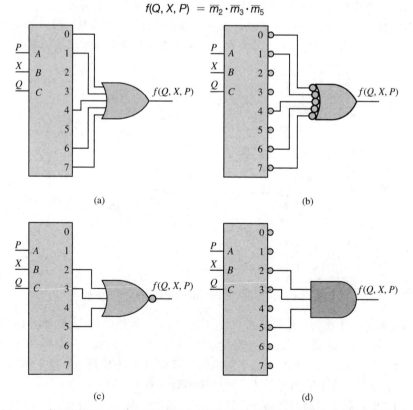

(a)　　　　　　　　　　(b)

(c)　　　　　　　　　　(d)

图 3.33　使用译码器实现逻辑函数(高电平有效)。(a)使用输出高电平有效的译码器和或门;(b)使用输出低电平有效的译码器和与非门;(c)使用输出高电平有效的译码器和或非门;(d)使用输出低电平有效的译码器和与门

一般来说，如果 $f(A, B, \cdots, Z) = m_i + m_j + \cdots + m_k$，那么逻辑函数 f 可以通过一个输出高电平有效的译码器和一个 k 输入或门来实现。从德·摩根定理可知，

$$f(A, B, \cdots, Z) = \overline{\overline{m_i} \cdot \overline{m_j} \cdot \cdots \cdot \overline{m_k}} \tag{3.7}$$

f 也可以通过一个输出低电平有效的译码器和一个 k 输入的与非门来实现。

同样，每个译码器输出也可以用一个最大项表示，因为

$$M_i = \overline{m_i}$$

因此，该逻辑函数也可以根据最大项表达式来实现：

$$f(A, B, \cdots, Z) = M_i \cdot M_j \cdot \cdots \cdot M_k \tag{3.8}$$

使用输出低电平有效的译码器和 p 输入与门，或者使用输出高电平有效的译码器和 p 输入或非门来实现都是可行的。

例 3.14 展示如何使用译码器和门电路来有效实现具有两个输出的电路。

例 3.14 使用 4-16 线译码器和逻辑门实现以下逻辑函数。

$$f_1(W, X, Y, Z) = \sum m(1, 9, 12, 15)$$
$$f_2(W, X, Y, Z) = \sum m(0, 1, 2, 3, 4, 5, 7, 8, 10, 11, 12, 13, 14, 15)$$

使用例 3.1 中的第 2 种和第 3 种方式：

$$f_1(W, X, Y, Z) = \overline{\overline{m_1}\,\overline{m_9}\,\overline{m_{12}}\,\overline{m_{15}}}, \quad f_2(W, X, Y, Z) = \overline{m_6} \cdot \overline{m_9}$$

因此，使用一个译码器、一个 4 输入与非门和一个二输入与门来实现 f_1 和 f_2，如图 3.34 所示。注意，首先必须按照 $W = D$、$X = C$、$Y = B$、$Z = A$ 的方式进行输入连接，因为 D 是译码器的最高有效位，A 是最低有效位。此外，在此应用中，低电平有效的使能输入端必须接地。

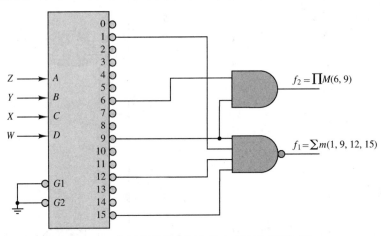

图 3.34 使用译码器和门电路实现两个逻辑函数

组合逻辑电路常用于将一种编码格式的数据转换成另一种编码格式。比如将 BCD 码转换为十进制，将余 3 码转换为十进制，将二进制转换为余 3 码，等等。例如，一个将 BCD 码转换为十进制的译码器如图 3.35(a) 所示，BCD 码和其对应的数字如图 3.35(b) 所示。这个译码器类似于前面介绍的 4-16 线译码器，但只有 10 个输出，每个输出对应一个十进制数字。

为了设计 BCD 码到十进制的译码器，可以为每个输出绘制一个卡诺图，并导出其逻辑表达式。每个卡诺图恰好包含一个最小项，对应于输出的十进制数字，以及 10～15 这 6 个无关项。因为在 BCD 码中不存在 10～15 这些数字，所以均将其视为无关项。图 3.36 显示了三个卡诺图。描述 BCD 码到十进制的译码器的完整逻辑表达式如下所示。

十进制	表达式	十进制	表达式
0	$\overline{D}\,\overline{C}\,\overline{B}\,\overline{A}$	5	$C\overline{B}A$
1	$\overline{D}\,\overline{C}\,\overline{B}A$	6	$CB\overline{A}$
2	$\overline{C}B\overline{A}$	7	CBA
3	$\overline{C}BA$	8	$D\overline{A}$
4	$C\overline{B}\,\overline{A}$	9	DA

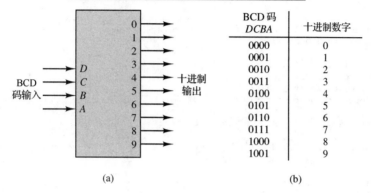

图 3.35　BCD 码到十进制的译码器。(a) 逻辑符号；(b) BCD 码和对应的十进制数字

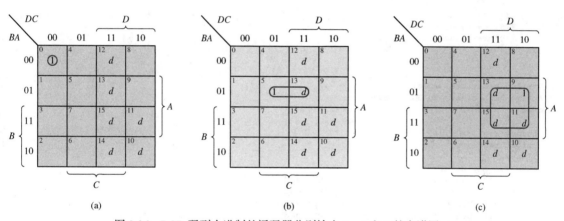

图 3.36　BCD 码到十进制的译码器分别输出 0、5 和 9 的卡诺图。

(a) 十进制 $0 = \overline{D}\,\overline{C}\,\overline{B}\,\overline{A}$；(b) 十进制 $5 = C\overline{B}A$；(c) 十进制 $9 = DA$

　　由于数字 0～9 的二进制码和 BCD 码是相同的，因此 4-16 线二进制译码器也可用于实现 BCD 码到十进制的译码器，只需使用输出 $\overline{m}_0 \sim \overline{m}_9$，忽略输出 $\overline{m}_{10} \sim \overline{m}_{15}$。相比于 BCD 码到十进制的译码器的最简逻辑函数实现方案，采用 4-16 线译码器设计的成本可能更高，但是更加方便。

　　基于 Verilog 和 VHDL 的输出高电平有效的 BCD 码到十进制的译码器实现如下所示。注意，第一个实现是基于上述逻辑表达式的数据流模型，另一个实现是直接从图 3.35(b) 的真值表得出的行为模型。后一个示例将输出声明为一个 10 位的寄存器 d[9：0]，而不是 10 个单独的位。这样做的好处是，可以用一个语句进行赋值而不是用 10 个语句来完成。而且当输入为无效的 BCD 码时，定义了一个指示错误的输出变量。

```verilog
//Verilog dataflow model
//Active-high Binary to BCD decoder
module Binary2BCDFunctional (A, B, C, D, d0, d1, d2, d3, d4, d5, d6, d7, d8, d9);
   input A, B, C, D;
   output d0, d1, d2, d3, d4, d5, d6, d7, d8, d9;
   assign d0 = ~D&~C&~B&~A;
```

```verilog
    assign d0 = ~D&~C&~B&~A;
    assign d1 = ~D&~C&~B&A;
    assign d2 = ~C&B&~A;
    assign d3 = ~C&B&A;
    assign d4 = C&~B&~A;
    assign d5 = C&~B&A;
    assign d6 = C&B&~A;
    assign d7 = C&B&A;
    assign d8 = D&~A;
    assign d9 = D&A;
endmodule
```

```vhdl
--VHDL dataflow model
-- Active-high Binary to BCD decoder
library ieee;
      use ieee.std_logic_1164.all;
entity Binary2BCDFunctional is
      port (A, B, C, D: in std_logic;
               Y: out std_logic_vector(9 downto 0));
end;
architecture equations of Binary2BCDFunctional is
begin
        Y(0) <= not D and not C and not B and not A;
        Y(1) <= not D and not C and not B and A;
        Y(2) <= not C and B and not A;
        Y(3) <= not C and B and A;
        Y(4) <= C and not B and not A;
        Y(5) <= C and not B and A;
        Y(6) <= C and B and not A;
        Y(7) <= C and B and A;
        Y(8) <= D and not A;
        Y(9) <= D and A;
end;
```

```verilog
//Verilog behavioral model
//Active-high Binary to BCD decoder
module Binary2BCDCase (A, B, C, D, d, error);
    input A, B, C, D;
    output reg [9:0] d;
    output reg error;
    always
    case ({D, C, B, A})
       4'b0000: begin d = 10'h1; error = 1'b0; end
       4'b0001: begin d = 10'h2; error = 1'b0; end
       4'b0010: begin d = 10'h4; error = 1'b0; end
       4'b0011: begin d = 10'h8; error = 1'b0; end
       4'b0100: begin d = 10'h10; error = 1'b0; end
       4'b0101: begin d = 10'h20; error = 1'b0; end
       4'b0110: begin d = 10'h40; error = 1'b0; end
       4'b0111: begin d = 10'h80; error = 1'b0; end
       4'b1000: begin d = 10'h100; error = 1'b0; end
       4'b1001: begin d = 10'h200; error = 1'b0; end
       4'b1010: begin d = 10'h0; error = 1'b1; end
       4'b1011: begin d = 10'h0; error = 1'b1; end
       4'b1100: begin d = 10'h0; error = 1'b1; end
       4'b1101: begin d = 10'h0; error = 1'b1; end
       4'b1110: begin d = 10'h0; error = 1'b1; end
       4'b1111: begin d = 10'h0; error = 1'b1; end
    endcase
endmodule
```

```vhdl
--VHDL behavioral model
-- Active-high Binary to BCD decoder
library ieee; use ieee.std_logic_1164.all;
entity Binary2BCDCase is
port (A, B, C, D: in std_logic;
      Y: out std_logic_vector(9 downto 0);
      error: out std_logic);
end;
```

```
architecture behavioral of Binary2BCDCase is
 signal S: std_logic_vector(3 downto 0);
begin
      S <= D & C & B & A;
      with S select
            Y <= "0000000001" when "0000",
                 "0000000010" when "0001",
                 "0000000100" when "0010",
                 "0000001000" when "0011",
                 "0000010000" when "0100",
                 "0000100000" when "0101",
                 "0001000000" when "0110",
                 "0010000000" when "0111",
                 "0100000000" when "1000",
                 "1000000000" when "1001",
                 "0000000000" when others;
      error <= '1' when S > "1001" else '0';
end;
```

　　另一种常见的译码应用是将编码数据转换成适合于驱动数字或字母显示器的格式。例如，数字手表和其他电子设备在七段发光二极管(LED)显示器(数码管)上显示 BCD 编码的十进制数字。本章稍后将说明七段显示译码器的设计。

3.3.2　编码器

　　编码器是一个组合逻辑电路，为应用于设备的每个输入信号分配一个唯一的输出代码(二进制形式)；因此，编码器与译码器的功能是相反的。如果一个编码器模块有 n 个输入，则输出的数量必须满足表达式

$$2^s \geqslant n \tag{3.9}$$

或

$$s \geqslant \log_2 n$$

　　考虑编码器输入互斥的情况；也就是说，在任何特定时刻，输入线中有且仅有一条是有效的(不会出现两条或多条输入线同时有效)。从不出现的输入组合被视为无关项。下面举例说明这种编码器的设计过程。

　　假设在任意时刻只有一条输入线处于有效状态，为四条输入线设计一个编码器。如图 3.37(a)所示，定义编码如下：

	A_1	A_0
$X_0 \rightarrow$	0	0
$X_1 \rightarrow$	0	1
$X_2 \rightarrow$	1	0
$X_3 \rightarrow$	1	1

　　输入变量的下标表示输入的序号，编码器的输出产生该序号对应的二进制数。图 3.37(b)和(c)给出了编码器的真值表和卡诺图。根据卡诺图，

$$A_1 = X_3 + X_2 \tag{3.10}$$

$$A_0 = X_3 + X_1 \tag{3.11}$$

编码器的逻辑电路如图 3.37(d)所示。

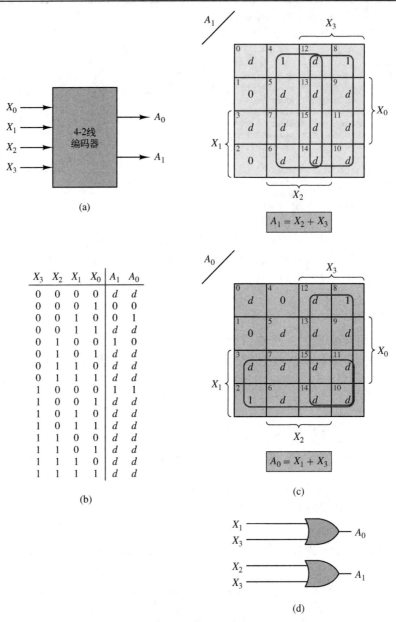

(a)

$A_1 = X_2 + X_3$

$A_0 = X_1 + X_3$

X_3	X_2	X_1	X_0	A_1	A_0
0	0	0	0	d	d
0	0	0	1	0	0
0	0	1	0	0	1
0	0	1	1	d	d
0	1	0	0	1	0
0	1	0	1	d	d
0	1	1	0	d	d
0	1	1	1	d	d
1	0	0	0	1	1
1	0	0	1	d	d
1	0	1	0	d	d
1	0	1	1	d	d
1	1	0	0	d	d
1	1	0	1	d	d
1	1	1	0	d	d
1	1	1	1	d	d

(b)

(c)

(d)

图 3.37   4-2 线编码器。(a)逻辑符号；(b)真值表；(c)卡诺图；(d)逻辑电路

编码器的 Verilog 和 VHDL 行为模型如下所示。

```
//Verilog behavioral model
//Four to Two Encoder
module Four2TwoEncoder (x3, x2, x1, x0, A1, A0);
    input x3, x2, x1, x0;
    output reg A1, A0;
    always begin
        if (x1 || x3) A0 = 1'b1; else A0 = 1'b0;
        if (x2 || x3) A1 = 1'b1; else A1 = 1'b0;
    end
endmodule
```

```
--VHDL behavioral model
--Four to Two Encoder
library ieee; use ieee.std_logic_1164.all;
entity Four2TwoEncoder is
       port (x3, x2, x1, x0: in std_logic;
             A1, A0: out std_logic);
end;
architecture behavioral of Four2TwoEncoder is
begin
       A0 <= '1' when x1 = '1' or x3 = '1' else '0';
       A1 <= '1' when x2 = '1' or x3 = '1' else '0';
end;
```

　　另一种类型的编码器是优先编码器。优先级编码器允许多条输入线同时有效,并对具有最高优先级的输入线下标值进行二进制编码。优先编码器对于在计算机与外设的接口中实现优先中断特别有用。为了简化设计,将最高优先级分配给下标值最大的输入,将次高优先级分配给下标值第 2 大的输入,依次类推。分析如图 3.38 所示的优先级编码器,输入线的编码如下所示。

	A_1	A_0	GS
$X_0 \rightarrow$	0	0	1
$X_1 \rightarrow$	0	1	1
$X_2 \rightarrow$	1	0	1
$X_3 \rightarrow$	1	1	1
无关项	d	d	0

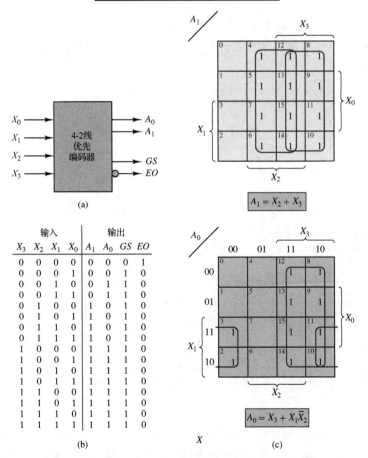

图 3.38　4-2 线优先编码器。(a)逻辑符号；(b)真值表；(c)卡诺图；(d)逻辑电路

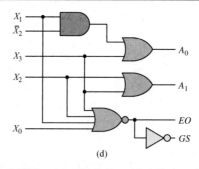

图 3.38(续)　4-2 线优先编码器。(a)逻辑符号; (b)真值表; (c)卡诺图; (d)逻辑电路

如果没有输入线有效,则优先编码器输出(A_1A_0)是无关项。如果任意一条输入线有效,则编码器输出其下标值的二进制码。如果多个输入有效,则编码器输出有效输入线最大下标值对应的二进制码。图 3.38(b)为编码器的真值表。注意,两个额外的输出分别表示没有输入线有效(使能输出 $EO=1$),有一个或多个输入有效(门选择 $GS=1$)。图 3.38(c)和(d)给出了卡诺图和逻辑电路,逻辑函数化简为

$$A_1 = X_2 + X_3 \tag{3.12}$$

$$A_0 = X_3 + X_1\overline{X}_2 \tag{3.13}$$

且

$$EO = \overline{GS} = \overline{X_3 + X_2 + X_1 + X_0} \tag{3.14}$$

可见,两个输出函数 A_1 和 A_0 与 X_0 无关。优先编码器的 Verilog 和 VHDL 模型如下所示。

```verilog
//Verilog behavioral model
//Four to Two Priority Encoder
module Four2TwoPriorityEncoder (x3, x2, x1, x0, A0, A1, GS, EO);
   input x3, x2, x1, x0;
   output reg A0, A1, GS, EO;
   always begin
     if (x2 || x3) A1 = 1'b1; else A1 = 1'b0;
     if (x1&&!x2 || x3) A0 = 1'b1; else A0 = 1'b0;
     if (x3||x2||x1||x0)
        begin GS = 1'b1; EO = 1'b0; end
        else begin GS = 1'b0; EO = 1'b1; end
   end
endmodule
```

```vhdl
--VHDL behavioral model
--Four to Two Priority Encoder
library ieee; use ieee.std_logic_1164.all;
entity Four2TwoEncoder is
     port (x3, x2, x1, x0: in std_logic;
           A1, A0: out std_logic;
           GS, E0: out std_logic);
end;
architecture behavioral of Four2TwoEncoder is
     signal GE: std_logic;
begin
     A0 <= '1' when (x1 = '1' and x2 = '0') or x3 = '1' else '0';
     A1 <= '1' when x2 = '1' or x3 = '1' else '0';
     GE <= '1' when x3 = '1' or x2 = '1' or x1 = '1' or x0 = '1' else '0';
     GS <= GE;
     E0 <= not GE;
end;
```

图 3.39 为 8-3 线优先编码器模块。编码器有 8 个输入 $(0, 1, \cdots, 7)$,按照图 3.39(b)中的真值表编码成 3 位输出$(A2, A1, A0)$。注意,输入都为低电平有效。输入使能信号 EI 连接到第一级的全部逻辑门以便控制;当 EI 有效(低电平)时,电路工作。编码器还有两个额外的输出信号 EO 和 GS。

当没有输入线有效时，EO 有效(低电平)；当一个或多个输入有效时，GS 有效(低电平)。EO 和 GS 输出信号可用于多个编码器模块的扩展连接，构成 8 位以上的编码器。

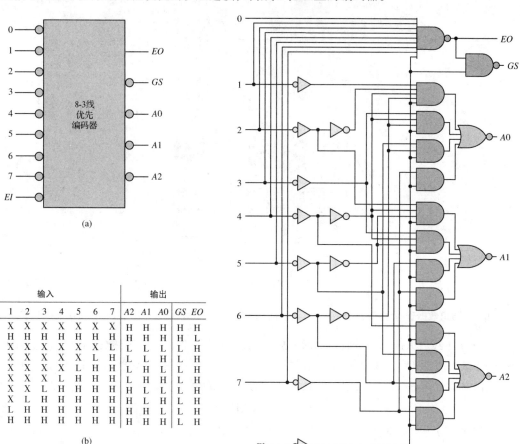

| EI | \multicolumn{8}{c}{输入} | \multicolumn{5}{c}{输出} |

输入 / 输出

EI	0	1	2	3	4	5	6	7	$A2$	$A1$	$A0$	GS	EO
H	X	X	X	X	X	X	X	X	H	H	H	H	H
L	H	H	H	H	H	H	H	H	H	H	H	H	L
L	X	X	X	X	X	X	X	L	L	L	L	L	H
L	X	X	X	X	X	X	L	H	L	L	H	L	H
L	X	X	X	X	X	L	H	H	L	H	L	L	H
L	X	X	X	X	L	H	H	H	L	H	H	L	H
L	X	X	X	L	H	H	H	H	H	L	L	L	H
L	X	X	L	H	H	H	H	H	H	L	H	L	H
L	X	L	H	H	H	H	H	H	H	H	L	L	H
L	L	H	H	H	H	H	H	H	H	H	H	L	H

(b)

(c)

图 3.39　8-3 线优先编码器。(a)逻辑符号；(b)真值表；(c)逻辑电路

例 3.15　如图 3.39 所示的编码器，在下列输入情况下，输出码$(EO, GS, A2, A1, A0)$是多少？$(EI, 7, 6, 5, 4, 3, 2, 1, 0) = (0, 1, 0, 1, 0, 1, 0, 1, 1)$。

由于器件使能输入端有效$(EI = 0)$，并且三个输入有效(输入 6、4 和 2)，GS 将处于低电平有效状态，$A2$、$A1$ 和 $A0$ 将对第 6 线输入(001)进行编码。因此，

$$(EO, GS, A2, A1, A0) = (1, 0, 0, 0, 1)$$

3.3.3　数据选择器和数据分配器

数据选择器(复用器，MUX)具有以下功能：从多条输入线中选择一条连接到输出线。而数据分配器(解复用器)执行相反的操作，即把一条输入线连接(或路由)到几条输出线中的一条。

数据选择器和数据分配器的一般概念如图 3.40(a)所示。旋转开关 SW_1 依序从输入线 A 移动到输入线 B，再移动到输入线 C。而输出端的旋转开关 SW_2 与 SW_1 同步，它也从输出线 A 依序移动到输出线 B，再移动到输出线 C。由此实现了数据选择和数据分配的方式。其逻辑电路如图 3.40(b)所示。这里的信号 $a, b, \cdots, k$ 是控制信号，用于选择哪对输入/输出将使用单一信号通道。这种信道可以用在计算机系统内，也可以用在计算机与外部的通信上。

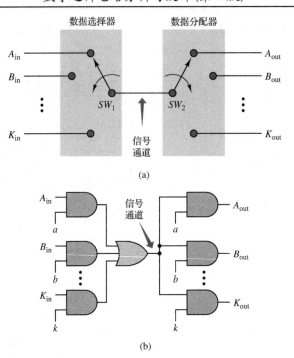

图 3.40 K 通道数据选择/数据分配系统。(a)数据选择/数据分配示意图; (b)实现(a)图功能的简单逻辑电路

对于 n-1 线数据选择器,通过选择码 $(S_{k-1},\cdots, S_0)$ 选择 n 条输入数据线 $(D_{n-1}, D_{n-2},\cdots, D_0)$ 中的一条连接到单输出线 (Y),其中 $n = 2^k$。如图 3.41 所示为 4-1 线数据选择器,其中 $B = S_1$,$A = S_0$。当将式(3.15)的代码 BA 应用于选择端时,电路将数据线 D_i 连接到输出 Y。

$$i = (BA)_2 \tag{3.15}$$

图 3.41(b) 为数据选择器的真值表。从真值表可知

$$Y = (\overline{B}\,\overline{A})D_0 + (\overline{B}A)D_1 + (B\overline{A})D_2 + (BA)D_3 \tag{3.16}$$

选择码形成含 B 和 A 两个变量的最小项,写作

$$Y = \sum_{i=0}^{3} m_i D_i \tag{3.17}$$

其中,m_i 是选择码的最小项。4-1 线数据选择器的逻辑电路如图 3.41(c)所示。图 3.41(d) 是一个二级与或逻辑组成的等效逻辑电路。

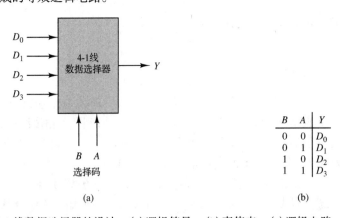

B	A	Y
0	0	D_0
0	1	D_1
1	0	D_2
1	1	D_3

(a)   (b)

图 3.41 4-1 线数据选择器的设计。(a)逻辑符号; (b)真值表; (c)逻辑电路; (d)等效的二级电路

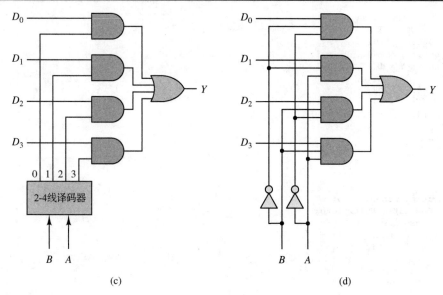

图 3.41（续） 4-1 线数据选择器的设计。(a)逻辑符号；(b)真值表；(c)逻辑电路；(d)等效的二级电路

　　硬件描述语言可以非常有效地建立数据选择器的模型，如下面的两个例子所示。第一个模型对应图 3.41 中的 4-1 线数据选择器，第二个模型对应一个具有选通输入(G)的 8-1 线数据选择器。

```verilog
//Verilog behavioral model
//Four to One Multiplexer
module Four2OneMUX (A, B, D0, D1, D2, D3, Y);
    input A, B, D0, D1, D2, D3;
    output reg Y;
    always
        case ({B, A})
            2'b00: Y = D0;
            2'b01: Y = D1;
            2'b10: Y = D2;
            2'b11: Y = D3;
        endcase
endmodule
```

```vhdl
--VHDL behavioral model
-- Four to One Multiplexer
library ieee; use ieee.std_logic_1164.all;
entity Four2OneMUX is
        port (D0, D1, D2, D3: in std_logic;
              Y: out std_logic;
              S: in std_logic_vector(1 downto 0));
end;
architecture behavioral of Four2OneMUX is
begin
        with S select
        Y <= D0 when "00",
             D1 when "01",
             D2 when "10",
             D3 when others;
end;
```

```verilog
//Verilog behavioral model
//Eight to One Gated Multiplexer
module Eight2OneGatedMUX (A, B, C, G, D, Y);
    input A, B, C, G;
    input [7:0] D;
    output reg Y;
    always begin
```

```
        if (G) Y = 1'b0; else
         case ({C, B, A})
            3'b000: Y = D[{C, B, A}];
            3'b001: Y = D[{C, B, A}];
            3'b010: Y = D[{C, B, A}];
            3'b011: Y = D[{C, B, A}];
            3'b100: Y = D[{C, B, A}];
            3'b101: Y = D[{C, B, A}];
            3'b110: Y = D[{C, B, A}];
            3'b111: Y = D[{C, B, A}];
         endcase
      end
endmodule



--VHDL behavioral model
-- Eight to One Gated Multiplexer
library ieee; use ieee.std_logic_1164.all;
entity Binary2BCDFunctional is
      port (A, B, C: in std_logic;
            G: in std_logic;
            D: in std_logic_vector(7 downto 0);
            Y: out std_logic);
end;
architecture equations of Binary2BCDFunctional is
      signal S: std_logic_vector(2 downto 0);
begin
      S <= C & B & A;
      Y <= '0' when G = '0' else
         D(0) when S = "000" else
         D(1) when S = "001" else
         D(2) when S = "010" else
         D(3) when S = "011" else
         D(4) when S = "100" else
         D(5) when S = "101" else
         D(6) when S = "110" else
         D(7) when S = "111";
end;
```

    图 3.41 的 4-1 线数据选择器也可用于树形网络的扩展，如图 3.42 所示。这里将 4 个数据选择器的输出送入另一个 4-1 线数据选择器，从而产生 16-1 线数据选择器，还可以用同样的方式构建更大的数据选择器。

    目前，已有诸多数据选择器的标准集成电路，包括 8-1 线数据选择器、16-1 线数据选择器、双路 4-1 线数据选择器和四路 2-1 线数据选择器等。图 3.43 和图 3.44 分别给出 8-1 线和四路 2-1 线数据选择器的例子。

    8-1 线数据选择器如图 3.43 所示，写出该电路的输出方程为

$$Y = [(\overline{C}\,\overline{B}\,\overline{A})D_0 + (\overline{C}\,\overline{B}A)D_1 + (\overline{C}B\overline{A})D_2 + (\overline{C}BA)D_3$$
$$+ (C\overline{B}\,\overline{A})D_4 + (C\overline{B}A)D_5 + (CB\overline{A})D_6 + (CBA)D_7] \cdot \overline{\overline{G}} \tag{3.18}$$

$$= \left(\sum_{i=0}^{7} m_i D_i\right)\overline{(\overline{G})}$$

    选通($\overline{G}$)脉冲作为使能信号(低电平有效)，当 $\overline{G} = 1$ 时，使电路输出为 0。第二个输出 W 是 Y 输出的反码。

    图 3.44 是一个四路(4 位)2-1 线数据选择器模块，它将两个 4 位输入信号中的一个连接到由控制信号 S 选择的 4 位输出端。信号 $\overline{G}$ 决定是否禁止输出，如果 $\overline{G} = 1$，则输出线全部被强制为 0。

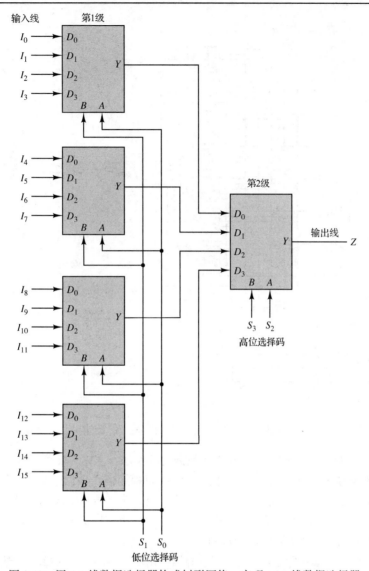

图 3.42　用 4-1 线数据选择器构成树形网络，实现 16-1 线数据选择器

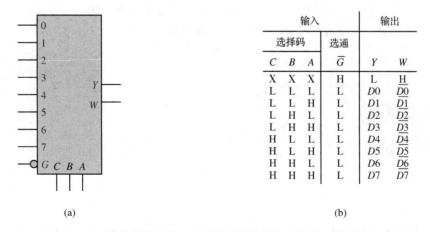

输入				输出	
选择码			选通		
C	B	A	$\overline{G}$	Y	W
X	X	X	H	L	$\underline{H}$
L	L	L	L	D0	$\underline{D0}$
L	L	H	L	D1	$\underline{D1}$
L	H	L	L	D2	$\underline{D2}$
L	H	H	L	D3	$\underline{D3}$
H	L	L	L	D4	$\underline{D4}$
H	L	H	L	D5	$\underline{D5}$
H	H	L	L	D6	$\underline{D6}$
H	H	H	L	D7	D7

(a)　　　　　　　　　　　　　(b)

图 3.43　8-1 线数据选择器。(a)逻辑符号；(b)功能表；(c)逻辑电路

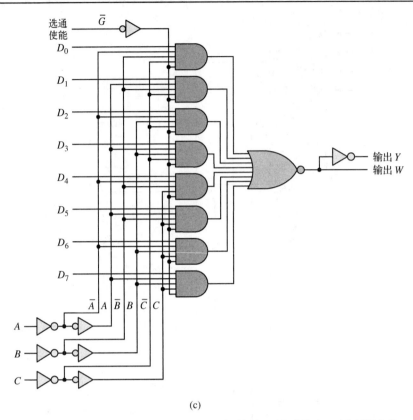

(c)

图 3.43(续)　8-1 线数据选择器。(a)逻辑符号；(b)功能表；(c)逻辑电路

可以利用多个四路 2-1 线模块来构建不同数据宽度和输入个数的数据选择器。在图 3.45(a)中，使用相同的选择信号来控制两个模块的选择线，从而利用两个四路 2-1 线模块来构建八路(8位)2-1 线数据选择器。在这种情况下，当选择码为 0 时，来自数据源 X 的 8 位输入信号被路由到目的地，高 4 位通过一个模块选通输出，低 4 位通过另一个模块选通输出。当选择码为 1 时，数据源 W 的 8 位输入以相同的方式路由到目的地。

图 3.45(b)为一个四路(4 位)4-1 线数据选择器，由两个四路 2-1 线模块实现。选择信号 S_1 使两个模块中的一个有效，另一个禁用，迫使图 3.45(b)中每个或门的两个输入之一为 0。选择信号 S_0 将选择使能信号有效的电路的两个 4 位输入中的一个，将所选数据源的 4 位数据输出到或门的另一个输入端。因此，每个或门的输出只是所选数据源的对应位。

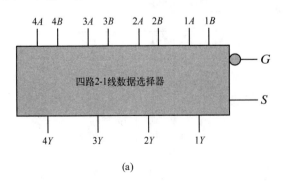

(a)

输入				输出
选通 $\overline{G}$	选择码 S	数据 A	B	Y
H	X	X	X	L
L	L	L	X	L
L	L	H	X	H
L	H	X	L	L
L	H	X	H	H

(b)

图 3.44　四路(4 位)2-1 线数据选择器。(a)逻辑符号；(b)功能表；(c)逻辑电路

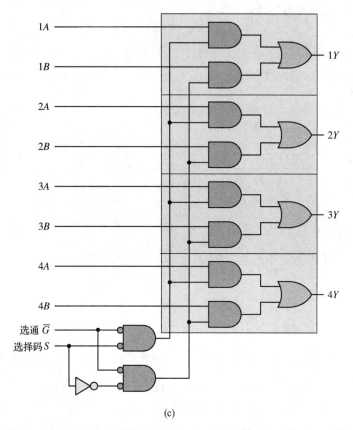

(c)

图 3.44(续)　四路(4 位)2-1 线数据选择器。(a)逻辑符号；(b)功能表；(c)逻辑电路

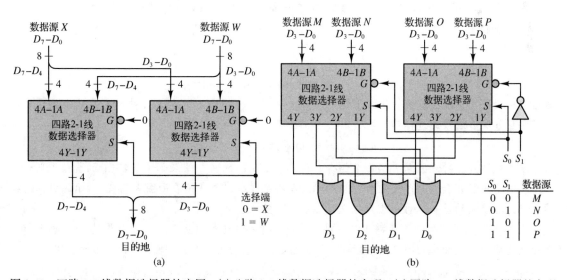

图 3.45　四路 2-1 线数据选择器的应用。(a)八路 2-1 线数据选择器的实现；(b)四路 4-1 线数据选择器的实现

数据选择器(复用器)也可以用于实现逻辑函数。其基本思想是使用选择码来实现逻辑函数的最小项，并使用数据线 D_i 来确定逻辑函数中存在的最小项。下面给出相关的示例。

例 3.16 使用 8-1 线数据选择器来实现

$$f(x_1, x_2, x_3) = \sum m(0, 2, 3, 5)$$

图 3.46(a) 列出了该函数的真值表。通过设置 $D_0 = D_2 = D_3 = D_5 = 1$，将最小项选通到输出 Y。其余数据线接地，如图 3.46(b) 所示，注意 (x_1, x_2, x_3) 分别连接到 (C, B, A)，变量的顺序非常重要。

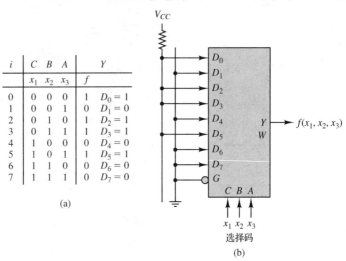

图 3.46 $f(x_1, x_2, x_3) = \sum m(0, 2, 3, 5)$ 的实现。(a) 真值表；(b) 用 8-1 线数据选择器实现

可以扩展前面例子中使用的概念来实现更高阶的函数。也就是说，通过将 k 个变量连接到数据选择器的选择线，可以使用 n-1 线数据选择器来实现 $k+1$ 变量的逻辑函数 $(n = 2^k)$，其中第 $k+1$ 个变量(与地和电源一起)用作输入线的数据。下面给出相关的示例。

例 3.17 使用图 3.41 所示的 4-1 线数据选择器实现 $f(a, b, c) = ab + \bar{b}c$。

在这种情况下，逻辑函数有 3 个变量，数据选择器上只有两条选择线。首先将逻辑函数写成 CSOP 式：

$$f(a, b, c) = ab + \bar{b}c$$
$$= ab\bar{c} + abc + \bar{a}\bar{b}c + a\bar{b}c$$

然后选择两个变量连接到数据选择器的选择线，并将这些项从 CSOP 式中去除。在这个例子中，选择变量 a 和 b 连接到选择线。把 a 和 b 分离出来，

$$f(a, b, c) = \bar{a}\bar{b}(c) + a\bar{b}(c) + ab(\bar{c} + c)$$

根据这个表达式，对于 a 和 b 的每个组合，得到 $f(a, b, c)$ 的值，结果如图 3.47(a) 的真值表所示，真值表中给出了 a 和 b 的每个组合对应的 $f(a, b, c)$ 的值。这个真值表由图 3.47(b) 所示的数据选择器实现，真值表的每一行对应于数据选择器的一个输入。

在本例中，任意两个变量都可以连接到数据选择器的选择线上。比如，如果选择变量 b 和 c 连接到选择线，就会得到图 3.47(c) 给出的真值表。该表由图 3.47(d) 所示的数据选择器实现。

如前所述，数据分配器与数据选择器的功能相反。数据分配器将单条输入线连接到 n 条输出线中的一条，具体的输出线由 s 位选择码确定，其中

$$2^s \geq n \tag{3.19}$$

图 3.48(a) 所示为 1-n 线数据分配器的功能示意图。选择码用于产生 s 个变量的最小项，该最小项将输入数据导向指定的输出端。具体例子见图 3.48(b)。

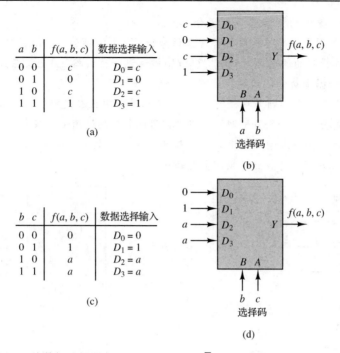

a	b	f(a,b,c)	数据选择输入
0	0	c	$D_0 = c$
0	1	0	$D_1 = 0$
1	0	c	$D_2 = c$
1	1	1	$D_3 = 1$

(a)

b	c	f(a,b,c)	数据选择输入
0	0	0	$D_0 = 0$
0	1	1	$D_1 = 1$
1	0	a	$D_2 = a$
1	1	a	$D_3 = a$

(c)

图 3.47　利用 4-1 线数据选择器实现 $f(a,b,c) = ab + \bar{b}c$ 。(a) 真值表，对 a 和 b 的所有组合计算 $f(a,b,c)$ 的表达式；(b) f 在 (a) 情况下的数据选择器实现；(c) 第 2 种真值表，对 b 和 c 的所有组合计算 $f(a,b,c)$ 的表达式；(d) f 在 (c) 情况下的数据选择器实现

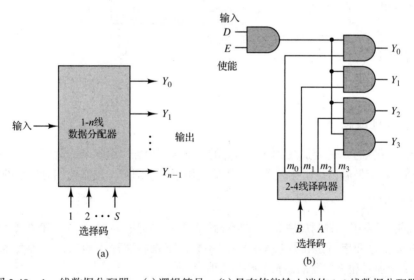

图 3.48　1-n 线数据分配器。(a) 逻辑符号；(b) 具有使能输入端的 1-4 线数据分配器

该 1-4 线数据分配器具有一个使能输入端 (E) 。当 E 为 1 时，电路工作。因此，可以通过以下方式描述其操作：

$$Y_i = (m_i D)E \qquad (3.20)$$

其中 D 是待分配的输入信号。

下面的示例将使用前面介绍的标准器件进行简单的数据选择/数据分配系统设计。

例 3.18 设计 8-8 线的数据选择/数据分配系统。

本设计的目标是用更少的信号线代替 8 条信号线。图 3.49 提供了一种解决方案，其中信号$(x_0,$ $x_1,\cdots,x_7)$根据数据选择器的通道地址码(C_2, C_1, C_0)被送到一条线路(Q)上。在另一端，Q 线和通道地址这 4 条线路将数据重新分配回 8 条线路，以便进一步处理。注意，信号线从 8 条减少到 4 条是以牺牲系统效率为代价的，因为在任何时刻，8 条信号线中正在使用的信号线有且仅有一条。也就是必须为 8 条线路中的每一条分配时隙，同时按时间表使用通道 Q。在本电路中，8 条输出线为高电平有效，当根据时间表未使用通道 Q 时，输出线将为低电平。本质上，数据选择器充当了并-串转换器，数据分配器将串行数据转换回并行输出。

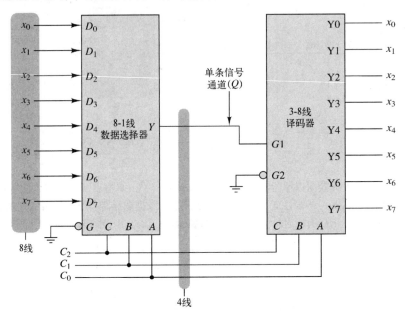

图 3.49 数据选择器/数据分配器数据传输示例

3.3.4 算术运算电路

本节主要介绍执行二进制加法和减法运算的基本逻辑电路。更复杂的运算，包括乘法和除法，将在后面介绍。本节最后讨论了比较器，比较器是用于确定两个二进制数相对大小的逻辑电路。

加法器/减法器

第 1 章证明了采用二进制加法和二进制补码足以完成加法和减法运算。第 2 章介绍了半加器(HA)、全加器(FA)和串行进位加法器的逻辑函数。下面将更深入地探讨各种算术运算电路。图 3.50 回顾了半加器和全加器的逻辑电路与真值表。

半加器的逻辑表达式为

$$s_i = x_i \oplus y_i$$
$$c_i = x_i y_i$$
$$(3.21)$$

全加器的逻辑表达式为

$$s_i = x_i \oplus y_i \oplus c_{i-1}$$
$$c_i = x_i y_i + x_i c_{i-1} + y_i c_{i-1}$$
$$(3.22)$$

那么，使用半加器或全加器作为模块[如图 3.50(a)和(d)所示的逻辑符号]可构建更大规模的电路。一个半加器模块和一个 $n-1$ 位全加器模块可以实现 n 位串行进位加法器(ripple carry adder, RCA)或伪并行(pseudoparallel)加法器，如图 3.51 所示。

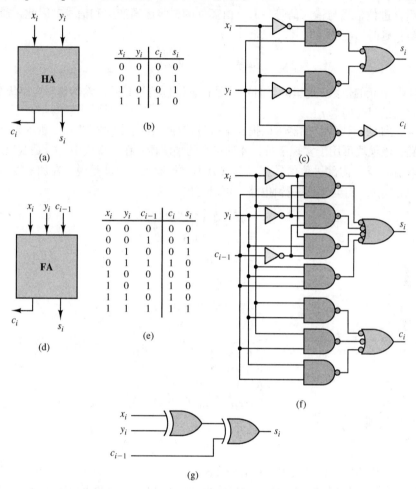

图 3.50　二进制半加器和全加器电路。(a)半加器；(b)半加器的真值表；(c)与非门实现的半加器；(d)全加器；(e)全加器的真值表；(f)与非门实现的全加器；(g)用异或门实现全加器的和(s_i)输出

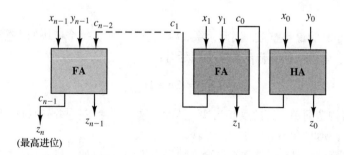

图 3.51　串行进位(伪并行)加法器

在这种电路中，对两个输入数据的每一位采用一个加法器。执行的操作如下：

$$(x_{n-1}x_{n-2}\cdots x_1x_0)_2 + (y_{n-1}y_{n-2}\cdots y_1y_0)_2 = (z_nz_{n-1}z_{n-2}\cdots z_1z_0)_2$$

这种电路称为串行进位加法器或伪并行加法器，其最高进位必须通过所有加法器单元的逐级传输而生成。一般来说，进位信号的最长传输路径是从输入 x_0 和 y_0 通过一个半加器和 $n-1$ 个全加器到末端最高位的和输出信号 z_{n-1} 以及进位输出信号 z_n。每个全加器或半加器的进位信号均由二级逻辑产生。然后，进位信号与输入信号一起，由额外的二级逻辑产生和信号。因此，通常此类伪并行加法器的最长延时 t_{delay} 为

$$t_{delay} = (2n+2)t_{gate} \tag{3.23}$$

其中 n 是加法器单元的位数。这里的延时 t_{delay} 是根据进位信号必须传输的逻辑电路级数来计算的，设每一级电路的信号延时为 t_{gate}。

　　用高速 4 位加法器代替全加器可以提高串行进位加法器的速度。图 3.52 所示为高速 4 位加法器的逻辑电路。该模块可用于实现字长为 4 的倍数的加法器。在该模块中，C_0 是低位进位输入端，C_4 是高位进位输出端。内部进位信号(C_1, C_2, C_3)不对外输出；也就是说，在加法器模块中，并行产生输出和(Σ_1, Σ_2, Σ_3, Σ_4)。根据逻辑电路，可以写出

$$\begin{aligned} P_i &= (\overline{B_i \cdot A_i})(A_i + B_i) \\ &= (\overline{A_i} + \overline{B_i})(A_i + B_i) \\ &= A_i \oplus B_i \end{aligned} \tag{3.24}$$

$$\begin{aligned} \Sigma_i &= P_i \oplus C_{i-1} \\ &= A_i \oplus B_i \oplus C_{i-1} \end{aligned} \tag{3.25}$$

且

$$\begin{aligned} C_1 &= \overline{(\overline{C_0 \cdot A_1 \cdot B_1}) + (\overline{A_1 + B_1})} \\ &= (\overline{\overline{C_0 \cdot A_1 \cdot B_1}}) \cdot (A_1 + B_1) \\ &= (C_0 + (A_1 \cdot B_1)) \cdot (A_1 + B_1) \\ &= C_0 \cdot A_1 + C_0 \cdot B_1 + A_1 \cdot B_1 \end{aligned} \tag{3.26}$$

依次类推，可以发现

$$C_i = C_{i-1} \cdot A_i + C_{i-1} \cdot B_i + A_i \cdot B_i \tag{3.27}$$

这与式(3.22)是一致的。在该模块中，P_i 信号在两个门延时内有效，C_i 信号在 3 个门延时内有效，Σ_i 输出比 C_i 延迟一个异或门时间。由于该模块生成 4 位和项，因此可以采用 m 个模块构建一个 n 位伪并行加法器，其中 m 的取值如下：

$$m = \lceil n/4 \rceil \tag{3.28}$$

表达式 $\lceil x \rceil$ 表示大于 x 的最小整数。因此，除最后一个模块外，每个模块的进位输出的最长延时为 3 个门延时，最后一个模块的和输出为 4 个门延时：

$$t_{delay} = (3m+1)t_{gate} \tag{3.29}$$

　　伪并行加法器构造简单，其速度相当快。然而，这种设计在一些高速应用中并不能令人满意，因为随着 n 的变大，延时会不断增加。

　　在算术运算电路的设计中，常常竭尽全力地提高不同运算(如二进制加法)的速度以提高性能。选择具有较短传输延时的逻辑门，或者通过电路设计最小化完成操作所需的门延时数量，可以提高电路的速度。在大多数情况下，要减少总传输延时，就必须增加实现设计所需的门数量，这将产生性能-成本的平衡问题。接下来将探讨一些降低二进制加法器电路中的传输延时的方法。我们将评估每种方法所需的门数量，以及求出两数之和所需的门延时数量。

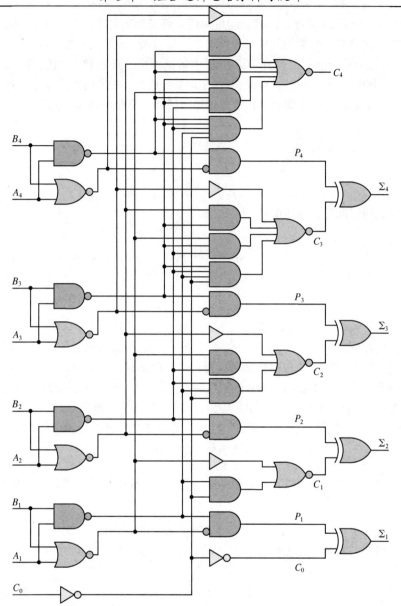

图 3.52　高速 4 位加法器的逻辑电路

最快的加法器设计应该是完全并行的。也就是说，所有输入信号同时作用，并通过二级逻辑获得结果。然而，这种方法需要数量庞大的逻辑门，因此并不实用。考虑全并行加法器的前三个进位信号如下：

$$c_0 = x_0 y_0 \tag{3.30}$$

$$
\begin{aligned}
c_1 &= x_1 y_1 \bar{c}_0 + x_1 y_1 c_0 + x_1 \bar{y}_1 c_0 + \bar{x}_1 y_1 c_0 \\
&= x_1 y_1 + (x_1 \oplus y_1) c_0 \\
&= x_1 y_1 + (x_1 \oplus y_1)(x_0 y_0)
\end{aligned} \tag{3.31}
$$

$$
\begin{aligned}
c_2 &= x_2 y_2 + (x_2 \oplus y_2) c_1 \\
&= x_2 y_2 + (x_2 \oplus y_2)[x_1 y_1 + (x_1 \oplus y_1)(x_0 y_0)] \\
&= x_2 y_2 + (x_2 \oplus y_2)(x_1 y_1) + (x_2 \oplus y_2)(x_1 \oplus y_1)(x_0 y_0)
\end{aligned} \tag{3.32}
$$

以上方程可以进一步化简为 SOP 的形式，均可采用二级逻辑来实现，而与加法器的字长无关。但是，随着加数位越来越多，所需的门数量显著增加，门扇入数也随之增加。

在伪并行和完全并行方案之间还有几种折中备选方案，超前进位加法器(carry look-ahead adder，CLA)就是其中之一。超前进位加法器将全加器分成组，并采用进位旁路电路来加速进位传输。这种技术适用于以高速固定间隔进行数值相加的场合。根据式(3.30)～式(3.32)，定义以下两个表达式：

$$g_i = x_i y_i \tag{3.33}$$

且

$$p_i = x_i \oplus y_i \tag{3.34}$$

使用以上表达式，可以改写式(3.30)～式(3.32)如下：

$$c_0 = g_0 \tag{3.35}$$

$$\begin{aligned} c_1 &= g_1 + p_1 c_0 \\ &= g_1 + p_1 g_0 \end{aligned} \tag{3.36}$$

$$\begin{aligned} c_2 &= g_2 + p_2 c_1 \\ &= g_2 + p_2 g_1 + p_2 p_1 g_0 \end{aligned} \tag{3.37}$$

对于第 i 位，如果 $g_i = 1$，则产生进位信号，与进位输入 c_{i-1} 无关。同样，如果 $p_i = 1$，进位信号 1 将从该位的输入传输到输出。因此，对于第 i 位，表达式 g_i 和 p_i 分别称为进位产生项和进位传输项。所有位的进位产生项和进位传输项都可以通过单个门延时并行导出，而所有进位信号都可以利用进位产生项和进位传输项在两个额外的门延时内并行计算出来。图 3.53(a)给出了式(3.33)和式(3.34)的实现电路，图 3.53(b)给出了式(3.35)～式(3.37)的实现电路。

根据进位产生项和进位传输项，和项的全加器[见式(3.22)的定义]实现可以改写如下：

$$\begin{aligned} s_i &= x_i \oplus y_i \oplus c_{i-1} \\ &= p_i \oplus c_{i-1} \end{aligned} \tag{3.38}$$

因此，一旦产生进位信号，就可以在一个额外的门延时中计算出和项，因此加法器总延时为

$$t_{cla} = 4t_{gate}$$

这与加法器的字长无关。图 3.53(a)和(c)给出了单个加法器模块和一个完整的 3 位超前进位加法器电路。注意，异或门的延时几乎是简单的与非门/或非门的两倍。因此，更符合实际情况的延时估计是

$$4t_{gate} \leqslant t_{cla} \leqslant 6t_{gate}$$

其中 t_{gate} 是常见的与非门的延时。

其他的快速加法器还包括进位完成检测(carry-completion-detection)电路和进位保存(carry-save)电路，本书不做详述。

二进制减法电路可以用二进制加法电路的类似方法来实现。半减器(half-subtracter)模块和全减器(full-subtracter)模块可以用之前介绍的半加器和全加器的设计过程来设计。这些模块可以级联形成 n 位伪并行减法器。这个过程留给读者作为练习。

在计算机的算术单元中，加法和减法运算都需要执行，此时采用二进制补码运算可以简化整体设计。如前面章节所述，基于二进制补码的减法运算如下：

$$\begin{aligned} (R)_2 &= (P)_2 - (Q)_2 \\ &= (P)_2 + (-Q)_2 \\ &= (P)_2 + [Q]_2 \\ &= (P)_2 + (\overline{Q})_2 + 1 \end{aligned}$$

其中，由算法 1.5 可得 $[Q]_2 = (\bar{Q})_2 + 1$。使用二进制加法器来执行加法和减法运算如图 3.54 所示。加法器模块实现逻辑函数

$$(\Sigma)_2 = (A)_2 + (B)_2 + C0 \tag{3.39}$$

当选择线输入 $S = 0$ 时，数据选择器将其 A 输入路由到其输出 Y，因此 $(Q)_2$ 输入到加法器模块的 B 输入端。由于选择线也连接到加法器的进位输入端 $C0$，因此 $C0 = 0$。在以上条件下，加法器执行以下操作：

$$(\Sigma)_2 = (A)_2 + (B)_2 + C0$$

其中

$$(A)_2 = (P)_2$$
$$(B)_2 = (Q)_2$$
$$C0 = 0$$

因而

$$(R)_2 = (\Sigma)_2$$
$$= (P)_2 + (Q)_2 + 0$$
$$= (P)_2 + (Q)_2$$

这就是加法运算。

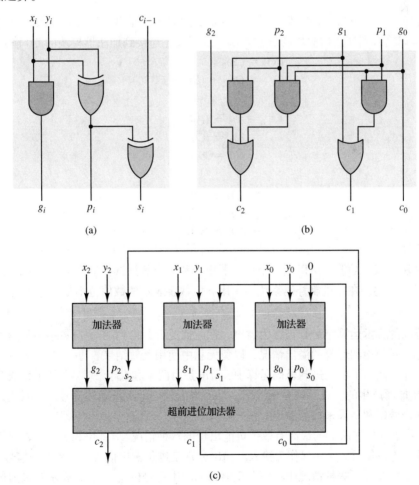

图 3.53 超前进位加法器设计。(a) 产生 g_i 和 p_i 的模块；(b) 超前进位 (CLA) 电路；(c) 完整的 3 位超前进位加法器

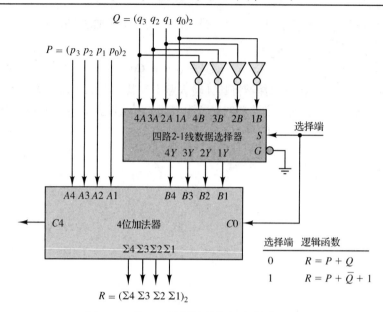

$$Q = (q_3\ q_2\ q_1\ q_0)_2$$

$$P = (p_3\ p_2\ p_1\ p_0)_2$$

图 3.54   基于二进制补码的加法器/减法器

现在考虑选择线输入 $S = 1$ 的情况。当 $S = 1$ 时，数据选择器模块将其 B 输入路由到其输出 Y，因此 $(Q)_2$ 的反码输入到加法器模块的 B 输入端。选择线还连接到加法器模块的 $C0$ 输入，因此

$$
\begin{aligned}
(R)_2 &= (\Sigma)_2 \\
&= (A)_2 + (B)_2 + C0
\end{aligned}
$$

其中

$$
\begin{aligned}
(A)_2 &= (P)_2 \\
(B)_2 &= (\overline{Q})_2 \\
C0 &= 1
\end{aligned}
$$

因而

$$
\begin{aligned}
R &= (P)_2 + (\overline{Q})_2 + 1 \\
&= (P)_2 + [\,Q\,]_2 \\
&= (P)_2 - (Q)_2
\end{aligned}
$$

这就是减法运算。

因此，加法和减法功能都可以用一个加法器模块和一个数据选择器来实现，如图 3.54 所示。

正如第 1 章所述，在二进制补码系统中，用 n 位数字表示的数值范围是

$$-2^{n-1} \leqslant N \leqslant 2^{n-1} - 1$$

任何超出此范围的算术运算结果都被称为溢出。在此情况下，得到的 n 位数字不是运算结果的有效表示。因此，必须检测运算的溢出情况，以免无意中使用无效结果。

在第 1 章中，证明了在二进制补码运算中，溢出是由两个和大于 $2^{n-1} - 1$ 的正数或两个和小于 -2^{n-1} 的负数相加而产生的。在这两种情况下，结果将出现一个不正确的符号位。因此，可以通过观察操作数的符号位和结果来检测溢出。

表 3.2 显示了 n 位加法器的最高有效位可能出现的八种情况。a_{n-1} 位和 b_{n-1} 位表示相加数字的符号位，因此与进位信号 c_{n-2} 一起作为输入。输出分别是进位输出信号 c_{n-1} 及求和信号 s_{n-1}。如表中所示，溢出发生在以下两种情况中：两个正值相加产生符号位 $s_{n-1} = 1$，表示结果为负；两个负值相加产生符号位 $s_{n-1} = 0$，表示结果为正。因此，溢出条件 V 的逻辑表达式为

$$V = \bar{a}_{n-1}\bar{b}_{n-1}s_{n-1} + a_{n-1}b_{n-1}\bar{s}_{n-1} \quad\quad (3.40)$$

该逻辑函数的与或逻辑实现如图 3.55(a) 所示。

表 3.2　n 位加法器的最高有效位

加法器输入			加法器输出		溢出条件
a_{n-1}	b_{n-1}	c_{n-2}	c_{n-1}	s_{n-1}	V
0	0	0	0	0	0
0	0	1	0	1	1
0	1	0	0	1	0
0	1	1	1	0	0
1	0	0	0	1	0
1	0	1	1	0	0
1	1	0	1	0	1
1	1	1	1	1	0

也可以通过观察最高一级全加器的进位输入 c_{n-2} 和进位输出 c_{n-1} 来检测溢出。观察表 3.2 中发生溢出的两行，可以发现 $c_{n-2} \neq c_{n-1}$ 的情况只出现在这两行。如表 3.2 的前两行所示，两个正数相加总是使进位输出 $c_{n-1} = 0$。因此，最高有效位的进位输入 c_{n-2} 也必须为 0，这样才能产生正确的正数和。如果该位进位信号为 1，导致符号位 $s_{n-1} = 1$，则出现错误。表 3.2 的第 7 行也存在类似情况。两个负数的和使 $c_{n-1} = 1$。如果该位没有进位信号，导致符号位 $s_{n-1} = 0$，则出现错误。因此，溢出条件由 $c_{n-2} \neq c_{n-1}$ 或 $c_{n-2} \oplus c_{n-1} = 1$ 来表示，则

$$V = c_{n-2} \oplus c_{n-1} \quad\quad (3.41)$$

相应的逻辑实现只需要一个异或门，如图 3.55(b) 所示。该电路比图 3.55(a) 所示的电路更简单，但需要利用最后两个加法器之间的进位信号 c_{n-2}。当采用如图 3.52 所示的加法器模块时，c_{n-2} 不可用，许多其他的并行加法器也存在同样的问题。在这种情况下，必须使用式 (3.40) 所示的方法，通过检测符号位来检测溢出。

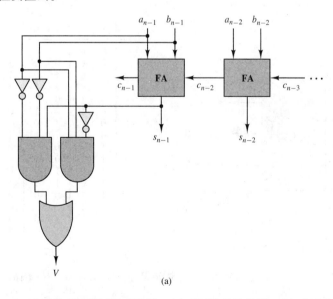

(a)

图 3.55　二进制补码运算的溢出检测。(a) 采用符号位检测；(b) 采用进位检测

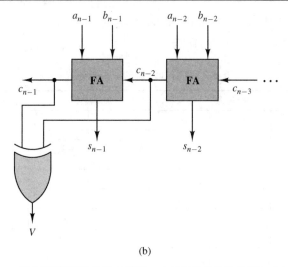

(b)

图 3.55(续)　二进制补码运算的溢出检测。(a)采用符号位检测；(b)采用进位检测

比较器

　　比较器是一种用于确定两个二进制数的数值大小的算术运算电路，在许多数字系统中都有应用。一般来说，无论这两个数是直接二进制表示的还是 BCD 编码的，比较器可以对两个变量 A 和 B 进行数值比较。在输出端输出这两个数比较的三种结果，即 $A > B$、$A < B$ 和 $A = B$，如图 3.56(a) 所示。设

$$A = (A_{n-1}A_{n-2} \cdots A_0)_2$$
$$B = (B_{n-1}B_{n-2} \cdots B_0)_2 \tag{3.42}$$

那么比较器将产生如下 3 个输出信号：

$$f_1 = 1, \quad A < B$$
$$f_2 = 1, \quad A = B \tag{3.43}$$
$$f_3 = 1, \quad A > B$$

换句话说，比较器是具有 $2n$ 个输入、3 个输出的组合逻辑电路，用于确定两个 n 位数的相对大小。

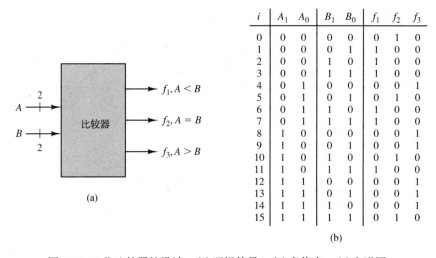

i	A_1	A_0	B_1	B_0	f_1	f_2	f_3
0	0	0	0	0	0	1	0
1	0	0	0	1	1	0	0
2	0	0	1	0	1	0	0
3	0	0	1	1	1	0	0
4	0	1	0	0	0	0	1
5	0	1	0	1	0	1	0
6	0	1	1	0	1	0	0
7	0	1	1	1	1	0	0
8	1	0	0	0	0	0	1
9	1	0	0	1	0	0	1
10	1	0	1	0	0	1	0
11	1	0	1	1	1	0	0
12	1	1	0	0	0	0	1
13	1	1	0	1	0	0	1
14	1	1	1	0	0	0	1
15	1	1	1	1	0	1	0

(a)

(b)

图 3.56　2 位比较器的设计。(a)逻辑符号；(b)真值表；(c)卡诺图

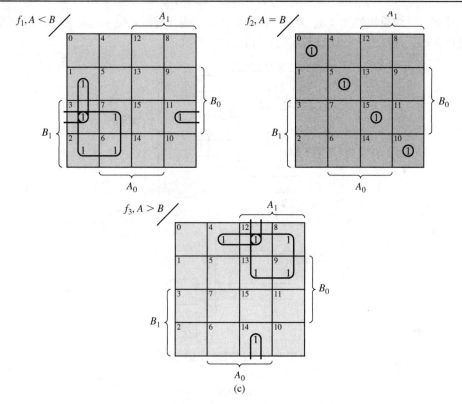

图 3.56(续)　2 位比较器的设计。(a)逻辑符号；(b)真值表；(c)卡诺图

例 3.19　设计一个比较器，比较两个二进制数 $A = (A_1A_0)_2$ 和 $B = (B_1B_0)_2$ 的大小。

根据式(3.43)得到输出信号的真值表，如图 3.56(b)所示，图 3.56(c)为输出函数的卡诺图。注意，图 3.56(c)的第一个图为输出函数 $(A_1A_0)_2 < (B_1B_0)_2$ 的卡诺图，当 $(A_1A_0)_2$ 的二进制数小于 $(B_1B_0)_2$ 的时，卡诺图取值为 1。

图 3.56(c)中的后两个图为输出函数 $(A_1A_0)_2 = (B_1B_0)_2$ 和 $(A_1A_0)_2 > (B_1B_0)_2$ 的卡诺图。写出 3 个输出函数表达式如下：

$$
\begin{aligned}
f_1 &= \overline{A_1}B_1 + \overline{A_1}\,\overline{A_0}B_0 + \overline{A_0}B_1B_0, & (A_1A_0)_2 < (B_1B_0)_2 \\
f_2 &= \overline{A_1}\,\overline{A_0}\,\overline{B_1}\,\overline{B_0} + \overline{A_1}A_0\overline{B_1}B_0 \\
    &\quad + A_1\overline{A_0}B_1\overline{B_0} + A_1A_0B_1B_0, & (A_1A_0)_2 = (B_1B_0)_2 \\
f_3 &= A_1\overline{B_1} + A_0\overline{B_1}\,\overline{B_0} + A_1A_0\overline{B_0}, & (A_1A_0)_2 > (B_1B_0)_2
\end{aligned}
$$

该电路的实现如图 3.57 所示。

图 3.58 所示为一个类似上例的 4 位比较器。该电路的框图表示如图 3.59(a)所示。电路的输入数据为

$$
\begin{aligned}
A &= (A_3, A_2, A_1, A_0)_2 \\
B &= (B_3, B_2, B_1, B_0)_2
\end{aligned}
\tag{3.44}
$$

该电路还具有级联输入 c_1、c_2 和 c_3，允许多个模块互连以实现两个更大的数的比较。

$$
\begin{aligned}
c_1 &\to A < B \\
c_2 &\to A = B \\
c_3 &\to A > B
\end{aligned}
\tag{3.45}
$$

因此，显然字长大于 4 位的数的比较可以通过模块级联来实现。例如，将处理低 4 位的模块

的输出连接到下一级模块的 $A < B$、$A = B$ 和 $A > B$ 输入端,与高 4 位一起构成 8 位比较器。类似的方式可以扩展到任意位数的比较器实现,如例 3.20 所示。

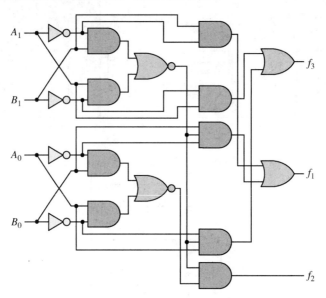

图 3.57　2 位比较器的逻辑实现

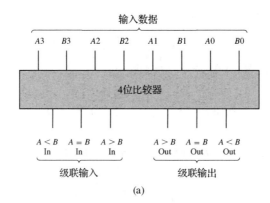

(a)

比较输入				级联输入			级联输出		
$A3, B3$	$A2, B2$	$A1, B1$	$A0, B0$	$A > B$	$A < B$	$A = B$	$A > B$	$A < B$	$A = B$
$A3 > B3$	X	X	X	X	X	X	H	L	L
$A3 < B3$	X	X	X	X	X	X	L	H	L
$A3 = B3$	$A2 > B2$	X	X	X	X	X	H	L	L
$A3 = B3$	$A2 < B2$	X	X	X	X	X	L	H	L
$A3 = B3$	$A2 = B2$	$A1 > B1$	X	X	X	X	H	L	L
$A3 = B3$	$A2 = B2$	$A1 < B1$	X	X	X	X	L	H	L
$A3 = B3$	$A2 = B2$	$A1 = B1$	$A0 > B0$	X	X	X	H	L	L
$A3 = B3$	$A2 = B2$	$A1 = B1$	$A0 < B0$	X	X	X	L	H	L
$A3 = B3$	$A2 = B2$	$A1 = B1$	$A0 = B0$	H	L	L	H	L	L
$A3 = B3$	$A2 = B2$	$A1 = B1$	$A0 = B0$	L	H	L	L	H	L
$A3 = B3$	$A2 = B2$	$A1 = B1$	$A0 = B0$	L	L	H	L	L	H
$A3 = B3$	$A2 = B2$	$A1 = B1$	$A0 = B0$	X	X	H	L	L	H
$A3 = B3$	$A2 = B2$	$A1 = B1$	$A0 = B0$	H	H	L	L	L	L

(b)

图 3.58　4 位比较器。(a)逻辑符号; (b)功能表; (c)逻辑图

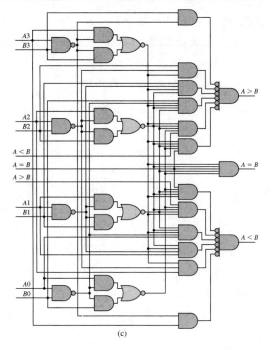

(c)

图 3.58(续)　4 位比较器。(a)逻辑符号；(b)功能表；(c)逻辑图

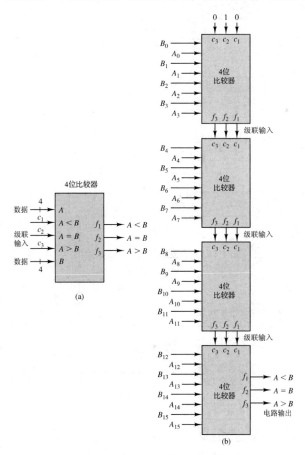

图 3.59　4 位比较器级联。(a)I/O 框图；(b)16 位比较器

例 3.20　使用 4 位比较器构成 16 位比较器。

如图 3.59(b)所示,将 4 个 4 位比较器模块级联,构成一个 16 位比较器。注意,第一级电路的初始条件是

$$(c_1, c_2, c_3) = (0, 1, 0) \tag{3.46}$$

表示 $A = B$。电路输出取自最高一级的 f_1、f_2、f_3。电路比较以下两个数:

$$A = (A_{15}, A_{14}, \cdots, A_0)_2 \tag{3.47}$$

$$B = (B_{15}, B_{14}, \cdots, B_0)_2$$

3.4　综合性设计实例

3.4.1　设计流程

设计是将想法转化为现实的过程,是工程的基石。在一定程度上,设计过程可以系统化为一系列步骤,通常称为设计流程。这里介绍的设计过程从一个新产品的想法或需求开始,到满足产品需求的原型开发结束。图 3.60 所示为该过程的设计流程。将原型转化为商业产品是一个后续的过程,不在本书的讨论范围内。

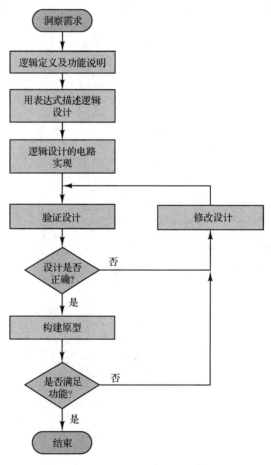

图 3.60　设计流程

以下示例展示了 4 个不同复杂程度的组合逻辑电路的设计模式和设计过程。验证、修订和原型构建在本节不做讨论。

3.4.2　银行保险库控制器

本例设计一个简单的组合逻辑电路，作为一把锁的控制器，用来保护银行和信托公司的保险库。银行官员根据以下协议打开锁。

营业时间——银行行长（P）或两位副行长（$VP1$、$VP2$）。

非营业时间——银行行长和任一副行长。

本例的任务是设计一个组合逻辑电路，当合适的官员组合输入身份代码时，该电路将打开保险库的锁。假设逻辑 1 表示某位官员输入了正确的身份代码，逻辑 0 表示没有输入正确的身份代码。变量 $OPEN = 1$ 表示银行业务开放（即营业）时间。控制器的框图如图 3.61（a）所示，设计过程如下。

1. 定义输入变量 P、$VP1$、$VP2$、$OPEN$ 和输出变量 $UNLOCK$（解锁）。构建真值表，定义输入和输出的函数关系，满足实例给出的要求。完整的真值表见图 3.61（b）。

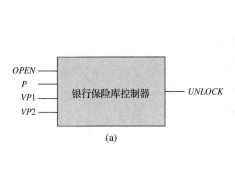

OPEN	P	VP1	VP2	UNLOCK
0	0	0	0	0
0	0	0	1	0
0	0	1	0	0
0	0	1	1	0
0	1	0	0	0
0	1	0	1	1
0	1	1	0	1
0	1	1	1	1
1	0	0	0	0
1	0	0	1	0
1	0	1	0	0
1	0	1	1	1
1	1	0	0	1
1	1	0	1	1
1	1	1	0	1
1	1	1	1	1

(b)

图 3.61　银行保险库控制器示例。(a)框图；(b)真值表

2. 应用第 2 章所学的概念推导 $UNLOCK$ 的逻辑表达式。下面给出了该逻辑表达式的最小项表达式、标准积之和（CSOP）式、最简积之和（MSOP）式及因式分解形式。

$$
\begin{aligned}
UNLOCK &= \sum m(5, 6, 7, 11, 12, 13, 14, 15) &&\text{[最小项列表]}\\
&= \overline{O}\cdot P\cdot \overline{VP1}\cdot VP2 + \overline{O}\cdot P\cdot VP1\cdot \overline{VP2} + \overline{O}\cdot P\cdot VP1\cdot VP2 \\
&\quad + O\cdot \overline{P}\cdot VP1\cdot VP2 + O\cdot P\cdot \overline{VP1}\cdot \overline{VP2} + O\cdot P\cdot \overline{VP1}\cdot VP2 \\
&\quad + O\cdot P\cdot VP1\cdot \overline{VP2} + O\cdot P\cdot VP1\cdot VP2 &&\text{[CSOP]}\\
&= P\cdot VP1 + P\cdot VP2 + O\cdot P + O\cdot VP1\cdot VP2 &&\text{[MSOP]}\\
&= P(VP1 + VP2) + O(P + VP1\cdot VP2) &&\text{[因子分解的MSOP]}
\end{aligned}
$$

3. 然后以电路原理图、HDL 或网表形式实现 $UNLOCK$ 的组合逻辑。

电路原理图

$UNLOCK$ 的 MSOP 式可用与或电路和与非-与非电路实现，分别如图 3.62（a）和（b）所示。因式分解形式可用多级电路实现，如图 3.62（c）和（d）所示。在给出的四种实现方案中，分析哪一种适合实现控制器。采用与或电路或者与非-与非电路实现逻辑函数都需要 5 个门，为二级逻辑。然而，与或电路实现需要使用一个三输入与门和一个四输入或门，通常这些集成组件不是常见的，因此不得不使用两个二输入与门和 3 个二输入或门来代替，最终将形成一个有 8 个门的四级电路。另一方面，二输入、三输入和四输入与非门是常用组件，因此可以采用如图 3.62(b)所示的与非-与非电路实现。因式分解形式只需要二输入的门电路，但需要一个四级电路来实现。综上所述，与非-与非电路是采用门电路实现逻辑函数的首选。

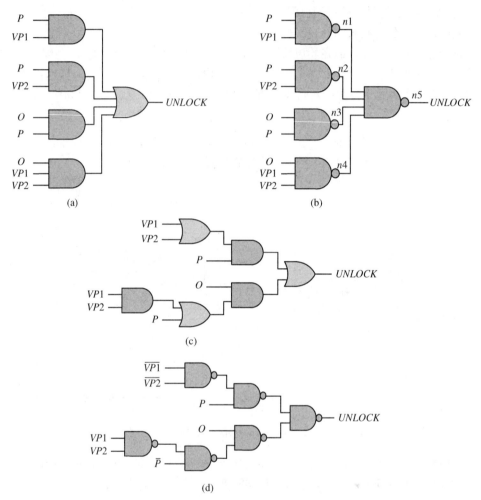

图 3.62 银行保险库控制器的门级实现。(a)与或电路；(b)与非-与非电路；(c)四级与或电路；(d)四级与非电路

HDL 代码

也可以使用诸如 Verilog 和 VHDL 等硬件描述语言来实现控制器的设计。图 3.63(a)给出了控制器的 Verilog 结构模型，对应于上述与非-与非实现。图 3.63(b)给出了与控制器的 MSOP 式相对应的 Verilog 数据流模型。图 3.64 给出了控制器的 VHDL 模型。

```
(a)        //Bank-lock controller—structural model
           module BankLockController(Unlock, P, VP1, VP2, O);
               input P, VP1, VP2, O;
               output Unlock;
               wire n1, n2, n3, n4;
                   nand (n1, P, VP1);
                   nand (n2, P, VP2);
                   nand (n3, O, P);
                   nand (n4, O, VP1, VP2);
                   nand (Unlock, n1, n2, n3, n4);
           endmodule

(b)        //Bank-controller—dataflow model
           module BankLockController (Unlock, P, VP1, VP2, O);
               input P, VP1, VP2, O;
               output Unlock;
               assign Unlock = (P&VP1)|(P&VP2)|(O&P)|(O&VP1&VP2);
           endmodule
```

图 3.63　银行保险库控制器的 Verilog 模型。(a)结构模型；(b)数据流模型

```
(a)    -- Bank lock controller—structural model
       library ieee; use ieee.std_logic_1164.all;
       use work.gates.all;
       entity BankLockController is
           port (Unlock: out std_logic;
                 P, VP1, VP2, O: in std_logic);
       end;
       architecture structure of BankLockController is
           signal n1, n2, n3, n4: std_logic;
       begin
           G1: nand02 port map (P, VP1, n1);
           G2: nand02 port map (P, VP2, n2);
           G3: nand02 port map (O, P, n3);
           G4: nand03 port map (O, VP1, VP2, n4);
           G5: nand04 port map (n1, n2, n3, n4, Unlock);
       end;

(b)    -- Bank lock controller - dataflow model
       library ieee; use ieee.std_logic_1164.all;
       entity BankLockController is
           port (Unlock: out std_logic;
                 P, VP1, VP2, O: in std_logic);
       end;
       architecture dataflow of BankLockController is
       begin
           Unlock <= (P and VP1) or (P and VP2) or (O and P) or (O and VP1 and VP2);
       end;
```

图 3.64　银行保险库控制器的 VHDL 模型。(a)结构模型；(b)数据流模型

网表

完成设计之后，通常将其转换为网表形式，输入到 CAD 工具，如模拟器、元件布局器和/或布线器，利用这些工具生成电路的物理设计，以便在印制电路板(PCB)或可编程逻辑器件(PLD)上实现。一个网络(net)被定义为一条线或信号线，在整个逻辑电路中其逻辑值是共同的。网表(netlist)是电路中所有网络的列表，用于定义电路的结构。以下是网表中每个网络的一般形式，注意，I_i 和 O_j 分别用于声明第 i 个输入和第 j 个输出。

　　　　　元素名字　元素种类　输出　输入 1　输入 2 …… 输入 N

图 3.62(b)所示的与非-与非电路的网表如下。

```
I1     Input     P
I2     Input     VP1
I3     Input     VP2
I4     Input     O
```

N1	NAND2	n1	P	VP1		
N2	NAND2	n2	P	VP2		
N3	NAND2	n3	O	P		
N4	NAND3	n4	O	VP1	VP2	
N5	NAND4	Unlock	n1	n2	n3	n4
O1	Output	Unlock				

在编译的过程中，根据编译器内置的约定或设计人员指定的方式，HDL 生成的设计被转换为网表。由图 3.63 中的 Verilog 数据流模型转换得到的网表如下所示。

I1	Input	P				
I2	Input	VP1				
I3	Input	VP2				
I4	Input	O				
A1	AND2	n1	P	VP1		
A2	AND2	n2	P	VP2		
A3	AND2	n3	O	P		
A4	AND3	n4	O	VP1	VP2	
R5	OR4	Unlock	n1	n2	n3	n4
O1	Output	Unlock				

3.4.3 七段显示译码器

七段发光二极管(LED)显示器(数码管)包括 7 个发光二极管，如图 3.65 所示。点亮不同的发光二极管组合，就能显示不同的数字和符号。例如，通过激活数码管中不同的 LED 字段，可以显示十进制数字，如图 3.66 所示。

如图 3.65(a)和(b)所示，当发光二极管的阳极电压比阴极电压高得多时，它就会发光。其中阳极用 "+" 表示，阴极用 "−" 表示。在数字电路中，通过在阳极施加高电压、在阴极施加低电压，可以在 LED 上产生上述正向电压。

为了尽量减少控制信号的数量，LED 的阳极通常连接到一个公共点上，这种方式称为共阳极接法，如图 3.65(a)所示；或者阴极连接到一个公共点上形成共阴极连接，如图 3.65(b)所示。在共阳极接法中，阳极通常连接到高电压，每个 LED 的阴极单独控制。因此，LED 阴极为逻辑 0 时，LED 点亮，而逻辑 1 使 LED 不发光。在共阴极连接中，情况则相反。可见，数码管采用共阳极接法，其输入被视作低电平有效，因为低电平信号使 LED 激活发光；反之，共阴极接法的输入为高电平有效。

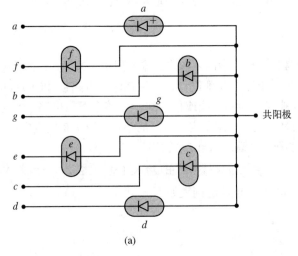

(a)

图 3.65　七段数码管。(a)共阳极数码管；(b)共阴极数码管

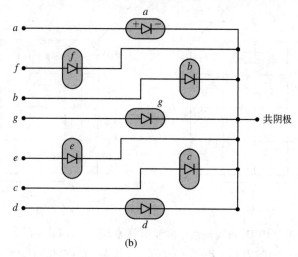

(b)

图 3.65(续)　七段数码管。(a)共阳极数码管；(b)共阴极数码管

为了显示以 BCD 格式编码的数字，需要设计一个译码器，将 BCD 码转换成驱动 7 个 LED 字段所需的逻辑值。该译码器的框图如图 3.67 所示。首先，建立真值表，列出每个十进制数字要激活的 LED 字段，如表 3.3 所示，假设输出为高电平有效。然后，为每个 LED 字段绘制一个卡诺图，并从中导出最简逻辑表达式。例如，图 3.68 显示了字段 a 和 b 的卡诺图，并写出了其 POS 式。表 3.4 给出了 7 个字段的 MSOP 式和 MPOS 式。

图 3.66　七段数码管上显示的十进制数字

图 3.67　BCD 到七段显示译码器

表 3.3　BCD 码到七段显示码的转换(高电平有效)

数字	BCD 码				七段显示码						
	A	B	C	D	a	b	c	d	e	f	g
0	0	0	0	0	1	1	1	1	1	1	0
1	0	0	0	1	0	1	1	0	0	0	0
2	0	0	1	0	1	1	0	1	1	0	1
3	0	0	1	1	1	1	1	1	0	0	1
4	0	1	0	0	0	1	1	0	0	1	1
5	0	1	0	1	1	0	1	1	0	1	1
6	0	1	1	0	1	0	1	1	1	1	1
7	0	1	1	1	1	1	1	0	0	0	0
8	1	0	0	0	1	1	1	1	1	1	1
9	1	0	0	1	1	1	1	0	0	1	1

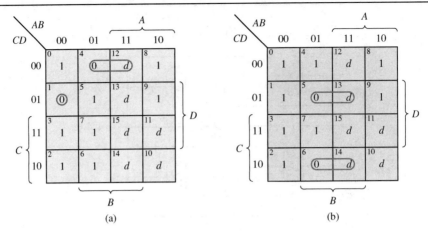

图 3.68 BCD 码转换到七段显示码的卡诺图。(a)字段 $a = (\bar{B} + C + D)(A + B + C + \bar{D})$；(b)字段 $b = (\bar{B} + C + \bar{D})(\bar{B} + \bar{C} + D)$

表 3.4 7 个字段的 BCD 码到七段显示码的转换(高电平有效)

字段	MSOP 式	MPOS 式
a	$A + C + BD + \bar{B}\bar{D}$	$(\bar{B} + C + D)(A + B + C + \bar{D})$
b	$\bar{B} + \bar{C}\bar{D} + CD$	$(\bar{B} + C + \bar{D})(\bar{B} + \bar{C} + D)$
c	$B + \bar{C} + D$	$B + \bar{C} + D$
d	$B\bar{C}D + \bar{B}\bar{D} + \bar{B}C + C\bar{D}$	$(B + C + \bar{D})(\bar{B} + C + D)(\bar{B} + \bar{C} + \bar{D})$
e	$\bar{B}\bar{D} + C\bar{D}$	$(\bar{B} + C)\bar{D}$
f	$A + B\bar{C} + B\bar{D} + \bar{C}\bar{D}$	$(A + B + \bar{D})(B + \bar{C})(\bar{C} + \bar{D})$
g	$A + \bar{B}C + B\bar{C} + B\bar{D}$	$(A + B + C)(\bar{B} + \bar{C} + \bar{D})$

这个过程可以推广到将数据从任意代码格式转换成另一种格式的逻辑电路设计。采用如表 3.3 所示的真值表,所有输入代码都列为电路的输入,相应的输出代码作为电路的输出。然后绘制卡诺图,并写出每个输出变量的逻辑表达式,其中任何未被指定的输入代码组合都视为无关项。

现在,让我们来看看 BCD 到七段显示译码器的实现。

电路原理图

从表 3.4 中的 MSOP 式导出译码器的与非-与非实现,如图 3.69 所示。注意,基本项 $\bar{B}\bar{D}$、CD、$\bar{C}\bar{D}$、$C\bar{D}$、$B\bar{C}$、$\bar{B}C$ 和 $B\bar{D}$ 在多个输出函数中出现,因此每个基本项由一个与非门实现,其输出相应地馈送到多个输出门。同一个门被多个函数共享,使得电路所需的门数量有所减少。

图 3.70 为表 3.4 中的 MPOS 式导出的 BCD 到七段显示译码器的或非-或非实现。其中,$\bar{B} + \bar{C} + \bar{D}$ 是唯一出现在多个 MPOS 式中的基本项,这意味着在该实现电路中,只有一个或非门为多个函数共享。

如表 3.4 中定义的,当一个 LED 字段被点亮时,在上述两种实现中产生逻辑 1 输出。所以它们适用于驱动共阴极 LED。采用共阳极 LED 译码器则需要实现各字段的反函数,应用德·摩根定理,由表 3.4 中的 MSOP 式导出其或非-或非表达式,图 3.71 给出了该逻辑的或非-或非实现。

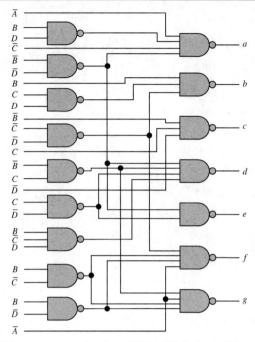

图 3.69　BCD 到七段显示译码器的与非-与非实现

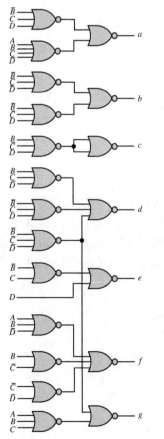

图 3.70　BCD 到七段显示译码器的或非-或非实现

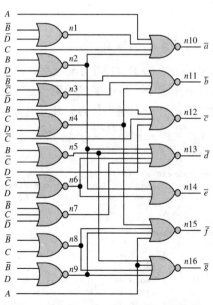

图 3.71　BCD 到七段显示译码器的或非-或非实现——低电平有效

网表

　　图 3.71 中或非-或非电路的网表如下所示。注意，在本例中，设原变量 A、B、C、D 及其反变量均为输入。

```
I1    Input    A
I2    Input    Ā
I3    Input    B
I4    Input    B̄
I5    Input    C
I6    Input    C̄
I7    Input    D
I8    Input    D̄
N1    NOR2     n1    B̄    D̄
N2    NOR2     n2    B     D
N3    NOR2     n3    C̄    D̄
N4    NOR2     n4    C     D
N5    NOR2     n5    B     C̄
N6    NOR2     n6    C̄    D
N7    NOR3     n7    B̄    C    D̄
N8    NOR2     n8    B̄    C
N9    NOR2     n9    B̄    D
N10   NOR4     ā     A     C    n1    n2
N11   NOR3     b̄     B̄    n3   n4
N12   NOR3     c̄     B     C̄   D
N13   NOR4     d̄     n2    n5   n6   n7
N14   NOR2     ē     n2    n6
N15   NOR4     f̄     n4    n8   n9   A
N16   NOR4     ḡ     n5    n8   n9   A
O1    Output   ā
O2    Output   b̄
O3    Output   c̄
O4    Output   d̄
O5    Output   ē
O6    Output   f̄
O7    Output   ḡ
```

Verilog 和 VHDL 行为模型

　　低电平有效的 BCD 到七段显示译码器的 Verilog 和 VHDL 行为模型如下所示。为方便起见，在以下模型中，显示字段的输出定义为 7 位的寄存器 $sl[0:6]$。此外，还提供了一个高电平有效的"错误"提示输出信号，用于提示输入了无效的 BCD 码。此外，当输入无效代码时，七段显示被消隐，即 7 个字段均不亮。这个例子清楚地展示了 HDL 描述组合电路功能的有效性和高效性。

```verilog
//Verilog behavioral model
//Binary Coded Decimal to Seven Segment Display Decoder—Active Low
module BCD2SevenSegmentLow (A, B, C, D, sl, error);
  input A, B, C, D;
  output reg [0:6] sl;
  output reg error;
  always
    case ({A, B, C, D})
      4'b0000: begin sl = 7'b0000001; error=1'b0; end
      4'b0001: begin sl = 7'b1001111; error=1'b0; end
      4'b0010: begin sl = 7'b0010010; error=1'b0; end
      4'b0011: begin sl = 7'b0000110; error=1'b0; end
      4'b0100: begin sl = 7'b1001100; error=1'b0; end
      4'b0101: begin sl = 7'b0100100; error=1'b0; end
      4'b0110: begin sl = 7'b0100000; error=1'b0; end
```

```
           4'b0111: begin sl = 7'b0001111; error=1'b0; end
           4'b1000: begin sl = 7'b0000000; error=1'b0; end
           4'b1001: begin sl = 7'b0001100; error=1'b0; end
           4'b1010: begin sl = 7'b1111111; error=1'b1; end
           4'b1011: begin sl = 7'b1111111; error=1'b1; end
           4'b1100: begin sl = 7'b1111111; error=1'b1; end
           4'b1101: begin sl = 7'b1111111; error=1'b1; end
           4'b1110: begin sl = 7'b1111111; error=1'b1; end
           4'b1111: begin sl = 7'b1111111; error=1'b1; end
       endcase
endmodule

--VHDL behavioral model
--Binary Coded Decimal to Seven Segment Display Decoder—Active Low
library ieee; use ieee.std_logic_1164.all;
entity BCD2SevenSegmentLow is
   port(A, B, C, D: in std_logic;
        Y: out std_logic_vector(6 downto 0);
        error: out std_logic);
end;
architecture behavior of BCD2SevenSegmentLow is
   signal S: std_logic_vector(3 downto 0);
begin
   S <= D & C & B & A;
   with S select
      Y <= "0000001" when "0000",
           "1001111" when "0001",
           "0010010" when "0010",
           "0000110" when "0011",
           "1001100" when "0100",
           "0100100" when "0101",
           "0100000" when "0110",
           "0001111" when "0111",
           "0000000" when "1000",
           "0001100" when "1001",
           "1111111" when others;
   error <= '1' when S > "1001" else '0';
end;
```

3.4.4　四功能算术逻辑单元（加、减、与、异或）

算术逻辑单元（ALU）用于执行计算机指令集中包含的算术运算和逻辑运算功能。ALU 也可用在计算器和其他需要这种功能的设备中。本节将设计一个基本的算术逻辑单元，它可以对两个 4 位数字 A 和 B 进行加法、减法算术运算，或者实现"与"（AND）和"异或"（XOR）逻辑运算。在此用二进制补码表示有符号的数字。本例所述方法可以扩展到位数更多、功能更强大的算术逻辑单元设计。乘法器和除法器的设计将在后面介绍。图 3.72 给出了 ALU 的逻辑符号和逻辑函数。ALU 输出函数 F 由选择码 S_1 和 S_0 指定的操作决定。

选择码		ALU 输出函数	描述
S_1	S_0		
0	0	$F = A + B$	加法
0	1	$F = A - B$	减法
1	0	$F = A \cdot B$	AND
1	1	$F = A \oplus B$	XOR

我们将采用自上而下、分层设计的方法。因此，将 ALU 分为算术单元（AU）和逻辑单元（LU）两个部分，并可以方便地使用一个 2-1 线数据选择器（MUX）选择使用哪个单元来完成给定操作。注意，定义选择码如下：进行算术运算加法和减法时，$S_1 = 0$；进行逻辑运算"与"和"异或"时，$S_1 = 1$。因此，S_1 用作数据选择器的输入，如图 3.73 所示。

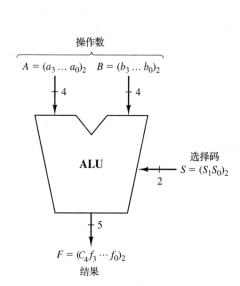

图 3.72   ALU 的逻辑符号和逻辑函数

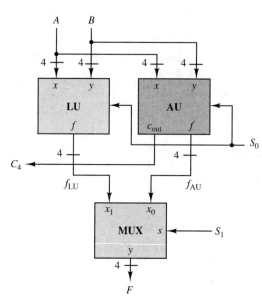

图 3.73   划分成模块的 ALU

原理图设计

现在，分别设计算术单元（AU）和逻辑单元（LU）。AU 根据 S_0 的取值来选择执行加法运算或减法运算。同样，S_0 的取值也决定了 LU 是执行"与"逻辑还是"异或"逻辑。如图 3.74 所示的二进制补码加法/减法器，通过以下映射关系可以用作 AU：

$$A \rightarrow P,\ B \rightarrow Q,\ F \rightarrow R,\ S_0 \rightarrow \text{Select}$$

图 3.74 给出了由全加器和异或门构成的加法/减法器实现电路。注意，通过利用图 3.17 所示的可编程非门特性，异或门可以取代先前电路中的非门和数据选择器。

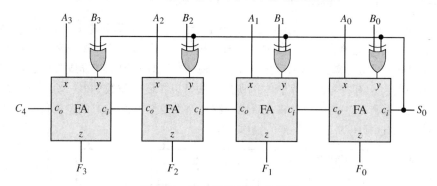

图 3.74   算术单元（AU）的实现

如图 3.75 所示，LU 可用与门、异或门和一个带选择输入 S_0 的四路 2-1 线数据选择器来实现。

Verilog 设计

这个例子将说明基于如图 3.73 所示的 ALU 的划分，Verilog 作为一个分层（或模块化）设计工具的使用方法。下面给出的 AU 的 Verilog 模块包含两个附加模块：XOR2x4 和 RCAx4。XOR2x4 是一个四路二输入异或（XOR）模块，RCAx4 是一个 4 位串行进位加法器模块，类似于 2.2.1 节给出的结构模块。注意，RCAx4 模块中包含一个之前介绍过的全加器模块。XOR2x4 模块的设计将在本章的最后给出。

```verilog
//Four-bit Arithmetic Unit
module AU (A,B,S,C4,F);
   input [3:0] A,B;
   input [1:0] S;
   output reg [3:0] F;
   output reg C4;
   wire [3:0] Y,C;
        XOR2x4 (B[3:0],{S[0],S[0],S[0],S[0]},Y[3:0]);
        RCAx4(A[3:0],Y[3:0],F[3:0],S[0],C4);
endmodule
```

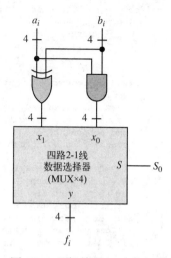

图 3.75　逻辑单元(LU)的实现

LU 和 AU 都使用了四路 2-1 线数据选择器。在后面描述模块时将使用这种数据选择器的 Verilog 模型。

```verilog
//QUAD 2-to-1 multiplexer
module MUX2x4 (A, B, Y, S);
   input [3:0] A, B;
   input S;
   output reg [3:0] Y;
   always
        if (S==0) Y = A; else Y = B;
endmodule
```

下面是图 3.75 所示的 LU 的一个 Verilog 程序，其中包含了上述数据选择器的模型。

```verilog
//Four-bit Logic Unit
module LU (A, B, F, S);
   input [3:0] A, B;
   input [1:0] S;
   output [3:0] F;
   wire [3:0] X1, X0;
        XOR2x4 (A, B, X1);
        AND2x4 (A, B, X0);
        MUX2x4 (X0, X1, F, S[0]);
endmodule
```

集成 AU、LU 和数据选择器的 Verilog 模型，可以构成 ALU，如下所示。

```verilog
//Four-bit ALU
module ALU (A, B, F, C4, S);
   input [3:0] A, B;
   input [1:0] S;
   output [3:0] F;
   output C4;
   wire [3:0] flu, fau;
        LU (A, B, flu, S[0]);
        AU (A, B, S[0], C4, fau);
        MUX2x4 (fau, flu, F, S[1]);
endmodule
```

VHDL 设计

VHDL 也可以用来描述分层设计的结构和组件。下面给出了对应图 3.73 中的 AU 的模型。假设工作库包含组件 RCAx4 和 xor02。

```vhdl
--Four-bit Arithmetic Unit
library ieee; use ieee.std_logic_1164.all;
entity AU is
     port (A, B: in std_logic_vector(3 downto 0);
              F: out std_logic_vector(3 downto 0);
              S: in std_logic;
           Cout: out std_logic);
end;
```

```
architecture structure of AU is
        component RCAx4
                port (A, B: in std_logic_vector(3 downto 0);
                        S: out std_logic_vector(3 downto 0);
                     Cin: in std_logic;
                    Cout: out std_logic);
        end component;
        component xor02
        port (A, B: in std_logic;
                        Y: out std_logic);
        end component;
        signal Y: std_logic_vector(3 downto 0);
begin
        -- S=0 for A+B, S=1 for A-B
        X1: xor02 port map (B(3), S, Y(3));
        X2: xor02 port map (B(2), S, Y(2));
        X3: xor02 port map (B(1), S, Y(1));
        X4: xor02 port map (B(0), S, Y(0));
        -- Compute sum or difference
        R1: RCAx4 port map (A, Y, F, S, Cout);
end;
```

下面给出了图 3.75 中 LU 的行为模型。

```
--Four-bit Logic Unit
library ieee; use ieee.std_logic_1164.all;
entity LU is
        port (A, B: in std_logic_vector(3 downto 0);
                F: out std_logic_vector(3 downto 0);
                S: in std_logic);
end;
architecture structure of LU is
        signal X0, X1: std_logic_vector(3 downto 0);
begin
        X0 <= A xor B;
        X1 <= A and B;
         F <= A when S = '0' else B;
end;
```

ALU 的最后一个组件是四路 2-1 线数据选择器(MUX2x4),其模型如下。

```
--QUAD 2-to-1 multiplexer
library ieee; use ieee.std_logic_1164.all;
entity MUX2x4 is
    port (A, B: in std_logic_vector(3 downto 0);
            Y: out std_logic_vector(3 downto 0);
            S: in std_logic);
    end;
    architecture behavioral of MUX2x4 is
    begin
    with S select
        Y <= A when '0',
            B when others;
end;
```

结合 AU、LU 和 MUX2x4 构成 ALU 模型如下。

```
--Four-bit ALU
library ieee; use ieee.std_logic_1164.all;
entity ALU is
   port (A, B: in std_logic_vector(3 downto 0);
        F: out std_logic_vector(3 downto 0);
        C4: out std_logic;
        S: in std_logic_vector(1 downto 0));
end;
architecture structure of ALU is
    component LU
        port (A, B: in std_logic_vector(3 downto 0);
                F: out std_logic_vector(3 downto 0);
                S: in std_logic);
    end component;
```

```
component AU
    port (A, B: in std_logic_vector(3 downto 0);
            F: out std_logic_vector(3 downto 0);
            S: in std_logic;
          Cout: out std_logic);
end component;
component MUX2x4
        port (A, B: in std_logic_vector(3 downto 0);
              Y: out std_logic_vector(3 downto 0);
              S: in std_logic);
end component;
    signal flu, fau: std_logic_vector(3 downto 0);
begin
Lunit: LU port map (A, B, flu, S(0));
Aunit: AU port map (A, B, fau, S(0), C4);
Munit: MUX2x4 port map (flu, fau, F, S(1));
end;
```

3.4.5　二进制阵列乘法器

乘法和除法比加减法更难运算，不仅手算时如此，在计算机中实现时也是如此。本节将重点介绍一种用于两个二进制数相乘的组合逻辑电路的设计，称为二进制阵列乘法器(BAM)。乘法和除法的时序逻辑电路实现将在后面的章节中讨论。

我们观察到，两个 1 位二进制数的乘法相当于这两个 1 位二进制数的与运算，结合乘法的手算方法，就形成了 BAM。下面以两个无符号 4 位二进制数的乘法举例说明。

```
    1010      乘数
X  0101      被乘数
    1010      第0位乘数与被乘数的部分积
  0000       第1位乘数与被乘数的部分积
 1010        第2位乘数与被乘数的部分积
0000         第3位乘数与被乘数的部分积
00110010     积
```

部分积是通过将乘数的相应位与被乘数的每个位相与而得到的。所以每个部分积可以用 4 个二输入与门产生。根据乘数位的位置把部分积向左移动，每次移动相当于将部分积乘以 2。然后将部分积相加得到最后的积。全加器阵列可以用于将部分积相加，而且全加器的每一行都相应地移位。因为要实现多行相加，通常会产生跨多列的进位，所以需要仔细连接全加器的行和列。以下为两个无符号二进制数 $a_3a_2a_1a_0$ 和 $b_3b_2b_1b_0$ 相乘的代数方程，显示了部分积是如何生成的，部分积是如何移位相加的，以及进位 (C_i) 是如何处理的。

$$
\begin{aligned}
(a_3a_2a_1a_0) \times (b_3b_2b_1b_0) &= (a_3b_0\,a_2b_0\,a_1b_0\,a_0b_0) \times 2^0 + (a_3b_1\,a_2b_1\,a_1b_1\,a_0b_1) \times 2^1 \\
&\quad + (a_3b_2\,a_2b_2\,a_1b_2\,a_0b_2) \times 2^2 + (a_3b_3\,a_2b_3\,a_1b_3\,a_0b_3) \times 2^3 \\
&= a_0b_0 + (a_1b_0 + a_0b_1) \times 2^1 + (a_2b_0 + a_1b_1 + a_0b_2 + C_1) \times 2^2 \\
&\quad + (a_3b_0 + a_2b_1 + a_1b_2 + a_0b_3 + C_2) \times 2^3 \\
&\quad + (a_3b_1 + a_2b_2 + a_1b_3 + C_3) \times 2^4 + (a_3b_2 + a_2b_3 + C_4) \times 2^5 \\
&\quad + (a_3b_3 + C_5) \times 2^6 + C_6 \times 2^7 \\
&= p_7p_6p_5p_4p_3p_2p_1p_0
\end{aligned}
$$

电路原理图

实现上述方程的 4×4 BAM 的示意图如图 3.76 所示。一般来说，需要 n^2 个与门和 n^2-n 个全加器来实现 $n \times n$ BAM。

4×4 BAM 乘法的运算时间由通过电路的最长传输延时决定，当操作数的最低有效位 a_0 或 b_0 影响乘积的最高有效位 p_7 时，就会发生这种情况。上述电路中最长的传输路径包括第二列中的与门、前两行全加器的每一行中的两个全加器加上最后一行中的所有全加器，总共有一个与门和 8 个全加器，则乘法运算时间为 $t_{gate}+8(2t_{gate})=17t_{gate}$。对于 $n \times n$ 阵列乘法器，乘法运算时间为 $(6n-7)t_{gate}$。

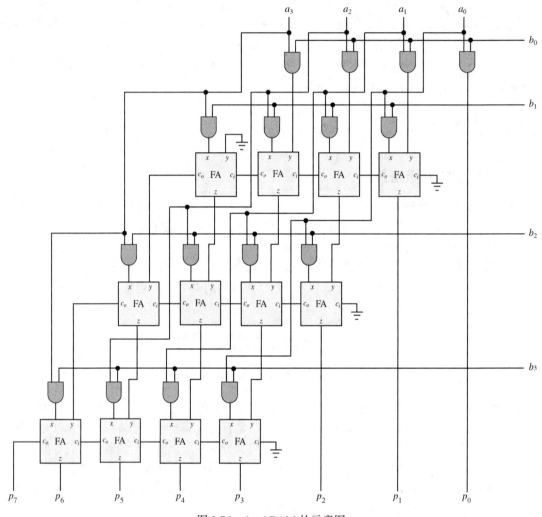

图 3.76　4×4 BAM 的示意图

Verilog 模型

在前面的算术逻辑单元示例中介绍的 AND2x4 和 RCAx4 模块可以用来描述 4×4 BAM，如下所示。

```
//Four-by-Four Binary Array Multiplier
module FourXFourBAM (A, B, P);
    input [3:0] A, B;
    output [7:0] P;
    wire [3:0] X1, Y1, X2, Y2, X3, Y3, Z1, Z2;
        AND2x4 (A, {B[0], B[0], B[0], B[0]}, {Y1[2:0], P[0]});
        AND2x4 (A, {B[1], B[1], B[1], B[1]}, X1);
        RCAx4 (X1, {1'b0, Y1[2:0]}, {Z1[3:1], P[1]}, 1'b0, Y2[3]);
        AND2x4 (A, {B[2], B[2], B[2], B[2]}, X2);
        AND2x4 (A, {B[3], B[3], B[3], B[3]}, X3);
        RCAx4 (X2, {Y2[3], Z1[3:1]}, {Z2[3:1], P[2]}, 1'b0, Y3[3]);
        RCAx4 (X3, {Y3[3], Z2[3:1]}, P[6:3], 1'b0, P[7]);
endmodule
```

VHDL 模型

下面是 4 × 4 BAM 的 VHDL 模型，该模型是采用 RCAx4 和 and02 组件编写的结构模型，其中，假设 RCAx4 和 and02 组件在工作库中可用。

```
--Four-by-Four Binary Array Multiplier
library ieee; use ieee.std_logic_1164.all;
entity FourXFourBAM is
        port (A, B: in std_logic_vector(3 downto 0);
                    P: out std_logic_vector(7 downto 0));
end;
architecture structure of FourXFourBAM is
        component RCAx4
                port (A, B: in std_logic_vector (3 downto 0);
                          S: out std_logic_vector (3 downto 0);
                       Cout: out std_logic);
        end component;
        component and02
                port (A, B: in std_logic;
                          Y: out std_logic);
        end component;
        signal X0, X1, X2, X3: std_logic_vector(3 downto 0);
        signal Z1, Z2: std_logic_vector(4 downto 0);
begin
-- First partial product: B0 x A
    A00: and02 port map (A(0), B(0), P(0));
    A01: and02 port map (A(1), B(0), X0(0));
    A02: and02 port map (A(2), B(0), X0(1));
    A03: and02 port map (A(3), B(0), X0(2));
                X0(3) <= '0';
-- Second partial product: B1 x A
    A10: and02 port map (A(0), B(1), X1(0));
    A11: and02 port map (A(1), B(1), X1(1));
    A12: and02 port map (A(2), B(1), X1(2));
    A13: and02 port map (A(3), B(1), X1(3));
-- Add first and second partial products
    AD1: RCAx4 port map (X0, X1, Z1(3 downto 0), Z1(4));
                P(1) <= Z1(0);
-- Third partial product: B2 x A
    A20: and02 port map (A(0), B(2), X2(0));
    A21: and02 port map (A(1), B(2), X2(1));
    A22: and02 port map (A(2), B(2), X2(2));
    A23: and02 port map (A(3), B(2), X2(3));
-- Add in third partial product
    AD2: RCAx4 port map (X2, Z1(4 downto 1), Z2(3 downto 0), Z2(4));
                P(2) <= Z2(0);
-- Fourth partial product: B3 x A
    A30: and02 port map (A(0), B(3), X3(0));
    A31: and02 port map (A(1), B(3), X3(1));
    A32: and02 port map (A(2), B(3), X3(2));
    A33: and02 port map (A(3), B(3), X3(3));
-- Add in fourth partial product
    AD3: RCAx4 port map (X3, Z2(4 downto 1), P(6 downto 3), P(7));
 end;
```

3.5　总结和复习

本章介绍了组合逻辑电路设计和分析的基础。任何逻辑函数都可以用与门、或门、非门组合构成的二级电路来实现，这种二级电路由逻辑函数的 SOP/POS 式导出。SOP 式可以由与或电路结构实现，而 POS 式可由或与电路结构实现。研究表明，任何二级与或电路都可以转换成等效的二级与非-与非电路；而任何二级或与电路都可以转换成等效的二级或非-或非电路。这也证明了{与，或，非}、{与非}和{或非}是功能完备的运算集(门集)。另外，本章还简单介绍了异或门，它可应用于算术运算电路和各种编码电路中。

扇入系数定义为给定逻辑门允许的最大输入数。某些给定逻辑函数,可能会因为扇入系数的限制而不能采用二级电路实现。在这种情况下,就需要三级或更多级的逻辑电路。使用布尔代数的定理对逻辑表达式进行因式分解,可以得到这类实现电路。

本章介绍了逻辑电路的分析(逆问题),以确定给定电路实现的逻辑函数。真值表、逻辑函数和时序图是逻辑分析的有用工具。时序图也可以用来分析传输延时(或门延时)对逻辑电路行为的影响,本章还举例说明了用门延时表示电路处理速度或电路传输时间的方法。

本章还介绍了译码器、编码器、数据选择器和数据分配器等中规模器件。译码器与数据选择器及必要的其他逻辑器件相结合,可以实现任意的组合逻辑函数。本章讨论了数码管及 BCD 到七段显示译码器,还探讨了加法、减法、乘法和比较等算术运算电路。

本章介绍了电路原理图和硬件描述语言(HDL)两种设计方法。电路原理图设计由门、中规模逻辑器件或其他硬件互连构成的逻辑电路实现。HDL 设计生成类似编程语言的代码,描述要实现的功能而不是实际电路,这种方法通常采用可编程逻辑器件实现。设计中采用了 Verilog 和 VHDL 两种硬件描述语言。可编程逻辑器件将在后面的章节中讨论。

本章内容是理解时序电路和本书后面涉及的其他高级主题的基础,要求熟练掌握。以下复习题用于辅助评估对所学内容的理解程度。

1. 给定逻辑函数,设计二级与或和与非-与非实现。
2. 给定逻辑函数,设计二级或与和或非-或非实现。
3. 给定逻辑函数,用具有扇入限制的逻辑门设计一个多级实现(即三级或更多级)。
4. 请用异或门实现奇偶校验功能。
5. 什么是异或树?
6. 给定组合逻辑电路,用布尔代数推导其逻辑表达式。
7. 给定组合逻辑电路,用布尔代数推导其真值表。
8. 什么是时序图?
9. 给定逻辑电路图及其输入时序图,画出电路的输出时序图。
10. 推导逻辑电路的最大传输延时。
11. 给定组合逻辑电路,编写 Verilog 或 VHDL 的结构模型。
12. 给定组合逻辑电路,编写 Verilog 或 VHDL 的行为模型。
13. 给定组合逻辑电路,编写符合设计规范的 Verilog 或 VHDL 模型。
14. 分析给定的 Verilog 或 VHDL 模型,给出其真值表。
15. 设计一个译码器,把一个二进制代码转换为另一种代码形式。
16. 使用译码器和其他逻辑器件实现给定的逻辑函数。
17. 使用数据选择器和其他逻辑器件实现给定的逻辑函数。
18. 设计一个 8 位二进制补码加法/减法器。
19. 设计一个 4 位算术逻辑单元(ALU),完成加、减、或、非运算。
20. 设计一个 8 位优先编码器。

3.6 小组协作练习

以下为小组协作练习,以 2~3 个学生为一组开展自主研学,并向其他同学陈述本小组的解决方案。这里的练习分为多个层次,简单练习用来测试对基本概念的理解,具有挑战性的问题促进深入学习，以培养解决问题的能力。如果有合适的设备条件，这些练习也可用硬件实现并进行演示。

1. 求下列函数的与或、与非-与非实现。

$$h(x, y, z) = \sum m(1, 3, 6, 7)$$

最小化每个实现电路中的门数量。假设原变量和反变量 $(x, \overline{x}, y, \overline{y}, z, \overline{z})$ 均可作为输入。

2. 求下列函数的或与、或非-或非实现。

$$h(x, y, z) = \sum m(1, 3, 6, 7)$$

最小化每个实现电路中的门数量。假设原变量和反变量 $(x, \overline{x}, y, \overline{y}, z, \overline{z})$ 均可作为输入。

3. 仅使用二输入与非门（NAND2）实现以下函数。

$$f(A, B, C) = \sum m(2, 3, 4, 5, 7)$$

假设所有变量都可作为输入。

4. 推导以下电路的真值表和逻辑表达式。

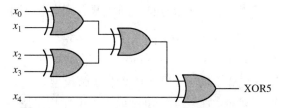

5. 给出练习 4 中电路的 Verilog 或 VHDL 结构模型和数据流模型。

6. 采用与非门和 3-8 线译码器设计练习 1 中逻辑函数的实现。

7. 使用 4-1 线数据选择器设计练习 1 中逻辑函数的实现。尽量减少额外逻辑器件的使用数量。

8. 使用一个译码器和两个或非门，设计一个全加器实现。

9. 设计一个可作为大型译码器构建模块的 2-4 线译码器，画出其与非门实现，并给出 Verilog 或 VHDL 模型。

10. 使用练习 9 中的 2-4 线译码器，设计一个 8-256 线译码器，画出电路图，并给出 Verilog 或 VHDL 模型。

11. 用基本门作为逻辑组件设计一个 4 位超前进位加法器，并给出其 Verilog 或 VHDL 结构模型。

12. 编写如图 3.58 所示的 4 位比较器的 Verilog 或 VHDL 行为模型。

13. 用超前进位加法器代替串行进位加法器，重新设计 3.4.4 节的四功能算术逻辑单元。

14. 采用二进制补码系统设计一个执行加法、减法、乘法和异或运算的 4 位算术逻辑单元。

15. 为 3.4.4 节的四功能算术逻辑单元设计逻辑函数，实现在数码管上以十进制显示其输入和输出。

16. 为 10 键数字键盘设计一个编码器，假设每个按钮有一条线，并且在任意给定时刻只有一个键被按下。该假设是否与实际相符。用 Verilog 或 VHDL 模型来实现该设计。

17. 增强 3.4.4 节的算术逻辑单元的功能，增加输出 (Z) 指示结果何时为零，增加输出 (N) 指示结果何时为负。

18. 在 3.4.4 节的算术逻辑单元中，没有明确定义与运算和异或运算的进位输出 (Z) 和溢出 (N) 的值。重新设计该算术逻辑单元，使之在执行与运算和异或运算时，Z 和 N 始终为逻辑 0。

19. 设计一个逻辑电路，将 8 位 ASCII 码编码为奇偶校验码，画出奇偶校验树电路图，写出对应的 Verilog 或 VHDL 数据流模型。

20. 设计一个电路，用于检验上一练习编码的奇偶性，画出其奇偶校验树电路图，并给出对应的 Verilog 或 VHDL 数据流模型。

21. SystemVerilog 是 Verilog 的扩展。请研究 SystemVerilog 和 Verilog 的历史，给出这两种语言的最新标准；总结 Verilog 中没有而 SystemVerilog 中具有的新特性。同样，总结 Verilog 中的哪些特性是 SystemVerilog 中没有的。

习题

3.1 设计以下逻辑函数的最小二级与或和与非-与非实现，画出电路图。
$$f(x, y, z) = \sum m(0, 1, 4, 5, 6)$$

3.2 设计习题 3.1 中逻辑函数的最小二级或与和与或非-或非实现，画出电路图。

3.3 为习题 3.1 中给出的逻辑函数编写 Verilog 或 VHDL 数据流模型。

3.4 为习题 3.1 中的与非-与非设计编写 Verilog 或 VHDL 结构模型。

3.5 设计以下逻辑函数的最小二级与或和与非-与非实现，画出电路图。
$$g(a,b,c,d) = \prod M(2,3,6,8,9,12)$$

3.6 设计习题 3.5 中逻辑函数的最小二级或与和或非-或非实现，画出电路图。

3.7 为习题 3.5 中的逻辑函数编写 Verilog 或 VHDL 数据流模型。

3.8 根据习题 3.5，为或非-或非设计编写 Verilog 或 VHDL 结构模型。

3.9 求下面逻辑电路的 MSOP 式和 MPOS 式。如果每个门都有一个传输延时 t_{gate}，那么通过该电路的最长传输延时是多少？

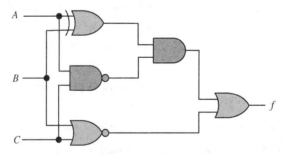

3.10 仅使用二输入与非门(NAND2)和/或二输入或非门(NOR2)设计习题 3.9 中电路的最小实现，画出电路图。

3.11 设计一个逻辑电路如下图所示，其输入为 A、B、C、D，输出为 f、g。输入代表以 BCD 形式编码的 4 位数字。如果输入数字可被 3 整除，则输出 f 为逻辑 1。当且仅当输入为有效的 BCD 码时，输出 g 为逻辑 0。假设二输入与非门(NAND2)、三输入与非门(NAND3)、四输入与非门(NAND4)和非门(NOT)可用。要求使用最少的门和变量，画出电路图。

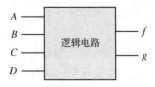

3.12 设计最简二级与非电路，实现以下逻辑函数。
$$f(A, B, C) = \sum m(1, 2, 3, 5, 6, 7, 8, 9, 12, 14)$$

3.13　用或非门重新设计习题 3.12 中的逻辑函数。

3.14　设计最简二级与非电路，实现以下逻辑函数。

(a) $f(A, B, C) = \sum m(0, 2, 3, 7)$

(b) $f(A, B, C, D) = \sum m(0, 2, 8, 10, 14, 15)$

(c) $f(A, B, C, D, E) = \sum m(4, 5, 6, 7, 25, 27, 29, 31)$

3.15　设计最简二级或非电路，实现习题 3.14 中的逻辑函数。

3.16　采用最简与非–与非电路，实现如下电路的功能。

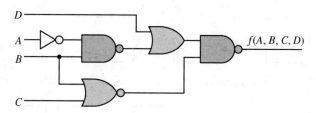

3.17　采用最简或非–或非电路，实现上述电路的功能。

3.18　编写习题 3.16 中逻辑函数的 Verilog 或 VHDL 数据流模型。

3.19　编写习题 3.16 中电路的 Verilog 或 VHDL 结构模型。

3.20　已知下面的时序图，写出最简逻辑函数的表达式。

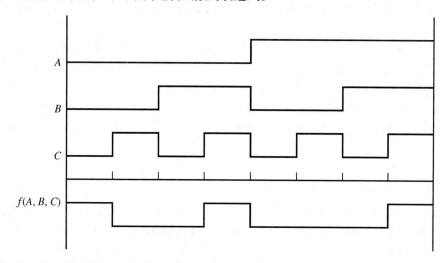

3.21　已知下面的逻辑电路，画出最简的二级或非–或非实现。

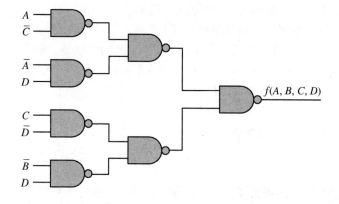

3.22   为习题 3.21 中的电路编写 Verilog 或 VHDL 结构模型。

3.23   为习题 3.21 中的电路编写 Verilog 或 VHDL 数据流模型。

3.24   对于下图所示的时序图，写出最简与非-与非实现和最简或非-或非实现。

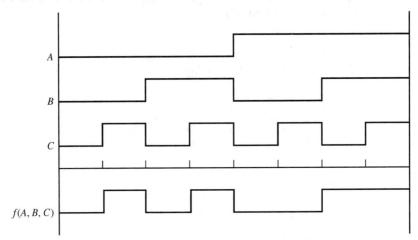

3.25   一条长长的走廊有三扇门，一头一扇，中间一扇。每扇门都有一个开关控制走廊上的灯，将开关标记为 A、B 和 C。假设灯是关着的，则拨动任何一个开关，灯都会打开，或者如果灯是开着的，则拨动任何一个开关，灯都会关闭。编写一个控制灯的 Verilog 或 VHDL 模型。

3.26   Joe、Jack 和 Jim 每周聚会一次，要么去看电影，要么去打保龄球。他们通过投票决定做什么，少数服从多数。假设 1 表示投票看电影，设计一个自动决策的逻辑电路，要求使用最少的与非门和或非门，并编写其 Verilog 或 VHDL 行为模型。

3.27   推导给定电路的逻辑方程，该电路具有 3 个输入变量 A、B、C 和一个输出变量 z，只有当 3 个输入中恰好有一个为高电平时，输出才为高电平。要求使用最少的与非门和或非门实现，并编写其 Verilog 和/或 VHDL 行为模型。

3.28   设计一个具有 4 个输入变量 A、B、C 和 D 的逻辑电路。只有当大多数输入为高电平时，输出才为高电平。要求仅使用或非门实现。

3.29   逻辑电路具有 4 个输入变量 A、B、C 和 D。只有奇数个输入为高电平时，输出才为高电平，请推导该电路的逻辑方程，并画出用最少数量的逻辑门实现的电路。

3.30   逻辑电路有 4 个输入变量 A、B、C 和 D，代表一个 4 位二进制数，其中 A 是最高有效位，D 是最低有效位。设计逻辑电路完成以下功能：只有当输入二进制数小于 $(0111)_2 = 7_{10}$ 时，输出才为高电平。可以使用任何类型的逻辑门来实现电路。

3.31   设计一个防盗报警控制器，使其能够感应 4 个输入信号。输入 A 来自一个秘密控制开关，输入 B 来自一个锁在壁橱里的钢制保险箱下面的压力传感器，输入 C 来自一个电池供电的时钟，输入 D 连接到一个锁着的壁橱门的开关上。在下列条件下，相应的输入线上产生逻辑 1。

A：控制开关关闭。

B：保险箱在壁橱里的正常位置。

C：时钟在 9 点到 16 点之间。

D：壁橱门关着。

写出防盗报警控制器的逻辑表达式：当保险箱移动且控制开关关闭时，或者当银行营业时间之外壁橱打开时，或者当壁橱打开且控制开关打开时，该表达式产生逻辑 1(响铃)。并为防盗报警控制器编写 Verilog 和/或 VHDL 模型。

3.32　推导给定电路的逻辑函数，该电路实现两个 2 位二进制数相减，即 $(X_1X_0)_2 - (Y_1Y_0)_2$，并产生输出结果 $(D_1D_0)_2$ 和借位信号 B_1。编写减法器的 Verilog 和/或 VHDL 模型。

$$X_1X_0$$
$$-Y_1Y_0$$
$$\overline{}$$
$$B_1D_1D_0$$

3.33　设计一个逻辑电路，该电路输入为 BCD 码，并且仅当输入的十进制数可被 3 整除时输出为逻辑 1。用四变量卡诺图设计该电路。

3.34　设计一个有 5 个输入变量和一个输出变量的逻辑电路。4 个输入变量代表 BCD 数字，第五个输入为控制线。当控制线处于逻辑 0 时，只有当输入的 BCD 数字大于或等于 5 时，输出才为逻辑 1。当控制线为高电平时，只有当输入的 BCD 数字小于或等于 5 时，输出才为逻辑 1。

3.35　设计一个多输出逻辑电路，其输入为 BCD 数字，其输出定义如下。f_1：检测可被 4 整除的输入数字；f_2：检测大于或等于 3 的数字；f_3：检测小于 7 的数字。编写该电路的 Verilog 和/或 VHDL 模型，并画出用与非门实现的电路。

3.36　设计一个多输出组合网络，该网络具有两个输入信号 x_0 和 x_1、两个控制信号 c_0 和 c_1 及两个输出函数 f_0 和 f_1。表中列出了在控制信号作用下的输出值。比如 $c_0= 0$，$c_1= 1$，那么 $f_0(x_0, x_1, c_0, c_1) = x_0$，$f_1(x_0, x_1, c_0, c_1) = 0$。编写该电路的 Verilog 和/或 VHDL 模型，并画出使用或非门实现的电路。

c_0	c_1	f_0	f_1
0	0	0	0
0	1	x_0	0
1	0	0	x_1
1	1	x_0	x_1

3.37　导出图 3.31 所示的 4-16 线译码器模块输出 5 和输出 11 的逻辑表达式。根据表达式，描述译码器的工作原理和使能输入端的功能。

3.38　编写 4-16 线译码器的 Verilog 和/或 VHDL 行为模型。输入为 $\{D, C, B, A\}$，输出为 $\{\overline{O}_0, \overline{O}_1, \cdots, \overline{O}_{15}\}$，低电平有效。译码器有一个使能输入端 (E)，高电平有效。

3.39　使用 3-8 线译码器模块，构建一个 5-32 线译码器。假设每个 3-8 线译码器有一个低电平有效的使能输入 $\overline{E}_1$ 和一个高电平有效的使能输入 E_2。

3.40　使用 4-16 线译码器模块和必要的输出逻辑门实现以下逻辑函数(选择与非门或与门以最小化输出门的扇入系数)。

　(a) $f_1(a, b, c, d) = \sum m(2,4,10,11,12,13)$
　　$f_2(a, b, c, d) = \prod M(0 \ to \ 3, 6 \ to \ 9, 12, 14, 15)$
　　$f_3(a, b, c, d) = \overline{b}c + \overline{a}\,\overline{b}d$
　(b) $f_1(a, b, c, d) = \sum m(0, 1, 7, 13)$
　　$f_2(a, b, c, d) = ab\overline{c} + acd$
　　$f_3(a, b, c, d) = \prod M(0, 1, 2, 5, 6, 7, 8, 9, 11, 12, 15)$
　(c) (a)中 3 个逻辑函数的反函数。

(d) (b)中 3 个逻辑函数的反函数。

3.41   找出下图所示电路中 $f(W, X, Y, Z)$ 的 MSOP 式。

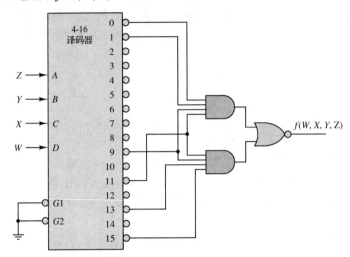

3.42   设计一个逻辑电路,实现二进制到十进制的译码器,其输入为高电平有效的4位BCD码(x_3x_2 x_1x_0),输出为($d_9, d_8, \cdots, d_1, d_0$)且低电平有效。

3.43   为习题 3.41 中的译码器设计 Verilog 和/或 VHDL 行为模型。

3.44   设计一个译码器,其输入为 4 位代码($c_3c_2c_1c_0$),代表十六进制数字{0~9,A,b,C,d,E,F},其输出驱动一个七段数码管来显示相应的字符。(字母 B 和 D 通常以小写形式显示,以便与数字 8 和 0 区分开来。)

3.45   为习题 3.44 中描述的十六进制到七段显示译码器编写 Verilog 和/或 VHDL 行为模型。

3.46   设计一个逻辑电路,将 4 位二进制数字从有符号格式转换为二进制补码格式。要求每一个输出均使用二级与或电路实现。

3.47   为习题 3.46 编写 Verilog 和/或 VHDL 行为模型。

3.48   设计一个译码器,将 4 位数字从格雷码转换为二进制码。

3.49   为习题 3.48 编写 Verilog 和/或 VHDL 行为模型。

3.50   仅使用或非门设计 4-2 线优先编码器电路。输入为 $a_3a_2a_1a_0$,a_3 的优先级最高,a_0 的优先级最低。输出为 y_1y_0 和 G,y_1y_0 表示最高优先级的输入有效,G 表示至少有一个输入有效。

3.51   为习题 3.50 编写 Verilog 和/或 VHDL 行为模型。

3.52   推导图 3.43 的 8-1 线数据选择器模块中由输入 D_3 和 D_6 驱动的与门输出的逻辑表达式。根据以上表达式,简述数据选择器的工作原理和选通(使能)输入的功能。

3.53   编写 Verilog 和/或 VHDL 行为模型,描述图 3.43 的 8-1 线数据选择器的功能。

3.54   设计一个 5-1 线数据选择器,要求尽可能减少电路中的门数量。

3.55   编写 Verilog 和/或 VHDL 行为模型,描述 5-1 线数据选择器的功能。

3.56   设计一个三输入/3 位数据选择器,要求只使用与非门实现。

3.57   为习题 3.56 编写 Verilog 和/或 VHDL 行为模型。

3.58   使用 4-1 线数据选择器模块设计一个 8-1 线数据选择器,该模块没有使能输入端。(不使用任何附加门。)

3.59   仅使用 8-1 线数据选择器模块、或门和反相器设计双路(2 位)16 输入数据选择器。

3.60 编写一个 8-1 线数据选择器的 Verilog 和/或 VHDL 行为模型。然后，使用该 8-1 线数据选择器作为组件，编写一个双路 (2 位) 16-1 线数据选择器的模型。

3.61 使用 4-1 线数据选择器模块实现以下逻辑函数。

(a) $f_1(a, b, c) = \sum m(2, 4, 5, 7)$

(b) $f_2(a, b, c) = \prod M(0, 6, 7)$

(c) $f_3(a, b, c) = (a + \bar{b})(\bar{b} + c)$

3.62 使用 8-1 线数据选择器模块实现以下逻辑函数。

(a) $f(b, c, d) = \sum m(0, 2, 3, 5, 7)$

(b) $f(b, c, d) = \bar{c} + b$

(c) $f(a, b, c, d) = \prod M(0, 1, 2, 3, 6, 7, 8, 9, 12, 14, 15)$

3.63 求以下电路实现的逻辑函数 $f(A, B, C, D)$ 的最小项表达式。

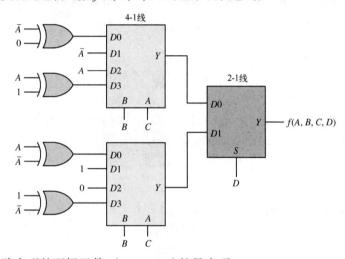

3.64 求由以下电路实现的逻辑函数 $f(A, B, C, D)$ 的最小项。

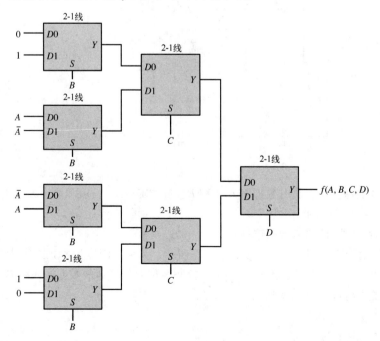

3.65 求以下电路实现的逻辑函数的最小项表达式。

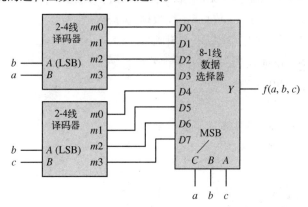

3.66 写出以下电路实现的逻辑函数的最小项表达式，B 为数据选择器的最高有效位(MSB)。

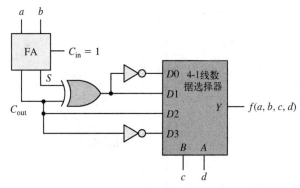

3.67 给定下面的电路，导出输出 $f(a, b, c, d)$ 的最小项表达式。B 为译码器和数据选择器的 MSB。假设为正逻辑(输入和输出为高电平有效)。

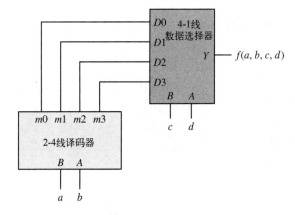

3.68 设计一个全加器模块，具有数据输入 A 和 B、进位输入 C_{in}、求和输出 S 和进位输出 C_{out}。
(a) 使用 3-8 线译码器和与非门。
(b) 使用双路(2 位)四输入数据选择器。

3.69 设有 3 个温度传感器用于测量温度，如下图所示，其输出温度为 8 位二进制值 $T_7 \sim T_0$。使用数据选择器模块，通过 2 位地址线 $A_1 A_0$，控制 8 位微处理器的数据输入线 $D_7 \sim D_0$ 读取任何一个传感器的温度，画出其框图。

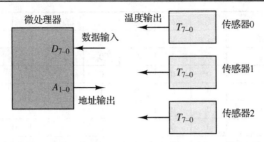

3.70 使用二级与非门电路设计一个 2 位加法器电路。输入是 2 位二进制数 a_1a_0 和 b_1b_0。输出是 2 位二进制和 s_1s_0 和进位输出 c_1。

3.71 使用题 3.70 中设计的 2 位加法器模块，设计一个 16 位串行进位加法器。根据门延时 t_{gate} 计算加法运算时间。将该加法器的运算时间与 16 位串行进位加法器进行比较。、

3.72 仅使用半加器设计一个电路，将 3 个位 x_i、y_i、z_i 相加，产生进位 c_i 和求和位 s_i，如下表所示。

x_i	y_i	z_i	c_i	s_i
0	0	0	0	0
0	0	1	0	1
0	1	0	0	1
0	1	1	1	0
1	0	0	0	1
1	0	1	1	0
1	1	0	1	0
1	1	1	1	1

3.73 使用超前进位而不是串行进位设计 4 位全加器。

3.74 使用或非门设计一个 1 位全减器模块，然后用该模块构造一个 4 位减法器。

3.75 简述二进制补码加法和减法运算的溢出条件。

3.76 为图 3.54 设计一个溢出检测电路，假设该单元将用在 4 位二进制补码加减运算中。

3.77 图 3.52 中描述的 4 位加法器模块比 4 位串行进位加法器的速度更快，因为每一级的进位信号是由所有输入信号计算得到的，而不是通过逐级传输得到的。仅由 A_i、B_i 和 C_0 输入信号推导 4 位加法器内部进位信号 C_2 的表达式。使用 A_2A_1、B_2B_1 和 C_0 作为加数来确定进位信号 (A_2 和 B_2 作为 MSB)，找到使 $C_2 = 1$ 的表达式 $(A_2, A_1, B_2, B_1, C_0)$ 组合。(找到 C_2 的最小项表达式。)

3.78 设计一个 BCD 加法器，将两个无符号 BCD 数字相加，产生一个 BCD 结果和一个进位输出。用与非门实现。

3.79 为习题 3.78 中的 BCD 加法器编写 Verilog 和/或 VHDL 行为模型。

3.80 设计一个 3 位比较器，输入为 $A = (a_2a_1a_0)_2$ 和 $B = (b_2b_1b_0)_2$，3 个输出分别为 EQ ($A = B$)、GT ($A > B$) 和 LT ($A < B$)。用或非门和/或与非门实现此逻辑函数。

3.81 编写习题 3.80 中的 3 位比较器的 Verilog 和/或 VHDL 模型。

3.82 采用适当的门电路和一个 4 位比较器，设计电路实现两个 5 位二进制数 $A = (a_4 \cdots a_0)$ 和 $B = (b_4 \cdots b_0)$ 的比较，当 $A > B$ 时，$f_3 = 1$；当 $A = B$ 时，$f_2 = 1$；当 $A < B$ 时，$f_1 = 1$。(提示：使用级联输入来比较两个最高有效位。)

3.83 设计一个逻辑电路，比较 3 个 4 位数字 $X = (x_3x_2x_1x_0)_2$、$Y = (y_3y_2y_1y_0)_2$、$Z = (z_3z_2z_1z_0)_2$，该电路必须具有下表所述的功能。用 4 位比较器和逻辑门实现此逻辑函数。

条件	f_0	f_1	f_2	f_3	f_4	f_5	f_6	f_7
$X > Y > Z$	1	0	0	0	0	0	0	0
$X > Z > Y$	0	1	0	0	0	0	0	0
$Y > X > Z$	0	0	1	0	0	0	0	0
$Y > Z > X$	0	0	0	1	0	0	0	0
$Z > X > Y$	0	0	0	0	1	0	0	0
$Z > Y > X$	0	0	0	0	0	1	0	0
$X = Y = Z$	0	0	0	0	0	0	1	0
其他情况	0	0	0	0	0	0	0	1

3.84　编写习题 3.83 中比较器的 Verilog 和/或 VHDL 行为模型。

3.85　仅使用与非门设计一个逻辑电路，实现两个 2 位数字 $(a_1a_0)_2$ 和 $(b_1b_0)_2$ 相乘。乘积为 4 位数字 $(p_3p_2p_1p_0)_2$。

3.86　使用与门、半加器和全加器模块设计一个逻辑电路，实现两个 4 位数字 $(a_3a_2a_1a_0)_2$ 和 $(b_3b_2b_1b_0)_2$ 相乘。乘积为 8 位数字 $(p_7p_6p_5p_4p_3p_2p_1p_0)_2$。

3.87　设计逻辑电路，测试两个 4 位数字 $(a_3a_2a_1a_0)_2$ 和 $(b_3b_2b_1b_0)_2$ 是否相等。当数字相等时，电路输出 e 为 0；当数字不相等时，输出 e 为 1。画出电路图。

3.88　为习题 3.87 编写 Verilog 和/或 VHDL 模型。

3.89　设计一个译码器，将无符号 4 位二进制数转换为两个 BCD 数字，这两个 BCD 数字代表二进制数对应的十进制值。将设计描述为 Verilog 和/或 VHDL 行为模型。

3.90　设计一个译码器，将无符号 4 位二进制数转换为代码，用于在两个七段数码管上显示该二进制数对应的十进制数。高位为零时不显示。将设计描述为 Verilog 和/或 VHDL 行为模型。

3.91　设计一个译码器，将 4 位二进制补码转换为代码，用于在两个七段数码管上显示该二进制数对应的符号和十进制值。将设计描述为 Verilog 和/或 VHDL 行为模型。

3.92　2-1 线数据选择器常常作为原始组件被包含在单元库中。由 2-1 线数据选择器及与门、或门和非门实现以下逻辑函数，要求使用尽可能少的元器件。

(a) AB　　　　　　　　　　　　　　(b) $A\overline{B}$

(c) $A + B$　　　　　　　　　　　　(d) $A \oplus B$

(e) $A\overline{C} + BC$　　　　　　　　　(f) $\sum m(0, 2, 3, 5)$

(g) $a\overline{b}\overline{c} + \overline{a}c + bc$　　　　　(h) $\sum m(0, 1, 2, 3, 4, 5, 9, 13, 14, 15)$

3.93　列出下述逻辑电路的真值表。

(a) 假设为正逻辑　　　　　　　　　(b) 假设为负逻辑

V_a	V_b	V_c	V_z
0	0	0	0
0	0	4.9	4.9
0	4.9	0	0
0	4.9	4.9	4.9
4.9	0	0	0
4.9	0	4.9	0
4.9	4.9	0	4.9
4.9	4.9	4.9	4.9

3.94　为习题 3.9 中的电路设计 Verilog 和/或 VHDL 结构和数据流模型。

3.95　为 3.4.4 节的算术逻辑单元设计中使用的 XOR2x4 模块设计 Verilog 和/或 VHDL 行为模型。

3.96　计算图 3.16 中电路的传输延时。

3.97　为图 3.44 中描述的数据选择器编写 Verilog 和/或 VHDL 行为模型。

3.98　已知第 1 章表 1.10 中定义的 7 位 ASCII 码，假设只有异或门可用，设计以下电路，画出电路图。

　　(a) 用于奇校验编码的奇校验位发生器。

　　(b) 用于检测 1 位发生错误的奇校验检测电路。

3.99　对偶校验编码情况重复习题 3.95。

3.100　已知第 1 章表 1.14 中定义的汉明码 1(Hamming code 1)，为该编码设计一个编码器，并编写该编码器的 Verilog 和/或 VHDL 行为模型。

3.101　为汉明码 1 设计一个译码器，并编写其 Verilog 和/或 VHDL 模型。该译码器应具有检测并纠正单个错误的功能。

3.102　对汉明码 2(Hamming code 2)重复习题 3.100。

3.103　对汉明码 2 重复习题 3.101。此外，所设计的译码器应具备检测两位错误的功能。

第4章 时序逻辑电路简介

学习目标

本章介绍了时序逻辑电路的基本模型，以及常见存储元件例如锁存器和触发器的工作原理与设计方法。学生通过本章知识点的学习，能获得必要的知识和技能，并完成以下目标：

1. 理解时序逻辑的行为，即数字电路的输出变量是时序输入变量的逻辑函数。
2. 掌握时序逻辑电路的存储元件，例如锁存器与触发器等。
3. 设计简单的时序逻辑电路模块，例如寄存器、计数器和移位寄存器等。

时序逻辑器件是数字系统的基本单元。回顾一些概念可知，组合逻辑电路的输出变量是当前输入变量的函数。然而，时序逻辑元件的输出不仅与输入变量的当前值有关，也与输入变量的过去值有关。通过存储元件即存储器即可保存时序逻辑电路的过去值，由此可设计实现组合逻辑电路无法实现的逻辑函数。

时序逻辑的概念不仅仅限于数字系统。例如，我们来分析一个 4 层楼电梯的运行情况。电梯类似于一个时序逻辑器件，其运行受控于控制面板(遥控器或者每层楼的控制面板)的输入指令，其所在位置可能是 1～4 层楼中的一层(表示为一个数字)。电梯必须"记住"其当前位置或者楼层，以便根据指令执行新楼层的转换。因此，我们定义电梯的"现态"为当前楼层，并且包含了过去的楼层位置转变的历史信息，例如，电梯运行状态为"3 层，上行"，这样的现态不同于"3 层，下行"。同时，我们通过"现态"和输入指令来定义电梯的"次态"(下一个楼层位置)，包含了电梯控制面板上的按钮信息。如果电梯处于"3 层，下行"状态，则电梯会对 2 层的下行指令加以响应，而忽视 2 层的上行指令。一旦确定了次态，就会发出指令激活状态转换，即向牵引电机输出信号，电梯行进至新的楼层。下面将对时序逻辑电路中的基本概念，即现态、次态、输入变量、输出变量和状态转换进行详细的描述。

另一个时序逻辑器件的简单例子就是在数字系统中广泛应用的计数器，其"现态"对应的就是当前的计数值。计数器可用来统计进入某停车场的汽车总数，或者对一个通信平台发射或接收到的数码值进行计数，或者跟踪一个大型计算系统中的某个函数值。本章将会详细介绍计数器。

4.1 时序逻辑电路的建模与分类

一个时序逻辑电路可以采用多种形式的模型来加以描述，在电路分析和设计时采用模型有助于通过数学或者图表形式来定义电路的行为。在某些情况下，可以通过仿真或者数学推理来证明电路模型的行为是正确的，这样就可以设计电路以实现此功能。本节介绍时序逻辑电路的几种建模方法，例如有限状态机、状态图和状态表。

4.1.1 有限状态机

我们已经学习了组合逻辑电路，可以用以下数学表达式描述图 4.1 所示类型的电路，即

$$z_i = f_i(x_1, x_2, \cdots, x_n), \qquad i = 1, \cdots, m \tag{4.1}$$

上式简要地描述了输出变量是当前输入变量的函数，式(4.1)中的所有逻辑变量均假定为二值的，即为 0 或者为 1。

图 4.1　组合逻辑电路的模型

如图 4.2 所示，一个时序逻辑电路的通用模型包括组合逻辑电路和存储器。数组 x 和数组 z 分别表示电路中的输入和输出变量。每一个存储单元存储表示电路状态的 r 位二进制代码中的一位数码；数组 y 表示电路的现态；数组 Y 表示电路的次态，即电路即将进入的下一个状态。状态变量的现态值 y_i 储存在存储单元 M_i 中，而 Y_i 表示 M_i 存储的次态。由于状态变量值是有限量的组合，因此我们称这样的逻辑电路是有限状态机，采用下式来表述电路状态与输入逻辑变量之间的代数关系，即

$$Y_i = h_i(x_1, \cdots, x_n, y_1, \cdots, y_r), \qquad i = 1, \cdots, r \tag{4.2}$$

其中，h_i 是布尔函数。

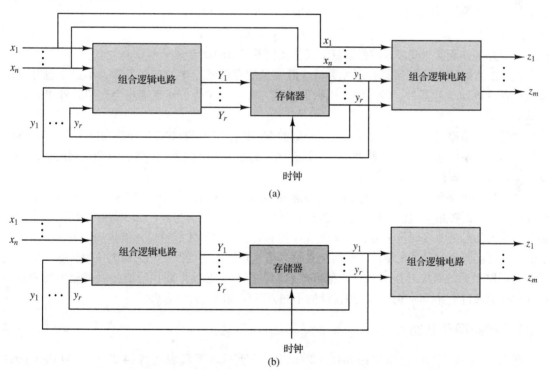

图 4.2　时序逻辑电路的模型。(a)米利型；(b)摩尔型

图 4.2 展示了两种实现电路输出的方式，图 4.2(a)的模型称为米利(Mealy)型[1]时序逻辑电路，其输出是输入变量和现态的函数。因此，采用米利模型表示电路状态、输入与输出变量关系的时序逻辑电路时，其数学表达式如下：

$$z_i = g_i(x_1, \cdots, x_n, y_1, \cdots, y_r), \qquad i = 1, \cdots, m \tag{4.3}$$

其中，g_i 是布尔函数。

图 4.2(b)的模型称为摩尔(Moore)型[2]时序逻辑电路，其输出状态仅与现态有关。因此，采用

摩尔模型表示电路状态与输出变量关系的时序逻辑电路时,其数学表达式如下:

$$z_i = g_i(y_1, \cdots, y_r), \qquad i = 1, \cdots, m \tag{4.4}$$

其中,g_i是布尔函数。

以向量表达式重写式(4.2)~式(4.4)如下:

$$\mathbf{Y} = \mathbf{h}(\mathbf{x}, \mathbf{y}) \tag{4.5}$$

$$\mathbf{z} = \mathbf{g}(\mathbf{x}, \mathbf{y}) \qquad (\text{米利型}) \tag{4.6}$$

$$\text{或者 } \mathbf{z} = \mathbf{g}(\mathbf{y}) \qquad (\text{摩尔型}) \tag{4.7}$$

有

$$\mathbf{z} = \begin{bmatrix} z_1 \\ z_2 \\ \vdots \\ z_m \end{bmatrix}, \mathbf{x} = \begin{bmatrix} x_1 \\ x_2 \\ \vdots \\ x_n \end{bmatrix}, \mathbf{y} = \begin{bmatrix} y_1 \\ y_2 \\ \vdots \\ y_r \end{bmatrix}, \mathbf{Y} = \begin{bmatrix} Y_1 \\ Y_2 \\ \vdots \\ Y_r \end{bmatrix} \tag{4.8}$$

注意,z_i、x_i、y_i和Y_i都是二进制逻辑变量(值为逻辑 0 或者逻辑 1)。

式(4.8)中的向量均与时间有关,因此,本书约定向量 $\mathbf{y}$ 是时间 t 的函数 $\mathbf{y}(t)$。我们偶尔会检验信号 $\mathbf{y}(t)$ 在等间隔的时间点上的波形。如果 $t_k = k\Delta t$(k 是整数),则有

$$\mathbf{y}(t_k) = \mathbf{y}(k\Delta t) \tag{4.9}$$

这里,Δt 是等间隔的时间段。简便起见,通常我们不显示时间变量。

图 4.2 的框图中的存储器有多种类型,最常见的存储器是半导体触发器,不过,也可以是其他器件,例如磁性器件、传输线、机械继电器、旋转开关等。接下来将会介绍几种半导体存储器的性能。

时序逻辑电路可分为同步或者异步。同步时序逻辑电路的所有状态转换均与同一个信号(即时钟信号)同步。时钟信号是一个脉冲序列,具有固定的速率或者频率。时钟将驱动电路的存储单元改变状态值,否则存储单元会保持现态。

某些应用电路要求时序逻辑电路与时钟脉冲不同步,这就是异步时序电路。由于电路的某些组成单元没有时钟信号提供时间信息,因此设计方法比较特别。另外,异步时序电路的状态转换始终与输入信号的改变保持一致,而不是仅在控制时钟有效时才能对输入信号加以响应。输入变量的改变可能是瞬时脉冲的驱动,也可能是输入信号逻辑电平的改变。无须响应时钟脉冲的改变意味着存储单元的状态转换可通过其他方式启动,因此,必须采取预防措施以避免出现冲突,第 6 章会深入讨论异步时序逻辑电路设计的不同方案与难以预料的后果。

4.1.2　状态图和状态表

包含存储器的时序逻辑电路如图 4.2(a)和(b)所示,逻辑表达式(4.2)~(4.4)和向量表达式(4.5)~(4.7)完整地定义了电路的行为。这样的描述尽管完整,但是没有清晰地展示多个逻辑变量之间的关系。事实上,通常采用状态图或者状态表来形象地展示输入变量、输出变量、现态和次态之间的逻辑关系。状态图使用图形表达一个时序逻辑电路的行为,圆圈表示电路的状态值,弧线箭头表示状态转换过程(即从现态 $\mathbf{y}$ 变为次态 $\mathbf{Y}$)。如果是米利型时序逻辑电路,则每个箭头上均标注输入 $\mathbf{x}$ 和输出 $\mathbf{z}$,如图 4.3(a)所示;如果是摩尔型时序逻辑电路,则由于输出 $\mathbf{z}$ 是现态 $\mathbf{y}$ 的函数,只需将输出 $\mathbf{z}$ 标注在每个圆圈的状态值旁边,如图 4.3(c)所示。

图 4.3(b)和(d)表示了状态表的绘制方法。所有的输入 $\mathbf{x}$ 在顶部列出,而所有的状态向量 $\mathbf{y}$ 出现在左侧。对于米利型电路,表格中填写的是次态 $\mathbf{Y}$ 值和输出 $\mathbf{z}$ 值,如图 4.3(b)所示。解读此表

如下：对于一个时序电路的输入 **x** 和现态 **y**，电路的下一个状态是次态 **Y** 和输出 **z**。米利型电路的输出与状态转换同步发生，如状态图中的弧线所示。换句话说，电路输出 **z** 是输入变量 **x** 与现态 **y** 的函数，如式(4.3)所示。

对于摩尔型电路，状态表相比图 4.3(b) 有稍许不同，如图 4.3(d) 所示。状态表中的输出 **z** 不在次态 **Y** 边上，因为输出 **z** 与输入 **x** 无关，即输出 **z** 是现态 **y** 的函数。因此，在状态表中，输出 **z** 这一列与次态 **Y** 是分离的，以此强调输出取决于现态，而不是次态。

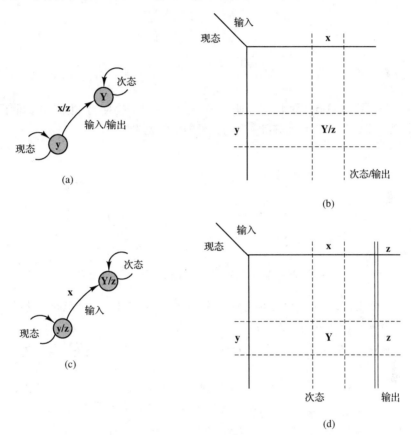

图 4.3　状态图与状态表。(a)米利型状态图；(b)米利型状态表；(c)摩尔型状态图；(d)摩尔型状态表

实际上，状态图和状态表通常用字符而不是用向量来标注，例如，一个时序逻辑电路包含两个现态逻辑变量 y_1、y_2，即

$$\mathbf{y} = [y_1, y_2]$$

因此，向量 **y** 可能具有以下四种值：

$$\mathbf{y} = [00] = A, \quad \mathbf{y} = [10] = C$$
$$\mathbf{y} = [01] = B, \quad \mathbf{y} = [11] = D \tag{4.10}$$

那么，时序逻辑电路可能有四种状态值，标注为 A、B、C 和 D。总之，如果用 r 表示含 N_s 个状态的时序逻辑电路中存储器的数量，则二者关系如下：

$$2^{r-1} < N_s \leqslant 2^r \tag{4.11}$$

可以采用其他方法来表示二进制代码的状态，本书后续会加以介绍，例如独热(one-hot)状态分配，即每一个状态使用一个存储单元。

一个米利型时序逻辑电路的状态图和状态表如图 4.4(a)和(b)所示。假设电路有一个输入变量 x，两个状态变量 y_1 和 y_2，以及一个输出变量 z。

$$输入：x = 0$$

$$x = 1$$

$$状态：[y_1, y_2] = [00] \equiv A$$

$$[y_1, y_2] = [01] \equiv B$$

$$[y_1, y_2] = [10] \equiv C$$

$$输出：z = 0$$

$$z = 1$$

在这种情况下，电路只有三种状态，即 $[y_1, y_2] = [11] \equiv D$ 不会使用，因为我们假设这种组合在电路中不会出现。那么对输入、状态和输出的关系图举例说明如下。

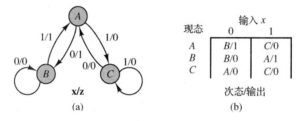

现态	输入 x	
	0	1
A	B/1	C/0
B	B/0	A/1
C	A/0	C/0
	次态/输出	

(a)　　　　　　(b)

图 4.4　米利型电路的示例。(a)状态图；(b)状态表

例 4.1　对于图 4.4 所示的时序逻辑电路，输入序列 $x = 011010$，分析此电路的输出序列，按照时间顺序假设时间点分别为 T_0、T_1、T_2、T_3、T_4、T_5。

首先，我们假设电路的初始状态为 A。$t = 0$ 时，如果输入 $x = 0$，仅从状态图或状态表来看，在时钟脉冲 T_0 下降沿时刻，电路状态改变，输出 z 从 1 变为 0，而电路次态是 B。接下来，在输入 $x = 1$ 和现态 B 一起作用下，从状态图可以看出，在 T_1 时刻，电路状态从 B 变为 A，输出 z 立即从 1 变为 0。继续观察输入序列，在时间点 T_2、T_3 等时刻，电路的状态改变如图 4.5 所示。

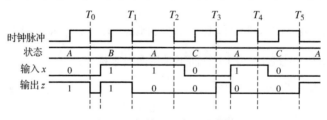

图 4.5　米利型电路的时序图

可见，输入序列从状态 A 开始进入电路，产生输出序列 $z = 110000$，而且最终状态仍然是 A。

图 4.5 展示了已知输入序列的电路时序输出，并且假设时钟引起状态改变的时刻是从高电平转换至低电平时，即时钟下降沿。注意：输出变量 z 的改变随时会发生，或者因为输入变量 x 改变，或者是电路状态改变，因为 z 是二者的函数。这使得我们必须谨慎观察时序图中两种不希望发生的输出变化。例如，在 T_0 时刻，当状态变为 B 时，z 跳变为逻辑 0。然后，在 $x = 1$ 时，z 又回到逻辑 1。相似的变化发生在 T_3 时刻。因此，对于米利型电路，采样其输出值必须在输入信号改变之后且电路已经稳定输出时。

相似的分析也可以应用于摩尔型电路。注意，此时的输出变量是电路现态的函数。观察如图 4.6(a) 和 (b) 所示的同步时序逻辑电路的状态图和状态表，得到的输出函数值如图 4.6(b) 中状态表的最右列所示。

例 4.2　摩尔型时序逻辑电路如图 4.6 所示，当输入序列 $x = 011010$ 时，如果电路的初始状态为 W，分析其输出序列。

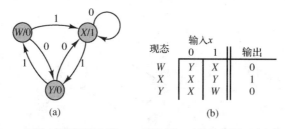

图 4.6　同步时序逻辑电路——摩尔型。(a) 状态图；(b) 状态表

摩尔型时序逻辑电路的输出变量值可以从状态图或者状态表结合现态来分析。图 4.7 展示了已知输入序列的时序图，根据上例，所有的状态改变发生在时钟下降沿时刻。注意：仅当电路的状态改变时，输出变量 z 的值才发生改变，与输入变量 x 的变化无关。

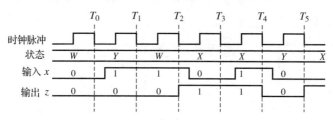

图 4.7　摩尔型电路的时序图

从图 4.7 我们看到，摩尔型电路的状态和输出变量的改变均与时钟同步，因为输出变量 z 是电路状态的函数，仅当电路状态改变时，输出才会发生改变。所以，在输入变量 x 变化期间，输出变量值保持不变，与图 4.5 所示的米利型电路输出变量的分析结果完全不同。可见，相比米利型电路，摩尔型电路的输出表现更稳定，因为其输入变化不会引起输出发生不必要的突变。

不过，采用米利型电路的主要优势在于其输出变量是输入变量和电路状态的函数，设计人员在设计输出表达式和状态转换条件时更加灵活。而且，相比摩尔型电路，米利型电路可采用更少的状态来实现同样的功能，毕竟摩尔型电路的输出仅与电路状态相关。

后续章节会分别以米利型电路和摩尔型电路来举例说明。

4.1.3　算法状态机

在设计系统控制单元时，参考状态图的变化是非常有用的，另一种有限状态机表示则是算法状态机 (ASM) 图。算法被定义为对应于给定输入序列而产生一组期望序列的步骤流程。ASM 图非常便于表达一种实现时序逻辑电路的算法，类似于计算机编程时采用的描述软件算法的流程图。ASM 图包含以下 3 个基本要素。

(a) 状态框：表示电路的一种状态，类似于状态图中的一个时间点。状态名列写在方框中，对于摩尔型电路，输出值也应该同时出现，表明现态时的动作结果。一个状态框总是有一个单输入端和单输出端，如图 4.8(a) 所示。

(b)决策框：表示电路在输入改变时判断电路状态转换的条件是否满足。如图 4.8(b)所示，列出输入的两种逻辑电平，决策框仅有一个输入端和两个输出端，分别对应输入电平为 0 或者 1 的两种情况。所以，决策框是一进二出的形式。

(c)条件输出框：米利型电路的已知输入有对应的电路输出和状态变化，条件输出框被置于一个决策框和一个状态框之间，如图 4.8(c)所示，只有一个输入端和一个输出端。

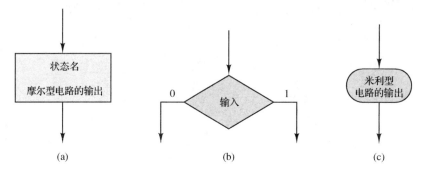

图 4.8　ASM 图的基本要素。(a)状态框；(b)决策框；(c)条件输出框

ASM 图用于设计米利型和摩尔型电路。针对米利型电路的 ASM 图和相应的状态图分别如图 4.9(a)和(b)所示。注意：输出变量 z 在条件输出框中，对于每一种电路状态与输入变量的组合，在状态图中能看到弧线上所对应的输出 z。

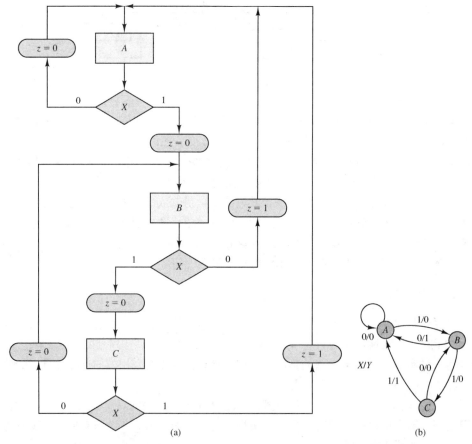

图 4.9　米利型电路的 ASM 图表示。(a)ASM 图；(b)等效的状态图

　　针对摩尔型电路的 ASM 图和相应的状态图分别如图 4.10(a)和(b)所示。注意：在 ASM 图中没有条件输出框。摩尔型电路的输出变量 z 是电路状态变量的函数，因此 z 出现在状态框中及状态图的各节点(圆圈)里。

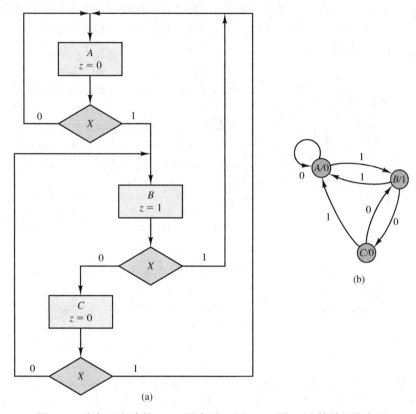

图 4.10　摩尔型电路的 ASM 图表示。(a) ASM 图；(b) 等效的状态图

4.2　存储器

　　本书之前已经提到，存储器是一个时序逻辑系统的组成部分。本节主要介绍不同存储器的外部特性而不是其内部结构与功能。简而言之，我们更关注在设计数字系统时如何使用这些存储器。

　　在逻辑电路中，存储器通常是双稳态电路，也就是输出两种稳定的状态，即 0 态和 1 态。将二进制数码以 0 态和 1 态存入存储单元，可以实现寄存的功能。电路的输出变量 Q 表示存储器的现态("静态")。每一个存储器电路有 1 个或者多个驱动输入变量，使电路的状态按照驱动输入进行变化。不同的存储器通常以其特定的驱动输入变量来命名，因此名称互不相同。

　　在逻辑电路中有两种常见的存储单元，称为锁存器和触发器。锁存器的驱动输入控制存储器的状态，例如，控制锁存器状态为 1 的驱动输入变量称为 Set(置位)输入；控制锁存器状态为 0 的驱动输入变量称为 Reset(复位)输入。一个同时具备了 Set 和 Reset 两种驱动输入的锁存器称为 SR 锁存器，其工作原理如图 4.11(a)所示。如果一个锁存器仅有一个驱动输入，其输出与输入变量值相同，则称为 D(数据)锁存器。下面将介绍锁存器的工作原理。

　　触发器与锁存器的不同之处在于触发器有一个控制输入变量，称为 Clock(时钟)。此时钟与触发器的驱动输入变量一起改变存储器的状态。一个 SR 触发器的工作原理如图 4.11(b)所示。无论是锁存器还是触发器,存储器的下一个状态均取决于驱动输入。如图 4.11(a)所示,一个锁存器的状态直接跟随驱动输入变化而变化。但是,一个触发器的状态必须等到时钟脉冲上升沿到来时才能改变,这时输出才会随驱动输入变化而变化。必须满足时钟有效,触发器的输出状态才会随输入变量而改变。因此,一个由多个触发器构成的时序逻辑电路可以实现由同一个时钟脉冲同步触发,进而同时发生输出状态的改变。这样,对于反映不同类型驱动输入的触发器前缀名称,其锁存器的前缀名称也与之保持一致。

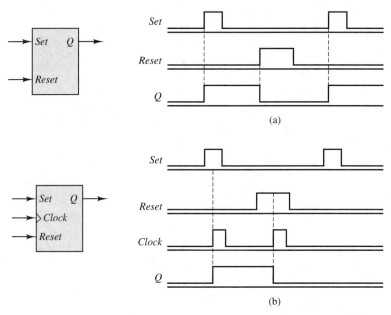

图 4.11　锁存器与触发器的时序图。(a)锁存器的输出与输入同步变化;(b)仅当时钟脉冲上升沿到来时,触发器的输出才会随输入变化而变化

　　第 5 章将会介绍如何设计由触发器构成的逻辑电路。本章仅介绍如何分析几种常见的锁存器和触发器电路,其可能由分立的门电路构成,也可以使用不同的方法来设计实现。对于这些通用的及特定的锁存器和触发器,在计算机辅助分析软件中都能找到具体的型号,加以挑选即可搭建定制的或者半定制的集成电路。本书提供了一些实例来介绍这些器件的类型和特性,以供读者理解其特性参数,并在设计时序逻辑电路时挑选合适的器件。

4.2.1　锁存器

SR 锁存器

使用反馈构造简单的锁存器

　　图 4.12(a)展示了一个简单的存储器电路,由两个非门构成,存储器的状态由下方非门的输出变量 Q 来表示。由于两个非门的输入端和输出端构成相互反馈,因此,需要观察非门的输出值来确定 Q 的状态,如下所示:

$$Q = \overline{Q}_B \text{ 和 } Q_B = \overline{Q} \tag{4.12}$$

根据反馈路径,有

$$Q = \overline{Q}_B = \overline{\overline{Q}} = Q$$

可见，次态 Q 值稳定保持为现态 Q 值。也就是说，如果现态 $Q=1$，则通过反馈，次态仍然为 1；同理，如果现态 $Q=0$，则通过反馈，次态仍然为 0。此时，存储器的状态为"保持"，因为状态没有改变，具有记忆 Q 的状态的功能。可知，此存储器电路无法改变状态，因此状态是永久保存的，即在存储器通电时，状态始终保持不变。

在图 4.12(b)和(c)中，在存储器电路中增加一个开关，以便改变其状态。如图 4.12(b)所示，当开关掷于上方时，断开了反馈回路，把激励信号 A 加到上方非门的输入端，从而使 $Q_B=\overline{A}$，则 $Q=A$。反之，如果开关置于下方，如图 4.12(c)所示，则断开了激励信号，闭合了反馈回路，再次出现式(4.12)和图 4.12(a)的状况。此时，Q 的状态保持不变(也称锁存)，始终为开关变化前的输入 A 值。

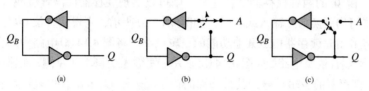

图 4.12　简单的存储器电路。(a) Q 的状态固定不变的存储器电路；
(b)激励信号 A 使得 $Q=A$；(c)反馈回路保持 Q 的状态

如果不在存储器电路中增加开关，则实际的锁存器电路可以由简单的门电路来实现。如图 4.13(a)所示，将图 4.12(a)中的非门更换为一个或非门，其中的一个输入为激励信号 S，而另一个输入构成反馈回路。这样，该电路的逻辑关系表达式如下：

$$\text{或非门：} Q_B=\overline{S+Q}$$

$$\text{非门：} Q=\overline{Q_B}=S+Q \tag{4.13}$$

从式(4.13)可见，只要 $S=0$，或非门的输出总是 $Q_B=\overline{0+Q}=\overline{Q}$，非门的输出为 $Q=0+Q=Q$。此状态等同于式(4.12)表示的保持状态。当 $S=1$ 时，或非门的输出 $Q_B=\overline{1+Q}=\overline{1}=0$，非门输出 $Q=\overline{Q_B}=\overline{0}=1$。由此，锁存器的工作状态即置位为 1。不过，一旦锁存器置位，就不可能复位为 0 输出，因为或非门的输入端有 $Q=1$，其输出 $Q_B=0$，与 S 的值无关。因此，Q 输出始终为 1，与 S 的值是否变化无关。如果锁存器的初始状态为复位状态($Q=0$)，给 S 一个正脉冲信号，使锁存器置位($Q=1$)，那么之后 S 不再改变。这样，如图 4.13(a)所示的电路称为一个置位锁存器，S 输入称为置位输入。

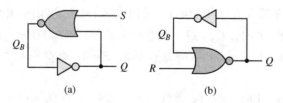

图 4.13　置位锁存器和复位锁存器。(a)置位锁存器：激励信号 $S=$ 1，使 $Q=1$；(b)复位锁存器：激励信号 $R=1$，使 $Q=0$

同理，把图 4.12(a)下方的非门更换为或非门，可实现一个复位锁存器，如图 4.13(b)所示。其中，或非门的一个输入为激励信号 R，表示复位输入。复位锁存器的工作原理与置位锁存器的相对应，其定义如下：

$$或非门: Q = \overline{R + Q_B}$$

$$非门: Q_B = \overline{Q} = R + Q_B \tag{4.14}$$

如果 $R = 0$，则电路保持状态不变，即 $Q = \overline{Q_B}$ 和 $Q_B = \overline{Q}$，可自行证明。当 $R = 1$ 时，$Q = 0$，进而有 $Q_B = 1$，驱使锁存器进入复位状态。一旦 $Q_B = 1$，反馈会保持 $Q = 0$，即使输入 R 值变化，Q 也不会发生改变。因此，如果锁存器初始时为 1 态，那么 R 上的正脉冲可以使锁存器复位为 0 态，之后就不会再改变。

由或非门构成的 SR 锁存器

输出状态始终为一种固定值的逻辑电路的用途不大，除非应用于某些特殊的设计。如果把固定输出分别为 1 和 0 的两种锁存器结合起来，则可以实现锁存器按需置位或者复位的功能。将图 4.12 (a) 中的非门均更换为二输入或非门，如图 4.14 (a) 所示，则得到置位-复位锁存器(简称 SR 锁存器)。下面将采用此锁存器构造其他功能的逻辑电路。将图 4.14 (a) 电路中的上方或非门转向，就得到常见的交叉耦合逻辑电路，如图 4.14 (b) 所示，使输入变量均在左侧，而输出函数均在右侧。图 4.14 (c) 为 SR 锁存器的逻辑符号，其带圆圈的输出端表示 Q_B 输出，也表示 $\overline{Q}$ 输出。图 4.14 (d) 的另一种逻辑符号常用于 CAD(计算机辅助设计)编程和教材中，采用了反码输出 $\overline{Q}$ 符号而不是通过圆圈来表示。

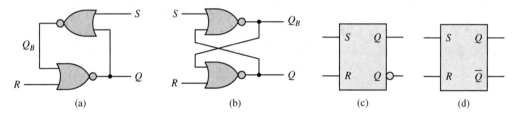

图 4.14　SR 锁存器。(a) SR 锁存器电路；(b) 常见的 SR 锁存器电路；
(c) SR 锁存器的逻辑符号；(d) SR 锁存器的另一种逻辑符号

SR 锁存器的工作原理分别与复位锁存器和置位锁存器的一致，也通过两个或非门完成如下逻辑表达式：

$$上方或非门: \quad Q_B = \overline{S + Q} \tag{4.15}$$

$$下方或非门: \quad Q = \overline{R + Q_B} \tag{4.16}$$

接下来，针对 S 和 R 输入值的四种组合，采用式(4.15)和式(4.16)来判断或非门的输出值。

组合 1　当 $S = 0$、$R = 0$ 时，$Q_B = \overline{Q}$，且 $Q = \overline{Q_B}$，如式(4.12)所示。此为保持功能。

组合 2　当 $S = 1$、$R = 0$ 时，$S = 1$，导致 $Q_B = 0$。$R = 0$，有 $Q = \overline{Q_B}$ 而 $Q_B = 0$，因此 $Q = 1$。此为置位功能。

组合 3　当 $S = 0$、$R = 1$ 时，$R = 1$，导致 $Q = 0$。$S = 0$，有 $Q_B = \overline{Q}$ 而 $Q = 0$，因此 $Q_B = 1$。此为复位功能。

在以上三种输入组合的情况下，无论何时两个输入变量 S 和 R 从 1 回到 0，电路都会保持现态。

对于组合 4，即 $S = R = 1$ 时，出现了难题。根据式(4.15)和式(4.16)，当 $S = R = 1$ 时，两个或非门的输出 Q 和 $\overline{Q}$ 应均为 0。但是，一旦两个输入变量同时变为 0，输出的状态是不确定的。首先，假设两个门电路状态改变的延时是相同的，则二者的输出值会同时变为 1，然后，经过一段时间又同时变为 0, 从而产生了不稳定的振荡状态, 称为竞争状态。实际上, 两个或非门电路发生状态改变的延时不等, 其中一个会略快一些, 因此电路的输出值不会振荡, 而是进入一种稳定输出状态 0 或者 1。不过, 其最终状态难以确定。因此, $S = R = 1$ 的输入组合被禁用。

此锁存器的工作原理可以采用时序图进行分析。图 4.15(a) 展示了图 4.14 中 SR 锁存器随 S 和 R 的输入值变化的输出状态变化规律。通过 S 和 R 的不同波形组合来展示锁存器的不同功能。假设锁存器的初始状态是 0, 即 $Q = 0$。可见, 锁存器仅在第一个 $S = 1$ 或者第一个 $R = 1$ 脉冲出现时发生输出状态的改变。注意, 当 $S = R = 1$ 时, 表示为非法输入和输出值不确定的状态。

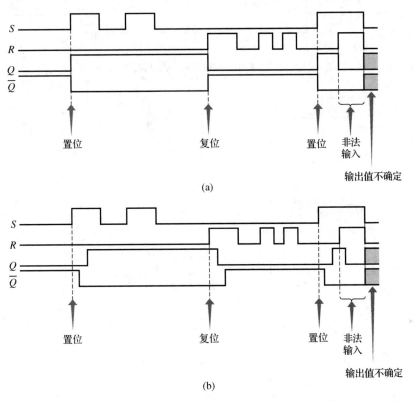

图 4.15 SR 锁存器的时序图。(a) 理想情况 (无门延时); (b) 实际情况 (考虑门延时)

图 4.15(a) 的时序图反映了理想的电路工作情况, 即假设门电路的传输延时为 0, 因此每个逻辑电路的输出对输入的响应是同步的, 时差为 0。实际上, 我们在第 3 章介绍了传输延时参数分别为 t_{PLH} 和 t_{PHL}, 从而分析得到逻辑电路的输出如图 4.16 所示。t_{PLH} 表示当输入变化而输出从低电平跳变为高电平的延时; 同理, t_{PHL} 表示当输入变化而输出从高电平跳变为低电平的延时。在锁存器电路中, t_{PLH} 与 t_{PHL} 之和表示了当输入变量改变导致输出状态改变时的总延时, 不同的延时参数通常用于区别每个输入/输出对的不同步之处。

由与非门构成的 SR 锁存器

我们可以用与非门来构成具有同样功能的逻辑电路吗? 把图 4.14(b) 中的或非门更换为与非门, 如图 4.17(a) 所示。电路的输入变量标注为 S_B 和 R_B, 现在证明此电路的工作原理与或非门构成的 SR 锁存器是相反的, 即输入变量的有效电平是低电平, 即当 S_B 或者 R_B 为逻辑 0 时, 可以分别置位或者复位锁存器。因此, 由与非门构成的电路通常称为 $\overline{SR}$ 锁存器, 表明其输入变量为低电平有效。图 4.17(b) 的逻辑符号通常用于 $\overline{SR}$ 锁存器。在驱动输入端分别增加一个非门电路之后，如图 4.17(c) 所示，将锁存器的输入变量变为 S 和 R，就成为图 4.14 中由与非门构成的 SR 锁存器。

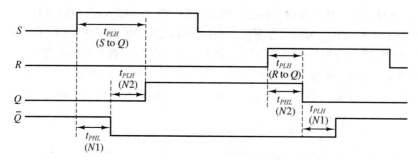

图 4.16　SR 锁存器的传输延时($N1$、$N2$ 是或非门)

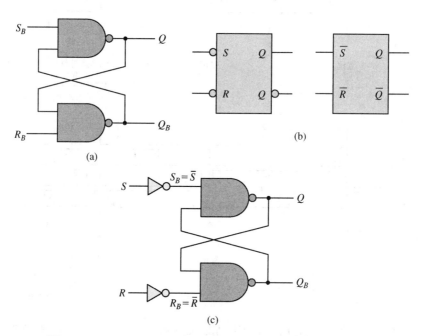

图 4.17　与非门构成的 $\overline{SR}$ 和 SR 锁存器。(a) $\overline{SR}$ 交叉耦合结构；(b) 逻辑符号；(c) 增加了非门之后的 SR 锁存器

由两个与非门构成的锁存器的逻辑表达式如下：

$$上方与非门：\quad Q = \overline{S_B Q_B} \tag{4.17}$$

$$下方与非门：\quad Q_B = \overline{R_B Q} \tag{4.18}$$

接下来，分析 S 和 R 输入值的四种组合下的输出状态：

组合 1　当 $S_B = 1$、$R_B = 1$ 时，$Q_B = \overline{Q}$ 和 $Q = \overline{Q_B}$ 为保持功能，与式(4.12)的定义一致。

组合 2　当 $S_B = 0$、$R_B = 1$ 时，有效的驱动输入为 S_B，当 $S = 1$ 或者 $S_B = 0$ 时，$Q = 1$。因为 $R_B = 1$，有 $Q_B = \overline{Q}$。此时，$Q = 1$，因而 $Q_B = 0$。此为置位功能。

组合 3　当 $S_B = 1$、$R_B = 0$ 时，有效的驱动输入为 R_B，当 $R = 1$ 或者 $R_B = 0$ 时，$Q_B = 1$。因为 $S = 0$，有 $Q = \overline{Q_B}$。此时，$Q_B = 1$，因而 $Q = 0$。此为复位功能。

无论何时两个输入变量 S_B 和 R_B 回到逻辑 1，电路均保持现态。注意，组合 4 即 $S_B = R_B = 0$ 是禁用的，这类似于 SR 锁存器的输入 $S = R = 1$ 的情况，这时会输出不稳定或者不确定的状态。

锁存器的行为表达

　　之前我们通过分析 SR 锁存器来研究其工作原理和特性。在数字电路中，一个锁存器或者触发器只是其中的一个基本组件，因此最好的方式是能够明确地表达其工作特性而无须关注其电路组成。接下来，我们用多种形式表达锁存器或者触发器的工作特性，例如驱动表、状态图、特征方程或者 HDL 模型。

　　图 4.18(a) 为 SR 锁存器的驱动表，表中仅展示了锁存器的驱动输入变量的有效组合及相应的输出状态。每一行表示输入变量 S 和 R 的其中一种组合，以及对应的输出函数的现态 Q 和稳定的次态 Q^*，即 Q 这一列称为现态，Q^* 这一列称为次态。

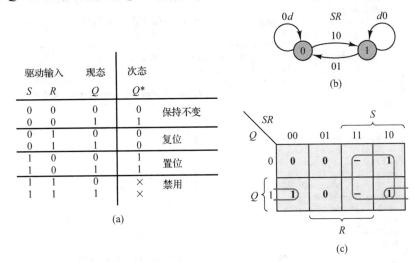

图 4.18　SR 锁存器的工作特性。(a)驱动表；(b)状态图；(c)锁存器输出 Q^* 的卡诺图

　　图 4.18(b) 所示的状态图可以更直观地表达图 4.18(a) 的驱动表。在 4.1.2 节中介绍了状态图中的圆圈表示电路输出的可能状态值，使用有方向的弧线表示在两种状态之间的转换。每一条弧线上标注了引起状态改变的驱动输入变量值的组合。例如，如图 4.18(a) 的驱动表所示，从 0 态转变到 1 态的条件是 $S=1$，$R=0$。而图 4.18(b) 的状态图中从 0 态指向 1 态的弧线上标注了 $SR=10$。同理，当 $S=0$，$R=1$ 时，锁存器被复位，弧线从 1 态指向 0 态。注意，弧线的始端和末端均在 0 态时，说明锁存器保持 0 态，即 $SR=00$ 为保持功能。然而，当 $SR=01$ 时，弧线一定会指向次态为 0 态，表示复位功能。因此，如果锁存器现态为 0 态，只要 $S=0$，无论 $R=0$ 或者 $R=1$，锁存器的次态均为 0 态。因此，在弧线上标注 $SR=0d$，表示 R 变量是无关项。同理，如果弧线的始端和末端均在 1 态，则标注驱动条件为 $SR=d0$。

　　当我们设计的电路中包含存储单元时，通常使用特征方程来表示每个存储单元的工作特性。图 4.18(c) 为卡诺图，同样表示了图 4.18(a) 中 SR 锁存器驱动表的所有信息，可以获得次态 Q^* 与输入变量 S 和 R 及现态 Q 的逻辑函数关系，其逻辑表达式如下：

$$Q^* = S + \overline{R}Q \tag{4.19}$$

该式也称为 SR 锁存器的特征方程，因为其表征了锁存器的工作特性。例如，把 S 和 R 的三种取值组合分别代入式(4.12)，有

$$S=0, R=0: Q^* = 0 + \overline{0}Q = Q, \quad \text{表示保持功能}$$
$$S=1, R=0: Q^* = 1 + \overline{0}Q = 1, \quad \text{表示置位功能}$$
$$S=0, R=1: Q^* = 0 + \overline{1}Q = 0, \quad \text{表示复位功能}$$

最后，SR 锁存器的工作特性还可以表示为 Verilog 或者 VHDL 模型，如图 4.19 所示。通常采用 **always** 块来描述锁存器，因为其输出与驱动输入 S 或者 R 密切相关。如果 $S = 1$，无论 R 如何改变，锁存器均被置位；反之，如果 $R = 1$，无论 S 如何改变，锁存器均被复位。如果 $S = R = 0$，则锁存器不变(即保持功能)。这些模型均默认了 $S = R = 1$ 是禁用的。不过，如果 $S = R = 1$ 真出现，则锁存器模型中的输出仍然被置位，因为 $S = 1$ 始终会先于 $R = 1$ 发生。

```verilog
//Verilog Behavioral Model of an SR Latch
//
module SRlatch (S, R, Q, Qbar);
input S, R;                      //Declare excitation inputs
output reg Q, Qbar;              //Declare complementary outputs
always begin
        if (S == 1'b1) begin     //Set the latch on S=1
                Q = 1'b1;
                Qbar = 1'b0; end
        else if (R == 1'b1) begin //Reset the latch on R=1
                Q = 1'b0;
                Qbar = 1'b1; end
end                              //State doesn't change if S=R=0
endmodule
```

```vhdl
-- VHDL Behavioral Model of an SR Latch
--
entity SRlatch is
port ( S, R: in bit;            -- Excitation inputs
       Q, Qbar:out bit);        -- Complementary outputs
end SRlatch;
architecture behavior of SRlatch is
begin
process(S, R)                   -- Latch reacts to S and R
begin
        if (S='1') then         -- Set the latch if S=1
                Q <= '1';
                Qbar <= '0';
        elsif (R = '1') then    -- Reset the latch if R=1
                Q <= '0';
                Qbar <= '1';
        end if;                 -- No change if S=R=0
end process;
end;
```

图 4.19　SR 锁存器的 HDL 模型

同步 SR 锁存器

在锁存器的应用电路中，当其驱动输入变量值改变时，通常希望使用一个特殊的控制信号来控制锁存器的状态改变时刻。当驱动输入到达时，控制信号被激活，使锁存器能够响应驱动输入的变化。这样的器件称为同步/门控锁存器，因为这个控制信号的作用类似于打开一个门，使驱动输入信号能够传输到输出端。

电路结构

在图 4.20(a)中出现了门电路的控制信号 G，G 与一对与门电路的输入变量 S 和 R 一起施加到如图 4.14 所示的 SR 锁存器的输入端。当 $G = 1$ 时，与门有输出，即锁存器输出有效，驱动输入变量为 S 和 R。此时，我们称锁存器"使能工作"，即锁存器打开。当 $G = 0$ 时，与门输出均为 0 态，因此锁存器处于保持状态($S = R = 0$)。此时，我们称锁存器"不工作"，因为 $G = 0$ 时，电路没有发生改变。当 $G = 1$ 时，SR 锁存器的驱动表如图 4.18(a)所示，可采用式(4.19)的特征方程来描述 SR 锁存器的功能。

一个更实用的电路结构如图 4.20(b)所示，其中采用 $\overline{S}\,\overline{R}$ 锁存器，并且把与门改为与非门，这样的好处在于整个电路都统一使用与非门电路来构成。相比与门电路，与非门电路的尺寸更小，传输更快速。这样的同步 SR 锁存器的逻辑符号如图 4.20(c)所示。

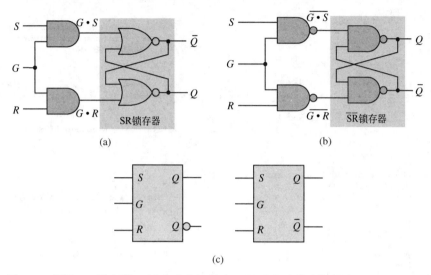

图 4.20 同步 SR 锁存器。(a)由或非门构成；(b)全部由与非门构成；(c)逻辑符号

特征方程

同步 SR 锁存器的驱动表和状态图分别如图 4.21(a)和(b)所示。根据驱动表，我们可以推导出卡诺图，并给出同步 SR 锁存器的特征方程：

$$Q^* = SG + \overline{R}Q + \overline{G}Q \tag{4.20}$$

当 $G=0$ 时，式(4.20)化简为 $Q^*=Q$，这表示现在锁存器为保持状态，并且锁存器是无效的。当 $G=1$ 时，生成 $Q^*=S+\overline{R}Q$，即简单 SR 锁存器的特征方程，因此锁存器是激活的。

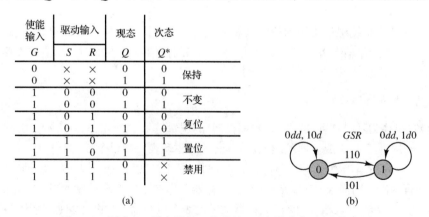

使能输入	驱动输入		现态	次态	
G	S	R	Q	Q^*	
0	×	×	0	0	保持
0	×	×	1	1	
1	0	0	0	0	不变
1	0	0	1	1	
1	0	1	0	0	复位
1	0	1	1	0	
1	1	0	0	1	置位
1	1	0	1	1	
1	1	1	0	×	禁用
1	1	1	1	×	

(a)   (b)

图 4.21 同步 SR 锁存器的工作特性。(a)驱动表；(b)状态图

HDL 模型

同步 SR 锁存器的工作特性可用 HDL 模型表示，如图 4.22 中的语句所示。与图 4.19 中的语句进行比较，可见锁存器的状态受到 3 个输入信号 G、S 和 R 的影响。当 $G=1$ 时，锁存器的状态

才能发生改变，即仅当 G 从 0 态变为 1 态或者 $G = 1$ 期间，锁存器的输出状态才会因 S 或者 R 的
改变而改变。

```
//Verilog Behavioral Model of a Gated SR Latch
//
module GatedSRlatch (G, S, R, Q, Qbar);
input G, S, R;                          //Declare gate and excitation inputs
output reg Q, Qbar;                     //Declare complementary outputs
always                                  //Latch enabled by G=1
        if (G == 1'b1 & S == 1'b1) begin    //Set the latch on S=1
                Q = 1'b1;
                Qbar = 1'b0; end
        else if (G == 1'b1 & R == 1'b1) begin   //Reset (clear) the latch on R=1
                Q = 1'b0;
                Qbar = 1'b1; end

                                        //State doesn't change if S=R=0

endmodule


-- VHDL Behavioral Model of a Gated SR Latch
entity Gated_SRlatch is
        port ( G, S, R: in bit;             -- Control and excitation inputs
               Q, Qbar: out bit);           -- Complementary outputs
end Gated_SRlatch;
architecture behavior of Gated_SRlatch is
begin
        process(G, S, R)                    -- Latch reacts to G, S, or R
        begin
                if (G = '1') then           -- Latch is enabled by G=1
                        if (S = '1') then   -- Set the latch
                                Q <= '1';
                                Qbar <= '0';
                        elsif (R = '1') then    -- Reset the latch
                                Q <= '0';
                                Qbar <= '1';
                        end if;
                end if;
        end process;
end;
```

图 4.22   同步 SR 锁存器的 HDL 模型

D 锁存器

存储单元在数字系统中最常用的功能是获取或者存储数据。这样，存储单元的输入信号即为
需要存储的数据。因此，存储单元的输入变量为 D，当门控信号 G 有效时，D 值被锁存器所获取，
并存储为新的输出状态。

电路结构与特征方程

D 锁存器(也称为延时锁存器或者数据锁存器)的逻辑符号如图 4.23(a)所示，由图 4.23(b)和
(c)所示的同步 SR 锁存器构成。回顾图 4.21(a)所示的驱动表，如果令 $S = D$，$R = \bar{D}$，则当锁存
器使能工作时，由于 $S = \bar{R}$ 约束，其工作组合仅有两种而不是四种。也就是说，驱动表中的四行输
出被限制为两行输出，则当 $S = 1$ 和 $R = 0$ 时，锁存器工作在置位状态；或者当 $S = 0$ 和 $R = 1$ 时，
锁存器工作在复位状态。因此，同步 D 锁存器的驱动表可以精简，如图 4.24(a)所示，相应的状态
图如图 4.24(b)所示。

一个由与非门构成的同步 D 锁存器如图 4.23(b)所示。注意，此电路由一个同步 SR 锁存器及
输入约束条件 $S = D$ 和 $R = \bar{D}$ 来实现。如果采用图 4.23(c)中的或非门来实现一个同步 D 锁存器，
则采用 $\overline{SR}$ 锁存器，同时，在变量 D 和 G 上增加非运算，以便将有效电平从低电平改变为高电平。
可见，由或非门构成的逻辑函数和由与非门构成的逻辑函数是相同的。

根据式(4.20)，用 D 替换 S，用 $\overline{D}$ 替换 R，应用一致性定理，得到 D 锁存器的特征方程：

$$
\begin{aligned}
Q^* &= SG + \overline{R}Q + \overline{G}Q \\
&= DG + (\overline{\overline{D}})Q + \overline{G}Q \\
&= DG + DQ + \overline{G}Q \\
&= DG + \overline{G}Q
\end{aligned}
\tag{4.21}
$$

式(4.21)的特征方程描述了同步 D 锁存器的工作特性。当使能信号为低电平($G = 0$)时，由式(4.21)得到 $Q^* = Q$。此时，锁存器工作在保持状态，即与 D 最近的值保持一致。可见，当 $G = 0$ 时，锁存器的数据被保留或者存储。如果使式(4.14)中的 $G = 1$，则有 $Q^* = D$。可见，只要使能信号 G 为高电平，锁存器的输出次态 Q^* 为驱动输入数据 D，也就是说，Q 跟随 D 值而改变，锁存器是"透明的"。因此，我们说 D 锁存器为同步或者使能类型。

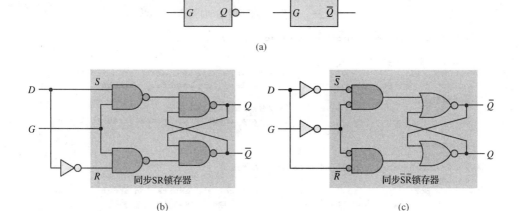

(a)

(b) 同步SR锁存器　　　　　　　　(c) 同步$\overline{S}\overline{R}$锁存器

图 4.23　同步 D 锁存器。(a)逻辑符号；(b)由与非门构成；(c)由或非门构成

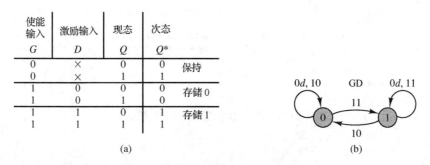

使能输入 G	激励输入 D	现态 Q	次态 Q^*	
0	×	0	0	保持
0	×	1	1	
1	0	0	0	存储0
1	0	1	0	
1	1	0	1	存储1
1	1	1	1	

(a)　　　　　　　　　　　　　　(b)

图 4.24　同步 D 锁存器的工作特性。(a)驱动表；(b)状态图

D 锁存器的工作原理可用图 4.25 所示的时序图来举例说明。请注意，当 $G = 1$ 时，锁存器是透明的，D 值的变化都会传输到锁存器的输出端。当使能信号从高电平跳变为低电平时（即 G: $1\rightarrow0$)，锁存器保持现态。此特性在图 4.26 所示的 HDL 模型中加以描述。其中的语句与 SR 锁存器模型的语句相似，除了当 $G = 1$ 时，Q 被赋值为驱动输入 D。

建立时间、保持时间和脉宽约束

为确保驱动输入 D 能够有效改变锁存器的输出状态，D 的电平变化时刻不能太接近使能信号从高电平跳变到低电平的时刻。因此，同步锁存器的时间约束参数用于指定驱动输入 D 保持不变的时间，以保证锁存器工作正常，示例如图 4.27 所示。

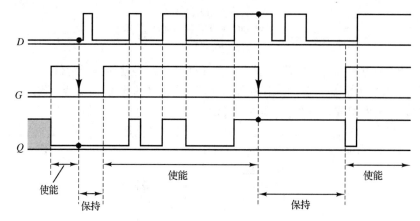

图 4.25　同步 D 锁存器的时序图

```
//Verilog Behavioral Model of a Gated D Latch
//
module GatedDlatch (G, D, Q, Qbar);
input G, D;                       //Declare gate and excitation inputs
output reg Q, Qbar;               //Declare complementary outputs
always
        if (G == 1'b1) begin      //Latch enabled by G=1
            Q = D;                //Data input value transferred to latch
            Qbar = ~D; end
endmodule

-- VHDL Behavioral Model of a Gated D Latch
entity Dlatch is
        port ( G, D: in bit;      -- Control and excitation inputs
               Q, Qbar: out bit); -- Complementary outputs
end Dlatch;
architecture behavior of Dlatch is
begin
        process(G, D)             -- Latch reacts to G and D
        begin
            if (G='1') then       -- Latch is enabled when G=1
                Q <= D;           -- Data input transferred to the latch
                Qbar <= not D;
            end if;
        end process;
end;
```

图 4.26　同步 D 锁存器的 HDL 模型

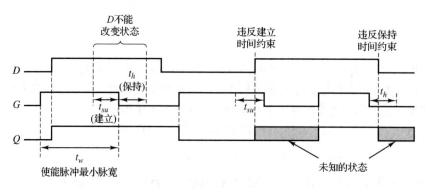

图 4.27　同步锁存器的时序约束

锁存器的建立时间 t_{su} 定义为在使能信号 G 失效前激励信号 D 可改变的最短时间，在此期间，激励信号应该保持不变。也就是说，在使能信号失效（即 G 下降沿）之前，激励信号必须已经"建立"，而且至少保持 t_{su} 时间状态不变。

锁存器的保持时间 t_h 定义为在使能信号失效（即 G 下降沿）之后，激励信号 D 应该保持不变的最短时间，以确保锁存器的输出状态是正确的。

图 4.27 中展示了建立和保持时间。我们首先假设门延时 $t_{PLH} = t_{PHL} = 0$，以便更容易理解时序图。请注意图中两个违反约束条件的情况。第一个情况，D 从 0 跳变至 1 的时间太接近 G 的下降沿时间，建立时间不够，则锁存器的输出状态不一定能够跟随 D 的改变，从 0 变为 1。类似地，D 下降沿距离使能信号 G 的下降沿太近，锁存器不一定能够维持 D 的 1 态。

除了建立时间和保持时间的约束，大多数同步锁存器还有使能脉冲最小脉宽的约束，以保证输出正确的状态。使能脉冲最小脉宽 t_w 如图 4.27 所示。如果 G 的脉宽小于 t_w，则锁存器就不能产生正确的状态改变。

因此，使用同步锁存器时务必确保使能脉冲的脉宽足够大，并且，如果使能信号失效（下降沿）时刻为 T，则在 $[T - t_{su}, T + t_h]$ 期间，驱动输入变量不能发生状态改变。

直接构建的 D 锁存器

图 4.23 所示的 D 锁存器是同步 SR 锁存器的改进电路，我们也可以根据特征方程直接绘制锁存器的电路图，图 4.28(a) 的电路就是式 (4.21) 的特征方程的直接实现。如果有必要，在输出 Q 端增加一个非门，即可输出反函数 $\bar{Q}$。

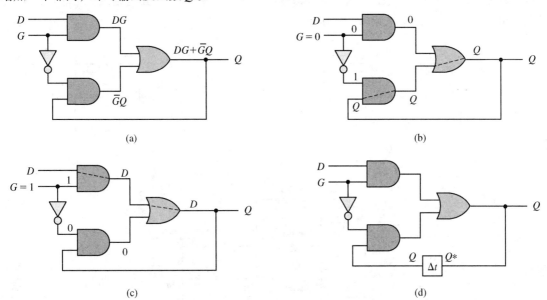

图 4.28　直接构建的 D 锁存器。(a) 逻辑电路；(b) 保持或者存储模式；(c) 门控/传输模式；(d) 时序逻辑电路的延时模型

此电路的工作特性与图 4.23 的 D 锁存器的完全一致，图 4.28 分析了其工作原理。如图 4.28(b) 所示，当 $G = 0$ 时，上方与门失效，给或门输出 0 态。同时，1 态被施加到下方与门，使其成为传输门，把反馈信号 Q 连接至或门。此时，锁存器工作在保持或者存储模式。

接下来，假设 $G = 1$，如图 4.28(c) 所示。输入变量 D 经过上方与门和或门到达锁存器输出端，即 $Q = D$。由于输入直通输出端，因此锁存器工作在门控模式。

　　锁存器的正确运行要求输入变量 D 或者使能信号 G 及反馈信号 Q 的改变时刻之间有足够的间隔，这样才能保证次态 Q^* 确实能够取决于现态 Q 和驱动输入值。该延时取决于锁存器二级电路的传输延时。图 4.28(d) 展示了一个时序逻辑电路的延时，其中门延时为 Δt。延时技术是一种特殊技术，用于完善门电路的工作特性。

无冒险的 D 锁存器

　　图 4.28(a) 所示的 D 锁存器使用的门电路数量最少，不过此电路存在 1 型冒险，其输出可能出现毛刺。必须设计一种无冒险的 D 锁存器，以避免输出毛刺脉冲。其设计方法是根据特征方程绘制卡诺图，如图 4.29(a) 所示。当 G 下降沿出现时，电路发生 1 型冒险，使变量 DG 的逻辑乘从 1 态变为 0 态，即下跳变，而 $\overline{G}Q$ 则发生上跳变。二者对应于图 4.28(a) 中的两个与门的输出函数。无论在此变化发生之前还是之后，我们都希望或门的输出为 1 态，然而，由于 G 的变化需要通过非门进行传输，导致下部与门改变的延时更长。因此，在下部与门的输出上跳变之前，上部与门的输出已经下跳变，会出现两个门电路输出均为 0 的状况，导致输出短暂地出现 0 态，进而改变为 1 态。

　　第 6 章将会深入讨论，如何通过增加冗余项 DQ 来去除 1 型冒险。根据图 4.29(b) 的卡诺图，得到逻辑表达式如下：

$$Q^* = DG + \overline{G}Q + DQ \tag{4.22}$$

　　此时，无冒险设计的逻辑电路图需要 3 个与门，如图 4.29(c) 所示。乘积项 DQ 不会受到输入 G 改变的影响，因此，当其余两个与门状态改变时，其输出保持为 1。最终结果，无论如何变化，或门的输出保持为 1，避免了输出毛刺脉冲。

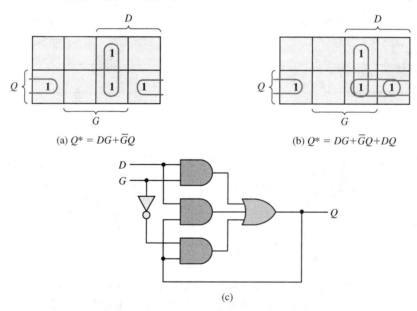

(a) $Q^* = DG + \overline{G}Q$　　　　　　　　　(b) $Q^* = DG + \overline{G}Q + DQ$

(c)

图 4.29　无冒险的 D 锁存器。(a)D 锁存器的次态 Q^* 的卡诺图；(b)无冒险的 D 锁存器的卡诺图；(c)无冒险的 D 锁存器的逻辑电路

4.2.2　触发器

　　锁存器电路不太适用于同步时序逻辑电路。当使能信号 G 激活时，锁存器传输信号，使驱动

输入直接到达输出 Q 端。这样，输入信号发生的各种变化都会直接改变锁存器的输出状态。回顾图 4.2 的同步时序逻辑电路的模型，来自存储单元的输出信号成为组合逻辑电路的输入信号。当锁存器的使能输入有效时，锁存器直通传输信号，组合逻辑电路的输出被反馈回来，再次作为组合逻辑电路的输入，这样的工作状态可能产生输出振荡和不稳定的暂态过程。

通过图 4.30(a)进一步解释上述的工作原理。其中，锁存器输入 N 与锁存器的输出 Q 相结合，反馈至锁存器的输入端，即 $D = N \oplus Q$。如果 $N = 1$，则锁存器输入为 $D = 1 \oplus Q = \bar{Q}$。因此，无论何时 $G = 1$，锁存器均直通传输信号，输出 $D = \bar{Q}$，与锁存器的状态相反。不过，在锁存器和异或门传输延时之后，此变化被反馈回到输入 D，由于锁存器是使能工作的，其输出状态再次翻转。如图 4.30(b)的时序图所示，锁存器的输出不断地翻转，直到 $G = 0$ 才结束状态改变。因此，锁存器的最终状态是不可预测的，其取决于使能脉冲的脉宽和传输延时的时间。此难题可以通过修改存储器的设计来加以解决，即使用一个特殊的控制信号——时钟脉冲来限制锁存器状态改变的次数。

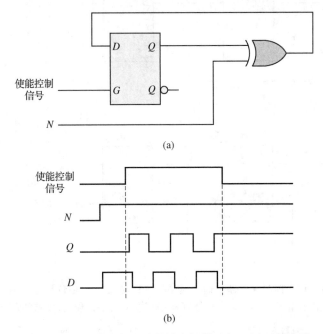

图 4.30 一个含锁存器的时序逻辑电路的输出振荡现象。(a)逻辑电路；(b)时序图

D 触发器

电路结构与工作原理

避免锁存器输出状态不稳定的方法之一是采用含两个锁存器的触发器结构，如图 4.31(a)所示。触发器的驱动输入决定了前一个控制锁存器的状态，而此输出状态又决定了下一个输出锁存器的状态，其输出即触发器的输出。如图 4.31(a)所示，控制锁存器是一个同步 D 触发器，因此含有驱动输入 D 的触发器称为 D 触发器。两个锁存器的使能信号是同一个时钟脉冲信号的反码电平值。首先，驱动输入 D 通过使能控制锁存器而被传递至输出 Q_C，而输出锁存器保持状态不变，即 Q 不变，与 Q_C 的变化无关。如图 4.31(b)所示，当输出锁存器进入工作模式时，$Q_C = 1$，导致 $S = 1$，$R = 0$，置位 $Q = 1$；反之，如果 $Q_C = 0$，则导致 $S = 0$，$R = 1$，则复位 $Q = 0$。

图 4.31 所示的触发器在输入时钟脉冲的下降沿或者上升沿时刻有所动作。如图 4.32 所示，当

时钟脉冲的下降沿出现(在 T2、T4 和 T6 时刻)时，控制锁存器进入使能模式，允许 Q_C 变为驱动输入 Q 的值。而当时钟脉冲的上升沿出现(在 T1、T3、T5 和 T7 时刻)时，输出锁存器进入使能模式，允许 Q 跟随控制锁存器的输出 Q_C 发生改变。既然输出 Q 仅在时钟脉冲上升沿出现，那么当输出锁存器进入使能模式时，输出 Q 发生改变，称之为上升沿触发。在图 4.31(c) 中，在 D 触发器的逻辑符号中增加了一个三角形符号，表示时钟脉冲输入变量 CK。注意，在图 4.32 中的时刻 T1 与 T2 之间，或者 T5 与 T6 之间，控制锁存器处于保持模式，输入 D 的变化不会引起触发器状态改变，因为控制锁存器没有进入门控模式。同理，除非在 T3、T5 和 T7 时刻，Q_C 的改变才会引起触发器的输出状态改变。因此，D 触发器常用于同步时序逻辑电路，因为无论控制锁存器还是输出锁存器处于保持模式，输出状态都不会出现不确定的振荡状态，从而有效防止单个使能锁存器可能出现的驱动输入到输出直通的现象。

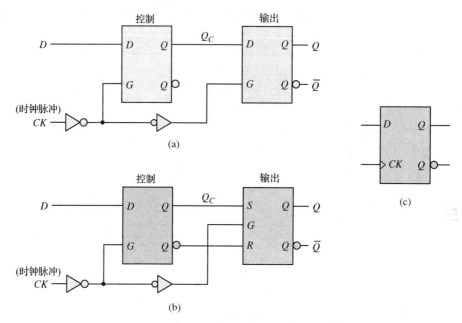

图 4.31　包含控制锁存器和输出锁存器的 D 触发器。(a)D 锁存器用作输出设备；(b)同步 SR 锁存器用作输出设备；(c)触发器的逻辑符号

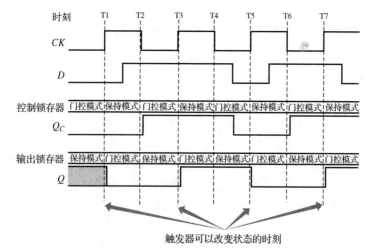

图 4.32　D 触发器的时序图

有些应用电路要求触发器的状态转换时刻出现在时钟脉冲的下降沿。如图 4.33 (a) 所示, 去掉时钟输入的非门就可以实现 D 触发器的下降沿触发; 也就是说, 控制锁存器的有效状态出现在门控信号从 0 态转换为 1 态之后, 而输出锁存器的改变发生在时钟脉冲从 1 态转换为 0 态时, 即在时钟脉冲的下降沿, 输出 Q 改变, 因为输出锁存器进入了门控模式。图 4.33 (b) 是 D 触发器的逻辑符号, 注意, 时钟输入端有一个小圈, 用于表示输出改变发生在时钟脉冲的下降沿。

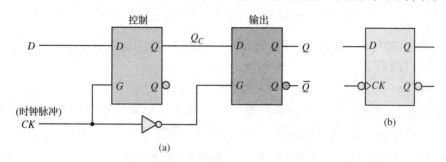

图 4.33 下降沿触发的 D 触发器。(a)逻辑电路; (b)逻辑符号

时序约束

为了确保 D 触发器的正常运行, 在时钟跳变使控制锁存器进入保持模式之前, D 输入至控制锁存器的值必须保持不变。因此, 触发器的输入变量受到建立和保持时间的约束, 类似于图 4.27 描述的同步锁存器的时序约束。图 4.34 阐述了图 4.31 (a) 的 D 触发器的建立和保持时间的约束规则。由于驱动输入 D 仅影响控制锁存器, 因此其建立和保持时间被定义为与时钟脉冲的上升沿相关, 上升沿出现时, 时钟跳变, 从而使控制锁存器从门控模式转换至保持模式。为了保证 D 的电平能够被控制锁存器检测到, D 的转换时刻不能太靠近时钟脉冲的上升沿。输出锁存器的驱动输入变量来自控制锁存器的输出, 因此不会受到外部驱动输入的直接影响。

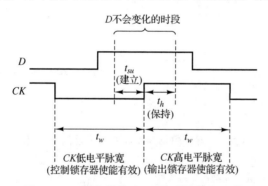

图 4.34 D 触发器的建立和保持时间的约束

图 4.34 也展示了触发器时序约束的时钟脉宽的最小值。低电平脉宽参数是指时钟脉冲处于低电平的最小宽度(控制锁存器使能有效, 正常运行), 而高电平脉宽参数是指时钟脉冲处于高电平的最小宽度(输出锁存器使能有效, 正常运行)。二者之和即决定了触发器的时钟脉冲的最小周期。

驱动表和特征方程

D 触发器的驱动表如图 4.35 (a) 所示, 状态图如图 4.35 (b) 所示。

D	Q	CK	Q^*	
0	0	⊓	0	存储 0
0	1	⊓	0	
1	0	⊓	1	存储 1
1	1	⊓	1	

(a)

(b)

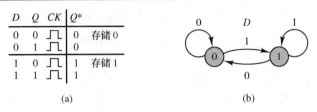

图 4.35　D 触发器的特性。(a) 驱动表；(b) 状态图

D 触发器的完整行为可以简述如下：在时钟脉冲 (CK) 的上升沿跟随 D 的值而变化。因此，D 触发器的特征方程如下：

$$Q^* = D \tag{4.23}$$

此行为可以表述为如图 4.36 所示的 HDL 模型。注意，Verilog 的 **always** 块和 VHDL 的 **process** 块均对时钟跳变时刻非常敏感，仅当 CK 上升沿发生时，输出 $Q = D$。

```
//Verilog Behavioral Model of a Positive-Edge-Triggered D Flip-Flop
//
module Dflipflop(D, CK, Q, Qbar);
       input D, CK;
       output reg Q, Qbar;
       always @ (posedge CK)              //Flip-flop triggers on 0 to 1 transition of CK (clock)
              begin
                     Q <= D;              //Data input transferred to flip-flop
                     Qbar <= ~D;
              end
endmodule


-- VHDL Behavioral Model of a Positive-Edge-Triggered D Flip-Flop
--
entity Dflipflop is
port ( CK, D: in bit;                            -- Clock and excitation inputs
       Q, Qbar:out bit);                         -- Complementary outputs
end Dflipflop;
architecture behavior of Dflipflop is
begin
       process(CK)                               -- Flip-flop reacts to clock only
       begin
              if CK'event and (CK='1') then      -- Flip-flop triggers when CK becomes 1
                 Q <= D;                         -- Data input transferred to the flip-flop
                 Qbar <= not D;
              end if;
       end process;
end;
```

图 4.36　一个上升沿触发的 D 触发器的 HDL 模型

其他的触发器类型

其他的触发器类型仍然通过两个锁存器来实现，调整其连接到控制锁存器的驱动输入即可。这样的触发器与上述 D 触发器的特性类似，可以在时钟脉冲的上升沿或者下降沿改变状态。当时钟脉冲为某一电平值时，控制锁存器有效工作，而在另一个电平值时，输出锁存器正常工作。

SR 触发器

下面采用如图 4.37(a) 所示的 SR 锁存器来构建一个 SR 触发器。注意，触发器的工作原理与图 4.31(b) 中的 D 触发器类似。控制锁存器在时钟脉冲为低电平时有效工作，而输出锁存器则在时钟脉冲为高电平时有效工作。这种上升沿触发的触发器的逻辑符号如图 4.37(b) 所示。注意，逻辑符号表明了输出状态仅在时钟脉冲的上升沿发生改变。

SR 触发器的驱动表和状态图分别如图 4.37(c)和(d)所示。驱动表中的 3 列变量 S、R 和 Q 表示在时钟脉冲作用之前的状态值。Q^* 行表示在时钟脉冲有效时触发器的次态。将此表与图 4.18(a)进行比较，可见 SR 触发器的工作原理与简单的 SR 锁存器类似，如状态图是相同的。其差别在于，对于 SR 锁存器而言，当 S 或者 R 值改变时，其输出值会立即改变，不过，SR 触发器的状态改变必须得到时钟脉冲的有效触发。因此，可以用同一个特征方程表示这两种器件的工作特性，如下所示：

$$Q^* = S + \overline{R}Q \tag{4.24}$$

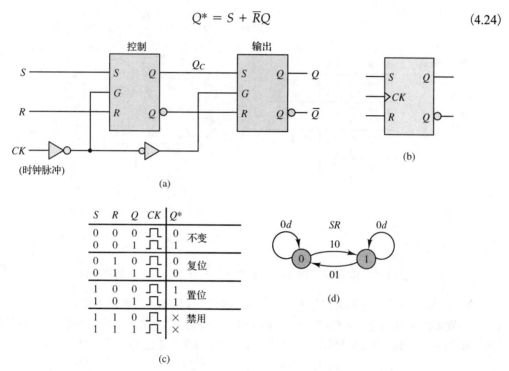

图 4.37　SR 触发器。(a)逻辑电路；(b)逻辑符号；(c)驱动表；(d)状态图

JK 触发器

可以认为 JK 触发器对 SR 触发器的功能进行了扩展。相比 SR 触发器的输入变量 S 和 R，JK 触发器的输入变量是 J 和 K。不过，$S = R = 1$ 的组合是被禁用的。而 JK 触发器的 $J = K = 1$ 组合实现了一个非常有用的功能，即翻转功能。当 $J = K = 1$ 时，时钟触发有效，则触发器的输出从 0 态翻转到 1 态，或者从 1 态翻转到 0 态。这样，在图 4.38(a)的驱动表中总结了四种组合的功能（保持、复位、置位和翻转），相应的状态图见图 4.38(b)。

注意，在图 4.38(b)的状态图中，JK 触发器的输出从 0 态变为 1 态的输入组合为 $J = 1$ 和 $K = 0$（即置位功能）或者 $J = 1$ 和 $K = 1$（即翻转功能）。也就是说，无论 K 值如何，$J = 1$ 会驱使触发器输出 1 态，因此，K 值是无关项，在状态图中表示为 d，位于输出从 0 态至 1 态的弧线上。同理，当触发器输出从 1 态变为 0 态时，J 是无关项，请自行证明。根据驱动表可以完成剩余的状态图。

绘制如图 4.38(c)所示的 Q^* 的卡诺图，由此得到 JK 触发器的特征方程如下：

$$Q^* = J\overline{Q} + \overline{K}Q \tag{4.25}$$

根据上式，令 $Q^* = D$，则 JK 触发器的逻辑电路可以由 D 触发器来构成，如图 4.39(a)所示。同样，对比 SR 触发器的特征方程, 令 $S = J\overline{Q}$ 和 $R = KQ$, 则由 SR 触发器可以获得更简单的 JK 触发器的电路结构, 如图 4.39(b)所示。

$$
\begin{aligned}
Q^* &= S + \overline{R}Q \\
&= J\overline{Q} + (\overline{KQ})Q \\
&= J\overline{Q} + (\overline{K} + \overline{Q})Q \\
&= J\overline{Q} + \overline{K}Q
\end{aligned}
\tag{4.26}
$$

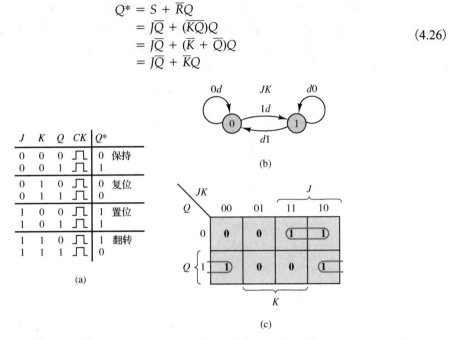

图 4.38 JK 触发器的特性。(a)驱动表; (b)状态图; (c)Q^*的卡诺图

可见, JK 触发器的电路结构与 SR 触发器的相比, 仅增加了两个门电路。既然 JK 触发器包含了 SR 触发器的所有功能, 还新增了一个翻转功能, 避免了 $S = R = 1$ 的竞争难题, 这样我们可以少用 SR 触发器, 而采用 JK 触发器。另外, 由于 JK 触发器相比 D 触发器需增加门电路, 因此在设计组件库和可编程逻辑器件时通常选用 D 触发器, 如果需要实现 JK 触发器的功能, 则如图 4.39(a)那样添加输入门电路即可。

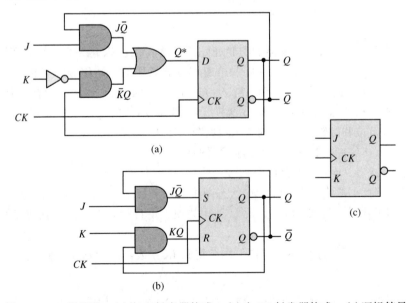

图 4.39 JK 触发器。(a)由 D 触发器构成; (b)由 SR 触发器构成; (c)逻辑符号

　　JK 触发器的逻辑符号如图 4.39(c) 所示，显然，这是一个上升沿触发的触发器。可以分别采用如图 4.39(a) 或 (b) 所示的上升沿触发的 D 触发器或者 SR 触发器，也可以在输入时钟脉冲前添加一个非门电路。

　　JK 触发器的 HDL 模型如图 4.40 所示，对应于 J 和 K 的不同组合，分别实现置位、复位和翻转等功能。

```verilog
// Verilog Behavioral Model of a Positive-Edge-Triggered JK Flip-Flop
module JKflip_flop (J, K, CK, Q, Qbar);
input J, K, CK;
output reg Q, Qbar;
        always @ (posedge CK)
                if (J & ~K) begin              //Set flip-flop when J=1 and K=0.
                        Q <= 1'b1;
                        Qbar <= 1'b0; end
                else if (~J & K) begin         //Reset flip-flop when J=0 and K=1.
                        Q <= 1'b0;
                        Qbar <= 1'b1; end
                else if (J & K) begin          //Toggle flip-flop when J=K=1.
                        Q <=Qbar;
                        Qbar <= Q; end
endmodule                                      //No state change when J=K=0.
--VHDL Behavioral Model of a JK Flip-Flop
entity JKflipflop is
port ( CK, J, K: in bit;                       -- Clock and excitation inputs
        Q, Qbar: out bit);                     -- Complementary outputs
end JKflipflop;
architecture behavior of JKflipflop is
        signal Qint, QBint: bit;               --internal flip-flop state
begin
        process(CK)                            -- Flip-flop reacts to clock only
        begin
                if CK'event and (CK='1') then  -- Flip-flop triggers when CK becomes 1
                        if (J = '0') and (K = '1') then
                                Qint <= '0';   -- Reset flip-flop state to 0
                                QBint <= '1';
                        elsif (J = '1') and (K = '0') then
                                Qint <= '1';   -- Set flip-flop state to 1
                                QBint <= '0';
                        elsif (J = '1') and (K = '1') then
                                Qint <= QBint; -- Toggle flip-flop state
                                QBint <= Qint;
                        end if;                -- No state change if J=K=0
                end if;
        end process;
        Q <= Qint; Qbar <= QBint;              --drive outputs
end;
```

图 4.40　上升沿触发的 JK 触发器的 HDL 模型

T 触发器

　　时序逻辑电路中常见的功能模块是 T 触发器，可以执行计数功能，其中 T 表示触发或者翻转。如果 $T = 1$，则当时钟脉冲的上升沿到来时，输出状态翻转（即改变）；反之，如果 $T = 0$，则无论时钟如何，触发器保持状态不变。T 触发器的工作特性分别如图 4.41(a) 的驱动表和图 4.41(b) 的状态图所示。

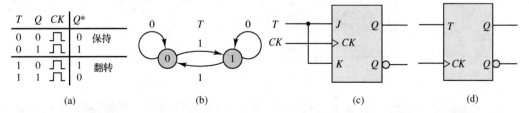

图 4.41　T 触发器。(a)驱动表；(b)状态图；(c)由 JK 触发器构成的电路；(d)逻辑符号

尽管 T 触发器并非典型的、独立的器件，但它可以由 JK 触发器的两个输入端连接同一个 T 变量而实现，如图 4.41(c)所示。由于 JK 触发器很常用，因此这样的连接很实用。参考如图 4.38(a) 所示的 JK 触发器的驱动表，可以调整如下：(1)当 $T=1$ 时，$J=K=1$，实现翻转功能；(2)当 $T=0$ 时，$J=K=0$，实现保持功能。T 触发器的逻辑符号如图 4.41(d)所示。

T 触发器的特征方程可以通过 JK 触发器的特征方程得到，即用 T 替换 J 和 K 即可：

$$\begin{aligned} Q^* &= J\overline{Q} + \overline{K}Q \\ &= T\overline{Q} + \overline{T}Q \end{aligned} \tag{4.27}$$

当 $T=0$ 时，特征方程变为 $Q^*=Q$，此为保持功能；当 $T=1$ 时，特征方程变为 $Q^*=\overline{Q}$，此为翻转功能。

异步输入

在时序逻辑电路中，很有必要通过激活"复位"信号来对锁存器或者触发器赋以已知的初始状态。例如，如果存储单元在通电时处于随机状态，那么的确应该将这些存储器的状态初始化为已知值，或者当其工作于某些时刻时，需要电路状态回到最初的状态值。

因此，同步锁存器和触发器应该具备一个或者多个异步输入变量，"异步"暗示了这些输入信号与使能锁存器或者触发器的时钟脉冲不同步。异步输入信号能够直接、快速地置位或者复位存储器，而与门控信号无关。为了加以对比，我们将之前描述的驱动输入称为"同步输入"，因为其仅当时钟脉冲有效时才能影响输出状态，即同步输入由时钟脉冲同步控制。

在图 4.42(a)所示的同步 SR 锁存器电路和逻辑符号中，有两个异步输入变量，标识为字符 "PRE"（预置 1）和"CLR"（清零），分别用于直接使锁存器进入置位或者复位状态。这些输入变量连接到输出锁存器，类似于输出锁存器的第 2 个 S 和 R 输入变量，时钟脉冲 G 即使处于激活状态也无效。

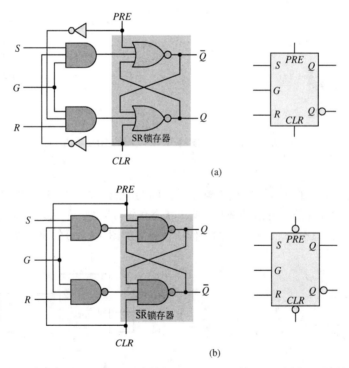

图 4.42   含异步输入变量的锁存器。(a)高电平有效的 PRE 和 CLR 输入；(b)低电平有效的 PRE 和 CLR 输入

现在来检验图 4.42(a) 中异步输入变量 CLR(有时标注为 $CLEAR$ 或者 $RESET$) 的功能。当 CLR = 0 时，此变量对于锁存器的工作没有影响，输出状态取决于 S、R 和 G 的输入值。如果 CLR = 1 (PRE = 0)，则或非门导致 Q 输出 0，并反馈回去迫使 $\overline{Q}$ = 1。注意，S 对应的与门输出是 0，因为下方的非门输出 0，与反馈信号 Q = 0 一起通过或非门决定了 $\overline{Q}$ 状态。此时，锁存器状态清零。只要 CLR = 1 (PRE = 0)，无论 S、R 和 G 值如何改变，输出锁存器始终保持在复位状态。

同理，异步输入变量 PRE(有时标注为 $PRESET$ 或者 PR) 的功能类似于锁存器的第 2 个 S 输入变量。如果 PRE = 1 (CLR = 0)，则锁存器进入置位状态 (Q = 1 和 $\overline{Q}$ = 0)，与时钟 G 无关。注意，如果 PRE = 0，则不会对锁存器的输出产生影响。与锁存器的组合 S = R = 1 被禁用一样，CLR = PRE = 1 也会对锁存器的工作造成不确定的效果，因此禁用。

如果输出锁存器由与非门构成(一个 $\overline{SR}$ 锁存器)，如图 4.42(b) 所示，则异步输入变量为低电平有效，即当 PRE 或 CLR = 0 时，分别对触发器进行置位或者复位，类似于输出锁存器的 $\overline{S}$ 和 $\overline{R}$ 输入变量形式。为了使反馈信号改变 $\overline{Q}$ 的值，$\overline{PRE}$ 和 $\overline{CLR}$ 输入也连接到第一级与非门的输入端，使这些门为 1 态，与反馈信号一起决定输出状态。注意，图 4.42(b) 的逻辑符号中使用了代表非运算的小圈，表明异步输入变量为低电平有效。

某些锁存器和触发器仅使用一个异步输入变量，即使用 PRE 或者 CLR 连接到锁存器，这样，锁存器/触发器的状态初始值仅与这个异步输入变量相对应。

如图 4.42 所示为锁存器的异步输入变量连接到每个控制和输出锁存器的输出端，因而其控制了锁存器输出的初始值，而与时钟无关。

一个含异步 PRE 和 CLR 输入的上升沿触发的 D 触发器的 HDL 模型如图 4.43 所示。与图 4.36 相比较，模型的差异在于增加了对高电平有效作用的 PRE 和 CLR 变量的定义。因为触发器的状态改变既受到这些变量的影响，也有时钟边沿的触发控制，所以控制状态改变的优先顺序为预置 1 (PRE) 高于清零 (CLR)，时钟控制更次之。因此，首先检测 PRE 的状态，如果 PRE = 1，则触发器输出 1 态，无须检测 CLR 或者 CK 的值。如果 PRE = 0，则首先检测 CLR 值，如果 CLR = 1，则状态输出为 0。仅当异步输入变量无效即 PRE = CLR = 0 时，触发器状态可能在时钟触发时改变。注意，在异步输入有效时，PRE = 1 和 CLR = 1 绝不能同时发生。如果有必要，可以通过语句令 CLR 的优先级高于 PRE。

```verilog
//Verilog: Positive-Edge-Triggered D Flip-Flop with Active-High Preset and Clear
//
module DflipflopPreClr (D, CK, PRE, CLR, Q, Qbar);
      input D, CK, PRE, CLR;
      output reg Q, Qbar;
always @ (posedge PRE, posedge CLR, posedge CK)       //Detect an input change.
      if (PRE==1) begin Q <= 1'b1; Qbar <= 1'b0; end   //Set flip-flop when PRE=1.
      else if (CLR==1) begin Q <= 1'b0; Qbar <= 1'b1; end //Reset flip-flop when CLR=1.
      else if (CK==1)
            begin
            Q <= D;                                    //Transfer input to flip-flop when
                                                       //  CK=PRE=CLR=0.
            Qbar <= ~D;
      end
endmodule


-- VHDL: Positive-Edge-Triggered D Flip-Flop with Active-High Preset and Clear
--
entity Dflipflop is
port ( CK, D: in bit;                                 -- Clock and excitation inputs
       PRE, CLR: in bit;                              -- Asynchronous preset and clear inputs
       Q, Qbar: out bit);                             -- Complementary outputs
end Dflipflop;
architecture behavior of Dflipflop is
begin
      process(CK, PRE, CLR)                           -- Flip-flop reacts to CK, PRE or CLR
      begin
            if (PRE = '1') then                       -- PRE given precedence over CLR and CK
                  Q <= '1';                           -- Set state to 1
```

图 4.43　一个含异步 PRE 和 CLR 输入的上升沿触发的(高电平门控)D 触发器的 HDL 模型

```
                        Qbar <= '0';
        elsif (CLR = '1') then              -- CLR given precedence over CK
                        Q <= '0';           -- Reset state to 0
                        Qbar <= '1';
        elsif CK'event and (CK='1') then    -- Flip-flop triggers when CK becomes 1
                        Q <= D;             -- Data input transferred to the flip-flop
                        Qbar <= not D;
            end if;
    end process;
end;
```

图 4.43(续)　一个含异步 *PRE* 和 *CLR* 输入的上升沿触发的(高电平门控)D 触发器的 HDL 模型

边沿触发的触发器

前面讲述的触发器要求在时钟脉冲保持高电平或者低电平期间，触发器的控制锁存器或者输出锁存器的状态分别发生改变。其表现在时钟跳变瞬间，输出锁存器改变状态，使触发器的输出状态改变似乎与时钟脉冲的边沿时刻一致。时序逻辑电路中的两个锁存器和反馈结构引入了缓冲机制，避免了不稳定的暂态发生，如图 4.30 所示。另一种解决方案是设计触发器电路，使其仅在时钟脉冲的上升沿或者下降沿时刻对驱动输入有所响应。如果时钟由 0 态跳变为 1 态时触发器状态改变，则这样的电路称为上升沿触发电路；如果时钟由 1 态跳变为 0 态时触发器状态改变，则这样的电路称为下降沿触发电路。这种边沿敏感特性同样避免了不稳定的暂态发生，而且显著减少了输入的激励信号有效作用于内部锁存器的时间。目前，大多数电路均采用边沿触发器，附加举例见参考文献[3]、[4]、[5]。

4.2.3　锁存器和触发器小结

前面介绍了锁存器和触发器这类存储器，其特性小结如表 4.1 所示。可见，锁存器电路主要应用于从信号线获取并存储数据。简单 SR 锁存器的 S 和 R 输入端获得随机的脉冲信号，对锁存器执行置位或者复位的功能；仅当锁存器使能工作期间，同步 SR 和 D 锁存器才能发生状态改变。因此，同步锁存器在使能脉冲失效前获取并存储数据。

表 4.1　锁存器和触发器特性小结

器件	特征方程
SR 锁存器	$Q^* = S + \bar{R}Q$
同步 SR 锁存器	$Q^* = SG + \bar{R}Q + \bar{G}Q$
同步 D 锁存器	$Q^* = DG + \bar{G}Q$
D 触发器	$Q^* = D$
SR 触发器	$Q^* = S + \bar{R}Q$
JK 触发器	$Q^* = \bar{K}Q + J\bar{Q}$
T 触发器	$Q^* = T\bar{Q} + \bar{T}Q$

通常用 D 或者 JK 触发器来设计时序逻辑电路，触发器的状态改变与时钟脉冲的转换时刻同步，并且用最少的门电路来产生驱动输入。JK 触发器可以代替 SR 触发器，因为 JK 触发器的工作模式与 SR 触发器的相同，并且新增了翻转模式，回避了 SR 触发器中禁用的 $S = R = 1$ 组合。同理，由于 T 触发器是将 JK 触发器的 J 和 K 输入端相连接而实现的，因此无须单独制作 T 触发器。

许多其他类型的存储器件也可用作时序逻辑电路中的存储单元，例如磁芯、电容器、磁带、低温超导和电磁继电器等。由于这些存储器件极少用于当代计算机中，因此本教材不对其进行介绍(可见参考文献[5]，了解更多关于存储器件的类型与技术的信息)。

4.3 寄存器

到目前为止，我们学习了各种类型的二进制存储单元——锁存器和触发器。接下来，我们把组合逻辑电路与触发器组合起来，构成简单的时序逻辑电路，实现几种常见的功能电路。首先分析寄存器是如何用于存储二进制数据的。然后，用触发器构成移位寄存器，以便处理数据。最后，学习由多个触发器构成的计数器，可实现输出连续的二进制数码。这些电路都由门电路和存储单元连接而成。第 5 章将学习设计时序逻辑电路的标准步骤。

寄存器是数字计算机和其他数字系统中最基本的功能模块，可存储二进制数和其他信息。如图 4.44(a)所示，一个 n 位寄存器由 n 个触发器构成，每个触发器分别存储信息，所有触发器均由同一个时钟脉冲加以控制。当时钟脉冲有效触发时，表示 n 个信息的 n 位输入数码同时被置数给相应的触发器。如图 4.44(b)所示的寄存器具有一个异步复位信号或者异步置位信号，以便初始化寄存器的初始状态。为了简化系统级电路图，图 4.44(c)和(d)的逻辑符号通常用于表示寄存器，后者是简化版本，其中把数据输入变量和输出变量用总线(即多信号束)来表示。

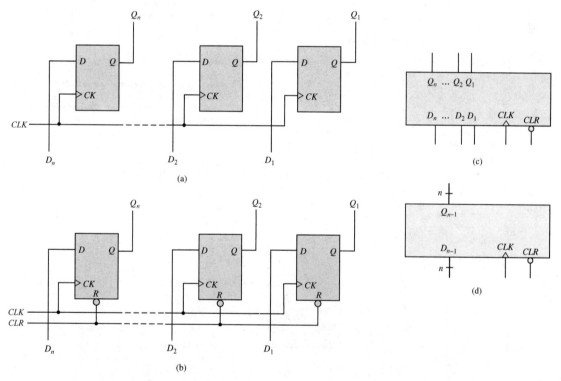

图 4.44 n 位寄存器。(a)逻辑电路；(b)含异步清零功能；(c)逻辑符号；(d)简化的逻辑符号

图 4.44(b)所示的 n 位寄存器的行为可以采用 HDL 模型描述，如图 4.45 所示。注意，这些模型与图 4.36 的 D 触发器基本相同，唯一的差别在于 D 和 Q 是数码数组而不是单个数码。在这样的模型中，通用参数 N 表示 D 和 Q 的最高位数。当寄存器在正逻辑系统设计中进行实例化时，不同数组大小的寄存器可以用同样的模型来表示。如果寄存器在实例化时没有定义通用参数 N，则必须指定默认值为 8。

移位寄存器的操作通常用时序图来描述，表示将数据从一个或者多个源寄存器移位至目标寄存器的过程。在数据传输的过程中，组合逻辑电路执行布尔代数运算或者其他运算。例如，假设两个寄存器的输出 A 和 B 作为一个加法器的两个输入变量，加法器的输出作为寄存器 C 的输入变量，如图 4.46 所示。当寄存器 C 的时钟有效时，寄存器 A 与 B 的值相加赋给 $C(A+B \to C)$，因此寄存器 C 得到了寄存器 A 和 B 中存储的数据之和。

```verilog
//Verilog Model of an N-bit register with active-low asynchronous clear
module NbitRegisterWclear (D, Q, CLK, CLR);
        input [N:1] D;                          //declare N-bit data input
        input CLK, CLR;                         //declare clock and clear inputs
        output reg [N:1] Q;                     //declare N-bit data output
        parameter N = 8;                        //declare default value for N
        always @ (posedge CLK, negedge CLR) begin   //detect change of clock or clear
                if (CLR==1'b0) Q <= 0;          //register loaded with all 0's
                else if (CLK==1'b1) Q <= D;     //data input values loaded in register
        end
endmodule
```

```vhdl
-- VHDL Model of an N-bit register with active-low asynchronous clear
entity RegisterN is
generic (N: integer: = 8);                      -- register width (default value 8)
port ( CLK, CLRB: in bit;                       -- Clock and clear inputs
       D: in bit_vector(N downto 1);            -- N-bit input data
       Q: out bit_vector(N downto 1);           -- N-bit output data
end RegisterN;
architecture behavior of RegisterN is
begin
        process(CLK, CLRB)                      -- Register reacts to CLK or CLR
        begin
                if (CLRB = '0') then            -- CLRB given precedence over CLK
                        Q <= (others => '0');   -- Reset all register bits to 0
                elsif CLK'event and (CLK = '1') then  -- Register triggers when CK becomes 1
                        Q <= D;                 -- Data input transferred to the register
                end if;
        end process;
end;
```

图 4.45　一个含异步清零输入的上升沿触发的 n 位寄存器的 HDL 模型

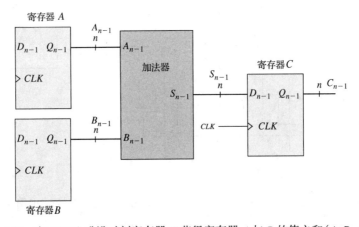

图 4.46　在 CLK 上升沿时刻寄存器 C 获得寄存器 A 与 B 的值之和 $(A+B \to C)$

　　为了描述通过一组寄存器传递数据的数字系统，我们来看图 4.47(a) 的电路。该电路称为累加器，即寄存器 A 的输出来自输入变量 DIN 的一系列数码的累加值。该寄存器有两种工作方式：(1) 当 CLR(清零)输入有效时，寄存器 A 为 0 值；(2) 当 CLK(时钟)有效时，寄存器的输出次态为寄存器 A 的现态值与此时的数据输入 DIN 值之和 $(A+DIN \to A)$。图 4.47(b) 展示了累加器对二进制序列 5, 4, 1, 2, 2 进行累加求和的工作过程。

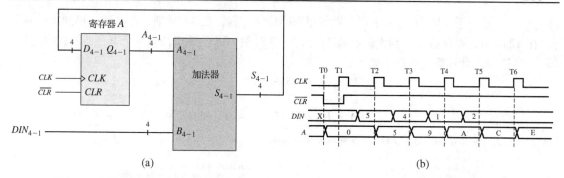

图 4.47 累加器电路。(a) 逻辑电路;(b) 展示从 DIN 输入的一系列数码的累加值的时序图

以下是在不同时刻实现的寄存器输出的数值:

$$T0: 0 \to A$$
$$T2: A + DIN \to A \quad (0 + 5 = 5)$$
$$T3: A + DIN \to A \quad (5 + 4 = 9)$$
$$T4: A + DIN \to A \quad (9 + 1 = 10)$$
$$T5: A + DIN \to A \quad (10 + 2 = 12)$$
$$T6: A + DIN \to A \quad (12 + 2 = 14)$$

在 T0 时刻,CLR 被激活,将寄存器 A 初始化为 0。在 T2 时刻,第一个输入给 DIN 变量的值为 5,加法器计算 $0 + 5 = 5$,即寄存器 A 的输出值为 5。同理,序列码的值依序传递给 DIN 变量,分别在 T3~T6 时刻执行加法运算,并给寄存器 A 赋以新值输出,即 $A + DIN \to A$。最后,寄存器 A 的输出值为该序列数值总和,即 14(十六进制值为 E)。

为了方便设计含多个寄存器的数字系统,通常选择含时钟使能(CE)信号的寄存器,如图 4.48 所示。从图 4.48(a) 可见,当 $CE = 1$ 时,与门电路的输出就是时钟,CLK 称为触发器的时钟控制信号,此时称时钟"使能"。反之,当 $CE = 0$ 时,与门电路的输出为 0,时钟 CLK 无效,可避免时钟误驱动触发器动作。含 n 位寄存器的数字系统的 HDL 行为模型如图 4.49 所示。

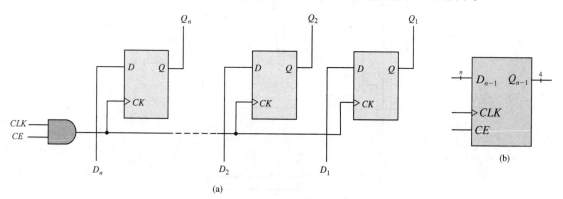

图 4.48 含时钟使能(CE)信号的寄存器。(a) 逻辑电路;(b) 逻辑符号

含时钟使能变量的寄存器能够采用同一个时钟同步控制多个寄存器,仅在时钟跳变时刻,触发器状态发生改变。如图 4.50(a) 的电路所示,当时钟 CLK 同时施加在寄存器 A、B 和 C 时,3 个寄存器各自具备独立的时钟使能信号。在时钟脉冲上升沿,如果 $LDA = 1$,则寄存器 A 的输出值为 DIN 输入数据现态值(即寄存器传递 $DIN \to A$)。如果 $LDB = 1$,则 DIN 数据被赋以寄存器 B 的输出,(即寄存器传递 $DIN \to B$)。反之,如果 $LDC = 1$,则加法器的输出值对寄存器 C 置数(即寄存器传

递 $A + B \to A$)。图 4.50(b) 为 3 个寄存器的序列码传递过程。在 T1 时刻，寄存器 A 得到十进制数 5；在 T2 时刻，寄存器 B 得到十进制数 3；而在 T3 时刻，寄存器 C 得到两个寄存器的数值之和，即十进制数 8。此运算过程描述如下：

$$T1: DIN \to A \quad (5 \to A)$$
$$T2: DIN \to B \quad (3 \to B)$$
$$T3: A + B \to C \quad (5 + 3 = 8 \to C)$$

```
//Verilog Model of an N-bit register with clock enable
//
module NbitRegisterWclockEnable (D, Q, CLK, CE);
        input [N:1] D;                          //declare N-bit data input
        input CLK, CE;                          //declare clock and enable inputs
        output reg [N:1] Q;                     //declare N-bit data output
        parameter N = 8;                        //declare default value for N
        always @ (posedge CLK) begin            //detect positive edge of clock
                if (CE==1'b1) Q <= D;           //register loaded with data inputs
        end
endmodule
```

```
-- VHDL Model of an N-bit register with clock enable
--
entity RegisterN is
generic (N: integer: = 8);                      -- register width, default value 8
port ( CLK, CE: in bit;                         -- Clock and Clock Enable inputs
       D: in bit_vector(N downto 1);            -- N-bit input data
       Q: out bit_vector(N downto 1);           -- N-bit output data
end RegisterN;
architecture behavior of RegisterN is
begin
        process(CLK)                            -- Register reacts to CLK
        begin
                if CLK'event and (CLK = '1') then   -- Register triggers on rising edge of CLK
                        if CE = '1' then        -- Register state changes if clock enabled
                                Q <= D;         -- Data input transferred to the register
                        end if;
                end if;
        end process;
end;
```

图 4.49　含时钟使能信号的上升沿触发的 n 位寄存器的 HDL 模型

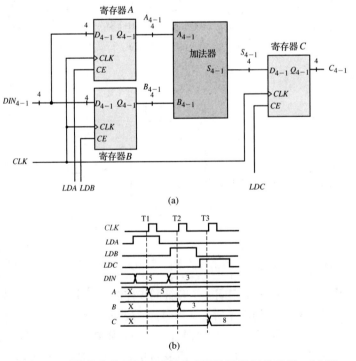

(a)

(b)

图 4.50　时钟使能信号用于选择寄存器传递数据的时刻。(a)逻辑电路；(b)实现加法运算(5 + 3 = 8)的时序图

4.4 移位寄存器

移位寄存器是由多个触发器构成的时序逻辑电路，用于存储二进制数，并完成数码在寄存器中的左移和右移。移位寄存器在数字计算机中特别常见，可以实现数字通信系统中的数据接收和串行传递。一个典型的移位寄存器如图 4.51 所示。图 4.51（a）是一个 n 位移位寄存器，包含 n 个上升沿触发的 D 触发器，每个触发器存储一位数据。每个触发器的输出 Q 连接至其右侧触发器的 D 输入。因此，当移位时钟脉冲的上升沿出现时，触发器单元的输出 Q_i 值右移至输出 Q_{i+1}，也就是所有寄存器中的二进制数均右移了一次。例外的情况是，移位寄存器最左侧的输出 Q_1 得到的是从外部输入的串入（serial-in）信号。我们称此寄存器为串入串出移位寄存器，图 4.51（a）显示了串入和串出端口。

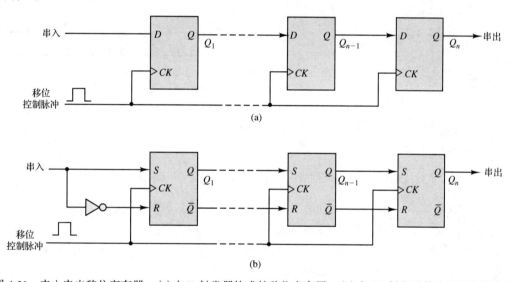

图 4.51 串入串出移位寄存器。（a）由 D 触发器构成的移位寄存器；（b）由 SR 触发器构成的移位寄存器

图 4.51（b）展示了一个可替代的、由 SR 触发器构成的移位寄存器。输入变量 S 和 R 的值分别来自 Q_i 和 $\bar{Q}_i$，由此决定 Q_{i+1} 的次态。因此，当 $Q_i = 1$ 时，有 $S = 1$，$R = 0$，在下一个有效时钟脉冲到来时，置位 $Q_{i+1} = 1$。同理，当 $Q_i = 0$ 时，有 $S = 0$，$R = 1$，在下一个有效时钟脉冲到来时，复位 $Q_{i+1} = 0$。可见，Q_i 值会传递给 Q_{i+1}。例如，当串入数据为 1 时，即 $S = 1$，$R = 0$，会置位最左侧的 $Q_1 = 1$；反之，当串入数据为 0 时，即 $S = 0$，$R = 1$，复位 $Q_1 = 0$。

可以采用 n 个移位寄存器来将数据同步置数给每个寄存器，如图 4.52（a）所示，其逻辑符号如图 4.52（b）所示，图中标注的内容的含义如下。

并入（D_i，$i = 1, \cdots, n$）：数据输入端，表示在同一个时钟有效触发时每个寄存器同时输入并行置数的数据。

并出（Q_i，$i = 1, \cdots, n$）：数据输出端，表示每个寄存器的 Q 输出端。

串入：在移位寄存器的第一个单元的输入端，每次移位（Shift）脉冲触发驱动一位数据进入寄存器。

串出：移位寄存器的最后一个单元的输出端 Q_n，每次移位脉冲触发驱动寄存器输出一位数据。

置数/移位（Load/$\overline{Shift}$）控制信号：如果其值为高电平，则数据被并行置数；否则，进行数据的串行移位。

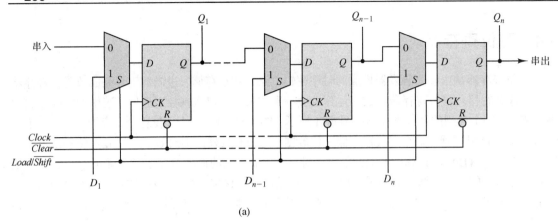

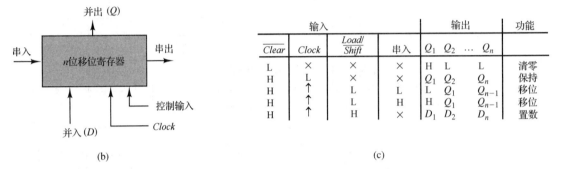

图 4.52　含串行及并入和并出功能的通用移位寄存器。(a)逻辑电路；(b)逻辑符号；(c)功能表

时钟(Clock)信号：当时钟的上升沿出现时，电路开始置数数据或者移位数据。

异步清零($\overline{Clear}$)信号：用于把相应触发器的输出状态强制变为0。

移位寄存器的工作特性由图4.52(c)的功能表加以描述。当$\overline{Clear}$信号有效(低电平)时，所有寄存器的初值为0。如果$\overline{Clear}$信号无效，则当时钟脉冲的上升沿到来时，数据选择器选择触发器的输入数据，再根据 Load/$\overline{Shift}$ 控制信号的高低电平值决定移位寄存器的工作状态。例如，当 Load/$\overline{Shift}$ 控制信号为1时，寄存器并入数据，实现寄存器的置数；当 Load/$\overline{Shift}$ 控制信号为0时，各寄存器的数据均右移一次，而串入的外部数据进入最左侧的寄存器。上述行为的 HDL 模型如图 4.53 所示。

图 4.52 所示的移位寄存器有四种工作模式，即串入串出、并入串出、串入并出和并入并出。所有的串行模式都需要输入数据与移位脉冲同步。移位寄存器实现了将一串 n 位数据延时 n 个时钟脉冲再依序输出的功能。

为了解释移位寄存器在串行通信中的实际应用，图 4.54 展示了一个计算机通过串行通信接口与外设通信的模式。如图 4.52 所示为计算机和外设，均有 8 位移位寄存器。计算机提供了一个移位时钟信号 SCLK 以控制移位操作。COUT 信号是计算机的移位寄存器的串出信号，也是外设的移位寄存器的串入信号。同样，CIN 信号指计算机的输入信号和外设的输出信号。为了从计算机向外设传递一个字节的数据，首先激活并行置数功能，数据被同步置数至计算机的移位寄存器。然后，激活计算机和外设的移位模式，产生 8 个时钟脉冲，每一个时钟都驱使数据右移一次，由于计算机的串出连接到外设的串入，因此完成了从计算机到外设的一位数据的传递。经过 8 个时钟脉冲，8 位数据就被完整地从计算机的移位寄存器传递至外设的移位寄存器；同样，外设中一个字节的数据也被传递给计算机。最后，计算机与外设通过每个寄存器并出的方式读取接收到的数据。

```verilog
//Verilog Model: N-bit shift register with clock enable and asynchronous clear
module NbitShiftRegister (CLK, CLR, LoadShift, SerialIn, D, Q);
        input CLK, CLR, LoadShift, SerialIn;              //declare control and
                                                             serial data in
        input [N:1] D;                                    //declare parallel data in
        output reg [N:1] Q;                               //declare parallel data out
        parameter N=8;                                    //declare default value of N
        integer i;                                        //define for-loop variable
                always @ (posedge CLK, negedge CLR)       //detect positive CLK edge
                                                             or negative CLR edge
                begin
                    if (CLR==1'b0) Q <= 8'b0;             //load 0's in register if
                                                             CLR is low
                        else if (CLK==1'b1 & LoadShift==1'b1) Q <= D;   //load parallel data if
                                                                          LoadShift = 1
                            else if (CLK==1'b1 & LoadShift==1'b0) begin  //shift data bits right if
                                                                           laodshift = 0
                                for (i = 2; i <= 8; i = i + 1)           //bit shifting loop
                                begin Q[i] <= Q[i-1]; end
                                Q[1] <= SerialIn;                        //load serial input line in
                                                                           register location Q[1]
                                end
                end
endmodule
```

```vhdl
-- VHDL Model: N-bit shift register with clock enable and asynchronous clear
entity ShiftRegisterN is
generic (N: integer := 8);                          -- register width, default value 8
port ( CLK, ClearN, Load_ShiftN: in bit;            -- Clock and control inputs
       SerialIn: in bit;                            -- serial input
       D: in bit_vector(1 to N);                    -- N-bit input data
       Q: out bit_vector(1 to N);                   -- N-bit output data
end ShiftRegisterN;
architecture behavior of ShiftRegisterN is
begin
        process(CLK, ClearN)                        -- Register reacts to CLK or ClearN
        begin
            if ClearN = '0' then                    -- asynchronous clear
                Q <= (others => '0');               -- all bits set to 0
                    elsif CLK'event and (CLK='1') then  -- register triggers on rising edge
                                                           of CLK
                        if Load_ShiftN = '1' then   -- Load selected
                            Q <= D;                 -- Data input transferred to the
                                                       register
                        else
                            Q <= SerialIn & Q(1 to N-1);  -- Shift data to right
                        end if;
            end if;
        end process;
end;
```

图 4.53　图 4.52 的移位寄存器的 HDL 模型

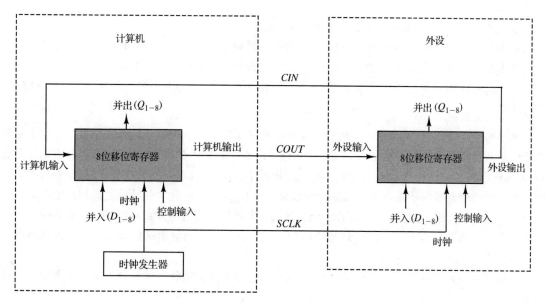

图 4.54　通过串行通信接口和移位寄存器实现通信功能的计算机与外设系统

以下举例说明计算机与外设之间的数据交换。假设计算机的 8 位移位寄存器的初值为 abcdefgh，而外设的 8 位移位寄存器的初值为 mnopqrst。经过连续 8 个时钟脉冲的作用，两个移位寄存器中的值分别如下：

时间	计算机的移位寄存器	外设的移位寄存器
-	abcdefgh	mnopqrst
1	tabcdefg	hmnopqrs
2	stabcdef	ghmnopqr
3	rstabcde	fghmnopq
4	qrstabcd	efghmnop
5	pqrstabc	defghmno
6	opqrstab	cdefghmn
7	nopqrsta	bcdefghm
8	mnopqrst	abcdefgh

数字电路的设计人员将移位寄存器用于不同的应用电路中。图 4.52 的通用移位寄存器模块在数字系统设计中得到了广泛应用，可以很方便地对其进行修改以完成附加功能，如例 4.3 所示。

例 4.3　设计一个 4 位双向、串入并出移位寄存器，含异步清零功能和四种同步工作模式，即保持(状态不变)、右移、左移和并行置数。

此移位寄存器应由 4 个触发器构成，输入和输出变量可实现要求的功能：(1)从 $Q_1Q_2Q_3Q_4$ 并出；(2)从 $D_1D_2D_3D_4$ 并入；(3)用于两种方向移位的串入位("左串入"和"右串入")；(4)通过控制位 S_1S_0 来选择同步功能、异步清零($\overline{Clear}$)输入、时钟($Clock$)输入。由此设计的逻辑电路符号如图 4.55(a)所示，根据图 4.52 推导的功能表如图 4.55(b)所示。四种同步运行功能如下：

当 $S_1S_0 = 00$ 时，执行保持功能，即使 CLK 跳变，$Q_1Q_2Q_3Q_4$ 不变。

当 $S_1S_0 = 01$ 时，执行右移功能，$Q_1Q_2Q_3$ 的值传递给 $Q_2Q_3Q_4$ 输出，Q_1 的值来自"左串入"。

当 $S_1S_0 = 10$ 时，执行左移功能，$Q_2Q_3Q_4$ 的值传递给 $Q_1Q_2Q_3$ 输出，Q_4 的值来自"右串入"。

当 $S_1S_0 = 11$ 时，执行并行置数功能，即在 CLK 上升沿，$Q_1Q_2Q_3Q_4$ 的数值分别跟随 $D_1D_2D_3D_4$ 值而改变。

既然每个 D 触发器有四种可能的输入组合，则可以使用一个四选一数据选择器，通过 S_1S_0 的四种组合来选择每个触发器的 D 输入值，如图 4.55(c)所示。对于每一个触发器 k，数据选择器选择 Q_k 执行保持功能，选择 Q_{k-1} 执行右移功能；选择 Q_{k+1} 执行左移功能，选择 D_k 执行并行置数功能。最左侧的触发器用于接收左串入的外加数据，输出 Q_{k-1}；而最右侧的触发器则用于接收右串入的外加数据，输出 Q_{k+1}。注意，与图 4.52 所示的实现保持状态的方式有所不同，并非使时钟无效来避免寄存器改变状态，而是时钟持续运行，通过把触发器的输出反馈回到输入端来保持触发器的状态不变。

如果有必要，可以修改图 4.55(c)的电路设计，通过为数据选择器增加输入变量而实现新增的功能。

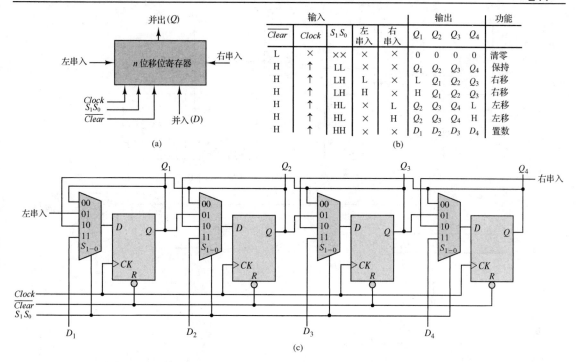

图 4.55　含异步清零功能的 4 位双向、串入并出移位寄存器。(a) 逻辑符号；(b) 功能表；(c) 逻辑电路

4.5　计数器

计数器是时序逻辑电路的一类，用于对输入脉冲计数，此输入脉冲可以是有规律性的或者自然的、无规律的。计数器是大多数数字逻辑应用电路的基本组成部分，可用于构成计时器、控制电路、信号发生器和其他设备。

计数器可分类为同步或者异步计数器、二进制或者非二进制计数器。本节会逐一介绍不同类型的电路及其特殊功能，例如使能控制、同步或者异步清零、同步或者异步置数及串行进位输出。具有环形计数器特征的二进制计数器和模 N 计数器也会加以介绍。

4.5.1　同步二进制计数器

图 4.56(a) 为一个包含多个时钟控制 JK 触发器的 n 位同步二进制计数器，连接方式可为 T-FF。通常，由 n 个触发器构成的二进制计数器的初态均为 0，随着时钟脉冲的持续触发，输出的二进制序列的十进制值为 $0, 1, 2, 3, \cdots, 2^n - 1, 0, 1, 2, \cdots$。换句话说，计数器一共有 2^n 个独立的状态，如图 4.56(b) 所示，并且周期性地重复出现。图 4.56(a) 的电路的输出状态序列如图 4.56(b) 所示，可见，在每一个计数脉冲之后，变量 Q_1 的状态会翻转；而变量 Q_2 翻转的条件是在 $Q_1 = 1$ 之后的时钟脉冲发生状态改变。同理，Q_3 翻转的条件是 $Q_2 = Q_1 = 1$ 之后的时钟脉冲有效触发。总之，变量 Q_i 在下一个时钟发生翻转的条件是所有变量 Q_k 均为 1 态，$k = 1, \cdots, i - 1$。因此，一个二输入与门可用于每个触发器的输入端，以控制高位变量在下一个时钟翻转。在某一级触发器的低位输出 Q 均为 1 态时，与门输出 1。计数器的触发器和其相关的控制电路通常称为计数级。经分析可知，一个 n 位二进制计数器的前 k 级就相当于一个 k 位二进制计数器，其输出的十进制值在 $0, 1, 2, 3, \cdots, 2^k - 1, 0, 1, 2, \cdots$ 之间反复循环。

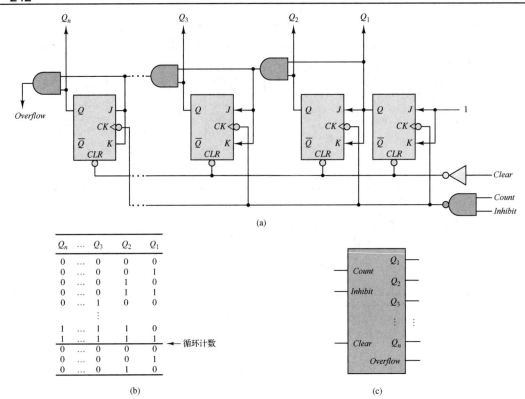

图 4.56　n 位同步二进制计数器。(a)逻辑电路；(b)状态序列；(c)逻辑符号

在正常运行状态下，当计数脉冲转换(0→1→0)时，每个 JK 触发器的 J 和 K 输入保持不变，不是 1 态就是 0 态。清零(Clear)信号在 1 态时，会驱使所有触发器输出 0 值，并且一直保持，直到清零信号回到低电平(其无效时，触发器正常工作)。如果有特殊应用要求计数器保持不变，则通过禁止计数(Inhibit)控制信号阻止计数脉冲作用，使计数器保持现态。

当计数器输出全 1 值时，溢出(Overflow)信号成为高电平。溢出信号通常用于驱动一组级联的计数器模块进入下一级运行状态，以便产生更大的计数值。因此，溢出信号通常称为串行进位输出(RCO)。

当 n = 3 时，根据 $2^3 = 8$，计数器输出 8 种不同的状态组合，其状态图如图 4.57。一个 n 位同步二进制计数器的 HDL 模型如图 4.58 所示。

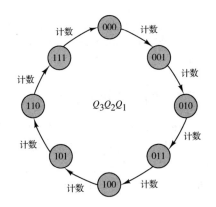

图 4.57　3 位二进制计数器的状态图

采用如图 4.56 的电路设计二进制计数器，可以实现递减或者倒计时(backward)计数器。如果翻转此标准二进制计数器的状态转换顺序，则构成递增或者正计时(forward)计数器。观察图 4.59(a)的状态序列，递减计数器与递增计数器的输出状态是相反的，例如所有的 Q_k(k = 1,…, $i-1$)输出值均为 0，在下一个计数脉冲到来时，Q_i 全为 1。因此，一个同步递减计数器可以用如图 4.59(b)所示的同步 JK 触发器来构成。如果之前的触发器均输出 0 值(则所有的 $\overline{Q}_i$ 均为 1)，则 J 和 K 值均为 1。清零信号使计数器输出全 0，而禁止计数控制信号必须为高电平，这样才能保证计数脉冲驱使计数器的状态正常改变。

```verilog
// Verilog behavioral model of an N-bit binary counter
//
module NbitBinaryCounter (COUNT, CLEAR, Q);
input COUNT, CLEAR;                      //define input variables
output reg [N-1:0] Q;                    // Q is defined as an N-bit output register
parameter N=3;                           //Define default value of N=3
always @ (posedge COUNT, negedge CLEAR)  //Detect input variable changes
        if (CLEAR==0) Q <= 0;            // Q loaded with all 0's on negative edge of CLEAR
            else begin                   // Begin counting
                if (Q == 2**N - 1)       //Check for maximum count
                        Q <= 0;          //Once Q = all 1's it returns to all 0's
                else
                        Q <= Q + 1'b1;   //Q is incremented on positive edge of CLOCK
            end
endmodule
```

```vhdl
-- VHDL behavioral model of an N-bit binary counter
library ieee; use ieee.numeric_bit.all;
entity SyncBinCntN is
        generic (N: integer: = 4);
        port (Q: out bit_vector(N downto 1);          -- N-bit output
            Overflow: out bit;                        -- Overflow indicator
            Clear: in bit;                            -- Async clear
            Count: in bit;                            -- Count pulse
            Inhibit: in bit);                         -- Inhibit counting
end SyncBinCntN;
architecture Behavior of SyncBinCntN is
        constant MaxCnt: UNSIGNED(N downto 1):= to_unsigned(2**N-1, N);
        signal Cnt: UNSIGNED(N downto 1);
        signal Clk: bit;
begin
        Clk <= Count nand Inhibit;                    -- enable count pulse on ff clock
        Counter:
                process (Clear, Clk)                  -- trigger with Clear or Clk
                begin
                    if Clear = '1' then               -- async clear active
                        Cnt <= (others => '0');       -- reset to all 0's
                    elsif Clk'Event and Clk = '0' then -- clock 1->0
                        Cnt <= Cnt + 1;               -- increment count
                    end if;
                end process;
        Q <= bit_vector(Cnt);                         -- drive outputs
        Overflow <= '1' when Cnt = MaxCnt else '0';   -- overflow on max count
end;
```

图 4.58 一个 n 位同步二进制计数器的 HDL 模型

Q_n	...	Q_3	Q_2	Q_1
1	...	1	1	1
0	...	0	0	0
0	...	0	0	1
0	...	0	1	0
0	...	0	1	1
0	...	1	0	0

递增计数模式

Q_n	...	Q_3	Q_2	Q_1
0	...	0	0	0
1	...	1	1	1
1	...	1	1	0
1	...	1	0	1
1	...	1	0	0
1	...	0	1	1

递减计数模式

(a)

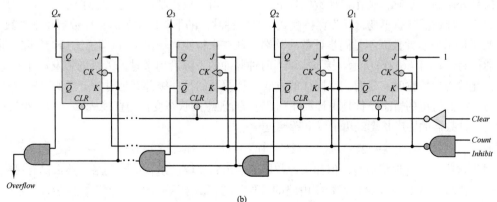

(b)

图 4.59 同步递减计数器。(a)状态序列；(b)逻辑电路

例4.4 设计一个 n 位同步二进制计数器，通过递增/递减($Up/\overline{Down}$)控制信号分别实现递增和递减计数。

许多数字系统要求计数器既能完成递增计数，也能实现递减计数。参考图 4.56 和图 4.59 的递增计数器和递减计数器电路，可以将其组合成如图 4.60 所示的递增/递减同步计数器。该计数器通过同一个控制信号实现递增计数或者递减计数，因此，在电路中标注了 $Up/\overline{Down}$ 控制信号。在递增工作模式，通过上方的与门电路，触发器的输出 Q 作为触发器的 J 和 K 输入且为高电平。反之，在递减工作模式下，通过下方的与门电路，触发器的输出 $\overline{Q}$ 作为触发器的 J 和 K 输入。

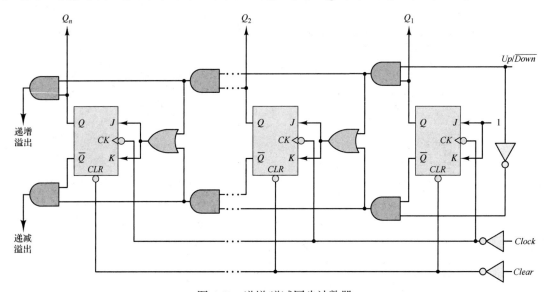

图 4.60　递增/递减同步计数器

4.5.2　异步二进制计数器

之所以称为异步二进制计数器，是指其输出状态并非由同一个时钟脉冲来控制。通过回避对时钟同步控制的要求，由此设计的计数器结构就更加简单。回顾图 4.56(a)的同步计数器设计，通过观察图 4.56(b)中计数器的状态发生变化的时机，可以去掉与门电路。注意，每当 Q_{i-1} 的状态从 1 变为 0 时，计数器的输出 Q_i 发生翻转。另外，每当计数脉冲有效时，同步计数器的 Q_1 状态均翻转。如图 4.61(a)所示，可以采用异步清零信号来将计数器的所有触发器状态初始化为 0。当计数控制信号处于高电平时，工作在计数模式下。反之，当计数控制信号为低电平时，工作在禁止计数模式下，计数器状态不变，即为保持模式。当时钟脉冲的下降沿出现时，计数器正常计数。

为了展示异步计数而不是同步计数的弊端，现在来检测当输出全 1(即溢出)时异步二进制计数器的行为，如图 4.61(b)所示。接下来，当时钟脉冲的下降沿到来时，Q_1 级的触发器在 t_{PHL} 期间响应，此状态在传输时有延时。以同样的方式，计数器的每一级都有延时，直至所有触发器翻转为 0 态。注意，这里的暂态条件是由计数序列产生的，理想的状态变化是直接从 $(2^n-1)_{10}$ 变为 $(0)_{10}$。实际上，计数器的输出状态经历了以下转换过程：

$$(2^n-1)_{10} \rightarrow (2^n-2)_{10} \rightarrow (2^n-4)_{10} \rightarrow (2^n-8)_{10} \ldots \rightarrow (2^{n-1})_{10} \rightarrow (0)_{10}$$

尽管这些转换过程很短暂，但如果计数器的输出状态驱动组合逻辑电路，那么仍有可能出现不希望的暂态。第 6 章将会讨论数字电路的冒险问题，由于这样的暂态出现，异步计数器也被称为串行计数器，随着每级触发器的状态变化，输出状态一个接一个地从右侧传递至左侧。

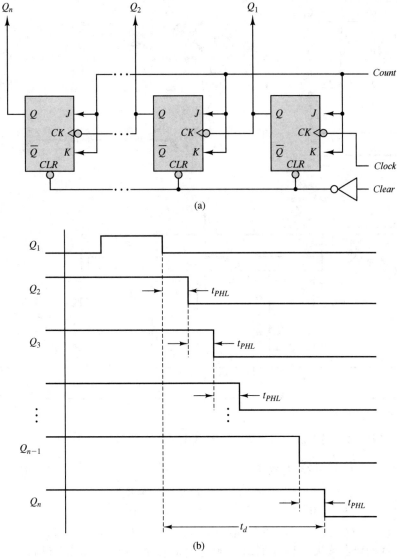

图 4.61　异步二进制计数器。(a)逻辑电路；(b)时序图

4.5.3　模 N 计数器

在设计数字系统时，可能需要一个计数器从十进制 0 计数至 $N-1$，然后再不断循环计算。这样的计数器称为模 N 计数器。最常见的模 N 计数器是之前学习过的二进制计数器。对于二进制计数器，$N=2^n$，n 表示计数器的级数。不过，其余 N 值的计数器也非常有用，例如，$N=10$（十进制）的计数器通常也用于数字系统的设计。

同步 BCD（二-十进制）计数器是模 10（或者十进制）计数器。图 4.62（a）为 BCD 计数器的计数序列，图 4.62（b）为状态图。BCD 计数器的状态变化与二进制计数器的一致，直到状态 9（二进制数为 1001）即发生变化。此时，控制电路必须调整触发器的输入值，以便在下一个时钟脉冲到来时计数器回到 0000 状态，而不是像二进制计数器那样输出 1010 状态。通过分析图 4.62（a）的计数序列，可以推导出 BCD 计数器的逻辑电路，如图 4.62（c）所示。当检测到触发器的每一位都在翻转时，可以由此确定每个触发器的 J 和 K 输入值。保证 4 个触发器的状态均能够翻转的条件如下所示。

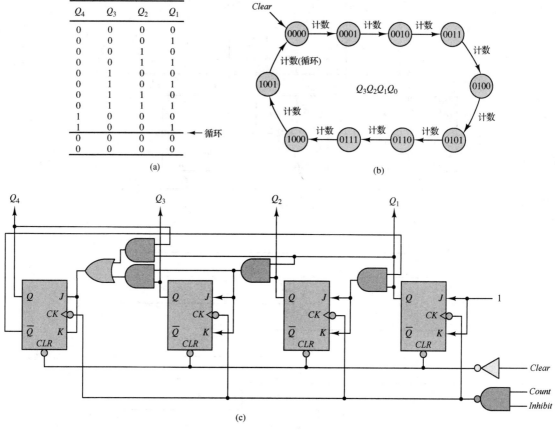

Q_4	Q_3	Q_2	Q_1
0	0	0	0
0	0	0	1
0	0	1	0
0	0	1	1
0	1	0	0
0	1	0	1
0	1	1	0
0	1	1	1
1	0	0	0
1	0	0	1

图 4.62　同步 BCD 计数器。(a)计数序列；(b)状态图；(c)逻辑电路

Q_1 翻转条件：每个时钟脉冲有效触发时。

Q_2 翻转条件：当 $Q_4 = 0$ 和 $Q_1 = 1$ 且下一个时钟脉冲触发时。

Q_3 翻转条件：当 $Q_2 = 1$ 和 $Q_1 = 1$ 且下一个时钟脉冲触发时。

Q_4 翻转条件：当 $Q_3Q_2Q_1 = 111$ 或者 $Q_4Q_1 = 11$ 且下一个时钟脉冲触发时。

注意，因为我们要求从状态 1001 回到 0000，Q_2 和 Q_4 翻转的条件相比二进制计数器的更复杂。

该计数器的清零和计数功能与图 4.56 的同步二进制计数器的类似，不同之处在于计数序列不同。

BCD 计数器的 HDL 模型如图 4.63 所示。

```
// Verilog behavioral model of a BCD counter
module BCDCounter (COUNT, CLEAR, Q);
input COUNT, CLEAR;                          //Define input variables
output reg [3:0] Q;                          //Define output Q as an N-bit output register
always @ (posedge COUNT, posedge CLEAR)
        if (CLEAR==1) Q <= 0;                //Q is loaded with 0
        else
                begin                        //Begin counting
                        if (Q == 4'b1001)    //Check for BCD 9
                                Q <= 0;      //Once Q = 1001 it returns to 0
                        else
                                Q <= Q + 1'b1;  //Q is incremented to next value
                end
endmodule
```

图 4.63　BCD 计数器的 HDL 模型

```
-- VHDL behavioral model of a BCD counter
library ieee; use ieee.numeric_bit.all;
entity SyncBCDCounter is
        port (Q: out bit_vector(4 downto 1);        -- Counter outputs
              Clear: in bit;                         -- Control inputs
              Count: in bit;
              Inhibit: in bit);
end SyncBCDCounter;
architecture Behavior of SyncBCDCounter is
        signal Cnt: UNSIGNED(4 downto 1);            -- Internal counter state
        signal Clk: bit;                             -- Flip-flop clock
begin
        Clk <= Count nand Inhibit;                   -- Enabled clock
        Q <= bit_vector(Cnt);                        -- Drive counter outputs
        process (Clear, Clk)                         -- Trigger on Clear or Clk events
        begin
                if Clear = '1' then
                        Cnt <= "0000";               -- Reset counter
                elsif falling_edge(Clk)' then
                        if Cnt = "1001" then         -- Check for BCD 9
                                Cnt <= "0000";        -- If Q=1001 return to 0000
                        else
                                Cnt <= Cnt + 1;       -- Otherwise increment the count
                        end if;
                end if;
        end process;
end;
```

图 4.63(续)　BCD 计数器的 HDL 模型

图 4.62 所示的同步 BCD 计数器可以改为异步计数器。通过修改图 4.61(a)所示的异步二进制计数器结构，即可构成一个异步或者串行十进制计数器。假设增加了一个逻辑电路，检测到状态 $(10)_{10}$ 已经出现，然后使用此信号来驱动计数器所有触发器的清零控制线，使计数器状态为全 0。状态 $(10)_{10}$ 的二进制数为 $(Q_4Q_3Q_2Q_1) = (1010)_2$，这时采用一个二输入与门，其输入变量为 Q_4 和 Q_2，即可实现对状态 $(10)_{10}$ 的检测。还可参考图 4.62(a)的计数序列，因为计数器的状态到达 $(10)_{10}$ 之前在 $0, 1, 2, \cdots, 9$ 之间循环，这些状态都不会出现 $Q_4 = Q_2 = 1$，所以状态 $(10)_{10}$ 是独有的。异步 BCD 计数器的逻辑电路如图 4.64(a)所示。接下来，我们测试此计数器的暂态特性。

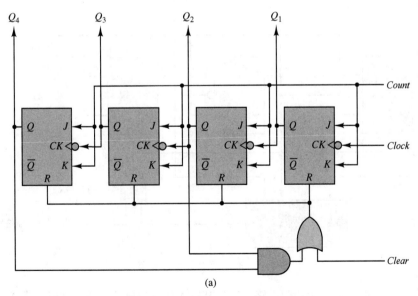

(a)

图 4.64　异步 BCD 计数器。(a)逻辑电路；(b)状态图

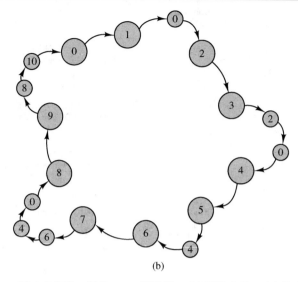

(b)

图 4.64(续)　异步 BCD 计数器。(a)逻辑电路；(b)状态图

　　图 4.64(b)的状态图用于描述电路的行为，图 4.61(b)的时序图表明了在计数过程中暂态是如何发生的。图 4.64(b)的状态图中用较小的圈表示暂态。当状态 7 转变为状态 8 时，最糟糕的暂态发生了。基于串行效应，可以看到出现 3 个过渡状态。现在请关注从状态 9 转变为状态 0 的情况，串行效应引起计数器的状态变为状态 8，进而变为状态 10。但是，反馈电路能够检测到状态 10，产生清零信号，立即将所有的计数器复位为 0 态。

　　采用图 4.64 的异步 BCD 计数器的设计方法实现通用模 N 异步计数器可能产生冒险，如图 4.65 所示。

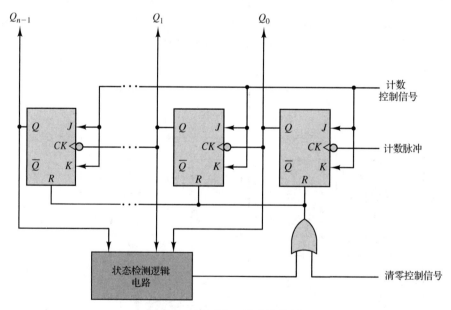

图 4.65　通用模 N 异步计数器

　　状态检测逻辑电路包含一个与门电路，通过其输入变量检测状态 N，这就是模 N 计数器的设计原理。计数器的级数 n 需要满足以下关系式：

$$2^{n-1} < N < 2^n$$

该式假设 N 不是 2 的幂，因为这种情况下无须增加反馈电路。图 4.65 所示的常见计数器需要一个公共的异步清零控制信号。计数器的稳定状态是 $0, 1, 2, \cdots, N-1$。状态检测逻辑电路用于检测状态 N，并立即驱动计数器从状态 N 回到状态 0。因此，异步清零计数器的状态 N 是一个暂态。

例 4.5　采用图 4.56 所示的同步二进制计数器设计一个模 13 计数器。

考虑图 4.56 的 n 位同步二进制递增计数器。因为 $N = 13$，所以有 $2^3 < N < 2^4$，得到计数器的级数为 $n = 4$。状态 $(13)_{10}$ 表示计数器最大值 $(Q_4Q_3Q_2Q_1) = (1101)_2$。

在正常运行状态下，计数器的状态序列是 $0, 1, \cdots, 12$，直到状态 13 发生。根据状态 13 对应的逻辑条件为 $Q_4 = Q_3 = Q_1 = 1$，图 4.66(a) 采用三输入与门来译码状态 13。当状态 13 出现时，与门产生 Reset 控制信号，作为计数器的 Clear 输入。当计数器全部恢复为状态 0 时，Reset 控制信号回到无效状态，即为低电平(逻辑 0)。

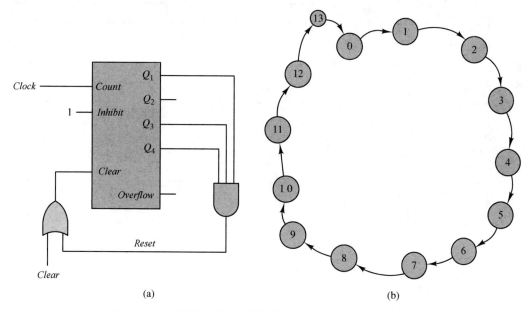

(a)　　　　　　　　　　　　(b)

图 4.66　异步复位的模 13 计数器。(a)逻辑电路；(b)状态图

图 4.66(b) 的状态图展示了计数器的状态转换过程。对比图 4.66(b) 和图 4.64(b)，可见 4 位二进制计数器是同步的，并且状态 0~12 都是稳定的，直到图 4.66(b) 中出现 13 这个暂态，之后，计数器的状态变为 0。

4.5.4　环形和扭环形计数器

现在我们学习另一类计数器。本章之前介绍的移位寄存器可用于设计有特定用途的计数器。采用移位寄存器和反馈电路的计数器称为环形计数器和扭环形计数器。接下来将观察这些电路的行为特征。

环形计数器

环形计数器是一个时序逻辑电路，其每个计数状态均会移位，移位寄存器串出的值反馈至寄存器的串入端，导致电路状态发生循环改变。如果寄存器的初值为第一个触发器输出 1 态，而其余触发器输出 0 态，则计数器的 1 值会随着触发器而逐级移位和循环，如图 4.67 所示。令 n 为触发器的数量，即计数器的状态数。移位寄存器的输出标识为 $Q_1, Q_2, \cdots, Q_n$。首先，通过 Initialize

控制变量对计数器的状态进行初始化，即预置 $Q_1 = 1$，而 $Q_2, Q_3, \cdots, Q_{n-1}$ 均为 0。然后，进行正常计数。下一个时钟脉冲的下降沿到来时，Q_1 的 1 态传递给 Q_2，其余触发器的输出仍为 0。这样的传递一直持续，直到 1 态传递至移位寄存器的最高位，即触发器 Q_n。在下一个时钟脉冲有效时，1 态又回到 Q_1。然后，开始下一次状态的循环。换句话说，每隔 n 个时钟脉冲，1 态的传递完成一次循环。因此，环形计数器具有独特的状态值，状态序列可以使用十进制值来表达，即 $(Q_n, Q_{n-1}, \cdots, Q_1)_2 = (1)_{10}, (2)_{10}, (4)_{10}, (8)_{10}, \cdots, (2^{n-1})_{10}$。例如，一个 5 位环形计数器的状态序列依次为 1, 2, 4, 8, 16。

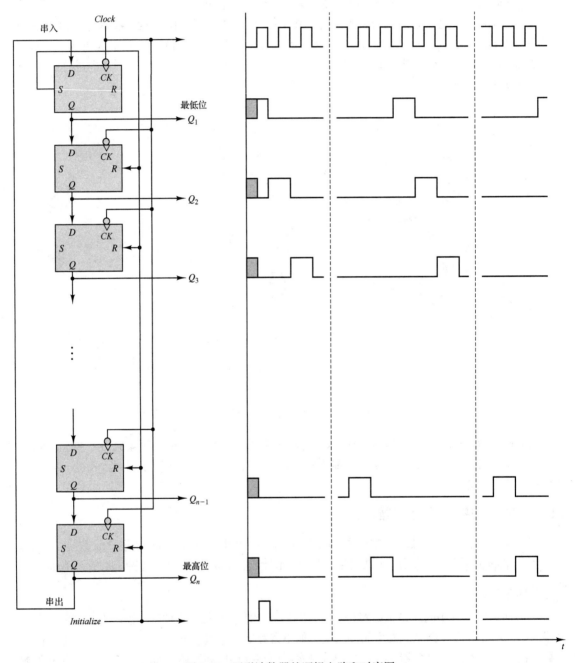

图 4.67　环形计数器的逻辑电路和时序图

例 4.6　采用图 4.52 的通用移位寄存器设计一个 5 位环形计数器，并使用时序图来描述其工作原理。

图 4.52 的通用移位寄存器的结构可用于设计一个环形计数器，如图 4.68(a) 所示。串出变量 Q_E 被反馈至串入线。为了将最低位 Q_A 的初始值赋为 1，而将其余触发器 Q_B、Q_C、Q_D、Q_E 赋为 0，需要并入数据 $(D_A, D_B, D_C, D_D, D_E) = (1, 0, 0, 0, 0)$。因此，采用并入模式给每个相应的触发器置数。图 4.68(b) 为计数器的时序图。在第一个时钟周期内，通过将初始化控制信号(Initialize)设为高电平，采用并入模式初始化所有的触发器。然后，令 Initialize 信号回到低电平，电路进入移位工作模式。接下来的每一个时钟脉冲到来时把 1 态右移，直到 Q_E 输出为 1。由于 Q_E 连接至串入线，1 态会继续右移至 Q_A，至此完成了一次状态循环。图 4.68(b) 展示了环形计数器在两个循环周期内的状态序列。注意，计数器的状态值依次为 1, 2, 4, 8, 16, 1，即再循环。

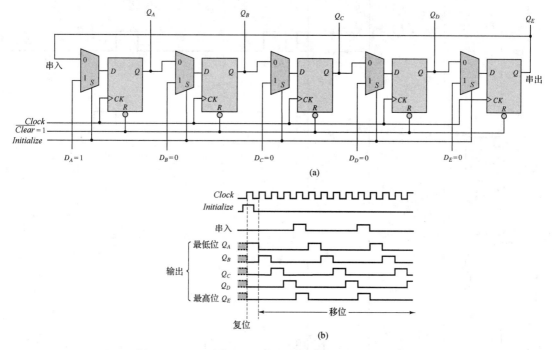

图 4.68　环形计数器的示例。(a)逻辑电路；(b)时序图

现在，观察图 4.69 的电路，把一个 k 位环形计数器连接至一个 k-2^k 线译码器。当触发器数量是 2 的幂时，即 $n = 2^k$，该电路等效为如图 4.67 所示的环形计数器。Initialize 信号把二进制计数器的输出状态清零，因为译码器是最小项发生器，在任意时刻，均仅有一个输出状态为高电平。因此，当计数器输出 0 态时，译码器的输出线 0 先为高电平(即时序图中的 Q_1 波形)。下一个时钟脉冲到来时，计数器状态变为 1，导致译码器的输出 Q_2 为高电平。每一次时钟脉冲到来时，二进制计数器均改变状态，1 态不断顺着译码器的输出端下移。当计数器的状态为最大值时，译码器的最高位输出为高电平，即 $Q_n = 1$。接下来的一个时钟脉冲会使计数器的所有状态回到 0 态，把 1 态回传到译码器的第一条输出线 Q_1。所以，二进制计数器和译码器一起构成了环形计数器。

如果设计人员需要一个环形计数器，但是 $n \neq 2^k$，那么该如何实现呢？其实，仍然可以采用图 4.69 的计数器和译码器相结合的电路结构，不过，需要把二进制计数器更换为模 n 计数器。译码器需要满足如下关系式：

$$2^k > n > 2^{k-1} - 1$$

译码器的输出端标识为 $0, 1, 2, \cdots, n-2, n-1$，分别作为环形计数器的输出变量 $Q_1, Q_2, Q_3, \cdots,$ Q_{n-1}, Q_n。注意，无须使用译码器的输出端 $n, n+1, \cdots, 2^k-1$。

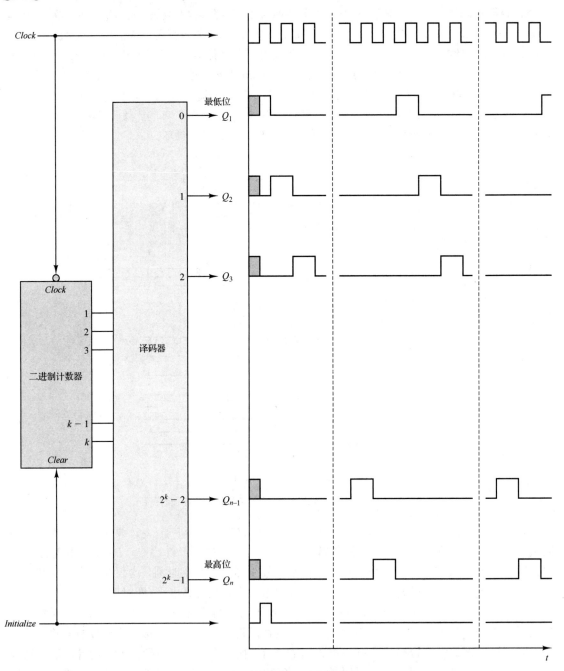

图 4.69　等效的环形计数器

例 4.7　采用一个低电平输出的译码器和计数器来设计一个模 13 环形计数器。

由于 $2^4 > 13 > 2^3$，环形计数器需要由一个模 13 计数器和一个 4-16 线译码器构成。采用图 4.66(a) 所示的模 13 计数器，设计完成的逻辑电路图如图 4.70 所示。

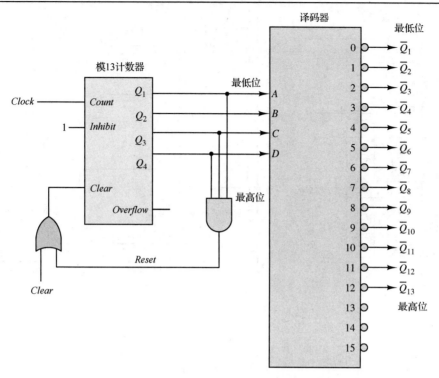

图 4.70　含 13 种状态输出的环形计数器等效电路

扭环形计数器

　　如果在一个环形计数器的反馈回路中出现了非门电路，则称之为扭环形计数器，有时也称为 Johnson 计数器。图 4.71 为扭环形计数器的逻辑电路，在最高位的输出 Q_n 和移位寄存器的串入线之间接入了一个非门。同时，初始赋值的信号线连接有所改变，移位寄存器的初始赋值为全 0。

　　现在来测试该电路的移位寄存器的工作原理。首先，初始化控制变量(Initialize)有效，使寄存器的输出状态为全 0。非门电路则给移位寄存器的串入变量(至第一个触发器的 D 输入变量)提供了 1 态。结果，此 1 态会一直传递下去，直到计数序列中的 Q_n 为 1 态。因此，当每一个时钟脉冲触发移位寄存器时，逻辑 1(高电平)不断右移，直到最后一位触发器 Q_n 为高电平。当 $Q_n = 1$ 时，串入线上的反馈信号变为 0 态。接下来，在剩余时钟脉冲的作用下，低电平一直右移。图 4.71 的时序图给出了扭环形计数器在一个完整周期的所有状态序列。可见，每个触发器的输出信号 $Q_i (i = 1, \cdots, n)$ 均为矩形波，在时钟脉冲的作用下，矩形波不断右移。

　　该计数器有多少个独立的输出状态呢？由于电路需要 n 个时钟脉冲来传递 1 态，还需要 n 个时钟脉冲来实现所有寄存器回到全 0 态，因此该扭环形计数器仅有 n 个移位寄存器，但能够输出 $2n$ 个独立状态。

　　例 4.8　采用图 4.52 的通用移位寄存器，设计一个含 10 个独立状态的扭环形计数器。

　　如果输出 10 个独立状态，则触发器的数量 $n = 10 \div 2 = 5$。

　　采用图 4.52 的通用移位寄存器来设计，则需要一个反馈回路，通过非门连接串出 Q_E 和串入变量，如图 4.72(a)所示。由于不需要移位寄存器的并行置数功能，$Load / \overline{Shift}$ 控制变量保持为低电平即可，并入数据端 D_A、D_B、D_C、D_D、D_E 均为 0，以避免引入干扰信号。

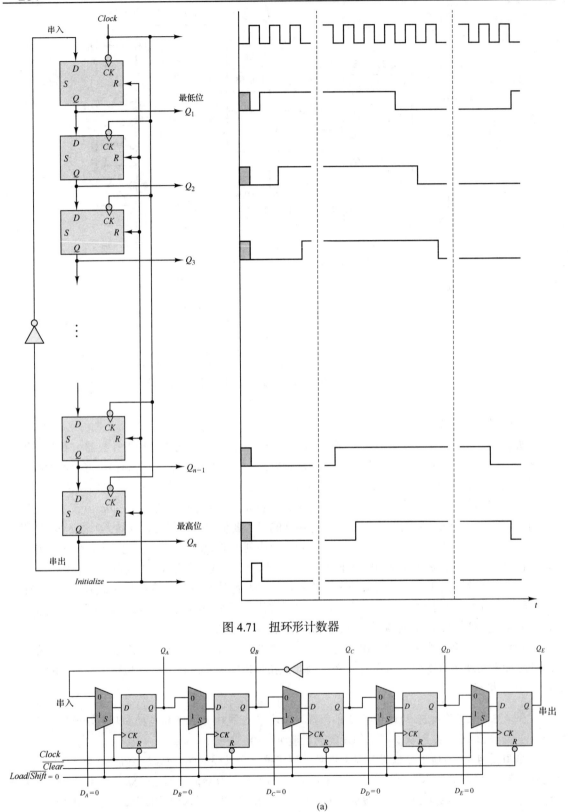

图 4.71　扭环形计数器

图 4.72　模 10 扭环形计数器。(a)逻辑电路；(b)时序图

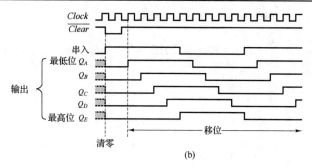

图 4.72（续） 模 10 扭环形计数器。(a)逻辑电路；(b)时序图

图 4.72(b)的时序图描述了电路的合理应用。采用低电平有效的清零($\overline{Clear}$)信号，将所有寄存器初始化为 0，而串入信号为 1。在每个时钟脉冲的上升沿，1 态逐个从左侧移入右侧的寄存器，直到 Q_E 输出 1 态。在接下来的 5 个时钟脉冲，非门电路将 0 态逐个存入寄存器。在 10 个时钟脉冲之后，实现了扭环形计数器输出 10 个独立状态。

模 10 扭环形计数器的状态图如图 4.73 所示，图 4.74 展示了一个 $2N$(默认值 $N = 5$)扭环形计数器的 HDL 模型。

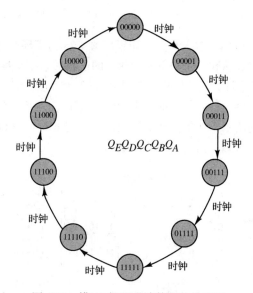

图 4.73 模 10 扭环形计数器的状态图

```verilog
//Verilog model of a 2N-state twisted-ring counter
//
module TwoNStateTwistedRing (Clock, Clear, Q);
input Clock, Clear;                         //define input variables
output reg [N-1:0] Q;                       //define output as an N-bit register
parameter N = 5;                            //specify default value of N
always @(posedge Clock, negedge Clear) begin //check for input changes
        if (Clear==0) Q <= 0;               //initialize state to all 0's
        else begin                          //begin counting in a Grey code sequence
                Q[0] <= ~ Q[N-1];
                Q[N-1:1] <= Q[N-2:0];
            end
end
endmodule
```

图 4.74 一个 $2N$ 扭环形计数器的 HDL 模型

```
-- VHDL model of a 2N-state twisted-ring counter
library ieee; use ieee.std_logic_1164.all;
entity TenStateTwistedRing is
        port( Q: out std_logic_vector(1 to 5);      -- ring counter outputs
              D: in std_logic_vector(1 to 5);       -- parallel inputs
              Clock: in std_logic;
              ClearN: in std_logic;
              Load_ShiftN: in std_logic);
end TenStateTwistedRing;
architecture Behavior of TenStateTwistedRing is
begin
        process(Clock, ClearN)
        variable Qint: std_logic_vector(1 to 5);
        begin
                if (ClearN = '0') then
                        Qint:= "00000";
                elsif Clock'Event and Clock = '1' then
                        if Load_ShiftN = '1' then
                                Qint:= D;
                        else
                                Qint:= not Qint(5) & Qint(1 to 4);
                        end if;
                end if;
                Q <= Qint;
        end process;
end Behavior;
```

图 4.74(续)　一个 $2N$ 扭环形计数器的 HDL 模型

扭环形计数器的状态可以用二输入与门来译码，图 4.75 为扭环形计数器的输出信号列表。表中最右列状态译码器的逻辑表达式显示的每一种状态的逻辑关系都是唯一的。例如表中的第三行，当 $Q_3 = 0$、$Q_2 = 1$ 时，扭环形计数器的输出状态是独有的，对比分析可知，其余 Q_3Q_2 组合行的输出状态均与之不同。同样，其他行中用方框圈出的两个输出 Q 的组合状态也是唯一的，状态译码器的逻辑表达式如最后一列所示。如果扭环形计数器输出变量既有 Q 也有 $\bar{Q}$，则使用一个二输入与门实现译码表达式即可；否则，需要引入非门电路。

扭环形计数器的输出信号								状态译码器的逻辑表达式
Q_n	Q_{n-1}	Q_{n-2}	Q_{n-3}	$\cdots$	Q_3	Q_2	Q_1	
0	0	0	0		0	0	0	$\bar{Q}_n \cdot \bar{Q}_1$
0	0	0	0		0	0	1	$\bar{Q}_2 \cdot Q_1$
0	0	0	0		0	1	1	$\bar{Q}_3 \cdot Q_2$
0	0	0	0		1	1	1	$\bar{Q}_4 \cdot Q_3$
				$\vdots$				
0	0	0	0		1	1	1	$\bar{Q}_{n-3} \cdot Q_{n-4}$
0	0	0	1		1	1	1	$\bar{Q}_{n-2} \cdot Q_{n-3}$
0	0	1	1		1	1	1	$\bar{Q}_{n-1} \cdot Q_{n-2}$
0	1	1	1		1	1	1	$\bar{Q}_n \cdot Q_{n-1}$
1	1	1	1		1	1	1	$Q_n \cdot \bar{Q}_1$
1	1	1	1		1	1	0	$Q_2 \cdot \bar{Q}_1$
1	1	1	1		1	0	0	$Q_3 \cdot \bar{Q}_2$
1	1	1	1		0	0	0	$Q_4 \cdot \bar{Q}_3$
				$\vdots$				
1	1	1	1		0	0	0	$Q_{n-3} \cdot \bar{Q}_{n-4}$
1	1	1	0		0	0	0	$Q_{n-2} \cdot \bar{Q}_{n-3}$
1	1	0	0		0	0	0	$Q_{n-1} \cdot \bar{Q}_{n-2}$
1	0	0	0		0	0	0	$Q_n \cdot \bar{Q}_{n-1}$
0	0	0	0		0	0	0	$Q_n \cdot \bar{Q}_1$
0	0	0	0		0	0	1	$\bar{Q}_2 \cdot Q_1$
0	0	0	0		0	1	1	$\bar{Q}_3 \cdot Q_2$

图 4.75　扭环形计数器的输出信号列表

例 4.9　采用扭环形计数器和译码逻辑电路设计一个时序信号发生器，并满足以下要求。

1. 如果在某一个时钟周期内，时序信号为高电平，则在下一个时钟周期，时序信号变为低电平。

2. 采用一个初始赋值信号来同步控制此时序信号发生器及其他组件。信号为高电平时进行初始赋值，令 Q 为全 0 输出。

3. 在初始赋值指令结束后，在第 2 个时钟的上升沿，第 1 个时序控制信号 f_1 出现一个正脉冲输出。

4. 在初始赋值指令结束后，在第 8 个时钟的上升沿，第 2 个时序控制信号 f_2 出现一个正脉冲输出。

5. 在初始赋值指令结束后，在第 11 个时钟的上升沿，第 3 个时序控制信号 f_3 出现一个正脉冲输出。

6. 每隔 16 个时钟，时序波形 f_1、f_2、f_3 均循环一次。

　　首先，需要一个模 16 的扭环形计数器，因为信号序列 f_1、f_2、f_3 每隔 16 个时钟循环一次。由于扭环形计数器有 $2n$ 个状态，n 是触发器的数量，因此选择如图 4.52 (a) 所示的串入并出移位寄存器来完成设计。8 位移位寄存器的输出是 Q_H, Q_G, Q_F, Q_E, Q_D, Q_C, Q_B, Q_A。如果使用一个非门，将 Q_H 的反码输出反馈至串入端，则扭环计数器的状态变化如图 4.76 所示。

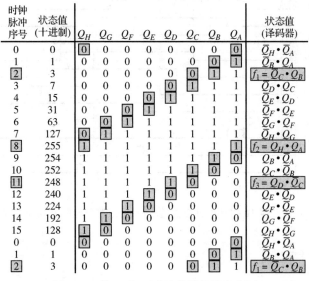

时钟脉冲序号	状态值(十进制)	Q_H	Q_G	Q_F	Q_E	Q_D	Q_C	Q_B	Q_A	状态值(译码器)
0	0	0	0	0	0	0	0	0	0	$\overline{Q}_H \cdot \overline{Q}_A$
1	1	0	0	0	0	0	0	0	1	$\overline{Q}_B \cdot Q_A$
2	3	0	0	0	0	0	0	1	1	$f_1 = \overline{Q}_C \cdot Q_B$
3	7	0	0	0	0	0	1	1	1	$\overline{Q}_D \cdot Q_C$
4	15	0	0	0	0	1	1	1	1	$\overline{Q}_E \cdot Q_D$
5	31	0	0	0	1	1	1	1	1	$\overline{Q}_F \cdot Q_E$
6	63	0	0	1	1	1	1	1	1	$\overline{Q}_G \cdot Q_F$
7	127	0	1	1	1	1	1	1	1	$\overline{Q}_H \cdot Q_G$
8	255	1	1	1	1	1	1	1	1	$f_2 = Q_H \cdot Q_A$
9	254	1	1	1	1	1	1	1	0	$Q_B \cdot \overline{Q}_A$
10	252	1	1	1	1	1	1	0	0	$Q_C \cdot \overline{Q}_B$
11	248	1	1	1	1	1	0	0	0	$f_3 = Q_D \cdot \overline{Q}_C$
12	240	1	1	1	1	0	0	0	0	$Q_E \cdot \overline{Q}_D$
13	224	1	1	1	0	0	0	0	0	$Q_F \cdot \overline{Q}_E$
14	192	1	1	0	0	0	0	0	0	$Q_G \cdot \overline{Q}_F$
15	128	1	0	0	0	0	0	0	0	$Q_H \cdot \overline{Q}_G$
0	0	0	0	0	0	0	0	0	0	$\overline{Q}_H \cdot \overline{Q}_A$
1	1	0	0	0	0	0	0	0	1	$\overline{Q}_B \cdot Q_A$
2	3	0	0	0	0	0	0	1	1	$f_1 = \overline{Q}_C \cdot Q_B$

图 4.76　模 16 扭环形计数器的状态序列

　　所有的移位寄存器被初始化为 0，如表中的第 1 行所示(标识为第 0 个时钟)。接下来，第 1 个时钟使寄存器进入第 2 行(标识为第 1 个时钟)。同理，第 2 个时钟使寄存器进入第 3 行(标识为第 2 个时钟)。当时序控制信号 f_1 出现时，此扭环形计数器的状态被译码，如表中的最右列所示。同样的进程会持续下去，时序控制信号 f_2 和 f_3 分别实现对计数器状态的译码。这 3 个时序控制信号的译码逻辑表达式如下：

$$f_1 = \overline{Q}_C \cdot Q_B$$
$$f_2 = Q_H \cdot Q_A$$
$$f_3 = Q_D \cdot \overline{Q}_C$$

　　每隔 16 个时钟，3 个时序控制信号均会重复发生，该逻辑电路和时序图如图 4.77 (a) 和 (b) 所示。

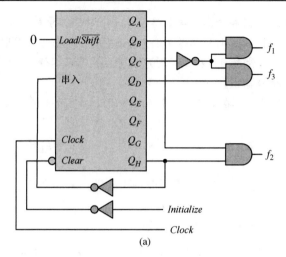

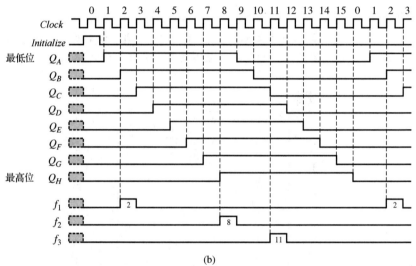

图 4.77 模 16 扭环形计数器的示例。(a)逻辑电路; (b)时序图

4.6 综合性设计实例

本节通过展示几个设计实例来展示本章介绍的主要概念。

4.6.1 寄存器文档(组/堆)

数字系统通常需要方便地存储信息。存储信息的存储器容量小到几 B(字节),大到数十 GB。4.3 节展示了寄存器存储数据的方式,通常将计算机的中央处理单元(CPU)寄存器阵列称为寄存器文档(组/堆),用来保存多种数据和信息。图 4.78(a)表示了一个二维寄存器阵列,每个寄存器的位数 n 决定了此寄存器的存储容量。将写入或者读出被选中的寄存器的数据端分别表示为 DIN_{n-1} 和 $DOUT_{n-1}$。寄存器文档中的寄存器数 $N = 2^k$ 决定了能够存储的最大容量,如图 4.78(b)所示。地址变量 WA_{k-1} 用于选择一个可写入数据的寄存器;第二个地址变量 RA_{k-1} 则选择一个读出数据的寄存器。由于无须在每一次时钟周期内写入新的信息,仅当写入使能信号 $WrEn$ 有效且在时钟跳变时,DIN 才被写入寄存器 WA。而 $DOUT$ 则从寄存器 RA 中持续输出被选中的数据。

图 4.78(c)表示一个 $4 \times n$ 寄存器文档的完整电路。把 DIN 接至所有 4 个寄存器的输入端，每一次将数据写入一个选定的寄存器。使用一个 2-4 线译码器激活寄存器的时钟使能信号 CE，此寄存器的相应地址为 WA。写使能信号 $WrEn$ 控制着译码器的使能信号 EN，因此，仅当 $WrEn = 1$ 时，可激活选定译码器的输出。最后，通过一个 4-1 线数据分配器从 4 个寄存器中选择其一，根据读地址 RA 从此寄存器读出数据至 $DOUT$。

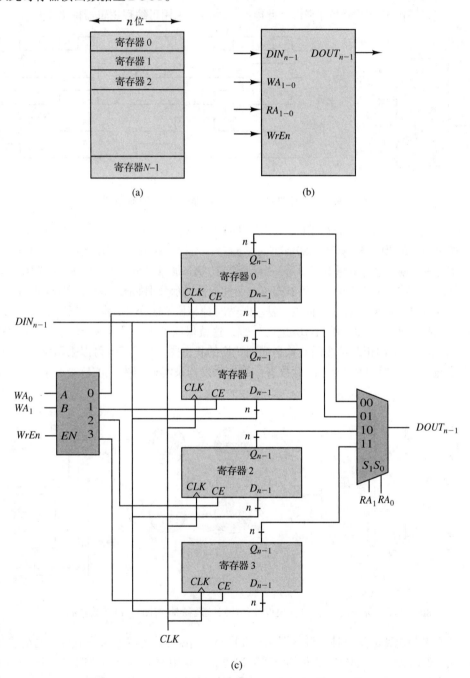

图 4.78　$4 \times n$ 寄存器文档。(a)数据存储格式；(b)逻辑符号；(c)完整电路的功能实现

4.6.2　多相时钟

一个多相时钟是指一个同步时序逻辑电路,由一个时钟脉冲同步控制,输出一系列彼此不交叠的脉冲波。此电路多用于在计算机的指令周期期间控制寄存器传递信号的时序,或者实现必须按照一个特定的工作顺序执行的其他应用电路。图4.79展示了一个四相时钟的电路框图和时序图。接下来,首先采用传统的逻辑器件来设计此电路,然后,采用可编程逻辑器件来实现。

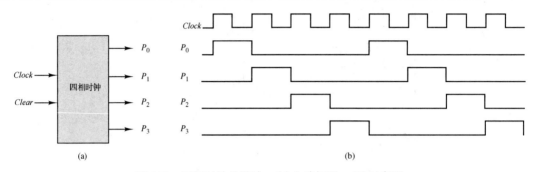

图4.79　四相时钟的设计。(a)电路框图; (b)时序图

多相时钟电路的设计是比较简单的,以下以四相时钟设计为例。首先,把电路分为两部分,即计数器和输出组合逻辑电路,如图4.80(a)所示。选择一个模4计数器,由两个触发器组合实现,用于产生四相时钟。输出组合逻辑电路对每一个计数器的状态加以译码,产生相应的时钟相位。因此,采用4个与门电路或者一个2-4线译码器即可,两种设计展示分别如图4.80(a)和(b)所示。

设计一个模4计数器有许多不同的方法。既然时钟相位不能交叠,意味着输出不能出现暂态,计数器可采用格雷码序列 00-01-11-10 进行计数,这就保证了每次只有一个触发器的状态翻转。图4.80(b)展示了一个四相时钟按照此状态序列转换的状态图。当然,也可以采用扭环形计数器来设计一个按照上述格雷码序列变化的计数器,由 D 触发器来实现。图4.80(c)给出了该方法的实现电路。

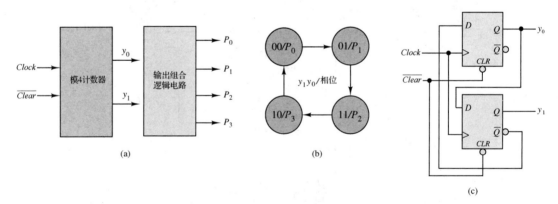

图4.80　四相时钟的设计。(a)分块设计; (b)计数器的状态图; (c)计数器的电路设计

输出组合逻辑电路的第一种设计如图4.81(a)所示,$y_1 y_0$的输出状态由一组与门电路进行译码,产生相应相位的时钟。图4.81(b)介绍第二种解决方案,采用一个2-4线译码器来完成状态译码。与门有利于实现 4 个不同相位的输出,不过,采用译码器可以实现更大数量的相位脉冲。注意,由于计数器的状态序列是 00-01-11-10,P_2 由译码器的 3 线输出,而 P_3 由译码器的 2 线输出。

四相时钟也可以通过编写 HDL 模型由可编程逻辑器件来实现,本例仅介绍 Verilog 模型,一种方法是编写结构模型，不过，更好的方法是对图 4.80(b)的状态图编写行为模型，由于无须在编写 Verilog 代码之前设计门级模型，这种设计的效率更高。

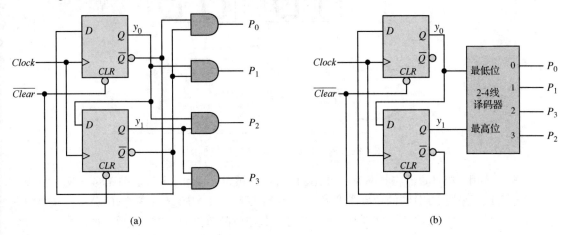

图 4.81　四相时钟电路的实现。(a)采用与门电路实现；(b)采用译码器实现

四相时钟电路的 Verilog 行为模型如图 4.82 所示。时钟输出相位信号被指定为寄存器 P[0:3] 的 4 个元素，而不是以前展示的多个独立信号。此模型采用 state 和 nextstate 内部变量来定义时钟的现态和次态，以实现正确的状态时序和输出的变化。在时钟输入的上升沿，现态值被更新为次态。采用 **case** 语句定义每种状态对应的输出和次态。当清零输入 Clear 为 0 时，时钟不作用，而计数器的初态 S0 为 0。

```
//Verilog behavioral model of a four-phase clock
module FourPhaseClockVerilog (          //name the module
       input Clock, Clear,              //declare inputs
       output reg [0:3] P);             //declare outputs as a register for convenience
       reg [1:0] state, nextstate;      //declare internal state and next state variables
       parameter  S0 = 2'b00, S1 = 2'b01, S2 = 2'b11, S3 = 2'b10;      //parameterize states

always @ (posedge Clock, negedge Clear)  //watch for changes of Clock or Clear
       if (Clear == 0) state <= S0;      //active-low Clear takes the machine to S0
       else state <= nextstate;          //state change occurs on positive edge of Clock
always @ (state)                         //derive output and next state after each state change
       case (state)   //case statement specifies output and next state for each state
           S0:    begin P = 4'b1000; nextstate = S1; end
           S1:    begin P = 4'b0100; nextstate = S2; end
           S2:    begin P = 4'b0010; nextstate = S3; end
           S3:    begin P = 4'b0001; nextstate = S0; end
       endcase
endmodule
```

图 4.82　四相时钟电路的 Verilog 行为模型

4.6.3　数字时钟

以下实例将展示如何将计数器用作分频器，以实现基本的数字时钟功能，即对分和秒分别从 0 至 59 计数，再不断重复。同时，计数器可以随时停止计时，然后重新计时，也可以随时清零。图 4.83 是数字时钟的模块框图，可见计时器有两个控制变量，即清零(Clear)和起/停(Start/Stop)控制，用于控制计时器的工作，而且与真实的时间同步。通常，Clock 信号由一个石英晶振或者其他脉冲产生电路来实现，本实例着重关注计时器的逻辑电路设计，并视时钟为外加的信号。这里假设时钟频率为 50 MHz，也可以是不同的频率值，其设计过程基本一致。

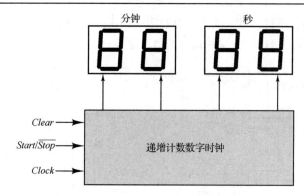

图 4.83　递增计数数字时钟的模块框图

首先，采用一组计数器将频率为 50 MHz 的时钟分频为 1 秒和 1 分钟。图 4.84 表明了分频电路的功能实现。采用 50 分频的计数器将频率从 50 MHz 降为 1 MHz，再通过 10^6 分频，获得频率为 1 Hz 的 1 秒脉冲，即用于计数器进行递增计数的最小时间单位为 1 秒。然后，秒信号通过一个 10 分频的计数器，输出周期为 10 秒的脉冲。由于显示分钟数需要一个周期为 60 秒的时钟，因此将 0.1 Hz 除以 6，即使用一个 6 分频计数器来实现。这样，类似于从 1 秒的最小时间单位实现 1 分钟的方案，实现了最小脉冲周期为 1 分钟及最长脉冲周期为 60 分钟的时钟，即通过将周期为 1 分钟的脉冲顺序通过一个 10 分频和 6 分频计数器来实现，也就是 60 分频。注意，所有的计数器均同步动作，并且驱动相应显示器的数位；图 4.84 中没有展示驱动七段数码管 LED 显示器的 BCD-七段数码管的译码显示电路。

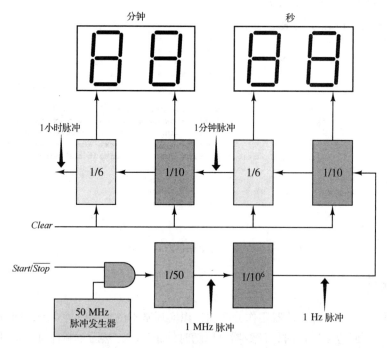

图 4.84　递增计数数字时钟的功能实现

也可以采用不同的设计方案，例如使用传统的门电路、触发器和计数器或者 FPGA 等可编程逻辑器件来实现。采用 Verilog 模型实现数字时钟的过程展示如下。

通过级联一个 5 分频和 10 分频计数器，可以实现 50 分频的计数器，如图 4.85(a)所示。6 个

10 分频计数器级联，可以实现 10^6 分频，如图 4.85(b) 所示。同理，60 分频计数器由一个 6 分频和 10 分频计数器级联实现，如图 4.84 所示。因此，实现计时器需要三种计数器，分别为 5 分频、6 分频和 10 分频，其 Verilog 模型分别如图 4.86、图 4.87 和图 4.88 所示。

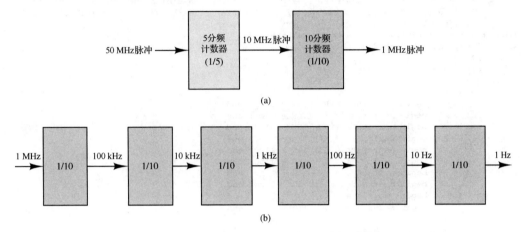

图 4.85　计数器级联。(a) 50 分频；(b) 10^6 分频

```
//Divide-By-Five Counter
module DivideBy5Counter (CLK, CLR, FIVE, state, nextstate);
input CLK, CLR;
output reg FIVE;
output reg [2:0] state, nextstate;
parameter
        S0=3'b000, S1=3'b001, S2=3'b010, S3=3'b011, S4=3'b100, S5=3'b101, S6=3'b110, S7=3'b111;
//Count to five in binary using a Moore machine model
always @(negedge CLK, negedge CLR)
        if (CLR==0) state <= 3'b0;
        else state <= nextstate;
always @ (state, CLK)
        case (state)
                S0: begin nextstate = S1; FIVE = 1'b0; end
                S1: begin nextstate = S2; FIVE = 1'b0; end
                S2: begin nextstate = S3; FIVE = 1'b0; end
                S3: begin nextstate = S4; FIVE = 1'b0; end
                S4: begin nextstate = S0; FIVE = 1'b1; end
                S5: nextstate = S5;
                S6: nextstate = S6;
                S7: nextstate = S7;
        endcase
endmodule
```

图 4.86　5 分频计数器

```
//Divide-By-Six Counter
module DivideBy6Counter (CLK, CLR, SIX, state, nextstate);
input CLK, CLR;
output reg SIX;
output reg [2:0] state, nextstate;
parameter
        S0=3'b000, S1=3'b001, S2=3'b010, S3=3'b011, S4=3'b100, S5=3'b101, S6=3'b110, S7=3'b111;
//Count to six in binary using a Moore machine model
always @(negedge CLK, negedge CLR)
        if (CLR==0) state <= 3'b0;
        else state <= nextstate;
always @ (state, CLK)
        case (state)
                S0: begin nextstate = S1; SIX = 1'b0; end
                S1: begin nextstate = S2; SIX = 1'b0; end
                S2: begin nextstate = S3; SIX = 1'b0; end
                S3: begin nextstate = S4; SIX = 1'b0; end
                S4: begin nextstate = S5; SIX = 1'b0; end
                S5: begin nextstate = S0; SIX = 1'b1; end
                S6: nextstate = S6;
                S7: nextstate = S7;
        endcase
endmodule
```

图 4.87　6 分频计数器

```
//Divide-By-Ten Counter. Sometimes called a BCD counter.
module DivideBy10Counter (CLK, CLR, TEN, state, nextstate);
input CLK, CLR;
output reg TEN;
output reg [3:0] state, nextstate;
parameter S0=4'b0, S1=4'b1, S2=4'b10, S3=4'b11, S4=4'b100, S5=4'b101, S6=4'b110, S7=4'b111,
          S8=4'b1000, S9=4'b1001, S10=4'b1010, S11=4'b1011, S12=4'b1100, S13=4'b1101, S14=4'b1110,
          S15=4'b1111;
//Count to ten in binary using a Moore machine model
always @(negedge CLK, negedge CLR)
        if (CLR==0) state <= S0;
        else state <= nextstate;
always @ (state, CLK)
        case (state)
                S0: begin nextstate = S1; TEN = 1'b0; end
                S1: begin nextstate = S2; TEN = 1'b0; end
                S2: begin nextstate = S3; TEN = 1'b0; end
                S3: begin nextstate = S4; TEN = 1'b0; end
                S4: begin nextstate = S5; TEN = 1'b0; end
                S5: begin nextstate = S6; TEN = 1'b0; end
                S6: begin nextstate = S7; TEN = 1'b0; end
                S7: begin nextstate = S8; TEN = 1'b0; end
                S8: begin nextstate = S9; TEN = 1'b0; end
                S9: begin nextstate = S0; TEN = 1'b1; end
                S10: nextstate = S10;
                S11: nextstate = S11;
                S12: nextstate = S12;
                S13: nextstate = S13;
                S14: nextstate = S14;
                S15: nextstate = S15;
        endcase
endmodule
```

图 4.88　10 分频计数器

4.6.4　可编程波特率发生器

本实例介绍了如何使用计数器和数据选择器设计一个可编程波特率发生器。UART(通用异步收发器)是计算机常用的硬件设备,用于将并行格式的内部数据转换为异步串行格式的外部数据,或将串行格式的外部数据转换为并行格式的内部数据。第 8 章将会介绍一个 UART 的电路设计。UART 的其中一个组件为波特率发生器,是一种产生时钟的器件,用于控制异步数据传输的速度,即波特率。通常会采用几种标准的波特率,所以需要一个 UART 支持多种标准。这可以通过设计一种波特率发生器,对其编程产生期望的时钟频率来实现。

一个可编程波特率发生器的设计如下。图 4.89(a)展示了一个可编程波特率发生器的模块框图,通过控制变量 S_2、S_1、S_0 可产生 8 种波特率的时钟脉冲(输出变量为 *BaudOut*,即波特输出),例如 19.2 kbps,9600 bps,4800 bps,2400 bps,1200 bps,600 bps,300 bps,150 bps。图 4.89(b)列举了响应的控制信号与相应的输出波特率。既然波特率在计算机和通信领域中是标准化的,必须保证时钟频率的精度,解决方案是采用石英晶振输出时序信号。石英晶振的标准频率有许多种,本例采用图 4.89(a)所示的 2.45765 MHz。

由于晶振频率比波特率快得多,因此必须使用计数器作为分频器,从而输出需要的波特率。图 4.90 介绍了二级级联的计数器。第一级是一个 64 分频器,输出频率为 38.4 kHz 的脉冲。第二级是一个 8 位二进制计数器,把 38.4 kHz 时钟不断二分频为 192 kHz,9600 Hz,…,150 Hz。通过一个 8-1 线数据选择器,即可输出满足需要的波特率时钟信号。

现在设计图 4.90 的两个计数器,首先采用标准的硬件,再编写 Verilog 程序。注意,64 分频计数器可以通过级联两个 8 分频计数器来实现。类似地,一个 8 位二进制计数器可以采用二级 4 位二进制计数器来实现。之前介绍的 4 位二进制计数器是标准组件,可以用不同的方式连接来实现其他需要的计数器。图 4.91 描述了如何采用两个 4 位二进制计数器和两个与门实现一个 64 分频计数器。通常,与门电路用于检测每个计数器的 $Q_D Q_C Q_B Q_A$ 到达状态 0111 的时间,并产生一个时钟信号来触发下一级计数器。

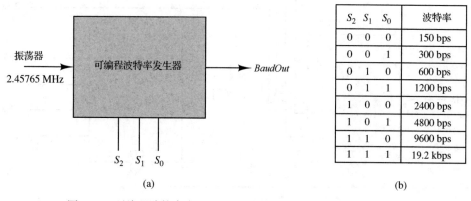

图 4.89 可编程波特率发生器。(a)模块框图;(b)控制信号功能表

S_2	S_1	S_0	波特率
0	0	0	150 bps
0	0	1	300 bps
0	1	0	600 bps
0	1	1	1200 bps
1	0	0	2400 bps
1	0	1	4800 bps
1	1	0	9600 bps
1	1	1	19.2 kbps

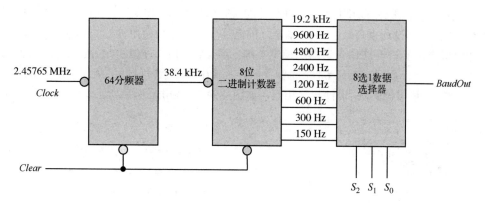

图 4.90 波特率发生器的高级设计方案

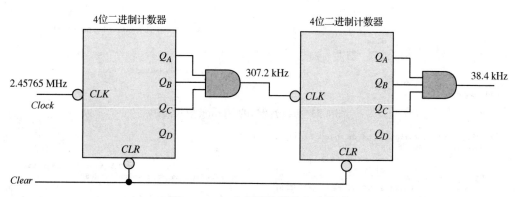

图 4.91 64 分频计数器的电路设计

图 4.92 展示了如何设计一个 8 位二进制计数器。第一级计数器的时钟为来自 64 分频的 38.4 kHz 的时钟信号。与门电路用于检测当第一级输出 $Q_D Q_C Q_B Q_A$ 状态为 1111 时,产生一个时钟信号,触发第二级计数器工作。

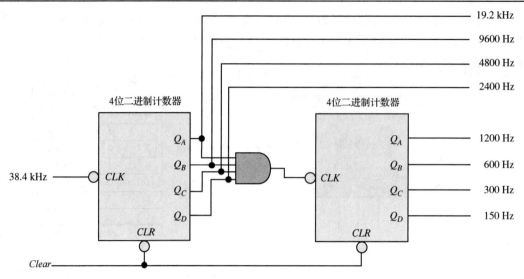

图 4.92 8 位二进制计数器的电路设计

　　传统的设计方法要求采用如 4 位二进制计数器等标准组件。如果通过 FPGA 的 Verilog 程序实现则不受此约束,其设计更高效、多样。本章之前已经介绍了一个通用 N 位二进制计数器的 Verilog 模型,此模型构成了图 4.92 中计数器的模型基础。图 4.93 为 64 分频的 Verilog 模型。首先设计实现一个 6 位二进制计数器,在每 64 个时钟之后,其输出一个触发脉冲,从而实现了 64 分频的功能。一个 8 位二进制计数器的设计与之相似,如图 4.94 的 Verilog 模型所示。

```
// Behavioral description of a divide-by-64 counter.
module SixtyFour (COUNT, CLEAR, Q, out);
        input COUNT, CLEAR;
        output reg [N-1:0] Q;                   // Q is defined as a N-bit output register
        output reg out;
        parameter N=6;                          //Define default value of N=6
        always @ (posedge COUNT, negedge CLEAR)
                if (CLEAR==0) Q <= 1'b0;        // Q is loaded with all 0's
                else
                    begin
                        if (Q == 2**N - 1)
                            begin
                                out <= 1'b1; Q <= 1'b0;
                            end                 //Once Q = all 1's it returns to all 0's
                        else
                            begin
                                out <= 1'b0; Q <= Q + 1'b1;
                            end                 //Q is incremented
                    end
endmodule
```

图 4.93 64 分频器的 Verilog 模型

```
// Behavioral description of an 8-bit binary counter.
module TwoFiftySix (COUNT, CLEAR, Q);
        input COUNT, CLEAR;
        output reg [N-1:0] Q;                   // Q is defined as a N-bit output register
        parameter N=8;                          //Define default value of N=8
        always @ (posedge COUNT, negedge CLEAR)
                if (CLEAR==0) Q <= 1'b0;        // Q is loaded with all 0's
                else
                    begin
                        if (Q == 2**N - 1)
                            Q <= 1'b0;           //Once Q = all 1's it returns to all 0's
                        else
                            Q <= Q + 1'b1;       //Q is incremented
                    end
endmodule
```

图 4.94 8 位二进制计数器的 Verilog 模型

接下来需要一个顶层模块和一个 8 选 1 数据选择器的 Verilog 程序设计来实现整体功能。数据选择器的 Verilog 模型如图 4.95 所示，顶层模块如图 4.96 所示，通过模块实例化和 Verilog 网线结构化互连来完成电路设计。

```verilog
//Verilog behavioral model
//Eight to One Gated Multiplexer
module Eight2OneMUX (A, B, C, G, D, Y);
        input A, B, C, G;
        input [0:7] D;
        output reg Y;
        always begin
                if (G) Y = 1'b0; else
                    case ({C, B, A})
                            3'b000: Y = D[{C, B, A}];
                            3'b001: Y = D[{C, B, A}];
                            3'b010: Y = D[{C, B, A}];
                            3'b011: Y = D[{C, B, A}];
                            3'b100: Y = D[{C, B, A}];
                            3'b101: Y = D[{C, B, A}];
                            3'b110: Y = D[{C, B, A}];
                            3'b111: Y = D[{C, B, A}];
                    endcase
            end
        endmodule
```

图 4.95　8 选 1 数据选择器的 Verilog 模型

```verilog
//Baud Rate Generator--19.2-kHz, 9600-Hz, 4800-Hz, 2400-Hz, 1200-Hz, 600-Hz, 300-Hz, 150-Hz
module BaudRateVerilog (clock, clear, S2, S1, S0, BaudOut);
        input clock, clear, S2, S1, S0;
        output BaudOut;
        wire [5:0] Q;
        wire [7:0] rates;
        wire out;

        SixtyFour (clock, clear, Q, out);
        TwoFiftySix (out, clear, rates);
        Eight2OneMUX (S0, S1, S2, 1'b0, rates, BaudOut);
endmodule
```

图 4.96　波特率发生器的顶层模块

4.7　总结和复习

本章学习了锁存器和触发器的设计与工作原理，其主要应用于构成时序逻辑电路的存储单元。同时，我们学习了多种标准的时序逻辑电路模块，包括寄存器、移位寄存器和计数器。这些功能模块多数为设计库里的标准组件[6]，可用于制作大规模集成电路、可编程门阵列和印制电路板。本章列举的大量案例阐述了如何使用这些模块来搭建更复杂的电路，这样的设计方案比专门定制电路更有优势。第 5 章将介绍标准的同步时序逻辑电路的设计方法，文献[3]和[4]列举了更多的时序逻辑电路模块及其应用的案例。

本章的知识为后续章节开展时序逻辑电路的分析与设计打下了基础，请务必掌握相关知识点。对以下问题的复习将有助于评估自己对本章知识的理解。

1. 对比说明组合逻辑电路和时序逻辑电路的差异。
2. 对比说明时序逻辑电路的米利型和摩尔型的不同之处。
3. 已知一个时序逻辑电路的状态图或者状态表，根据输入变量的序列值求解其相应的输出。
4. 如何使一个 SR 锁存器工作在保持状态？如何实现锁存器的 1 态输出或者复位为 0 态？

5. 仅采用与非门和非门设计一个 D 锁存器；或者仅采用或非门和非门来实现相同的功能。

6. 编写 Verilog 模型或者 VHDL 模型，实现一个同步锁存器。

7. 对比说明锁存器与触发器的区别。

8. 写出一个触发器的驱动表和特征方程。

9. 采用锁存器设计一个上升沿触发的 D 触发器。

10. 已知时钟脉冲和输入变量，分别绘制一个 D 锁存器和一个边沿触发的 D 触发器的时序图。

11. 一个异步清零输入变量如何影响一个 D 触发器的输出状态？

12. 构建一个边沿触发器的 Verilog 或者 VHDL 行为模型。

13. 设计一个含使能脉冲控制的上升沿触发的 N 位并行置数寄存器。

14. 采用 D 触发器和数据选择器设计一个 N 位左移/右移寄存器。

15. 说明同步和异步二进制计数器的区别。

16. 采用 JK 触发器和门电路设计一个同步模 6 计数器。

17. 设计一个异步清零十进制计数器。

18. 描述环形和扭环形计数器的差异。

19. 采用 D 触发器设计一个 N 级环形计数器。

20. 采用 D 触发器设计一个 N 级扭环形计数器。

21. 采用 Verilog 或者 VHDL 描述一个异步清零十进制计数器的行为模型。

参考文献

1. G. H. Mealy, "A Method for Synthesizing Sequential Circuits," *Bell Sys. Tech. J.*, Vol. 34, September 1955, pp. 1045–1079.
2. E. F. Moore, "Gedanken—Experiments on Sequential Machines," *Automata Studies, Annals of Mathematical Studies*, No. 34, Princeton, NJ: Princeton University Press, 1956, pp. 129–153.
3. S. Brown and Z. Vranesic, *Fundamentals of Digital Logic With Verilog Design*, 3rd ed. McGraw-Hill Education, 2014.
4. C. H. Roth, Jr. and L. K. John, *Digital Systems Design Using VHDL*, 3rd ed. Cengage Learning, 2018.
5. R. C. Jaeger and T. Blalock, *Microelectronic Circuit Design*, 5th ed. McGraw-Hill Education, 2015.
6. *The TTL Data Book, Volume 2*. Dallas, TX: Texas Instruments, Inc., 1988.

4.8　小组协作练习

在班级中以 2 个或者 3 个学生为一组，求解一下这些练习。练习的难度从简单到基本理解及具有挑战性，直至要求更深入的理解和问题求解技能训练。请提供合适的设备和条件，能够完成以设计为目标的问题求解。

1. 以下米利型和摩尔型同步时序逻辑电路的状态图中含有一个输入变量 x 和一个输出函数 z。如果电路从状态 A 开始，输入序列 $x = 10100011000101$，要求分析电路的每次输出结果，画出时序图，表明时钟脉冲、输入变量、状态和输出函数的变化。

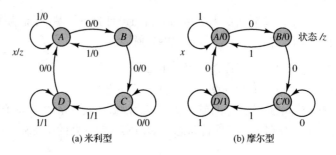

(a) 米利型　　　　　(b) 摩尔型

2. 根据练习 1 中的状态图，设计一个等效的 ASM 图。

3. 仅采用与门和非门设计一个 SR 锁存器，再采用或非门设计 SR 锁存器，比较二者的不同。

4. 逻辑信号 X 连接至 D 锁存器和 D 触发器的 D 输入端，时钟信号 C 连接至锁存器的门控端和触发器的时钟输入端。当 $C = 1$ 时锁存器使能工作，在 C 上升沿触发器工作。每个器件的初始状态未知，分别画出锁存器和触发器的 Q 输出的逻辑电平，完成以下时序图。

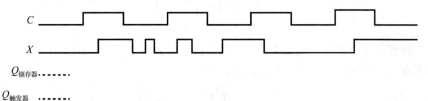

5. 采用 D 锁存器或者 D 触发器来设计数字计算机的寄存器，试比较两种方案的优点和缺点。

6. 采用 JK 触发器和尽量少的门电路来实现一个 8 位寄存器。仅当时钟使能信号 $CE = 1$ 时，在时钟输入 CLK 上升沿，寄存器的输入 $D_7 \sim D_0$ 被置数，否则寄存器的状态保持不变。

7. 采用 JK 触发器和尽可能少的门电路设计一个 5 位移位寄存器，通过一个 2 位变量 M 实现以下功能。

M	功能
00	保持
01	左移
10	右移

8. 采用 D 触发器设计一个同步模 5 计数器。

9. 采用 D 触发器设计一个异步清零的模 6 计数器。

10. 采用异步清零的模 12 计数器、一个译码器和数量最少的门电路，设计一个 9 级环形计数器。要求画出时序图，显示计数器完成一个完整的计数周期的状态变化。

11. 采用一个含异步置位和复位输入(对计数器进行初始赋值)的上升沿触发的 D 触发器实现一个 7 级扭环形计数器，写出 VHDL 或者 Verilog 行为模型。仿真计数器的运行过程以证明设计合理，在 FPGA 或者 CPLD 器件上实现计数器的功能。

习题

4.1　根据以下状态表画出状态图，写出输出变量 z 的逻辑表达式。

现态	输入 x	
	0	1
A	D/1	B/0
B	D/1	C/0
C	D/1	A/0
D	B/1	C/0

次态/输出 z

4.2　已知状态表如下图，如果电路的初始状态是 A，输入序列 $x = 01010101$，分析其相应的输出和状态序列。

现态	输入 x	
	0	1
A	D/0	B/0
B	C/0	B/0
C	B/0	C/0
D	B/0	C/1

次态/输出 z

4.3　已知时序逻辑电路的状态表如下图，如果电路的初始状态是 A，输入序列 $x = 0010110101$，
　　　分析其相应的输出状态序列，画出电路的状态图。

现态	输入 x	
	0	1
A	$B/0$	$C/1$
B	$C/1$	$B/0$
C	$A/0$	$A/1$

次态/输出 z

4.4　已知时序逻辑电路的状态表如下图，如果电路的初始状态是 A，输入序列 $x = 100101000$，
　　　分析其相应的输出状态序列，画出电路的状态图。

现态	输入 x		输出 z
	0	1	
A	C	B	0
B	A	B	0
C	D	C	1
D	B	C	0

次态/输出

4.5　图 P4.5(a)是米利型电路 M1(输出 Z_1)的状态图；图 P4.5(b)是摩尔型电路 M2(输出 Z_2)的状
　　　态图。
　　　要求：(a)分别画出两个电路模型的状态表；(b)两个电路的输入信号均为 x，并且在时钟脉
　　　冲的上升沿发生状态改变，试分析两个电路的次态和输出值，在图 P4.5(c)中完善时序图。
　　　(c)分析两种电路的次态和输出的不同。

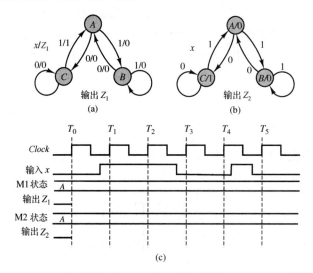

图 P4.5　(a)米利型电路 M1；(b)摩尔型电路 M2；(c)时序图

4.6　图 P4.6 为锁存器电路，分析其状态图和特征方程。

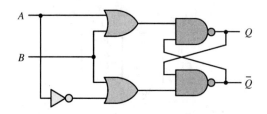

4.7　图 P4.7 为锁存器电路，画出其驱动表，并描述其工作原理。

4.8　图 P4.8 为锁存器电路，画出其状态图，写出特征方程，并描述其工作原理。

图 P4.7　　　　　　　　　　　图 P4.8

4.9　分析图 P4.9(a)的锁存器设计是否合理？如果它是锁存器，请在图 4.9(b)中完善驱动表。此电路能否用作 SR 锁存器？如果可以，如何应用？

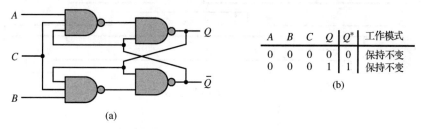

图 P4.9　(a)电路图；(b)驱动表

4.10　画出以下触发器的状态图。

(a)D 触发器　　　(b)SR 触发器　　　(c)JK 触发器　　　(d)T 触发器

4.11　在表 4.1 中填写以下器件的特征方程。

(a)SR 锁存器　　　(b)同步 D 锁存器　　　(c)JK 触发器　　　(d)T 触发器

4.12　图 P4.12(a)为 JK 触发器，分析电路输出 Q 的波形，在图 P4.12(b)中完善时序图。

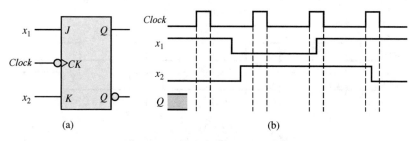

图 P4.12　(a)触发器；(b)时序图

4.13　已知 SR 触发器如图 P4.13(a)所示，要求分析输出 Q 的波形，在图 P4.13(b)中画出时序图。输入变量出现了两次 $S=R=1$，是否出现不确定的状态？请解释原因。

4.14　图 P4.14 的波形作为输入信号，施加至上升沿触发的 JK 触发器(含异步置位和清零变量)。要求画出输出 Q 和 $\bar{Q}$ 的时序图。

4.15　图 P4.15(a)的电路包括一个 D 锁存器、一个上升沿触发的 D 触发器及一个下降沿触发的 D 触发器。要求在图 P4.15(b)中画出 y_1、y_2、y_3 的时序图。

4.16　图 P4.16 的电路的初始状态 $Q_1=Q_2=0$，要求在 7 个时钟脉冲的作用下，画出输出 Q_1 和 Q_2 的时序图。

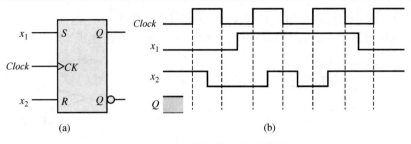

图 P4.13　(a)触发器；(b)时序图

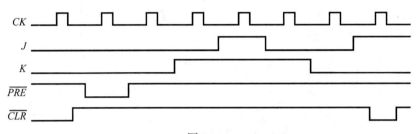

图 P4.14

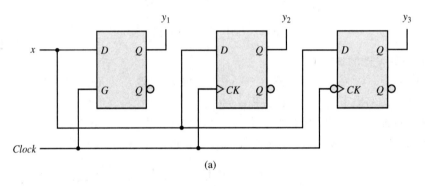

(a)

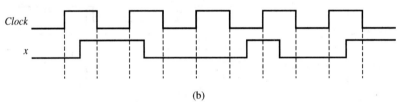

(b)

图 P4.15　(a)逻辑电路；(b)时序图

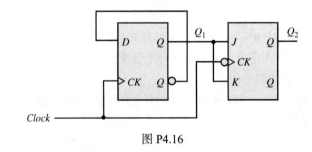

图 P4.16

4.17　图 P4.17(a)的电路包括一个 JK 触发器和 D 触发器，要求在图 P4.17(b)中画出输出 Q_1 和 Q_2 的时序图。

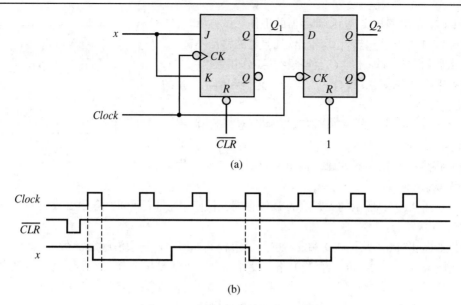

图 P4.17 (a)逻辑电路；(b)时序图

4.18 图 P4.18 的变量初值 $X = Z = 0$，要求在时序图中画出 X 和 Z 的波形。

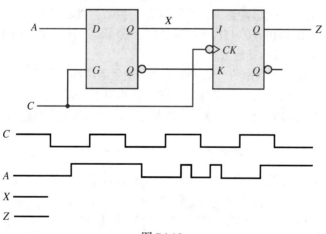

图 P4.18

4.19 下表中 y 表示触发器的现态，Y 表示期望的次态。请完善表中触发器的驱动值。

现态 y	次态 Y	JK 触发器		D 触发器	SR 触发器		T 触发器
		J	K	D	S	R	T
0	0						
0	1						
1	0						
1	1						

4.20 当 $S = R = 1$ 时，试解释为什么 SR 锁存器会输出不确定的状态。

4.21 当 $S = R = 1$ 时，试解释以下存储锁存器能够避免出现不确定的输出状态。

(a)D 锁存器 (b)JK 触发器 (c)T 触发器

4.22　图 P4.22 的电路拟实现 JK 锁存器的工作。试分析当 $J = K = C = 1$ 时,电路是否稳定输出。如果电路输出不确定,那么如何调整时钟脉冲 C,使锁存器工作正常。

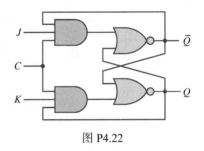

图 P4.22

4.23　仅采用或非门电路,设计一个含异步置位和清零变量的 JK 触发器。

4.24　试对比一个时钟控制 D 锁存器和 D 触发器在输出状态上的不同之处。

4.25　如何将含两个锁存器的触发器电路设计为工作在边沿触发状态。

4.26　采用如图 4.29(c)所示的无冒险的 D 锁存器,仅使用与非门和非门电路,设计一个上升沿触发的 D 触发器。

4.27　分析如图 4.31(b)所示的 D 触发器电路,解释其如何工作在边沿触发状态。

4.28　分析图 4.14 所示的 SR 锁存器电路,设计一个下降沿触发的 D 触发器,且含有低电平有效的清零控制变量。试解释将 D 输入称为同步输入而将清零变量为异步输入的原因。

4.29　把一个 D 触发器连接为一个时钟控制的 T 触发器。

4.30　仅使用一个 JK 触发器和一个非门电路构成一个 D 触发器。

4.31　使用三个上升沿触发的 JK 触发器和数量最少的门电路,构成一个含使能信号 E 的二进制计数器。当 $E = 1$ 时,每次脉冲触发使计数器从 0 逐渐递增至 7,触发器输出状态为 $Q_2 Q_1 Q_0 =$ 000-001-010-011-100-101-110-111,然后再回到 000 状态,不断重复循环。当 $E = 0$ 时,计数器停止工作,保持为当前计数状态。

4.32　图 P4.32 的电路类似于商用的可编程逻辑序列发生器芯片的电路结构,通过设置电子开关 SW_1 和 SW_2,可以令其工作在 JK 触发器或者 D 触发器状态下。试分析如何设置开关(断开或者闭合),使其工作在 JK 或者 D 触发器状态下,描述其工作原理。

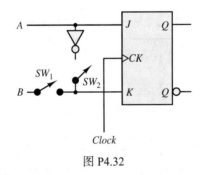

图 P4.32

4.33　采用含低电平清零信号的下降沿触发的 D 触发器来设计一个 8 位寄存器。寄存器具有数据输入 $D_7 \sim D_0$、时钟信号 CLK 和清零输入 $\overline{CLR}$。当时钟脉冲电平切换时,寄存器的数据输入会被检测到。当清零输入有效时,所有的输出函数为 0 态。试采用 D 触发器的逻辑符号画出寄存器的电路图。

4.34　采用 D 触发器和数据选择器设计一个 3 位并行置数的移位寄存器(逻辑符号如图 P4.34 所示)。当 $EN = 1$ 和 $L/S* = 1$ 时,将并入数据加载至移位寄存器。当 $EN = 1$ 和 $L/S* = 0$ 时,寄存器右移一位,S_IN(串入数据)被加载至最左侧的寄存器。当 $EN = 0$ 时,移位寄存器的数据不变。时钟上升沿同步控制所有寄存器的运行。

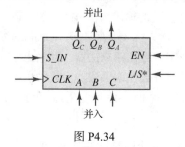

图 P4.34

4.35　使用一个 2-4 线译码器、与非门和边沿 D 触发器来设计一个 4 位移位寄存器，其功能表如下。画出其逻辑电路。

S_1	S_0	模式
0	0	右移(总计 4 位)
0	1	左移(总计 4 位)
1	0	同步全清零
1	1	同步并行置数

4.36　采用一个 3-8 线译码器、与非门和边沿 D 触发器，设计一个 4 位移位寄存器，其功能表如下。并画出其逻辑电路。

S_2	S_1	S_0	模式
0	0	0	右移(总计 4 位)
0	0	1	左移(总计 4 位)
0	1	0	同步全清零
0	1	1	同步并行置数
1	0	0	同步对最高位置 1，其余位均清零
1	0	1	同步保持数据
1	1	0	环形计数器(最低位的 Q 端反馈连接至最高位的串入端)
1	1	1	扭环形计数器(最低位的 $\overline{Q}$ 端连接至最高位的串入端)

4.37　采用 D 触发器设计一个同步模 15 计数器。

4.38　采用 D 触发器设计一个异步模 15 计数器。

4.39　采用 D 触发器设计一个模 8 环形计数器，具有一个异步初始赋值控制变量。

4.40　采用合适的模块设计一个模 14 环形计数器，具有一个同步初始赋值控制变量。

4.41　采用合适的模块设计一个模 8 扭环形计数器，具有一个异步初始赋值控制变量。

4.42　采用合适的模块设计一个模 14 扭环形计数器，具有一个异步初始赋值控制变量。

4.43　采用计数器和译码器设计一个模 8 环形计数器，具有一个异步初始赋值控制变量，功能类似于图 4.70。

4.44　采用计数器和译码器设计一个模 14 环形计数器，具有一个异步初始赋值控制变量，功能类似于图 4.70。

4.45　采用习题 4.39、习题 4.41 和习题 4.43 的计数器，设计 3 个时序信号发生器，功能如下：在初始信号之后，在时钟的第 1 个和第 5 个脉冲分别输出一个脉冲，每 8 个时钟脉冲循环一次。

4.46　采用习题 4.40、习题 4.42 和习题 4.44 的计数器，设计 3 个时序信号发生器，功能如下：

9 个电路(每个习题有 3 个电路)的输出与图 4.77 的功能一致,唯一的不同之处是,输出信号为每 14 个时钟脉冲循环一次,而不是每 16 个时钟脉冲循环。

4.47　采用合适的电路实现一个数字分数比率乘法器,其输出/输入= 5/10。

4.48　采用合适的电路实现一个数字分数比率乘法器,其输出/输入= 11/80。

4.49　采用图 P4.49(a)的电路设计一个时序信号发生器,可输出如图 P4.49(b)所示的 4 种信号,分别如下所述:

输出 f_1 在第 2、9、17、30 和 60 个时钟脉冲时为低电平。
输出 f_2 在第 2、8、15、35 和 56 个时钟脉冲时为高电平。
输出 f_3 在第 1、8、16、37 和 63 个时钟脉冲时为低电平。
输出 f_4 在第 3、27、39、41 和 63 个时钟脉冲时为高电平。

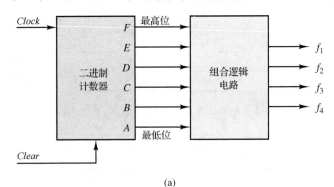

(a)

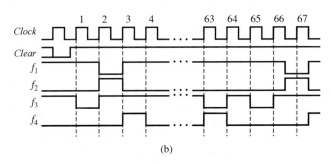

(b)

图 P4.49　(a)模块框图;(b)时序图

第5章 同步时序逻辑电路分析与设计

教学目标

本章学习同步时序逻辑电路的设计。首先分析时序电路的运行与功能；进一步，通过已知的时序电路的行为来设计和实现此电路。学生通过本章知识点的学习，能获得必要的知识和技能，并完成以下目标：

1. 通过状态图、HDL 模型和/或对输入序列脉冲的响应，分析一个同步时序逻辑电路的行为。
2. 采用标准门电路和触发器及 HDL 模型，设计与实现一个可产生特定行为的同步时序逻辑电路。

从第 4 章的知识可知，由简单的门电路与组合逻辑电路可构建具有特定功能的存储器，进而实现许多有趣的数字逻辑电路。当我们从简单电路的设计进步到实现更复杂的功能时，就学会了将创新与经验相结合，把小的电路模块组合成更大的电路模块。例如，使用锁存器构建触发器，使用触发器构建移位寄存器，使用移位寄存器构建扭环形计数器。再如，当掌握了 JK 触发器的翻转模式之后，可以利用其设计二进制计数器。

接下来，给数字电路设计人员提供一个时序逻辑电路的状态图，或者其他的行为描述形式，要求其设计硬件电路图。如果仅掌握了特定触发器的知识且具备一些创造力，那么解决此类问题仍有难度。我们称此类问题为同步时序逻辑电路的通用综合(设计)问题。本章将介绍解决此类问题的方法和工具。

5.1 同步时序逻辑电路的分析

在开展时序逻辑电路的综合设计之前，我们需要逆向思考此过程。也就是说，首先给定一个同步时序逻辑电路图，分析并描述其工作特性。

分析，就是确定一个已知电路或者电路模型的工作行为的过程，工作行为就是对一个已知输入序列的输出响应。分析一个已知电路的最简便方法，就是建立一种电路模型，例如状态表、状态图或者 HDL 模型。下面将阐述多个例题的分析过程，然后再总结解题步骤。

5.1.1 采用状态图和状态表来完成电路分析

下面采用状态图来确定一个同步时序逻辑电路的工作特性。

例 5.1 已知一个同步时序逻辑电路的状态图如图 5.1 所示，假设电路中的存储器是下降沿触发器。要求分析此电路的工作特性，并且当输入序列为 0011101100 时，确定其输出响应值。

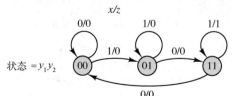

图 5.1 一个同步时序逻辑电路的状态图

根据已知的状态图画出时序图。假设电路的初始状态为 00，画出时序图，可阐述此电路在输入序列 0011101100 时的工作行为。时序图如图 5.2 所示，由此检验电路功能。

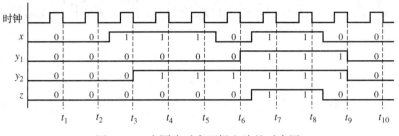

图 5.2　一个同步时序逻辑电路的时序图

首先，时钟信号用于控制输出状态跟随输入信号同步改变。已知存储器件由下降沿触发器构成，则仅当时钟信号从 1→0 跳变时，如图 5.2 中 $t_1, t_2, \cdots, t_{10}$ 时刻的虚线所示，状态变量 y_1 和 y_2 的值才发生改变。状态变量 y_1 和 y_2 的值在时钟下降沿时发生改变，其次态值则由输入 x 信号和 y_1、y_2 的现态来决定。从状态图可见，这是一个米利型电路[1]。输出 z 并非与时钟同步，z 是 x 和 y_1、y_2 的组合逻辑函数值。因此，只要三者之一有变化，z 就会改变。

例如，图 5.1 中的状态图表明了状态$[y_1y_2] = 00$，$x = 0$。在 t_1 和 t_2 时刻，$y_1 = 0$，$y_2 = 0$，则电路重复(或称保持)状态 00，$z = 0$。在 t_3 时刻，x 变为 1，由状态图可知，当$[y_1y_2] = 00$ 而 $x = 1$ 时，在下一个时钟下降沿，电路的次态改变为$[y_1y_2] = 01$，而 z 保持 0。同理，画出其余时序图。注意，仅当$[y_1y_2] = 11$ 且 $x = 1$ 时，在时序图中的 t_7 和 t_8 时刻，输出 $z = 1$。

上例表明了以下要点：(1)对于已知电路的存储器类型、输入序列和初始状态，其工作行为分析可以由状态图、状态表或者 HDL 模型等来反映，由此可画出时序图；(2)注意，除非以时序图的形式提供输入序列信息，确定输入信号的变化时刻，否则，仅能分析当下一个时钟跳变有效触发前，输入序列的每一次输入的稳定值。

5.1.2　分析同步时序逻辑电路图

在对已知的电路图分析同步时序逻辑电路的功能时，首先应该确定状态表和/或状态图，才能明确其工作特性。根据状态表或者状态图，可以分析电路对应于输入序列的输出响应值。

考虑如图 5.3 所示的同步时序逻辑电路，其由与门、或门、非门和 D 触发器构成，工作于时钟脉冲同步控制方式。电路中的 D 触发器是上升沿触发的，因此仅当时钟信号从 0→1 跳变时，存储器状态才可能改变。

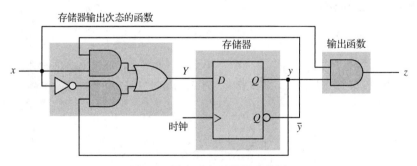

图 5.3　同步时序逻辑电路示例

绘制状态表和状态图

如 4.1.2 节所述，一个时序逻辑电路的运行可以通过状态表来表达，也就是列出所有可能的工作条件。对已知时序逻辑电路画出状态表，需要从逻辑电路获取信息，例如输出状态的总数、触发器的驱动方程（组）和输出方程。

图 5.3 所示的米利型电路只有一个触发器，因此输出状态只有 0 和 1。输入、输出及工作条件列举如下：

$$输入：x = 0 \quad 状态：y = 0 \quad 输出：z = 0$$
$$x = 1 \qquad\qquad y = 1 \qquad\qquad z = 1$$

根据逻辑电路，对每个门电路列写如下逻辑表达式，由此获得触发器的驱动输入 D 和电路输出函数 z 的逻辑关系式如下：

$$D = x\bar{y} + \bar{x}y = x \oplus y \tag{5.1}$$

$$z = xy \tag{5.2}$$

已知 D 触发器的特征方程为 $Y = D$，因此，重写式(5.1)可以表示触发器的次态：

$$Y = D = x \oplus y \tag{5.3}$$

图 5.4(a)是一个空白的状态表，其中包含两行，每一行表示输出的一种状态；两列则表示输入变量值。左上角表示现态 $y = 0$，输入 $x = 0$。根据式(5.3)，可知其次态 $Y = 0$。根据式(5.2)，得到输出 $z = 0$。因此，左上角的空格中表示 $Y/z = 0/0$。

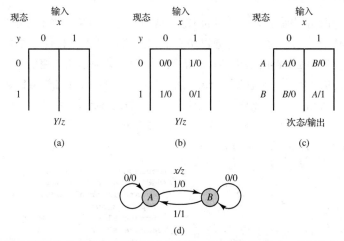

图 5.4　图 5.3 的电路的状态表和状态图。(a)空白表；(b)状态转换表；(c)状态表；(d)状态图

右上角的初始条件是 $y = 0$ 和 $x = 1$，把这些值代入式(5.3)和式(5.2)，解得 $Y = 1$ 和 $z = 0$。因此，右上角应该填写 $Y/z = 1/0$。同理，已知 $y = 1$，则底行的两个空格分别表示 $Y/z = 1/0$（当 $x = 0$ 时）和 $0/1$（当 $x = 1$ 时）。分析结果见图 5.4(b)中完整的状态表。

有时，可以把现态变量 y 用分配的字母表示，以简化表达方式。例如在图 5.4(b)中，状态可以表示如下：

$$y = [y] = [0] \equiv A$$
$$y = [y] = [1] \equiv B$$

这种处理二进制值的方式称为状态分配，可以用相应的字母来替换状态 y 的二进制值，得到的状态表如图 5.4(c)所示。

根据 4.1.2 节所述，状态表里的信息也可以用状态图来表示，这有助于研究电路的行为。图 5.4(d) 即可表示图 5.4(c) 的状态表的信息。请注意，状态表和状态图包含了相同的信息，只是形式不同而已。

从卡诺图获得状态转换表

采用卡诺图可以直接从逻辑表达式画出如图 5.4(b) 所示的状态转换表。式(5.3)和式(5.2)的电路次态和输出函数的卡诺图分别如图 5.5(a) 和(b)所示。将两个卡诺图合并成图 5.5(c) 所示的状态转换表，即可得到状态表。请注意，状态转换表与图 5.4(b) 是相同的。这样，可以将状态的二进制值替换为其分配的字母，并画出状态表，如图 5.4(c) 所示，进而画出如图 5.4(d) 所示的状态图。

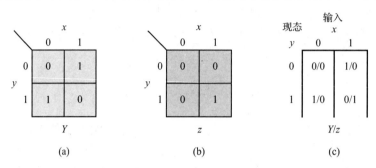

图 5.5　图 5.3 的逻辑电路的卡诺图。(a) 表达式 $Y = f(x, y) = x \oplus y$ 的卡诺图；(b) 表达式 $z = f(x, y) = xy$ 的卡诺图；(c) 将卡诺图(a)和(b)合并转换为状态转换表

用 HDL 模型来表示逻辑电路的行为

同步时序逻辑电路可以采用同步时序的 HDL 结构或者行为模型来加以描述。使用 HDL 模型来描述电路有很多优点，其中之一即为通过仿真电路来研究其工作特性。结构模型将会给出对应如图 5.3 所示的门电路与触发器的结构和状态语句。行为模型则描述电路的有限状态机(FSM)，如图 5.4 的状态表或者状态图所示。注意，**case** 语句对输入变量使用 **if-else** 结构，用于描述状态表中电路的次态或者输出的函数关系式。图 5.3 的电路的 Verilog 结构模型及 Verilog 和 VHDL 行为模型如下所示，结构模型采用了单独定义的 D 触发器。

```
//Circuit of Fig. 5.3, Structural Verilog model
module Circuit5_3structural (
    input x, Clock,                      //declare input signals
    output z);                           //declare output signal
    wire x_not, y, y_not, d, a1, a2;     //declare internal nodes
    not (x_not, x);                      //compute x_not
    and (a1, y_not, x);                  //compute a1
    and (a2, x_not, y);                  //compute a2
    or (d, a1, a2);                      //compute d
    Dflip_flop (d, Clock, y1, y1_not);   //compute y and y_not
    and (z, x, y);                       //compute z
endmodule


//Circuit of Fig. 5.3, Behavioral Verilog Model
    module Circuit5_3behavioral(
    input x, Clock, CLR,                 //declare input variables
    output z);                           //declare output variable
    reg y;                               //declare state variable
    parameter A = 1'b0, B = 1'b1;        //make state assignment
    always @ (posedge Clock, posedge CLR)//detect positive edge of Clock or CLR
        if (CLR == 1) y <= A;            //go to state A if CLR is high
        else
        case (y)                         //derive next states as in state table
```

```
            A: if (~x) y <= A; else y <= B;        //transitions from state A
            B: if (~x) y <= B; else y <= A;        //transitions from state B
            endcase
        assign z = ((y == B) && (x == 1))? 1: 0;   //output z = f(x, y)
endmodule


-- Circuit of Fig. 5.3, Behavioral VHDL Model
entity Example5_1 is
        port ( x: in bit;                          -- input
            clk: in bit;                           -- clock
            z: out bit);                           -- output
end Example5_1;
architecture behavior of Example5_1 is
        type states is (A, B);                     -- two states
        signal y: states:= A;                      -- initial state A for simulation
begin
        z <= '1' when y = B and x = '1' else '0';  -- Mealy model output
        process(clk) begin                         -- State changes
            if clk'event and clk = '1' then        --rising clk edge
                case y is
                    when A => if x = '0' then       -- current state A
                            y <= A;                 -- next state A if x=0
                        else
                            y <= B;                 -- next state B if x=1
                        end if;
                    when B => if x = '0' then       -- current state B
                            y <= B;                 -- next state B if x=0
                        else
                            y <= A;                 -- next state A if x=1
                        end if;
                end case;
            end if;
        end process;
end;
```

用时序图表示逻辑电路的行为

现在，我们假设已知电路的初始状态，要求画出图 5.3 的电路的时序图来显示电路对于输入序列的响应，以此来检验电路的工作行为。例如，已知电路的初始状态为 $y = 0$，分析一个特定输入序列 $x = 01101000$ 的电路响应。

如图 5.6 所示，首先画出时钟波形作为时间参考。图 5.3 的电路的触发器为上升沿触发，因此标注触发器的状态从现态 y 变至次态 Y 的时刻为时钟从 $0 \rightarrow 1$ 跳变时，其次态值则由 D 触发器的输入决定。时钟周期 Δt 必须足够长，以保证完成状态转换；并且在下一次状态转换前，新的输入值能够施加至触发器。

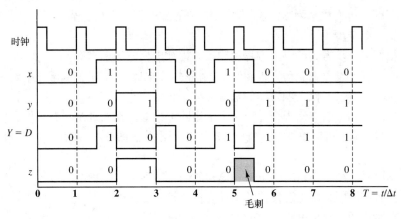

图 5.6　图 5.3(a)的时序图

信号 x、y、Y 和 z 实际上是随时间持续变化的，即可以分别用连续函数 $x(t)$、$y(t)$、$Y(t)$ 和 $z(t)$ 更精确地表示在时序图中。不过，我们通常关注在时钟跳变时刻，触发了触发器动作而导致的这些信号值的改变，如下所示：

$$x(k\Delta t), y(k\Delta t), y(k\Delta t), z(k\Delta t) \qquad k = 0, 1, 2, \cdots$$

其中，$k\Delta t$ 表示第 k 个时钟跳变时刻。

为了简化分析，将图 5.6 的 x 轴标注为 $t/\Delta t$。请注意，时钟从 $0 \rightarrow 1$ 的跳变时刻分别为 Δt, $2\Delta t$, $3\Delta t,\cdots$，则 $t/\Delta t = 1, 2, 3,\cdots$，第 k 个时钟跳变时刻标注为 $t/\Delta t = k$。这样的处理有助于简化时间标注，更易于描述信号 x、y、Y 和 z。

根据式 (5.2) 和式 (5.3)，在时序图 5.6 中画出其余时间的状态值。在 $t/\Delta t = 0$ 至 $t/\Delta t = 1$ 期间，输入 $x = 0$，现态 $y = 0$。因此有

$$Y = D = x \oplus y = 0 \oplus 0 = 0$$
$$z = xy = 0 \cdot 0 = 0$$

在 $t/\Delta t = 1$ 时刻，次态 $Y = 0$ 输入至 D 触发器。而在 $t/\Delta t = 1$ 至 $t/\Delta t = 2$ 期间，输入变为 $x = 1$，而现态仍然是 $y = 0$，则在 $t/\Delta t = 2$ 时刻，有

$$Y = x \oplus y = 1 \oplus 0 = 1$$
$$z = xy = 1 \cdot 0 = 0$$

在 $t/\Delta t = 2$ 时刻，状态 y 变为 1。当状态改变时，$y = 1$，$x = 1$；由于 $z = xy$，则输出 z 变为 1。同样，时序图中其余时间的状态值均可以由分析获得。根据时序图获得相应的输出序列如下：$z = 00100000$。

在时序图中，在 $t/\Delta t = 5$ 时刻，z 出现了一个短暂的变化，也称为毛刺。由于 $z = xy$，状态变量 y 在 $t/\Delta t = 5$ 时刻的变化导致 $z = 1$。接下来，输入 x 的变化使 z 回到理论分析的 0 值。请注意，z 的这个毛刺的脉宽取决于 x 改变的时刻。

在时序图中，在 $t/\Delta t = 3$ 及 $t/\Delta t = 5$ 时刻，Y 的变化并不会改变电路的次态。分析原因可知，当状态改变引起 Y 值变化之后，如果 x 改变，则 Y 继续改变。这些改变都发生在下一个时钟上升沿出现之前，即仅在时钟上升沿时刻，Y 决定 y 的次态。因此，在 $t/\Delta t = 3$ 及 $t/\Delta t = 5$ 时刻，Y 不会出现毛刺。

到此为止，我们完成了同步时序逻辑电路的具体实例分析。接下来将总结之前进行实例分析的步骤。

同步时序逻辑电路的分析过程

第 1 步　如果已知状态表或者状态图，分别跳至第 6 步或者第 7 步。否则，继续第 2 步。采用组合逻辑电路的分析方法来列写触发器的驱动方程和电路的输出方程。如果要求画出时序图，则一直分析，直至第 7 步。

第 2 步　根据第一步得到的驱动方程和输出方程画出相应的卡诺图。

第 3 步　把所有触发器的驱动方程和输出方程的卡诺图合并至一个卡诺图中。

第 4 步　将驱动变量值代入触发器的特征方程，画出次态卡诺图。

第 5 步　把次态和输出卡诺图合并至一个卡诺图中，即得到二进制状态转换表。

第 6 步　如果愿意，可以根据二进制状态转换表画出状态图和/或 HDL 行为模型。否则，跳至第 7 步。

第 7 步　画出时序图，显示时钟脉冲、已知的输入序列和初始状态。

第 8 步　在时序图中，画出触发器的驱动变量和状态变量的波形。

第 9 步　在时序图中画出电路输出的波形。

以下将举例说明上述分析步骤。下面，我们分析一个包含 JK 触发器的时钟控制时序逻辑电路。这个分析过程不同于上一个例子，因为需要分析 JK 触发器的工作特性，从而确定已知驱动变量值所对应的触发器的次态。

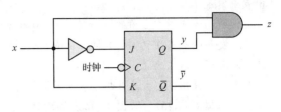

例 5.2　已知输入序列 $x = 01101000$，电路的初始状态为 $y = 0$。要求对如图 5.7 所示的逻辑电路绘制时序图、状态表和状态图，并分析其工作特性。

图 5.7　含一个 JK 触发器的同步时序逻辑电路

第 1 步　首先对图 5.7 所示的逻辑电路写出驱动方程和输出方程。此电路仅有 1 个触发器，其输出状态只有 0 或者 1。其输入、输出和状态值如下：

输入: $x = 0$　　状态: $y = 0$　　输出: $z = 0$
　　　$x = 1$　　　　　$y = 1$　　　　　$z = 1$

写出电路的输出方程：

$$z = xy$$
$$J = \bar{x} \qquad\qquad (5.4)$$
$$K = x$$

当现态 y 和输入 x 已知时，J 和 K 决定了触发器的次态值。根据式(5.4)，采用以下步骤可画出电路的状态图。

第 2 步　根据式(5.4)画出卡诺图，分别如图 5.8(a)和(b)所示，其中的变量是输入 x 和现态 y。J 和 K 的卡诺图由 x 和 y 的不同组合值得到，作为触发器的输入变量。输出 z 的卡诺图同样由 x 和 y 的不同组合值得到。

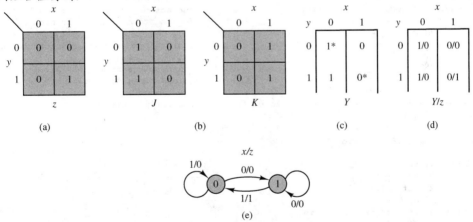

图 5.8　根据卡诺图画出状态表。(a)输出卡诺图；(b)驱动变量卡诺图；(c)状态转换表；(d)二进制状态表；(e)状态图

第 3 步　由于电路中包含唯一的触发器，图 5.8(b)仅有一组驱动变量卡诺图。如果有多个触发器，则在此环节，需要把多个驱动变量卡诺图合并为一个。

第 4 步　参考图 5.8(b)的 J、K 卡诺图和 JK 触发器的工作原理，可填写次态 Y 的状态转换表，如图 5.8(c)所示。回忆一下，当 $J = 1$、$K = 0$ 时，在时钟有效时，触发器状态为 1；当 $J = 0$、$K = 1$ 时，在时钟有效时，触发器状态为 0。现态和输入的每一种组合对应的次态 Y 值均取决于卡诺图中的 J 和 K 值。图 5.8(c)中的星号表明，J 和 K 值引起了状态的改变。

图 5.8(b)的卡诺图左上角的初始值为 $y = 0$ 和 $x = 0$，得到 $J = 1$ 和 $K = 0$。因此，当下一个时钟

有效时，触发器的状态从 0 变为 1。这样，当初始值为 $y=0$ 和 $x=0$ 时，在图 5.8(c)次态 Y 的状态转换表中填入 1。

类似地，卡诺图右上角的初始值为 $y=0$ 和 $x=1$，得到 $J=0$ 和 $K=1$。因此，当下一个时钟有效时，触发器的次态 Y 为 0。这样，在图 5.8(c)次态 Y 的状态转换表的右上角填入 0。同理，在状态转换表底行填入次态值。

其实，不使用 JK 卡诺图也可以填写状态转换表，方法是分析 JK 触发器的特征方程，得到次态 Y 值。根据式(4.26)，写出 JK 触发器的特征方程，如下所示：

$$Y = J\bar{y} + \bar{K}y$$

用式(5.4)得到的 $J=\bar{x}$ 和 $K=x$ 替换上式，得到

$$Y = \bar{x}\bar{y} + \bar{x}y$$
$$= \bar{x}$$

此时，再画出 $Y=\bar{x}$ 的卡诺图，得到图 5.8(c)所示的状态转换表。

第 5 步 把图 5.8(a)的输出卡诺图和图 5.8(c)的状态转换表合并，得到二进制状态表，如图 5.8(d)所示，即可分析图 5.7 时序电路的行为特性。

第 6 步 根据图 5.8(d)的状态表，画出图 5.8(e)所示的状态图。注意，状态图的信息与状态表是一致的，只是图形不同而已。由于电路是米利型的，因此输出 z 是现态 y 和输入 x 的函数且出现在弧线上方。无论使用图 5.8(d)的状态表或者图 5.8(e)的状态图，都可以写出如下的 HDL 模型。

```
//Circuit of Fig. 5.8, Behavioral Verilog Model
module Example5_2 (
        input x, Clock, CLR,                    //declare input variables
        output z);                              //declare output variable
        reg y;                                  //declare state variable
        parameter A = 1'b0, B = 1'b1;           //make state assignment
        always @ (negedge Clock, negedge CLR)   //detect negative edge of Clock or CLR
                if (CLR == 0) y <= A;           //go to state A if CLR is high
                else
                        case (y)                //derive next states as specified in
                                                //  state table
                        A: if (~x) y <= B; else y <= A;  //transitions from state A
                        B: if (~x) y <= B; else y <= A;  //transitions from state B
                        endcase
        assign z = ((y == B) && (x == 1))? 1: 0;  //output z = f(x, y)
endmodule

-- Circuit of Fig. 5.8, Behavioral VHDL Model
entity Example5_2 is
        port ( x: in bit;                       -- input
               clk: in bit;                     -- clock
               z: out bit);                     -- output
end Example5_2;
architecture behavior of Example5_2 is

        signal y: bit:= '0';                    -- two states, initially '0' for
                                                --   simulation
begin
        z <= '1' when y = '1' and x = '1' else '0';  -- Mealy model output
        process(clk) begin                      -- State changes
        if clk'event and clk = '0' then         -- falling edge of clk
                case y is
                        when '0' => if x = '0' then   -- current state 0
                                y <= '1';             -- next state 1 if x=0
                              else
                                y <= '0';             -- next state 0 if x=1
                              end if;
                        when '1' => if x = '0' then   -- current state 1
                                y <= '1';             -- next state 1 if x=0
```

```
                              else
                                y <= '0';          -- next state 0 if x=1
                              end if;
                     end case;
            end if;
     end process;
end;
```

第 7 步　当已知输入序列和初始状态时，对已知的时序电路画出时序图。

对于本例，输入序列 $x = 01101000$，初始状态为 $y = 0$。时钟和输入序列的波形如图 5.9 所示。因为触发器是下降沿触发的，务必在时钟下降沿出现之前确定输入 x 的值和对应的 y 的现态值。实际上，x 可以在时钟有效改变之前发生变化，只要其在时钟跳变时刻是稳态的即可。

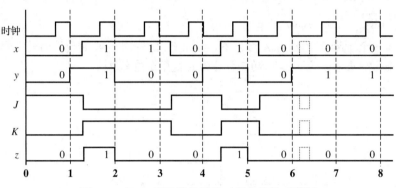

图 5.9　含 JK 触发器的同步时序电路的时序图

第 8 步　无论根据图 5.8(d) 的状态表或者图 5.8(e) 的状态图，均可以分析并画出电路在时钟有效时的次态时序图，如图 5.9 所示。例如，在时刻 1，现态 $y = 0$，输入 $x = 0$。根据状态图，此时电路的状态从 $y = 0$ 变为 $y = 1$。因此，在时刻 1，y 从 0 变为 1。在时刻 2，$y = 1$ 和 $x = 1$，根据状态图，y 从 1 变为 0。同理，可分析得到其余的 y 值。

假设在 $t/\Delta t = 6$ 时刻 x 出现异步输入脉冲（如图 5.9 的虚线所示的脉冲），尽管此异步输入脉冲导致触发器的 J、K 输入值发生变化，但此脉冲不会影响触发器的输出。因为当 x 变化时，时钟始终处于稳态 0 值，触发器的状态不变。

第 9 步　为了分析输出变量 z，可以采用第 1 步得到的 z 的逻辑表达式，也可以使用状态图或者状态表的信息。输出逻辑表达式 $z = xy$，因此在时刻 2 和时刻 5 及在时刻 6 和时刻 7 之间出现毛刺时，$x = 1$，$y = 1$，这样输出 $z = 1$；否则，$z = 0$。这些信息如图 5.9 的时序图所示。

注意，第 7 步至第 9 步也可以用逻辑电路仿真软件来展现图 5.7 的原理图，或者用 HDL 仿真器来仿真第 6 步的 HDL 模型。

当我们讨论以上示例时，有时用字母来替换状态变量的二进制码，以便简化标注方式。例如，把时序电路的状态标注如下：

$$y = [y] = [0] \equiv A$$
$$y = [y] = [1] \equiv B$$

将图 5.8(d) 的状态表和图 5.8(e) 的状态图分别转换为图 5.10(a) 的状态表和图 5.10(b) 的状态图。这样，就可以使用状态图确定电路对应于输入序列的响应值，图中的状态 y 被替换为字母。下面展示了在每一个时钟有效时刻的输入 x、状态 y 和输出 z 的值。

$$时刻 = 0\ 1\ 2\ 3\ 4\ 5\ 6\ 7\ 8$$
$$x = 0\ 1\ 1\ 0\ 1\ 0\ 0\ 0$$
$$y = A\ B\ A\ A\ B\ A\ B\ B\ B$$
$$z = 0\ 1\ 0\ 0\ 1\ 0\ 0\ 0$$

初始状态为 A(表示 $y=0$)，另一个状态为 B(表示 $y=1$)。注意，此行为与图 5.9 所示的时序图完全相同。

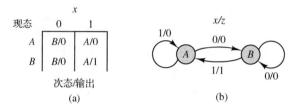

图 5.10　含 JK 触发器的同步时序逻辑电路的状态表和状态图。(a)状态表；(b)状态图

例 5.3　分析图 5.11 所示的逻辑电路。

此电路包含两个下降沿触发的 JK 触发器，因此有四种状态。之前列举的是米利型电路，而此电路的输出 z 是两个状态变量 y_1 和 y_2 的函数，因此是摩尔型电路[2]。

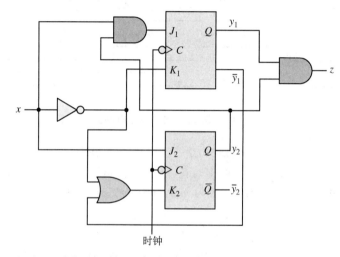

图 5.11　含 JK 触发器的同步时序逻辑电路

为了研究此电路的工作特性，首先获得其状态表。描述电路行为的方程组如下：

$$J_1 = xy_2, \quad J_2 = x, \qquad z = y_1 y_2$$
$$K_1 = \bar{x}, \qquad K_2 = \bar{x} + \bar{y}_1$$

画出这些表达式的卡诺图，如图 5.12 所示。注意，输出 z 的卡诺图表示为两个状态变量 y_1 和 y_2 的函数。

为便于分析触发器的次态 Y_1 和 Y_2，把 J 和 K 的卡诺图合并至一个卡诺图中，如图 5.13(a)所示。根据 J、K 值及 JK 触发器的特征方程，可以分析状态变化，填写图 5.13(b)的状态转换表。例如，图 5.13(a)的卡诺图的第二行表示现态 $y_1 y_2 = 01$。在 $x=1$ 列，可见 $J_1 K_1 = 10$，使第一个触发器的状态为 1；而 $J_2 K_2 = 11$ 使第二个触发器从 1 翻转至 0，导致 $Y_1 Y_2 = 10$，如图 5.13(b)相应的行与列所示。类似地，可以填写图 5.13(b)中其余的空格。

换一种方式，不画 J 和 K 的卡诺图，也可以直接从 JK 触发器的特征方程获得每个触发器的次态。特征方程如式(4.26)所示，对每个 JK 触发器的驱动输入 J 和 K，替换特征方程的输入变量，得到

$$Y_1 = J_1 \bar{y}_1 + \bar{K}_1 y_1$$
$$= (xy_2)\bar{y}_1 + (\bar{x})y_1$$
$$= xy_2 + xy_1$$

$$Y_2 = J_2\bar{y}_2 + \bar{K}_2 y_2$$
$$= x\bar{y}_2 + (\overline{\bar{x} + \bar{y}_1})y_2$$
$$= x\bar{y}_2 + xy_1$$

在同一个卡诺图里填写 Y_1 和 Y_2 值，得到图 5.13（b）。

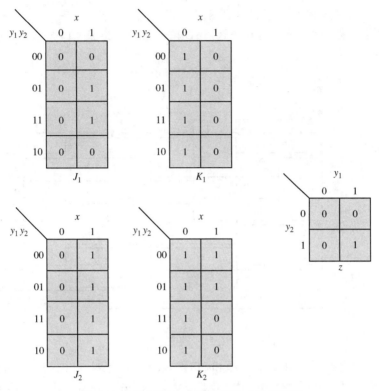

图 5.12　表示例 5.3 电路的表达式的卡诺图

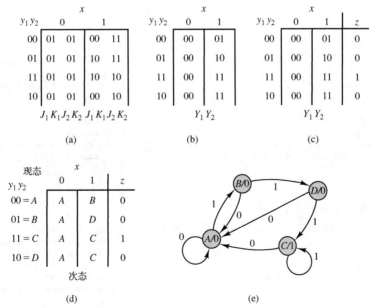

图 5.13　把卡诺图与状态表相结合。(a)合并 J 和 K 的卡诺图；(b)计算次态 $Y_1 Y_2$ 值；(c)合并次态和输出 z 的卡诺图；(d)使用字母填写状态表；(e)状态图

把输出 z 的卡诺图与状态转换表相结合，得到如图 5.13(c)所示的二进制状态表。

状态分配的字母如下：

$$[y_1y_2] = 00 = A \quad [y_1y_2] = 11 = C$$
$$[y_1y_2] = 01 = B \quad [y_1y_2] = 10 = D$$

获得图 5.13(d)的状态表和图 5.13(e)的状态图。

状态表和/或状态图的分析过程类似于之前的例子，最后获得图 5.14 所示的时序图，输入序列与初始状态如下：

$$x = 0011110$$
$$y_1y_2 = 10$$

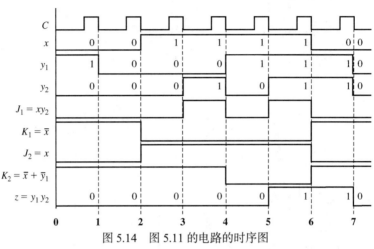

图 5.14 图 5.11 的电路的时序图

同样，可以编写电路的 HDL 结构模型和/或行为模型。图 5.11 的电路的结构模型由门电路和触发器的相关语句组成。其行为模型描述了电路的有限状态机(FSM)，如图 5.13(c)或者(d)的状态表所示。注意，**case** 语句可用于描述状态表中特定的次态和输出的关系。例 5.3 的 HDL 结构模型和行为模型如下，结构模型采用了不同的 JK 触发器模型。

```
// Structural Verilog model of Fig. 5.11
module example5_3structural (
      input x, Clock,                               //declare input variables
      output z);                                    //declare output variable
      wire x_not, y1, y1_not, y2, y2_not, j1, k1, j2, k2;   //declare internal nodes
      not (x_not, x);                               //compute x_not
      and (j1, x, y2);                              //compute J1
      or (k2, x_not, y1_not);                       //compute K2
      and (z, y1, y2);                              //compute z
      JKflip_flop_N (j1, x_not, Clock, y1, y1_not); //compute y1 and y1_not
      JKflip_flop_N (x, k2, Clock, y2, y2_not);     //compute y2 and y2_not
endmodule


//Behavioral Verilog Model of Fig. 5.13d
module Example5_3 (
      input x, Clock, CLR,                          //declare input variables
      output z);                                    //declare output variable
      reg [1:0] state;                              //declare state variables
      parameter A = 2'b00, B = 2'b01, C = 2'b11, D = 2'b10;  //make state assignment
      always @ (negedge Clock, negedge CLR)         //detect negative edge of Clock or CLR
            if (CLR == 0) state <= A;               //go to state A if CLR is low
                  else
            case (state)                            //derive next states
                  A: if (~x) state <= A; else state <= B;
                  B: if (~x) state <= A; else state <= D;
```

```
                    C: if (~x) state <= A; else state <= C;
                    D: if (~x) state <= A; else state <= C;
            endcase
        assign z = (state == C) ? 1'b1: 1'b0;              //derive output as specified in table
endmodule


--Behavioral VHDL Model of Fig. 5.13d
entity Example5_3 is
        port ( x: in bit;                                 -- input
               clk: in bit;                               -- clock
               z: out bit);                               -- output
end Example5_3;
architecture behavior of Example5_3 is
        type states is (A, B, C, D);                      -- four states
        signal y: states := A;                            -- initial state A for simulation
begin
        z <= '1' when y = C else      '0';                -- Moore model output
        process(clk) begin                                -- State changes
            if clk'event and clk = '0' then               -- falling clk edge
                case y is
                    when A => if x = '0' then              -- current state A
                          y <= A;                          -- next state A if x=0
                        else
                          y <= B;                          -- next state B if x=1
                        end if;
                    when B => if x = '0' then              -- current state B
                          y <= A;                          -- next state A if x=0
                        else
                          y <= D;                          -- next state D if x=1
                        end if;
                    when C => if x = '0' then              -- current state C
                          y <= A;                          -- next state A if x=0
                        else
                          y <= C;                          -- next state C if x=1
                        end if;
                    when D => if x = '0' then              -- current state D
                          y <= A;                          -- next state A if x=0
                        else
                          y <= C;              -- next state C if x=1
                        end if;
                end case;
            end if;
 end process;
end;
```

5.1.3　小结

本节讨论了分析不同类型的同步时序逻辑电路的方法。读者需要理解一个时序逻辑电路的原理图或者 HDL 模型，并且能够应用本章的分析技巧，绘制状态表和/或时序图来描述电路特性。下一节将分析步骤反过来，通过设计逻辑电路或者 HDL 模型来实现特定的状态表或者状态图的功能。

5.2　同步时序逻辑电路的设计

前一节通过几个示例分析了时序逻辑电路。已知逻辑电路结构，通过电路分析，可以获得状态表、状态图、HDL 模型和/或时序图，以此来说明电路的工作特性。本节则讨论逆向过程，也就是综合设计过程，即已知状态表、状态图或者 HDL 模型，采用特定的程序和技巧来设计需要的时序逻辑电路。本章所有的时序逻辑电路均含有钟控存储单元，因此称之为同步时序逻辑电路。

同步时序电路的综合设计过程如下：首先，明确电路的工作行为，通常以状态表（或者状态图）来对应。每一次的次态/输出值均被完整定义的电路称为完整定义的电路。本书前面提到，每次分析时序逻辑电路都可以获得完全符合电路要求的状态表。不过，偶尔也会发生电路的状态表不能被完整定义的情况(例如,某一状态变量组合和/或输入不会发生的情况,或者出现 SR 触发器的输入均为 1 的禁用情况),图 5.15 给出了各种电路示例。以下各节将设计完整定义的电路,本章最后将会讨论如何分析未完整定义的电路。

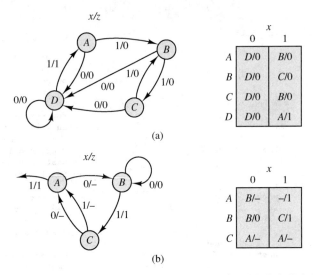

图 5.15　多种同步时序逻辑电路。(a)完整定义的电路;(b)未完整定义的电路

5.2.1　同步时序逻辑电路的设计步骤

以下举例说明同步时序逻辑电路的设计步骤。

例 5.4　根据图 5.16(a)的状态表,采用 D 触发器设计此时序逻辑电路。

首先,采用字母来表示状态值,此变换称为状态分配。随机选择的编码如图 5.16(b)所示。

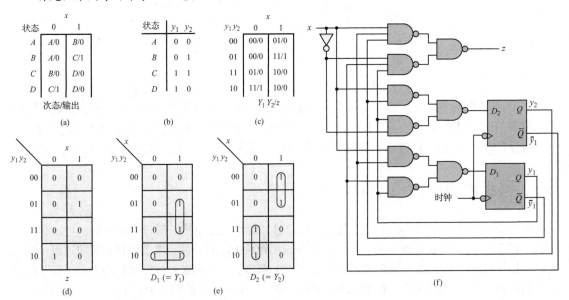

图 5.16　一个简单的示例。(a)状态表;(b)状态分配方案;(c)状态转
换表;(d)输出卡诺图;(e)驱动变量卡诺图;(f)逻辑电路

给各个状态值分配不同的二进制数码，就得到了二进制状态表，也可称为状态转换表，如图 5.16(c) 所示。此表包含了所有必要的信息，据此对电路的组合逻辑电路部分写出函数表达式。接下来，把状态转换表分解为输出卡诺图和 D 触发器的驱动变量卡诺图，分别如图 5.16(d) 和 (e) 所示。触发器的输入卡诺图通常称为驱动变量卡诺图，因为由此图会得到触发器驱动变量的逻辑表达式。注意，D 触发器的特征方程是 $Y = D$，因此 D 输入卡诺图也表示了触发器的次态值。根据驱动变量和输出卡诺图，得到如下表达式：

$$D_1 = Y_1 = y_1\bar{y}_2 + xy_2$$
$$D_2 = Y_2 = \bar{x}y_1 + x\bar{y}_1 = x \oplus y_1$$
$$z = x\bar{y}_1y_2 + \bar{x}y_1\bar{y}_2$$

由此画出如图 5.16(f) 所示的逻辑电路，实现了完全满足要求的时序电路。在本例中，组合逻辑电路采用二级与非门电路来实现。

在例 5.4 中，有几个问题需要解答。例如：如何选择状态分配方案？如果要求选择其他的触发器来实现电路，又该如何设计？由于许多状态表存在可以精简的冗余状态，如何确定现有的状态表是最佳的？

在回答这些问题之前，首先整理得到同步时序逻辑电路的设计步骤，如下所示。

同步时序逻辑电路的设计步骤

第 1 步　从问题的文字描述得到状态表。

第 2 步　证明状态表对于已知的输入序列能够产生要求的工作行为。

第 3 步　采用状态化简方法精简状态表。

第 4 步　选择状态分配方案。

第 5 步　画出状态转换表。

第 6 步　选择存储器或者触发器的类型，画出触发器的驱动变量卡诺图。

第 7 步　根据驱动变量卡诺图，写出触发器驱动变量的逻辑表达式。同理，根据输出卡诺图，写出输出函数的逻辑表达式。

第 8 步　根据逻辑表达式和选择的存储器类型，画出时序电路的逻辑电路图。

第 1 步要求电路设计人员凭借直觉来选择，并不断尝试，积累经验。通常，对于要求实现的电路行为，比较容易画出状态图，然后得到状态表。另外，从状态图或者状态表写出 HDL 模型也是有意义的，因为可用于电路仿真或者作为一种自动综合工具的输入。

第 2 步要求证明状态表的确实现了期望的电路行为，这是在继续后续步骤之前进行纠错。根据状态图或者状态表，可以人工判断次态和输出值，然后画出时序图，以便证明电路对不同输入序列的响应的正确性，如例 5.1 所示。例如，假设图 5.16(a) 所示的状态表从状态 A 开始，需要证明输入序列 0101101110 的电路响应是正确的。可以采用状态表分析每个输入值对应的次态和输出值，如下所示：

```
时刻 = 0  1  2  3  4  5  6  7  8  9  10
 x =  0  1  0  1  1  0  1  1  1  0
 y =  A  A  B  A  B  C  B  C  D  D  C
 Y =  A  B  A  B  C  B  C  D  D  C
 z =  0  0  0  0  1  0  1  0  0  1
```

另外，可以对状态表/状态图设计 HDL 行为模型，以此来仿真电路的工作行为并加以证明。以下是描述图 5.16(a) 状态表的 HDL 行为模型。

```verilog
//Behavioral Verilog model of Fig. 5.16a
Module Example_5_4_Verilog (                              //name the module
        input x, Clock, CLR,                              //declare the inputs
        output reg z);                                    //declare the output
        reg [1:0] state, nextstate;                       //declare state variables
        parameter A = 2'b00, B = 2'b01, C = 2'b11, D = 2'b10;   //assign states
        always @ (negedge Clock, negedge CLR)             //detect change of Clock or CLR
        if (CLR == 0) state <= A;                         //place FSM in state A if CLR is low
        else state <= nextstate;                          //make state change
        always @ (state, x)                               //detect change in state or input x
                case (state)                              //derive next state as specified in
                                                          //     state table
                        A: if (~x) nextstate <= A; else nextstate <= B;
                        B: if (~x) nextstate <= A; else nextstate <= C;
                        C: if (~x) nextstate <= B; else nextstate <= D;
                        D: if (~x) nextstate <= C; else nextstate <= D;
                endcase
        always @ (state, x)                               //detect change in state or input x
        case (state)                                      //derive output z as specified in
                                                          //     state table
                A, C: z <= 0;
                B: z <= x;
                D: z <= ~x;
        endcase
endmodule
```

```vhdl
-- Behavioral VHDL Model of Fig. 5.16a
entity Example5_4 is
        port ( x: in bit;                                 -- input
               clk: in bit;                               -- clock
               z: out bit);                               -- output
end Example5_4;
architecture behavior of Example5_4 is
        type states is (A, B, C, D);                      -- four states
        signal y: states := A;                            -- initial state A for simulation
begin
        z <= '1' when (y = B and x = '1') or
                      (y = D and x = '0') else '0';       -- Mealy model output
        process(clk) begin                                -- State changes
                if clk'event and clk = '0' then           -- falling clk edge
                        case y is
                                when A => if x = '0' then  -- current state A
                                             y <= A;       -- next state A if x=0
                                          else
                                             y <= B;       -- next state B if x=1
                                          end if;
                                when B => if x = '0' then  -- current state B
                                             y <= A;       -- next state A if x=0
                                          else
                                             y <= C;       -- next state C if x=1
                                          end if;
                                when C => if x = '0' then  -- current state C
                                             y <= B;       -- next state B if x=0
                                          else
                                             y <= D;       -- next state D if x=1
                                          end if;
                                when D => if x = '0' then  -- current state D
                                             y <= C;       -- next state C if x=0
                                          else
                                             y <= D;       -- next state D if x=1
                                          end if;
                        end case;
                end if;
        end process;
end;
```

第 3 步用于减少电路中存储器的数量，求解方法是从状态表中去掉不必要的状态。接下来将要介绍采用标准算法和规则进行状态化简工作的成功案例。在同步时序逻辑电路设计中取得足够的经验之后，本章后续会检验这些算法和规则。

第 4 步，任意选择一种状态分配方案，或者采用几种算法之一来选择最优的状态分配方案，以此减少组合逻辑电路的器件数量。状态数 N_S 和触发器数 N_{FF} 的关系如下：

$$2^{N_{FF}-1} < N_S \leqslant 2^{N_{FF}} \tag{5.5}$$

例如，一个模 4 逻辑电路要求由两个触发器实现，一个模 10 逻辑电路则要求由 4 个触发器构成。优化状态分配的算法超出了本书的讨论范围，可参见参考文献[3]～[5]。本章后续会提供状态分配的指导方案。对于简单电路，可以尝试几种比较容易的状态分配方案，以便发现最佳的设计方案。

第 5 步，把状态名称替换为分配的二进制数码，以此把字母状态变表变为二进制状态转换表。

第 6 步，要求分析所选择的触发器类型的特征方程，以便得到触发器的驱动变量卡诺图，如 4.2.2 节所述。

第 7 步，通过卡诺图得到逻辑表达式。此技巧在 2.4 节已经学习和练习过，读者应是非常熟悉的。

第 8 步，画出逻辑电路图，这是综合设计的最后结果。

上述就是综合设计电路的步骤，接下来，我们首先对一个给定的状态表或者状态图设计逻辑电路，以验证设计步骤。然后，针对描述的问题，画出状态表和状态图。本章还会讨论如何在第 3 步去掉多余的状态。

5.2.2　触发器驱动变量表

在图 5.16 的示例中，采用了边沿 D 触发器来设计电路。首先，需要产生触发器的驱动变量卡诺图，然后再画出状态转换表。状态转换表定义了每个触发器存储单元所必需的状态转换方式。针对每一种触发器的驱动变量表来自触发器的特征方程，并用于确定驱动变量。图 5.17 为驱动变量表，表示了 4.2.2 节描述的 D 触发器和 JK 触发器的特征。表中的标注如下：t 是时钟信号有效触发的时刻；$Q(t)$ 是时钟有效时触发器的现态值；$Q(t + \Delta t)$ 表示需要的触发器的次态值。

通常优先选择 D 触发器，因为其次态就是当前 D 的输入值，因此，驱动变量卡诺图可以直接从转换表画出。不过，有时 D 触发器可能不方便使用，或者不能实现电路优化。图 5.17(b) 所示的驱动变量表用于产生 JK 触发器的驱动变量卡诺图，以下举例说明。

状态转换		要求的驱动变量	状态转换		要求的驱动变量	
$Q(t)$	$Q(t + \Delta t)$	$D(t)$	$Q(t)$	$Q(t + \Delta t)$	$J(t)$	$K(t)$
0	0	0	0	0	0	d
0	1	1	0	1	1	d
1	0	0	1	0	d	1
1	1	1	1	1	d	0
(a)			(b)			

图 5.17　触发器的驱动变量表。(a) D 触发器；(b) JK 触发器

例 5.5　重复例 5.4，不过采用 JK 触发器来完成时序电路的设计。

假设采用图 5.16(b) 的相同的状态分配，状态转换表保持不变，重绘结果如图 5.18(a) 所示。

为了采用 JK 触发器设计电路，根据图 5.17(b) 的驱动变量表，画出图 5.18(b) 所示的驱动变量表。在本例中，对于驱动变量表和状态转换表均特别强调状态转换条件，也就是图 5.18(a) 中 y_2

从 1 至 0 的状态转换条件是 $J_2 = d$ 和 $K_2 = 1$，如图 5.18(b) 所示。同样，画出其余的状态转换条件。接下来，将状态转换表变换为驱动变量卡诺图，如图 5.18(c) 所示，由此获得最简的驱动方程(或称逻辑表达式)如下：

$$J_1 = xy_2 \qquad\qquad K_1 = \bar{x}y_2$$
$$J_2 = x \oplus y_1 \qquad\qquad K_2 = \overline{x \oplus y_1} = \bar{J}_2$$

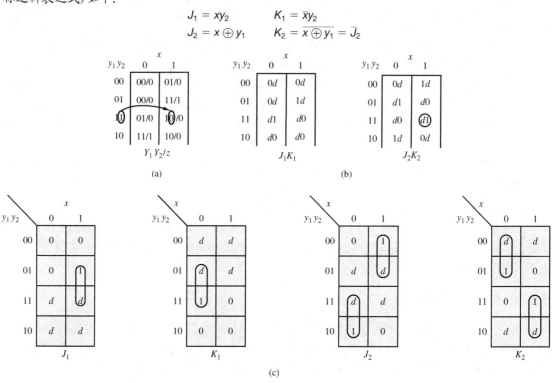

(a)　　　　　　　　　　　　(b)

(c)

图 5.18　产生 JK 触发器的驱动变量卡诺图。(a)状态转换表；(b)驱动变量表；(c)驱动变量卡诺图

　　最后，画出如图 5.19 所示的逻辑电路。注意，输出函数与触发器的类型无关，因此图 5.16(f) 不变。

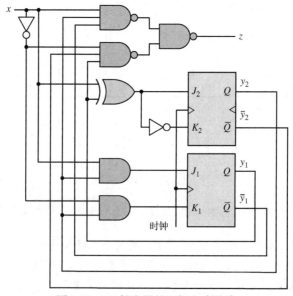

图 5.19　JK 触发器的逻辑电路设计

5.2.3　设计实例

本章前面介绍了同步时序逻辑电路的设计步骤，合计有 8 步。除了第 3 步的状态化简，其余步骤都容易完成。本节暂时不介绍状态化简的原理，先介绍其余步骤的实际应用。如此安排进度的目的在于：(1)掌握绘制状态表/状态图及驱动变量卡诺图的技巧；(2)为解决状态化简和状态分配问题奠定良好的基础。

以下将通过几个示例展示电路的设计过程。每个示例均假设电路由同一个周期性时钟脉冲控制，即状态变换仅由此时钟同步控制。

序列码检测器

序列码检测器是同步时序逻辑电路，当检测到特定序列的输入码时，电路输出一个特定的响应值。这里假设输入序列的每个值均在时钟有效跳变前到达，在连续时钟周期内的输入序列值也连续出现。

例 5.6　设计含有一个输入 x 和一个输出 z 的同步时序电路，能够识别输入序列中的 10 码。也就是说，只要在两个时钟周期内输入 x 连续出现 1 和 0，则电路输出 z 变成 1；否则，$z=0$。

此电路用于检测输入 x 的值从 1 变为 0。换言之，只要电路的输入序列 $x=10$，则输出序列 $z=01$。例如，如果输入序列 $x=01110100110$，则输出序列 $z=00001010001$。

第 1 步　在设计步骤中的第 1 步是画出状态图，表示题目描述的输入/输出变量的行为。画出的状态图如图 5.20 所示。首先，假设电路的初始状态为 A，且第一个输入为 0。输入序列的第一个码 0 不符合第一个识别码 1，因此，电路状态保持为 A，输出 $z=0$，如图 5.20(a)所示。如果电路初始状态是 A，而第一个输入码是 1，则满足第一个识别码 1，此时，电路状态变为 B，输出 z 仍然是 0，如图 5.20(b)所示。现在，假设电路的状态为 B，输入码为 1，仍然与第一个识别码 1 一致，而不是第二个识别码 0，则电路状态仍然为 B，输出仍然为 0，如图 5.20(c)所示。最后，如果电路状态是 B，第二个输入码是 0，则电路输出 $z=1$，表明序列码 10 已经出现，状态回到 A，等待下一个 10 码。图 5.21(d)表示识别出输入序列 $x=10$。与最后的状态图相对应的状态表如图 5.21(a)所示。本例假设此电路的状态表含有数量最少的状态。

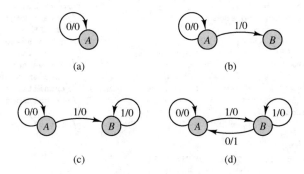

图 5.20　序列码 "10" 检测器的状态图

第 2 步　为了证明设计的正确性，现在使用状态图或者状态表来分析电路对输入以上序列码的响应。假设电路的初始状态是 A，根据状态图/状态表对每个给定序列码分析电路的次态和输出值，最后获得与输入的序列码相对应的状态和输出序列值。可以证明，输入序列中的 10 码被检测到 3 次。

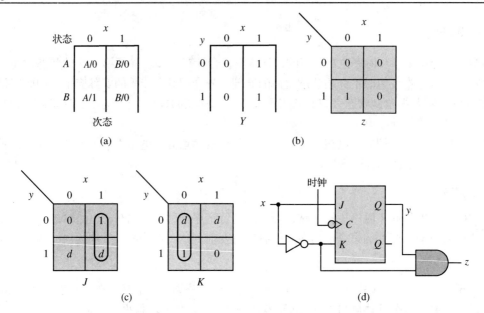

图 5.21　序列码 "10" 检测器的设计。(a)状态表；(b)状态转换表与
输出卡诺图；(c)触发器的驱动变量卡诺图；(d)逻辑电路

时刻 =	0	1	2	3	4	5	6	7	8	9	10	11
$x =$	0	1	1	1	0	1	0	0	1	1	0	
$y =$	A	A	B	B	B	A	B	A	A	B	B	A
$Y =$	A	B	B	B	A	B	A	A	B	B	A	
$z =$	0	0	0	0	1	0	1	0	0	0	1	

通过设计状态表的 HDL 行为模型，也可以验证上述设计，如下所示。

```
// Behavioral Verilog Model of State Table in Fig. 5.21a
module Example5_6 (
        input x, Clock, CLR,                        //declare input variables
        output z);                                  //declare output variable
        reg y;                                      //declare state variable
        parameter A = 1'b0, B = 1'b1;               //make state assignment
        always @ (negedge Clock, negedge CLR)       //detect negative edge of Clock
                                                    //  or CLR
                if (CLR == 0) y <= A;               //go to state A if CLR is high
                else
                        case (y)                    //derive next states as speci-
                                                    //  fied in state table
                                A: if (~x) y <= A; else y <= B;   //transitions from state A
                                B: if (~x) y <= A; else y <= B;   //transitions from state B
                        endcase
        assign z = ((y == B) && (x == 0)) ? 1 : 0;  //output z = f(x, y)
endmodule


-- Behavioral VHDL Model of State Table in Fig.5.21a
entity Example5_6 is
        port ( x: in bit;                           -- input
                clk: in bit;                        -- clock
                z: out bit);                        -- output
end Example5_6;
architecture behavior of Example5_6 is
        type states is (A, B);                      -- two states
        signal y: states := A;                      -- initial state A for simulation
begin
        z <= '1' when y = B and x = '0' else '0';   -- Mealy model output
        process(clk) begin                          -- State changes
```

```
        if clk'event and clk = '1' then          --rising clk edge
            case y is
                when A => if x = '0' then         -- current state A
                            y <= A;                -- next state A if x=0
                        else
                            y <= B;                -- next state B if x=1
                        end if;
                when B => if x = '0' then          -- current state B
                            y <= A;                -- next state A if x=0
                        else
                            y <= B;                -- next state B if x=1
                        end if;
            end case;
        end if;
    end process;
end;
```

　　采用此模型可以仿真已知输入序列的电路输出，得到如图 5.22(a)所示的时序图。

　　第 3 步　本章后面将会介绍如何判断是否存在多余状态。目前，我们仅假设图 5.21(a)中状态表的状态数是最少的。

　　第 4 步　确定触发器的数量及状态分配。由于图 5.21(a)中状态表的状态数是 2，根据式(5.5)，可知只需要一个触发器。任意选择状态分配方案，例如 $A=0$，$B=1$；也可以选择相反的组合，例如 $A=1$，$B=0$。

　　第 5 步　一旦选定了状态分配方案，即可将图 5.21(a)的状态表改成图 5.21(b)的状态转换表。y 表示电路的现态，即触发器的输出。Y 表示电路的次态，即触发器的次态输出。画出输出卡诺图，以便在第 7 步得到电路的输出表达式。

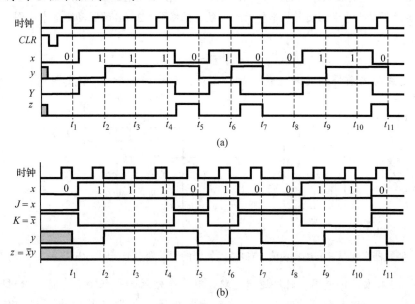

(a)

(b)

图 5.22　验证电路的设计。(a)采用 HDL 行为模型仿真得到的时序图；(b)采用 HDL 结构模型仿真得到的时序图

　　第 6 步　假设采用 JK 触发器来实现电路功能，本例的要求则转变为确定 J 和 K 的逻辑表达式，以满足图 5.21(b)的状态转换表。对比 JK 触发器的驱动变量表[见图 5.17(b)]，得到如图 5.21(c)所示的驱动变量卡诺图。例如，在图 5.21(b)的状态转换表的右上角，有 $y=0$，$x=1$，以及 $Y=1$。为了将 $y=0$ 改为 $y=1$，可以令 $JK=10$，则 $y=1$，触发器为置位状态；或者令 $JK=11$，则触发器状态翻转为 1。因此，在图 5.21(c)的驱动变量卡诺图中的相应位置填写 $J=1$，$K=d$ (d 表示无关项，即 K 可以为 0 或者 1)。接下来，分析状态转换表左上角的状态转换：$y=0$，$x=0$，以及 $Y=0$。

由于状态不变，填写 $J=0$，而 K 值不影响结果，即 K 是无关项。回忆 JK 触发器的工作特性，当 $J=0$、$K=0$ 或者 $J=0$、$K=1$ 时，触发器保持 0 态或者置 0，不会变为置 1。同理，完成驱动变量卡诺图中其余方格的填写。

第 7 步　根据输出卡诺图和驱动变量卡诺图，写出逻辑表达式如下：

$$J=x, \quad K=\bar{x}$$
$$z=\bar{x}y$$

第 8 步　从以上表达式可画出逻辑电路，如图 5.21(d)所示。可以验证此电路的确能够检测序列码 10。如图 5.22(b)所示，含输入 x 的时序图与时钟并不同步，此图可以通过分析图 5.21(d)的电路图手绘得到，也可以通过仿真原理图或者 HDL 结构模型而得到。此电路的工作行为总结如下：

1. 当输入 x 出现 1 态时，在下一个时钟下降沿，JK 触发器会置 1 输出。
2. 触发器保持输出为 1，直到输入 x 从 1 变为 0。
3. 当 x 从 1 变为 0 时，输出 z 为高电平。
4. 最后，在下一个时钟下降沿，触发器清零，z 回到低电平。

可见，当输入 x 中有 3 个 10 码被检测到时，输出 z 出现 3 次高电平脉冲。另外，注意图 5.22(a)和(b)的状态与输出值是相同的，这说明逻辑电路的工作行为与图 5.20(d)的原始状态图完全一致。

例 5.7　采用 D 触发器实现上一个电路的功能要求。

如果采用 D 触发器来实现序列码检测，则需要使用图 5.23(a)的触发器的驱动变量卡诺图。此图是从图 5.21(b)的状态转换表导出的，参考图 5.17(a)的 D 触发器的驱动变量表，并且次态 $Y=D$。因此，D 触发器的驱动变量卡诺图与状态转换表一致。根据图 5.23(a)的驱动变量卡诺图，D 的逻辑表达式如下：

$$D=x$$

输出表达式与之前得到的表达式一致。最后，画出由一个 D 触发器构成的逻辑电路，如图 5.23(b)所示。

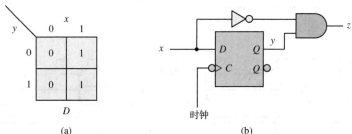

图 5.23　D 触发器实现要求的逻辑功能。(a)D 触发器的驱动变量卡诺图；(b)D 触发器构成的逻辑电路

例 5.8　要求设计一个同步时序逻辑电路，有一个输入和一个输出，能够识别输入的序列码 1111，即连续 4 个时钟脉冲均输入 1 态。此电路还能识别重复的序列码，例如输入序列 $x=1101111111010$，对应的输出序列 $z=0000001111000$。

图 5.24(a)和(b)分别是能够识别输入的序列码 1111 的时序逻辑电路的状态图和相应的化简状态表。注意，假设初始状态是 A，每出现一个 $x=1$(连续的)，电路的状态发生一次改变，当第四个 1 和第五个 1 出现时则为例外。每当 $x=0$ 时，电路状态均回到 A。这样，假设状态 B、C 和 D 分别是对应于第一个、第二个和第三个 $x=1$ 出现后，当时钟有效时电路转变的次态。当状态为 D、后续输入 $x=1$ 时，出现状态闭环，可满足重复输入的连续序列码 1，即在这之后，每出现一个 $x=1$，状态 D 不变，输出 $z=1$。因此，状态 D 表示输入 x 出现连续 3 个 1 态之后的电路状态值。

为本例任意选择的状态分配如下：

$$[y_1y_2] = 00 = A \quad [y_1y_2] = 01 = B$$
$$[y_1y_2] = 10 = C \quad [y_1y_2] = 11 = D$$

由此画出状态转换表如图 5.24(c) 所示。输出卡诺图如图 5.24(d) 所示。注意，二进制状态分配导致状态转换表中 C 和 D 行的电路状态一致，其行是按照格雷码的顺序排列的。

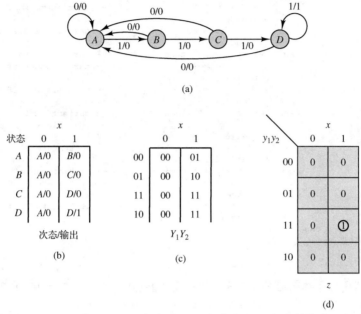

图 5.24　序列码 "1111" 检测器。(a)状态图；(b)状态表；(c)状态转换表；(d)输出卡诺图

　　前面的示例通过对检测器的状态表编写 HDL 模型来验证电路的行为。同理，写出如下的 VHDL 和 Verilog 行为模型，两种模型的仿真结果证明了上述输出序列的正确性。

```
//Behavioral Verilog model of a sequence 1111 recognizer
module Example5_8 (
      input x, Clock, CLR,                        //declare inputs
      output z);                                  //and outputs
      reg [1:0] state, nextstate;                 //declare state variables
      parameter A = 2'b00, B = 2'b01, C = 2'b10, D = 2'b11;  //assign states
      always @ (negedge Clock, negedge CLR)       //detect Clock or CLR changes
            if (CLR == 0) state <= A;             //place in state A if CLR low
            else state <= nextstate;              //change state on negative edge
                                                  //  of Clock
      always @ (state, x)                         //detect state or input change
            case (state)                          //nextstate as in state table
                 A: if (~x) nextstate <= A; else nextstate <= B;
                 B: if (~x) nextstate <= A; else nextstate <= C;
                 C: if (~x) nextstate <= A; else nextstate <= D;
                 D: if (~x) nextstate <= A; else nextstate <= D;
            endcase
      assign z = (state == D) ? x : 1'b0;         //derive output as specified in
                                                  //  state table

endmodule


-- Behavioral VHDL Model of a sequence 1111 recognizer
entity Example5_8 is
      port ( x: in bit;                           -- input
            clk: in bit;                          -- clock
            z: out bit);                          -- output
end Example5_8;
```

```
architecture behavior of Example5_8 is
        type states is (A, B, C, D);                    -- four states
        signal y: states := A;                          -- initial state A for simulation
begin
        z <= '1' when y = D and x = '1'    else    '0'; -- Mealy model output
        process(clk) begin                              -- State changes
            if clk'event and clk = '0' then             -- falling clk edge
                case y is
                    when A => if x = '0' then           -- current state A
                            y <= A;                      -- next state A if x=0
                        else
                            y <= B;                      -- next state B if x=1
                        end if;
                    when B => if x = '0' then           -- current state B
                            y <= A;                      -- next state A if x=0
                        else
                            y <= C;                      -- next state C if x=1
                        end if;
                    when C => if x = '0' then           -- current state C
                            y <= A;                      -- next state A if x=0
                        else
                            y <= D;                      -- next state D if x=1
                        end if;
                    when D => if x = '0' then           -- current state D
                            y <= A;                      -- next state A if x=0
                        else
                            y <= D;                      -- next state D if x=1
                        end if;
                end case;
            end if;
    end process;
end;
```

采用 D 触发器实现电路的驱动变量卡诺图如图 5.25(a)所示，相应的(驱动)逻辑表达式如下：

$$D_1 = y_1 x + y_2 x, \qquad z = x y_1 y_2$$
$$D_2 = y_1 x + \bar{y}_2 x$$

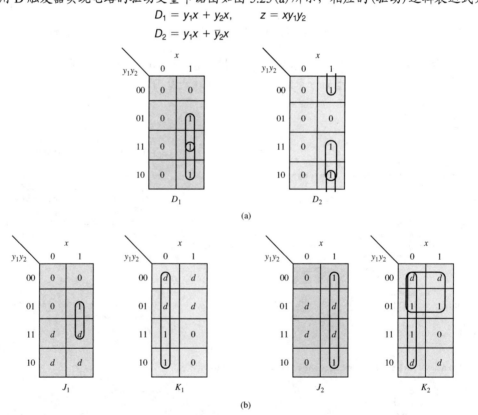

图 5.25　采用不同触发器实现同一电路功能。(a)D 触发器的驱动变量卡诺图；(b)JK 触发器的驱动变量卡诺图

采用 JK 触发器实现电路的驱动变量卡诺图如图 5.25(b)所示，根据这些卡诺图写出(驱动)逻辑表达式如下。最后，画出实现这些表达式的电路，如图 5.26 所示。

$$J_1 = y_2 x, \quad J_2 = x, \qquad z = xy_1y_2$$
$$K_1 = \bar{x}, \qquad K_2 = \bar{y}_1 + \bar{x}$$

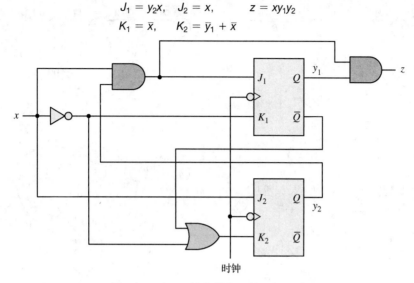

图 5.26　由 JK 触发器实现的逻辑电路

例 5.9　设计一个同步钟控时序逻辑电路,能够识别输入的序列码为两个或多个 0 后面出现 10 码。例如，已知输入序列 $x = 001001000010010$，则电路的输出序列 $z = 000100100001001$。

序列码检测器的设计方法之一是首先关于输入的序列码"正确地"建立一组相互转换的电路状态。查看如图 5.27(a)所示的部分(不完整的)状态图，如果电路的初始状态为 A，输入的序列码为 0010，则在最后一个 $x = 0$ 时，电路输出 $z = 1$。这样，对应于输入条件给每个状态分配字母如下：

A：初始条件。

B：当时钟有效时，x 的最后一个码为 0。

C：当时钟有效时，x 的最后两个码 x 为 00。

D：当时钟有效时，x 的最后 3 个码 x 为 001。

E：当时钟有效时，x 的最后 4 个码 x 为 0010。

因此，当接收到期望的序列码时，电路状态转换为 E。

注意，本例增加了一个额外的状态 F，用于报错，即当输入的序列码与正确的格式不匹配时，电路状态为 F。图 5.27(b)展示了一些明显的转换至错误状态的情况。完整填写的状态图中必须有两条弧线离开每个字母状态，每条弧线对应一种输入条件。当序列码的最后两个码都是 0 时，进入状态 C。当弧线指回自身状态时，表示状态不变，以便允许序列码有重复的 $x = 0$ 值。注意，目前尚未定义 $x = 0$ 时弧线退出状态 E。此弧线可以接至状态 C，以表明有重复的序列码输入，即 x 的最后两个码为 0，可能成为一个新的序列码。正确的状态图如图 5.27(c)所示。接下来，完善状态图以表示报错的状态 F。当电路状态为 F 而输入 $x = 0$ 时，可能是一个有效的序列码的开始，这样，下一个状态接至状态 B，因为状态 B 表示有两个码是 $x = 0$。当状态为 F 时，如果输入 $x = 1$，则状态保持为 F，直到下一个 $x = 0$ 出现，如图 5.27(d)所示。至此完成了状态图。

在设计过程中应该寻找等价状态，检查如图 5.27(e)所示的状态表，会发现两个等价状态 $A = F$ 和 $B = E$，因为这两行的次态和输出一致。因此，可以删除 E 和 F 行，将状态 E 替换为状态 B(见

D 行)，将状态 F 替换为 A(见 A、B 和 D 行)。化简后的状态表和状态图分别如图 5.27(f)和(g)所示。本章后续还会讨论等价状态和状态表的化简。

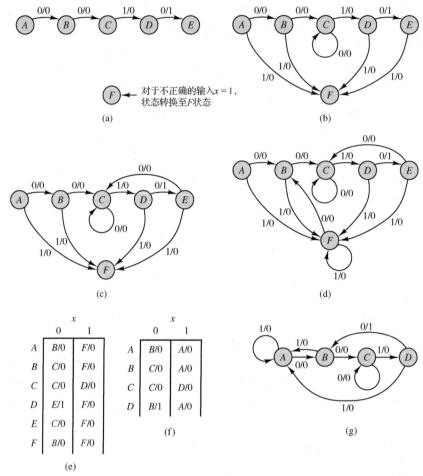

图 5.27　序列码 "0010" 检测器。(a)部分状态图；(b)转换至错误状态；(c)当序列码中的 0 重复出现时，反馈至状态 C；(d)完整的状态图；(e)状态表；(f)化简的状态表；(g)化简的状态图

可见，电路的实现需要两个触发器。请注意，如果没有删除多余的状态，则需要 3 个触发器。之后的求解过程只需按照之前示例介绍的步骤执行即可。

按照图 5.27(f)的状态表写出 HDL 行为模型，本例和前面的示例阐述了如何用 **case** 语句对状态表建模，即把状态表的每行次态与相关的 **case** 语句相对应。对每行输入条件采用 **if…else** 语句来建模。次态和输出则在一个独立的程序模块中指定。从示例可见，从一个程序模块获得次态会更简单，通过一个独立的程序模块及状态分配来确定输出值。

```
//Behavioral Verilog model of a sequence 0010 recognizer
module Example_5_9 (
        input x, Clock, CLR,                        //declare inputs
        output z);                                  //declare output
        reg [1:0] state, nextstate;                 //declare state and next state
                                                    //    variables

        parameter A = 2'b00, B = 2'b01, C = 2'b11, D = 2'b10;  //make state assignments
        always @ (negedge Clock, negedge CLR)       //detect negative edge of Clock
                                                    //    or CLR

            if (CLR == 0) state <= A;               //go to state A if CLR is low
            else state <= nextstate;                //change state on negative edge
                                                    //    of Clock
```

```
        always @ (state, x)                             //detect change of state or input
            case (state)                                //derive next state given present
                                                          state and x
                    A: if (~x) nextstate <= B; else nextstate <= A;
                    B: if (~x) nextstate <= C; else nextstate <= A;
                    C: if (~x) nextstate <= C; else nextstate <= D;
                    D: if (~x) nextstate <= B; else nextstate <= A;
            endcase
        assign z = (state == D)? ~x: 1'b0;              //derive output as specified in
                                                          state table

endmodule

-- Behavioral VHDL Model of a sequence 0010 recognizer
entity Example5_9 is
        port ( x: in bit;                               -- input
            clk: in bit;                                -- clock
                z: out bit);                            -- output
end Example5_9;
architecture behavior of Example5_9 is
        type states is (A, B, C, D);                    -- four states
        signal y: states:= A;                           -- initial state A for simulation
begin
        z <= '1' when y = D and x = '0'    else   '0';  -- Mealy model output
        process(clk) begin                              -- State changes
            if clk'event and clk = '0' then             -- falling clk edge
                case y is
                        when A => if x = '0' then        -- current state A
                                    y <= B;              -- next state B if x=0
                                  else
                                    y <= A;              -- next state A if x=1
                                  end if;
                        when B => if x = '0' then        -- current state B
                                    y <= C;              -- next state C if x=0
                                  else
                                    y <= A;              -- next state A if x=1
                                  end if;
                        when C => if x = '0' then        -- current state C
                                    y <= C;              -- next state C if x=0
                                  else
                                    y <= D;              -- next state D if x=1
                                  end if;
                        when D => if x = '0' then        -- current state D
                                    y <= B;              -- next state B if x=0
                                  else
                                    y <= A;              -- next state A if x=1
                                  end if;
                end case;
            end if;
        end process;
end;
```

类似于序列码检测器的设计方法和步骤，可以对二进制数码序列进行代数运算，举例如下，我们将阐述可能遇到的难题。

例 5.10　设计一个串行二进制加法器，以完成两个 n 位二进制数 $(a_{n-1}\cdots a_1 a_0$ 和 $b_{n-1}\cdots b_1 b_0)$ 的加法运算；从最低位开始，每次完成一位数相加。

串行二进制加法器的工作原理如图 5.28(a) 的设计框图所示。加数与被加数均存储在移位寄存器 A 和 B 中。移位寄存器的每位数据连接至串行加法器的输入端，其和值替换寄存器 A 中加数的值。加法器的输入变量为加数 a_i 和被加数 b_i，输出是和 s_i，和是两个输入值和相邻低位进位 c_{i-1}（其与和 s_{i-1} 同时产生）之和。这样，在第 i 个时钟，加法器的状态反映 c_{i-1} 值，因此电路需要两种状态：状态 0 表示 $c_{i-1}=0$，状态 1 表示 $c_{i-1}=1$。在每个时钟结束时，和 s_i 被移位至寄存器 A，替换加数 a_i，而 b_i 回到寄存器 B。

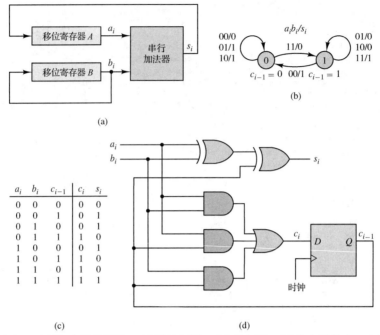

图 5.28　串行二进制加法器的设计。(a)设计框图；(b)状态图；(c)状态转换表；(d)逻辑电路

串行移位加法器的状态图如图 5.28(b)所示，相应的状态转换表如图 5.28(c)所示。采用 D 触发器作为存储器件，其驱动方程和输出方程就是第 3 章学习过的全加器的方程，如下所示：

$$s_i = a_i \oplus b_i \oplus c_{i-1}$$
$$D = c_i = a_i b_i + a_i c_{i-1} + b_i c_{i-1}$$

其中，c_{i-1} 表示现态，c_i 表示控制器的次态。完整的逻辑电路如图 5.28(d)所示。

计数器电路

4.4.3 节介绍了几种不同计数器的设计和工作原理。现在按照标准步骤来设计这些电路模块。以下将举例说明如何采用此方法来设计计数器电路。这些示例均假设电路是摩尔型的，其次态和输出反映计数器的现态值。

　　例 5.11　采用 JK 触发器设计一个有四种状态(0，1，2，3)的递增/递减计数器。控制信号 x 的作用如下：当 $x = 0$ 时，电路进行递增计数；当 $x = 1$ 时，电路进行递减计数。

　　实现此计数器功能的状态图如图 5.29(a)所示，由此得到的状态表如图 5.29(b)所示。注意，计数器的输出 z 是现态 y，而计数器是摩尔型电路。状态分配如下：

$$[y_1 y_2] = 00 = 0$$
$$[y_1 y_2] = 01 = 1$$
$$[y_1 y_2] = 10 = 2$$
$$[y_1 y_2] = 11 = 3$$

这样的状态分配方案是标准的，由此即可获得状态转换表，如图 5.29(c)所示。注意，状态转换表中状态 2 和 3 的行交换了位置，按照格雷码排序状态变量 $y_1 y_2$，得到驱动变量卡诺图。

　　采用 JK 触发器的驱动变量表[见图 5.17(b)]，得到两个触发器输出 y_1 和 y_2 的驱动变量卡诺图，如图 5.29(d)所示。根据这些卡诺图，得到以下驱动变量表达式：

$$J_1 = K_1 = x\bar{y}_2 + \bar{x}y_2 = x \oplus y_2$$
$$J_2 = K_2 = 1$$

因此，可以得到四种状态的递增/递减计数器的逻辑电路，如图 5.30 所示。如果信号 x 由电子开关控制，则时钟周期较长(例如 1 秒)，可以通过连接 LED 来观察触发器输出的变化。

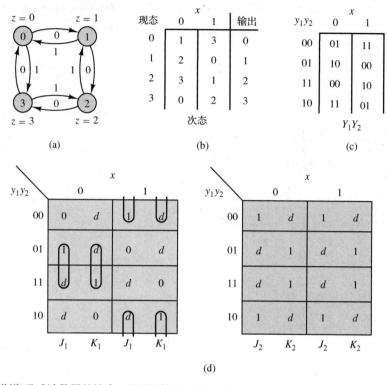

图 5.29　递增/递减计数器的综合。(a)状态图；(b)状态表；(c)状态转换表；(d)驱动变量卡诺图

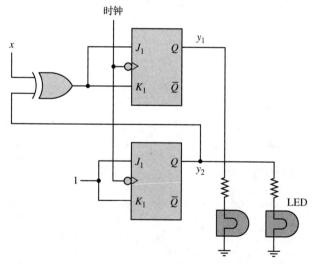

图 5.30　一个递增/递减计数器的电路实现

　　注意，本例设计的是摩尔型电路，即输出变量是状态变量而不是输入变量的逻辑函数。也就是说，输出变量就是状态变量。

　　由图 5.29(b)的状态表写出如下 HDL 行为模型。对于摩尔型电路，可以直接使用单个程序模块来确定次态和输出，也可以采用分别定义的方式来分配输出和状态值。

```verilog
// Verilog behavioral model of a four-state up/down counter
module Example_5_11 (
      input x, Clock, CLR,                        //declare inputs
      output reg Y1, Y2);                         //declare outputs
      reg [1:0] state, nextstate;                 //declare state and next state
                                                  //   variables

      parameter A = 2'b00, B = 2'b01, C = 2'b10, D = 2'b11;  //make state assignment
      always @ (negedge Clock, negedge CLR)       //detect negative edge of Clock
                                                  //   or CLR
          if (CLR == 0) state <= A;               //go to state A if CLR is low
          else state <= nextstate;                //change state on negative edge
                                                  //   of Clock

      always @ (state, x)                         //detect change in state or input
         case (state)                             //derive output and next state
             A: begin {Y1, Y2} <= A; if (~x) nextstate <= B; else nextstate <= D; end
             B: begin {Y1, Y2} <= B; if (~x) nextstate <= C; else nextstate <= A; end
             C: begin {Y1, Y2} <= C; if (~x) nextstate <= D; else nextstate <= B; end
             D: begin {Y1, Y2} <= D; if (~x) nextstate <= A; else nextstate <= C; end
         endcase
endmodule
```

```vhdl
-- Behavioral VHDL Model of a four-state up/down counter
entity Example5_11 is
      port ( x: in bit;                           -- input
            clk: in bit;                          -- clock
          clear: in bit;                          -- asynchronous clear
              z: out bit_vector(1 downto 0));     -- two-bit output

end Example5_11;
architecture behavior of Example5_11 is
      signal y: bit_vector(1 downto 0) := "00";   -- initial state 0 for simulation
begin
      z <= y;                                     -- Moore model counter output =
                                                  --   state
      process(clk, clear) begin                   -- State changes
            if clear = '0' then
                  y <= "00";
            elsif clk'event and clk = '0' then     -- falling clk edge
                  case y is
                        when "00" => if x = '0' then   -- current state 0
                              y <= "01";               -- count up if x=0
                        else
                              y <= "11";               --count down if x=1
                        end if;
                        when "01" => if x = '0' then   -- current state 1
                              y <= "10";               -- count up if x=0
                        else
                              y <= "00";               --count down if x=1
                        end if;
                        when "10" => if x = '0' then   -- current state 2
                              y <= "11";               -- count up if x=0
                        else
                              y <= "01";               --count down if x=1
                        end if;
                        when "11" => if x = '0' then   -- current state 0
                              y <= "00";               -- count up if x=0
                        else
                              y <= "10";               --count down if x=1
                        end if;
                  end case;
            end if;
      end process;
end;
```

例 5.12 采用 JK 触发器设计可对 BCD 码计数的电路,计数器有一个控制信号 x。当 $x=1$ 时,计数器计数; 否则, 保持现态。输出通过四盏灯反映计数器的值。例如, 如果计数值为 3, 则四盏灯的状态显示为: 熄灭, 熄灭, 点亮, 点亮。

根据题意很容易直接画出状态表，不必画出状态图，暂时忽略输出变量，则状态表如图 5.31（a）所示。

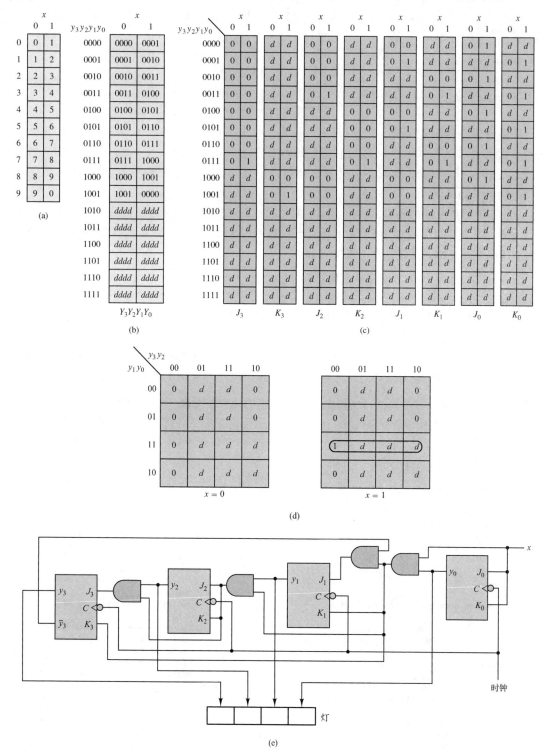

图 5.31　设计 BCD 计数器。(a)状态表；(b)状态转换表；(c)BCD 计数器的
驱动变量表卡诺图；(d)J_2 的卡诺图；(e)BCD 计数器的电路实现

为了输出的易读性，可以如图中计数器那样分配状态，即每种二进制代码与其 BCD 数值相对应。因此，仅监测触发器的输出即得到电路的输出，并使用这些信号让灯点亮或熄灭。因此，状态分配如下：

$$[y_3 y_2 y_1 y_0] = 0000 = 0 \qquad [y_3 y_2 y_1 y_0] = 0101 = 5$$
$$[y_3 y_2 y_1 y_0] = 0001 = 1 \qquad [y_3 y_2 y_1 y_0] = 0110 = 6$$
$$[y_3 y_2 y_1 y_0] = 0010 = 2 \qquad [y_3 y_2 y_1 y_0] = 0111 = 7$$
$$[y_3 y_2 y_1 y_0] = 0011 = 3 \qquad [y_3 y_2 y_1 y_0] = 1000 = 8$$
$$[y_3 y_2 y_1 y_0] = 0100 = 4 \qquad [y_3 y_2 y_1 y_0] = 1001 = 9$$

得到的状态转换表如图 5.31(b) 所示。注意，对应 $[y_3 y_2 y_1 y_0] = \{1010, \cdots, 1111\}$ 并没有确切的状态，因为电路运行仅限于状态表中特定的十种状态和状态分配。$\{y_3 y_2 y_1 y_0\} = \{1010, \cdots, 1111\}$ 的次态值如何并不重要，电路不会进入这些状态，因此这些状态在图 5.31(b) 的状态转换表中的次态均被视为无关项。

接下来，对照图 5.17(b)，采用 4 个 JK 触发器获得驱动变量卡诺图，如图 5.31(c) 所示。表中的 d 表示无关项。因为状态 10～15 不会发生，其次态无须指定值。如图 5.31(d) 所示为驱动变量 J_2 的卡诺图。推导得到的驱动变量表达式如下：

$$J_3 = y_2 y_1 y_0 x, \qquad K_3 = y_0 x$$
$$J_2 = y_1 y_0 x, \qquad K_2 = y_1 y_0 x$$
$$J_1 = \bar{y}_3 y_0 x, \qquad K_1 = y_0 x$$
$$J_0 = x, \qquad K_0 = x$$

注意，逻辑表达式中的输入 x 作为门控信号，使各个触发器工作或者不工作。例如，当 $x = 0$ 时，所有的 J、K 值均为 0，使触发器均保持现态。采用 JK 触发器实现的逻辑电路如图 5.31(e) 所示。

接下来编写 BCD 计数器的行为模型，与例 5.11 的计数器类似，不同之处在于需要 4 个状态变量而不是两个。4 个状态变量意味着有 16 种状态，尽管仅考虑 10 种状态。多余的 6 种状态在 HDL 模型中可以忽略，或者在如下程序中视为保持不变。通常后者更常见，因为未定义的状态在仿真 HDL 模型时可能会引起麻烦。

```verilog
//Verilog behavioral model of BCD or decade counter
module BCDcounter (
    input x, Clock, CLR,                              //declare inputs
    output reg y3, y2, y1, y0,                        //declare outputs
    output reg [3:0] state, nextstate);               //declare states and next states
//make state assignments
    parameter S0=4'b0, S1=4'b1, S2=4'b10, S3=4'b11, S4=4'b100, S5=4'b101,
    S6=4'b110, S7=4'b111, S8=4'b1000, S9=4'b1001, S10=4'b1010, S11=4'b1011,
    S12=4'b1100, S13=4'b1101, S14=4'b1110, S15=4'b1111;   //Count to 10 using a Moore machine
                                                          //model

    always @(negedge Clock, negedge CLR)              //detect negative edge of Clock or
                                                      //CLR
        if (CLR==0) state <= S0;                      //go to state S0 if CLR is low
            else state <= nextstate;                  //make state change on negative
                                                      //edge of Clock

    always @ (x, state)                               //detect change of state or input
        case (state)                                  //derive next state and output
        S0: begin if (x) nextstate = S1; else nextstate = S0; {y3, y2, y1, y0} = S0; end
        S1: begin if (x) nextstate = S2; else nextstate = S1; {y3, y2, y1, y0} = S1; end
        S2: begin if (x) nextstate = S3; else nextstate = S2; {y3, y2, y1, y0} = S2; end
        S3: begin if (x) nextstate = S4; else nextstate = S3; {y3, y2, y1, y0} = S3; end
        S4: begin if (x) nextstate = S5; else nextstate = S4; {y3, y2, y1, y0} = S4; end
        S5: begin if (x) nextstate = S6; else nextstate = S5; {y3, y2, y1, y0} = S5; end
        S6: begin if (x) nextstate = S7; else nextstate = S6; {y3, y2, y1, y0} = S6; end
        S7: begin if (x) nextstate = S8; else nextstate = S7; {y3, y2, y1, y0} = S7; end
```

```
            S8: begin if (x) nextstate = S9; else nextstate = S8; {y3, y2, y1, y0} = S8; end
            S9: begin if (x) nextstate = S0; else nextstate = S9; {y3, y2, y1, y0} = S9; end
            //account for unused states
            S10: nextstate = S10;
            S11: nextstate = S11;
            S12: nextstate = S12;
            S13: nextstate = S13;
            S14: nextstate = S14;
            S15: nextstate = S15;
            endcase
endmodule
-- VHDL behavioral model of BCD or decade counter.
entity BCDcounter is
      port ( x: in bit;                                 -- input
             clk: in bit;                               -- clock
             clear: in bit;                             -- asynchronous clear
             z: out bit_vector(3 downto 0));            -- 4-bit output
end BCDcounter;
architecture behavior of BCDcounter is
      signal y: bit_vector(3 downto 0):= "0000";        -- initial state 0 for simulation
begin
      z <= y;                                           -- Moore model counter output = state
      process(clk, clear) begin                         -- State changes
      if clear = '0' then
                  state <= "0000";                      -- reset the counter
            elsif clk'event and clk = '0' then          -- falling clk edge
              case y is
                  when "0000" => if x = '1' then y <= "0001"; end if;   -- no change for x = '0'
                  when "0001" => if x = '1' then y <= "0010"; end if;   -- no change for x = '0'
                  when "0010" => if x = '1' then y <= "0011"; end if;   -- no change for x = '0'
                  when "0011" => if x = '1' then y <= "0100"; end if;   -- no change for x = '0'
                  when "0100" => if x = '1' then y <= "0101"; end if;   -- no change for x = '0'
                  when "0101" => if x = '1' then y <= "0110"; end if;   -- no change for x = '0'
                  when "0110" => if x = '1' then y <= "0111"; end if;   -- no change for x = '0'
                  when "0111" => if x = '1' then y <= "1000"; end if;   -- no change for x = '0'
                  when "1000" => if x = '1' then y <= "1001"; end if;   -- no change for x = '0'
                  when "1001" => if x = '1' then y <= "0000"; end if;   -- no change for x = '0'
                  when others => y <= "0000";
              end case;
            end if;
      end process;
end;
```

有限状态机控制器

许多数字电路要求控制电路能够响应外加信号，做出一系列的动作，并且有特定的条件约束。例如，加法运算电路可输出进位值，而一个计数器会计数到最大值。这样的控制电路的特征是状态有限的，因此称其为有限状态机控制器。

有限状态机控制器最常见的应用之一是计算机和其他数字系统的控制单元。这样的系统通常包含两部分：数据通路和控制单元。数据通路对数据执行不同的运算，例如布尔代数运算和其他变换。数据通路包含组合逻辑电路，例如算术逻辑单元（ALU）、数据选择器（MUX），也包括存储数据的寄存器。

控制单元向数据通路发出指令，执行被选中的运算。这些命令的执行顺序必须准确，以确保对于不同的输入和条件执行正确的运算。

有限状态机控制器的设计需要采用本章之前介绍的通用同步时序逻辑电路的设计步骤。首先，定义控制器的输入和输出变量，然后定义其算法。算法通常采用状态图表示，接着再执行剩余的设计步骤即可，举例如下。

例 5.13　如图 5.32 所示，要求设计一个简易机器人的有限状态机控制器，使机器人能够找到图中迷宫的出口。

　　机器人在遇到障碍物时，将转换方向并继续移动。机器人鼻子上有传感器，如果靠近了障碍物，则传感器输出 $x = 1$；否则，输出 $x = 0$。机器人有两条控制线：$z_1 = 1$，表示机器人左转；$z_2 = 1$，表示机器人右转。当其遇到障碍物时，$x = 1$，机器人亮灯，右转，直到离开障碍物后灯才会熄灭。当再次检测到障碍物时，$x = 1$，机器人左转，直到离开障碍物。

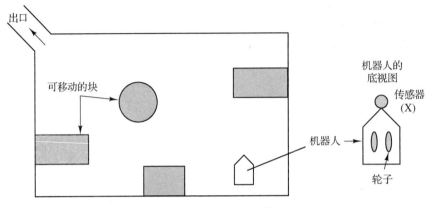

图 5.32　机器人与迷宫

机器人控制器需要如下 4 种状态。

状态 A：没有检测到障碍物，上一次是左转。

状态 B：检测到障碍物，右转。

状态 C：没有检测到障碍物，上一次是右转。

状态 D：检测到障碍物，左转。

　　控制单元的状态图如图 5.33(a)所示。注意，控制器开始时保持在状态 A，当遇到障碍物时机器人右转，进入状态 B。如果再次遇到障碍物，则继续右转；如果没有遇到障碍物，则进入状态 C。控制器保持在状态 C，直到检测到障碍物，左转。接下来，如果再次检测到障碍物，则进入状态 D，继续左转。直到没有障碍物，即回到状态 A。

　　控制单元的状态表如图 5.33(b)所示。选择状态分配 $A = 00$，$B = 01$，$C = 11$，$D = 10$。二进制状态转换表如图 5.33(c)所示，由此得到 z_1 和 z_2 的输出卡诺图，如图 5.33(d)所示。然后，写出以下输出表达式：

$$z_1 = xy_1$$
$$z_2 = x\bar{y}_1$$

　　本次采用 D 触发器来设计。D_1 和 D_2 的驱动变量卡诺图如图 5.33(e)所示，由此得到驱动方程如下：

$$D_1 = xy_1 + \bar{x}y_2$$
$$D_2 = x\bar{y}_1 + \bar{x}y_2$$

最后，画出机器人控制器的逻辑电路，如图 5.33(f)所示。

　　可通过仿真来验证设计的电路的正确性，根据图 5.33(b)的状态表写出如下 HDL 模型。注意，尽管此电路是米利型的，但是仅使用一个 **always** 块来表达次态和输出值就足够了。行为模型的仿真结果可以与 HDL 结构模型或者图 5.33(f)逻辑电路的仿真结果进行比较，以确保此电路设计达到了预期的要求。

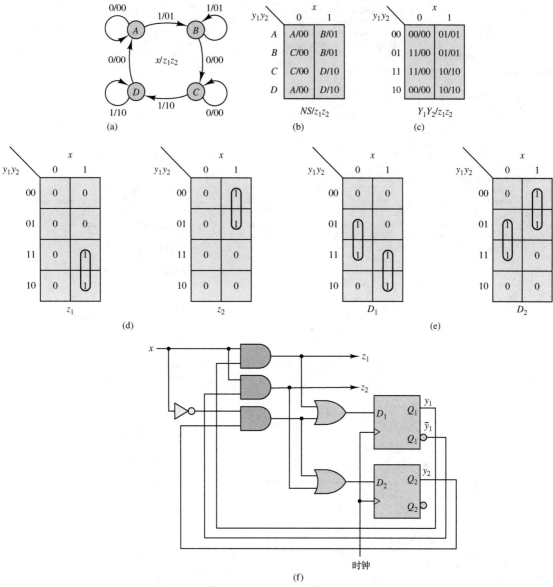

图 5.33　机器人控制器的设计。(a)状态图；(b)状态表；(c)状态转换表；(d)输出卡诺图；(e)驱动变量卡诺图；(f)逻辑电路

```verilog
//Verilog Behavioral Model of Robot Controller
module RobotController (
        input x, clock, clear,                          //declare inputs
        output reg z1, z2);                             //declare outputs
        reg [1:0] state, nextstate;                     //declare state and next state
        parameter A = 2'b00, B = 2'b01, C = 2'b11, D = 2'b10;  //make a state assignment
        //detect positive edge of Clock or negative edge of clear
        always @ (posedge clock, negedge clear)
                if (clear==0) state <= A;               //go to state A if clear is low
                    else state <= nextstate;            //change states on positive edge of
                                                        //        clock
        always @ (state, x)                             //detect change of state or x
                case (state)                            //derive next states and outputs
                    A: if (~x) begin nextstate = A; z1 = 1'b0; z2 = 1'b0; end
                        else begin nextstate = B; z1 = 1'b0; z2 = 1'b1; end
                    B: if (~x) begin nextstate = C; z1 = 1'b0; z2 = 1'b0; end
                        else begin nextstate = B; z1 = 1'b0; z2 = 1'b1; end
```

```
               C: if (~x) begin nextstate = C; z1 = 1'b0; z2 = 1'b0; end
                       else begin nextstate = D; z1 = 1'b1; z2 = 1'b0; end
               D: if (~x) begin nextstate = A; z1 = 1'b0; z2 = 1'b0; end
                       else begin nextstate = D; z1 = 1'b1; z2 = 1'b0; end
          endcase

endmodule

-- VHDL Behavioral Model of Robot Controller
entity RobotController is
      port ( x: in bit;                                 -- input
             clk: in bit;                               -- clock
             clear: in bit;                             -- clear
             z1, z2: out bit);                          -- outputs
end RobotController;
architecture behavior of RobotController is
      type states is (A, B, C, D);                      -- four states
      signal y: states:= A;                             -- initial state A for simulation
begin
      z1 <= '1' when (y = C or y = D) and x = '1' else '0';   -- Mealy model outputs
      z2 <= '1' when (y = A or y = B) and x = '1' else '0';
      process(clk, clear) begin                         -- State changes
          if clear = '0' then
              y <= A;                                   -- reset the state
          elsif clk'event and clk = '0' then            -- falling clk edge
              case y is
                  when A => if x = '0' then              -- current state A
                              y <= A;                    -- next state A if x=0
                            else
                              y <= B;                    -- next state B if x=1
                            end if;
                  when B => if x = '0' then              -- current state B
                              y <= C;                    -- next state C if x=0
                            else
                              y <= B;                    -- next state B if x=1
                            end if;
                  when C => if x = '0' then              -- current state C
                              y <= C;                    -- next state C if x=0
                            else
                              y <= D;                    -- next state D if x=1
                            end if;
                  when D => if x = '0' then              -- current state D
                              y <= A;                    -- next state A if x=0
                            else
                              y <= D;                    -- next state D if x=1
                            end if;
              end case;
          end if;
      end process;
end;
```

5.2.4 有限状态机的设计方法

4.2.4 节介绍了如何采用算法状态机(ASM)图表示时序逻辑电路的行为。与本章使用的状态图相似，ASM 图对于设计有限状态机控制器非常有用，尤其是本节即将介绍的采用独热(one-hot)设计方法来实现有限状态机。以下举例说明如何采用 ASM 图设计时序逻辑电路。

例 5.14 采用 ASM 图设计一个串行补码器，实现 1.4 节的算法。

1.4 节的算法要求从右到左检测一串数码的位数，在没有 1 出现之前，输出状态一直复制 0 码；直到第一个 1 码出现，则输出 1 码，并且对其左侧的所有数码输出反码。串行补码器的 ASM 图如图 5.34 所示，数码串由变量 x 从最低位开始连续输入。电路的输出 z 是串行补码之后的数码。状态 A 表示正在寻找第一个 1 码，因此 $z=x$。状态 B 表示找到了第一个 1 码，因此 $z=\bar{x}$。

注意，由于 z 是 x 和状态的函数，因此电路是米利型的。这样，所有的输出值是对应于条件输出框中的特定值。

　　图 5.34 的 ASM 图定义了在电路初始赋值为状态 A 之后，对输入 x 的操作顺序。注意，一个完整的电路设计应包括一个计数器，即每当按序检测到输入 x 的一个数码就累加 1；当所有数码均被处理之后，立即停止算法运行。

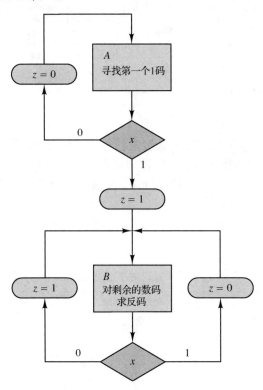

图 5.34　一个串行补码器的 ASM 图

　　以下是串行补码运算的 HDL 模型。注意，ASM 模型的两个循环通过 **if**...**else** 语句来实现，状态表用于表示第一个 1 码被检测到。

```
//Verilog Behavioral Model of Serial Two's Complementer
module TwosComp (
      input x, clock,                          //declare inputs
      output reg z);                           //declare output
      //declare state variable j, j=0 (state A) means a 1 bit has not been detected
      reg j;
      initial j <= 1'b0;                       //initialize j to 0 (state A)
      always @ (posedge clock)                 //detect positive edge of clock
      begin                                    //begin finding the 2's complement
            if (j==0)                          //bits are not complemented if j=0
                  begin if (x==1'b0) begin z <=1'b0; j <= 1'b0; end //stay in state A, z = x
                        else begin z <= 1'b1; j <= 1'b1; end        //go to state B, z = x
                  end
            else                               //bits are complemented if j=1
                  if (x==1'b0) z <= 1'b1; else z <= 1'b0;  //stay in state 1, z = ~x
      end
endmodule
```

```
-- VHDL Behavioral Model of Serial Two's Complementer
entity TwosComp is
      port ( x, clock: in bit;                 --declare inputs
             z: out bit );                     --declare output
end TwosComp;
architecture behavior of TwosComp is
```

```
        type states is (A, B);                --state names
        signal state: states := A;            --state variable, initialized to A for
                                                 simulation
begin
        process (clock) begin                 --trigger state change with clock
            if clock'event and clock = '1' then    --detect positive edge of clock
                if (state = A) then           --1 not yet detected on x
                    if (x = '0') then z <= '0';    --z=x in state A
                    else z <= '1';            --z=x in state A
                        state <= B;           --change to state B when 1 copied
                    end if;
                else z <= not x;              --complement x in state B
                end if;
            end if;
        end process;
end;
```

　　当采用 ASM 图设计时序逻辑电路时，通常使用独热状态分配方法来简化设计过程，以减少设计时间。独热状态分配是指状态变量的值中仅有一个为 1 的分配方案，因此，每一种状态组合对应一个触发器，如表 5.1 所示。除了一个状态变量，其余所有的状态变量在任何给定时刻均为 0。状态变量值为 1 的唯一状态称为独热状态。因此，n 状态时序电路要求 n 个而不是 $\log_2 n$ 个状态变量。结果，设计的电路需要过多的触发器，不过这种设计更容易实现，而且只需较少的逻辑门电路。

表 5.1　一个模 4 状态时序逻辑电路的状态分配

状态	时序状态分配 $y_1 y_2$	独热分配 $y_3 y_2 y_1 y_0$
A	00	0001
B	01	0010
C	10	0100
D	11	1000

　　独热设计方法的优点在于可以直接从 ASM 图实现，可以省掉之前的设计步骤中的大多数步骤。图 5.35 表明了采用不同的 ASM 结构设计实现逻辑电路的过程。D 触发器用作存储单元，每种状态对应一个触发器。如图 5.35(a)所示，通过级联触发器，可以实现简单的状态排序。当电路处于状态 A 时，触发器输出 $Q_A = 1$，而其他触发器输出为 0。由于 $D_B = Q_A$，在下一个时钟有效时，触发器输出 Q_B 置位为 1。同理，独热状态从一个触发器传递到下一个触发器，电路输出就是触发器输出，如图 5.35(a)所示，因此每次电路的状态变量值含唯一的 1。

　　通过迫使一个触发器置位而其余触发器复位，可以完成电路状态的初始化。可采用一个信号来给第一个触发器进行异步置位，而给其余触发器进行异步复位(清零)。如此交替地进行，则所有触发器均复位为 0，而只有一个 1 态置数给相应的触发器。例如，图 5.35(a)中的开始信号在一个时钟脉冲有效时置位 $D_A = 1$，以此置位 $Q_A = 1$。之后，开始信号使得 $D_A = 0$，在下一个时钟使 Q_A 回到 0。

　　如图 5.35(b)所示，在 ASM 图中嵌入的控制通路中有一个或门电路。如果 $Q_A = 1$ 或者 $Q_C = 1$，则触发器输出 Q_B 在下一个时钟会置位为 1，由此分别从状态 A 或者 C 进入状态 B。

　　ASM 决策框的实现如图 5.35(c)所示。当触发器输出 $Q_A = 1$、输入 $x = 0$ 时，两个与门电路分别输入 $D_B = 1$ 和 $D_C = 0$，导致触发器在下一个时钟仅输出 $Q_B = 1$，进入状态 B。如果 $x = 1$，则 $D_B = 0$，$D_C = 1$，电路进入状态 C。

　　对于米利型电路，因为 Q_B、Q_C 都是状态 Q_A 和输入 x 的函数，通过将电路输出 Q_A 连接至决策框的两个与门输入端，可实现 ASM 图中的条件输出框，如图 5.35(c)所示。因此，当 $Q_A = 1$ 和 $x = 1$ 时，输出 $z = 1$；否则，$z = 0$。注意，图 5.35(c)也表明摩尔型电路输出的就是 Q_A 的状态值。

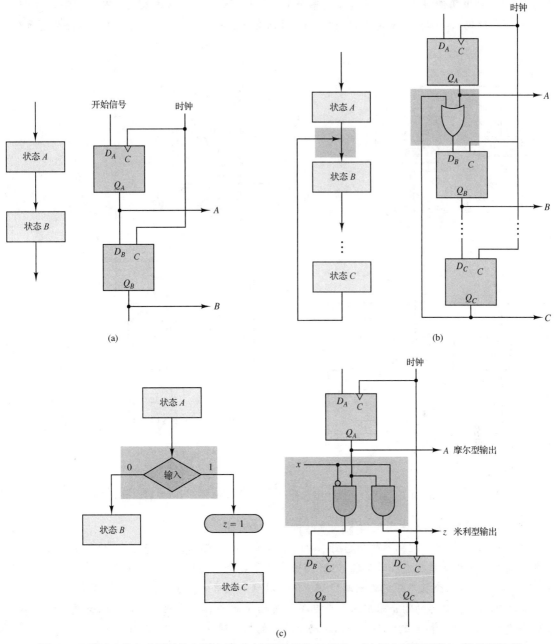

图 5.35　采用独热方法设计控制器电路。(a)简单的状态分配；(b)插入控制通路；(c)控制决策

下面的两个示例介绍了采用独热设计方法从 ASM 图推导时序逻辑电路。

例 5.15　针对例 5.14 的 ASM 图，采用独热设计方法来实现串行补码器。

图 5.36(a)展示了之前设计的串行补码器的 ASM 图，图 5.36(b)的电路是根据 ASM 图而直接画出的。本例电路是米利型的，因此输出 z 是状态变量和输入 x 的函数。由电路可知，如果电路状态为 A 而 $x = 1$，或者电路在状态 B 而 $x = 0$，则输出均为 $z = 1$。

电路状态的初始化是在变量 x 输入第一个值之前进行的,在一个时钟脉冲期间,先将两个触发器清零,再将开始信号赋值为 1(以后均为 0)。这将置位 $Q_A = 1$,使控制器进入状态 A。之后,只要 $x = 0$,则电路保持状态 A。当 x 出现第一个 1 态时,$z = 1$,电路进入状态 B。接下来,对于 x 输入的剩余数码,电路状态保持为 B,$Q_A = 0$,因此输出 z 是输入 x 的非,直至电路的触发器复位。

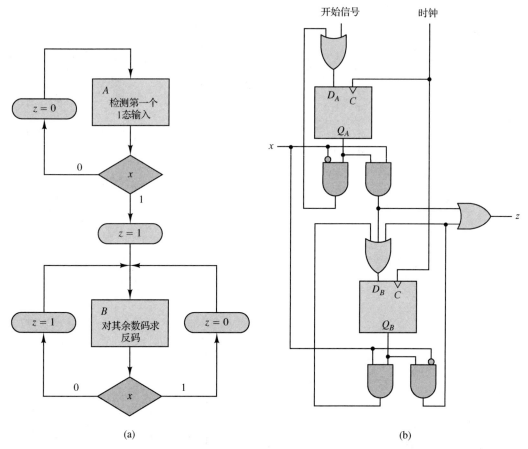

图 5.36   采用独热方法设计串行补码器。(a) ASM 图;(b) 独热逻辑电路

例 5.16   采用独热方法实现例 5.13 中的机器人控制器。

图 5.33(a) 为机器人控制器的状态图,由此画出等价的 ASM 图,如图 5.37(a) 所示。因为机器人控制器要求输出四种状态,所以在 ASM 图中出现了 4 个状态框,每个框表示 4 种状态之一,即 A、B、C、D。在每个状态框的输出端检测 x 值,以确定电路的次态。

由于机器人控制器的输出采用米利型电路,因此 x 的条件输出框置于每个状态框的输出端,以便确定两个输出 z_1 和 z_2 的状态值,以及与 x 对应的控制通路。

图 5.37(a) 展示了采用独热方法实现的机器人控制器的 ASM 图,图 5.37(b) 是最终的逻辑电路。可见每个触发器分别与四种状态 A、B、C、D 之一相对应,在每个触发器的输出端采用与门电路来检测 x 值。从图中的条件输出框可见,如果电路状态为 C 或者 D,当 $x = 1$ 时,$z_1 = 1$。因此,z_1 由或门产生,将两个与门输出组合起来,检测不同 x 值的工作条件。类似地,当电路处于状态 A 或者 B 且 $x = 1$ 时,图 5.37(b) 中的第二个或门输出 $z_2 = 1$。

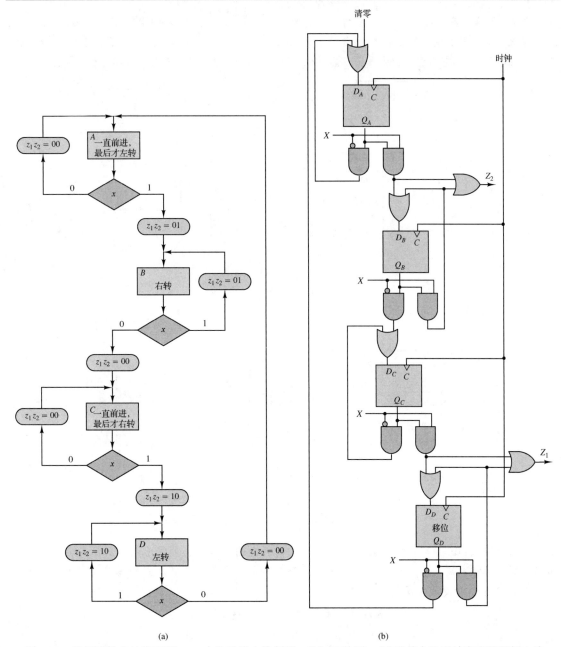

(a)　　　　　　　　　　　　　　(b)

图 5.37　采用独热方法实现图 5.33 中的机器人控制器。(a) ASM 图；(b) 独热方法设计实现的逻辑电路

5.2.5　未完整定义的同步时序逻辑电路

迄今为止，时序逻辑电路的设计实例都是针对完整定义的电路，即在状态表中电路的每个现态和输入都有确定的次态和输出。不过，也有可能对应于某种输入和现态的组合，电路的状态表中包含无关项，称之为未完整定义的电路。考虑到仅有部分输入值，电路中出现无关项是正常的；另外，如果某些输入是禁止的，则电路的状态和输出也会出现无关项。以下举例说明此类情况。

例 5.17　设计图 5.38(a) 所示的引爆器电路，其状态图如图 5.38(b) 所示。

当电路刚开始工作时，$x=0$，电路工作于状态 A。假设引爆的顺序如下：$x=1$，则电路状态从 A

转移至 B；同理，在出现第二个 $x=1$ 时，状态变为 C；在出现第三个 $x=1$ 时，状态变为 D。在状态 D 的情况下，如果继续输入 $x=1$，则出现 $z=1$ 的脉冲，从而引爆爆炸物。引爆器电路的工作原理如下：一旦第一个 $x=1$ 出现，则引爆器不能复位，即一旦接收到 $x=1$，那么后续不再有输入 $x=0$。

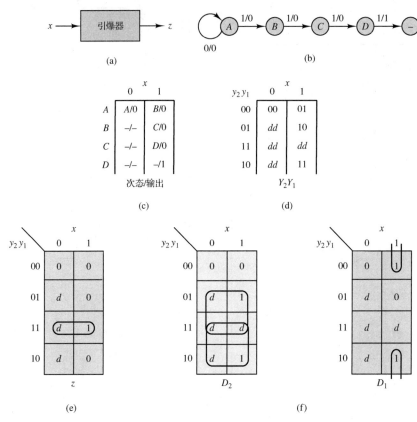

图 5.38　引爆器电路。(a)设计框图；(b)未完整定义的状态图；(c)状态表；(d)状态转换表；(e)输出卡诺图；(f)驱动变量卡诺图

图 5.38(b)和(c)分别是引爆器的未完整定义的状态图和状态表。注意，一旦输入引爆器的序列码，则不会被打断，直至产生引爆脉冲。电路最后的状态是任意的，因为爆炸物将被引爆。下面分析如何用 D 触发器实现引爆器电路。选择状态分配 y_2y_1 如下：

$$[y_2y_1] = 00 = A \quad [y_2y_1] = 10 = C$$
$$[y_2y_1] = 01 = B \quad [y_2y_1] = 11 = D$$

接下来，画出电路的状态转换表、输入卡诺图和两个驱动变量卡诺图，分别如图 5.38(d)、(e)和(f)所示。注意，图 5.38(f)的卡诺图的 C 和 D 行交换，以格雷码顺序合并二者，直接得到以下逻辑表达式：

$$D_1 = x\bar{y}_1$$
$$D_2 = y_1 + y_2$$
$$z = y_1 y_2$$

最终实现的引爆器电路如图 5.39 所示。

图 5.39　引爆器电路的实现

可见，未完整定义的电路相比完整定义的电路的优势在于，前者的硬件电路更精简，因为在状态表中出现无关项使化简表达式更简单。换句话说，相比于完整定义的电路的卡诺图中所有变量值均已确定，前者的无关项在驱动变量卡诺图中与 1 态项合并，可以得到更简单的电路。图 5.38(e) 和 (f) 阐明了这一优势。

一旦化简了状态表，就可以采用与完整定义的电路设计相同的步骤来分配状态和写出电路的逻辑表达式。由于状态表中的某些值不确定，通常在卡诺图中有不少无关项，这样逻辑表达式会更精简。

例 5.18　图 5.40(a) 为未完整定义的二进制状态表，试采用 D 和 JK 触发器来实现电路设计。

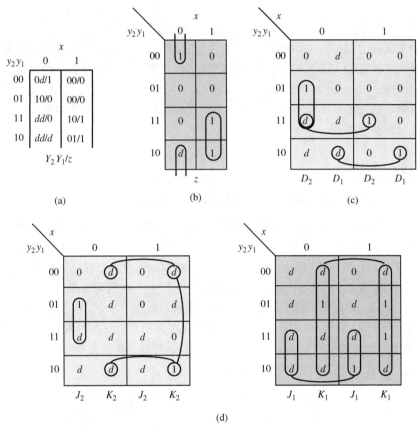

图 5.40　逻辑电路的功能实现。(a) 二进制状态表；(b)z 的卡诺图；(c)D 触发器的驱动变量卡诺图；(d)JK 触发器的驱动变量卡诺图

根据二进制状态表，每个触发器的卡诺图分别如图 5.40(b)～(d) 所示，相应的逻辑表达式如下：

$$D_2 = \bar{x}y_1 + y_2 y_1$$
$$D_1 = y_2 \bar{y}_1$$
$$J_2 = \bar{x}y_1$$
$$K_2 = \bar{y}_1$$
$$J_1 = y_2$$
$$K_1 = 1$$
$$z = xy_2 + \bar{x}\bar{y}_1$$

注意： 采用 D 触发器设计本电路需要 6 个门电路，而采用 JK 触发器仅需要 2 个。有时，采用 JK 触发器更便于逻辑化简，因为其逻辑控制的种类更多。

5.3　同步时序逻辑电路的状态化简

截至目前，我们验证了设计同步时序逻辑电路的多种方法。在应用组合逻辑电路时，常常需要化简驱动方程和输出方程。在时序逻辑电路的设计步骤的第 3 步也强调了状态化简的重要性。在状态图和/或状态表的设计中，有些状态不必出现，因为电路状态的数量决定了存储器的数量，尽可能减少电路的状态数量是有利于电路化简的。本节将讨论如何在完整定义的时序电路中识别和精简冗余状态，第 6 章再讨论未完整定义的电路的状态化简。

5.3.1　冗余状态

如果我们无法区分两种状态，则通常称两种状态是等价的。换句话说，通过输入序列观察输出序列，如果对于任意输入序列均存在相同的状况，则其中一个状态是多余的，可以删去，而不会改变电路的行为。

把时序逻辑电路功能的文字描述转换成状态图或者状态表之后，通常在前几步就能发现冗余项。去掉冗余项的理由如下。

1．经济性：存储单元的数量与电路的状态数密切相关。
2．复杂度：电路包含的状态越多，电路设计和实现的过程也越复杂。
3．有助于分析错误：诊断电路的方法通常是假设没有冗余项存在。

首先，通过一个简单的例子来说明什么是等价状态。如图 5.41 (a) 和 (b) 所示的时序逻辑电路，假设输入 $x = 0$，输出 $z = 1$，初始状态是 A 或 B 或 C。同样，如果输入 $x = 0$，输出 $z = 0$，则初始状态必然是 D 或 E。注意，对于输入 $x = 1$，可以获得相似的结论，即如果输出 $z = 0$，则初始状态是 A 或 B 或 C；如果输出 $z = 1$，则初始状态是 D 或 E。因此，我们可以得出结论：对于 1 位数的输入序列，状态 A、B、C 是等价的，状态 D、E 是等价的，称为 1 等价。输入序列的位数为 2 或者 3 的输出序列分别如图 5.41 (c) 和 (d) 所示，此时，分别称状态 B 和 C 及状态 D 和 E 为 2 等价，因为两者均连续输入 2 位数码，且输出值相同。另外，对于 3 位输入序列，称状态 B 和 C 为 3 等价。事实上，对于 3 位输入序列，可以称输入序列位数为 K 的状态 B 和 C 为 K 等价。

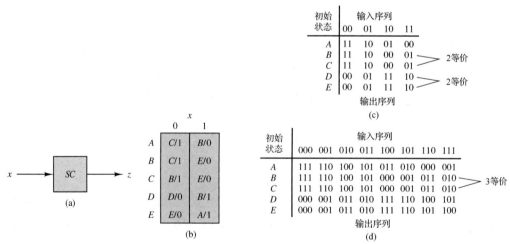

图 5.41　冗余状态。(a)时序电路 SC；(b)状态表；(c)长度为 2 的输出序列；(d)长度为 3 的输出序列

下面，以此为依据来准确定义等价状态。

等价状态与相容性

对于任何可能的输入序列，无论状态 S_1, S_2,…, S_j 是否为初始状态，当且仅当电路产生的输出序列均相同时，称状态 S_1, S_2,…, S_j 为一个时序逻辑电路的等价状态。

此定义也可以换一种方式来表达，即采用状态对。当电路状态分别为 S_i 和 S_j 时，输入 I_p，时序逻辑电路 SC 的输出次态分别为 S_m 和 S_n。对于任意输入 I_p，当且仅当满足以下条件时，称 S_i 和 S_j 是等价状态。

条件 1：状态 S_i 产生的输出等于状态 S_j 产生的输出。

条件 2：状态 S_i 和 S_j 对应的次态 S_m 和 S_n 等价。

第二种定义是从第一种定义推导出来的。如果对于任意输入 I_p，S_i 的输出与 S_j 的输出不同，则 S_i 与 S_j 不是等价状态。因此，上述第一个条件是必要条件。接下来，如果次态 S_m 和 S_n 不等价，假设输入序列为 I_1, I_2,…, I_k，则分别对于初始状态 S_i 和 S_j，电路会产生不同的输出序列。因此，如果输入序列为 I_p, I_1, I_2,…, I_k，则分别对于初始状态 S_i 和 S_j，电路会产生不同的输出序列。可见，S_i 与 S_j 不是等价状态，除非同时满足第二个条件。由此可见，定义等价状态 S_i 与 S_j 的上述两个条件足够清晰明了。这两个条件是冗余状态化简方法的理论基础。

设 x 和 y 是集合 S 的两个元素。假设 x 和 y 与特性 r 相关，表示为 x r y。集合 S 上的关系 R 就是所有状态对 (S_i, S_j) 的集合，例如，S_i 和 S_j 是集合 S 的元素，或者写作 S_i r S_j。当且仅当 S_i r S_i 对于集合 S 的所有 S_i 成立时，则称 R 是映射的。当且仅当 S_i r S_j 满足 S_j r S_i 时，则称 R 是对称的。当且仅当 S_i r S_j 和 S_j r S_k 满足 S_i r S_k 时，则称 R 是传递的。可见，集合 S 的等价关系是对称的、映射的和传递的。集合 S 的所有元素中的一部分元素会出现等价关系，称为等价类。

等价状态定义了完整定义的电路中一组状态之间的等价关系，因此，等价类用于定义化简之后的状态表中的状态。

集合 S 中的关系称为相容性（compatibility）关系，此关系是映射的和对称的。相容性关系定义了集合 S 的子集，称为相容类，通常这些子集是独立的。第 6 章将会讨论未完整定义的状态表的化简问题，其中相容类的相关内容是非常重要的。关于等价和相容性关系的详细讨论可见文献[3]～[5]。

5.3.2　对完整定义的状态进行化简

接下来，针对完整定义的时序逻辑电路，采用两种方法判断等价状态存在与否。

● 观察法

● 隐含表法

对每个实例均采用以上两种方法来判断电路的等价状态。对每组等价状态进行化简，仅保留一个状态，以此化简状态表。

观察法

最简单和最显而易见的技巧是通过检查状态表来识别等价状态。此方法是在状态表中观察次态相同的行，然后删去多余的状态。

例 5.19　本例展示了三种存在等价状态行的电路。

首先，观察时序逻辑电路的状态表，如图 5.42（a）所示。注意，状态 B 和 D 实现的功能是一致的（即在状态表中 B 和 D 两行的值完全一致），对应于每个输入有相同的输出值和次态值，满足等价状态的定义。因此，可以删去状态 D，即去掉 D 行，把其余行中的状态 D 更换为状态 B。化简之后的状态表如图 5.42(b)所示。

接下来分析图 5.42(c)对应的时序逻辑电路。如果电路处于状态 B，当输入为 0 时，状态不变(即次态为其本身)，输出为 0；当输入为 1 时，次态为 A，输出为 1。再来看状态 D 的情况，当输入为 0 时，状态不变(次态为其现态)，输出为 0；当输入为 1 时，次态为 A，输出为 1。因此，状态 B 和 D 是等价状态，去掉 D 行，得到化简的状态表如图 5.42(d)所示。

第 3 个例子如图 5.42(e)所示，本例与电路 2 特别相似，不过，当列 $x=0$ 时，状态 B 和 D 的次态相互交换。现在，把状态 B 和 D 视为等价状态对。当输入为 0 时，电路的状态不变(即次态为现态)，输出为 0；当输入为 1 时，次态为 A，输出为 1。因此，电路 3 的状态表化简后仍然如图 5.42(d)所示。此化简方法仍然是观察法。

总之，观察到两个状态的次态行的值相同或者次态回到状态对的现态，即找到了等价状态。

	$x=0$	$x=1$
A	$B/0$	$C/1$
B	$C/0$	$A/1$
C	$D/1$	$B/0$
D	$C/0$	$A/1$

(a)

	$x=0$	$x=1$
A	$B/0$	$C/1$
B	$C/0$	$A/1$
C	$B/1$	$B/0$

(b)

	$x=0$	$x=1$
A	$B/0$	$C/1$
B	$B/0$	$A/1$
C	$D/1$	$B/0$
D	$D/0$	$A/1$

(c)

	$x=0$	$x=1$
A	$B/0$	$C/1$
B	$B/0$	$A/1$
C	$B/1$	$B/0$

(d)

	$x=0$	$x=1$
A	$B/0$	$C/1$
B	$D/0$	$A/1$
C	$D/1$	$B/0$
D	$B/0$	$A/1$

(e)

图 5.42 检查等价状态。(a)电路 1；(b)化简的电路 1；(c)电路 2；(d)化简的电路 2；(e)电路 3

隐含表法

隐含表是判断等价状态的一种工具。此方法很常见，多用于对未完整定义的时序电路进行判断，适用于观察法难以识别等价状态的更复杂的状态表。

现在以图 5.43(a)的状态表为例来解释判断等价状态的步骤。

隐含表判断方法的步骤

第 1 步 根据图 5.43(a)的状态表画出隐含表，如图 5.43(b)所示。所用方法是在表格中第一列的最左侧顺序列出除第一个状态外的所有状态；在表格中的最底行列出除最后一个状态外的所有状态。每个表格则显示每两种状态之间的可能关系，表格中的每个单元与行列交叉点相对应，表示两种状态的关系被检测，以判断是否为等价状态。

第 2 步 由于对每个输入的输出值相同的状态才能被视为等价状态(如条件 1 定义的)，因此在单元格打叉以标识那些对每个输入的输出值不同的状态对，如图 5.43(c)所示。

第 3 步 验证条件 2 定义的状态，对图 5.43(c)中空白的单元格加以完善，通过两种状态的交叉来寻找次态对，即隐含的等价状态。例如，定义状态 A 和 B 的单元格，从状态表可见，如果状态 A 和 B 是等价状态，则 B 和 E 也是等价状态。因此，BE 对被填写在状态 A 和 B 交叉对应的单元格内，见图 5.43(d)。注意，如果隐含对的 B 和 E 不是等价状态，则输入码从 $x=0$ 开始，初始状态是 A 或者 B 会产生不同的次态或者输出值，意味着 A 和 B 不是等价状态。

如果任何单元格的隐含对的状态编号与定义单元格的两种状态编号一致，或者在一个已知输入情况下，如果两种状态的交叉点对应单元格的(次态/输出)值是相同的，则在单元格中打钩，表明观察到这两种状态是等价状态，与任何隐含对无关。这种情况如图 5.43(d)中状态 B 和 C 交叉对应的单元格所示，也类似于图 5.42(e)中可观察到的等价状态。

第 4 步 一旦所有单元格都填满，则对整个表格进行连续处理，决定对某些单元格打钩，而不是如同第 2 步对单元格打叉。如果一个单元格中包含至少一个隐含对，而隐含对对应的那个单元格已经被打叉，则对此单元格打斜杠。本例执行了这些操作，最终的表格如图 5.43（e）所示。例如，状态 A 和 B 交叉的单元格被打斜杠，因为其包含了 BE 对，而 BE 对对应的单元格之前已经被打叉。此过程不断重复，直至没有单元格可打斜杠。

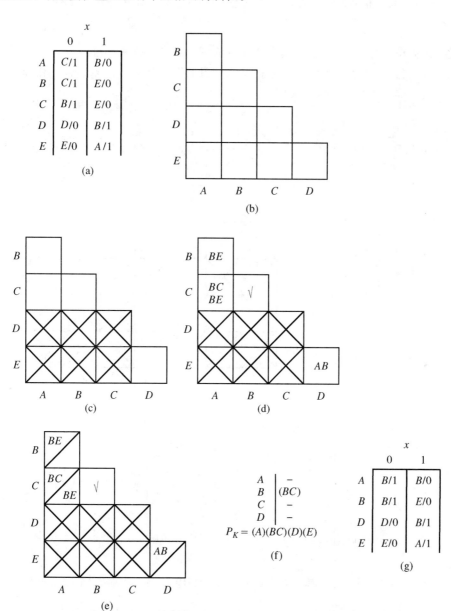

图 5.43 一个含有五种状态的时序逻辑电路的隐含表。(a) 状态表；(b) 隐含表；
(c) 分隔表格；(d) 隐含对；(e) 完整表；(f) 等价状态的分隔；(g) 化简的状态表

第 5 步 最后，得到简化的表格如图 5.43（f）所示，实际上就是列出一对等价状态，并定义隐含表的各行。然后，从左到右逐列检查隐含表，审查那些没有打叉的单元格。没有打叉的单元格表示等价状态，在图 5.43（f）的表格中列举出所有的等价状态对。还可以利用传递性来组合这些等价状态对，如下所示：

$$(S_i, S_j)(S_j, S_k) \rightarrow (S_i, S_j, S_k) \tag{5.6}$$

本例中，A、C、D 列的所有单元格均被打斜杠或者打叉，因此，用短横线置于图 5.43(f)中的相应位置。不过，状态 B 和 C 交叉的单元格被打钩，因此将等价状态对(BC)置于 B 行。等价状态组包含此表中的所有等价状态，因此，等价状态对(BC)与剩余的状态均彼此不等价。图 5.43(g)标识了最终化简的状态表，C 行被删除，所有次态为 C 的均变为 B。

例 5.20   采用隐含表来确定图 5.44(a)的时序逻辑电路的等价状态组。

对于图 5.44(a)的时序逻辑电路，分析过程如图 5.44(b)和(c)所示。最终化简的状态表如图 5.44(d)所示，其中 D、E、F 行被删除。

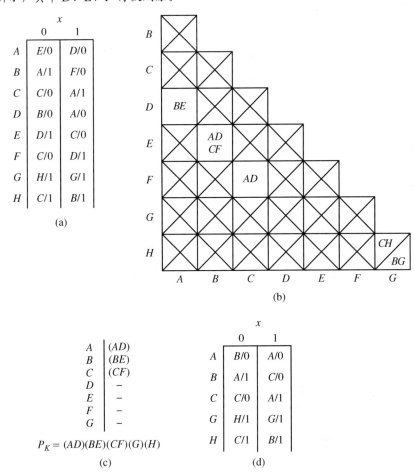

图 5.44   一个模 8 时序逻辑电路的隐含表。(a)状态表；(b)隐含表；(c)等价状态对；(d)化简的状态表

例 5.21   确定图 5.45(a)的时序逻辑电路的等价状态组。

图 5.45(a)的时序逻辑电路的隐含表如图 5.45(b)所示。尽管本例的分析比较简单，但其中包含一个重要特征。图 5.45(c)的 B 行出现了一组等价状态(BC)、(BH)，而等价状态对(CH)出现在 C 行。式(5.6)用于组合这些状态，以形成更大的等价状态(BCH)。因此，C 行和 H 行均被删除。而且 F 行也被删除，因为存在等价状态对(AF)。化简的状态表如图 5.45(d)所示。

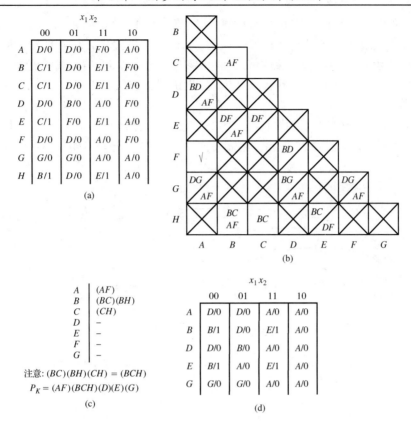

图 5.45 一个模 8 时序逻辑电路的隐含表。(a)状态表;(b)隐含表;(c)等价状态对;(d)化简的状态表

通过以上示例说明了如何使用隐含表,可以比对之前采用的观察法。总之,隐含表方法更常用,不过相对而言更枯燥乏味。

5.4 综合性设计实例

5.4.1 自动投币售货机的控制单元

现在设计一个简易的自动投币售货机的控制单元(电路)。售货机中的每瓶饮料价值 1.5 美元,售货机可接收 1 美元和 25 美分的硬币。如果支付 2.25 美元(最大值)去购买 1.5 美元的饮料,就需要找补零钱,即找补的零钱为 3 枚 25 美分的硬币。注意,付费交易时每次只能投入一枚硬币。

自动投币售货机的设计框图如图 5.46 所示,控制单元有两个输入 D(dollar,1 美元)和 Q(quarter,25 美分),分别表示货币检测器的两个输出函数。如果投币 1 美元,则货币检测器的 D 输出 1;如果投币 25 美分,则货币检测器的 Q 输出 1。在下一个时钟脉冲,D 和 Q 输出自动清零。不能同时投入 1 美元和 25 美分的硬币,因此,在同一个时钟周期,$D = Q = 1$ 是不会发生的。

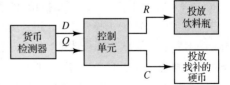

图 5.46 自动投币售货机的设计框图

控制单元包含两个来自货币检测器的输入变量 D 和 Q,以及两个输出函数 R 和 C,分别激活饮料投放 (release)和硬币找补(coin)功能。当 $R = 1$ 时,投放一瓶饮料;如果 $C = 1$,则找补一枚 25 美分的硬币。

控制单元的状态表示当前交易的货币总量。状态集为{S0, S25, S50, S75, S100, S125, S200, S225}，控制器的工作如图 5.47(a)的状态图所示。对于已知状态，R 和 C 的输出值与投入货币的种类有关。因此，采用米利型电路更合适。如果需要找补 1.50 美元或者更多，则控制单元首先投放饮料，在找补之后，回到状态 S0。如果机器被连续投币了 1 美元两次(1 瓶饮料 1.5 美元，需找补 0.5 美元)，则电路进入临时状态，即 S200。接下来，机器投放饮料，并找补 25 美分；并且在下一个时钟周期找补第二个 25 美分；最后回到 S0 状态。如果投币值分别是 1.25 美元和 1 美元，即合计 2.25 美元，则需要找补 3 个 25 美分。电路首先投放饮料，找补第一个 25 美分，进入状态 S225。接下来，找补第二个 25 美分，进入状态 S200。最后，找补第 3 个 25 美分，再回到状态 S0。

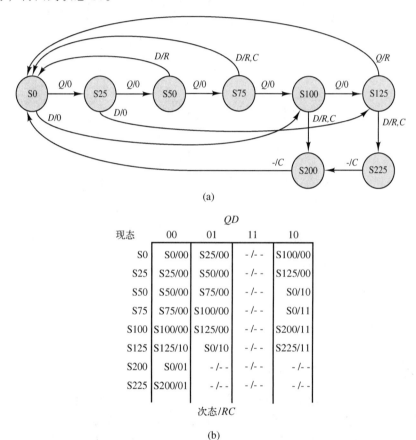

(a)

	QD			
现态	00	01	11	10
S0	S0/00	S25/00	- / - -	S100/00
S25	S25/00	S50/00	- / - -	S125/00
S50	S50/00	S75/00	- / - -	S0/10
S75	S75/00	S100/00	- / - -	S0/11
S100	S100/00	S125/00	- / - -	S200/11
S125	S125/10	S0/10	- / - -	S225/11
S200	S0/01	- / - -	- / - -	- / - -
S225	S200/01	- / - -	- / - -	- / - -

次态/RC

(b)

图 5.47   自动投币售货机。(a)状态图；(b)状态表

请注意，在状态图 5.47(a)中已经简化了分析过程。最多用两个方向线来表示每种状态的次态，输入 D 表示投币 1 美元，Q 表示投币 25 美分，例如输入组合 $DQ=10$ 表示投币 1 美元，没有投币 25 美分；$DQ=01$ 表示投币 25 美分，没有投币 1 美元。对于组合 $DQ=00$ 是没有方向线引出的，因为没有付钱，则状态不会改变。同理，$DQ=11$ 也没有方向线引出，因为两种不同的货币不可能同时投入机器。图 5.47(b)给出了状态表。注意，此状态表指出了未完整定义的有限状态机。因为 $DQ=11$ 不会发生，所以状态表中的此列次态和输出均为无关项；在 $DQ=00$ 列的每一行的次态保持不变，只有状态 S200 和 S225 例外。如果这两种状态中的一种发生，则假设在交易完成期间没有更多的货币投入。因此，这些列中的输出和次态均为无关项，除了 $DQ=00$ 列。在 $DQ=00$ 列，此状态从 S225 转换至 S200，再回到 S0，如状态图中所示。

自动投币售货机的 Verilog 行为模型如下所示，可以验证图 5.47(b)的状态表的行为。同步时序逻辑电路的设计实现则作为课后习题，请自行完成。

```
//Vending Machine Controller
module NewVendingMachineController (
    input Q, D, CLK, CLR,                    //declare inputs
    output reg R, C);                        //declare outputs
    reg [2:0] state;                         //state variables
    //state assignment
    parameter S0=3'b000, S25=3'b001, S50=3'b011, S75=3'b111, S100=3'b110, S125=3'b100,
              S200=3'b010, S225=3'b101;
    //state transitions on negative edge of CLK or CLR
    always @ (negedge CLK, negedge CLR)
        if (CLR==0) state <= S0;             //reset the controller to state S0
        else
        case (state)
                S0: if (Q == 1) state <= S25; else if (D == 1) state <= S100;
                S25: if (Q == 1) state <= S50; else if (D == 1) state <= S125;
                S50: if (Q == 1) state <= S75; else if (D == 1) state <= S0;
                S75: if (Q == 1) state <= S100; else if (D == 1) state <= S0;
                S100: if (Q == 1) state <= S125; else if (D == 1) state <= S200;
                S125: if (Q == 1) state <= S0; else if (D == 1) state <= S225;
                S200: state <= S0;
                S225: state <= S200;
        endcase
    //Mealy model outputs depend on state and inputs
    always @ (state, Q, D)
        case (state)                                             //amount deposited
          S0: begin R = 1'b0; C = 1'b0; end                      //0
          S25: begin R = 1'b0; C = 1'b0; end                     //$0.25
          S50: if (Q == 1'b1)  begin R = 1'b0; C = 1'b0; end     //$0.75
              else if (D == 1'b1) begin R = 1'b1; C = 1'b0; end   //$1.50: drink
              else  begin R = 1'b0; C = 1'b0; end                //$0.50
          S75: if (Q == 1'b1)        begin R = 1'b0; C = 1'b0; end //$1.00
              else if (D == 1'b1) begin R = 1'b1; C = 1'b1; end   //$1.75: drink + 1 quarter
              else  begin R = 1'b0; C = 1'b0; end                //$0.75
          S100: if (Q == 1'b1) begin R = 1'b0; C = 1'b0; end     //$1.25
              else if (D == 1'b1) begin R = 1'b1; C = 1'b1; end   //$2.00: drink + 2 quarters
              else  begin R = 1'b0; C = 1'b0; end                //$1.00
          S125: if (Q == 1'b1) begin R = 1'b1; C = 1'b0; end     //$1.50: drink
              else if (D == 1'b1) begin R = 1'b1; C = 1'b1; end   //$2.25: drink + 3 quarters
              else  begin R = 1'b0; C = 1'b0; end                //$1.25
          S200: begin R = 1'b0; C = 1'b1; end                    //1 extra quarter
          S225: begin R = 1'b0; C = 1'b1; end                    //1 extra quarter
        endcase
endmodule
```

5.4.2　二进制乘法器

设计一个二进制乘法器的控制器，采用多个加法器和移位寄存器串联实现，能够计算输入的两个 4 位无符号二进制数的乘积，即输出 8 位二进制数。采用清零信号触发乘法器开始工作，在计算的乘积值到达输出状态时，控制器暂停工作。需要一个暂停(Halt)信号表示乘法运算结束。

首先，采用笔和纸来分析完成乘法算的过程，如同第 1 章介绍的，完成 $(0111)_2$ 和 $(1010)_2$ 的乘法运算。

			0	1	1	1	被乘数
×			1	0	1	0	乘数
			0	0	0	0	部分积 1
		0	1	1	1		部分积 2
	0	0	0	0			部分积 3
0	1	1	1				部分积 4
1	0	0	0	1	1	0	乘积值

　　从右到左按顺序检查乘数位，如果某位乘数是 1，则部分积为被乘数；如果某位乘数是 0，则部分积为 0000。由于乘数的底是 2，按顺序将每一个新的部分积左移一位，再完成加法运算即可得到乘积值。换一种方式，也可以保持部分积的位置不变，在每次完成加法运算之后，将和值右移一位也是可以的。本例设计的控制器算法就采用了后一种方法。

　　二进制乘法器的数据通路需要 3 个寄存器和一个二进制加法器，如图 5.48(a)所示。3 个寄存器分别完成如下功能。

　　寄存器 A：一个 5 位移位寄存器，可分别存储 4 个部分积的 4 个最高位及加法器的进位。此寄存器首先务必全部清零，再置入加法器的输出值，然后右移，而最左侧的位的输入值为 0。

　　寄存器 Q：一个 4 位移位寄存器，首先置入乘数值。每次运算时，Q 右移一位，其最左侧的位替换为乘积值的一位，这样，运算结束之后，Q 寄存器中会包含最终乘积值的低 4 位值。

　　寄存器 M：这是一个 4 位并行寄存器，仅存储被乘数的值。

　　除了上述器件，还需要一个 2 位计数器 CNT，用于对运算次数计数。首先将计数器的值初始化为 00，每移位一次则加 1；在第 4 次移位结束时，计数器的输出回到 00 状态。使用一个逻辑门显示计数器的 11 状态，即当执行第 4 次运算时，表明算法即将终止。

　　乘法运算是通过移位加法运算来实现的，只要检测到乘数值为 1，就将被乘数与当前的加法结果相加。不过，如果检测到乘数值为 0，则控制器不必将 0000 与部分积相加，只需跳过这一步骤即可。

　　控制器有 3 个输入信号：一个是 $Reset$ 信号，在运算之前进行初始化；另一个是 Q_0，用于检测参数值；当计数器达到 11 输出时，第 3 个信号 $C_0 = 1$，表示加法运算和移位执行到了第 4 步。控制器的 ASM 图如图 5.48(b)所示。该图定义了摩尔型电路，具有以下 5 种状态。

　　$Start$(开始)：将操作数置入寄存器 M 和 Q，将寄存器 A 和计数器 CNT 清零。通过 $Reset$ 信号来实现初始化。

　　$Test$(检测)：在检测 Q_0 之前，在 $Start$ 和 $Shift$ 状态之后，$Test$ 状态需要时间来随着寄存器 Q 的数值变化而改变。在 $Test$ 状态期间，不会执行其他动作。

　　Add(加法运算)：通过把和值和进位输出值置入寄存器 A，完成被乘数 M 与当前部分积 A 的加法运算。

　　$Shift$(移位)：激活寄存器 A 和 Q 的右移控制信号，把部分积和乘数右移一位，同时计数器加 1。

　　$Halt$(暂停)：寄存器 A 和 Q 中为最终的乘积值，输出 $Halt$ 信号暂停功能。

　　在执行每一次加法运算时，需要检测乘数值是否为 1，以此决定是否进入 Add 状态还是跳过加法运算而直接进入 $Shift$ 状态。在 $Shift$ 状态之后，需要检测计数器的输出值，以便决定是否暂停运算或者继续执行。

　　控制器有 4 个输出状态，即图 5.48(b)中的 $Start$、Add、$Shift$ 和 $Halt$ 状态。$Start$ 状态的输出激活寄存器 M 和 Q 的控制信号，以及寄存器 A 和计数器的清零信号，即执行 $Start$ 状态下的 4 种运算。Add 状态的输出激活寄存器 A 的控制信号，使其置入寄存器 A 和 M 加法运算之后的结果。$Shift$ 状态的输出激活寄存器 A 和 Q 的控制信号，并且使计数器加 1。$Halt$ 状态的输出信号表示所有运算结束。图 5.49 展示了采用独热码的电路设计方案。

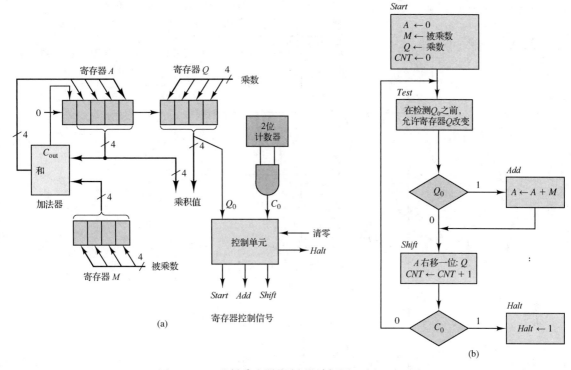

图 5.48　二进制乘法器。(a)设计框图；(b)ASM 图

为了验证上述设计，通过以下 HDL 模型展现图 5.48(b)的 ASM 图的行为，并执行乘法器的仿真运算。注意，采用 5 个触发器来展示控制器的各种状态输出，并采用了独热码状态分配方案，即每个状态只有一个状态变量发生改变。接下来将会讨论独热码的特点。

```
//Multiplier controller. Verilog behavioral model.
module MultControl (
        input Clock, Reset, Q0, C0,          //declare inputs
        output Start, Add, Shift, Halt);     //declare outputs
        reg [4:0] state;                     //five states (one hot - one flip-flop per state)
        //one-hot state assignments for five states
        parameter StartS=5'b00001, TestS=5'b00010, AddS=5'b00100, ShiftS=5'b01000,
                HaltS=5'b10000;
        reg [1:0] Counter;                   //2-bit counter for  #of algorithm iterations
        // State transitions on positive edge of Clock or Resets
        always @(posedge Clock, posedge Reset)
                if (Reset==1) state <= StartS;          //enter StartS state on Reset
                else                                     //change state on Clock
                case (state)
                      StartS: state <= TestS;            //StartS to TestS
                       TestS: if (Q0) state <= AddS;     //TestS to AddS if Q0=1
                              else state <= ShiftS;       //TestS to ShiftS if Q0=0
                        AddS: state <= ShiftS;           //AddS to ShiftS
                      ShiftS: if (C0) state <= HaltS;    //ShiftS to HaltS if C0=1
                              else state <= TestS;        //ShiftS to TestS if C0=0
                       HaltS: state <= HaltS;            //stay in HaltS
                endcase
                //Moore model - activate one output per state
                assign Start = state[0];                 //Start=1 in state StartS, else 0
                assign Add  = state[2];                  //Add=1 in state AddS, else 0
                assign Shift = state[3];                 //Shift=1 in state ShiftS, else 0
                assign Halt = state[4];                  //Halt=1 in state HaltS, else 0
endmodule
```

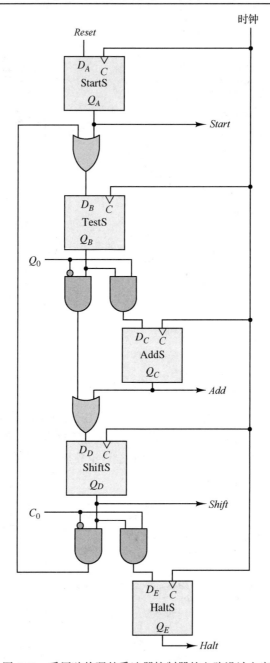

图 5.49　采用独热码的乘法器控制器的电路设计方案

　　以下是图 5.48(a) 的乘法器框图的 Verilog 模型，包含以前列举过的控制器实例的 HDL 顶层模型。时钟上升沿触发的寄存器 A、Q 和 M 及 2 位计数器已经被建模，每个寄存器/计数器的不同功能通过控制器的输出信号加以选择，加法器与累加寄存器 A 已合二为一。

```
//Multiplier. Verilog behavioral model.
module Multiplier (
     input Clock, Reset,                        //declare inputs
     input [3:0] Multiplicand,
     input [3:0] Multiplier,
     output [7:0] Product,                       //declare outputs
     output Halt);
```

```
        reg [3:0] RegQ, RegM;                           //Q and M registers
        reg [4:0] RegA;                                 //A register
        reg [1:0] Count;                                //2-bit iteration counter
        wire C0, Start, Add, Shift;
        assign Product = {RegA[3:0], RegQ};             //product = A:Q
// 2-bit counter for #iterations
    always @(posedge Clock)
        if (Start == 1) Count <= 2'b00;                 //clear in Start state
        else if (Shift == 1) Count <= Count + 1;        //increment in Shift state
    assign C0 = Count[1] & Count[0];                    //detect count = 3
    //Multiplicand register (load only)
    always @(posedge Clock)
        if (Start == 1) RegM <= Multiplicand;           //load in Start state
    //Multiplier register (load, shift)
    always @(posedge Clock)
        if (Start == 1)        RegQ <= Multiplier;      //load in Start state
        else if (Shift == 1) RegQ <= {RegA[0], RegQ[3:1]};  //shift in Shift state
    //Accumulator register (clear, load, shift)
    always @(posedge Clock)
        if (Start == 1)        RegA <= 5'b00000;        //clear in Start state
        else if (Add == 1)     RegA <= RegA + RegM;     //load in Add state
        else if (Shift == 1) RegA <= RegA >> 1;         //shift in Shift state
//Instantiate controller module
MultControl   Ctrl (Clock, Reset, RegQ[0], C0, Start, Add, Shift, Halt);
endmodule
```

　　仿真这两个模型，可以验证控制器和顶层设计的正确性。为了验证设计方案，在仿真过程中需要校正乘法运算的操作数的范围，以及时钟周期、控制器的状态和寄存器的输出值，以便确认是否有意外状态出现。

5.4.3　交通灯控制器

　　交通灯控制器在日常生活中非常普遍，本节以此为典型案例来介绍时序逻辑电路的设计。交通灯控制器的复杂度取决于被控制的交通模式和其他特征。其中采用的逻辑器件的类型也影响着设计方案的复杂度。我们首先介绍采用多种组件来设计和实现一个基本的交通灯控制器，然后根据附加要求扩展时序逻辑电路，从而实现多元化的功能。

基本的交通控制器

　　如图 5.50(a)所示，首先设计一个基本的控制器，仅控制两条垂直交叉道路的交通灯。假设采用的是标准的绿-黄-红交通灯，向司机显示 4 个方向中任意一条道路的正常工作状态。控制器首先允许南北两个方向的车辆正常行驶，禁止东西两个方向的车辆行驶；接下来，交通灯转换为允许车辆向东和向西行驶，禁止南北通行。在这两种状态转换之前，黄灯亮，因此控制器产生输出信号，采用图 5.50(b)的控制器框图来控制南-北灯(G_{NS}, Y_{NS}, R_{NS})和西-东灯(G_{EW}, Y_{EW}, R_{EW})。控制器的输入是时钟(Clock)信号和清零(Reset)信号，时钟周期为 10 s，本例不讨论时钟的设计。

　　设计方案的第一步是绘制一个满足要求的有限状态机的状态图，应该采用米利型还是摩尔型状态机呢？注意，当交通灯运行模式改变时，不能出现毛刺，以避免出现不安全的和令人迷惑的控制时序，因此应该采用摩尔型而不是米利型状态机。本例采用一个 4 状态的有限状态机，每种状态对应如下输出要求的行为模式：

　　状态 A：北-南方向的绿灯(G_{NS})和东-西方向的红灯(R_{EW})亮，其余灯灭。
　　状态 B：北-南方向的黄灯(Y_{NS})和东-西方向的红灯(R_{EW})亮，其余灯灭。
　　状态 C：东-西方向的绿灯(G_{EW})和北-南方向的红灯(R_{NS})亮，其余灯灭。
　　状态 D：东-西方向的黄灯(Y_{EW})和北-南方向的红灯(R_{NS})亮，其余灯灭。

这些状态和状态之间的转换方式由图 5.51 中的状态图所示，在每个时钟脉冲周期内完成转换，因此每个状态持续 10 秒。输出函数为 1 表现为灯亮，否则，灯灭。

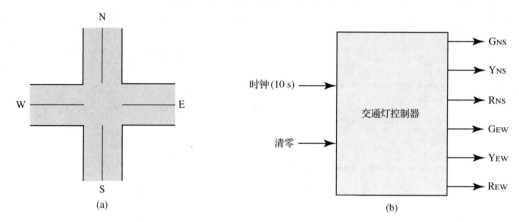

图 5.50　基本的交通灯控制器。(a)两条道路垂直相交；(b)控制器框图

如图 5.51 所示的摩尔型状态机基本满足了交通灯控制器的要求。不过，每个方向的绿灯仅亮 10 s 的时间过于短暂，不满足实际应用。因此，绿灯亮的时间可以加倍，例如时钟增加至 20 s；不过，这同时也将黄灯亮的时间加倍，但这是不需要的。另一种方式是保持黄灯亮的时间不变，加倍绿灯亮的时间，相比图 5.50 的交通模式，则需要增加绿灯状态(即 A2 和 C2)。这样，可以根据需要进一步增加绿灯亮的时间。改进的状态图如图 5.52 所示。

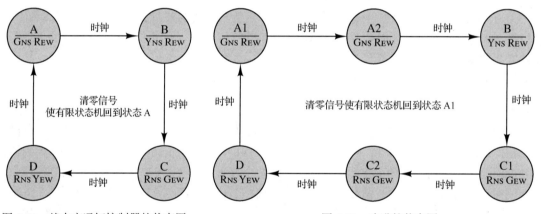

图 5.51　基本交通灯控制器的状态图　　　　　　图 5.52　改进的状态图

接下来，寻找是否有冗余状态需要化简。根据改进的状态图已满足化简要求，此设计没有冗余状态。

下一步是根据状态图绘制状态表，如图 5.53 所示，然后分配状态。状态分配影响着最终实现的电路的复杂度，因此我们采用三种不同的状态分配方案加以阐述，并根据电路的器件数量最少的原则找到最佳的解决方案。

三种状态分配方案如图 5.54 所示。方案 1 采用了二进制编码序列，舍去了 110 和 111 状态；方案 2 采用格雷码编码序列，通过一个 3 位扭环形计数器来实现；方案 3 采用了独热型编码，通过一个 6 位环形计数器来实现。

现态	次态		输出					
	时钟 = 0	时钟 = 1	G_{NS}	Y_{NS}	R_{NS}	G_{EW}	Y_{EW}	R_{EW}
A1	A1	A2	1	0	0	0	0	1
A2	A2	B	1	0	0	0	0	1
B	B	C1	0	1	0	0	0	1
C1	C1	C2	0	0	1	1	0	0
C2	C2	D	0	0	1	1	0	0
D	D	A1	0	0	1	0	1	0

图 5.53　改进的状态图的状态表

状态	方案 1	方案 2	方案 3
(状态变量)	$(y_2 y_1 y_0)$	$(y_2 y_1 y_0)$	$(y_5 y_4 y_3 y_2 y_1 y_0)$
A1	000	000	000001
A2	001	001	000010
B	010	011	000100
C1	011	111	001000
C2	100	110	010000
D	101	100	100000

图 5.54　改进的状态图的多种状态分配方案

　　方案 1 的状态转换表如图 5.55 所示。因为设计的是一个摩尔型状态机,其输出逻辑表达式由转换表得到,如下所示:

$$G_{NS} = \overline{y_2}\,\overline{y_1} \qquad\qquad Y_{NS} = \overline{y_2} y_1 \overline{y_0} \qquad\qquad R_{NS} = \overline{(G_{NS} + Y_{NS})}$$

$$G_{EW} = \overline{y_2} y_1 y_0 + y_2 \overline{y_1}\,\overline{y_0} \qquad Y_{EW} = y_2 \overline{y_1} y_0 \qquad R_{EW} = \overline{(G_{EW} + Y_{EW})}$$

　　在具体设计电路之前,需要仔细选择此类用于存储数据的触发器。本例选择了含同步低电平有效清零的上升沿触发的 JK 触发器。从图 5.56 所示的卡诺图中,可以得到次态的转换表达式和 JK 输入表达式。

$y_2 y_1 y_0$	$Y_2 Y_1 Y_0$		输出					
	时钟 = 0	时钟 = 1	G_{NS}	Y_{NS}	R_{NS}	G_{EW}	Y_{EW}	R_{EW}
000	000	001	1	0	0	0	0	1
001	001	010	1	0	0	0	0	1
010	010	011	0	1	0	0	0	1
011	011	100	0	0	1	1	0	0
100	100	101	0	0	1	1	0	0
101	101	000	0	0	1	0	1	0

图 5.55　方案 1 的状态转换表

　　根据驱动方程,采用与非门和或非门来实现控制器的功能,如图 5.57 所示。此电路实现需要 3 个触发器和 10 个门电路。如果采用小规模集成电路,则需要 2 片触发器芯片、3 片(7 个)或非门芯片和 1 片(3 个)与非门芯片,合计 6 片芯片。

　　现在,采用状态分配方案 2(扭环形计数器),其状态转换表如图 5.58 所示。由此得到输出方程如下。可以看出,G_{EW} 的表达式比方案 1 中更简单,这是因为格雷码的逻辑相邻性。

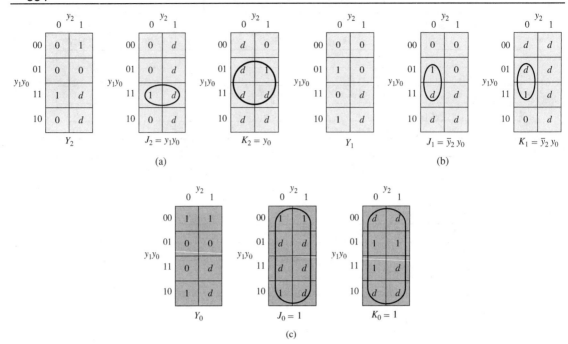

图 5.56 触发器的驱动方程的推导。(a)触发器 2; (b)触发器 1; (c)触发器 0

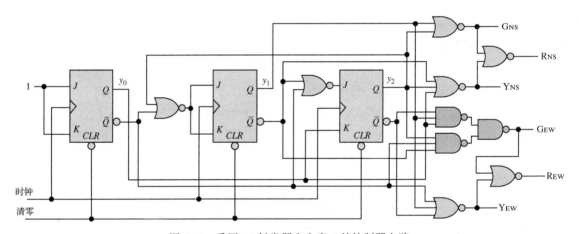

图 5.57 采用 JK 触发器和方案 1 的控制器电路

$y_2y_1y_0$	$Y_2Y_1Y_0$		输出					
	时钟 = 0	时钟 = 1	G_{NS}	Y_{NS}	R_{NS}	G_{EW}	Y_{EW}	R_{EW}
000	000	001	1	0	0	0	0	1
001	001	011	1	0	0	0	0	1
011	011	111	0	1	0	0	0	1
111	111	110	0	0	1	1	0	0
110	110	100	0	0	1	1	0	0
100	100	000	0	0	1	0	1	0

图 5.58 分配方案 2 的状态转换表

$$G_{NS} = \overline{y_2}\overline{y_1} \qquad Y_{NS} = \overline{y_2}y_1y_0 \qquad R_{NS} = \overline{(G_{NS} + Y_{NS})}$$

$$G_{EW} = y_2y_1 \qquad Y_{EW} = y_2\overline{y_1}\overline{y_0} \qquad R_{EW} = \overline{(G_{EW} + Y_{EW})}$$

采用扭环形计数器的另一个优点是，无须卡诺图即可获得触发器的驱动方程。回忆第 4 章的 n 位扭环形计数器的输入 $D_i = y_{i-1}$，$i = 1,\cdots, n-1$，$D_0 = \overline{y}_{n-1}$。对于本例，则有 $D_0 = \overline{y}_2$，$D_1 = y_0$，$D_2 = y_1$。最终实现的逻辑电路如图 5.59 所示。

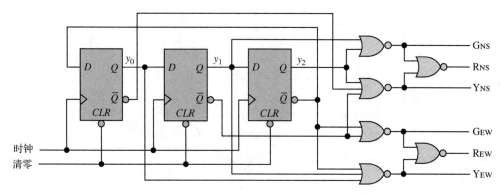

图 5.59　采用一个扭环形计数器实现控制器

现在，采用独热型状态分配方案来实现控制器电路，本例采用一个 6 位环形计数器，其状态分配方案和相应的状态转换表如图 5.60 所示。

$y_5y_4y_3y_2y_1y_0$	$Y_5Y_4Y_3Y_2Y_1Y_0$		输出					
	时钟 = 0	时钟 = 1	G_{NS}	Y_{NS}	R_{NS}	G_{EW}	Y_{EW}	R_{EW}
000001	000001	000010	1	0	0	0	0	1
000010	000010	000100	1	0	0	0	0	1
000100	000100	001000	0	1	0	0	0	1
001000	001000	010000	0	0	1	1	0	0
010000	010000	100000	0	0	1	1	0	0
100000	100000	000001	0	0	1	0	1	0

图 5.60　方案 3 的状态转换表

采用独热型状态分配方案，得到化简的输出函数和触发器驱动方程如下：

$$G_{NS} = y_0 + y_1 \qquad Y_{NS} = y_2 \qquad R_{NS} = \overline{(G_{NS} + Y_{NS})}$$

$$G_{EW} = y_3 + y_4 \qquad Y_{EW} = y_5 \qquad R_{EW} = \overline{(G_{EW} + Y_{EW})}$$

$$D_0 = y_5 \quad D_1 = y_0 \quad D_2 = y_1 \quad D_3 = y_2 \quad D_4 = y_3 \quad D_5 = y_4$$

其不足之处是触发器的数量较多。图 5.61 显示此电路需要 6 个触发器和 4 个门电路，因此需要 3 片触发器芯片和 2 片门电路芯片，合计 5 片。

那么，到底哪种方案最佳呢？如果以芯片数量最少作为设计方案的评价指标，则采用扭环形计数器的方案最佳。如果以接线复杂度来评价方案，则采用环形计数器设计方案最佳。方案 1 如果采用单片二进制计数器而不是 3 个触发器的电路设计方案，那么可以减少芯片数量，不过其接线复杂度仍然是最高的。

在增加交通控制的更多功能(例如紧急车道、斑马线和左转)之前，先写出基本控制器的 Verilog 行为模型，如图 5.62 所示，可用 FPGA 实现。

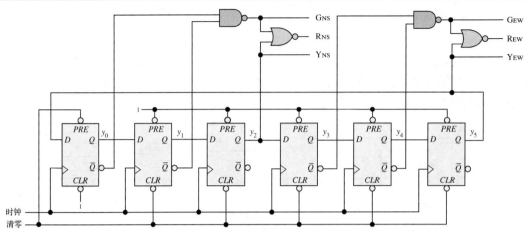

图 5.61　采用的一个环形计数器实现的控制电路

```verilog
//Verilog Behavioral Model of A Basic Trafic Light Controller
module TLCbasicVerilog (Clock, Reset, Gns, Yns, Rns, Gew, Yew, Rew);
     input Clock, Reset;                           //declare input variables
     output reg Gns, Yns, Rns, Gew, Yew, Rew;      //declare output signals
     reg [2:0] state, nextstate;                   //declare state and next state variables
     parameter A1 = 3'b0, A2 = 3'b1, B = 3'b11, C1 = 3'b111, C2 = 3'b110, D = 3'b100;
          always @ (posedge Clock, negedge Reset)  //Detect input variable transitions
                    if (Reset == 1'b0) state <= A1;  //Take controller to state A1 on Reset
                         else    state <= nextstate;  //Change state
          always @ (state)                          //Derive next state and ouputs according
                                                     to state diagram in Figure 5.52
               case (state)
                    A1: begin nextstate=A2;Gns=1'b1;Yns=1'b0;Rns=1'b0;Gew=1'b0;Yew=1'b0;
                         Rew=1'b1; end
                    A2: begin nextstate=B; Gns=1'b1;Yns=1'b0;Rns=1'b0;Gew=1'b0;Yew=1'b0;
                         Rew=1'b1; end
                    B:  begin nextstate=C1;Gns=1'b0;Yns=1'b1;Rns=1'b0;Gew=1'b0;Yew=1'b0;
                         Rew=1'b1; end
                    C1: begin nextstate=C2;Gns=1'b0;Yns=1'b0;Rns=1'b1;Gew=1'b1;Yew=1'b0;
                         Rew=1'b0; end
                    C2: begin nextstate=D;Gns=1'b0;Yn=1'b0;Rns=1'b1;Gew=1'b1;Yew=1'b0;
                         Rew=1'b0; end
                    D:  begin nextstate=A1;Gns=1'b0;Yns=1'b0;Rns=1'b1;Gew=1'b0;Yew=1'b1;
                         Rew=1'b0; end
                    default: begin nextstate=A1;Gns=1'b0;Yns=1'b0;Rns=1'b1;Gew=1'b0;
                         Yew=1'b0;Rew=1'b1; end
               endcase
endmodule
```

图 5.62　改进的控制器的 Verilog 行为模型

含紧急车道的交通灯控制器

许多交通灯控制器还具备收到呼叫之后允许紧急车辆优先通行的功能。对前面设计的控制器进行改进,即可满足此功能。增加一个输入变量 EV 来表明有紧急车辆出现,由车辆自身或者由控制中心发出信号。控制器输出无须改变,改进的设计框图如图 5.63(a)所示。当 $EV=1$ 时,改进的控制器电路需要进入并保持在紧急状态,当 EV 回到 0 时,控制器回到 A1 状态,恢复正常交通状态。与此功能对应的改进的状态图如图 5.63(b)所示。

由于 EV 是一个异步发生的事件,因此需要采用带预置(PRE)和清零(CLR)功能的触发器。当 $EV=1$ 时,触发器驱动控制器进入 E 状态;反之,当 $EV=0$ 时,电路执行正常的工作时序。本例采用格雷码,其状态图如图 5.64 所示,状态分配与之前介绍的格雷码状态分配方案一致,而新增的状态 E 被赋值为状态 010。

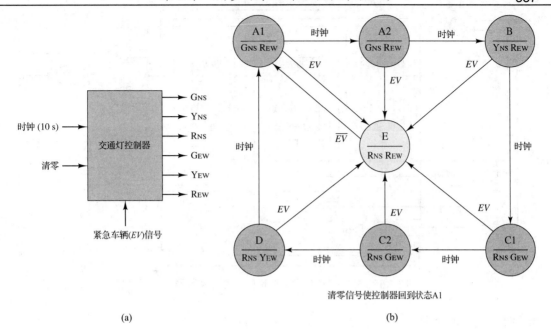

图 5.63　含紧急车道的交通灯控制器。(a) 设计框图；(b) 状态图

状态	$y_2y_1y_0$	$Y_2Y_1Y_0$		输出					
		$EV = 0$	$EV = 1$	G_{NS}	Y_{NS}	R_{NS}	G_{EW}	Y_{EW}	R_{EW}
A1	000	001	010	1	0	0	0	0	1
A2	001	011	010	1	0	0	0	0	1
B	011	111	010	0	1	0	0	0	1
C1	111	110	010	0	0	1	1	0	0
C2	110	100	010	0	0	1	1	0	0
D	100	000	010	0	0	1	0	1	0
E	010	000	010	0	0	1	0	0	1

图 5.64　含紧急车道的交通灯控制器的状态转换表

当 $EV = 0$ 时，控制器输出状态按照格雷码的顺序为 000-001-011-111-110-100-000，010 状态不会出现。当 $EV = 1$ 时，控制器进入 010 状态并保持，直到 $EV = 0$。当状态到达 000 时，恢复至正常交通状态。建议采用如下四种状态分配方案来设计不同的逻辑电路。

方案 1　通过将以下值赋给同步低电平预置和清零的触发器，将控制器置位并保持至 010 状态：当 $EV = 1$、$Reset = 1$ 时，$PRE2 = 1$，$CLR2 = 0$；$PRE1 = 0$，$CLR1 = 1$；$PRE0 = 1$，$CLR0 = 0$。

方案 2　在正常的编码顺序下，$EV = 0$，$Reset = 1$，要求 $PRE2 = CLR2 = PRE1 = CLR1 = PRE0 = CLR0 = 1$。

方案 3　假设 $Reset$ 优先于 EV，因此当 $Reset = 0$ 时，将控制器置数为 000 状态，并且有 $PRE2 = 1$，$CLR2 = 0$；$PRE1 = 1$，$CLR1 = 0$；$PRE0 = 1$，$CLR0 = 0$。

方案 4　在紧急状态结束之后，EV 从 1 转换为 0，状态从 010（且 $Reset = 1$）也回到状态 000。

以下逻辑表达式满足要求，能够由图 5.65 所示的电路实现。

$$PRE2 = PRE0 = 1 \, (\text{Vcc}) \qquad PRE1 = \overline{(EV \cdot Reset)}$$

$$CLR2 = CLR0 = \overline{EV} \cdot Reset \qquad CLR1 = \overline{(\overline{EV} \cdot \bar{y}_2 y_1 \bar{y}_0 + \overline{Reset})}$$

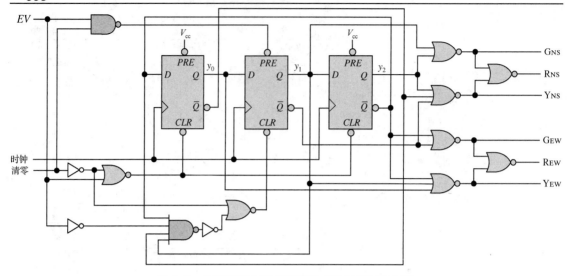

图 5.65　能够实现含紧急车道的交通灯控制器电路

含斑马线的交通灯控制器

　　十字路口的交通灯通常能够由行人按动按钮来控制，当按动绿灯亮时，行人即可通行。现在改进之前的控制器以实现此功能。图 5.66(a)展示了控制器的设计框图，输入 P_{NS} 和 P_{EW} 表示行人提出通行南北或者东西方向道路的请求。假设多个行人同时发出请求，则南北方向的交通灯优先于东西方向的。当收到行人的请求时，本例控制器可以通过缩短或者延长当前灯亮的时间来实现，例如：如果 G_{NS} 灯是亮的，而收到行人的请求是 P_{NS}，则可以延长 G_{NS} 亮的时间至 3 个甚至更多个时钟周期，而不是正常情况下的 2 个时钟周期。如果 G_{NS} 亮，而收到的行人请求是 P_{EW}，则缩短 G_{NS} 亮的时间至 1 个时钟周期。此状态图如图 5.66(b)所示，可满足行人控制南北和东西方向的交通灯的需求。控制器的 Verilog 行为模型如图 5.67 所示。

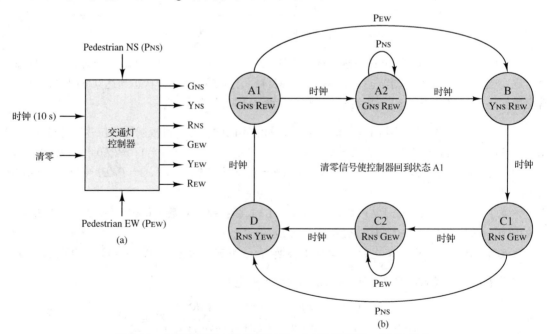

图 5.66　含斑马线的交通灯控制器。(a)设计框图；(b)状态图

```
//Verilog Behavioral Model of A Trafic Light Controller with Pedestrian Cycles
module TLCPedVerilog (Clock, Reset, Pns, Pew, Gns, Yns, Rns, Gew, Yew, Rew);
        input Clock, Reset, Pns, Pew;                    //declare input variables
        output reg Gns, Yns, Rns, Gew, Yew, Rew;         //declare output signals
        reg [2:0] state, nextstate;                      //declare state and next state variables
        parameter A1 = 3'b0, A2 = 3'b1, B = 3'b11, C1 = 3'b111, C2 = 3'b110, D = 3'b100;
                always @ (posedge Clock, negedge Reset)  //Detect input variable transitions
                        if (Reset == 1'b0) state <= A1;  //Take controller to state A1 on Reset
                        else state <= nextstate;         //Change state
                always @ (state)                         //Derive next state and outputs according
                                                         //to state diagram in Figure 5.66b

                        case (state)
                                A1: begin if (Pew == 1'b1) nextstate=B; else nextstate=A2; Gns=1'b1;
                                    Yns=1'b0; Rns=1'b0; Gew=1'b0; Yew=1'b0; Rew=1'b1; end
                                A2: begin if (Pns == 1'b1) nextstate=A2; else nextstate=B; Gns=1'b1;
                                    Yns=1'b0; Rns=1'b0; Gew=1'b0; Yew=1'b0; Rew=1'b1; end
                                B:  begin nextstate=C1; Gns=1'b0; Yns=1'b1; Rns=1'b0; Gew=1'b0;
                                    Yew=1'b0; Rew=1'b1; end
                                C1: begin if (Pns == 1'b1) nextstate=D; else nextstate=C2; Gns=1'b0;
                                    Yns=1'b0; Rns=1'b1; Gew=1'b1; Yew=1'b0; Rew=1'b0; end
                                C2: begin if (Pew == 1'b1) nextstate=C2; else nextstate=D; Gns=1'b0;
                                    Yns=1'b0; Rns=1'b1; Gew=1'b1; Yew=1'b0; Rew=1'b0; end
                                D:  begin nextstate=A1; Gns=1'b0; Yns=1'b0; Rns=1'b1; Gew=1'b0;
                                    Yew=1'b1; Rew=1'b0; end
                                default: begin nextstate=A1; Gns=1'b0; Yns=1'b0; Rns=1'b1; Gew=1'b0;
                                    Yew=1'b0; Rew=1'b1; end
                        endcase
endmodule
```

图 5.67　含斑马线的交通灯控制器的 Verilog 行为模型

含左转功能的交通灯控制器

本例增加了实现转向车道的功能，即在前述基本控制器的基础上增加了左转功能。控制器在每次执行了绿灯直行功能之后，在如图 5.68(a) 所示的两个双车道交叉处提供受保护的左转车道。这种交通控制模式需要独立控制的左转灯来实现直行灯之后的左转功能。这增加了控制灯的数量，不过并不改变输入变量的数量，如图 5.68(b) 所示。新增的 4 种状态提供左转功能，如图 5.69 所示为状态图。图 5.70 显示了控制器的 Verilog 行为模型。

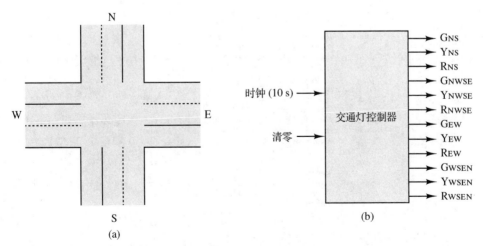

图 5.68　含左转功能的交通灯控制器。(a)带左转车道的十字路口；(b)设计框图

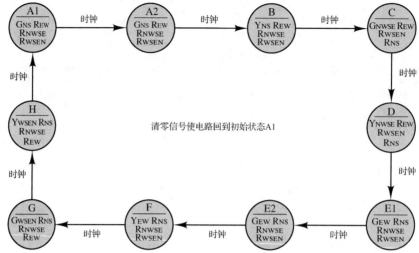

图 5.69　含左转功能的交通灯控制器的状态图

```
//Verilog Behavioral Model of A Traffic Light Controller with Left-Turn Cycles
module TLCltVerilog (Clock, Reset, Gns, Yns, Rns, Gew, Yew, Rew, Gnwse, Ynwse, Rnwse, Gwsen,
Ywsen, Rwsen);
    input Clock, Reset;                          //declare input variables
    output reg Gns, Yns, Rns, Gew, Yew, Rew, Gnwse, Ynwse, Rnwse,
Gwsen, Ywsen, Rwsen;                             //declare output signals
    reg [4:0] state, nextstate;                  //declare state and next state variables
    parameter A1 = 5'b0, A2 = 5'b1, B = 5'b11, C = 5'b111, D = 5'b1111, E1 = 5'b11111,
        E2 = 5'b11110, F = 5'b11100, G = 5'b11000, H = 5'b10000;
        always @ (posedge Clock, negedge Reset)  //Detect input variable transitions
            if (Reset == 1'b0) state <= A1;      //Take controller to state A1 on Reset
                else state <= nextstate;         //Change state
        always @ (state)                         //Derive next state and outputs according
                                                 // to state diagram in Figure 5.69
            case (state)
            A1: begin nextstate = A2;
            Gns=1'b1;Yns=1'b0;Rns=1'b0;Gew=1'b0;Yew=1'b0;Rew=1'b1;Gnwse=1'b0;Ynwse=1'b0;
            Rnwse=1'b1;Gwsen=1'b0;Ywsen=1'b0;Rwsen=1'b1; end
            A2: begin nextstate = B;
            Gns=1'b1;Yns=1'b0;Rns=1'b0;Gew=1'b0;Yew=1'b0;Rew=1'b1;Gnwse=1'b0;Ynwse=1'b0;
            Rnwse=1'b1;Gwsen=1'b0;Ywsen=1'b0;Rwsen=1'b1; end
            B: begin nextstate = C;
            Gns=1'b0;Yns=1'b1;Rns=1'b0;Gew=1'b0;Yew=1'b0;Rew=1'b1;Gnwse=1'b0;Ynwse=1'b0;
            Rnwse=1'b0;Gwsen=1'b0;Ywsen=1'b0;Rwsen=1'b1; end
            C: begin nextstate = D;
            Gns=1'b0;Yns=1'b0;Rns=1'b1;Gew=1'b0;Yew=1'b0;Rew=1'b1;Gnwse=1'b1;Ynwse=1'b0;
            Rnwse=1'b0;Gwsen=1'b0;Ywsen=1'b0;Rwsen=1'b1; end
            D: begin nextstate = E1;
            Gns=1'b0;Yns=1'b0;Rns=1'b1;Gew=1'b0;Yew=1'b0;Rew=1'b1;Gnwse=1'b0;Ynwse=1'b1;
            Rnwse=1'b0;Gwsen=1'b0;Ywsen=1'b0;Rwsen=1'b1; end
            E1: begin nextstate = E2;
            Gns=1'b0;Yns=1'b0;Rns=1'b1;Gew=1'b1;Yew=1'b0;Rew=1'b0;Gnwse=1'b0;Ynwse=1'b0;
            Rnwse=1'b1;Gwsen=1'b0;Ywsen=1'b0;Rwsen=1'b1; end
            E2: begin nextstate = F;
            Gns=1'b0;Yns=1'b0;Rns=1'b1;Gew=1'b1;Yew=1'b0;Rew=1'b0;Gnwse=1'b0;Ynwse=1'b0;
            Rnwse=1'b1;Gwsen=1'b0;Ywsen=1'b0;Rwsen=1'b1; end
            F: begin nextstate = G;
            Gns=1'b0;Yns=1'b0;Rns=1'b1;Gew=1'b0;Yew=1'b1;Rew=1'b0;Gnwse=1'b0;Ynwse=1'b0;
            Rnwse=1'b1;Gwsen=1'b0;Ywsen=1'b0;Rwsen=1'b1; end
            G: begin nextstate = H;
            Gns=1'b0;Yns=1'b0;Rns=1'b1;Gew=1'b0;Yew=1'b0;Rew=1'b1;Gnwse=1'b0;Ynwse=1'b0;
            Rnwse=1'b1;Gwsen=1'b1;Ywsen=1'b0;Rwsen=1'b0; end
            H: begin nextstate = A1;
            Gns=1'b0;Yns=1'b0;Rns=1'b1;Gew=1'b0;Yew=1'b0;Rew=1'b1;Gnwse=1'b0;Ynwse=1'b0;
            Rnwse=1'b1;Gwsen=1'b0;Ywsen=1'b1;Rwsen=1'b0; end
            default: begin nextstate = A1;
            Gns=1'b0;Yns=1'b0;Rns=1'b1;Gew=1'b0;Yew=1'b0;Rew=1'b1;Gnwse=1'b0;Ynwse=1'b0;
            Rnwse=1'b1;Gwsen=1'b0;Ywsen=1'b0;Rwsen=1'b1; end
            endcase
endmodule
```

图 5.70　含左转功能的交通灯控制器的 Verilog 行为模型

5.5　总结和复习

本章通过逻辑电路图、状态表、状态图或者 HDL 模型来设计一个同步时序逻辑电路，实现完整定义和未完整定义的同步时序逻辑电路。获得触发器的驱动方程和输出方程非常重要，并且要学会根据功能描述列出状态图和状态表。本章提供了很多的设计实例来阐述电路的分析和设计方法。读者应该学会了如何抓住同步时序逻辑电路的设计核心。如果需要更多详细的信息，可以参见下面提供的参考文献。

本章提供的同步时序逻辑电路的分析和设计方案是比较基础的。以下问题有助于读者评估自己的理解能力。

1. 已知一个米利型的同步时序逻辑电路的状态图和所有的输入变量，画出时序状态图，展示出所有的状态和输出。
2. 理解米利型和摩尔型的时序逻辑电路的输出时序的不同。
3. 已知一个含 D 触发器的同步时序逻辑电路的电路图，画出电路的状态图。
4. 已知一个含 JK 触发器的同步时序逻辑电路的电路图，画出电路的状态图。
5. 根据一个状态图写出 Verilog 或者 VHDL 行为模型。
6. 建模一个同步时序逻辑电路的结构。
7. 已知状态图，采用 D 触发器设计一个同步时序逻辑电路。
8. 已知状态图，采用 JK 触发器设计一个同步时序逻辑电路。
9. 设计一个同步时序逻辑电路的状态图，实现对特定序列码的识别检测。
10. 设计一个同步时序逻辑电路及其状态图，实现模 10 计数器的功能。
11. 使用数量最少的触发器设计一个同步时序逻辑电路，实现其控制算法。
12. 采用独热设计方法设计一个同步时序逻辑电路，实现其控制算法。
13. 理解部分时序逻辑电路的状态表没有被完整地定义。
14. 理解两种状态等价的判断方法。
15. 已知一个状态表，采用观察法鉴别等价状态。
16. 已知一个状态表，采用隐含表鉴别等价状态。

参考文献

1. G. H. Mealy, "A Method for Synthesizing Sequential Circuits, " *Bell Sys. Tech. J.*, Vol. 34, September 1955, pp. 1045–1079.
2. E. F. Moore, "Gedanken-Experiments on Sequential Machines, " *Automata Studies, Annals of Mathematical Studies*, No. 34. Princeton, NJ: Princeton University Press, 1956, pp. 129–153.
3. E. J. McCluskey, *Introduction to the Theory of Switching Circuits*. New York: McGraw-Hill Book Co., 1965.
4. Zvi Kohavi, *Switching and Finite Automata Theory*. New York: McGraw-Hill Book Co., 1970.
5. Taylor L. Booth, *Digital Networks and Computer Systems*. New York: Wiley, 1971.
6. S. Brown and Z. Vranesic, *Fundamentals of Digital Logic with Verilog Design*, 3rd ed., McGraw-Hill Education, New York, 2014.
7. C. H. Roth, Jr. and L. K. John, *Digital Systems Design Using VHDL*, 3rd ed., Cengage Learning: Boston, MA, 2018.
8. M. Morris Mano and Michael D. Ciletti, *Digital Design*, 4th ed. Pearson: Upper Saddle River, NJ, 2007.
9. Charles H. Roth, Jr. and Larry L. Kinney, *Fundamentals of Logic Design*, 7th ed., Cengage Learning: Boston, MA, 2014.

5.6　小组协作练习

以下这些练习任务由班级成员以 2 到 3 个人为一组来完成，并向全班展示解决方案。练习中有简单的题目，例如基本的理解能力测试；也有具有挑战性的难题，即提升理解力和学习解题技巧的训练。如果配置好软件和设备，那么对于这种以设计为目标的练习，可以由各小组将解决方案向全班同学进行展示。

1. 以下摩尔型时序逻辑电路的状态图具有 3 个状态变量 $y_1y_2y_3$、一个输入变量 x 和一个输出函数 z。要求画出与状态图相对应的状态表。

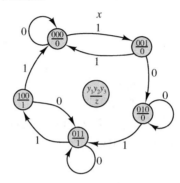

2. 练习 1 中电路的初始状态是 $y_1y_2y_3 = 000$。
   要求：(a)描述一个输入序列，其值的改变能够使输出 z 从 0 变为 1，并且使输出 z 回到 0；
   (b)如果输入序列 111001010110 按顺序加至输入变量 x，列出输出和状态值的变化序列；
   (c)假设状态在时钟信号 *clk* 的上升沿发生改变，请画出时序图。可以假设输入值的改变发生在每个时钟脉冲的高电平中间时刻。

3. 编写练习 1 的状态图的 Verilog(或者 VHDL)模型。

4. 下图所示的米利型时序逻辑电路的状态图中，状态变量是 $y_1y_2y_3$，输入变量为 x，输出函数为 z。要求画出与状态图对应的状态表。

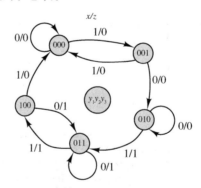

5. 练习 4 的电路的初始状态为 $y_1y_2y_3 = 000$。
   要求：(a)描述一个输入序列，其值的改变能够使输出 z 从 0 变为 1，并且使输出 z 回到 0。
   (b)如果输入序列 111001010110 按顺序加至输入变量 x，列出输出和状态值的变化序列。
   (c)假设状态在时钟信号 *clk* 的上升沿发生改变，请画出时序图。可以假设输入值的改变发生在每个时钟脉冲的高电平中间时刻。

6. 编写练习 4 的状态图的 Verilog(或者 VHDL)模型。

7. 已知时序逻辑电路如下。

要求：(a)画出状态表和状态图；

(b)当输入序列 $x=000101011$ 且初始状态 $y=0$ 时，画出时序图。

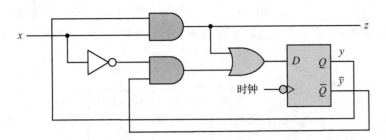

8. 假设状态分配如下面左图所示，试分析下面右图的时序逻辑电路，画出状态表和状态图。

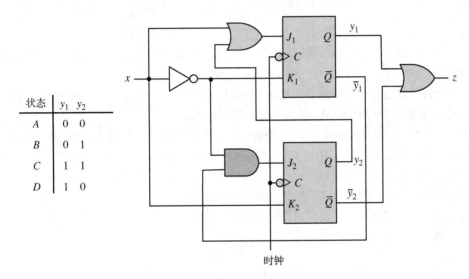

9. 已知状态分配如下面左图所示，要求对下面右图的时序逻辑电路绘制状态图。假设电路的初始状态 $y_1=y_2=0$，当输入序列 $x=01001010$ 时，分析电路的输出序列。

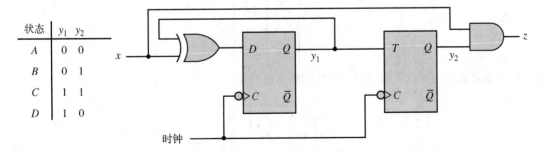

10. 根据以下状态表和状态分配方案，画出 4 状态时序逻辑电路的逻辑表达式，要求分别采用：

(a)D 触发器； (b)JK 触发器。

状态	y_1 y_2		x	
			0	1
A	0　0	A	$B/0$	$C/0$
B	0　1	B	$D/0$	$A/1$
C	1　1	C	$A/1$	$D/0$
D	1　0	D	$D/1$	$B/1$

11. 根据以下状态表和状态分配方案，采用 D 触发器，要求画出 6 状态时序逻辑电路的逻辑表达式。

状态	y_1 y_2 y_3		x	
			0	1
A	0　0　0	A	$B/0$	$A/0$
B	0　0　1	B	$D/0$	$C/1$
C	0　1　1	C	$A/1$	$B/1$
D	0　1　0	D	$E/1$	$F/0$
E	1　0　0	E	$A/0$	$F/1$
F	1　0　1	F	$C/0$	$D/1$

12. 设计一个钟控时序逻辑电路，能够识别序列码 1110。即当输入序列 $x = 001011100111010$ 时，输出序列 $z = 000000010000100$。要求状态图最简。

13. 设计一个钟控状态表，能够识别序列码 110011。即当输入序列 $x = 0101100110011010$ 时，输出序列 $z = 0000000010001000$。注意，允许序列码重叠。

14. 设计一个模 5 计数器，从 0 计数至 4，并循环。计数器有 3 个输出函数，分别对应当前计数值。其中有 3 个控制信号 CLK、R 和 EN。R 表示异步清零信号，当 $R=1$ 时，计数器清零。计数器的状态变化发生在 CLK 的上升沿。EN 是使能信号，即仅当 $EN=1$ 时，计数器的值发生变化。要求展示设计步骤，可以采用任意类型的触发器。

15. 采用隐含表法，对以下时序逻辑电路的状态进行化简。

	x	
	0	1
A	$B/0$	$A/0$
B	$F/0$	$E/1$
C	$D/0$	$B/0$
D	$B/0$	$A/0$
E	$C/0$	$B/1$
F	$A/0$	$E/0$
G	$E/0$	$G/0$

16. 采用隐含表法，对以下时序逻辑电路的状态进行化简。

	J	K	M
A	$C/0$	$D/1$	$C/0$
B	$B/0$	$D/1$	$B/0$
C	$B/0$	$E/1$	$A/0$
D	$A/1$	$F/0$	$F/0$
E	$B/1$	$F/0$	$F/0$
F	$A/1$	$E/1$	$D/1$

习题

5.1　对于图 P5.1 所示的同步时序逻辑电路，要求：(a) 采用卡诺图获得状态表，状态分配为 $A \equiv 0$，$B \equiv 1$；(b) 画出状态图；(c) 当输入序列码 $x = 00100110$ 且初始状态 $y = 1$ 时，画出时序图。

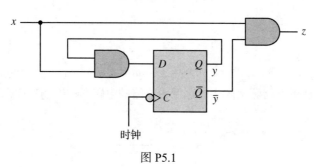

图 P5.1

5.2　摩尔型和米利型时序逻辑电路分别如图 P5.2(a) 和 (b) 所示，要求画出状态图和时序图。

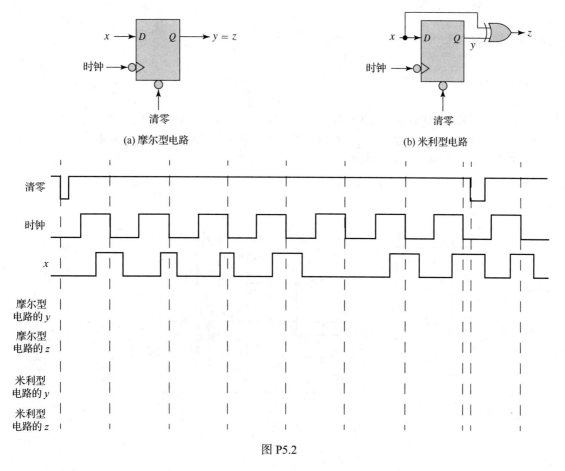

图 P5.2

5.3　对于图 P5.3 的时序逻辑电路，要求：(a) 画出状态表 ($A \equiv 0$，$B \equiv 1$)；(b) 画出状态图；(c) 如果初始状态 $y = 0$，$x = 001011000$，画出时序图。

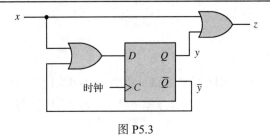

图 P5.3

5.4　根据以下逻辑函数表达式：

$$z = D_1 = x\bar{y}_2$$
$$D_2 = x \oplus y_1$$

要求：(a)采用 D 触发器画出同步时序逻辑电路的电路图；(b)采用以下状态分配方案，画出状态图。

状态	y_1	y_2
A	0	0
B	0	1
C	1	1
D	1	0

5.5　根据以下逻辑函数表达式：

$$Y_1 = \bar{x} \oplus y_1$$
$$Y_2 = x + y_1 + y_2$$
$$z = xy_1\bar{y}_2$$

要求：(a)采用 D 触发器画出同步时序逻辑电路的电路图；(b)画出二进制状态表。

5.6　分析如图 P5.6 所示的同步时序逻辑电路。假设输入变量是二进制的，状态分配方案如下。要求采用卡诺图：(a)画出状态表；(b)画出状态图。

状态	y_1	y_2
A	0	0
B	0	1
C	1	1
D	1	0

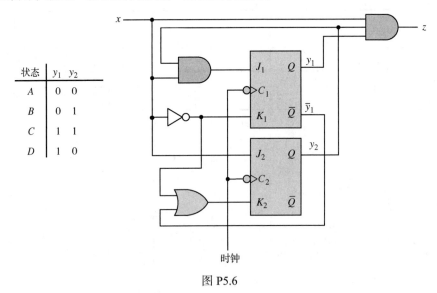

图 P5.6

5.7　如图 P5.7 所示的时序逻辑电路，如果输入序列 $x = 01101010$，而输出序列 $z = 11011111$，电路的初始状态是什么？

5.8　时序逻辑电路如图 P5.8 所示，要求画出其状态图。

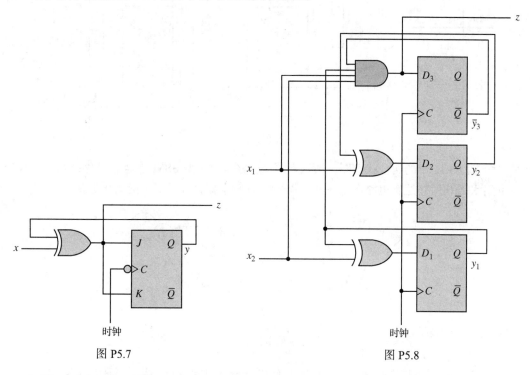

图 P5.7　　　　　　　　　　　　　　图 P5.8

5.9　如图 P5.9 为二级级联的时序逻辑电路。如果初始状态 $y_1 = y_2 = 0$，输入序列 $x = 0110111010$。试分析电路的输出序列。

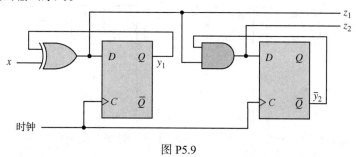

图 P5.9

5.10　时序逻辑电路如图 P5.10 所示，状态分配如下表。试画出状态图。

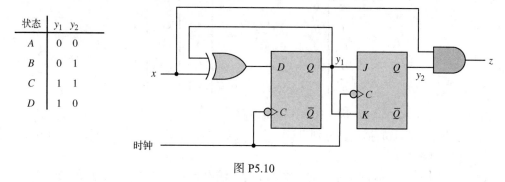

状态	y_1	y_2
A	0	0
B	0	1
C	1	1
D	1	0

图 P5.10

5.11　时序逻辑电路如图 P5.11 所示，状态分配如下表。试画出状态图。

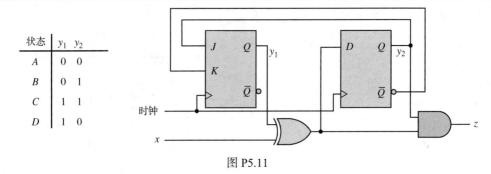

状态	y_1	y_2
A	0	0
B	0	1
C	1	1
D	1	0

图 P5.11

5.12 对于图 P5.12 中的两个状态图，请识别两个电路是摩尔型 FSM 还是米利型 FSM，并且分别设计和画出时序逻辑电路图。注意，仅采用 D 触发器，并且尽可能简化电路。

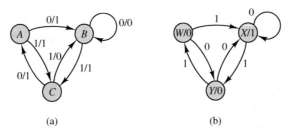

(a)   (b)

图 P5.12

5.13 根据以下状态表和状态分配表，采用 D 触发器设计时序逻辑电路，并画出电路图。

状态	y_1	y_2	y_3
A	0	0	0
B	0	0	1
C	0	1	1
D	0	1	0
E	1	0	0
F	1	0	1

	x 0	1
A	$D/0$	$C/0$
B	$E/0$	$A/1$
C	$F/1$	$B/1$
D	$A/1$	$F/1$
E	$C/0$	$E/0$
F	$B/0$	$D/1$

5.14 根据以下状态表和状态分配表，采用 D 触发器设计时序逻辑电路，并写出组合逻辑表达式。

状态	y_1	y_2	y_3
A	0	0	0
B	0	0	1
C	0	1	0
D	0	1	1
E	1	0	0

	x 0	1
A	$B/0$	$E/0$
B	$A/1$	$C/1$
C	$B/0$	$C/1$
D	$C/0$	$E/0$
E	$D/1$	$A/0$

5.15 对习题 5.14 采用 JK 触发器设计时序逻辑电路。

5.16 根据以下电路功能的描述，分别设计一个 4 状态的状态图，每个电路仅有一个输入变量 x 和一个输出函数 z。

(a)第一个电路，当有两个连续的 1 输入 x 时，输出 $z = 1$。输入两个连续的逻辑 1 之后，无论下一个输入值如何，输出清零，$z = 0$。例如，若 $x = 01100111110$，则 $z = 00100010100$。

(b)第 2 个电路具有检测序列码 101 的功能。当 101 输入 x 时,在最后的 1 输入时,输出 $z = 1$。在下一个时钟脉冲到达时,输出清零,$z = 0$。注意,两个 101 序列码可以重叠,例如,若 $x = 010101101$,则 $z = 000101001$。

(c)第 3 个电路类似于习题 5.16(b),但是不允许两个 101 序列码重叠,例如,若 $x = 010101101$,则 $z = 000100001$。

(d)第 4 个电路检测序列码 01。当 01 序列码出现时,输出 $z = 1$,并且之后仅当检测到 00 序列码时,输出 $z = 0$。对于其他情况,输出 $z = 0$。例如,若 $x = 010100100$,则 $z = 011110110$。

5.17　设计一个能够检测序列码 1010 的钟控时序逻辑电路,要求状态图是化简的,序列码可以重叠。例如,若 $x = 00101001010101110$,则 $z = 00000100001010000$。

5.18　设计一个能够检测序列码 0101 的时序逻辑电路,画出状态表,序列码可以重叠。例如,若 $x = 010101001101011$,则 $z = 000101000000010$。

5.19　设计一个能够检测序列码 1001 的钟控时序逻辑电路,要求状态图最简,序列码可以重叠。例如,若 $x = 0101001000110010010$,则 $z = 0000001000000010010$。

5.20　一个同步时序逻辑电路具有一个输入变量 x 和一个输出函数 z。电路可以检测序列码 11011,即当 11011 的第 5 个码到达时,输出 $z = 1$;否则 $z = 0$。要求采用米利型电路,画出化简的状态图。

5.21　已知状态表和状态分配表如下,试设计一个 4 状态时序逻辑电路,要求:分别采用(a)D 触发器和(b)JK 触发器进行设计,写出逻辑表达式。

状态	y_1 y_2
A	0　0
B	0　1
C	1　1
D	1　0

	x	
	0	1
A	$B/0$	$C/0$
B	$D/0$	$A/1$
C	$A/1$	$D/0$
D	$D/1$	$B/1$

5.22　已知状态表和状态分配表如下,采用 JK 触发器设计一个时序逻辑电路,写出逻辑表达式,画出逻辑电路图。

状态	y_1 y_2
A	0　0
B	0　1
C	1　0
D	1　1

	x		z
	0	1	
A	B	D	0
B	C	A	0
C	D	B	0
D	A	C	1

5.23　采用 D 触发器完成习题 5.22。

5.24　已知状态表和状态分配表如下,要求分别采用(a)D 触发器和(b)JK 触发器进行设计,写出逻辑表达式,画出逻辑电路图。

状态	y_1 y_2
A	0　0
B	0　1
C	1　1
D	1　0

	x	
	0	1
A	$A/0$	$B/0$
B	$C/0$	$B/0$
C	$D/0$	$B/0$
D	$A/1$	$B/0$

5.25　已知状态表和状态分配表如下,要求分别采用(a)D 触发器和(b)JK 触发器进行设计,画出逻辑电路图。

状态	y_1 y_2
A	0　0
B	0　1
C	1　1
D	1　0

	x		
	0	1	z
A	A	B	0
B	C	B	0
C	B	B	0
D	D	A	1

5.26　已知状态表和状态分配表如下，要求采用 JK 触发器进行设计，画出逻辑电路图。

状态	y_1 y_2 y_3
A	0　0　0
B	1　0　1
C	1　0　0
D	0　0　1
E	0　1　0
F	1　1　0

	x	
	0	1
A	$B/0$	$D/0$
B	$A/0$	$C/1$
C	$D/1$	$C/0$
D	$B/1$	$E/1$
E	$C/0$	$A/0$
F	$E/0$	$F/1$

5.27　设计一个同步时序逻辑电路，含有两个输入变量 A 和 B，一个输出函数 Z，一个时钟脉冲 CLK。电路在时钟上升沿改变状态。电路是米利型的，由 D 触发器构成，具有如下功能。
(a) 清零时，$Z = 0$。
(b) 当 $Z = 0$ 时，当且仅当 $A = 1$ 且输入 B 在两个连续时钟周期的状态从 0 变为 1 时，Z 变为 1。输出 Z 改变的时刻是在第二个时钟周期且 $B = 1$ 时。
(c) 当 $Z = 1$ 时，当且仅当 $B = 0$ 且输入 A 在两个连续时钟周期的状态从 0 变为 1 时，Z 变为 0。输出 Z 改变的时刻是在第二个时钟周期且 $A = 1$ 时。

5.28　设计一个时序逻辑电路，含有两个输入变量 I 和 J，一个输出函数 Z，一个时钟脉冲 CLK。电路仅在时钟下降沿改变状态。电路是摩尔型的，由 D 触发器构成，具有如下功能：
(a) 清零时，$Z = 0$。
(b) 无论何时 $Z = 0$，在两个连续时钟周期，当且仅当 I 和 J 的值互补时，Z 变为 1。
(c) 无论何时 $Z = 1$，在两个连续时钟周期，当且仅当 I 和 J 的值均为 0 时，Z 变为 0。

5.29　采用 JK 触发器设计一个时序逻辑电路，其功能如习题 5.28 所示。

5.30　设计一个 2 位二进制递增/递减及模 3 递增/递减的计数器，功能如下：

S_1	S_0	模式
0	0	二进制递增计数器
0	1	二进制递减计数器
1	0	模 3 递增计数器
1	1	模 3 递减计数器

5.31　用 D 触发器设计一个 3 位计数器/伪随机数发生器。电路有一个输入控制变量 x，当 $x = 0$ 时，电路工作在二进制递增计数器状态；反之，电路工作在伪随机数发生器状态，功能如下：

现态	二进制递增计数器 $x = 0$	伪随机数发生器 $x = 1$
0	1	0
1	2	4
2	3	5

续表

现态	二进制递增计数器 $x = 0$	伪随机数发生器 $x = 1$
3	4	1
4	5	2
5	6	6
6	7	7
7	0	3
	次态	

5.32 采用 D 触发器设计一个多功能的 2 位计数器，计数方式由两个控制信号 s_1 和 s_0 来决定，功能如下：

s_1	s_0	功能
0	0	模 4 递增计数器(简单的二进制递增计数器；即从 3 态回到 0 态)
0	1	模 4 递减计数器(简单的二进制递减计数器；即从 0 态回到 3 态)
1	0	模 3 递增计数器(简单的二进制递增计数器；即从 2 态回到 0 态)
1	1	模 3 递减计数器(简单的二进制递减计数器；即从 0 态回到 2 态)

5.33 采用 JK 触发器设计一个具有习题 5.32 所述功能的多功能计数器。

5.34 采用 JK 触发器设计一个串行减法器，执行 $A - B$ 运算，其中 $A = a_{n-1} \cdots a_1 a_0$，$B = b_{n-1} \cdots b_1 b_0$，此运算依序进行，从最低位即 a_0 和 b_0 位开始。

5.35 设计一个串行奇偶校验码发生器。此电路接收一串数码，并识别是否含有偶数个或者奇数个数码。如果为偶校验(即输入码的个数是偶数)，则此电路的输出 $p = 0$；反之，如果为奇校验，则输出 $p = 1$。

5.36 设计一个自动投币售货机的控制器逻辑电路，其状态图和状态表如图 5.47 所示，可以选择采用 D 触发器或者 JK 触发器来完成设计。

5.37 设计一个二进制乘法器的逻辑电路，其 ASM 图如图 5.48(b)所示，要求采用数量最少的 JK 触发器。

5.38 修改如图 5.48 所示的二进制乘法器的功能，使其具有二进制除法器的功能，采用一系列减法和移位运算，实现用 8 位被除数除以一个 4 位数。刚开始，将被除数置入 A 和 Q 寄存器，而把除数置入 M 寄存器。在算法执行的最后，把商置入 Q 寄存器，而把余数置入 A 寄存器。

5.39 分别采用(a)观察法和(b)隐含表法分析下表，画出化简的状态表。

	I	J
A	$B/0$	$A/1$
B	$C/0$	$A/0$
C	$C/0$	$B/0$
D	$E/0$	$D/1$
E	$C/0$	$D/0$

5.40 通过观察法化简以下状态表。

	I	J
A	B/1	C/0
B	A/1	C/0
C	D/1	A/0
D	C/1	A/1

(a)

	I	J
A	A/0	E/1
B	E/1	C/0
C	A/1	D/1
D	F/0	G/1
E	B/1	C/0
F	F/0	E/1
G	A/1	D/1

(b)

	I	J	K
A	A/0	B/1	E/1
B	B/0	A/1	F/1
C	A/1	D/0	E/0
D	F/0	C/1	A/0
E	A/0	D/1	E/1
F	B/0	D/1	F/1

(c)

5.41　采用隐含表法化简习题 5.40 的状态表。

5.42　对如下同步时序逻辑电路的状态表进行化简，并画出化简之后的状态表。

	I	J
A	B/0	C/0
B	D/0	E/0
C	F/0	G/0
D	A/1	B/1
E	C/0	D/0
F	F/0	G/0
G	B/0	F/0

(a)

	I	J
A	B/1	H/1
B	F/1	D/1
C	D/0	E/1
D	C/0	F/1
E	D/1	C/1
F	C/1	C/1
G	C/1	D/1
H	C/0	A/1

(b)

	I	J
A	B/0	A/0
B	F/0	E/0
C	D/0	B/0
D	B/0	A/0
E	C/0	B/1
F	A/0	E/0
G	E/0	G/0

(c)

5.43　采用隐含表法化简如下时序逻辑电路，要求状态数最少，并画出化简之后的状态表。

	I	J
A	A/0	C/0
B	D/1	A/0
C	F/0	F/0
D	E/1	B/0
E	G/1	G/0
F	C/0	C/0
G	B/1	H/0
H	H/0	C/0

5.44　采用隐含表法化简如下时序逻辑电路，要求状态数最少，并画出化简之后的状态表。

	I	J	K
A	D/1	C/0	E/1
B	D/0	E/0	C/1
C	A/0	E/0	B/1
D	A/1	B/0	E/1
E	A/1	C/0	B/1

5.45　状态转换表如下，要求使用三种可能的状态分配方案之一，并采用 D 触发器设计一个 4 状态时序逻辑电路。

	x	
	0	1
A	B/0	D/0
B	C/0	A/0
C	D/0	A/0
D	B/1	C/1

5.46　状态表如下，要求使用三种可能的状态分配方案之一，分别采用(a)D 触发器和(b)JK 触发器设计一个 4 状态时序逻辑电路。

	x		z
	0	1	
A	C	D	0
B	C	A	0
C	B	D	0
D	A	B	1

5.47　状态表如下，要求使用三种可能的状态分配方案之一，分别采用(a)D 触发器和(b)JK 触发器设计一个 4 状态时序逻辑电路，给出逻辑表达式。

	x	
	0	1
A	$B/0$	$C/0$
B	$D/0$	$A/1$
C	$A/1$	$D/0$
D	$D/1$	$B/1$

5.48　有一台自动投币售货机，售卖价值 15 美分的听装饮料，仅接受 5 美分和 10 美分的硬币。要求设计一个同步时序逻辑电路来控制自动投币售货机，满足如下功能。

(a)控制器的输入包含一个时钟脉冲 CLK，两个来自货币检测器的输入信号：当收到 5 美分硬币时，$N=1$；当收到 10 美分硬币时，$D=1$。在下一个时钟脉冲，N 和 D 均回到 0 态。

(b)控制器有两个输出 A 和 C。如果收到的硬币总值≥15 美分，则 $A=1$，激活饮料投放功能。如果硬币总值 > 15 美分，则 $C=1$，激活找补 5 美分硬币的功能。在激活了 A 和 C 之后，在下一个时钟脉冲到来时，A 和 C 回到 0 态。

(c)控制器为米利型电路，在接收到的硬币总值≥15 美分之后，控制器回到初始状态。

要求采用 D 触发器设计控制器逻辑电路。

5.49　采用 D 触发器对习题 5.48 采用摩尔型同步时序逻辑电路进行自动投币售货机的设计。

5.50　一个数字系统的数据通路中包含 3 个寄存器 $R1$、$R2$ 和 $R3$，如图 P5.50(a)所示连接起来，分别由 3 个使能信号 $E1$、$E2$ 和 $E3$ 来控制。A 控制器激活控制信号，使寄存器根据图 P5.50(b)中 ASM 图所示的控制算法进行数据传递。控制器有三种状态 (S_0, S_1, S_3)，一个外部输入 X 和 3 个输出 $E1$、$E2$ 和 $E3$。控制器在 CLK 的上升沿改变状态。要求，采用独热设计方式来设计电路，实现上述控制算法(不用设计数据通路，仅设计控制器电路)。

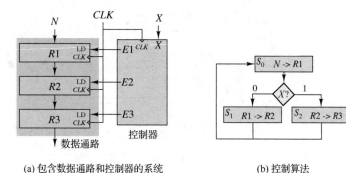

(a) 包含数据通路和控制器的系统　　　　(b) 控制算法

图 P5.50

第6章 异步时序逻辑电路分析与设计

学习目标

学生通过本章知识点的学习，能获得必要的知识和技能，并完成以下目标：

1. 理解异步时序逻辑电路的基本概念，以及其与同步时序逻辑电路的不同之处。
2. 分析和设计脉冲型异步时序逻辑电路。
3. 采用组合逻辑电路及锁存器或者触发器来实现脉冲型异步时序逻辑电路。
4. 分析和设计基本型异步时序逻辑电路。
5. 采用组合逻辑电路和反馈延时来实现基本型异步时序逻辑电路。
6. 设计无竞争、无冒险的异步时序逻辑电路。

数字电路的许多应用要求设计在时钟脉冲作用下的非同步的时序逻辑电路，称之为异步时序逻辑电路。请特别注意，异步电路不是由同一个时钟脉冲在相同时刻驱动电路元器件工作，也不是在时钟脉冲期间对输入变量进行响应，而是对输入变量变化进行快速响应。没有时钟脉冲的控制，意味着存储单元的状态改变是通过其他方式驱动的，因此要有预案以避免出现时序问题。本章将讨论异步时序逻辑电路的运行模式和类型。

6.1 异步时序逻辑电路的类型

第一种类型的异步时序逻辑电路称为脉冲型异步时序逻辑电路(简称为脉冲型电路)。这样的电路包含脉冲时钟输入和没有外部时钟输入的存储单元，通常采用锁存器和触发器来构成，其设计框图如图 6.1 所示。

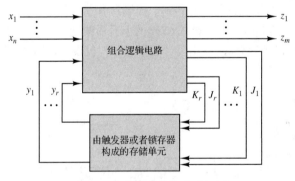

图 6.1　脉冲型电路的设计框图

注意，这种闭环的通用时序逻辑电路模型类似于第 4 章的电路结构。不过，区别在于脉冲型电路的约束更多。在分析和设计脉冲型电路时，需要采用以下假设：

1. 两个或者多个输入变量的脉冲不会同时产生。
2. 仅由输入脉冲触发存储单元的状态转换。

3. 输入变量可以是非互补的或者互补的形式，但不能同时出现这两种形式。

第一种假设是符合实际情况的，毕竟两个脉冲同时出现在某一时刻的可能性很小。由于一个时钟不能同步改变电路的状态，此假设是必须满足的。在实际应用电路中，如果需要在同一时刻施加 x_1 和 x_2 两个输入脉冲，通常其中一个脉冲会比另一个更早些到达，那么不同的到达顺序会产生不同的电路输出。由于电路的工作状态与硬件电路的寄生电阻和电容有密切的联系，因此高质量的设计电路不能出现两个甚至多个同步输入脉冲。另外，输入脉冲的动作时刻不会出现在存储单元最慢的响应时间内，这意味着当一个新的输入脉冲产生时，存储单元没有处于状态改变的时期。只有这样，才可以预测时序逻辑电路的变化。

现在，我们来关注输入脉冲提供的信息。由于多个输入脉冲是异步产生的，换句话说是在随机时刻发生改变的，因此，仅当输入脉冲产生时，电路才会发生改变。可见，只有非互补形式的输入脉冲才能用于脉冲型电路。

第二种类型的异步时序逻辑电路称为基本型异步时序逻辑电路(简称为基本型电路)。此类电路有电平输入变量，存储单元有延时动作。图 6.2 展示了一种基本型电路的设计框图。其中的存储单元作为延时线，不过事实上不必采用真实的延时线，因为逻辑元件均存在延时。电路的所有延时均集中在反馈支路加以考虑，可将其视为延时线。另外，假设每条延时线的延时均为 Δt。后两种假设不一定成立，在本章的后续内容中会忽略它们。

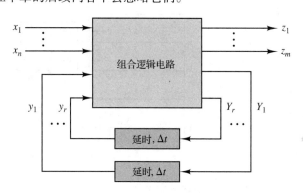

图 6.2　基本型电路的设计框图

对于基本型电路，输入变量受到约束，即在一个给定时期内，仅有一个输入变量会发生改变。此限制条件类似于脉冲型电路，这符合实际情况，因为两个或者多个输入变量不可能刚好在同一时刻发生改变。不过，在电路对第一次输入改变产生响应的时期内，输入的第二次和后续持续的变化也可能发生，可能引起电路产生错误的响应。同样，如果两个输入变量发生改变的时间差太小，那么也可能出现错误的响应。为了准确地预测基本型电路的运行情况，我们假设输入变量改变之后的持续时间至少达到 Δt，以保证当输入变化时，电路进入稳定的状态。

6.2　脉冲型电路分析与设计

在分析脉冲型电路时，务必记住这类电路对输入脉冲的响应很迅速，不会像同步时序逻辑电路那样等待同一个时钟脉冲的驱动。不受同一个脉冲的驱动，意味着存储单元的状态改变是因为其他驱动方式的作用。因此，需要留意和理解上述三种假设的重要性，进行电路输出的预判，从而避免出现时序或者竞争问题。

第一种假设，即两个或者多个输入变量的脉冲不会同时产生，意味着一个含 n 个输入变量的

电路只有 $n+1$ 种输入状态组合而不是 2^n 种，后者是符合同步时序逻辑电路的。第二种假设意味着仅当输入脉冲产生时，电路的状态才会改变。因此，仅当输入脉冲到达时，电路的存储单元才有所响应。第三种假设确保了所有的器件在每个脉冲的同一个边沿得到触发。在以后的分析与设计实例中，需要时刻记得这些假设条件。

6.2.1　脉冲型电路的分析

例 6.1　试分析如图 6.3 所示电路的工作状态。

对以下电路进行分析的步骤类似于同步时序逻辑电路的分析步骤，主要的区别在于这里没有同步时钟脉冲的驱动，以及要用到之前提到的假设条件。

图 6.4 展示了此电路在施加了一个典型的输入序列之后的时序图。注意，所有输出状态的改变均与输入脉冲产生的时刻一致。在输入脉冲的上升沿，输入 S 和 R 均被激活，锁存器在 τ 秒之后有所响应。触发器输出 y 的变化抑制了 S 和 R 的驱动作用，直到输入脉冲 x_1 或者 x_2 下一次改变时，电路的状态才可能改变。

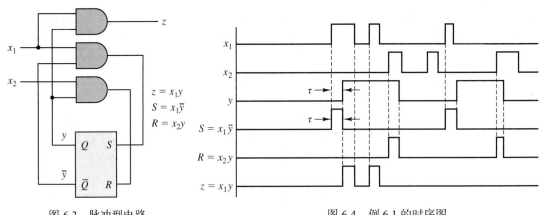

图 6.3　脉冲型电路　　　　　　　　图 6.4　例 6.1 的时序图

此电路包含以下输出状态和输入组合的分配方案。

输出状态：　　　　　　　$[y] = 0 \equiv A$

　　　　　　　　　　　　$[y] = 1 \equiv B$

输入组合：　　　　　　　$[x_1, x_2] = 00 \equiv I_0$

　　　　　　　　　　　　$[x_1, x_2] = 10 \equiv I_1$

　　　　　　　　　　　　$[x_1, x_2] = 01 \equiv I_2$

根据图 6.4 的时序图，可以画出图 6.5(a) 的状态表。一个符号化状态表如图 6.5(b) 所示，x_1 和 x_2 的三种组合分别作为输入状态 I_0, I_1, I_2。注意，没有 $x_1 = x_2 = 1$ 的组合，因为根据第一种假设，多个输入变量不会同时发生改变。

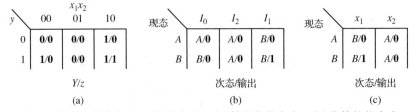

图 6.5　例 6.1 的状态表。(a)状态表；(b)符号化状态表；(c)化简的状态表

图 6.5(c) 为化简的状态表，通过如下步骤从符号化状态表转换而来：

1. 去掉与输入组合 $x_1 = x_2 = 0$ 相对应的 I_0 列，因为如果施加至两个输入变量中的任意一个没有变化，则状态不会改变。此行没有体现任何重要信息。

2. 交换 I_1、I_2 列，把 I_1 替换为 x_1，I_2 替换为 x_2，分别表示输入脉冲。

由状态表画出卡诺图，如图 6.6 所示。由于假设输入组合 $x_1x_2 = 11$ 不会出现，因此卡诺图中相应的单元格为未定义的或者为无关项。最后一步则是在状态表中去掉 00 和 11 列，而把 10 列改标为 x_1，01 列改标为 x_2。

对比图 6.5(c) 和 (c) 可见，化简之后的状态表能够完全描述电路的行为功能。

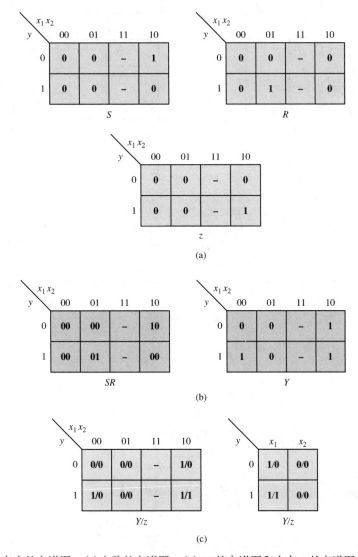

图 6.6　状态表的卡诺图。(a) 电路的卡诺图；(b) SR 的卡诺图和次态 Y 的卡诺图；(c) 状态表

前面的示例分析了采用锁存器作为存储单元的脉冲型电路，接下来将分析采用边沿触发器构成的脉冲型电路。

例 6.2　分析图 6.7 的脉冲型电路的功能。

拟采用时序图来分析此电路的功能。此电路的逻辑表达式如下：

$$D_1 = \bar{y}_1, D_2 = \bar{y}_1, z = xy_1y_2$$
$$C_1 = xy_2, C_2 = x$$

此电路的时序图如图 6.8 所示,其中输入变量 x 构成了异步脉冲,电路的初始状态为 $y_1 = y_2 = 0$。注意,从时序图可见,此电路只出现了三种状态。

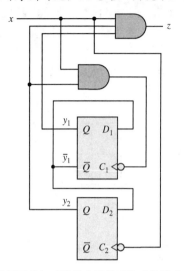

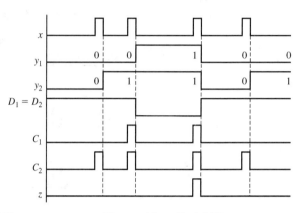

图 6.7　采用无外加时钟的存储单元构成的脉冲型电路　　　　图 6.8　例 6.2 的时序图

如果初始状态是 $y_1 = 1$ 和 $y_2 = 0$,则电路的状态 y_1y_2 不会改变,因为有
$$D_1 = 0, D_2 = 0$$
$$C_1 = 0, C_2 = x$$

状态变量 y_2 将会始终保持 0 态,抑制触发器的输出 y_2 发生状态改变。如果采用如下定义,则可以画出电路的状态表和状态图。

输入:　$I_0 \equiv$ no pulse on x
　　　　$I_1 \equiv$ pulse on x
状态:　y_1y_2
　　　　$A \equiv 00$
　　　　$B \equiv 01$
　　　　$C \equiv 10$
　　　　$D \equiv 11$
输出:　$z = 0$
　　　　$z = 1$

根据图 6.8 的时序图可以推导出图 6.9 的状态图和状态表。

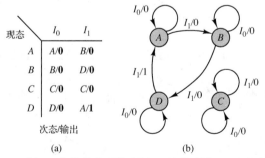

图 6.9　例 6.2 的状态表和状态图。(a)状态表; (b)状态图

注意，状态图中有两个独立的状态，即如果状态 C 为初始状态，则电路不工作，输出 y_1y_2 不变。不过，如果初始状态是 A、B 或者 D，则电路如典型的时序机一样工作。

图 6.10 的卡诺图可用于构建如图 6.7 所示电路的状态表，以及用于进一步的功能分析。此电路由 D 触发器的特征方程加以描述。仅当输入脉冲产生时刻，D 触发器的时钟下降沿出现，即从 1 态变为 0 态。因此，对于每个输入脉冲，仅发生一次这样的转变。

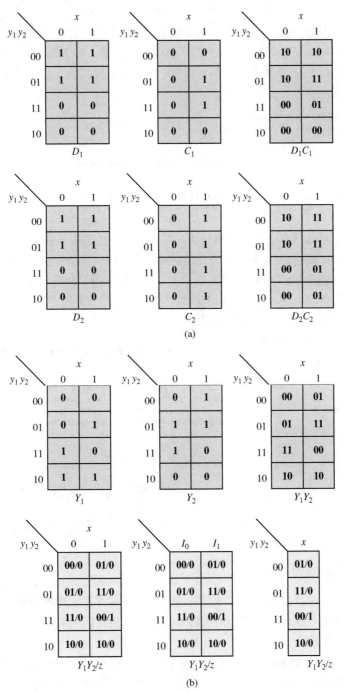

图 6.10　用于构建状态表的卡诺图。(a)触发器驱动变量卡诺图；(b)次态卡诺图

采用 $Y=D$ 描述逻辑表达式，图 6.7 的电路的逻辑表达式如下：

$$Y_1 = D_1C_1 + y_1\overline{C_1}$$
$$= \overline{y_1}xy_2 + y_1(\overline{x} + \overline{y_2})$$
$$= x\overline{y_1}y_2 + \overline{x}y_1 + y_1\overline{y_2}$$

$$Y_2 = D_2C_2 + y_2\overline{C_2}$$
$$= \overline{y_1}x + y_2\overline{x}$$

采用 Verilog 可以描述此脉冲型电路，如下所示。第一个模型描述了第 4 章中由钟控 D 触发器构成的电路结构；第二个模型则基于图 6.9 的状态表和状态图。请注意，在结构模型中，触发器的输入变量是互补的。此假设非常重要，因为程序中的触发器模型为上升沿触发，而电路中采用的是下降沿触发的触发器。

```
//Example 6.2 Verilog Structural Model
module Example6_2_Structural (x,z);
   input x;
   output z;
   wire y1,y1not,y2,c1;                    //declares the internal nodes
   and(z,x,y1,y2);
   and(c1,x,y2);
   Dflipflop (y1not,~c1,y1,y1not);         //inputs/outputs for flip-flop 1
   Dflipflop (y1not,~x,y2);                //inputs/output of flip-flop 2
endmodule
```

以下模型描述了已知状态表的电路的行为。基本上，状态表是 Verilog 形式的。请注意，当输入变量 x 触发电路时，状态发生改变，因此没有外加时钟输入来同步控制时序逻辑电路。为了保证图 6.7 的电路具有相同的时序特征，状态改变发生在 x 的下降沿时刻。第一个 **always** 块声明了输入脉冲产生时刻每个状态的次态。当没有时钟产生时，不需要声明次态。第二个 **always** 块根据状态表声明了输出是状态和输入变量的函数。

```
//Example 6.2 Verilog behavioral model
module Example6_2 (                        //define input and output variables
   input x,
   output reg z);
   reg [1:0] state;                        //define internal state variables
   parameter A=2'b00, B=2'b01,C=2'b10,D=2'b11;  //make state assignments
   always @ (negedge x)                    //detect negative edge of input x
         case (state)                      //generate next state as specified in state table
            A: state <= B;
            B: state <= D;
            C: state <= C;
            D: state <= A;
         endcase
   always @ (state,x)                      //generate output based on state/input pair in state table
         case (state)
            A,B,C: z <= 0;
            D: z <= x;
         endcase
endmodule
```

6.2.2 脉冲型电路的设计

脉冲型电路分析与设计的方法和第 5 章中介绍的同步时序逻辑电路的基本一致。不过，在设计脉冲型电路时，需要记住电路中没有时钟脉冲输入，而且在同一时刻只有一个输入发生改变，只能使用多个非互补的输入变量。

无时钟脉冲输入的电路意味着只能通过输入信号上的脉冲来实现对锁存器或者触发器的触发，因此电路的所有时序信息来自输入脉冲。输入脉冲不仅提供输入信息，还有着类似于同步时序电路的时钟脉冲的作用。

设计步骤

这种电路的设计步骤与同步时序逻辑电路的基本相同。不过，某些步骤的有些不同，下面采用 3 个示例来加以阐述。

第 1 步　确定状态图和/或状态表。

第 2 步　化简状态表。

第 3 步　状态分配，产生状态转换/输出表。

第 4 步　选择锁存器或者触发器的类型，获得驱动方程。

第 5 步　确定输出方程。

第 6 步　选择合适的逻辑元件，画出电路图。

例 6.3　设计一个脉冲型电路，含两个输入变量 x_1 和 x_2 及一个输出函数 z。脉冲型电路框图如图 6.11(a)所示。仅对应于最后的输入脉冲序列 x_1–x_2–x_2，电路同步产生输出脉冲；而其余输入序列则不会产生输出脉冲。因此，此例就是设计一个 x_1–x_2–x_2 序列码检测器。

第 1 步　定义以下三种电路状态。

A: 表示最后的输入是 x_1。

B: 表示序列码 x_1–x_2 出现。

C: 表示序列码 x_1–x_2–x_2 出现。

相应的状态图如图 6.11(b)所示。注意，该状态图类似于同步时序逻辑电路的状态图。不过，状态转换标识为输入变量(x_1 和 x_2)和输出值而不是输入值和输出值。另外，记住状态转换由输入脉冲而不是时钟脉冲触发。

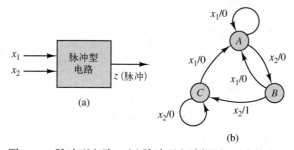

图 6.11　脉冲型电路。(a)脉冲型电路框图；(b)状态图

由图 6.11(b)的状态图构建状态表如下：

现态	x_1	x_2
A	A/0	B/0
B	A/0	C/1
C	A/0	C/0

次态/输出

第 2 步　化简状态表。

第 3 步　分配状态 A = 00，B = 01，C = 10，获得以下状态转换/输出表。

y_1y_2	x_1	x_2
00	00/0	01/0
01	00/0	10/1
10	00/0	10/0

Y_1Y_2/z

第4步 选择 T 触发器作为存储单元。次态图和相应的触发器驱动变量卡诺图如图 6.12 所示。这些图可以理解为可化简的四变量卡诺图。

在列写 T 的驱动方程时,忽略 $y_1 = Y_1 = 0$ 或者 1 及 $y_2 = Y_2 = 0$ 或者 1 对应的单元格,因为其中没有有价值的信息,也无须证明。将相邻的 $T_1 = T_2 = 1$ 和无关项 d 合并化简,得到如下驱动方程:

$$T_1 = x_1 y_1 + x_2 y_2$$
$$T_2 = x_1 y_2 + x_2 \bar{y}_1$$

第5步 同理,根据图 6.12 的输出卡诺图,得到以下逻辑表达式:

$$z = x_2 y_2$$

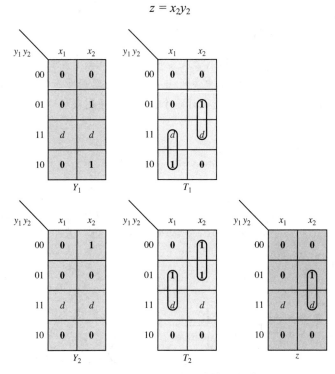

图 6.12 次态、驱动变量及输出卡诺图

第6步 采用与门/或门来实现此逻辑表达式,逻辑电路如图 6.13 所示。

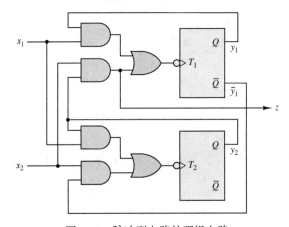

图 6.13 脉冲型电路的逻辑电路

在例 6.3 中采用米利型时序逻辑电路，因为输出既是输入也是状态变量的函数。第二个示例则采用摩尔型电路结构加以描述，请复习第 5 章定义的米利型和摩尔型电路。

例 6.4　设计一个脉冲型电路，输入变量为 x_1、x_2、x_3，输出函数为 z。当且仅当输入序列为 x_1-x_2-x_3 且 $z = 0$ 时，输出从 0 态变为 1 态；之后，仅当 x_2 信号出现时，输出从 1 态变回 0 态。

第 1 步　在两个输入脉冲之间，输出保持为 1 态，因此应该采用摩尔型电路来实现此电路的功能，电路框图如图 6.14(a)所示。满足状态分配要求的状态图和状态表分别如图 6.14(b)和(c)所示。

第 2 步　化简如图 6.14(c)所示的状态表。

第 3 步　状态分配为 $A = 00$，$B = 01$，$C = 11$，$D = 10$，得到如图 6.14(d)所示的状态转换/输出表。

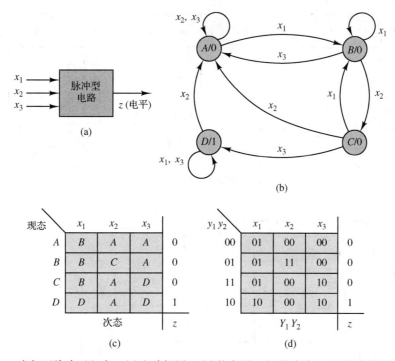

图 6.14　摩尔型脉冲型电路。(a)电路框图；(b)状态图；(c)状态表；(d)状态转换/输出表

第 4 步　图 6.15 为采用 SR 锁存器构成的次态卡诺图和驱动变量卡诺图。注意，由于采用 SR 锁存器，因此每个输入脉冲的持续时间务必足够长，这样才能保证状态转换正常完成。另外，当使用化简的卡诺图时，分组务必限制在已知的列中。由卡诺图得到如下驱动方程：

$$S_1 = x_2\bar{y}_1 y_2, \qquad R_1 = x_1 y_2 + x_2 y_1$$
$$S_2 = x_1 \bar{y}_1, \qquad R_2 = x_2 y_1 + x_3$$

第 5 步　由于采用了摩尔型电路的设计，因此 z 仅是状态变量的函数。仅当电路在状态 D 时，产生输出 1。因此，

$$z = y_1 \bar{y}_2$$

第 6 步　图 6.16 展示了采用与门/或门及 SR 锁存器构成的电路。

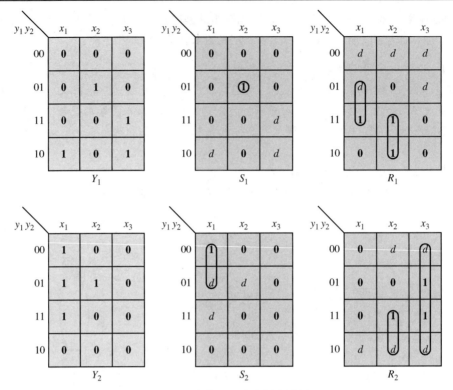

图 6.15　次态和驱动变量卡诺图

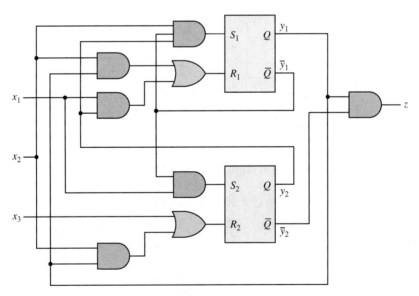

图 6.16　摩尔型脉冲型电路示例

例 6.5　设计一个脉冲型电路，输入变量为 x_1、x_2、x_3，输出函数为 z。此电路用作数字密码锁，信号框图如图 6.17(a)所示，正确的密码是输入脉冲依序为 x_1-x_2-x_2-x_1-x_2。输入脉冲由按钮来产生。输入 x_3 是复位信号，用于对数字密码锁清零。当且仅当输入脉冲依序为 x_1-x_2-x_2-x_1-x_2 且 $z=0$ 时，输出函数从 0 态变为 1 态；之后，在最后的 x_2 持续期间，输出函数变为 1 态。一旦 x_2 脉冲消失，数字密码锁就不能再次打开，除非使用 x_3 来复位。如果输入脉冲的顺序错误，则在输入准确的脉冲组合之前，需要使用复位脉冲将数字密码锁清零。换句话说，当打开数字密码锁后，需要输入脉冲依序为 x_3-x_1-x_2-x_2-x_1-x_2，才能再次打开数字密码锁。

第 1 步　满足要求的状态图和状态表分别如图 6.17(b) 和 (c) 所示。

第 2 步　图 6.17(c) 已经是最简状态。

第 3 步　任意选择状态分配方案，均可用于实现状态表。不过，有些分配方案更佳。本例采用图 6.17(d) 的状态分配方案来实现电路功能，得到的状态转换/输出表如图 6.17(e) 所示。

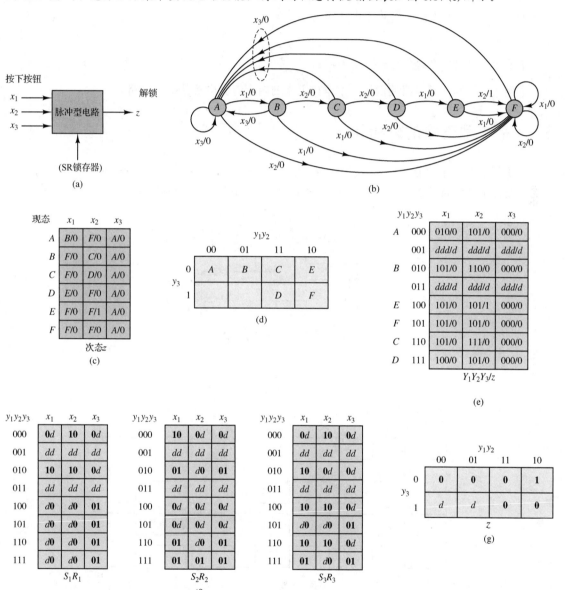

图 6.17　数字密码锁。(a) 电路框图；(b) 状态图；(c) 状态表；(d) 状态分
配；(e) 状态转换/输出表；(f) 驱动变量卡诺图；(g) 输出卡诺图

第 4 步　根据状态转换表得到 SR 锁存器的驱动变量卡诺图，如图 6.17(f) 所示。记住，在使用化简的卡诺图时，分组务必限制在已知的列中。从卡诺图获得以下驱动方程：

$$S_1 = y_2x_1 + x_2$$
$$R_1 = x_3$$
$$S_2 = \bar{y}_1\bar{y}_2x_1$$
$$R_2 = y_2x_1 + y_3x_2 + x_3$$
$$S_3 = (y_2\bar{y}_3 + y_1\bar{y}_3)x_1 + (\bar{y}_2 + y_1)x_2$$
$$R_3 = (y_2y_3)x_1 + x_3$$

第 5 步　通过去掉输入变量而获得输出卡诺图，如图 6.17(g) 所示。由于仅在输入变量 x_2 为高电平期间，输出 z 为 1 态，因此输出逻辑表达式如下：

$$z = y_1\bar{y}_2\bar{y}_3x_2$$

第 6 步　电路图的绘制留给读者自行练习。

本例实现了脉冲型电路的设计。本章接下来的内容将会讲解基本型电路。

6.3　基本型电路的分析

对于基本型电路的分析，要求设计人员注意其特殊的行为特征，即无论是否存在时钟脉冲，此类电路均采用无时钟控制的存储器和电平输入方式，如图 6.18(a) 的电路所示。

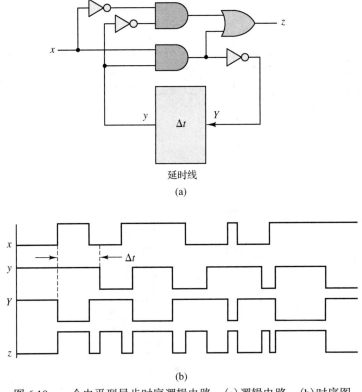

图 6.18　一个电平型异步时序逻辑电路。(a) 逻辑电路；(b) 时序图

此电路由与门、或门和非门及一个延时线存储单元组成。延时线存储单元是由物理器件通过反馈来产生输出 Y 与反馈信号 y 之间出现的 Δt 延时。不过，在很多电路中，输出 Y 直接反馈至输入 y，此时，Δt 表示信号通过组合逻辑电路的总延时，由此决定输入信号 x 或者反馈信号 y 与相应的输出 Y 之间的时间差。

对此类电平型异步时序逻辑电路的分析是最难的。上述电路的时序图如图 6.18(b)所示，相应的逻辑表达式如下：

$$Y = \overline{xy} = \bar{x} + \bar{y} \quad 和 \quad z = xy + \bar{x}\bar{y}$$

观察 Y 输出方程可知，输入信号 $\bar{x}$ 用作一个控制变量，以反映延时线反馈支路的变化。如果 $x = 0$（即 $\bar{x} = 1$），则 $Y = 1$，也就是 Y 的次态与现态 y 无关。当 $x = 1$（即 $\bar{x} = 0$）时，Y 的次态是现态 y 取反，即 $Y = \bar{y}$，而且时序逻辑电路周期性地变化于 0 态和 1 态之间。

与之前分析的其他电路相比，此类电路是很特殊的，因为没有外加脉冲来辅助分析。同步时序逻辑电路的状态转换是由时钟来触发的，而脉冲型电路的触发则来自电路的输入脉冲。对于这些电路，很容易通过分析时钟脉冲（或者输入脉冲）有效触发时的电路状态和输入信号而得到状态表和状态图。然而，电平型异步时序逻辑电路更加难以描述。为了便于分析，我们引入一种特殊的描述方法来处理基本型电路。

常见的基本型电路如图 6.2 所示，通过 t 时刻的逻辑表达式来加以描述。

$$z_i^t = g_i(x_1^t, \cdots, x_n^t, y_1^t, \cdots, y_r^t), \qquad i = 1, \cdots, m \tag{6.1}$$

$$Y_j^t = h_t(x_1^t, \cdots, x_n^t, y_1^t, \cdots, y_r^t), \qquad j = 1, \cdots, r \tag{6.2}$$

$$y_j^{t+\Delta t} = Y_j^t, \qquad j = 1, \cdots, r \tag{6.3}$$

其中

$$
\begin{aligned}
x &= (x_1, \cdots, x_n) = \quad 输入状态 \\
y &= (y_1, \cdots, y_r) = \quad 二级状态 \\
z &= (z_1, \cdots, z_m) = \quad 输出状态 \\
Y &= (Y_1, \cdots, Y_r) = \quad 驱动状态 \\
(x, y) &= \quad 总状态
\end{aligned}
$$

同时，表达式还可以描述如下：

$$z^t = g(x^t, y^t) \tag{6.4}$$

$$Y^t = h(x^t, y^t) \tag{6.5}$$

$$y^{t+\Delta t} = Y^t \tag{6.6}$$

6.3.1　概述

为了介绍基本型电路的分析步骤，我们以图 6.19(a)的电路为例。对此电路列写方程如下：

$$
\begin{aligned}
z^t &= g(x_1^t, x_2^t, y^t) = x_1^t x_2^t + \bar{x}_2^t y^t \\
Y^t &= z^t \\
y^{t+\Delta t} &= Y^t
\end{aligned}
$$

其中

$$
\begin{aligned}
(x_1, x_2) &= 输入状态 \\
(y) &= 二级状态 \\
(x_1, x_2, y) &= 总状态 \\
(z) &= 输出状态 \\
(Y) &= 驱动状态
\end{aligned}
$$

图 6.19(b)展示了此电路在典型的输入序列下的时序图。

请特别关注图 6.19(b)中 t_3 时刻的状态。此时，与输入 x_2 从 0 态转换为 1 态相对应，Y 从 0 态变为 1 态。不过，直到 t_4 时刻，y 才随之从 0 态变为 1 态。y 的响应延时是因为反馈支路中的延时线。当我们假设延时 Δt 时，有 $t_4 - t_3 = \Delta t$。

由于 $y \neq Y$，说明 t_3 时刻存在不稳定的状态，即非稳态。另外，不稳定的状态还发生在 t_5、t_9 和 t_{13} 时刻。当 $y = Y$ 时，电路状态是稳定的。

注意，不稳定的状态保持 Δt 时间，因此是暂态。总体来说，基本型电路的暂态行为会严重影响器件的正常功能，我们在后续章节会进行详细的讨论。

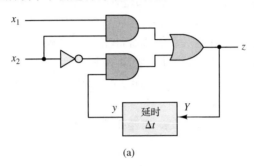

(a)

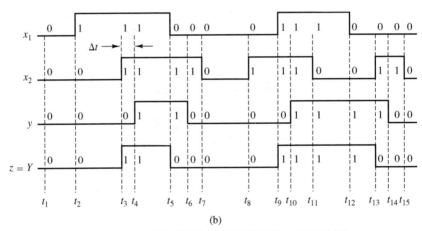

(b)

图 6.19　一个基本型电路。(a)逻辑电路；(b)时序图

总之，当以下关系成立时，基本型电路处于稳态：

$$y^t = Y^t \tag{6.7}$$

电路的非稳态根据以下表达式来定义：

$$y^t \neq Y^t \tag{6.8}$$

6.3.2　驱动表与流表

对于基本型电路，可以用表格形式来描述其工作状态，这样便于对电路进行分析与设计。第一个表是驱动表。一个驱动表可以把驱动状态和输出状态表示为总状态 $(x_1, \cdots, x_n, y_1, \cdots, y_r)$ 的函数。因此，驱动表是式(6.1)和式(6.2)的表格形式。与图 6.19(a)相对应的驱动表如图 6.20 所示，此表可认为是输出 Y 和 z 的卡诺图的组合体。

注意，此表的每列与一个独立的输入状态相对应，每行与一个独立的二级状态相对应。因此，表中的每格表示电路的一个独立的总状态 (x_1, x_2, y)。每格包含驱动状态和输出状态，分别与式(6.1)和式(6.2)的总状态相对应。通过对相应的驱动状态画圈来标注稳态。

接下来，把驱动和输出函数分为两个表是很容易的。我们把图 6.19(a)的电路的驱动表分解为图 6.21 的形式。因此，驱动表可以表示为单个表或者两个表，二者可以根据需要通过增加行和列来扩展附加的状态与输入变量。

（信号）流表是基本型电路的另一种有用的表示形式。流表类似于驱动表，不过在流表中，驱动状态和二级状态用字母或其他非二进制符号来表示。因此，流表可以定义电路的行为，但是不能确定电路的实现方式。图 6.22 为图 6.19(a)的电路的流表。

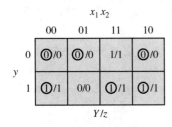

图 6.20　驱动表

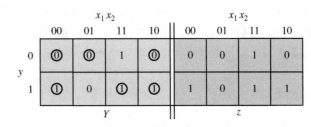

图 6.21　驱动表（另一种形式）

流表和驱动表均可用于分析电路在已知输入序列下的输出响应。不过，驱动表可提供二级状态和驱动状态行为分析以作为附加的信息。

图 6.23 的流表展示了 t_1 至 t_7 期间的信号流，与图 6.19(b)的时序图相对应。

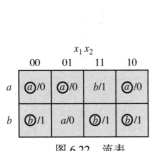

图 6.22　流表

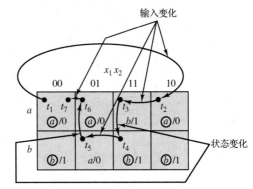

图 6.23　显示信号流顺序的流表

注意图 6.23 中出现的非稳态。同时，可以观察到一个输入变化引起流表的水平移动；而二级状态改变时会引起流表的垂直移动。换句话说，一个输入的变化引起电路水平移动进入一个新的列，然后垂直移动直到进入一个稳态。

6.3.3　分析步骤

在讨论了驱动表和流表之后，可以得到如下分析步骤。

分析步骤

第 1 步　根据电路图获得驱动方程和输出方程。

第 2 步　画出驱动 Y 和输出函数 z 的卡诺图，然后得到驱动表。

第 3 步　在驱动表中标注所有的稳态。

第 4 步　给驱动表中的每一行分配一个非二进制符号。通常采用二级状态码的十进制等效码或者字母。

第 5 步　采用代表状态分配的字符来替换驱动表中的每个二进制状态，画出流表。

接下来举例说明以上分析步骤。

例 6.6 已知图 6.24(a)的电路，画出其流表。

第 1 步 电路的驱动方程和输出方程如下：

$$Y_1 = \bar{x}\bar{y}_2$$
$$Y_2 = x\bar{y}_1$$
$$z = \bar{x}y_1$$

第 2 步 根据如图 6.25(a)所示的 Y_1、Y_2 和 z 的卡诺图画出驱动表，如图 6.25(b)所示。

第 3 步 在条件 $y_1y_2 = Y_1Y_2$ 下可确定稳态，在图 6.25(b)中圈定。

第 4 步 二级状态码的十进制等效码加 1 用于表示驱动表中的相应行。例如在图 6.25(b)中，$y_1y_2 = (01) = 2$。

第 5 步 图 6.25(c)为流表，注意最后两行交换了位置，以便保持数值顺序为递增。

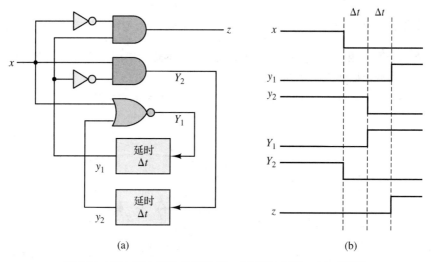

图 6.24　基本型电路的分析示例。(a)逻辑电路；(b)时序图

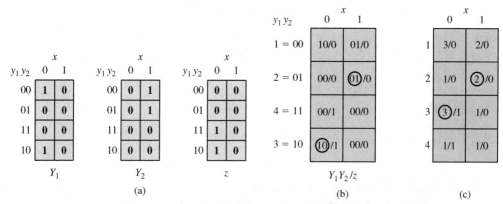

图 6.25　从卡诺图获得的驱动表和流表。(a)卡诺图；(b)驱动表；(c)流表

在下面的讨论中，采用括号来表示稳态。有趣的是，可以观察到当输入信号从 1 变为 0 时，电路状态从稳态(2)开始变化。首先，在流表第 2 行可见，电路从稳态(2)过渡到非稳态 1。接下来，电路从第 1 行的非稳态 3 开始移动。最后，电路转移到第 3 行的稳态(3)。因此，输入改变引起的

状态变化依序为 (2)→1→3→(3)。图 6.24(b) 展示了时序图中的状态序列。注意，在最后的稳态出现之前，电路经历了两个非稳态。

以上内容分析了基本型电路，接下来会进一步讨论此类电路的设计。

6.4　基本型电路的设计

基本型电路的设计或者综合可以通过类似于脉冲型电路的设计步骤来完成。不过，在设计基本型电路时需要考虑大量的细节，以下会进一步说明。

6.4.1　流表设计与实现

基本型电路采用状态图或者状态表来表达是比较困难的，因为总状态由输入状态和二级状态共同决定。替代状态图/状态表的表达形式是原始流表，更适用于基本型电路。一个原始流表是指每行仅包含一个稳态的流表。

基本型电路的设计步骤定义如下，以下通过 3 个示例加以阐述。

设计步骤

第 1 步　根据设计要求画出电路的原始流表。

第 2 步　从原始流表得到化简的流表。

第 3 步　进行二级状态的分配。

第 4 步　画出驱动表和输出表。后续会介绍绘制输出表的特殊规则。

第 5 步　获得每个状态变量和每个输出函数的逻辑表达式。

第 6 步　采用合适的器件来实现时序逻辑电路。

例 6.7　一个异步时序逻辑电路含有两个输入变量 x_1 和 x_2 及输出函数 z，满足以下要求：只要 $x_1=0$，则 $z=0$。当输入 x_2 第一次变化且 $x_1=1$ 时，输出 $z=1$。仅当 $x_1=0$ 时，z 从 1 态变为 0 态。此电路的典型的输入/输出响应如图 6.26 所示。

第 1 步　画出满足电路要求的原始流表，如图 6.27 所示。请注意此表中的几个特征，首先，每个输入变量组合就是一个独立的列。另外，对于特定输出，每行包含一种稳态；对于非特定输出，则有两种非稳态。后者的列中的值不同于含稳态的列中的值。由于基本型电路的工作特性是在一个给定时间内只允许一个输入变化，不存在两个或更多输入变量发生改变，因此不会出现次

图 6.26　典型的输入/输出响应

态。非稳态按照如下方式来确定。

1. 对每种非稳态指定输出为 0，即在两种稳态之间出现一个暂态，两种稳态的相应输出为 0。

2. 对每种非稳态指定输出为 1，即在两种稳态之间出现一个暂态，两种稳态的相应输出为 1。

3. 对每种非稳态指定无关项，即在两种稳态之间出现一个暂态，两种稳态分别对应输出为 0 和 1。

通过这种方式设置输出，当电路经历非稳态时可以避免输出短暂变化。

现在来解释每种状态设置的必要性。假设电路在稳态 (1)，输入变量 x_2 从 0 变为 1，这时输出不会变化。因此，经过非稳态 2 进入了稳态 (2)。当输入变量 x_1 从 0 变为 1 时，由于电路处于稳态 (2)，输出不

会变化。因此，经过非稳态 3 进入了稳态(3)。如果电路处于稳态(3)，输入变量 x_2 从 1 变为 0，则输出从 0 变为 1。此变化导致输出 $z=1$，且产生了稳态(4)。现在假设电路处于稳态(4)，输入变量 x_2 从 0 变为 1，由于 $x_1 \neq 0$，此时输出不会变化。因此，$z=1$ 的稳态必然存在于 11 列。稳态(5)满足电路设计的要求。当输入变量从 00 变为 10 时，必然出现稳态(6)，因为输出 $z=0$ 的电路稳态必然在 10 列中。无须定义更多的状态，即可完成剩余的状态转换。例如，如果电路在稳态(6)，输入 x_2 从 0 变为 1，则输出 z 必然从 0 变为 1，这是由于稳态(6)转换至稳态(5)引起的。

第 2 步 根据第 5 章介绍的隐含表，可以找到同步机的等效状态，该方法可用于化简流表。不过，需要做两点说明。

首先，现态的概念不能用于流表，不过可以改用稳态的概念，因为原始流表的每一行都有独立的稳态值。其次，图 6.27 的原始流表是未完整定义的，说明对未完整定义的电路进行状态合并相比完整定义的电路更具有灵活性，本书采用相容状态或者相容行的概念来体现这种灵活性。

无论 R_i 或者 R_j 是初始稳态或者稳态行，当输出被定义之后，当且仅当应用于 R_i 和 R_j 的输入序列产生了相同的输出序列时，在原始流表中的两行 R_i 和 R_j 被称为相容行 (R_i, R_j)。一组相容行被称为相容组，最大相容性是指相容组包含最多的相容行。换句话说，如果给具有最大相容性的相容组再增加一行，则会出现不相容性。对于已知的一组相容行，所有可能的行对必须是相容的。

如果原始流表中每行的状态和输出是相容的，则两行是相容的(可以合并)。稳态和非稳态的相容性通过如下方式加以确定：(1)稳态 (i) 和非稳态 i 是相容的，如果稳态 (i) 与稳态 (j) 相容，则稳态 (i) 和非稳态 j 是相容的；(2)如果稳态 (i) 和稳态 (j) 是相容的，则非稳态 i 与非稳态 j 也是相容的。

一个隐含表用于检验原始流表中每行对应的这些状态，如图 6.28 所示为图 6.27 的原始流表的隐含表。相容组为 $(1, 2)$，$(1, 6)$，$(2, 3)$，$(4, 5)$。注意，相容组是可以重叠的，这会导致相比完整定义的电路的等效状态合并，选择未完整定义的电路的最少行更加困难。因此，这个问题可以表述为，在原始流表中全覆盖稳态的相容组中确定最少的相容组行，并且是闭合的或者恒定的。闭合意味着每个相容组的隐含次态必须通过某些相容组来获得。

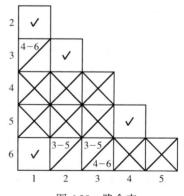

图 6.27　原始流表　　　　图 6.28　隐含表

在寻找三行或者更多行的相容组时，合并图是非常有用的。合并图包括原始流表每行的一个节点和相容行节点之间的弧线。本例的合并图如图 6.29 所示。

流表化简是通过选择最小闭合圈(最小圈)来实现的。例如，满足闭合圈的要求是很容易实现的。因此，问题集中于如何选择最小圈。很明显，图 6.30 中化简的流表的最小圈为{(1,6),(2,3),(4,5)}。

图 6.30 中化简的流表可以通过重新标识状态行，例如改为 a、b 和 c 来绘制等效的流表(见图 6.31)。

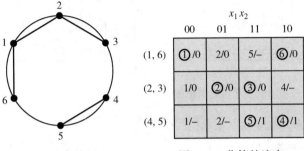

图 6.29　合并图

	x_1x_2 00	01	11	10
(1, 6)	①/0	2/0	5/–	⑥/0
(2, 3)	1/0	②/0	③/0	4/–
(4, 5)	1/–	2/–	⑤/1	④/1

图 6.30　化简的流表

	x_1x_2 00	01	11	10
a	ⓐ/0	b/0	c/–	ⓐ/0
b	a/0	ⓑ/0	ⓑ/0	c/–
c	a/–	b/–	ⓒ/1	ⓒ/1

图 6.31　重新标识状态行之后等效的流表

第 3 步　化简的流表中的每行必须分配独立的二级状态码，此分配方案需要特定的标准，在后续章节会进一步讨论。目前，首先假设可以任意选择状态分配方案。在本例中需要定义两种二级状态变量(y_1 和 y_2)的组合编码，采用如下的状态分配方案。

行	y_1y_2
a	00
b	11
c	01

第 4 步　在前一步的基础上，通过替换相应二级状态码的方式获得化简的流表，进而得到驱动表。在其中圈出稳态值，如图 6.32(a)所示。从化简的流表得到输出表，如图 6.32(b)所示。

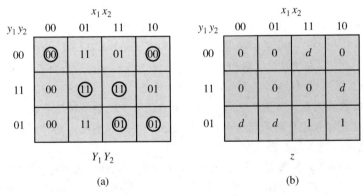

y_1y_2 \ x_1x_2	00	01	11	10
00	(00)	11	01	(00)
11	00	(11)	(11)	01
01	00	11	(01)	(01)

Y_1Y_2

(a)

y_1y_2 \ x_1x_2	00	01	11	10
00	0	0	d	0
11	0	0	0	d
01	d	d	1	1

z

(b)

图 6.32　驱动表和输出表。(a)驱动表；(b)输出表

第 5 步　将驱动表和输出表中的信息转变为卡诺图并写出逻辑表达式，即可获得每个驱动状态和输出状态变量的逻辑表达式。本例的卡诺图如图 6.33 所示，驱动方程和输出方程如下。

$$Y_1 = \bar{x}_1x_2 + x_2y_1$$
$$Y_2 = x_2 + x_1y_2$$
$$z = \bar{y}_1y_2$$

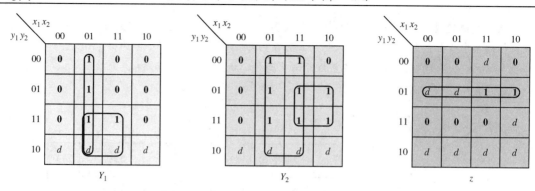

图 6.33　由驱动表和输出表获得的卡诺图

第 6 步　图 6.34 展示了采用与门、或门和非门实现的电路。

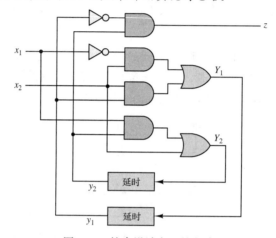

图 6.34　综合设计实现的电路

　　例 6.8　设计一个基本型电路,含有两个输入变量(x_1 和 x_2)和两个输出函数(z_1 和 z_2),满足以下要求:当 $x_1x_2 = 00$ 和 $z_1z_2 = 00$ 时,当 x_1x_2 输入序列完成 00-01-11 的转换时,输出 $z_1z_2 = 10$,并且保持 10 状态,直到 x_1x_2 回到 00 状态。这时,$z_1z_2 = 00$。当 x_1x_2 输入序列完成 00-10-11 的转换时,输出 $z_1z_2 = 01$,并且保持 01 状态,直到 x_1x_2 回到 00 状态。这时,$z_1z_2 = 00$。

　　第 1 步　画出原始流表,注意,在每一列至少出现一个稳态赋值给输出,对应于不同的输入组合值。图 6.35(a)是部分完整的原始流表,通过建立必要的稳态之间的转换来完善此表。定义非稳态,形成完整的原始流表,如图 6.35(b)所示。

　　第 2 步　通过绘制隐含表来化简流表,如图 6.36 所示。从隐含表可见,每行的相容对有 $(1, 2)$,$(1, 7)$,$(2, 8)$,$(3, 5)$,$(3, 8)$,$(4, 6)$,$(4, 7)$,$(4, 9)$,$(5, 8)$,$(6, 9)$。如图 6.37 所示的合并图有助于识别相容组和闭合圈。最大的相容组是 $(1, 2)$,$(1, 7)$,$(2, 8)$,$(3, 5, 8)$,$(4, 6, 9)$,$(4, 7)$。可以采用不同的算法来获得最小圈。不过,这里将使用一种特殊的方法来说明基本概念。

　　首先,注意 9 行中的 8 行可以通过选择 $(1, 2)$,$(3, 5, 8)$,$(4, 6, 9)$ 来覆盖。第 7 行通过选择 $(1, 7)$ 或者 $(4, 7)$ 来覆盖。两种选择均会产生闭合圈,因此,本例中有两种最小圈,即 $\{(1, 2), (1, 7), (3, 5, 8), (4, 6, 9)\}$ 和 $\{(1, 2), (4, 7), (3, 5, 8), (4, 6, 9)\}$。

　　最小圈 $\{(1, 2), (1, 7), (3, 5, 8), (4, 6, 9)\}$ 用于产生图 6.38 所示的化简的流表,其中 a 是 $(1, 2)$,b 是 $(3, 5, 8)$,c 是 $(1, 7)$,d 是 $(4, 6, 9)$。注意,第 1 行中包含了两种状态 a 和 c。因此,在原始流表中非稳态的次态是 1,可以任意地被替换为化简的流表中 a 或者 c 的次态。

	00	01	11	10
1	①/00		-/-	
2		②/00		-/-
3		③/10		-/-
4		④/01		-/-
5	-/-		⑤/10	
6	-/-		⑥/01	
7		-/-		⑦/00
8		-/-		⑧/10
9		-/-		⑨/01

(a)

	00	01	11	10
1	①/00	2/00	-/dd	7/00
2	1/00	②/00	5/d0	-/dd
3	1/d0	③/10	5/10	-/dd
4	1/0d	④/01	6/01	-/dd
5	-/dd	3/10	⑤/10	8/10
6	-/dd	4/01	⑥/01	9/01
7	1/00	-/dd	6/0d	⑦/00
8	1/d0	-/dd	5/10	⑧/10
9	1/0d	-/dd	6/01	⑨/01

(b)

图 6.35　原始流表的变化。(a)部分完整的原始流表；(b)完整的原始流表

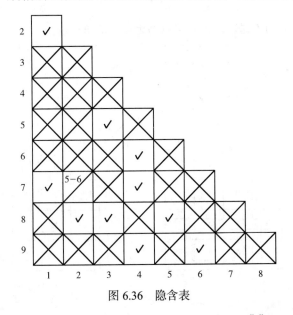

图 6.36　隐含表

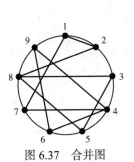

图 6.37　合并图

$x_1 x_2$	00	01	11	10
a	ⓐ/00	ⓐ/00	b/d0	c/00
b	a/d0	ⓑ/10	ⓑ/10	ⓑ/10
c	ⓒ/00	a/00	d/0d	ⓒ/00
d	c/0d	ⓓ/01	ⓓ/01	ⓓ/01

图 6.38　化简的流表

第3步　采用如下的状态分配方案。

行	$y_1 y_2$
a	00
b	01
c	10
d	11

第4步　画出驱动表和输出表，如图 6.39 所示。

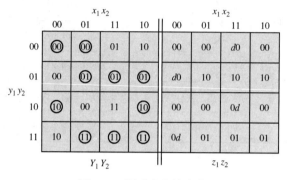

图 6.39　驱动表和输出表

第5步　通过图 6.40 的卡诺图写出以下驱动方程和输出方程:

$$Y_1 = y_1 y_2 + x_1 y_1 + \bar{x}_2 y_1 + x_1 \bar{x}_2 \bar{y}_2$$
$$Y_2 = x_1 x_2 + x_1 y_2 + x_2 y_2$$
$$z_1 = \bar{y}_1 y_2$$
$$z_2 = y_1 y_2$$

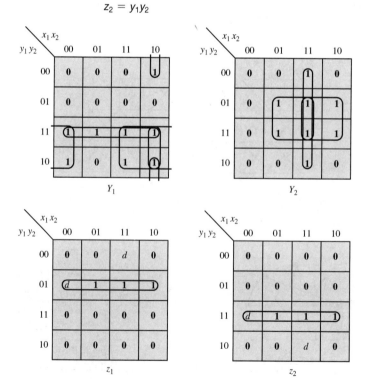

图 6.40　由驱动表和输出表获得的卡诺图

第 6 步　最终设计完成的电路如图 6.41 所示。

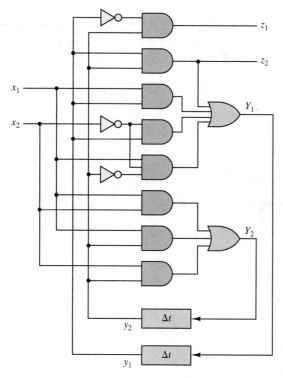

图 6.41　例 6.8 的电路实现

有时，我们无须获得原始流表也能进行基本型电路的设计，举例如下。

例 6.9　设计一个开关去抖滤波器，如图 6.42(a)所示。因为在打开和闭合开关时触头会发生抖动，导致机械开关在数字电路中产生干扰信号。下面，根据图 6.42(b)所示的时序图来设计一个基本型电路。

当按钮按下，其触头离开输入 x_1 时，在时序图中出现暂时的振荡波形。经过较短时间(商用开关通常持续几毫秒)，信号 x_1 稳定至 1 态。接下来，当触头在 x_2 闭合时，刚开始也会抖动，最后 x_2 回到 0 态。当按钮释放时，会经过相同的过程产生类似的振荡波形。

图 6.42 展示了一个流表(无输出 z)和我们需要的状态模式。通过允许第 1 行和第 2 行的稳态存在波动，使输入的振荡波形被滤除。振荡过程在流表中仅表示为单次变化，不过，实际的开关过程可能重复十几次甚至更多。开关去抖滤波器的设计步骤如下。

第 1 步　根据图 6.42(c)得出流表，如图 6.42(d)所示。
第 2 步　图 6.42(d)中的流表仅有两种状态，因此不能再化简。
第 3 步　既然只需要一个状态变量，则状态分配方案为 $a=0$，$b=1$。
第 4 步　驱动表和卡诺图分别如图 6.42(e)、(f)和(g)所示。
第 5 步　逻辑表达式如下：

$$Y = \bar{x}_2 + x_1 y = \overline{\bar{x}_2 \cdot (\overline{x_1 y})}$$

$$z = y \quad \text{或者} \quad z = Y$$

请注意，延时功能是通过用导线连接输出端和输入端而实现的，因此，输出 $z=y$ 或者 $z=\bar{y}$ 的实现方式一致。

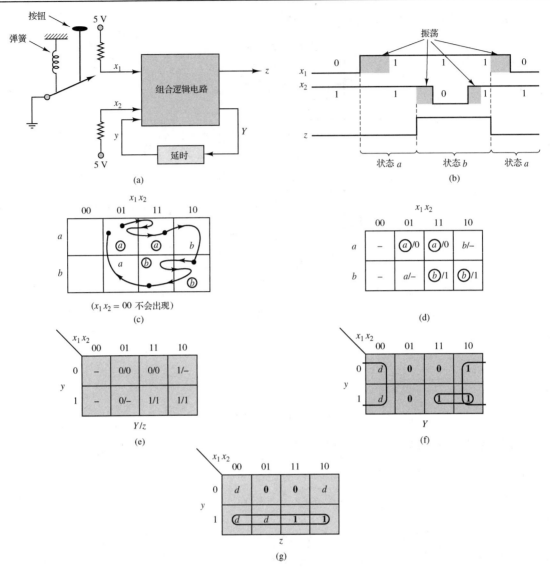

图 6.42　开关去抖滤波器的设计。(a)带去抖功能的机械开关；(b)希望实现的时序特性；
(c)希望实现的信号流；(d)流表；(e)驱动表；(f) $\overline{Y}$ 的卡诺图；(g) z 的卡诺图

第 6 步　开关去抖滤波器的逻辑电路如图 6.43(a)所示，采用了与非门来实现电路功能。请注意，也可以重新画出 6.43(b)的电路，即通过交叉连接与非门来实现电路功能。

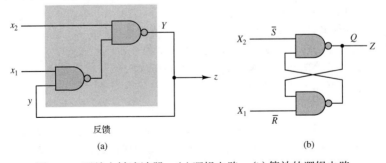

图 6.43　开关去抖滤波器。(a)逻辑电路；(b)等效的逻辑电路

本章接下来还会介绍更多的示例，涉及二级状态的选择。在对基本型电路进行状态分配时，必须考虑一些特殊的要求，现在来深入讨论这些要求。

6.4.2　竞争与循环

逻辑电路中单个元器件的性能会影响电路的工作特性，尤其是元器件的相对响应时间会严重影响基本型电路的工作特性。本节接下来将会讨论这些影响。

首先，我们来探讨基本型电路的延时的来源。参考如图 6.2 所示的基本型电路，可见反馈支路中存在延时线。在所有的实际电路中还有另一种延时，即逻辑元件和交叉导线引起的延时。因此，即使电路中没有专门的延时元件，逻辑元件和导线仍然会引起延时现象。

电路特性中的延时效应分为两种形式，其一是反馈支路引起的延时，其二是逻辑元件和导线引起的延时。

惯性器件通常用作反馈支路的延时元件。惯性延时元件对信号的响应持续时间等于或者大于器件的延时。如图 6.44(a) 所示，令 ID 表示对输入 Y 和输出 y 具有延时 Δt 的惯性延时。假设仅当 Y 的脉宽大于或者等于 Δt 时，输出 y 才会在 Y 值发生变化并延时 Δt 之后有所响应。如果其脉宽小于 Δt 时间，则不会出现延时输出的情况。图 6.44(b) 展示了一个惯性延时元件对典型输入信号进行延时的响应特征。

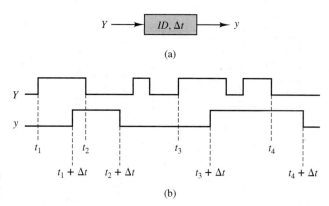

图 6.44　惯性延时元件。(a) 逻辑框图；(b) 典型的响应序列

惯性延时元件可用于滤除可能因反馈信号而引入的不需要的暂态。这些暂态干扰产生的原因是逻辑元件的不均等的响应时间，可能引起电路的逻辑输出出现错误。

惯性延时元件比真正的延时元件更难以实现。不过，使用此类元件的优点超越了实现其功能的复杂性。因此，本章最后把所有的延时元件均视为惯性延时元件。

竞争是指当电路从一个稳态转换至另一个稳态时，有两个或者更多的二级状态变量发生改变，由此出现的特殊状态。在实际电路中，在不同反馈支路中的延时元件的数量通常不同。如果延时不同，则电路可能出现无法预料或者错误的行为特征，因此引起竞争现象，后面将会详细阐述。在基本型电路的讨论过程中，我们均假设在某个反馈支路中的延时元件不同于其余反馈支路中的延时元件。

如果电路存在竞争现象，但是工作正常，则称为非临界竞争，即当输入任意改变时，电路输出是正常的稳态。不过，竞争很可能导致电路进入和保持在不正确的稳态中，后者称为临界竞争状态。在设计电路时，务必要避免出现临界竞争。另一方面，设计人员通常会利用非临界竞争来实现电路。

通过适当的二级状态分配，可以避免发生临界竞争现象，状态分配的问题并非是最重要的，我们留待后续讨论。以下示例可以让读者更好地理解竞争引起的麻烦。

例 6.10 考虑图 6.45 的流表，分析临界与非临界竞争现象。

状态分配方案为 $a=00$，$b=01$，$c=10$，$d=11$，画出驱动表如图 6.46 所示。此表中存在临界和非临界竞争现象，图 6.47 是最终设计完成的电路。

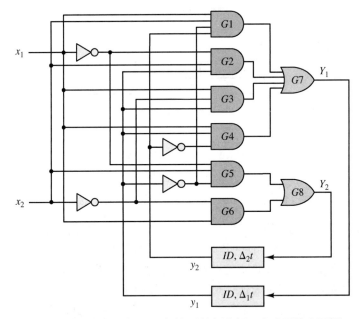

	x_1x_2 = 00	01	11	10
a	(a)/0	b/0	(a)/1	b/1
b	a/0	(b)/0	c/0	(b)/0
c	a/1	(c)/1	(c)/0	d/0
d	a/0	c/0	a/1	(d)/1

图 6.45　流表

y_1y_2 \ x_1x_2	00	01	11	10	00	01	11	10
00	(00)	01	(00)	01	0	0	1	1
01	00	(01)	10	(01)	0	0	0	0
10	00	(10)	(10)	11	1	1	0	0
11	00	10	00	(11)	0	0	1	1
	Y_1Y_2				z			

图 6.46　驱动表和输出表

图 6.47　存在竞争现象的电路(为了简便分析，省略了输出逻辑)

在以下的讨论中，将延时元件约定为惯性器件，信号在门电路和导线中的延时可忽略不计。总状态就是 $x_1x_2y_1y_2$ 的值，即输入 x_1x_2 和二级状态 y_1y_2 的组合结果。

仔细观察驱动表可知，当总状态从 1011 变为 0000 时出现了竞争现象。无论在$\Delta_1t>\Delta_2t$，还是$\Delta_1t<\Delta_2t$ 的情况下，这种竞争是非临界的。

为了简化讨论过程，假设 t_0 表示电路处于状态 1011 的时刻，t_1 表示输入状态从 10 变为 00 的时刻；令 t_2 表示第一次延时的响应时刻，t_3 表示第二次延时的响应时刻，t_4 则表示 t_3 之后的一个时刻。

现在仔细分析信号的响应过程。在 t_0 时刻，电路处于状态 1011，门的输出分别为：$G1=0$，

$G2=0$，$G3=1$，$G4=0$，$G5=0$，$G6=1$，$G7=1$，$G8=1$。当输入在 t_1 时刻从 10 变为 00 时，所有门的输出均为 0。因此，$Y_1Y_2=00$。不过，由于延时元件的输出，使 y_1y_2 保持为 11 状态。$y_1 \neq Y_1$，$y_2 \neq Y_2$，因此电路处于非稳态。

接下来，电路的分析会受到延时元件相对响应时间的影响。假设 $\Delta_1 t > \Delta_2 t$，在 $t_2 = t_1 + \Delta_2 t$ 时刻，y_2 响应更早期 Y_2 的变化，因此 y_2 变为 0。当 $y_2=0$ 时，Y_1 或者 Y_2 不变。在 $t_3 = t_1 + \Delta_1 t$ 时刻，由于 $Y_1=0$，则 y_1 变为 0。不过，Y_1Y_2 仍然不变，$y_1=Y_1$，而 $y_2=Y_2$，因此电路达到稳态。当 $\Delta_1 t > \Delta_2 t$ 时，电路存在非临界竞争，总状态的变化如下：

$$1011\text{–}0011\text{–}0010\text{–}0000$$
$$\quad t_0 \qquad t_1 \qquad t_2 \qquad t_3$$

当 $\Delta_1 t < \Delta_2 t$ 时，总状态的变化如下：

$$1011\text{–}0011\text{–}0001\text{–}0000$$
$$\quad t_0 \qquad t_1 \qquad t_2 \qquad t_3$$

图 6.48 展示了两种状态变化时序图。

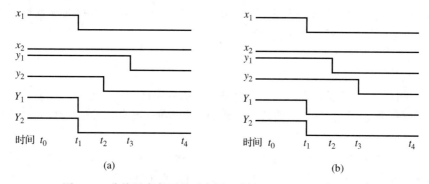

图 6.48　非临界竞争下的时序图。(a) $\Delta_1 t > \Delta_2 t$；(b) $\Delta_2 t > \Delta_1 t$

很重要的一点是，电路响应是 $\Delta_1 t$ 和 $\Delta_2 t$ 之间的关系的函数。不过，在每种情况下电路最终的稳态都是正确的状态，此类情况就是非临界竞争的特征。在电路改变过程中非稳态的顺序通常不重要，只要最终达到正确的状态即可。

经历两次或者更多次的非稳态称为循环，后面会进行讨论。

与非临界竞争状态相比，临界竞争状态可能导致错误的电路行为。例如，总状态是 1001，现在分析当输入从 10 变为 11 时的电路响应。状态 1001 下电路的门输出分别为：$G1=0$，$G2=0$，$G3=0$，$G4=0$，$G5=0$，$G6=1$，$G7=0$，$G8=1$。在 t_1 时刻，当输入变为 11 时，门输出 $G1=1$，$G6=0$，因此 $Y_1=1$，$Y_2=0$。注意 $\Delta_1 t$ 和 $\Delta_2 t$ 之间的关系的影响。

假设 $\Delta_1 t > \Delta_2 t$，在 $t_2 = t_1 + \Delta_2 t$ 时刻，由于 $Y_2=0$，因此 $y_2=0$。不过，当 y_2 变为 0 时，在 ID_1 对 $Y_1=1$ 响应之前，迫使 $Y_1=0$。因此，$y_1=0=Y_1$，$y_2=0=Y_2$，表明电路稳定在 1100 状态。这样的响应是错误的，如驱动表所示。状态转换的顺序依次是

$$1001\text{–}1101\text{–}1100\text{–}1100$$
$$\quad t_0 \qquad t_1 \qquad t_2 \qquad t_3$$

现在讨论 $\Delta_1 t < \Delta_2 t$ 的情况，然后再进一步讨论 $2\Delta_1 t > \Delta_2 t$ 的情况。在 $t_2 = t_1 + \Delta_1 t$ 时刻，根据 $Y_1=1$，y_1 变为 1。此变化会迫使 $G1$ 输出为 0，导致 $Y_1=0$。在 $t_3 = t_1 + \Delta_2 t$ 时刻，由于 $Y_2=0$，使 y_2 变为 0。当 $y_2=0$ 时，$G4$ 输出为 1，迫使 y_1 再次为 1。现在假设 $2\Delta_1 t > \Delta_2 t$，就有 $t_3 - t_2 < \Delta_1 t$。因此，Y_1 的短暂改变不会影响 y_1。此时，电路的特定稳态是 1110。因此，电路的状态依次为

1001–1101–1111–1110–1110
t_0　　t_1　　t_2　　t_3　　t_4

图 6.49 是更详细的时序图，可用于测试存在其余临界竞争状态的电路。

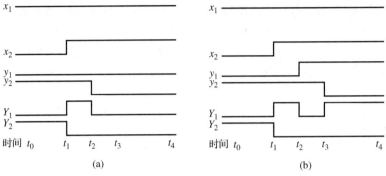

(a)　　　　　　　　　　　　　　(b)

图 6.49　临界竞争下的时序图。(a) $\Delta_1 t > \Delta_2 t$；(b) $\Delta_1 t < \Delta_2 t$

例 6.10 阐明了临界竞争状态会导致错误的电路行为。因此，务必避免发生这样的情况。接下来，我们将讨论如何避免临界竞争问题。

6.4.3　消除竞争状态

通过合理选择二级状态的分配，可以避免竞争状态的出现。简单地说，必须分配二级状态，以便一次只需要一个二级变量来更改流表中的任何状态转换。通常必须在两种稳态之间建立循环，并且增加状态变量的数目。

现在分析图 6.45 流表，讨论如何通过分配状态来避免竞争状态出现。观察流表之后可知，状态变化是从 a 行到 b 行，从 b 行到 c 行，从 c 行到 d 行，从 d 行到 a 行，以及从 c 行到 a 行。将此信息总结为状态转换图，如图 6.50(a) 所示。图中的每个节点与流表中的一行相对应。当相应行之间的状态发生转换时，用一条线来连接两个节点。这条线用转换发生时的输入状态来标识。

之前已经讨论过，在设计电路时，必须避免临界竞争状态发生。图 6.50(b) 中的状态转换图包含了可能引起临界竞争的状态转换。由于在已知输入条件下，临界竞争会导致错误的稳态输出，因此只有这些状态转换(出现在流表的列中，包含两种或者更多的稳态)是临界的。

如果在状态转换图中相互连接的节点的数码仅有一位不同，则能够实现一个非临界竞争的二级状态的分配。以下状态分配方案很明显是图 6.50(b) 的状态转换图的非临界竞争的情况。

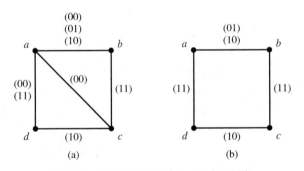

图 6.50　状态转换图举例。(a) 完整的状态转换图；(b) 临界状态转换图

行	$y_1 y_2$
a	00
b	01
c	11
d	10

　　图 6.51 展示了在合理状态分配下的驱动表和逻辑电路。本例存在其他的非临界竞争的状态分配方案。选择状态分配方案的简单过程是对一种状态任意编码，例如 $c=10$，然后，通过更改之前的编码中的一位来对连接的状态进行编码，例如 $b=00$。接下来重复此过程，直到对所有状态完成编码，例如 $a=01$，$d=11$。通常来说，状态分配问题比本例更复杂，在后续章节会进一步讨论。

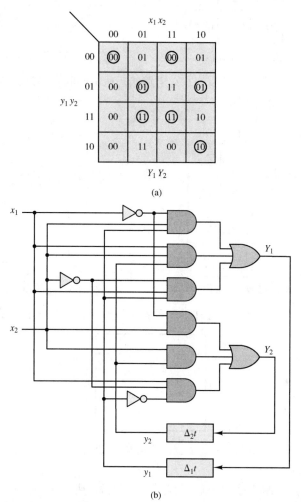

图 6.51　非临界竞争的电路实现。(a)驱动表；(b)逻辑电路

无竞争的状态分配方案

　　现在我们介绍两种无竞争的状态分配案。第一种方案基于两种稳态之间的循环的创建。第二种方案要求在流表中建立冗余行。最经济的分配方案多采用第一种方案，但是第二种方案更直接、便捷。

方案一

　　分析图 6.52 所示的化简的流表，图 6.53 所示的临界状态转换图清晰地表明无法通过状态分配来满足相邻性的要求。

　　不过，如果修改流表，在任意两种稳态之间出现循环，则可以实现无竞争的状态分配。通过增加一个新行，修改第 11 列的非稳态，就可以产生循环。现在假设在 11 列的状态 a 和 c 之间出现了循环。修改之后的流表如图 6.54 所示。

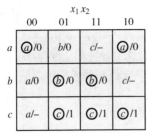

图 6.52　化简的流表

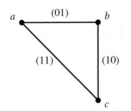

图 6.53　临界状态转换图

注意,通过以下转换顺序 $(a) \rightarrow d \rightarrow c \rightarrow (c)$,电路状态从 10 列的状态 (a) 转换至 11 列的状态 (c),那么临界状态转换图如图 6.55 所示。

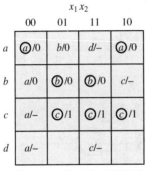

图 6.54　修改之后的流表

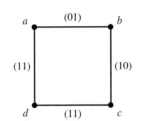

图 6.55　新的临界状态转换图

观察修改之后的流表,实际上会存在很多种无竞争的状态分配方案,举例如下:

行	$y_1 y_2$
a	00
b	01
c	11
d	10

由此获得的驱动表如图 6.56 所示。注意,驱动状态 00 被分配给状态 0010,这样的分配避免了在 10 行出现不希望的稳态。

在之前的示例中,产生循环时无须增加状态变量的数目,从而避免超过最大值的限制。但这种方案并不总是正确的,如图 6.57 中的流表所示。图 6.58 的临界状态转换图反映了不可能总是存在需要的相邻状态,因此,仅当使用三种二级状态之后,才通过产生循环来满足无竞争的状态分配的要求。

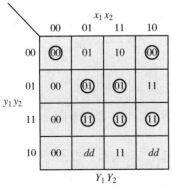

图 6.56　驱动表

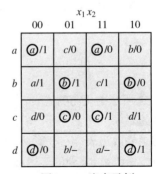

图 6.57　流表示例

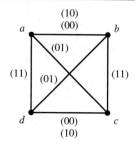

图 6.58　另一临界状态转换图

为了避免出现临界竞争现象，可以采用多种方案来产生循环，以此来解决问题。其中一种方案是，在流表中增加 b^1、d^1 和 c^1 行，然后分别在 11 列的状态 b 和 c 之间产生循环，在 01 列的状态 b 和 d 之间产生循环，在 00 和 10 列的状态 c 和 d 之间产生循环。

$$(b) \rightarrow b^1 \rightarrow c \rightarrow (c)$$
$$(d) \rightarrow d^1 \rightarrow b \rightarrow (b)$$
$$(c) \rightarrow c^1 \rightarrow d \rightarrow (d)$$

这些循环显示在图 6.59 的修改的流表中，进一步画出状态转换图，如图 6.60 所示。

	$x_1 x_2$			
	00	01	11	10
a	ⓐ/1	c/0	ⓐ/0	b/0
b	a/1	ⓑ/1	b^1/1	ⓑ/0
b^1	–/–	–/–	c/1	–/–
c	c^1/0	©/0	©/1	c^1/1
c^1	d/0	–/–	–/–	d/1
d	ⓓ/0	d^1/–	a/–	ⓓ/1
d^1	–/–	b/–	–/–	–/–

图 6.59　带有循环的修改的流表　　　　图 6.60　根据修改的流表获得的状态转换图

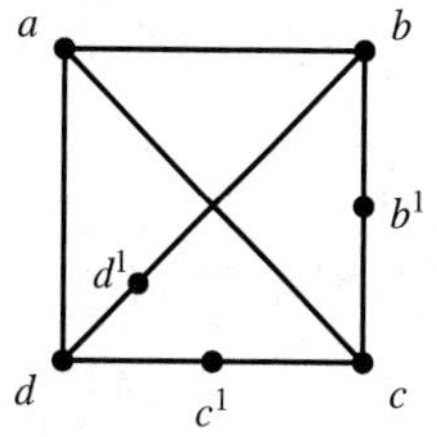

当采用编码方式来满足状态转换图的要求时，相邻图的使用是很有帮助的，详见第 5 章。此图类似于卡诺图，不同之处在于每格表示独立的状态编码，因此相邻格表示相邻编码。图 6.61 所示的三变量图展示了满足所有相邻需求的状态分配方案。注意，从 d 到 b 的状态转换是必要的。

相应的状态分配方案如下：

行	$y_1 y_2 y_3$
a	000
b	001
b^1	011
c	010
c^1	110
d	100
d^1	101

由此产生的驱动表如图 6.62 所示。

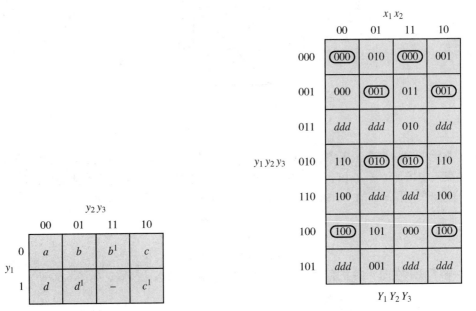

图 6.61   满足相邻需求的状态分配方案

图 6.62   采用方案一获得的驱动表

方案二

此方案将会复制化简的流表中的某些行。相关的状态将被赋给扩展行，这样每组等效行的一行与每个剩余组等效行的其中一行相邻。另外，在等效行中的每行与同组其他行的至少一行相邻。因此，通过合理地建立行与行之间的状态转换，使无竞争状态转换发生在两种稳态之间。

例如，对于总计 4 行的流表，按照这种方式复制每一行，扩展行的状态分配方案如下：

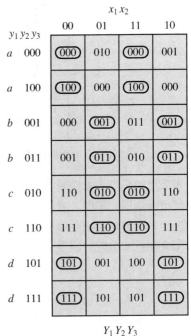

其中，$a = 000$ 分别与 $b = 001$ 和 $c = 010$ 相邻，而 $a = 100$ 与 $d = 101$ 相邻。上述示例的驱动表如图 6.63 所示。

总之，相比方案一，方案二不够经济。因为在最终的驱动表中出现了无关项。不过，由于编码出现在许多不同尺寸的表中，方法二的优势在于不要求试错编码。图 6.64 分别展示了 6 行和 8 行的状态分配表。

图 6.63   采用方案二的驱动表

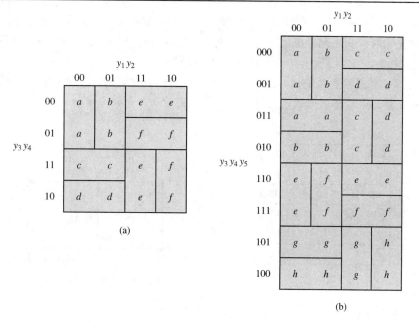

图 6.64 6 行和 8 行的状态分配表。(a) 6 行表；(b) 8 行表

例 6.11 要求设计一个基本型电路，含两个输入变量 (x_1, x_2) 和一个输出函数 (z)，功能如下：仅当输入 x_1 跟随输入 x_2 的变化第一次改变时，输出 z 从 0 变为 1；在 $x_2 = 1$ 期间，仅当 x_1 从 1 变为 0 时，输出从 1 变为 0。

第 1 步 画出满足状态要求的原始流表，如图 6.65 所示。注意，每一列有两种状态对应于输出 $z = 0$。这是因为假设的条件——仅当输入 x_1 跟随输入 x_2 的变化第一次改变时，输出 z 从 0 变为 1。

第 2 步 采用隐含表分析原始流表，给出以下相容行：(1, 2)，(3, 4)，(4, 6)，(4, 8)，(5, 7)，(6, 8)，(9, 10)，(11, 12)。相应的合并图如图 6.66 所示。

	00	01	11	10
1	①/0	2/–	–/–	4/–
2	1/–	②/0	3/–	–/–
3	–/–	5/–	③/1	4/–
4	6/–	–/–	3/–	④/1
5	1/–	⑤/0	7/–	–/–
6	⑥/1	8/–	–/–	4/–
7	–/–	5/–	⑦/0	9/–
8	6/–	⑧/1	3/–	–/–
9	6/–	–/–	10/–	⑨/0
10	–/–	8/–	⑩/0	9/–
11	⑪/0	2/–	–/–	12/–
12	11/–	–/–	7/–	⑫/0

$x_1 x_2$

图 6.65 例 6.11 的原始流表

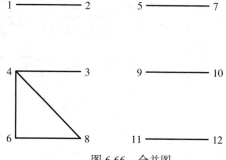

图 6.66 合并图

由图可见，第 4、6、8 行可以合并为一行。所有其余行可以成对合并。从合并图获得的最简

流表如图 6.67 所示。其中，$a=(1, 2)$，$b=(3,4)$，$c=(5,7)$，$d=(4, 6, 8)$，$e=(9, 10)$，$f=(11, 12)$。注意，为了避免出现输出毛刺，在化简的流表中显示了输出的分配方案，如例 6.7 中第 1 步描述的第 2 种和第 3 种。

第 3 步 画出临界状态转换图，如图 6.68 所示。由于在化简的流表中有 6 行，因此最少需要 3 种二级状态变量，通过合理地使用循环可以获得三变量状态分配方案。

	x_1x_2 = 00	01	11	10
a	(a)/0	(a)/0	b/–	b/–
b	d/1	c/–	(b)/1	(b)/1
c	a/0	(c)/0	(c)/0	e/0
d	(d)/1	(d)/1	b/1	(d)/1
e	d/–	d/–	(e)/0	(e)/0
f	(f)/0	a/0	c/0	(f)/0

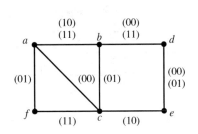

图 6.67 最简流表

图 6.68 临界状态转换图

方案一用于获得无竞争的状态分配。如图 6.69 所示增加状态 c^1 和 f^1，这样的状态分配展示在图 6.70 中。

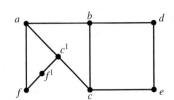

图 6.69 采用方案一的状态分配方案

y_1 \ y_2y_3	00	01	11	10
0	a	b	c	c^1
1	f	d	e	f^1

图 6.70 选择状态分配方案之后的流图

第 4 步 驱动表和输出表如图 6.71 所示。

$y_1y_2y_3$	$Y_1Y_2Y_3$ (x_1x_2=00)	01	11	10	z (x_1x_2=00)	01	11	10
a 000	(000)	(000)	001	001	0	0	–	–
b 001	101	011	(001)	(001)	1	–	1	1
c^1 010	000	–	011	–	0	–	0	–
c 011	010	(011)	(011)	111	0	0	0	0
f 100	(100)	000	110	(100)	0	0	0	0
d 101	(101)	(101)	001	(101)	1	1	1	1
f^1 110	–	–	010	–	–	–	0	–
e 111	101	101	(111)	(111)	–	–	0	0

图 6.71 驱动表和输出表

第 5 步 获得相应的驱动方程和输出方程如下:

$$Y_1=\bar{x}_1\bar{x}_2\bar{y}_2y_3+x_1\bar{x}_2y_2+y_1y_2y_3+x_1y_1\bar{y}_2\bar{y}_3+\bar{x}_1y_1y_3+\bar{x}_2y_1$$
$$Y_2=\bar{x}_1x_2\bar{y}_1y_3+x_1x_2y_1\bar{y}_3+\bar{y}_1y_2y_3+x_1y_2$$

$$Y_3 = \bar{y}_2 y_3 + x_1 \bar{x}_2 \bar{y}_1 + y_1 y_3 + x_2 y_3$$

$$z = \bar{y}_2 y_3$$

第 6 步 上述方程实现了电路的设计，电路的绘制请自行完成。

6.4.4 冒险

在第 3 章的组合逻辑电路中，我们已经了解了冒险问题，静态冒险和动态冒险可能发生在时序逻辑电路的组合逻辑电路部分，所以在设计时序逻辑电路时需要考虑此问题。之前讨论的内容在本节依然有用，不过，务必要注意的是，惯性延时元件经常用于滤除冒险引起的暂态响应。

冒险的第三种类型在基本型电路中比较少见，建议了解即可。在接下来的讨论中，我们假设所有的逻辑元件都具有延时输出的特性。冒险的基本定义就是由于同一个输入信号经过两条或者多条线路传输而延时不等，导致电路输出出现的冒险情况。这样的冒险会使电路对输入变化的响应不正确。对于图 6.72（a）的电路，其驱动表和输出表如图 6.72（b）所示。

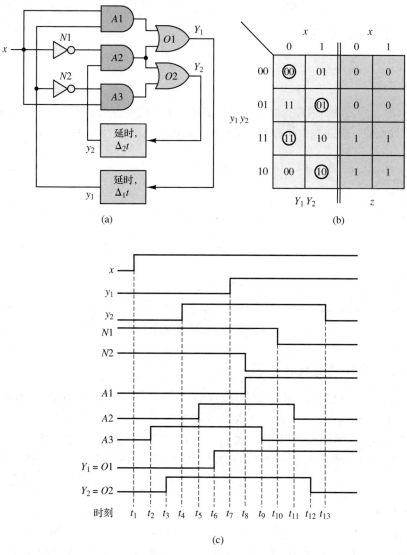

(a)　　　　　　　　　　(b)

(c)

图 6.72　含有冒险的电路。(a)逻辑电路；(b)驱动表和输出表；(c)时序图

假设电路的初始状态使 $x = y_1 = y_2 = 0$，因此，$Y_1 = Y_2 = 0$。并且，假设非门 N_1 有传输延时，相比电路中其他元件(包括反馈延时)的延时都要长。现在分析在 t_1 时刻，输入 x 从 0 变为 1 时电路的响应。从图 6.72(c) 的时序图可见，当 $x = 1$、$y_1 = 1$ 和 $y_2 = 0$ 时，电路是稳定的。但是，分析驱动表可知，这个响应是错误的。

在 t_5、t_6、t_{10}、t_{13} 时刻发生了临界的事件。在 t_5 时刻电路状态是正确的 01 二级状态。不过，由于 $N1$ 还没有对输入变化产生响应，$A2$ 状态为 1，导致 t_6 时刻 $Y_1 = 1$。由此导致 $A3$ 变为 0。另外，在 t_{10} 时刻，$N1$ 变为 0，导致 $A2$ 也变为 0，$Y_2 = 0$。而在 t_{13} 时刻，y_2 对 $Y_2 = 0$ 有所响应，电路进入稳态。

可见，$N1$ 的延时不正确地驱使 t_6 时刻 $Y_1 = 1$，结果依序触发电路，导致电路出现不正确的稳态。这样的延时效应可以通过在反馈支路上增加延时的时间来加以克服。

本章前面给出的分析步骤提及了如何根据电路图确定其驱动表、输出表和流表。已知这些表之后，通过深入的研究，就可以准确地判断电路中是否存在临界竞争或者冒险。

6.5　综合性设计实例

6.5.1　设计流程

图 6.73 给出了异步电路的设计流程，以下实例都按照此流程来展开设计。下面的内容将展示矩形框中的设计步骤，椭圆框中的内容已超出本章的讨论范围。

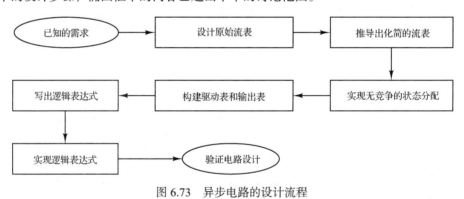

图 6.73　异步电路的设计流程

6.5.2　异步自动投币售货机控制器

第 5 章采用同步时序逻辑电路的概念和触发器设计了一个自动投币售货机(以下简称售货机)控制器，图 6.74 重新画出了售货机的设计框图和状态图。

现在，拟采用基本型电路来设计售货机控制器。为了简化设计，假设货物价值 1 美元而不是 1.5 美元，无须找补硬币。这样，如果顾客支付的费用超过 1 美元，则机器卖货，但是不找补硬币。

设计原始流表

原始流表如图 6.75(a)所示，注意，流表的列对应于输入变量 D 和 Q 的组合。00 列表示没有投入 1 美元或者 25 美分硬币的情况。01 列和 10 列分别表示投入了 25 美分或者 1 美元硬币。11 列则表示同时投入了 1 美元和 25 美分硬币，通常这不会发生，我们假设不存在，因此 11 列是无关项。同时也说明输入 00 表示等待一次投币，在 01 列和 10 列之间不会发生状态转换。状态 $S0$ 为初始状态，在每次购物结束时会回到初始状态。其余状态则通过命名来表示每次购物过程中投币的总值。00 列中为等待状态，通过在状态名中添加"W"来与 01 列和 10 列相区别。为了提高可读性，表中省略了"S"（状态）前缀。

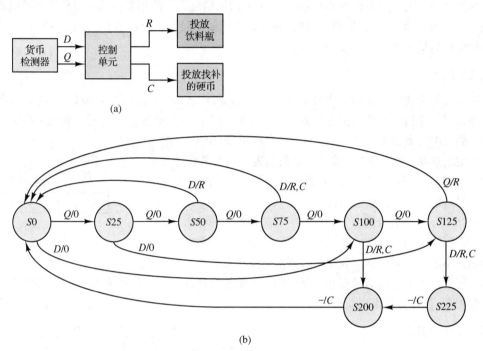

图 6.74　售货机控制器。(a)设计框图；(b)状态图

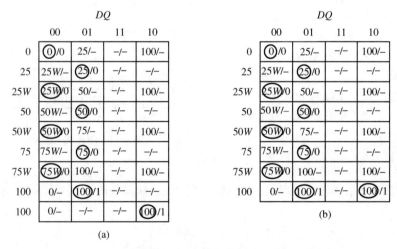

图 6.75　售货机控制器的流表。(a)原始流表；(b)化简的流表

投入 25 美分硬币会使状态从 $S0$ 变到 $S25$，而投入 1 美元硬币则使状态从 $S0$ 变到 $S100$。$S25$ 状态产生一个 $R=0$ 的输出，而 $S100$ 会导致 $R=1$。对于 $S25$ 状态，一旦输入变量回到 00，控制器状态会变为 $S25W$，然后继续输出 $R=0$，等待下一次投币。对于 $S100$ 状态，控制器状态会变为 $S0$，因为购物过程已经完成。对于 $S25W$ 状态，再投入 25 美分硬币会使售货机的状态变为 $S50$，

然后变为$S50W$。此过程会不断重复，直到投币足够多。如果投入 1 美元硬币，而现态是 $S25W$ 或者 $S50W$ 或者 $S75W$，则状态会变为 $S100$，表明钱足够多了，机器无须找补而结束交易。

推导出化简的流表

隐含表和合并图可用于识别和合并图 6.75(a)的原始流表中的相容行。不过从表中可以看出，除了最后两行可以合并，其他行都无法合并，因为需要记录每次投币后存入的总钱数。对原始流表进行化简后的结果如图 6.75(b)所示。

二级状态分配

由于化简的流表中有 8 行，因此需要 3 个状态变量 y_1、y_2 和 y_3。任意的状态分配方案都可以实现电路设计。不过，有些分配方案对于异步电路的设计比其他方案更简便，例如选择能够避免竞争发生的分配方案是非常必要的。一个三变量相邻表可用于指导分配方案的选择，以避免引起竞争。之前流表中的大多数状态转换均发生在 00 列和 01 列之间，因此为了避免竞争，需要小心选择，如果可能，请记住状态转换出现在 00 列和 10 列之间。

	y_1y_2			
y_3	00	01	11	10
0	$S0$	$S50$	$S50W$	$S100$
1	$S25$	$S25W$	$S75$	$S75W$

图 6.76　相邻表的二级状态分配

图 6.76 展示了状态分配方案，状态转换是从 00 列的状态 011 变为 10 列的状态 100。已知 100 是 10 列唯一的稳态，基本不会引起麻烦。不过，如果在驱动表中不合理地分配状态，则 10 列的状态 $S25$、$S50$ 和 $S75$ 是未定义的状态，可能产生不希望的稳态和竞争问题。明确地将这 3 种状态设定为 100，则可以确保 10 列只有一个稳态，从而避免出现竞争现象。

构建驱动表和输出表

图 6.77 展示了根据图 6.76 的状态分配得到的驱动表和输出表。请注意，输出在流表中没有加以定义，务必在输出表中分配为 0 或者 1 或者无关项。这样，在两个稳态之间发生状态转换时，输出就不会出现毛刺。在本例中，除了状态 101 和 100 之间及状态 100 和 000 之间的状态转换，其余情况的状态均应赋值为 0，即分配为 d。

$y_1y_2y_3$		DQ				DQ		
	00	01	11	10	00	01	11	10
000	(000)	001	ddd	100	0	0	d	0
001	011	(001)	ddd	100	0	0	d	0
011	(011)	010	ddd	100	0	0	d	0
010	110	(010)	ddd	100	0	0	d	0
110	(110)	111	ddd	100	0	0	d	0
111	101	(111)	ddd	100	0	0	d	0
101	(101)	100	ddd	100	0	d	d	d
100	000	(100)	ddd	(100)	d	1	d	1
		$Y_1Y_2Y_3$				R		

图 6.77　驱动表和输出表

写出逻辑表达式

图 6.77 中的驱动表和输出表可以采用卡诺图来绘制，从而获得如下次态和输出函数的 MSOP 表式：

$$Y_1 = D + y_1Q + y_2\bar{y}_3\bar{Q} + y_1y_3$$
$$Y_2 = y_2Q + y_2\bar{y}_3\bar{D} + \bar{y}_1y_3\bar{D}\bar{Q}$$
$$Y_3 = \bar{y}_1\bar{y}_2Q + y_1y_2Q + y_3\bar{D}\bar{Q}$$
$$R = y_1\bar{y}_2\bar{y}_3$$

电路的实现

采用与门、或门和非门来实现时序逻辑电路，如图 6.78 所示。

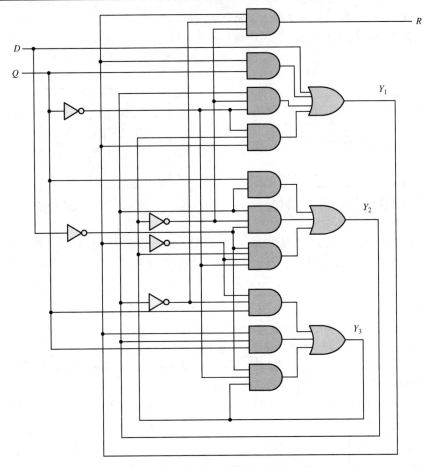

图 6.78　售货机控制器的基本型电路

6.5.3　异步总线仲裁控制器

许多计算机系统能够使几种设备共享系统总线，即通过总线仲裁控制器来控制信号通过总线进行传输。图 6.79 展示了 n 台设备的总线仲裁控制器的设计框图，设备 i 通过将 1 电平赋给输入 r_i，表明申请使用总线进行传输。如果总线是空闲的，则仲裁控制器赋给输出 g_i 高电平，使设备 i 接通总线，设备使用总线传输数据直至任务完成为止。如果在设备 i 工作时设备 j 要求接通总线，则仲裁控制器会否定 j 的申请，直到设备 i 的工作结束，才会同意设备 j 的申请。因此，仲裁控制器必须记录申请和接收的指令。设备越多则控制方式越复杂，通常采用一个固定优先权的机制来解决仲裁的复杂性。

相比而言，本节设计的仲裁控制器采取了先到先得的策略，按照申请的顺序来依序允许各台设备工作。这种方法比优先权方法更复杂，但是非常适合作为基本型电路设计的实例。

两台设备的总线仲裁控制器（Arbiter2）设计

图 6.80 为两台设备的总线仲裁控制器（Arbiter2）的原始流表，稳态定义如下。

$S0$：无有效的申请，设备是空闲的。
$S1$：设备 1 从空闲状态变为提出申请（$r_2r_1 = 01$）。
$S2$：设备 2 从空闲状态变为提出申请（$r_2r_1 = 10$）。

$S3$：在设备 1 工作期间，设备 2 提出申请$(r_2r_1 = 11)$。

$S4$：在设备 2 工作期间，设备 1 提出申请$(r_2r_1 = 11)$。

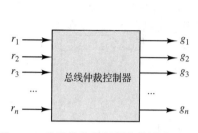

图 6.79　总线仲裁控制器的设计流图

r_2r_1

	00	01	11	10
0	⓪/00	1/–	–/–	2/–
1	0/–	①/01	3/–	–/–
2	0/–	–/–	4/–	②/10	状态/g_2g_1
3	–/–	1/–	③/01	2/–
4	–/–	1/–	④/10	2/–

图 6.80　Arbiter2 的原始流表

当设备 1 提出申请时，Arbiter2 从状态 $S0$ 变为 $S1$，允许设备 1 工作$(g_2g_1 = 01)$。当设备 2 提出申请时，Arbiter2 从状态 $S0$ 变为 $S2$。Arbiter2 保持为状态 $S1$ 或者 $S2$，直到相应设备的工作完成，此时 Arbiter2 的状态变为 $S0$，或者直至 Arbiter2 收到其他设备的申请。在 $S1$ 工作完成之前，如果收到设备 2 的申请，则 Arbiter2 从状态 $S1$ 变为 $S3$。请注意，在设备 1 完成工作之前一直保持在状态 $S3$。一旦设备 1 的工作完成，Arbiter2 从状态 $S3$ 变为 $S2$，同意设备 2 的申请。在任务 2 完成之前，Arbiter2 的状态保持为 $S4$。在原始流表中的输出没有特别意义，在设计过程中将其视为无关项。当两个输入变量同时申请时，状态转换和输出均被视为无关项。请记住，基本型电路始终假定在已知时间内每次只能有一个输入变量发生变化。

Arbiter2 的流表化简如图 6.81 所示。首先，画出其隐含表来判断哪些行能够合并。可见有 6 个行对是相容的并显示在合并图中，即 0-1-3 行合并为一行，而 0-2-4 行也可合并为一行。状态分配 a 表示第 1 个合并行，b 则表示第 2 个合并行。

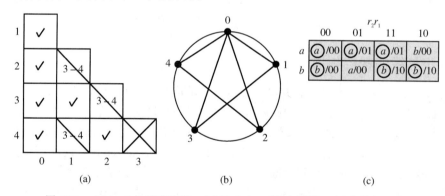

图 6.81　Arbiter2 的流表化简。(a)隐含表；(b)合并图；(c)化简的流表

一个两行的流表可以采用单个二级状态变量 y 来实现。令 $y = 0$ 表示 a 行，令 $y = 1$ 表示 b 行，产生的驱动表和输出表如图 6.82(a)所示。注意，为了化简输出函数的逻辑表达式，将状态变化引起的输出分配为 0。

在驱动表和输出表中定义的二级状态(Y)和输出函数$(g_2$ 和 $g_1)$分别在图 6.82(b)、(c)和(d)中给出。从图中可获得如下逻辑表达式：

$$Y = yr_2 + y\bar{r}_1 + r_2\bar{r}_1$$
$$g_2 = yr_2$$
$$g_1 = \bar{y}r_1$$

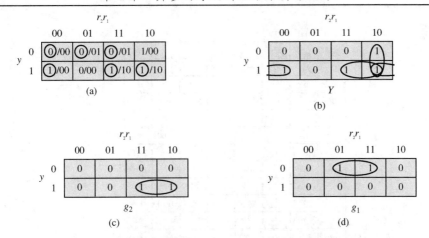

图 6.82　Arbiter2 的驱动表和输出表及卡诺图。(a)驱动表和输出表；(b)驱
动变量卡诺图；(c)输出 g_2 的卡诺图；(d)输出 g_1 的卡诺图

采用与门、或门和非门来设计电路，如图 6.83 所示，实现了 Arbiter2 的设计要求。

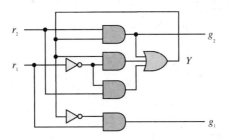

图 6.83　Arbiter2 的设计与实现

三台设备的总线仲裁控制器(Arbiter3)的设计

现在我们考虑如何设计三台设备的总线仲裁控制器(Arbiter3)，其设计原理与前面一致，采用先到先得的策略，谁先申请，则谁先工作。对于三台设备有 6 种可能的申请顺序，仲裁控制器电路必须通过状态转换的顺序来保存不同的申请需求。

定义必要的状态、状态转换和输出，由此画出原始流表。对状态进行命名，以便识别申请的顺序。例如，$S1$ 表示设备 1 提出申请；$S12$ 表示设备 1 最先提出申请，然后设备 2 提出申请；$S123$ 表示设备 1 最先提出申请，其次是设备 2 提出申请，设备 3 最后提出申请。$S0$ 表示空闲状态。如同之前的方式，我们省略了"S"前缀以便提高可读性。图 6.84 展示了 Arbiter3 的原始流表，其中 $g_i = 1$ 表示设备 i 得到许可，可以工作，$g_i = 0$ 则反之，$i = 1, 2, 3$。

图 6.85 展示了利用一个化简的流表画出的隐含表；而合并图则如图 6.86 所示。注意，原始流表中的 0 行与所有的其他行是相容的，这些相容对均可以通过合并而将其忽略，从而提升图表的可读性。

合并图显示了状态 $S123$ 仅与状态 $S0$、$S1$ 和 $S12$ 相容，由此定义了最大相容组 $\{S0, S1, S12, S123\}$。同样，有合并组 $\{S0, S1, S13, S132\}$，$\{S0, S2, S21, S213\}$，$\{S0, S2, S23, S231\}$，$\{S0, S3, S31, S312\}$，以及 $\{S0, S3, S32, S321\}$，这体现了最大相容性。这 6 组覆盖了原始流表的所有行，可用于定义化简的流表的各行。图 6.87 显示了部分化简的流表，其中每行与前述最大相容组的各组合相对应。

a:$\{S0, S1, S12, S123\}$，　b:$\{S0, S1, S13, S132\}$，　c:$\{S0, S2, S21, S213\}$，
d:$\{S0, S2, S23, S231\}$，　e:$\{S0, S3, S31, S312\}$，　f:$\{S0, S3, S32, S321\}$

$r_3 r_2 r_1$

State	000	001	010	100	011	110	101	111
0	⓪/000	1/–	2/–	3/–	–/–	–/–	–/–	–/–
1	0/–	①/001	–/–	–/–	12/–	–/–	13/–	–/–
2	0/–	–/–	②/010	–/–	21/–	23/–	–/–	–/–
3	0/–	–/–	–/–	③/100	–/–	32/–	31/–	–/–
12	–/–	1/–	2/–	–/–	⑫/001	–/–	–/–	123/–
13	–/–	1/–	–/–	3/–	–/–	–/–	⑬/001	132/–
21	–/–	1/–	2/–	–/–	㉑/010	–/–	–/–	213/–
23	–/–	–/–	2/–	3/–	–/–	㉓/010	–/–	231/–
32	–/–	–/–	2/–	3/–	–/–	㉜/100	–/–	321/–
31	–/–	1/–	–/–	3/–	–/–	–/–	㉛/100	312/–
123	–/–	–/–	–/–	–/–	12/–	23/–	13/–	⑫③/001
132	–/–	–/–	–/–	–/–	12/–	32/–	13/–	⑬②/001
213	–/–	–/–	–/–	–/–	21/–	23/–	13/–	②⑬/010
231	–/–	–/–	–/–	–/–	21/–	23/–	31/–	②③①/010
321	–/–	–/–	–/–	–/–	21/–	32/–	31/–	③②①/100
312	–/–	–/–	–/–	–/–	12/–	32/–	31/–	③⑫/100

$State/g_3 g_2 g_1$

图 6.84　Arbiter3 的原始流表

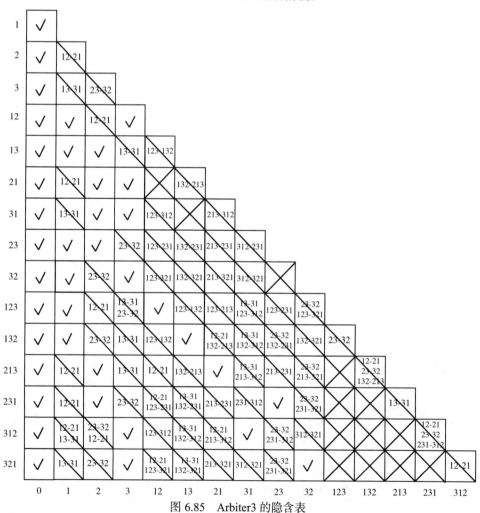

图 6.85　Arbiter3 的隐含表

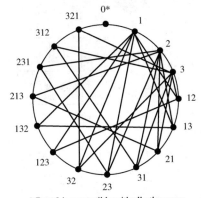

* Row 0 is compatible with all other rows.

图 6.86　Arbiter3 的合并图

	$r_3r_2r_1$							
	000	001	010	100	011	110	101	111
a	Ⓐ/000	Ⓐ/001	c,d/–	e,f/–	Ⓐ/001	d/–	b/–	Ⓐ/001
b	Ⓑ/000	Ⓑ/001	c,d/–	e,f/–	a/–	f/–	Ⓑ/001	Ⓑ/001
c	Ⓒ/000	a,b/–	Ⓒ/010	e,f/–	Ⓒ/010	d/–	b/–	Ⓒ/010
d	Ⓓ/000	a,b/–	Ⓓ/010	e,f/–	c/–	Ⓓ/010	e/–	Ⓓ/010
e	Ⓔ/000	a,b/–	c,d/–	Ⓔ/100	a/–	f/–	Ⓔ/100	Ⓔ/100
f	Ⓕ/000	a,b/–	c,d/–	Ⓕ/100	c/–	Ⓕ/100	e/–	Ⓕ/100

图 6.87　Arbiter3 的部分化简的流表

　　注意，原始流表中的部分状态多次出现在最大相容组中，意味着在化简的流表中的状态转换不止一次发生。例如，a 行的列 000 的状态转换至 c 或者 d 行的 010 列。由于在原始流表中 $S0$ 和 $S2$ 之间的转换是等效的，而且由于 $S0$ 和 $S2$ 都是最大相容组 c 和 d 的成员，因此这是有效的。在流表中还能找到其他例子。明智地选择一个可能的过渡状态，有助于进行无竞争状态的分配，如下面完成的图 6.88 所示的化简的流表。指定输出的过渡状态可避免发生冒险，同时尽可能多地保留无关项。

　　进行无竞争状态的分配需要识别化简的流表中的临界状态转换，并将逻辑上相邻的代码分配给所涉及的状态。重要的是要使用基本型电路的假设，即在识别临界转换时，每次只有一个输入变量会发生变化。图 6.89(a)展示了图 6.88 的化简的流表的临界状态转换，确定了哪些行必须被分配相邻的代码以实现无竞争的运行。不过，两个三角形关系，即 a-d-e 和 b-c-f，不满足之前描述的方案一或方案二，因此不能进行状态分配。方案一是适用的，因为化简的流表中有 6 行和 8 个可能的 3 位二进制代码。通过在化简的流表中的 a 行和 e 行及 b 行和 f 行之间建立循环，即在节点 b 和 f 之间插入节点(行)bf 及在节点 a 和 e 之间插入节点(行)ae 来解决状态转换的问题。相邻图可用于分配满足相邻要求的代码，如图 6.89(c)所示。

　　通过将状态码应用于如图 6.90 和图 6.91 所示的化简的流表来生成驱动表和输出表。卡诺图或 Quine-McCluskey 法用来导出以下逻辑函数，然后采用适当的逻辑器件来实现逻辑电路。

$$Y_3 = r_3\bar{r}_1\bar{y}_2y_1 + r_3\bar{r}_2y_2\bar{y}_1 + r_1y_3y_2\bar{y}_1 + r_3\bar{r}_2\bar{r}_1 + \bar{r}_2y_3y_2 + r_3y_3$$
$$Y_2 = r_3r_1\bar{y}_2\bar{y}_1 + \bar{r}_3\bar{r}_1\bar{y}_2 + r_3\bar{r}_1\bar{y}_2 + \bar{r}_1y_2\bar{y}_1 + r_2\bar{y}_3y_2 + r_2y_2y_1 + r_2\bar{r}_1 + r_3y_3$$
$$Y_1 = \bar{r}_3r_2r_1\bar{y}_3y_2 + r_3\bar{r}_1r_2\bar{y}_2 + r_3r_1\bar{y}_3\bar{y}_1 + r_3r_2\bar{r}_1y_3 + r_2r_1y_2y_1 + \bar{r}_3\bar{r}_2y_1 + \bar{r}_3\bar{r}_1y_1 + \bar{r}_2\bar{r}_1y_1 + r_1\bar{y}_2y_1$$
$$g_3 = r_3\bar{r}_1\bar{y}_2y_1 + r_3\bar{r}_2r_1y_2y_1 + r_3y_3$$
$$g_2 = r_2\bar{r}_1\bar{y}_3y_1 + \bar{r}_3r_2y_2y_1 + r_2\bar{y}_3y_2$$
$$g_1 = \bar{r}_2r_1\bar{y}_3y_1 + \bar{r}_3r_1y_3\bar{y}_1 + r_1\bar{y}_2$$

综上所述，本章完成了设计实例和对异步时序逻辑电路的介绍，下面进行总结和复习。

	$r_3r_2r_1$							
	000	001	010	100	011	110	101	111
a	Ⓐ/000	Ⓐ/001	d/0–0	e/–00	Ⓐ/001	d/010	b/001	Ⓐ/001
b	Ⓑ/000	Ⓑ/001	c/0–0	f/–00	a/001	f/100	Ⓑ/001	Ⓑ/001
c	Ⓒ/000	b/00–	Ⓒ/010	f/–00	Ⓒ/010	d/010	b/001	Ⓒ/010
d	Ⓓ/000	a/00–	Ⓓ/010	e/–00	c/010	Ⓓ/010	e/100	Ⓓ/010
e	Ⓔ/000	a/00–	d/0–0	Ⓔ/100	a/001	f/100	Ⓔ/100	Ⓔ/100
f	Ⓕ/000	b/00–	c/0–0	Ⓕ/100	c/010	Ⓕ/100	e/100	Ⓕ/100

图 6.88　Arbiter3 的化简的流表

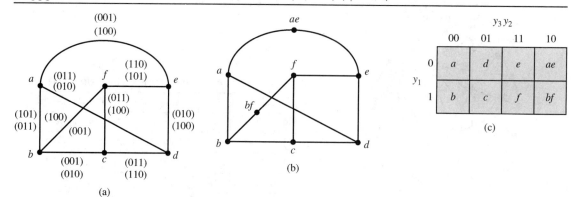

图 6.89　Arbiter3 的状态转换图和状态分配方案。(a)临界状态转换；(b)插入 ae 行和 bf 行的状态转换图；(c)满足所有状态相邻的状态分配方案

$r_3 r_2 r_1$

$y_3 y_2 y_1$	000	001	010	100	011	110	101	111
000	000	000	010	110	000	010	001	000
001	001	001	011	111	000	111	001	001
010	010	000	010	100	011	010	110	010
011	011	001	011	111	011	010	001	011
100	—	000	—	—	000	—	—	—
101	—	001	—	—	—	—	—	—
110	110	100	010	110	100	111	110	110
111	111	101	011	111	011	111	110	111

$Y_3 Y_2 Y_1$

图 6.90　Arbiter3 的驱动表

$r_3 r_2 r_1$

$y_3 y_2 y_1$	000	001	010	100	011	110	101	111
000	000	001	0–0	–00	001	010	001	001
001	000	001	0–0	–00	001	100	001	001
010	000	00–	010	–00	010	010	001	010
011	000	00–	010	–00	010	010	100	010
100	—	001	—	—	001	—	—	—
101	—	001	—	—	—	—	—	—
110	000	00–	0–0	100	001	100	100	100
111	000	00–	0–0	100	010	100	100	100

$g_3 g_2 g_1$

图 6.91　Arbiter3 的输出表

6.6　总结和复习

　　本章介绍了异步时序逻辑电路，分析了脉冲型和基本型电路。首先分析和设计脉冲型电路，给出了相关的分析和设计步骤，并举例说明。其次分析和设计脉冲型电路，给出了相关的分析和

设计步骤，并举例说明。接下来，本章讨论了竞争与冒险问题，介绍了设计无竞争电路的状态分配和步骤，并举例说明。最后，从需求分析直到电路的设计实现，采用综合性设计实例来阐述基本型电路的设计。

本章的内容是比较基础的，有助于理解异步时序逻辑电路及其与同步时序逻辑电路的不同之处。以下问题有助于读者评估自己的理解力。

1. 理解异步时序逻辑电路及其与同步时序逻辑电路的不同之处。
2. 理解脉冲型电路与基本型电路的不同之处。
3. 根据脉冲型电路图画出状态表和状态图。
4. 已知电路的功能和要求，设计脉冲型电路。
5. 根据脉冲型电路的输入信号序列，分析输出的时序图。
6. 根据基本型电路图画出流表。
7. 根据基本型电路的输入信号序列，分析输出的时序图。
8. 根据电路的功能要求设计基本型电路。
9. 理解基本型电路中的竞争的概念。
10. 理解基本型电路中的冒险的概念。
11. 分析基本型电路，并判断其是否存在竞争或者冒险现象。
12. 设计无竞争的基本型电路。

6.7　小组协作练习

1. 要求设计一个基本型电路，假设每次仅有一个输入变量发生改变。这种情况在真实世界意味着什么？是真实存在的吗？有这样假设的必要吗？
2. 在基本型电路设计的步骤中，另一个假设为反馈延时是惯性的。这种情况在真实世界意味着什么？是真实存在的吗？有这样假设的必要吗？
3. 售货机控制器和总线仲裁控制器是异步时序逻辑电路的两种实际应用电路。请给出其他应用电路，并解释其为什么是异步时序逻辑电路的实用案例。
4. 将第 5 章介绍的同步售货机控制器与第 6 章介绍的异步售货机控制器进行处理速度、复杂度和成本等方面的对比分析。
5. 探究 FPGA 器件如何影响基本型电路的设计和实现。
6. 探究如何使用硬件描述语言描述基本型电路。
7. 采用基本型电路实现第 5 章的机器人控制器。
8. 本章介绍了如何通过设置合适的二级状态分配来设计非临界竞争的基本型电路，如何采用其他方法进行设计。
9. 竞争状态会发生在脉冲型电路中吗？为什么会？或者为什么不会？
10. 脉冲型电路的输入信号被视为脉冲形式，而基本型电路的输入信号为电平形式。在实际电路中这些假设对应于哪些信号形式呢？

习题

6.1　分析图 P6.1(a) 所示的脉冲型电路。要求：(a) 画出状态表；(b) 画出与输入序列 x_1–x_3–x_2–x_1–x_2–x_3–x_1 对应的时序图，图中应该包含信号 x_1、x_2、x_3、y_1、y_2、J_1、K_1、J_2、K_2、Y_1、Y_2 和 z。

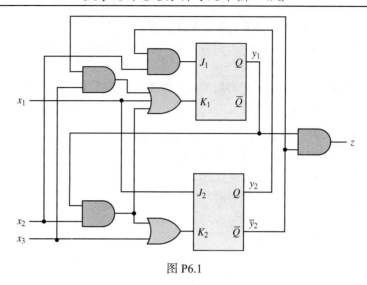

图 P6.1

6.2　分析图 P6.2 所示的脉冲型电路，要求画出状态表。如果初始状态是 00，分析在输入序列为 x_1-x_2-x_1-x_1-x_1-x_1-x_2-x_2 时对应的输出响应。输出 $z = 1$ 是哪种形式(电平或者脉冲)？为什么？

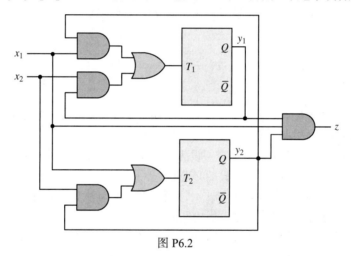

图 P6.2

6.3　根据以下脉冲型状态表设计电路，要求采用 JK 触发器及与门、或门和非门电路。

现态	x_1	x_2	x_3
A	A/0	B/0	C/1
B	B/0	C/0	D/0
C	C/0	D/0	A/1
D	D/0	A/0	B/1
次态/z			

6.4　设计一个脉冲型电路，满足以下要求：采用与门、或门和非门及 SR 锁存器来构建电路。电路具有两个输入变量 x_1 和 x_2 及输出函数 z。当且仅当输入序列包含至少两个 x_1 脉冲时，在 3 个输入脉冲的最后一个脉冲期间会同时产生一个输出脉冲。

6.5　设计一个脉冲型电路，满足以下要求：电路具有两个输入变量 x_1 和 x_2 及输出函数 z。在输入序列为 x_1-x_2-x_1-x_2 时，在最后一个 x_2 脉冲期间输出从 0 变为 1。之后，在新的 x_1 脉冲期间输出从 1 变为 0。输入序列允许交叠。要求采用 T 触发器和与门、或门及非门来构建电路。

6.6　分析图 P6.6 所示的基本型电路，画出驱动表和输出表，并画出流表。采用流表来分析输入序列为 x_1x_2(00-01-11-10-00-01-00-10) 所对应的输出响应。假设初始状态 $x_1 = x_2 = y_1 = y_2 = Y_1 = Y_2 = 0$。

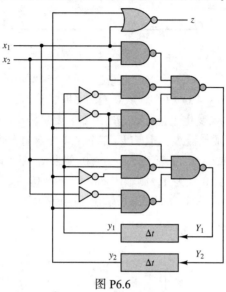

图 P6.6

6.7　分析图 P6.7(a) 所示的电路，要求：

(a) 分析电路，当输入序列为图 P6.7(b) 时，画出时序图。假设逻辑电路没有延时，并且初始状态 $y_1 = Y_1 = 1$，而 $y_2 = Y_2 = 0$。时序图中应该出现变量 x_1、x_2、y_1、y_2、Y_1、Y_2 和 z。

(b) 假设每个门电路延时 $\Delta t/2$，重复 (a) 的要求。

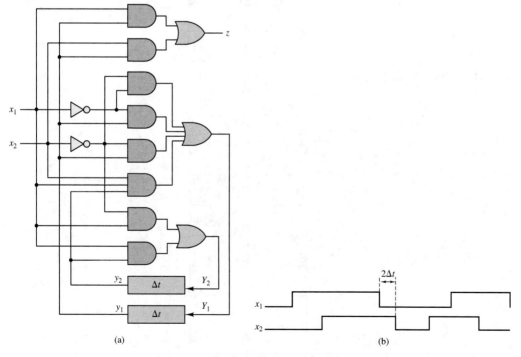

图 P6.7　(a) 逻辑电路；(b) 输入序列

6.8 对于基本型电路画出其原始流表,并满足以下要求:电路中包含一个输入变量 x 和一个输出函数 z。如图 P6.8 所示,当输入出现独立的 0-1-0 序列时,输出跟随输入变化。

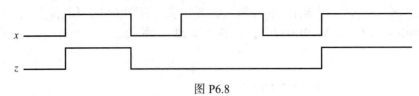

图 P6.8

6.9 设计一个基本型电路,满足以下要求:电路包含两个输入变量(x_1 和 x_2)和一个输出函数 z。当 $x_1 = x_2$ 时,输出 $z = 0$;当 $x_1 = 0$、x_2 从 0 变为 1 时,输出 $z = 1$。当 x_1 和 x_2 从 1 变为 0 时,输出 $z = 1$。否则,无输入变化也会导致输出改变。要求画出电路的原始流表。

6.10 设计一个基本型电路的原始流表,具有以下特征:电路含有两个输入变量(x_1 和 x_2)和两个输出函数(z_1 和 z_2)。当 $x_1 = x_2 = 0$ 时,输出 $z_1 = z_2 = 0$。如果 $x_1 = 1$ 而 x_2 从 0 变为 1,则输出 $z_1 = 0$,$z_2 = 1$;如果 $x_2 = 1$,x_1 从 0 变为 1,则输出 $z_1 = 1$,$z_2 = 0$。仅当 x_1、x_2 同时为 0 时,输出清零,即 $z_1 = z_2 = 0$。其余输入组合情况下,输出不会改变状态。

6.11 对以下原始流表进行化简。

$x_1 x_2$

	00	01	11	10
1	①/0	2/–	–/–	3/–
2	4/–	②/1	5/–	–/–
3	1/–	–/–	5/–	③/0
4	④/–	2/–	–/–	6/–
5	–/–	2/–	⑤/–	6/–
6	1/–	–/–	5/–	⑥/1

6.12 对以下原始流表进行化简。

$x_1 x_2$

	00	01	11	10
1	①/0	2/–	–/–	4/–
2	1/–	②/0	3/–	–/–
3	–/–	2/–	③/0	8/–
4	5/–	–/–	7/–	④/1
5	⑤/1	6/–	–/–	4/–
6	5/–	⑥/1	7/–	–/–
7	–/–	6/–	⑦/1	8/–
8	1/–	–/–	3/–	⑧/0

6.13　对以下化简的流表进行电路设计，采用图中给定的状态分配方案，并采用与门、或门和非门来构建电路。

$x_1 x_2$

$y_1 y_2$		00	01	11	10
00	a	ⓐ/0	ⓐ/1	$b/-$	$c/-$
01	b	$a/-$	ⓑ/0	ⓑ/0	$d/-$
11	c	$a/-$	$a/-$	ⓒ/1	ⓒ/1
10	d	$a/-$	$b/-$	$c/-$	ⓓ/0

6.14　对以下原始流表画出相容的具有最少行的流表。

$x_1 x_2$

	00	01	11	10
1	①/1	6/–	–/–	5/–
2	②/0	4/–	–/–	3/–
3	2 /–	–/–	9/–	③/0
4	2 /–	④/0	7/–	–/–
5	1/–	–/–	7/–	⑤/1
6	1/–	⑥/1	7/–	–/–
7	–/–	4/–	⑦/0	10 /–
8	⑧/0	4/–	–/–	10 /–
9	–/–	6/–	⑨/1	3/–
10	1/–	–/–	9/–	⑩ /0

6.15　对以下流表进行电路设计，采用图中给定的状态分配方案，不过只能采用与非门来构建电路。

$x_1 x_2$

$y_1 y_2$		00	01	11	10
00	a	ⓐ/00	$b/-$	ⓐ/00	$d/-$
01	b	$a/-$	ⓑ/01	ⓑ/01	$c/-$
11	c	$d/-$	ⓒ/10	ⓒ/10	ⓒ/01
10	d	ⓓ/00	$c/-$	$c/-$	ⓓ/10

6.16　对以下化简的流表进行电路设计，采用图中给定的状态分配方案，并采用与门、或门和非门来构建电路。

$y_1y_2y_3$ \ x_1x_2	00	01	11	10
000 *a*	(*a*)/1	*c*/–	*b*/–	(*a*)/1
001 *b*	(*b*)/0	*d*/–	(*b*)/0	*a*/–
010 *c*	*a*/–	(*c*)/0	*e*/–	(*c*)/0
101 *d*	*b*/–	(*d*)/1	*f*/–	(*d*)/1
110 *e*	(*e*)/1	*f*/–	(*e*)/1	*c*/–
100 *f*	*a*/–	(*f*)/0	(*f*)/1	*a*/–

6.17 已知驱动表如下，要求找到表中的竞争状态。此类竞争是临界的还是非临界的？是否存在循环？

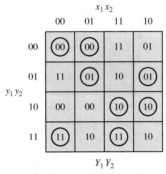

y_1y_2 \ x_1x_2	00	01	11	10
00	(00)	(00)	11	01
01	11	(01)	10	(01)
10	00	00	(10)	(10)
11	(11)	10	(11)	10

Y_1Y_2

6.18 分析图 P6.18 所示的电路，判断电路是否存在临界竞争。如果的确存在，画出时序图来展示竞争引起的电路响应。

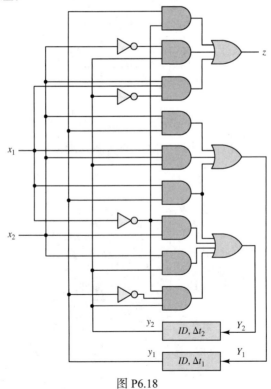

图 P6.18

6.19 分析图 P6.19 所示的电路，判断电路是否存在临界竞争。如果的确存在，画出时序图来展示竞争引起的电路响应。

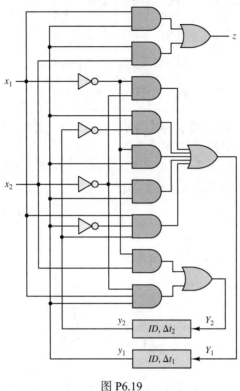

图 P6.19

6.20 对如下化简的流表进行分析，选择非临界竞争的状态分配方案。画出相应的驱动表。

	x	
	0	1
a	ⓐ/0	d/–
b	ⓑ/1	c/–
c	a/0	ⓒ/0
d	b/0	ⓓ/1

6.21 对如下化简的流表进行分析，选择非临界竞争的状态分配方案。画出相应的驱动表。

	$x_1 x_2$			
	00	01	11	10
a	ⓐ/0	b/–	c/–	ⓐ/0
b	ⓑ/1	ⓑ/1	ⓑ/1	c/1
c	a/–	b/1	ⓒ/1	ⓒ/1

6.22 已知化简的流表如下，要求：

$$x_1 x_2$$

	00	01	11	10
a	Ⓐ/0	d/0	Ⓐ/1	c/0
b	Ⓑ/0	c/-	Ⓑ/0	d/-
c	b/0	Ⓒ/1	a/1	Ⓒ/0
d	a/0	Ⓓ/0	b/0	Ⓓ/1

(a) 采用方案一来确定非临界竞争的状态分配方案，画出相应的驱动表。

(b) 采用方案二，重复 (a) 的要求。

6.23　设计一个基本型电路，功能为电子密码锁。该密码锁有两个开关输入变量 (x_1 和 x_2)，要求设计此电路，仅当以下条件满足时输出 $z = 1$。

1. 初始状态是 $x_1 = x_2 = 0$。
2. 当 $x_2 = 0$ 时，x_1 开启，再关闭两次。
3. 当 x_1 保持关闭状态时，x_2 开启，并解锁。

6.24　图 P6.24 定义了一个基本型电路，满足以下逻辑表达式：

$$Y_1 = \bar{x}_2 y_2 + x_1 y_1 + x_1 \bar{x}_2$$
$$Y_2 = \bar{x}_1 y_2 + \bar{x}_1 x_2 + x_2 y_1$$
$$z = x_1 \bar{x}_2 + x_2 \bar{y}_1 + \bar{x}_1 y_2$$

要求：(a) 画出流表。

(b) 假设延时线初始状态为 0 (即稳态 $x_1 = x_2 = y_1 = y_2 = 0$)。采用上述流表，输入序列 $x_1 x_2 = 00$, 01, 11, 10, 11, 01, 00, 10, 请分析输出序列。

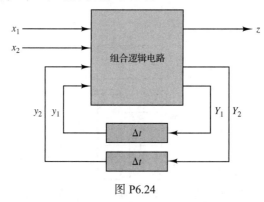

图 P6.24

6.25　已知化简的流表，确定一种实现非临界竞争的二级状态分配方案，设计异步时序逻辑电路，采用惯性延时元件和二级或非门来实现逻辑电路。

$$x_1 x_2$$

	00	01	11	10
a	Ⓐ/0	b/-	Ⓐ/1	b/-
b	a/-	Ⓑ/0	c/-	Ⓑ/0
c	a/-	Ⓒ/1	Ⓒ/0	b/-

6.26　根据以下原始流表，采用二级与非门来实现电路设计。

	$x_1 x_2$			
	00	01	11	10
a	ⓐ/0	b/–	–/–	c/–
b	a/–	ⓑ/1	d/–	–/–
c	a/–	–/–	d/–	ⓒ/1
d	–/–	b/–	ⓓ/0	e/–
e	a/–	–/–	d/–	ⓔ/0

6.27　采用二级或非门设计一个基本型电路，含两个输入变量 (x_1 和 x_2) 和一个输出函数 (z)，满足以下条件：当 $x_2 = 1$ 时，z 总是为 0；当 $x_2 = 0$ 且 x_1 第一次从 0 变为 1 时，输出 z 变为 1 态；输出 z 保持 1 态，直到 x_2 变为 1 态时，z 回到 0 态。

6.28　采用二级与非门设计一个基本型电路，含两个输入变量 (x_1, x_2) 和一个输出函数 (z)，满足以下条件：当 $x_1 = 0$ 时 $z = 0$；当 $x_1 = 1$ 且 x_2 第一次从 1 变为 0 时，输出 z 变为 1 态；输出 z 保持 1 态，直到 x_1 变为 0 态时，z 回到 0 态。

6.29　分析图 P6.29 所示的异步时序逻辑电路。如果电路的输入信号是同步脉冲，即输入信号与时钟脉冲（在时钟边沿）同步变化，要求如下：

(a) 如果 $A \equiv 0$，$B \equiv 1$，画出状态表。

(b) 画出状态图。

(c) 当输入序列 $x = 010011010$ 和初始值 $y_0 = 0$ 时，画出时序图。

6.30　分析如图 P6.30 所示的异步时序电路。电路含同步脉冲（边沿有效）和输入信号 x。要求：

(a) 当输入序列 $x = 01101000$ 和初始值 $y_0 = 0$ 时，画出时序图。

(b) 画出状态表。

(c) 画出状态图。

　　建议：可以定义输入 x 的脉宽等于 T 触发器的延时。如果输入 x 的脉宽大于触发器的延时，以下电路的运行会如何？再次分析条件 (a) 的结果。

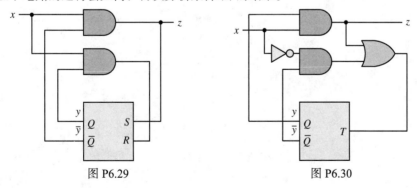

图 P6.29　　　　　　　　　　　图 P6.30

6.31　如图 P6.31 的异步时序逻辑电路所示，输入 x 是同步脉冲的形式（边沿有效），要求：

(a) 当输入序列 $x = 01010010100$ 和初始值 $y_1^0 y_2^0 = 11$ 时，画出时序图。

(b) 画出状态表。

(c)画出状态图。

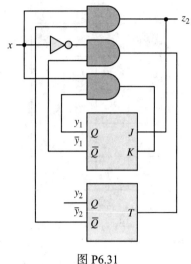

图 P6.31

提示：根据 6.1 节对脉冲型电路的定义，卡诺图分析法会得出错误的结论，因为第三条已经不满足。

6.32　考虑 6.2.2 节采用脉冲型电路设计的数字密码锁。本题要求以基本型电路方式来重新设计电路。

6.33　考虑 6.5.2 节设计的售货机控制器。本题要求重新设计控制电路，当投入总额 1.25 和 1.5 美元时能够找补硬币。

6.34　以脉冲型电路方式重新设计 6.5.2 节的售货机控制器，要求以 JK 触发器为存储器来重新设计电路。

6.35　采用与门、或门和非门来设计三台设备的总线仲裁控制器(Arbiter3)。

6.36　三台设备的总线仲裁控制器(Arbiter3)如 6.5.3 节所示，要求采用方案二实现无竞争冒险，并画出其驱动表。

第7章　可编程数字逻辑器件

学习目标

学生通过本章知识点的学习，能获得必要的知识和技能，并完成以下目标：

1. 了解实现数字电路和系统的各种技术之间的差异。
2. 了解现场可编程门阵列(FPGA)的结构、特性和器件，以及如何用 FPGA 设计数字电路和实现逻辑函数。
3. 了解可编程逻辑器件(PLD)的结构、特性和器件，以及如何用 PLD 设计数字电路和实现逻辑函数。
4. 通过硬件描述语言(HDL)模型在 FPGA 和/或 PLD 中实现复杂数字系统的设计。

　　一个复杂数字系统的成本将受到电路板、电源、互连和芯片封装及设计、验证、组装、测试和其他生产成本的影响。因此，数字系统设计人员努力减小电路芯片封装的总数，使得电路板空间、互连、电源需求和其他相关成本得以降低。为了减少电路封装的数量，已经开发出不同的技术和设计流程来实现在单个设备上包含数千个逻辑门的专用集成电路(ASIC)。数字 ASIC 技术的应用范围从半导体制造工厂生产的标准芯片，到可由设计人员配置以实现复杂数字电路的商用逻辑器件。

　　本章将研究几种类型的可编程数字逻辑器件，这些器件包含可由设计人员配置或编程的电路，以实现通常需要许多更小的电路芯片才能实现的逻辑函数。我们将研究几种常用可编程器件的基本电路结构和运行模式，并考虑如何使用它们来实现数字逻辑电路。此外，本章还将研究根据硬件描述语言(HDL)在可编程逻辑器件中实现数字电路。

7.1　可编程数字逻辑器件技术

　　数字系统中集成电路(IC)芯片的数量可以通过增加芯片的集成度来减少，也就是增加每个芯片中的元件数量。自从第一批集成电路问世以来，在当前高性能专用集成电路、现场可编程门阵列和片上系统(SoC)中，单个芯片上的数字元件数量已从几个逻辑门增加到数百万个逻辑门。更高级别的集成可以提高性能并降低功耗，同时减少印制电路板(PCB)和系统的尺寸及成本。

　　实现复杂数字逻辑电路的设备包括标准商用成品(COTS)数字元件、定制 ASIC 或半定制可编程器件。中小型 COTS 的逻辑函数的实现非常方便，因为电路可以用面包板或采用现成的部件快速地组装到 PCB 上。然而，系统的复杂性和部件总数决定了 PCB 组装和测试的成本，因此每个门的成本可能变得不可接受。将一个设计合并到一个或多个定制或半定制器件中，可以显著减少部件数量和 PCB 尺寸，从而降低总成本，同时提高性能并降低功耗。因此，现代数字系统通常在 ASIC 中实现。

　　许多因素决定了定制 ASIC 或半定制可编程器件对于特定应用是否更具成本效益。开发和制造专用集成电路的总成本由式(7.1)给出：

$$总成本 = NRE + (P \times RE) \tag{7.1}$$

其中，NRE 代表非重复性工程成本，RE 代表重复性工程成本，P 是要生产的系统数量。NRE 代表开发和制造过程中的一次性成本，包括逻辑设计、仿真和验证、物理设计和前期制造成本。RE

表示每个部件的增量成本，包括制造和测试每个 ASIC 器件的成本。当系统数量 P 较少时，NRE 成本在项目总成本中占比较大，使 RE 成本的影响最小化。同样，当 P 较大时，RE 成本则比 NRE 成本的作用更为显著；因此，我们应该努力降低每一个部件的成本。

定制 ASIC 必须逐个门进行设计，包括芯片上电气元件的物理布局及其互连。计算机辅助设计(CAD)工具使设计过程中的一些步骤更加便利和自动化，并使电路性能和硅面积的使用得到优化。大多数数字 ASIC 是由标准单元构成的，标准单元是作为单元库进行开发并提供给设计人员的数字逻辑门和模块。设计人员从通过硬件描述语言(HDL)模型综合逻辑电路开始，使用库中的单元来实现所需的功能。然后，通过指定每个单元应放置在 IC 上的位置及单元应如何互连来创建物理 ASIC 布局。标准单元库中函数的复杂性可以体现在从离散逻辑门和触发器的设计到整个微处理器和其他复杂电路的知识产权(IP)设计。ASIC 必须由 IC 工厂制造，这需要相当大的初始 NRE 成本，然后每个制造的部件需要一些 RE 成本。当要生产的集成电路数量较多时，通常使用 ASIC。

使用门阵列可以降低 NRE 成本，门阵列是一个包含未连接的逻辑阵列、触发器和其他功能的 IC 门。使用门阵列的 ASIC 的功能实现分为两个阶段。在最初阶段，大量通用门阵列芯片被处理，直到芯片最顶层的互连层，但不包括互连层。然后，这些芯片等待执行特定的个性化应用程序。在第二阶段，通过在门电路之间制造互连，对每个门阵列都根据特定要求进行定制。设计人员使用 CAD 工具将电路设计的逻辑门映射到阵列中的特定门中，并确定应如何在它们之间通过路由连接。然后将生成的网表提交给工厂，以提供连接门的互连图案。尽管通过非客户定制整个芯片来降低 NRE 成本，但阵列中仅有一部分门将与未使用的门一起使用，从而使 RE 成本高于定制 ASIC 的成本。

通过使用可编程逻辑器件，可以消除 ASIC 个性化所需的昂贵制造过程和较长交货时间。可编程逻辑器件是预制 IC，由用户购买和配置(编程)，以实现数字电路设计。可编程逻辑器件的分类如图 7.1 所示。现场可编程门阵列(FPGA)包括可编程实现的组合逻辑函数、触发器、数据选择器和其他数字模块的电路块，以及可编程实现将这些组件互连的布线资源。简单可编程逻辑器件(SPLD)包含由晶体管或者相似的器件构成的两种阵列，通过将阵列输出连接至触发器和/或外部引脚，加以编程实现两级逻辑表达式。SPLD 通常包

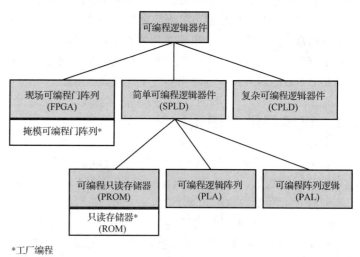

图 7.1　可编程逻辑器件的分类

括：一个 AND(与)阵列，通过对选定的输入进行逻辑与运算来生成乘积项；以及一个 OR(或)阵列，通过对所选乘积项进行逻辑或运算来构成积之和(SOP)式。SPLD 可以是可编程只读存储器(PROM)，其中 AND 阵列固定，而 OR 阵列是可编程的；也可以是可编程阵列逻辑(PAL)器件，其中 OR 阵列固定，而 AND 阵列是可编程的；还可以是可编程逻辑阵列(PLA)器件，其中两个阵列都是可编程的。复杂可编程逻辑器件(CPLD)则包含多个等价于 SPLD 的结构，它们之间具有可编程的互连及其他高级功能。

本章将研究 FPGA 和 PLD 结构，以了解它们如何实现组合和时序逻辑电路，如何对这些结构进行编程以实现用户指定的函数，以及如何使用这些设备中的电路结构阵列实现复杂的数字电路。

我们还将研究如何通过 HDL 模型在 FPGA 和/或 PLD 中实现数字设计，并使用 CAD 工具自动执行该过程。有关可编程数字逻辑器件结构和设计的更多信息，请参阅文献[1-5]。

7.2　现场可编程门阵列(FPGA)

门阵列包括一组逻辑门或其他可配置逻辑组件，在其输入和输出之间没有固定的连接。通过将原理图的组件或网表映射到阵列的门/其他元件上，然后指定如何互连它们来创建电路。通过提供电路的网表，制造商可以从中确定如何在芯片上的栅极之间制造互连，然后即可从制造商订购并配置门阵列。相比而言，本节重点介绍的现场可编程门阵列(FPGA)是从制造商处购买并由用户进行编程的，可以使用软件工具将逻辑函数综合到原始器件的网表中，将合成网表的每个组件映射到阵列中被选定的组件上，然后在组件之间路由互连。

如图 7.2 所示，基本 FPGA 包括可配置逻辑块(CLB)阵列。每个 CLB 包含一个或多个组合逻辑的可编程块，以及一个或多个触发器。CLB 阵列被用户可配置的输入/输出块(IOB)包围，这些 IOB 为每个外部 FPGA 引脚提供多个可编程选项，作为电路输入和/或输出。这些 CLB 和 IOB 与导线段互连，导线段位于 CLB 与 IOB 的行和列之间的布线通道中，以及用于连接导线段的可编程开关之间。

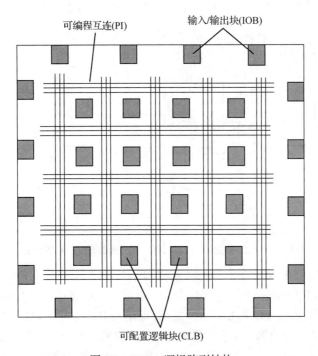

图 7.2　FPGA 逻辑阵列结构

在 FPGA 中，通过指定每个 CLB 和 IOB 中资源的配置，以及在这些模块之间创建互连的开关配置来实现电路。通过将配置位(其格式为"1"和"0")加载到 FPGA 内的静态随机存取存储器(SRAM)中，每个 SRAM 配置位控制可编程资源。在此类器件中，配置存储器是"易失性"的，因此在设备断电时配置会丢失，每次 FPGA 上电时都必须重新加载配置。一些 FPGA 器件使用非易失性配置存储器，这些存储器一旦被编程，就可以在断电并重新启动时保留其配置。这些器件通常可以根据需要擦除和重新编程。不过，对于使用配置 RAM 的 FPGA，通常可以在 FPGA 运行时更改配置,从而实现动态变化的设计。

除了 CLB、IOB 和布线资源,某些 FPGA 还提供了其他功能来实现更复杂的数字系统,包括特殊的时钟控制函数、RAM 块、专用算术函数、高性能通信模块,甚至是嵌入式微处理器。

在接下来的各节中,我们将研究基本 FPGA 的 CLB 结构及其在实现组合和时序逻辑函数、可编程 IOB 结构及路由互连模块的资源。

7.2.1　可配置逻辑块(CLB)

实现组合逻辑函数的查找表(LUT)

现场可编程门阵列(FPGA)术语中的“门阵列”一词并不完全准确,因为逻辑函数是通过可编程结构电路而不是由简单的逻辑门电路实现的。最常见的结构是查找表(LUT),实际上是一个小的存储器阵列,用于存储一个逻辑函数的真值表。该函数的变量用作存储器“地址”输入,其地址对应于最小项编号,即真值表的行号。

图 7.3(a)为三输入组合逻辑函数 $f(a, b, c)$ 的真值表。从概念上讲,如图 7.3(b)所示,此函数的查找表实现包括 8 个存储单元和一个 8 选 1 数据选择器,函数变量连接到数据选择器的选择输入。真值表的值存储在存储器阵列中,真值表第 k 行的值存储在第 k 个存储单元中。因此,一组特定的输入值从真值表的该行中选择输出值。LUT 的逻辑符号如图 7.3(c)所示。

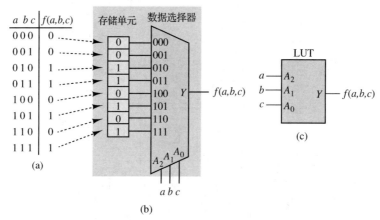

图 7.3　在查找表(LUT)中实现的函数。(a)真值表;(b)函数的 LUT 实现;(c)LUT 的逻辑符号

一般情况下,使用包含 2^N 个存储单元的 N 输入 LUT 来实现 N 个变量的任何组合逻辑函数。相比于逻辑门,这种 LUT 实现的优势是不需要为函数导出逻辑表达式,也不需要使函数最简。通过将真值表中的 2^N 个函数值复制到 LUT 的 2^N 个存储单元中,即可对 LUT 进行“编程”。

例如,考虑第 3 章中讨论的一位全加器函数。该函数的真值表如图 7.4(a)所示,其 LUT 实现如图 7.4(b)所示。注意,用于进位与求和函数的真值表的位值被简单地复制到各自的 LUT 存储单元中,而无须首先导出逻辑表达式。

通过使用 LUT 的子集,可以实现变量数量少于 LUT 输入数量的函数。采用二输入函数 $f(a, b)$ 进行说明,其真值表如图 7.5(a)所示。通过将 LUT 输入 A_2 强制连接到逻辑 0,并将输入 a 和 b 分别连接到变量 A_1 和 A_0,即可在图 7.5(b)的三输入 LUT 中实现此函数,即 LUT 函数为 $f(A_2, A_1, A_0) = f(0, a, b)$。由于仅最低的 4 个存储器地址被应用于 LUT,因此将函数真值表配置为 LUT 的低 4 位,而未指定高 4 位的值。

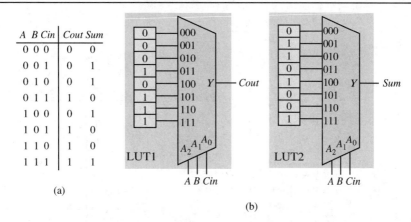

A B Cin	Cout Sum
0 0 0	0 　 0
0 0 1	0 　 1
0 1 0	0 　 1
0 1 1	1 　 0
1 0 0	0 　 1
1 0 1	1 　 0
1 1 0	1 　 0
1 1 1	1 　 1

(a)

(b)

图 7.4　采用两个 LUT 实现全加器函数。(a) 全加器的真值表；(b) LUT1 实现 *Cout*，LUT2 实现 *Sum*

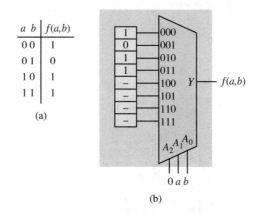

a b	f(a,b)
0 0	1
0 1	0
1 0	1
1 1	1

(a)

(b)

图 7.5　采用三输入 LUT 实现二输入函数。(a) 真值表；(b) LUT 存储单元的下半部分实现该功能

通常，函数的变量数量会超过 LUT 输入数量。在这种情况下，需要多个 LUT 来实现该函数。例如，假设需用仅具有 $(n-1)$ 个输入的 LUT 来实现 n 输入的函数。一种方法是根据 Shannon 展开定理[6]，将 n 输入函数分解为两个 $(n-1)$ 输入函数的组合，如下所示：

$$f(x_1, x_2, \cdots, x_n) = x_1 f(1, x_2, \cdots, x_n) + \bar{x}_1 f(0, x_2, \cdots, x_n)$$

通过分解，我们可以使用两个具有 $(n-1)$ 个输入的 LUT 来实现 $f(0, x_2, \cdots, x_n)$ 和 $f(1, x_2, \cdots, x_n)$，并使用第 3 个 LUT 将这两个 LUT 的输出与 x_1 结合起来。注意，该表达式等效于 2 选 1 数据选择器，其中 x_1 为选择输入，函数 $f(0, x_2, \cdots, x_n)$ 和 $f(1, x_2, \cdots, x_n)$ 对应数据输入。

例 7.1　让我们设计一个 2 位比较器函数 $f(a_1, a_0, b_1, b_0)$，如果二进制数 $a_1 a_0$ 小于二进制数 $b_1 b_0$，则其值为 1。

相比于使用布尔代数分解函数，我们看看图 7.6(a) 所示的该函数的真值表。如果 $a_1 = 0$，则表的上半部分对应于函数 $f(0, a_0, b_1, b_0)$；如果 $a_1 = 1$，则表的下半部分对应于函数 $f(1, a_0, b_1, b_0)$。结合 a_1 对应的两个函数，得到图 7.6(b) 所示的三输入真值表：

$$f(a_1, a_0, b_1, b_0) = a_1 f(1, a_0, b_1, b_0) + \bar{a}_1 f(0, a_0, b_1, b_0)$$

图 7.7(a) 展示的是具有三输入 LUT 的函数的实现。图 7.6(a) 真值表的上、下部分分别在 LUT1 和 LUT2 中实现，图 7.6(b) 的真值表在 LUT3 中实现。图 7.7(b) 显示了在 LUT3 中实现的等效数据选择器功能。

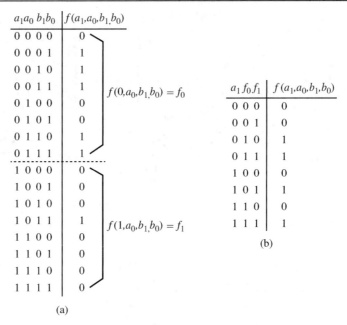

$a_1 a_0\ b_1 b_0$	$f(a_1,a_0,b_1,b_0)$
0 0 0 0	0
0 0 0 1	1
0 0 1 0	1
0 0 1 1	1
0 1 0 0	0
0 1 0 1	0
0 1 1 0	1
0 1 1 1	1
1 0 0 0	0
1 0 0 1	0
1 0 1 0	0
1 0 1 1	1
1 1 0 0	0
1 1 0 1	0
1 1 1 0	0
1 1 1 1	0

$f(0,a_0,b_1,b_0)=f_0$

$f(1,a_0,b_1,b_0)=f_1$

$a_1 f_0 f_1$	$f(a_1,a_0,b_1,b_0)$
0 0 0	0
0 0 1	0
0 1 0	1
0 1 1	1
1 0 0	0
1 0 1	1
1 1 0	0
1 1 1	1

(b)

(a)

图 7.6　四输入比较器函数分解为 3 个三输入函数的组合。(a)表的上半部分和下半部分分别对应 $f(0,a_1,b_1,b_0)$ 和 $f(1,a_1,b_1,b_0)$；(b)组合 a_1、f_0 和 f_1 的数据选择器函数

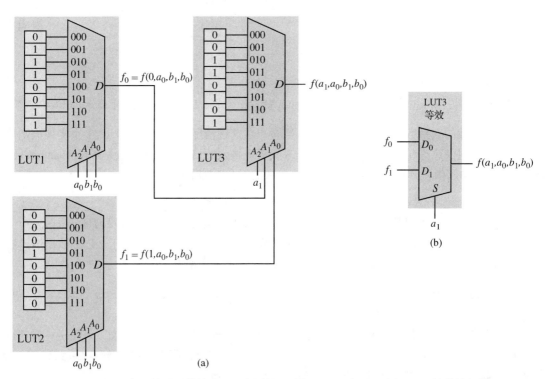

图 7.7　图 7.6 中比较器函数的实现。(a)使用三输入 LUT 实现；(b)LUT3 的等效函数

当实现所有函数的变量数量等于 LUT 输入数量时，FPGA 的资源达到最佳利用。含较少输入变量的函数导致 LUT 的某些部分未使用,而含有较多输入变量的函数则需要使用多个 LUT 和互连资源。

有的 FPGA 包含 LUT,可将其划分为多个较小的 LUT,以提高资源利用率。图 7.8 是一个四输入 LUT，可使用类似于图 7.7 的结构将其配置为两个三输入 LUT。在图 7.8(a)中，使用配置为在输出 F_0 上实现 *Sum*(求和输出)函数的一半存储单元及配置为在输出 F_1 上实现 *Cout*(进位输出)函数的另一半存储单元，以实现图 7.4 的全加器函数。图 7.8(b)是在输出 F_1 上实现的图 7.7(a)的比较器函数。在这两个示例中，都使用了 LUT 的全部 16 位。图 7.8(c)显示了四输入 LUT 的逻辑符号。

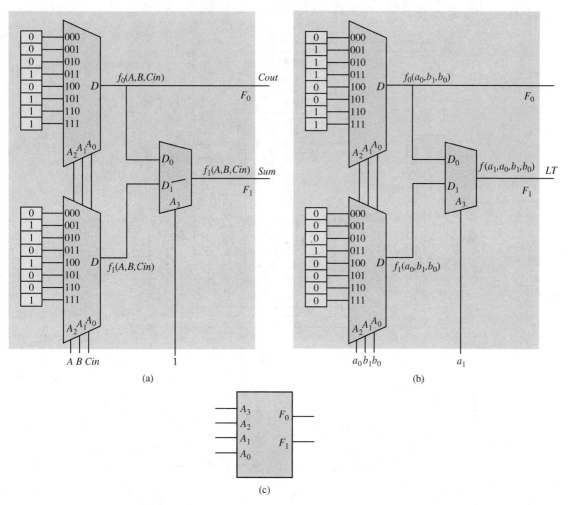

图 7.8　可划分的 LUT。(a)配置为两个三输入 LUT，以实现图 7.4 的全加器；
(b)配置为一个四输入 LUT，以实现图 7.7 的比较器；(c)逻辑符号

　　LUT 的内容是在设备配置过程中加载的。图 7.9 是一个典型的 LUT 结构，该结构增加了译码器，以支持对其存储单元的写入。在配置期间，要配置的 LUT 的写使能(*WE*)输入被激活，以启用译码器和每个 LUT 位的地址，并将其应用于地址输入 $A_2A_1A_0$，同时将要编程到该单元中的位应用于输入 *Din*。地址位被译码，以激活要写入的存储单元的时钟使能(*CE*)输入，并且时钟(*CLK*)被激活，从而将位写入该单元。对 LUT 进行编程后，将停用 *WE*，以防止更改 LUT 的内容。

　　有的 FPGA 还利用此编程功能来将 LUT 用作 RAM，以实现需要相对少量 RAM 的函数。

时序逻辑函数的触发器和 LUT

　　为了实现时序逻辑电路，CLB 通常包含一个或多个触发器，以及许多用于配置 CLB 输出和各种触发器选项的可编程数据选择器。一个简单的 CLB 配置包括一个 LUT 和一个 D 触发器，如图

7.10 所示。如前所述，LUT 输出是输入 $A_2A_1A_0$ 的组合逻辑函数；如果 CLB 用于实现组合逻辑函数，则此值将用作 CLB 输出和/或用作触发器的驱动输入，以实现时序函数。图 7.10(a)中的 CLB 结构具有单独的输出 X 和 Y，从而允许使用组合函数和时序函数中的一个或两个。有的 FPGA 使用图 7.10(b)的 CLB 结构，其中数据选择器选择 LUT 或触发器作为 CLB 的输出 Y。数据选择器输入由配置位(CB)选择，配置位在配置 FPGA 时加载。

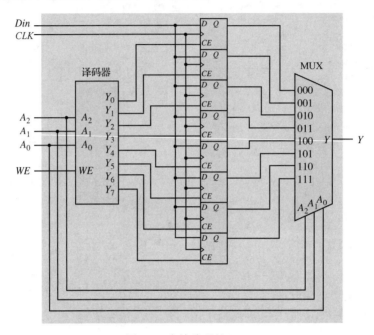

图 7.9　支持编程的 LUT

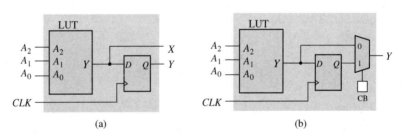

图 7.10　CLB 的 LUT 和触发器。(a)单独的组合和时序输出；(b)由配置位选择的输出

以下示例说明了同步时序逻辑电路的实现。

例 7.2　使用 FPGA CLB 重新设计之前例 5.4 中实现的同步时序逻辑电路。为方便起见，重新列出了状态表、状态分配方案和状态转换表，如图 7.11(a)~(c)所示。

为了实现此电路，使用了图 7.10 的 CLB 结构。图 7.11(c)的次态和输出函数以真值表形式重新排列，如图 7.11(d)所示。该函数的实现需要 3 个 CLB：两个分别用于状态变量 y_1 和 y_2，一个用于输出 z。由于 CLB 包含 D 触发器，因此每个触发器的驱动输入 D 就是其次态 Y。这样，图 7.11(d)中真值表的列 Y_1、Y_2 和 z 可以简单地分别复制到 CLB1、CLB2 和 CLB3 的 LUT 中，如图 7.12 所示，CLB 输入和输出相互连接。注意，CLB1 和 CLB2 的 X 输出是未使用的，CLB3 的 Y 输出也是如此。

状态	x 0	1
A	$A/0$	$B/0$
B	$A/0$	$C/1$
C	$B/0$	$D/0$
D	$C/1$	$D/0$

次态/输出

(a)

状态	y_1 y_2
A	0　0
B	0　1
C	1　1
D	1　0

(b)

$y_1 y_2$	x 0	1
00	00/0	01/0
01	00/0	11/1
11	01/0	10/0
10	11/1	10/0

$Y_1 Y_2/z$

(c)

$x\,y_1y_2$	$Y_1\,Y_2\,z$
0 0 0	0 0 0
0 0 1	0 0 0
0 1 0	1 1 1
0 1 1	0 1 0
1 0 0	0 1 0
1 0 1	1 1 1
1 1 0	1 0 0
1 1 1	1 0 0

(d)

图 7.11　图 5.16 的同步时序逻辑电路。(a)状态表；(b)状态分配方案；
(c)状态转换表；(d)以真值表形式重新排列的状态转换表

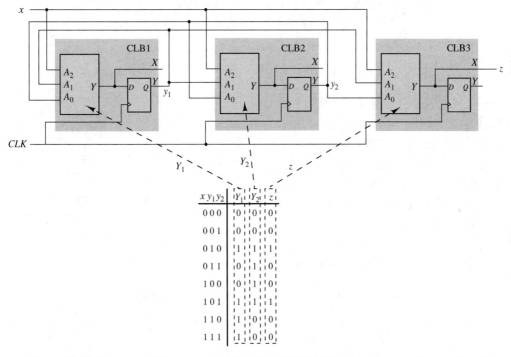

$x\,y_1y_2$	Y_1	Y_2	z
0 0 0	0	0	0
0 0 1	0	0	0
0 1 0	1	1	1
0 1 1	0	1	0
1 0 0	0	1	0
1 0 1	1	1	1
1 1 0	1	0	0
1 1 1	1	0	0

图 7.12　图 7.11 的函数的 FPGA 实现。Y_1、Y_2 和 z 的真值表值分别存储在 CLB1、CLB2 和 CLB3 的 8 位 LUT 中

　　为了给设计时序逻辑函数提供更大的灵活性，大多数 FPGA 的 CLB 提供了许多可编程的触发器选项，例如时钟的有效电平、时钟使能输入及同步或异步复位和/或置位输入，这些选项通常使用由逻辑信号或配置位控制的数据选择器来选择。

　　例如，不同的应用可能要求触发器由时钟信号的上升沿和/或下降沿触发。图 7.13 使用数据选择器来选择将一个触发器配置为上升沿或者下降沿触发。在图 7.13(a)中，当配置位(CB)为 0 时，数据选择器选择要施加到上升沿触发的 D 触发器的时钟为 CLK。在图 7.13(b)中，当配置位为 1 时，选择要作用于上升沿触发的 D 触发器的时钟为 CLK。因此，当 CLK 从 1 转换为 0(下降沿)时，等效为下降沿触发的 D 触发器。

　　如 4.3 节所述，通常希望触发器具有时钟使能(CE)输入，以允许触发器仅由选定的时钟跳变触发,并保持其状态。如图 4.48 所示,通过将 CE 信号与 CLK 进行与运算来产生"门控时钟",即当 $CE=1$ 时,与门输出为 CLK;当 $CE=0$ 时,与门输出为 0。图 7.14 的电路采用了另一种更可靠的方法。在这种结构中,每次时钟跳变都会触发一个触发器,由一个数据选择器选择触发器的数据输入。即当 $CE=0$ 时,触发器的 Q 输出通过数据选择器反馈到其 D 端作为驱动输入,从而刷新(保持)触发器的当前状态。当 $CE=1$ 时,数据选择器选择外部输入施加至触发器的 D 输入,相应地更改其状态。如果应用程序不需要使用 CE 信号,则可以将 CE 连接到恒定的逻辑 1。

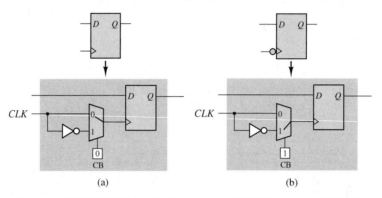

图 7.13　可编程触发器的时钟跳变。(a)上升沿触发；(b)下降沿触发

　　另一个常见的要求是能够同步或者异步置位和/或复位触发器的状态。在图 7.15 中,对图 7.14 的触发器进行了修改,以支持同步置位/复位功能,其中配置位(CB)被编程为选择置位或复位功能。在图 7.15(a)中,CB = 0,因此 $R=1$ 导致向触发器的 D 输入(启用时)施加 0,从而将触发器状态复位为 0。在图 7.15(b)中,CB = 1,因此 $S=1$ 导致向触发器 D 的输入(启用时)施加 1,从而将触发器状态置位为 1。

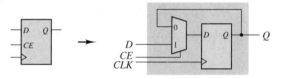

图 7.14　通过 CE 选择传输数据 D(即置数功能)或者保持 Q 的现态值(即保持功能)作为输入,但最终由时钟决定触发器的次态变化时刻

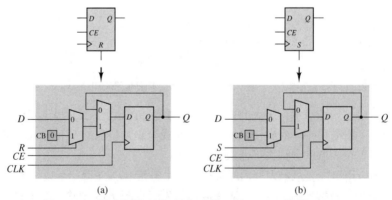

图 7.15　可编程同步置位/复位功能。(a)CB = 0 使能 $R=1$ 以复位触发器；(b)CB = 1 使能 $S=1$ 以置位触发器

　　可编程异步置位/复位功能如图 7.16 所示。此时,内部触发器结构由异步 S 和 R 输入实现。当其 CB = 1 时,一个数据选择器将外部 S 路由到触发器的异步 S;当 CB = 0 时,异步输入 $S=0$,从而禁用置位功能。另一个数据选择器对 R 输入的作用与之类似。

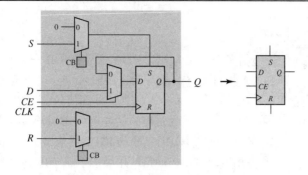

图 7.16　带异步置位/复位的触发器。CB = 1 使外部 *S/R* 控制触发器，CB = 0 禁止外部 *S/R* 作用

例7.3　用 CLB 实现一个 3 位二进制计数器。每个 CLB 包含一个三输入 LUT 和一个如图 7.15(a)所示配置的触发器。计数器具有同步复位($RESET$)输入、使能(EN)信号和时钟(CLK)输入。在 CLK 的上升沿，如果 $EN = 1$ 且 $RESET = 1$，那么所有计数器的状态应复位为全 0，如果 $EN = 1$ 且 $RESET = 0$，则计数器加 1；否则如果 $EN = 0$，计数器保持其当前状态。

启用后，计数功能可由图 7.17(a) 的状态表表示。将次态 Y_2、Y_1 和 Y_0 的列分别复制到图 7.17(b) 的 CLB2、CLB1 和 CLB0 的 LUT 中。图 7.15(a) 的触发器包括一个配置位(CB)以支持同步复位功能，因此，$RESET$ 输入连接到 3 个 CLB 的 R 输入，而 EN 连接到 3 个 CLB 的 CE 输入，如图 7.17(b) 所示。当 $RESET = 1$ 时，触发器复位；当 $RESET = 0$ 时，触发器可以计数。

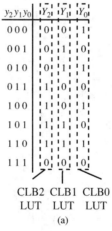

(a)

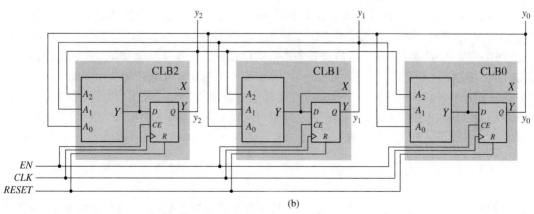

(b)

图 7.17　3 位二进制计数器。(a) 计数器的状态表；(b) CLB 的实现

7.2.2　输入/输出块(IOB)

图 7.2 的基本 FPGA 结构包括多个输入/输出块(IOB),每个 IOB 与 FPGA 的一个引脚相关联,并连接到外部信号。大多数 FPGA 将每个 IOB 编程为专用输入/专用输出或者在输入和输出之间动态切换。每个 IOB 都包含"缓冲区"以隔离 FPGA 之外的外部信号,并提供信号驱动能力。图 7.18 显示了来自 IOB1 的 Pin1 的输入信号,该信号通过输入缓冲器(IBUF)连接到阵列中 CLB 的输入上,并且其中一个 CLB 的输出通过输出缓冲器(OBUF)驱动 IOB2 的输出引脚 Pin2。

除了提供专用输入 IOB 和专用输出 IOB,通常使用类似于图 7.19 的可编程 IOB 结构。这样,输出驱动器是三态缓冲器(OBUFT),具有控制信号以启用或者禁用。此控制信号由 3 选 1 数据选择器的输出提供,其输入由两个配置位(CB)选择。如果 CB = 00,则选择数据选择器的输入 0 以禁用输出缓冲器,该缓冲器起开路作用,因此,缓冲器不会驱动该引脚。由于输出缓冲器不会干扰外部源提供的信号,该引脚可以用作专用输入。如果 CB = 01,则选择数据选择器的输入 1 以启用输出缓冲器,该缓冲器的作用相当于短路,将引脚驱动到外部目标位置,有效地使引脚成为专用输出。此时,该缓冲器驱动的任何内容通过输入缓冲器读回。如果 CB = 10,则选择数据选择器的输入 2,以允许输出使能(*OutputEnable*)信号控制缓冲器;否则,输出为 0。当 *OutputEnable* = 1 时启动缓冲器,当 *OutputEnable* = 0 时禁用缓冲器。*OutputEnable* 信号由逻辑阵列中的 CLB 生成,从而在输入和输出运行模式之间动态切换引脚。例如,两个设备之间的半双工信号线就需要这种操作,即这些设备轮流通过一条单总线将信息发送到另一设备。

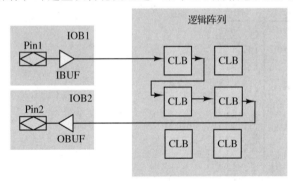

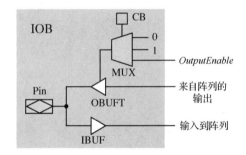

图 7.18　连接到 CLB 输入/输出的外部信号输入/输出引脚　　图 7.19　可编程 IOB 结构

特定 FPGA 的 IOB 可提供许多其他功能。例如,在 IOB 内找到"已寄存"的输入和/或输出信号,以便将数据保存在锁存器或触发器中。如图 7.20 所示,D 触发器从逻辑阵列获取输出数据。由配置位控制的数据选择器 MUX2 选择寄存输出(触发器 Q 输出)或者来自阵列的输出,以驱动 OBUFT。对于后者,触发器被有效旁路。同样,输入信号可以从 IBUF 驱动的 D 触发器中获取,而 MUX3 选择寄存输入(触发器 Q 输出)或者 IBUF 输出作为逻辑阵列的输入。

除逻辑组件外,许多 FPGA 还为每个引脚提供可编程的电压电平值,以匹配那些采用不同电气标准的设备输入/输出引脚的电压电平值(分别与逻辑 1 和逻辑 0 相对应)。这使得 FPGA 无须特殊的电平转换器即可与各种设备进行交互。

例 7.4　我们在 FPGA 中实现如图 7.17 所示的 3 位二进制计数器,计数器的输入和输出需连接到外部引脚。

计数器的行为可以用图 7.21 中的 Verilog 模型定义,其中包括复位和时钟使能功能。如图 7.22 所示,该模型已综合并通过 FPGA 设计工具实现。3 个 D 触发器的每个 *D* 输入均由 LUT 产生。输入信号通过 IBUF 施加,输出由 OBUF 驱动。时钟信号经过特殊处理,其 IBUF 输出应用于全局时钟缓冲器(BUFG)的输入,该缓冲器向 FPGA 中的所有触发器提供干净的时钟脉冲。

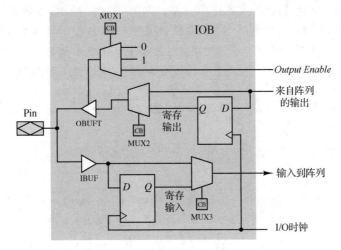

图 7.20　含输入/输出寄存器的 IOB

```
//Verilog model of the counter
module Count3(
            input EN,                                      //enable
            input RESET,                                   //reset
            input CLK,                                     //clock
            output reg [2:0] Y                             //count outputs
            );
always @(posedge CLK or posedge RESET) begin
            if (RESET == 1)
                    Y = 3'b0;
            else if (EN == 1)
                    Y = Y + 1;
            end
endmodule
```

图 7.21　3 位二进制计数器的 Verilog 模型

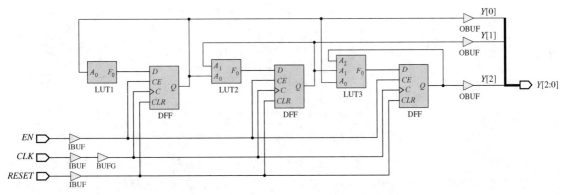

图 7.22　根据图 7.21 的 Verilog 模型生成和实现的计数器

7.2.3　互连资源

如图 7.2 所示,FPGA 的 CLB 和 IOB 通过可编程布线资源互连,可编程布线资源可配置为在模块输出、模块输入和外部引脚之间创建电路路径(称为网络)。FPGA 设计软件确定如何最佳地通过可用的导线段路由每个网络,然后生成配置位,这些配置位被编程为连接选定的导线段以创建每个信号网络。为了提供网络创建的灵活性，FPGA 通常有大量导线段位于 CLB/IOB 之间的行和列中，如图 7.2 所示。这些导线段的长度可能不同，具体取决于特定的 FPGA 系列。

导线段在可编程互连点(PIP)处实现连接/开路，如图 7.23(a)所示，它通常包括传输晶体管和配置位(CB)。导线段 A 和 B 连接到晶体管的源极和漏极，而 CB 控制晶体管的栅极。如图 7.23(b)所示，设置 CB = 1 会使晶体管饱和，有效短路，从而连接导线段 A 和 B。如图 7.23(c)所示，如果 CB = 0，则晶体管截止，有效开路，从而断开导线段 A 和 B。图 7.23(d)中显示了 PIP 的逻辑符号。

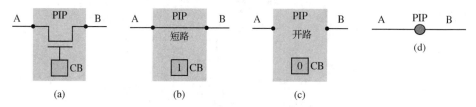

图 7.23　可编程互连点(PIP)。(a)传输晶体管和配置位；(b)CB = 1，连接导线段 (晶体管饱和)；(c)CB = 0，断开导线段(晶体管截止)；(d)PIP 的逻辑符号

通过 FPGA 导线段和 PIP 对网络进行布线的过程与铁路列车布线的过程类似，铁路列车通过连接轨道段的道岔来创建列车要走的路线。例如，图 7.24 说明了使用 PIP 在 CLB 输出和输入之间创建电路网络。其中有 4 个 PIP 被激活，以连接 CLB1 的 Y 输出和 CLB6 的 A_2 输入之间的导线段。同样，在 CLB2 的 X 输出和 CLB5 的 A_0 输入之间创建一个连接，而另一个网络则将 CLB4 的 Y 输出接至其 A_1 输入端。

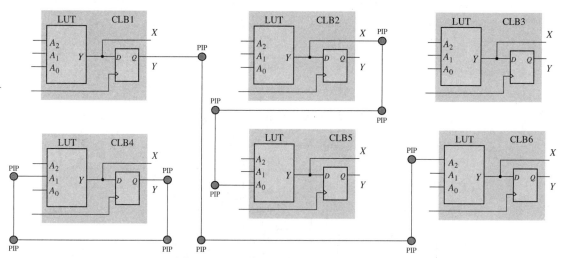

图 7.24　CLB 输出和输入之间的网络路由

有的 FPGA 将 PIP 布置在开关盒内(每个开关盒都与一个 CLB 相关联)，这些 PIP 将导线段连接到 CLB 和/或其他开关盒。图 7.25 举例说明如下：CLB 的输出 X 可以分别通过 PIP P4、P5 和 P3 驱动该 CLB 的 Wire2、Wire3 和/或输入 A_2。Wire2 和 Wire3 分别将该信号路由到 FPGA 的左侧和右侧。同样，CLB 的输入 A_2 可以从 Wire1、Wire4 或 CLB 的输出 X 连接到网络。

每个开关盒可与水平和垂直导线段相连接，并提供一组导线段，以便在 4 个可能的方向(例如，左、右、上和下)上布线。为每个网络确定路由的过程涉及识别一组导线段，这些导线段有效地将信号从一个 CLB 的输出路由到一个或多个 CLB 的输入上。图 7.26 给出了从 CLB1 的输出 X 通过一条导线段连接到 CLB2 的输入 A_0 的一个网络。第二个网络从 CLB1 的输出 Y 路由到 CLB5 的输

入 A_1，该网络是通过连接到 CLB3 的开关盒中的两个导线段实现的，该网络的导线段各自绕过一个 CLB。FPGA 通常提供绕过一个或多个 CLB 的导线段，以减少网络上 PIP 的数量，因为每个 PIP 中的晶体管在工作时会导致沿网络传输的信号出现延时。为了优化相距很远的 CLB 之间的连接，通常会出现一些跨越 FPGA 整个宽度或高度的导线段。

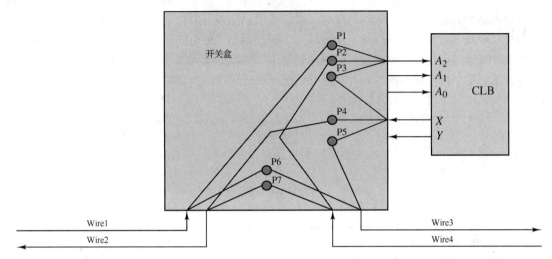

图 7.25 连接 CLB 和导线段的开关盒

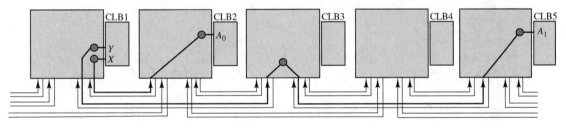

图 7.26 从 CLB1 到 CLB2 和 CLB5 的网络路由

7.2.4 时钟资源

在 FPGA 和其他复杂的数字系统中，时钟信号的分配是一个重大的挑战。时钟信号通常以比其他信号更快的速度切换，需要特殊的时钟驱动器来产生理想的时钟信号。电路的某些部分可能需要与其他部分分开的时钟信号，也可能具有不同的频率或相位。另外，时钟信号在整个分配网络中可能会经历从时钟源到触发器和其他时序模块的时钟输入的不同传输延时。传输延时的这些差异可能会导致"时钟偏移"，即在一个模块输入的时钟跳变与另一模块输入的时钟跳变之间的时间差。明显的时钟偏移会导致某些模块比其他模块更早被触发，使得触发动作较早的模块影响稍后触发的模块捕获的值，从而导致错误的逻辑。

为了产生干净、高速的时钟信号并将其分配给所有的时序模块，FPGA 通常包含几个设计特性，其中一些可以由设计人员配置。

- 具有时钟功能的输入引脚，提供特殊的缓冲器和其他电路，以将高速时钟信号从外部源传送到时钟分配网络。
- 可编程时钟生成和管理模块，可生成具有用户选择特性的时钟信号。
- 采用专用时钟信号线能最大程度地减少信号延时。

- 采用专用时钟缓冲器可将信号同步地驱动到 FPGA 内的电路。
- 时钟分配网络能最大程度地减少时钟源与由这些时钟触发的触发器或其他模块之间的时钟偏移。

典型的时钟分配网络是图 7.27 所示的全局时钟树结构。树状结构提供来自树根的时钟源及树叶处的触发器和其他时序模块的均匀延时。时钟源可以是具有时钟功能的输入引脚,也可以是内部时钟生成模块或者时钟管理模块。如图所示,触发器和其他时序模块通常组织在时钟域中。全局时钟缓冲器通过专用线路将时钟信号驱动到每个时钟域的输入缓冲器。然后,区域时钟缓冲器在其各自的时钟域内驱动专用线,并在某些情况下通过附加的本地时钟缓冲器驱动,直到时钟到达触发器和其他时序模块的输入时为止。

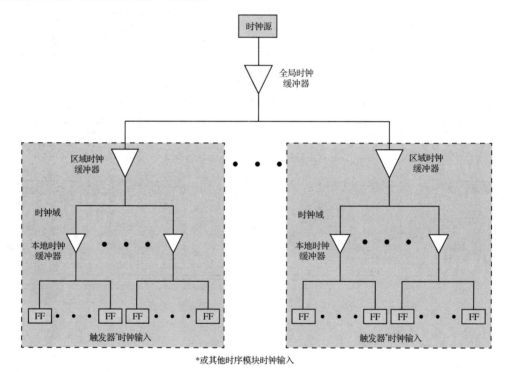

图 7.27　全局时钟树结构

图 7.27 的树状结构所示的专用时钟线和缓冲器层次结构的组合除了在每个缓冲器输出处进行干净的时钟跳变,还保证了时钟源和时序模块之间几乎相同的延时。

为了支持在单个 FPGA 中实现具有不同时钟要求的电路,大多数 FPGA 器件包含多个时钟树,每个时钟树可以有不同的时钟源。然后提供可编程路由资源,从而将每个触发器的时钟输入连接到选定的时钟树。

由于设计的子电路可能具有特殊的时钟要求,因此通常提供可编程时钟生成和管理模块,允许用户选择特定的时钟特性,如频率和相位。例如,可能希望一个时钟频率是另一个时钟频率的 4 倍,或者两个时钟相位差 90°。读者可以参考每个 FPGA 系列的文档[8, 9, 10],了解这些设备中可用的时钟特性的描述。

7.2.5　其他 FPGA 资源和选项

本章描述的 FPGA 架构和结构主要聚焦在基于可配置逻辑块(CLB)、输入/输出块(IOB)和互连资源的对称阵列的 FPGA，如图 7.2 所示。许多其他的 FPGA 架构也被不同的制造商使用。例如，基于行的 FPGA 器件是从掩模编程门阵列演变而来的，所有逻辑元件排列成行，布线资源位于行之间的空间中，甚至创建在元件顶部。所谓的"门海"（sea of gates）或"砖海"（sea of tiles）设备包含逻辑门或其他模块的阵列，这些模块的布线资源提供在这些组件上方的芯片层中，而不是在行和列之间的空间中。分层架构也是可用的，它包含几个模块，每个模块本身都是一个几乎完整的 FPGA，具有全局互连资源，用于在模块之间路由信号。有关 FPGA 架构的更多信息，请参阅参考文献[1-5]。

除了不同的架构，有些 FPGA 利用查找表以外的电路结构来实现组合逻辑函数。例如，在 Microsemi（前身为 Actel）[10]和其他两家 FPGA 制造商的 FPGA 中，可配置逻辑块基于数据选择器和逻辑门来实现组合逻辑函数。回想一下，第 3 章给出的几个示例说明了使用数据选择器实现开关表达式。

除了简单的可配置逻辑块，现代 FPGA 还集成了具有可编程功能的各种高级模块，这些模块有助于复杂系统的设计，包括专用算术模块、数字信号处理器、存储模块、嵌入式处理器、用于高速通信的控制器通道、标准扩展总线、动态 RAM、LCD 显示器和其他外部设备。有关这些模块的更多信息，请参阅参考文献[8-10]。

7.2.6　FPGA 设计流程和实例

开发与实现 FPGA 的数字电路和系统设计通常是使用特定供应商的计算机辅助设计（CAD）工具来完成的，如 Xilinx Vivado[7]或 Intel Quartus Prime Design[11]，这些工具通过其各自的 FPGA 器件来支持设计。相关的设计流程包括以下步骤。

前端

1. 确定数字系统所需的功能。这可以用组合逻辑状态的真值表、时序逻辑的状态图和/或更复杂系统的 RTL 设计形式表示。
2. 使用 HDL（VHDL、Verilog 或 CAD 工具支持的其他设计语言）对系统进行行为建模。
3. 对 HDL 模型进行行为仿真，以验证它是否为所有预期的输入序列生成正确的输出和状态。

后端

4. 使用供应商的 CAD 工具实现所需的目标 FPGA 的设计。这通常需要以下步骤。
   a. 从 HDL 模型生成数字电路。
   b. 将数字电路映射到目标 FPGA 的原始组件（LUT、触发器等）。
   c. 通过将每个原始组件分配给 FPGA 资源阵列中的特定组件来放置电路的原始组件。
   d. 在放置的组件和外部引脚之间布线互连。
5. 对布局和布线后的电路进行时序仿真，验证其功能和时序性。验证其时序性是可能的，因为该电路包含目标 FPGA 的特定技术原始组件，其仿真模型包含时序参数。
6. 生成配置文件，即一组配置位，从而对 FPGA 中的每个基本组件和互连进行编程。
7. 将配置文件下载到 FPGA 以实现和测试设计。

第 1~3 步称为设计过程的"前端"。这些步骤独立于目标技术，目标技术将利用特定技术的门、触发器、查找表和/或其他组件来实现数字电路。因此，可以使用与技术无关的建模和仿真工具来执行前端步骤。可以将一个经过验证的 HDL 模型综合为不同技术实现的电路结构。例如，可以为目标 FPGA 综合模型以创建电路原型。在测试了原型之后，可以将模型综合到标准单元的网表中，以制成专用集成电路（ASIC）。

第 4～7 步称为设计过程的"后端"。这些步骤特定于目标 FPGA,并且需要支持该特定 FPGA 系列器件的工具。生成步骤产生一个实现 HDL 行为/RTL 模型的电路,通常包括通用组件和标准功能模块,例如寄存器、计数器和加法器。映射步骤将通用组件映射到目标 FPGA 的特定技术原始组件,并且电路针对该器件进行了优化。一些 FPGA 器件包含"硬宏"(hard macro),它们的硬接线功能被优化,例如数字信号处理器、存储模块或串行通信模块。在这些情况下,可以将函数映射到硬宏,而不用查找表和触发器来实现。组件放置过程决定了 FPGA 内组件阵列中的哪些特定组件用作电路的基本组件,以最大限度地提高效率,并简化布线。然后,布线步骤选择并配置互连资源,以连接放置的组件和外部引脚。通常,通过提供要用于每个输入和输出的特定引脚的列表来限制布局与布线。

我们通过以下示例说明上述设计过程。本章后面还提供了两个更全面的总结性设计实例。

例 7.5　BCD 七段译码器。

我们来设计一个 BCD 七段译码器,并在 FPGA 中实现。译码器的输入是一个 BCD 数字,即表示十进制数字 0～9 的 4 位二进制代码。

七段显示器包括 7 个按图 7.28(a)所示排列的发光二极管(LED)。通过激活选定的 LED 来显示十进制数字,以产生图 7.28(b)所示的图案。译码器需要 7 个输出(每个 LED 一个),以激活显示与 BCD 数字输入相对应的十进制数字所需的 LED 子集。在本例中,使用了图 7.28(c)所示的共阳极(低电平有效)配置,其中 LED 阳极全部连接到逻辑 1,而阴极由译码器驱动。应用于 LED 阴极的逻辑 0 会在阳极和阴极之间产生正电压,这将激活(点亮)LED。因此,译码器的输出必须是低电平的。应用于 LED 阴极的逻辑 1 导致阳极和阴极之间的电压为零,并且不会激活 LED。

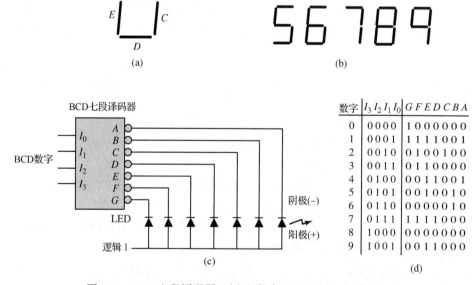

图 7.28　BCD 七段译码器。(a)七段式 LED 显示;(b)每个数字的有效段;(c)连接到译码器;(d)译码器的真值表

由于译码器是一个组合逻辑电路,因此首先要导出其真值表,我们指定要应用于 7 个 LED 中的每个 LED 的逻辑值,以产生每个十进制数字所需的模式。参照图 7.28(b)中的 10 个模式,相应

的真值表如图 7.28(d) 所示，其中 LED 阴极激活信号为低电平有效。

　　接下来，我们使用 Verilog 或 VHDL 开发由该真值表定义的函数的 HDL 模型，如图 7.29 所示。

```vhdl
--VHDL model of the BCD to Seven-Segment Decoder
library IEEE; use IEEE.STD_LOGIC_1164.ALL;
entity bin2seg7 is
port ( BCD: in std_logic_vector(3 downto 0);        --BCD digit
       SEG: out std_logic_vector(6 downto 0);       --Segments GFEDCBA
       AN: out std_logic );                         --LED Anodes
end bin2seg7;
architecture Behavioral of bin2seg7 is
begin
    AN <= "1";                                      --Enable LED anodes
    with BCD select                                 --GFEDCDA BCD
        SEG <= "1000000" when "0000",               --0
               "1111001" when "0001",               --1
               "0100100" when "0010",               --2
               "0110000" when "0011",               --3
               "0011001" when "0100",               --4
               "0010010" when "0101",               --5
               "0000010" when "0110",               --6
               "1111000" when "0111",               --7
               "0000000" when "1000",               --8
               "0011000" when "1001",               --9
               "0000000" when others;
end Behavioral;
```

```verilog
//Verilog model of the BCD to Seven-Segment Decoder
module bcd2seg7 (bcd, seg, an);
    input [3:0] bcd;                                // BDC digit
    output reg [6:0] seg;                           // Segments GFEDCBA
    output an;                                      // LED anodes
    always @(bcd) begin
        case (bcd)                                  //GFEDCBA
            4'b0000: seg7 = 7'b1000000;             //0
            4'b0001: seg7 = 7'b1111001;             //1
            4'b0010: seg7 = 7'b0100100;             //2
            4'b0011: seg7 = 7'b0110000;             //3
            4'b0100: seg7 = 7'b0011001;             //4
            4'b0101: seg7 = 7'b0010010;             //5
            4'b0110: seg7 = 7'b0000010;             //6
            4'b0111: seg7 = 7'b1111000;             //7
            4'b1000: seg7 = 7'b0000000;             //8
            4'b1001: seg7 = 7'b0011000;             //9
        endcase
    end
    assign an = 1'b1;
endmodule
```

图 7.29　BCD 七段译码器的 HDL 模型

　　利用设计的 HDL 模型，我们用行为仿真验证了模型的正确性。图 7.29 中的 HDL 模型的仿真结果由 Aldec Active-HDL 仿真工具[12]生成，如图 7.30 所示。在这个仿真结果中，我们可以看到应用到译码器的 BCD 输入的 10 个 BCD 数字，以及对应的 7 位译码器输出 SEG，如图 7.28(d) 的真值表所示。因此，仿真验证了所建模的译码功能与其真值表相匹配。

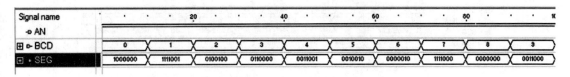

图 7.30　BCD 七段译码器的 HDL 模型的仿真

　　验证 HDL 模型后，通过执行 FPGA 综合、映射、布局和布线操作，在目标 FPGA 中实现该模型。在这个例子中，HDL 模型是用 FPGA 设计工具实现的，生成了图 7.31 所示的电路。在该示意图中，我们可以看到 7 个四输入 LUT，一个用于为 7 个输出中的每一个实现组合逻辑函数。4 个 BCD 输入引脚通过各自 IOB 中的输入缓冲器(IBUF)应用于 LUT 输入。然后，每个 LUT 输出通过输出缓冲器(OBUF)驱动其各自的段输出信号。

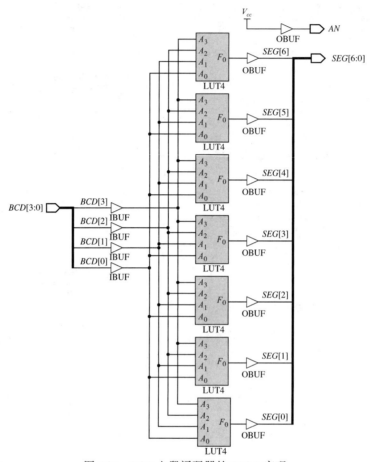

图 7.31　BCD 七段译码器的 FPGA 实现

通过仿真实现过程中产生的布局和布线后的电路模型，可以对实现的电路进行验证，该模型包含了原始组件的详细模型。译码器的仿真结果如图 7.32 所示，可以看出，所实现的电路功能与图 7.30 中的行为仿真结果相匹配，每个 BCD 数字产生正确的七段代码。但是，布局和布线后仿真还显示了电路时序，即通过电路组件的传输延时。例如，我们看到输入的 BCD 数字在 20 ns 处从 1 变为 2，而输出缓冲器驱动段在 22.4 ns 处变化。

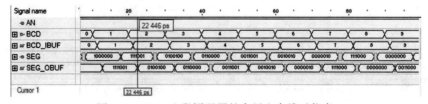

图 7.32　BCD 七段译码器的布局和布线后仿真

既然已经验证了所实现的电路的正确性，那么就可以通过生成 FPGA 的配置文件并将其下载到器件中来对 FPGA 进行编程，从而可以对物理电路进行测试。

例 7.6　识别 0110 序列的同步时序逻辑电路。

让我们在 FPGA 中设计和实现一个米利型的同步时序逻辑电路,它有一个输入 x 和一个输出 z,可以识别输入序列 0110。如果最后 4 个时钟跳变时的 x 值为 0-1-1-0,则输出 z 为 1;否则,输出 z 为 0。输入序列可能重叠。

如第 5 章所述,我们首先设计一个状态图来描述电路的行为。为了识别输入序列 0-1-1-0,需要 4 个状态,如图 7.33 所示。在状态 A 中,电路等待序列的初始 0。状态 B 表示最后一个输入为 0,状态 C 表示最后两个输入为 0-1,状态 D 表示最后 3 个输入为 0-1-1。如果在状态 D 中 $x=0$,则 z 设置为 1,表示检测到 0110 序列。然后,电路在下一个时钟跳变时返回状态 B,因为当前输入的 0 可能是另一个 0-1-1-0 输入的初始位。如果 $x=1$ 在状态 D,则说明已经检测到 3 个连续的 1,并且必须在状态 A 中重新开始。

从状态图中,我们可以设计其行为的 HDL 模型。然后可以使用 CAD 工具在 FPGA 中仿真并实现该模型。图 7.34 显示了由状态图定义的行为的 VHDL 和 Verilog 模型。

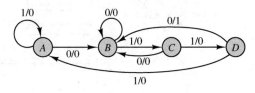

图 7.33　序列 "0110" 识别器的状态图

```verilog
//Verilog behavioral model of a sequence 0010 recognizer
module Seq0110 (
        input RST, X, CLK,                      //declare inputs
        output Z);                              //declare output
reg [1:0] state;                                //declare state variables
parameter A = 2'b00, B = 2'b01, C = 2'b11, D = 2'b10;   //state assignments

always @ (posedge CLK)                          //detect positive edge of Clock
        if (RST == 1) state <= A;               //go to state A if RST is high
        else case (state)                       //derive next state from state and x
                A: if (~X) state <= B; else state <= A;
                B: if (~X) state <= B; else state <= C;
                C: if (~X) state <= B; else state <= D;
                D: if (~X) state <= B; else state <= A;
        endcase
        assign Z = (state == D)? ~X : 0;        // Z=1 if state D and X = 0
endmodule
```

```vhdl
--VHDL model of a Mealy model sequence 0110 detector
library IEEE; use IEEE.STD_LOGIC_1164.ALL;
entity Seq0110 is
        port ( RST, X, CLK :  in STD_LOGIC;     --inputs
               Z : out STD_LOGIC );             --output
end Seq0110;
architecture Behavioral of Seq0110 is
        type states is (A, B, C, D);            --symbolic state names
        signal state: states := A;              --circuit state
begin
        process(CLK)                            --define state transitions
        begin
                if rising_edge(CLK) then        --all operations synchronous
                        if (RST = '1') then State <= A;     --reset to state A
                        else                    --change to next state
                                case State is
                                    when A => if X = '0' then State <= B; else State <= A; end if;
                                    when B => if X = '0' then State <= B; else State <= C; end if;
                                    when C => if X = '0' then State <= B; else State <= D; end if;
                                    when D => if X = '0' then State <= B; else State <= A; end if;
                                end case;
                        end if;
                end if;
        end process;
        Z < = '1' when ((State = D) and (X = '0')) else '0';          -- Mealy output
end Behavioral;
```

图 7.34　序列 "0110" 识别器的状态图的 HDL 模型

接下来，我们对状态图的 HDL 模型进行行为仿真，以验证该模型是否为所有输入序列生成所需的输出。图 7.35 显示了 0-0-0-1-1-0 应用于输入序列的仿真结果。在这个图中，我们可以看到当 $RST=1$ 时，模型在第一个时钟的上升沿复位为状态 A，然后当 $x=0$ 时，电路在第 2 个时钟转换到状态 B，在第 3 个时钟保持在状态 B，这表示最后一个输入是 0。然后，输入 x 变为 1，持续约 20 ns，导致电路在接下来的两个时钟跳变时刻变为状态 C 和 D，表明最后 3 个输入为 0-1-1。当输入 x 变为 0 且电路处于状态 D 时，输出 z 变为 1，因为现在已经检测到序列 0-1-1-0；当电路在下一个时钟跳变时刻返回到状态 B 后，z 返回到 0。

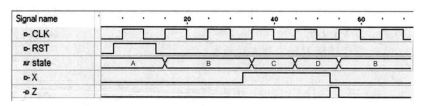

图 7.35　序列 "0110" 识别器的 VHDL 模型的仿真

经过综合、布局和布线后产生如图 7.36 所示的实现。在这个电路中，我们可以看到预期的两个触发器用来存储状态，分别标记为 $state\_reg[1]$ 和 $state\_reg[0]$，它们的 D 输入都由相似的已标记的 LUT 产生。在此示例中，综合工具使用顺序状态编码，为状态 A 分配 $state\_reg[1\text{-}0]=00$，为 B 分配 01，为 C 分配 10，为 D 分配 11。由于图 7.34 的 HDL 模型指定了同步复位，因此产生 D 输入的 LUT 具有 4 个输入，包括 RST 和 X 输入及两个状态变量。三输入 LUT 产生的输出 Z 是 X 和两个状态变量的函数。

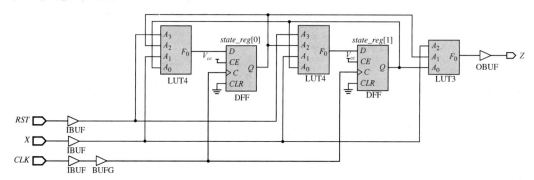

图 7.36　序列 "0110" 识别器的 FPGA 实现

请注意，时钟输入不仅要经过其 IOB 中的输入缓冲器(IBUF)，而且还要通过一个全局时钟缓冲器(BUFG)，该缓冲器将时钟信号分配给 FPGA 中的所有触发器，以最小化时钟偏移，并在每个触发器处产生干净的时钟跳变。

例 7.7　多功能寄存器。

为了演示 FPGA 中 RTL 级的设计和实现，让我们设计一个上升沿触发的通用移位寄存器/计数器，如图 7.37(a)所示，其中寄存器中的位数指定为参数。

该模块具有 N 位输出 Q 和以下输入：

● 高电平有效同步复位(RST)。
● 高电平有效时钟使能(CE)。
● 两个模式控制输入($M1$ 和 $M0$)。

- N 个并行数据输入(Din)。
- 高电平有效时钟(CLK); 在 CLK 的上升沿触发操作。

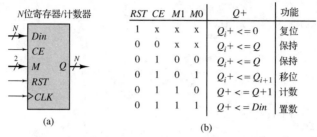

RST	CE	$M1$	$M0$	$Q+$	功能
1	x	x	x	$Q_i+ <= 0$	复位
0	0	x	x	$Q_i+ <= Q$	保持
0	1	0	0	$Q_i+ <= Q$	保持
0	1	0	1	$Q_i+ <= Q_{i+1}$	移位
0	1	1	0	$Q+ <= Q+1$	计数
0	1	1	1	$Q+ <= Din$	置数

图 7.37　N 位寄存器/计数器。(a)逻辑符号; (b)功能表

模块的行为在图 7.37(b)的功能表中定义,所有操作将在 CLK 的上升沿执行。

- 如果 $RST = 1$,寄存器应复位为全 0。
- 如果 $RST = 0$ 且 $CE = 0$,寄存器应保持其当前值。
- 如果 $RST = 0$ 和 $CE = 1$,模式控制输入选择以下操作之一。
  - $M = 00$: 保持寄存器内容。
  - $M = 01$: 将寄存器右移一位,并且 $Din_{n-1} \to Q_{n-1}$。
  - $M = 10$: 计数递增寄存器中的数字。
  - $M = 11$: 将 Din 输入加载到寄存器中。

寄存器的行为由图 7.38 中的 HDL(Verilog 和 VHDL)模型定义。这些模型都定义了一个参数 N(在 Verilog 模型的参数语句和 VHDL 模型的通用列表中),即寄存器中的位数。这样通过每次实例化指定所需的位数,可以在更高级别的模型中实例化不同大小的寄存器。如果未指定值,则在模型中指定默认值 $N = 4$。此默认值可用于仿真模型,而无须在另一个模型中实例化它。

```verilog
//Verilog RTL model of an N-bit multi-function register
module Counter #(parameter N = 4) (CLK, RST, CE, M, Din, Q);
    input CLK, RST, CE;                                      //control signals
    input [1:0] M;                                           //mode select
    input [N-1:0] Din;                                       //N-bit input
    output reg [N-1:0] Q;                                    //N-bit output
    always @(posedge CLK or posedge RST) begin

            if (RST) Q = 0;                                  //Reset
            else if (CE) begin
                if (M == 2'b01) Q = Q << 1;                  //shift
                else if (M == 2'b10) Q = Q + 1;              //count
                else if (M == 2'b11) Q = Din;                //load
            end
    end
endmodule



--VHDL RTL model of an N-bit multi-function register
library ieee;
use ieee.std_logic_1164.all;
use ieee.numeric_std.all;
entity Counter is
        generic (N: integer := 4);              --register width parameter
        port(CLK, RST, CE: in std_logic;        -- clock, reset, clock-enable
            M: in std_logic_vector(1 downto 0);     -- mode select
            Din: in std_logic_vector(N-1 downto 0);  --N-bit input
            Q: out std_logic_vector(N-1 downto 0) ); --N-bit output
```

图 7.38　N 位多功能寄存器的 HDL 模型

```
      end Counter;
architecture rtl of Counter is
      signal Qint: std_logic_vector(N-1 downto 0);
begin

      process(CLK)
      begin
            if rising_edge(CLK) then
                  if RST = '1' then
                        Qint <= (others => '0');
                  elsif CE = '1' then
                        if  (M = "01") then Qint <= std_logic_vector(unsigned(Qint) sll 1);
                        elsif (M = "10") then Qint <= std_logic_vector(unsigned(Qint) + 1);
                        elsif (M = "11") then Qint <= Din;
                        end if;
                  end if;
            end if;
      end process;
      Q <= Qint;
end;
```

图 7.38(续)   N 位多功能寄存器的 HDL 模型

HDL 模型的行为仿真结果如图 7.39 所示。我们可以看到，在第一个 CLK 脉冲到来时，RST = 1 将寄存器重置为 0。由于在下一个时钟脉冲到来时 CE = 0，寄存器状态保持为 0。当 CE = 1 和 M = 3 时，加载 Din 的值 5，然后 M 在几个时钟脉冲的持续时间内变为 1 以使寄存器左移，之后 M 变为 2 以启用计数器。当计数达到 6 后，M 再次变为 3，因此我们看到 Din = A 加载到寄存器中。

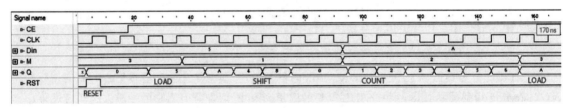

图 7.39   多功能寄存器的仿真

上述实现（N = 4）如图 7.40 所示。这里我们看到寄存器的 4 个触发器标记为 Q_reg[3] ~ Q_reg[0]。该电路共有 6 个 LUT，用于产生触发器的 D 输入。Q_reg[0] 的 D 输入由四输入 LUT(LUT4)产生，Q_reg[1] 的 D 输入由五输入 LUT(LUT5)产生，Q_reg[2] 的 D 输入由六输入 LUT(LUT6)产生。通过二输入 LUT(LUT2)和六输入 LUT(LUT6)实现的函数，将 LUT(LUT6) 和 D 输入到 Q_reg[3]。注意，计数的高位依赖于所有低位，因此六输入 LUT 不足以组合产生该 D 输入所需的所有信号。

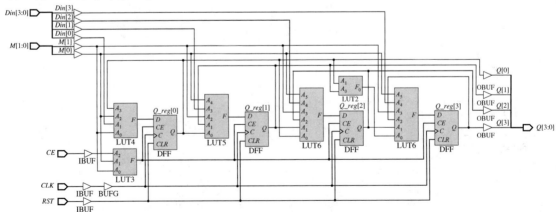

图 7.40   多功能寄存器的 FPGA 实现

7.3　可编程逻辑器件(PLD)

被归类为可编程逻辑器件(PLD)的组件与 FPGA 的不同之处在于, 它们包含基本电路组件的同类阵列, 以实现 AND-OR 电路结构或等效的 NAND-NAND 或 NOR-NOR 结构, 从而使它们能够有效地实现任何组合逻辑函数, 并以二级积之和(SOP)式或和之积(POS)式表示。回顾一下第 3 章, 可以将任何组合函数功能表示为 SOP 式或 POS 式, 然后用二级逻辑门来实现。如图 7.1 所示, PLD 的范围从简单的可编程逻辑阵列到包含多个逻辑阵列和其他组件的复杂 PLD(CPLD)。使用 PLD 有许多好处: 与离散逻辑门的等效电路相比, 同质 PLD 结构可以更加紧凑, 从而利用更少的芯片面积并降低成本; 逻辑阵列结构在 PLD 设计到布局的整个过程中都能提供可预测的传输延时; 计算机辅助设计工具可以直接从 HDL 模型、真值表或逻辑方程生成 PLD 配置文件, 从而减少总体设计时间。在本节中, 我们研究这些电路的基本结构和运行模式, 包括使它们能够由用户编程以实现逻辑函数的机制。

可编程逻辑器件通常如图 7.41 所示。输入 $I_1, I_2, \cdots, I_K$(以原码和反码形式)应用于 AND 阵列的输入。AND 阵列的每个输出 $P_1, P_2, \cdots, P_N$ 是所选输入的乘积项(逻辑与), 这些乘积项用作 OR 阵列的输入。OR 阵列的每个输出 $S_1, S_2, \cdots, S_M$ 是所选乘积项的和(逻辑或)。因此, 每个输出实现乘积逻辑表达式的和。每个 PLA 的配置(即输入数量、乘积项及和项)都针对要实现的特定电路进行了定制。在某些 PLD 中, 可以将 OR 阵列输出配置为产生所需的极性(高电平有效或低电平有效), 驱动触发器输入以创建时序逻辑电路, 并向 AND 阵列提供反馈以创建更复杂的功能。

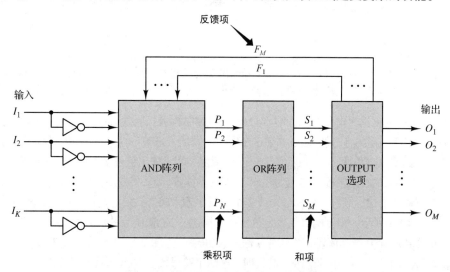

图 7.41　典型的可编程逻辑器件的结构

虽然对 AND 和 OR 阵列进行编程的功能提供了相当大的设计灵活性, 但通过将 AND 阵列或 OR 阵列以固定配置与另一个可编程的阵列一起制造, 可以降低 PLD 的复杂性和成本, 并提高开关速度。两个阵列都是可编程的设备通常称为可编程逻辑阵列(PLA)。具有创建所有可能乘积项(即所有最小项)的固定 AND 阵列和可编程 OR 阵列的设备称为可编程只读存储器(PROM)。具有可编程 AND 阵列和固定 OR 阵列的设备称为可编程阵列逻辑(PAL)。固定 OR 阵列会为每个输出组合一组特定的乘积项。

以下各节介绍 PLA、PROM 和 PAL 的电路结构和使这些结构可编程的方法, 以及如何使用这些结构实现组合逻辑电路和时序逻辑电路。其他可编程的结构也是可用的，例如通用阵列逻辑（GAL）[13]和可编程电可擦除逻辑（PEEL）设备[14]。读者可参阅文献[1-5]和[15]，了解可编程的结构的信息。

7.3.1 组合逻辑函数的阵列结构

可编程逻辑阵列（PLA）

可编程逻辑器件包括晶体管或类似电子组件的阵列，其被设置为实现逻辑"与"（AND）、"或"（OR）"与非"（NAND）和/或"或非"（NOR）函数的集合。在数字电路应用中，晶体管被用作由逻辑信号控制的开关。图7.42(a)显示了一个反相器（非门），包括一个 n 型场效应晶体管和一个上拉装置，该晶体管的栅极由逻辑信号 A 控制。当 $A = 0$ 时，如图7.42(b)所示，晶体管关闭以防止其导通电流，从而有效地产生开路，允许上拉装置将输出 Y 上拉至对应于逻辑1的电压。当 $A = 1$ 时，晶体管导通，传导电流并有效地起到短路的作用，如图7.42(c)所示。这会将输出 Y 下拉至接近于地的电压，对应于逻辑0。因此，输出 Y 的逻辑状态即输入 A 取反。

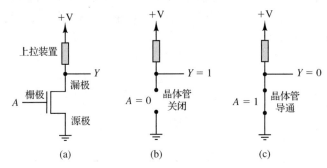

图7.42　数字反相器。(a)具有输入 A 和输出 Y 的反相器，包括 n 型场效应晶体管和上拉装置；(b)$A = 0$ 关闭晶体管，导致 $Y = 1$；(c)$A = 1$ 使晶体管导通，导致 $Y = 0$

如图7.43(a)中的三输入电路所示，图7.42(a)的电路结构可扩展为通过将晶体管与单个上拉装置并联来创建多输入 NOR 函数。让我们通过推导这个电路的真值表来验证这一点。如果所有3个输入(A, B, C)都是逻辑0，如图7.43(b)所示，则所有3个晶体管都关闭，输出被拉至逻辑1，如图7.42(b)中的反相器所示。在图7.43(c)中，如果输入 C 变为逻辑1，则其晶体管导通，将输出拉低到逻辑0。这与图7.42(c)中反相器的运行模式类似。同样，任何一个或多个逻辑1输入将导致由这些输入控制的晶体管将输出拉低到逻辑0。如表7.1所示，得到的真值表是第3章中描述的 NOR 函数的真值表。读者应验证该电路可以很容易地扩展到 N 个并行晶体管，以实现 N 输入 NOR 函数。图7.43(d)给出了图7.43(a)的 NOR 电路的两个逻辑符号。回顾第2章中的德·摩根定理，这两个符号代表 NOR 函数，因为

$$f(A, B, C) = \overline{A + B + C} = \overline{A} \cdot \overline{B} \cdot \overline{C}$$

图7.44给出了一个二级 NOR-NOR 逻辑阵列结构，包括5个 NOR 函数，每个函数具有图7.43(a)的晶体管电路结构。为了方便识别两个电平，第二级的 NOR 电路为第一级的 NOR 电路旋转了90°的结果。在此二维晶体管阵列中，电路的第一级通过将输入 A 和 B 及其反码连接到函数 NOR1、NOR2 和 NOR3 中晶体管的栅极来创建，从而得到了以下乘积项：

$$P_1 = \overline{(A + \overline{B})} = \overline{A}B$$
$$P_2 = \overline{(\overline{A} + B)} = A\overline{B}$$
$$P_3 = \overline{A}$$

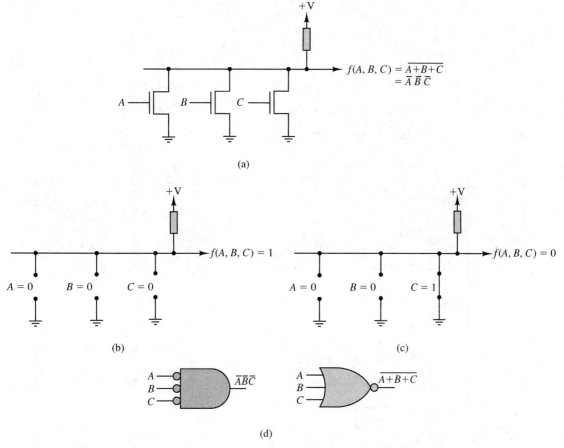

图 7.43　NOR 函数。(a)三输入 NOR 函数；(b)当所有 3 个输入都为 0 时，NOR 输出为 1；(c)当一个或多个输入为 1 时，NOR 输出为 0；(d)等效的逻辑符号

表 7.1　图 7.43(a)的电路实现的 NOR 函数

A B C	Q_A	Q_B	Q_C	$f(A,B,C)$
0 0 0	OFF	OFF	OFF	1
0 0 1	OFF	OFF	ON	0
0 1 0	OFF	ON	OFF	0
0 1 1	OFF	ON	ON	0
1 0 0	ON	OFF	OFF	0
1 0 1	ON	OFF	ON	0
1 1 0	ON	ON	OFF	0
1 1 1	ON	ON	ON	0

注意，P_3 只是输入 A 取反，因为反相器实际上是单输入或非门，如图 7.42 所示。然后，通过使用乘积项来控制 NOR4 中晶体管的栅极以组合 P_1 和 P_2，以及 NOR5 中晶体管的栅极以组合 P_2 和 P_3 来创建第二级电路，从而产生

$$N_1 = \overline{P_1 + P_2} = \overline{\overline{AB} + A\overline{B}} = (A + \overline{B})(\overline{A} + B)$$
$$N_2 = \overline{P_1 + P_3} = \overline{A\overline{B} + \overline{A}} = (\overline{A} + B)A$$

注意 N_1 和 N_2 可以写成对 POS 式或 SOP 式取反。通过对 N_1 和 N_2 取反可以分别创建 SOP 式 S_1 和 S_2。

$$S_1 = \overline{N_1} = \overline{\overline{\overline{A}B + A\overline{B}}} = \overline{A}B + A\overline{B}$$
$$S_2 = \overline{N_2} = \overline{\overline{A\overline{B} + \overline{A}}} = A\overline{B} + \overline{A}$$

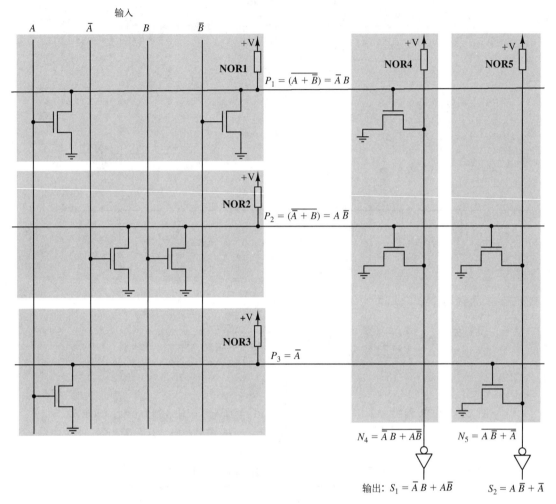

图 7.44　NOR-NOR 逻辑阵列结构

　　图 7.45 显示了图 7.44 中 PLA 函数 N_1 和 S_1 的逻辑门等效电路。图 7.45(a)使用了 NOR 门的逻辑符号的德·摩根等效电路来说明 NOR-NOR 逻辑如何实现 POS 式，这相当于或与(OR-AND)电路。图 7.45(b)显示了在输出端增加一个反相器来实现 SOP 式，这相当于一个与或(AND-OR)电路。因此，一个能够对其输出取反的 PLA 可以用来实现 SOP 或 POS 形式的函数。

　　图 7.46 所示的紧凑格式通常用于表示 PLA 结构，而不用绘制单个晶体管。在这种格式中，在每条水平线上绘制一个与门符号，以表示图 7.44 中相应水平线产生的乘积项。绘制一个点或写上"×"来表示每个晶体管的位置，该晶体管将一个输入端连接到一个乘积项。在图 7.44 中 AND 阵列的右侧，每条垂直线和反相器实现一个和项，因此在图 7.46 中用或门符号表示，同样用一个点或"×"来表示连接乘积项之和的每个晶体管的位置。

　　PLA 配置可以指定为 $i \times p \times o$ 形式，其中 i 是到 AND 阵列的外部输入的数量，p 是由 AND 阵列生成的乘积项的数量，o 是来自 OR 阵列的输出数量。注意，AND 阵列实际上有 $2i$ 个输入，因为还使用了每个输入的反码。例如，图 7.44 和图 7.46 中的 PLA 被组织为 $2 \times 3 \times 2$ 形式，具有两个输入、3 个乘积项和两个输出。由于每个输入都以原码和反码形式提供给 AND 阵列,因此可以创建两个变量的任意乘积项。

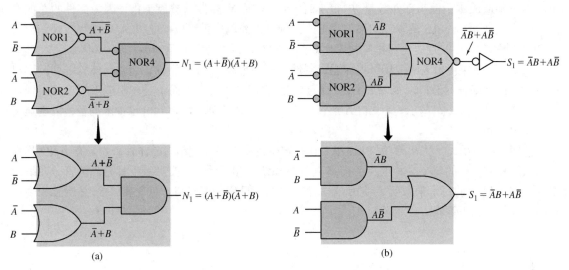

图 7.45 图 7.44 的逻辑门的等效电路。(a) N_1 和等效 OR-AND 电路的 POS 式;
(b)在 S_1 上添加反相器来创建 SOP 式,以及等效的 AND-OR 电路

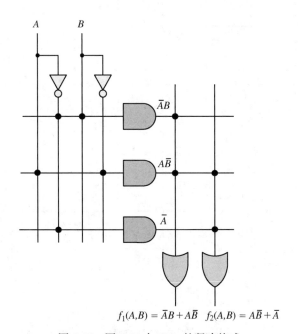

$$f_1(A,B) = \bar{A}B + A\bar{B} \quad f_2(A,B) = A\bar{B} + \bar{A}$$

图 7.46 图 7.44 中 PLA 的紧凑格式

提供到可编程 OR 阵列的输入的可编程 AND 阵列的组合通常就指可编程逻辑阵列(PLA),因为可以通过对阵列内晶体管的位置进行编程来实现任意的逻辑函数。

PLD 编程技术

在数字电路设计的开发过程中,可能需要实现和测试设计的原型。为了实现这样的原型,或者如果最终产品只需要很少的部件,则制造定制的 IC 芯片是不切实际且昂贵的。定制集成电路具有较高的 NRE 成本,从提交设计到交付产品的周转时间很长。通过为用户提供配置或编程商用 PLD 的功能,可以大大降低 NRE 成本并消除周转时间。用户可编程器件通常具有比类似尺寸的定制 IC 更高的再制造成本,但当部件数量 P 很小时,这一点的重要性即被最小化,因为部件的总成本 $P \times \text{RE}$ 将显著低于 NRE 成本。如果需要更改,则可以简单地丢弃以前的 PLA 并编程实现一个新的 PLA,或者如果 PLD 是用可擦除技术实现的,则它可以被擦除并重新编程。

20 世纪 70 年代引入的现场可编程逻辑器件是一种封装的 PLA 组件,包含晶体管阵列,用户可以对其进行编程(配置)以实现数字逻辑函数,即它们在"现场"而不是在制造工厂进行编程。参考图 7.44 中的 PLA 结构,其中 PLA 通过指定 AND-OR 阵列中晶体管的位置来编程,以创建逻辑乘积项及和项。

如图 7.47 所示,现场可编程 PLD 不是在指定位置有选择性地制造晶体管,而是在 AND 阵列的输入线和乘积线的每个交叉点及 OR 阵列的乘积线与和线的每个交叉点上都有晶体管。在编程之前,图 7.47 中的每个乘积项 P_K 是所有 3 个输入及其反码的逻辑与,每个和项 S_M 是所有 3 个乘积项的和,如以下逻辑方程所示:

$$P_K = A \cdot \overline{A} \cdot B \cdot \overline{B} \cdot C \cdot \overline{C} \qquad K = 1, 2, 3 \qquad (7.2)$$

$$S_M = P_1 + P_2 + P_3 \qquad M = 1, 2 \qquad (7.3)$$

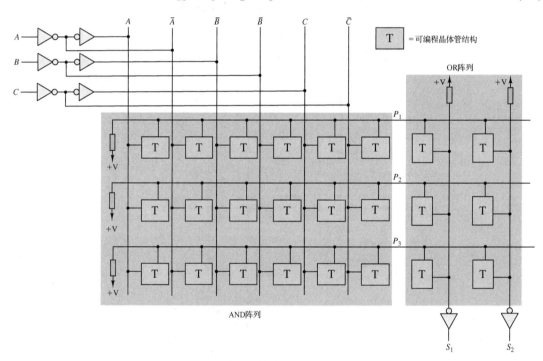

图 7.47　使用可编程晶体管的现场可编程 PLA 结构

通过断开、禁用或以其他方式防止指定晶体管影响其所连接导线的状态来编程该器件,这样即可从式(7.2)和式(7.3)的乘积项及和项中消除选定的字母来编程,以产生所需的逻辑表达式。例如,考虑逻辑函数 $F = A\overline{B}C + B\overline{C}$。第一个乘积项 $P_1 = A\overline{B}C$ 是通过禁用将输入 $\overline{A}$、B 和 $\overline{C}$ 连接到乘积线 P_1 的晶体管而创建的,从而消除了式(7.2)中的这些字母。而第二个乘积项 $P_2 = B\overline{C}$ 是通过禁用将输入 $\overline{A}$、A、$\overline{B}$ 和 C 连接到乘积线 P_2 的晶体管来创建的。和项 $S_1 = P_1 + P_2$ 是通过禁用将乘积项 P_3 连接到 S_1 线的晶体管而产生的,从而从式(7.3)中消除 P_3。

多年来，为了实现 PLD 的可编程性，人们已经开发了各种技术，其中一些如图 7.48 所示。图 7.48(a)～(c) 中的结构通过开关将晶体管连接到乘积线或和线，该开关可以编程为在开关闭合时将晶体管连接到导线，或在开关打开时其从导线断开。每个开关都由可被编程为不导通(开路)或导通(短路)的器件实现。或者如图 7.48(d) 所示，可以使用可禁用的特殊晶体管结构(即对其进行编程以防止其导通)，从而有效地使它们开路。在这两种方法中，开路都可以防止晶体管影响乘积线/和线的状态，从而从乘积项/和项中消除控制该晶体管的信号。

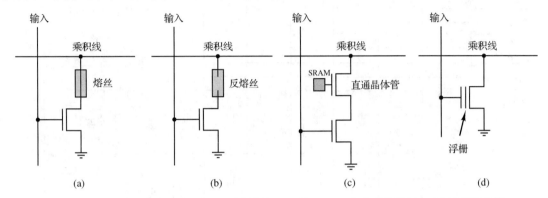

图 7.48　PLD 编程技术。(a) 熔丝；(b) 反熔丝；(c) SRAM 和直通晶体管；(d) 浮栅晶体管

编程技术可分为一次性可编程或可擦除，也可分为易失性或非易失性。一次性可编程器件包括熔丝和反熔丝，其使用分别如图 7.48(a) 和 (b) 所示。熔丝主要用在旧的可编程逻辑器件中，是正常导电的金属线。通过使高电流流经选定的熔丝，使熔丝断裂，从而形成开路来进行编程。反熔丝在近期的 PLD 和 FPGA 中更为常见，它包括夹在两条导线之间的绝缘材料，通常在导线之间形成开路。选定的反熔丝是通过在绝缘材料上施加高压来编程的，可以改变其特性使其导电，从而在导线之间形成短路。熔丝和反熔丝技术是非易失性的，因为无论器件是否通电，它们的编程结果都是保留的。这些器件的编程过程也是不可逆的，因此如果需要更改，则必须丢弃 PLD。

可擦除技术允许将器件从一种状态编程到另一种状态，然后再恢复到其原始状态(从而"擦除"编程结果)。然后可以根据需要重新对它们进行编程。图 7.48(c) 的静态随机存取存储器(SRAM)和直通晶体管配置有效地实现了与熔丝或反熔丝相同的功能，此组合用于 PLD 和 FPGA 器件中的互连导线。如果 SRAM 单元包含逻辑 1，则它会导通直通晶体管，该晶体管有效地起到了短路的作用。如果 SRAM 单元包含逻辑 0，则直通晶体管将关闭，从而有效地产生开路。通过在每个 SRAM 单元中存储逻辑 1 或 0 来实现编程。虽然 SRAM 单元中的值可以根据需要重写，但是这个过程是不稳定的，因为 SRAM 单元在 PLD 断电时会丢失它们的信息，这样每次 PLD 通电时都必须重新编程。

最常见的可擦除器件是浮栅晶体管，如图 7.48(d) 所示。在晶体管的正常(控制)栅极和导电沟道之间放置一个"浮栅"，并由绝缘材料包围。在未编程状态下，浮栅实际上是透明的，从而允许晶体管不受其控制栅上信号的控制。在编程期间，施加到选定晶体管的高电场使电子能够移动穿过绝缘体并被捕获在浮栅上。这种捕获的电荷将晶体管保持在截止状态，从而有效地形成了开路电路，该开路电路不受控制栅极上信号的影响。这个过程是非易失性的。当设备断电并重新打开时，浮栅保持其充电/放电状态。擦除过程涉及施加另一个电场，从而为被捕获的电子提供能量，使其从浮栅中扩散出来，从而将晶体管恢复到初始状态，并对其进行重新编程。图 7.49 显示了图 7.47 的通用 PLD 结构，该结构是用浮栅晶体管实现的。

在 PLD 中启用/禁用所选晶体管的过程称为器件编程。这一过程首先使用计算机辅助设计

(CAD)工具将所需逻辑函数的描述转换为位的配置文件,该文件构成了要启用和禁用的晶体管的映射图。然后配置文件的位被编程到 PLD 中。较旧的可编程逻辑器件需要使用器件编程仪器,并将设备插入仪器上的专用插座进行编程。现代设备通常能够通过配置文件在线进行编程,并将配置文件通过通信接口传输到 PLD 的控制电路中。该控制电路将每个输入的配置位编程到芯片上相应的器件中。

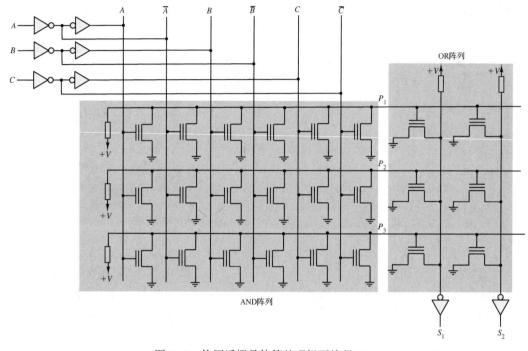

图 7.49　使用浮栅晶体管的现场可编程 PLA

例 7.8　设计并生成 PLA 配置图,实现以下三种逻辑函数:

$$f_1(A, B, C, D, E) = \overline{A}\overline{B}\overline{D} + \overline{B}C\overline{D} + \overline{A}BCDE$$
$$f_2(A, B, C, D, E) = \overline{A}BE + \overline{B}C\overline{D}E$$
$$f_3(A, B, C, D, E) = \overline{A}\overline{B}\overline{D} + \overline{B}\overline{C}\overline{D}E + \overline{A}BCD$$

由于这些都是 5 变量函数,因此 PLD 需要 5 个输入 $A \sim E$,每个输入都有原码及反码形式。由于要实现 3 个函数,因此 PLA 必须具有 3 个输出 f_1、f_2、f_3,每个输出都由一个和(OR)项驱动。如下所示,这 3 个函数共同包含 7 个独立的乘积(AND)项 $P_1 \sim P_7$,因此 PLA 必须具有 7 条乘积线。注意,P_1 同时包含在 f_1 和 f_3 中,而 $P_2 \sim P_7$ 只包含在一个函数中。

逻辑函数:

$$f_1(A, B, C, D, E) = P_1 + P_2 + P_3$$
$$f_2(A, B, C, D, E) = P_4 + P_5$$
$$f_3(A, B, C, D, E) = P_1 + P_6 + P_7$$

乘积项:

$$P_1 = \overline{A} \cdot \overline{B} \cdot \overline{D}$$
$$P_2 = \overline{B} \cdot C \cdot \overline{D}$$
$$P_3 = \overline{A} \cdot B \cdot C \cdot D \cdot E$$
$$P_4 = \overline{A} \cdot B \cdot E$$
$$P_5 = \overline{B} \cdot C \cdot \overline{D} \cdot E$$
$$P_6 = \overline{B} \cdot \overline{C} \cdot \overline{D} \cdot E$$
$$P_7 = \overline{A} \cdot B \cdot C \cdot D$$

图 7.50 显示了使用紧凑格式的 PLA,其中"×"表示存在输入控制的晶体管,而没有"×"表示

存在已通过编程禁用的晶体管。请注意，3 个实现的函数中包含的 7 个乘积项 $P_1 \sim P_7$ 如图所示在水平乘积线上，并且每个函数都在图中标记为 $f_1 \sim f_3$ 的垂直求和线之一上实现。

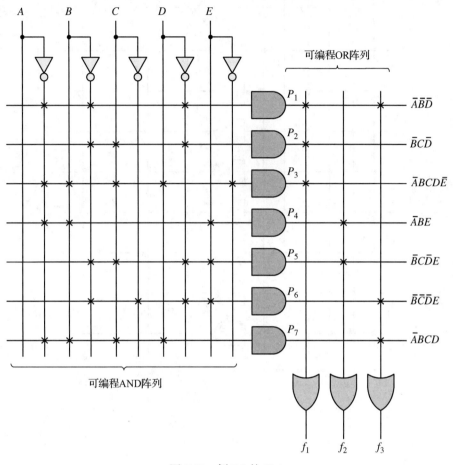

图 7.50　例 7.2 的 PLA

可编程只读存储器(PROM)

可编程只读存储器(PROM)是可编程逻辑器件中最古老的一种，它在计算机存储器中得到了广泛的应用。PROM 包括一个固定的 AND 阵列和一个可编程 OR 阵列，如图 7.51 所示。AND 阵列生成其 n 个输入的所有 2^n 个可能的乘积项(最小项)，因此是一个 $n\text{-}2^n$ 线译码器。在这种情况下，有时会使用图 7.52 的格式，将 AND 阵列显示为译码器模块。OR 阵列是可编程的，其每个输出都是所选乘积项的逻辑或运算的结果。

回想一下第 3 章，一组变量的逻辑函数(由它们的最小项列表表示)可以通过一个译码器来实现，以生成最小项/最大项，再给每个函数增加一个门来组合最小项/最大项。由于 PROM 会生成其输入的所有 2^n 个最小项，因此 n 输入 PROM 的每个输出都可以通过简单地在 OR 阵列中连接该函数的最小项来驱动，从而实现具有 n 个变量的任意开关函数。因此，任何函数的标准积之和(CSOP)式都可以直接从其真值表或最小项列表中实现。

为了用 PROM 实现一组给定的逻辑函数，首先导出函数的真值表。然后从真值表中找出每个函数的最小项列表，每个最小项列表可以表示该函数的 CSOP 式。然后，通过指定要连接到 OR 阵列的每条导线的最小项来生成 PROM 编程图，每个输出对应一个函数。

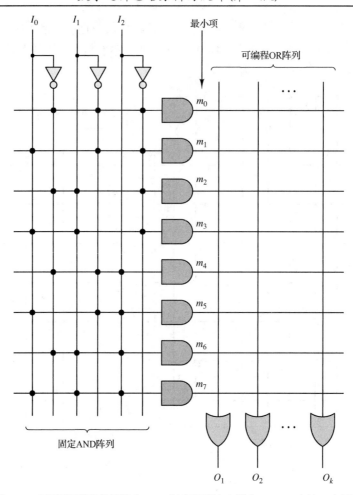

图 7.51　可编程只读存储器(PROM)可实现输入端(I_2, I_1, I_0)的 k 个函数

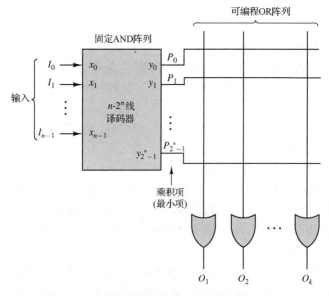

图 7.52　作为译码器的固定 AND 阵列的 PROM

例 7.9　通过三输入、三输出 PROM 实现以下开关函数:

$$f_1(A, B, C) = AB + \overline{B}C$$
$$f_2(A, B, C) = (A + \overline{B} + C)(\overline{A} + B)$$
$$f_3(A, B, C) = A + BC$$

我们首先将每个函数转换为 CSOP 式,以获得其最小项列表。

$$f_1(A, B, C) = AB + \overline{B}C = AB\overline{C} + ABC + \overline{A}\,\overline{B}C + A\overline{B}C$$
$$= \sum m(1, 5, 6, 7)$$
$$f_2(A, B, C) = (A + \overline{B} + C)(\overline{A} + B) = (A + \overline{B} + C)(\overline{A} + B + \overline{C})(\overline{A} + B + C)$$
$$= \prod M(2, 4, 5) = \sum m(0, 1, 3, 6, 7)$$
$$f_3(A, B, C) = A + BC = A\overline{B}\,\overline{C} + A\overline{B}C + AB\overline{C} + ABC + \overline{A}BC$$
$$= \sum m(3, 4, 5, 6, 7)$$

如图 7.53 所示,输出 1 连接到最小项 $(1, 5, 6, 7)$,输出 2 连接到最小项 $(0, 1, 3, 6, 7)$,输出 3 连接到最小项 $(3, 4, 5, 6, 7)$。

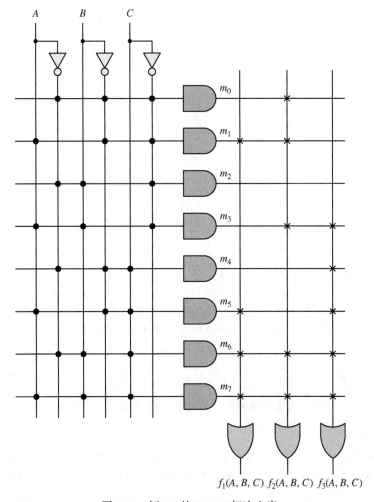

图 7.53　例 7.9 的 PROM 解决方案

请注意,使用 PROM 时将函数最小化没有任何好处,因为其标准形式用于生成 PROM 映射图。还应注意的是,对于需要使用几乎所有的函数最小项的问题,PROM 是特别有效的解决方案。相关的例子包括代码转换器、译码器和查找表。如果只需要几个最小项，则使用 PROM(而不是 PLA)的效率非常低，因为很多的 AND 阵列输出不需要用到。

与 7.2.1 节中描述的 FPGA 查找表相似，PROM 可用作组合逻辑函数的查找表，并直接从真值表派生。对于真值表中定义的每个函数，该表的列中的位对应于每种输入组合的函数值。因此，真值表实际上是 PROM 的映射，每列中的 1 表示要在 OR 阵列的该列中组合的最小项，而 0 表示要排除的最小项。下面的示例对此进行了说明。

例 7.10　定义一个 PROM 配置，以实现表 7.2 中所示的二进制码到格雷码转换器。

表 7.2　二进制码到格雷码的真值表

最小项编号	二进制码				格雷码			
	B_3	B_2	B_1	B_0	G_3	G_2	G_1	G_0
0	0	0	0	0	0	0	0	0
1	0	0	0	1	0	0	0	1
2	0	0	1	0	0	0	1	1
3	0	0	1	1	0	0	1	0
4	0	1	0	0	0	1	1	0
5	0	1	0	1	0	1	1	1
6	0	1	1	0	0	1	0	1
7	0	1	1	1	0	1	0	0
8	1	0	0	0	1	1	0	0
9	1	0	0	1	1	1	0	1
10	1	0	1	0	1	1	1	1
11	1	0	1	1	1	1	1	0
12	1	1	0	0	1	0	1	0
13	1	1	0	1	1	0	1	1
14	1	1	1	0	1	0	0	1
15	1	1	1	1	1	0	0	0

在表 7.2 中，我们看到 PROM 需要 4 个输入，这些输入连接到二进制码 $B_3B_2B_1B_0$ 的位。如图 7.54 所示，固定的 AND 阵列/译码器生成这些输入的 16 个最小项 $m_0 \sim m_{15}$。

由于格雷码为 4 位，因此 PROM 的可编程 OR 阵列具有 4 个输出：每一个代表格雷码的一位。从表 7.2 的列中，我们可以为 4 个输出写出以下最小项列表。

$$G_3 = \sum m(8, 9, 10, 11, 12, 13, 14, 15)$$
$$G_2 = \sum m(4, 5, 6, 7, 8, 9, 10, 11)$$
$$G_1 = \sum m(2, 3, 4, 5, 10, 11, 12, 13)$$
$$G_0 = \sum m(1, 2, 5, 6, 9, 10, 13, 14)$$

因此，与这些最小项相对应的晶体管在 OR 阵列中根据每个输出进行编程(启用)，如图 7.54 所示。

可编程阵列逻辑(PAL)

PAL 器件(或简称 PAL)于 20 世纪 70 年代末由 Monolithic Memories 公司[16]推出，作为离散逻辑门、PROM 和 PLA 的低成本替代品，同时也是包含多个 PAL 结构的复杂 PLD 的基础。如图 7.55 所示，PAL 包括可编程 AND 阵列和固定 OR 阵列。在固定 OR 阵列中，每条输出线都永久连接到一组特定的乘积项。例如，在图 7.55 的 PAL 中，OR 阵列内的连接是固定的，以使输出 O_1 是乘积项 P_1、P_2、P_3 之和，而输出 O_2 是乘积项 P_4、P_5、P_6 之和。因为 OR 阵列是固定的，所以图 7.56 的 PAL 示意图比图 7.55 更常用。

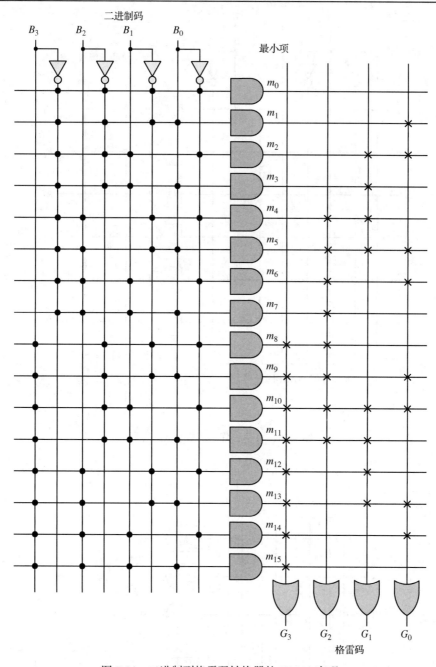

图 7.54 二进制到格雷码转换器的 PROM 实现

使用 PAL 而不是 PLA，可以通过采用固定 OR 阵列而减少编程成本，从而降低了电路成本。因为每个输出都是一组固定的乘积项的和，所以 PAL 较 PLA 和 PROM 的灵活性差，无法实现复杂的逻辑函数。因此，为特定应用选择 PAL 时，必须考虑每个输出的乘积项数量是否满足该应用中要实现的函数。另一个限制是单个乘积项不能在两个和项之间共享。如果两个和项包含一个公共乘积项，则必须为每个和项分别生成该乘积项。幸运的是，许多开关函数可以由有限数量的乘积项之和表示。因此，对于包含许多输入变量但仅包含少量乘积项的函数，PAL 比 PLA 和 PROM 具有更高的成本效益。

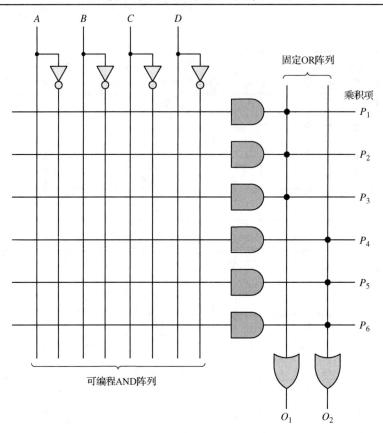

图 7.55　可编程阵列逻辑(PAL)器件

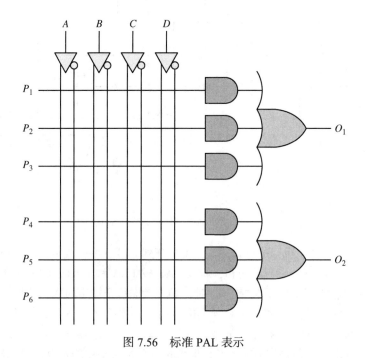

图 7.56　标准 PAL 表示

为了在 PAL 中实现一组开关函数,必须导出最小积之和(MSOP)式。由于每个函数可用的乘积项的数量是有限的，因此主要的设计优化目标应该是最小化每个 SOP 式中乘积项的数量。每个乘积项都可以使用任意输入的原码及反码。因此，减少单个乘积项中的字母数量没有成本优势。另外，由于不能在输出之间共享乘积项，就像在 PLA 和 PROM 中一样，因此不需要使用特殊的多输出最小化算法来最小化多个函数。对于 PAL 实现，可以将每个和项独立地最小化。

例 7.11　设计一个 PAL 以实现 3 个函数：

$$f_1(A, B, C, D) = \sum m(0, 2, 7, 10) + d(12, 15)$$
$$f_2(A, B, C, D) = \sum m(2, 4, 5) + d(6, 7, 8, 10)$$
$$f_3(A, B, C, D) = \sum m(2, 7, 8) + d(0, 5, 13)$$

独立推导每个函数的 MSOP 式会产生以下结果，可以在 PAL 中实现，如图 7.57 所示。

$$f_1(A, B, C, D) = \overline{A}\,\overline{B}\overline{D} + \overline{B}C\overline{D} + BCD$$
$$f_2(A, B, C, D) = \overline{A}B + \overline{B}C\overline{D}$$
$$f_3(A, B, C, D) = \overline{A}\,\overline{B}\overline{D} + \overline{B}C\overline{D} + \overline{A}BD$$

请注意，函数 f_2 仅包含两个乘积项，这些乘积项由 PAL 中的乘积线 P_4 和 P_5 实现，因此必须将 P_6(连接到该或门的第 3 条乘积线)强制为 0。如图 7.57 所示，可以通过使该线上的所有晶体管保持启用状态以形成所有输入原码和反码的乘积来完成此操作，即 $A \cdot \overline{A} \cdot B \cdot \overline{B} \cdot C \cdot \overline{C} \cdot D \cdot \overline{D} \equiv 0$。或者，任意两个互为反码输入的乘积将产生相同的结果。

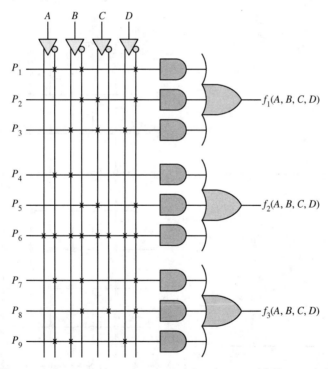

图 7.57　$f_1(A, B, C, D)$、$f_2(A, B, C, D)$ 和 $f_3(A, B, C, D)$ 的 PAL 实现

不同于上面的例子为每个函数独立地推导逻辑表达式，下面使用多个卡诺图或表格方法同时为所有 3 个函数导出 MSOP 式，产生以下逻辑表达式：

$$f_1(A, B, C, D) = \overline{A}\,\overline{B}\overline{D} + \overline{B}C\overline{D} + \overline{A}BCD$$
$$f_2(A, B, C, D) = \overline{A}B + \overline{B}C\overline{D}$$
$$f_3(A, B, C, D) = \overline{A}\,\overline{B}\overline{D} + \overline{B}C\overline{D} + \overline{A}BCD$$

虽然这两种方法对这 3 个函数共产生 8 个乘积项，但第一种方法产生 6 个唯一的乘积项，其中一个项对 f_1 和 f_3 通用，另一个对 f_1 和 f_2 通用。而第二种方法产生了 5 种独特的结果，有 3 种是多个函数通用的，其中一种包含 4 个字母而不是 3 个。任何一组函数的 PAL 实现都需要生成 8 个乘积项，因为乘积项不能由不同的函数共享。相反，PLA 对第二组表达式的实现只需要生成 5 个乘积项，其中 3 个乘积项由多个函数共享。因此，与 PAL 实现不同，用 PLA 实现函数得益于多个输出最小化算法的使用，例如 Quine-McCluskey 法[17]或 ESPRESSO 最小化算法[18]，这些算法使多个函数中的乘积项总数最小化。无论哪种情况，减少任意乘积项中字母的数量都是没有好处的，除非这也减少了乘积项的数量。

下面的例子说明了 PLA、PAL 和 PROM 实现之间的差异。

例 7.12 比较表 7.3 中定义的函数 $F(A, B, C)$ 与 $G(A, B, C)$ 的 PROM、PLA 和 PAL 实现。

这些 PLD 都需要 3 个输入 (A, B, C) 和两个输出 (F, G) 来实现这两个函数。从表 7.3 的真值表开始，我们首先为每个函数编写最小项列表。

$$F(A, B, C) = \sum m(0, 1, 6, 7)$$
$$G(A, B, C) = \sum m(3, 5, 6, 7)$$

通过激活与各个函数中每个最小项相对应的 OR 阵列晶体管，可以直接从这些列表中对 PROM 进行编程，如图 7.58 所示。

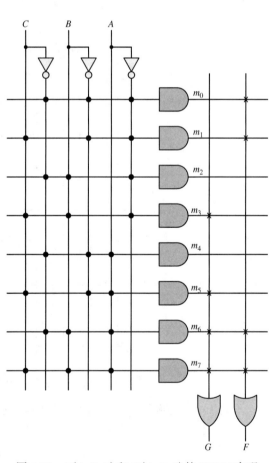

表 7.3　全加器真值表

A B C	G F
0 0 0	0 1
0 0 1	0 1
0 1 0	0 0
0 1 1	1 0
1 0 0	0 0
1 0 1	1 0
1 1 0	1 1
1 1 1	1 1

图 7.58　$F(A, B, C)$ 和 $G(A, B, C)$ 的 PROM 实现

PLA 和 PAL 实现需要从真值表中推导出 MSOP 式，如下所示：

$$F(A, B, C) = \overline{A}\,\overline{C} + AB$$
$$G(A, B, C) = AB + AC + BC$$

参照函数 F 和 G 的表达式，我们看到这两个函数可以在 PLA 中实现，如图 7.59 所示，具有 4 个乘积项，而 AB 项由这两个函数共享。

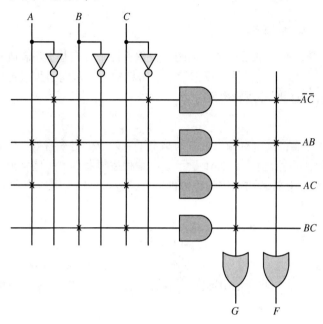

图 7.59　$F(A, B, C)$ 和 $G(A, B, C)$ 的 PLA 实现

PAL 器件通常对每个 OR 项包含统一的结构，并且 OR 阵列固定，乘积项无法共享。由于 G 需要 3 个乘积项，所以我们选择每个 OR 函数具有 3 个乘积项的 PAL，如图 7.60 所示，其中 F 和 G 独立实现。先前推导的最简 F 表达式在图 7.60 中实现，该 OR 函数的第 3 个输入被强制为逻辑 0。

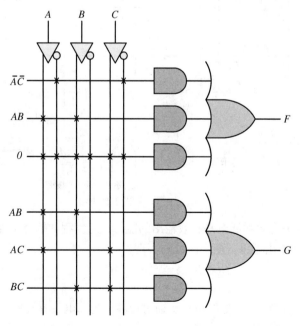

图 7.60　$F(A, B, C)$ 和 $G(A, B, C)$ 的 PAL 实现

通过比较 3 个函数实现，可以看出 PROM 生成了 8 个乘积项，每一个都可以用于其中一个或两个函数。而 PAL 共有 6 个乘积项，其中 3 个专用于每个函数。由于 PLA 中的函数可以共享乘积项，因此它只需要 4 个乘积项，而代价是使 AND 和 OR 阵列都可编程，而在 PROM 和 PAL 中，这两个阵列中只有一个可编程。

7.3.2　PLD 输出和反馈选项

与 FPGA 器件一样，PLD 通常通过附加的可编程特性来补充基本逻辑阵列，以提高灵活性。这些特性可能包括可编程的输出极性、反馈信号、寄存输出和双向引脚。这些选项有助于设计更复杂和更灵活的电路，包括时序逻辑电路。

可编程的输出极性

虽然特定的 PLD 可能将其所有输出配置为高电平有效或低电平有效，但通过使每个输出极性可编程，可以提供更大的灵活性。图 7.61 显示了可编程逻辑器件上一些常见的输出极性选项：高电平有效、低电平有效、互补输出和可编程极性。可编程极性输出可以由和项 S 与极性选择位 P 相异或而生成，这是因为

$$S \oplus P = S \oplus 0 = S \quad 对于 P = 0$$
$$S \oplus P = S \oplus 1 = \overline{S} \quad 对于 P = 1$$

注意，这个异或函数实际上是一个 2 选 1 数据选择器，其数据输入是 S 及其反码，其选择输入由 P 控制，如图 7.61 所示。为了为每个输出选择所需的极性，在编程 PLD 时，其 P 位设置为 0 或 1。

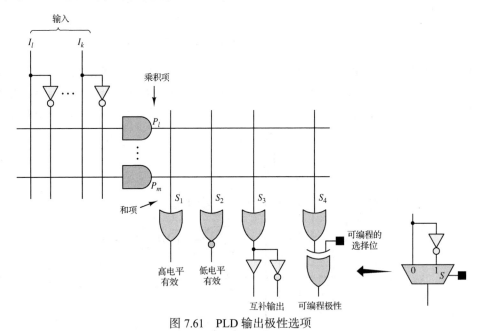

图 7.61　PLD 输出极性选项

除了具有产生高电平有效和低电平有效输出的能力，可编程的输出极性还可以实现 SOP 式及 POS 式。例如，图 7.62 给出了以下两个函数的实现：

$$f_1(A, B, C) = AB + \overline{A}C$$
$$f_2(A, B, C) = (A + B)(\overline{A} + C)$$

其中 f_1 是 SOP 式，f_2 是 POS 式。如图所示，通过使输出为高电平有效来实现 SOP 式。POS 式是通过执行以下代数运算来实现的：

$$(A + B)(\overline{A} + C) = \overline{\overline{(A + B)(\overline{A} + C)}}$$
$$= \overline{\overline{(A + B)} + \overline{(\overline{A} + C)}}$$
$$= \overline{\overline{A}\overline{B} + A\overline{C}}$$

因此，可以通过简单地反转等效的 SOP 式来实现 POS 式。

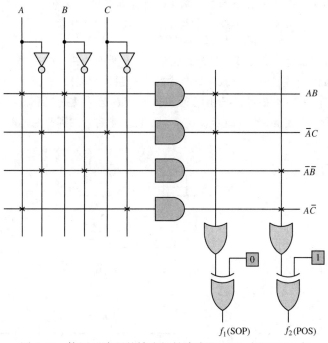

图 7.62　使用可编程的输出极性来实现 SOP 式和 POS 式

输出反馈选项

　　为了实现更复杂的函数，PLD 输出通常被反馈到 AND 阵列，如图 7.63 所示。在此示例中，AND 阵列具有 $k + m$ 个输入变量，包括外部输入 $I_1 \sim I_k$ 和来自输出 $O_1 \sim O_m$ 的反馈信号。因此，在 $O_1 \sim O_m$ 上产生的任何函数都可以用作更复杂的函数的输入。

　　以下示例说明了在创建复杂逻辑函数时使用反馈的方法。

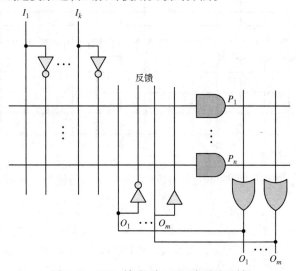

图 7.63　PLD 输出到 AND 阵列的反馈

以下示例说明了在创建复杂逻辑函数时使用反馈的方法。

例 7.13　使用具有 5 个输入端、14 个乘积项和 4 个输出端(一个输出端反馈到 AND 阵列)的单个 PLD，实现图 7.64(a)所示的 2 位行串行位加法器。

根据第 3 章的内容，一个 n 位全加器的第 i 级的标准逻辑方程为

$$S_i = A_i\overline{B_i}\overline{C_{i-1}} + \overline{A_i}B_i\overline{C_{i-1}} + \overline{A_i}\overline{B_i}C_{i-1} + A_iB_iC_{i-1}$$
$$C_i = A_iB_i + A_iC_{i-1} + B_iC_{i-1}$$

其中 A_i 和 B_i 是数据输入，C_{i-1} 是到第 i 级的进位输入，S_i 为和输出，C_i 是进位输出。对于串行进位加法器，一级的进位输出连接到下一级的进位输入，如图 7.64(a)所示。

图 7.64(b)显示了图 7.64(a)的设计框图的 PLA 实现，为方便起见，已将其旋转 90°。S_0 和 C_0 来自输入 A_0，B_0 和 C_{-1}。进位项 C_0 随后被反馈到 AND 阵列，在那里它与输入 A_1 和 B_1 组合生成 S_1 和 C_1。

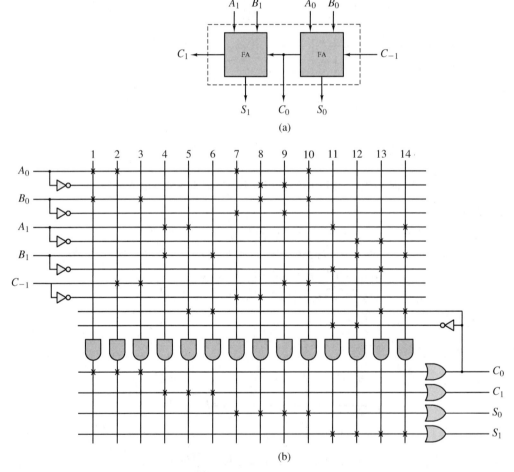

图 7.64　使用反馈的 2 位串行进位加法器。(a)设计框图；(b)PLD 实现

许多可编程逻辑器件的另一个特点是双向输入/输出引脚，如图 7.65(a)所示。双向引脚由三态驱动器驱动，其控制线由乘积项之一提供。当控制线为 1 时，称驱动器被启用，其功能为短路(或开关闭合)，如图 7.65(b)所示。在这种情况下，和项被驱动到引脚上，因此引脚起到输出的作用。此外，该值会反馈到 AND 阵列，可用于形成其他乘积项。按照这种方式，可以实现多级(大于2)电路。

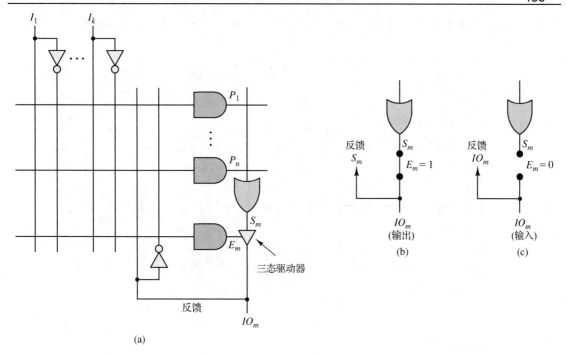

图 7.65　PLD 双向引脚 IO_m。(a) 由三态驱动器控制的引脚；(b) 当驱动器使能($E_m = 1$)时，
S_m 反馈到 AND 阵列；(c) 当驱动器禁用($E_m = 0$)时，IO_m 反馈到 AND 阵列

当驱动器控制线为 0 时，驱动器被禁用，其功能为开路(或开关打开)，如图 7.65(c) 所示。这使和项与该引脚断开连接，现在该和项通过反馈线变为输入引脚，即它成为与该引脚连接的信号的 AND 阵列的输入。因此，通过控制驱动器控制线，每个引脚都可以作为专用输出、专用输入或在输入和输出模式之间切换。

例 7.14　设计一个 PAL 电路，比较两个 3 位无符号二进制数，即 $A = (a_2\, a_1\, a_0)$ 和 $B = (b_2\, b_1\, b_0)$，产生 3 个输出：如果 $A = B$，则 $E = 1$；如果 $A > B$，则 $G = 1$；如果 $A < B$，则 $L = 1$。否则 3 个输出为 0。

根据第 3 章的内容，可以得出以下 3 个输出的方程：

$$E = (\overline{a_2 \oplus b_2})(\overline{a_1 \oplus b_1})(\overline{a_0 \oplus b_0})$$

$$G = a_2\bar{b}_2 + (\overline{a_2 \oplus b_2})a_1\bar{b}_1 + (\overline{a_2 \oplus b_2})(\overline{a_1 \oplus b_1})a_0\bar{b}_0$$

$$L = \bar{a}_2 b_2 + (\overline{a_2 \oplus b_2})\bar{a}_1 b_1 + (\overline{a_2 \oplus b_2})(\overline{a_1 \oplus b_1})\bar{a}_0 b_0$$

其中 $\overline{a_k \oplus b_k} = \bar{a}_k\bar{b}_k + a_k b_k$。

将这些方程扩展为 SOP 式，将产生 E 的 8 个乘积项及 G 和 L 的 7 个乘积项。由于可用于某些 PAL 器件求和的乘积项的数量可能少于此，因此生成 3 个项：

$$E_k = \overline{a_k \oplus b_k} \quad k = 0,\ 1,\ 2$$

并将这些项反馈给 AND 阵列。然后，输出方程变为

$$E = E_2 E_1 E_0$$

$$G = a_2\bar{b}_2 + E_2 a_1\bar{b}_1 + E_2 E_1 a_0\bar{b}_0$$

$$L = \bar{a}_2 b_2 + E_2\bar{a}_1 b_1 + E_2 E_1\bar{a}_0 b_0$$

现在最坏的情况是每个输出有 3 个乘积项。如图 7.66 所示，这非常适合每个与门具有 3 个乘积项的 PAL 器件。这个特殊的 PAL 有 5 个专用输入、两个带反馈的专用输出和两个带反馈的双向引脚。这里的专用输入连接到 $a_2 a_1 a_0$ 和 $b_2 b_1$。其中一个双向引脚被配置为输入并连接到 b_0，另一

个双向引脚被配置为函数 E_2 的输出。两个带反馈的专用输出用于 E_1 和 E_0,而专用输出生成函数 E、G 和 L。

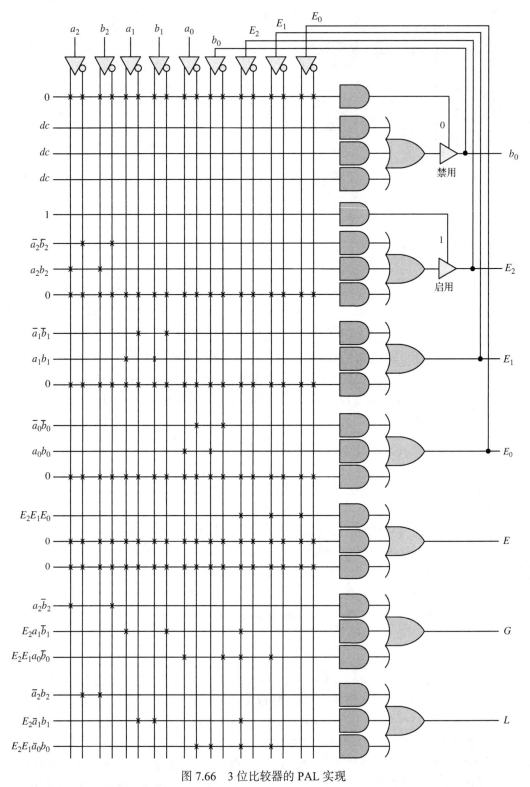

图 7.66　3 位比较器的 PAL 实现

7.3.3 时序逻辑电路应用的 PLD

寄存 PLD

目前研究的可编程逻辑器件适用于实现组合逻辑电路。然而，时序逻辑电路也需要触发器或其他存储单元来保持电路的状态。第 4 章介绍的时序逻辑电路的基本模型包括一个组合逻辑块和一个存储器，如图 7.67 所示。电路的状态存储在一个或多个存储单元中。组合逻辑块的输入是外部输入 $(x_1, \cdots, x_n)$ 和来自存储器输出的电路状态变量 $(y_1, \cdots, y_r)$。组合逻辑产生电路输出 $(z_1, \cdots, z_m)$ 和应用于存储器驱动输入的下一个电路状态 $(Y_1, \cdots, Y_r)$。

寄存 PLD 是一个 PLA 或 PAL 器件，也包含触发器，如图 7.68 所示。每个 OR 阵列输出驱动一个外部输出引脚（在这种情况下指组合输出）或一个触发器驱动输入。连接到触发器输出的外部输出引脚指寄存输出，而其输出未连接到外部引脚的触发器称为掩埋寄存器。组合和触发器输出也可以反馈到 AND 阵列，以实现时序逻辑电路和复杂的逻辑函数。

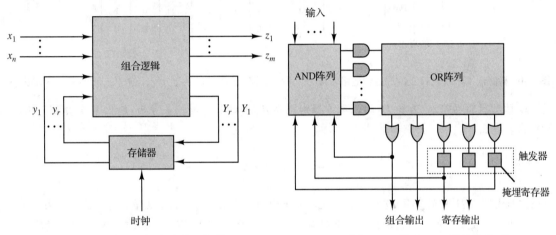

图 7.67 时序逻辑电路的一般模型　　　图 7.68 寄存 PLD 的输出选项

图 7.69 说明了使用寄存 PLD 实现图 7.67 的时序逻辑电路。组合逻辑根据输入 $(x_1, \cdots, x_n)$ 和现态 $(y_1, \cdots, y_r)$ 生成次态 $(Y_1, \cdots, Y_r)$，状态变量存储在寄存输出中。组合逻辑还产生输出 $(z_1, \cdots, z_m)$。对于米利型电路，这些输出是输入和现态的函数，将通过组合输出提供。对于摩尔型电路，输出仅是现态的函数，产生的这些输出将作为组合输出。而在诸如计数器、移位寄存器和累加器之类的电路中，状态变量也是输出，因此不需要组合输出。如果一个电路需要将输出保存在寄存器中，则寄存输出可用于锁存这些输出，尽管这些输出值不需要反馈到 AND 阵列。

下面的例子说明了使用寄存 PLD 的同步时序逻辑电路的设计和实现。

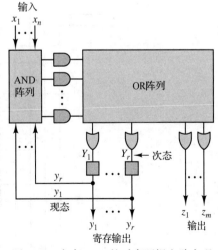

图 7.69 寄存 PLD 的时序逻辑电路实现

例 7.15　在寄存 PLD 中设计并实现一个输入 x 和一个输出 z 的同步时序逻辑电路。当最后 4 个输入为 1 时，将产生输出 1，即识别输入序列 $x = 1111$ 的电路，否则输出应为 0。

采用第 5 章的综合方法，首先设计状态图和化简状态表，如图 7.70(a) 和 (b) 所示。在这个例子中，状态分配是任意选择的，如图 7.70(c) 所示。使用这种状态分配，可以导出状态转换表和输出表，如图 7.70(d) 和 (e) 所示。从中可以看到，需要两个触发器和一个组合输出来实现该电路。

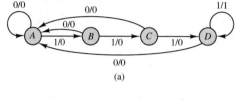

(a)

状态	x = 0	x = 1
A	A/0	B/0
B	A/0	C/0
C	A/0	D/0
D	A/0	D/1

次态/输出

(b)

状态	y_1	y_2
A	0	0
B	0	1
C	1	0
D	1	1

(c)

$y_1 y_2$	x = 0	x = 1
00	00	01
01	00	10
11	00	11
10	00	11

$Y_1 Y_2$

(d)

$y_1 y_2$	x = 0	x = 1
00	0	0
01	0	0
11	0	1
10	0	0

z

(e)

图 7.70　检测输入序列 1111 的时序逻辑电路。(a) 状态图；(b) 状态表；(c) 状态分配；(d) 状态转换表；(e) 输出表

D 触发器驱动输入 D_1 和 D_2 的驱动方程由图 7.70(d) 的状态转换表导出，输出方程由图 7.70(e) 的输出表导出。

$$D_1 = xy_1 + xy_2$$
$$D_2 = xy_1 + x\overline{y}_2$$
$$z = xy_1 y_2$$

这些方程由图 7.71 中的寄存 PAL 结构实现，输出由组合输出产生，状态变量由寄存输出产生。在这个例子中，触发器的原码输出连接到外部引脚，反码输出被反馈到阵列，与次态和输出函数的输入相结合。与外部输入引脚类似，每个反馈信号由产生状态变量及其反码的缓冲器提供。

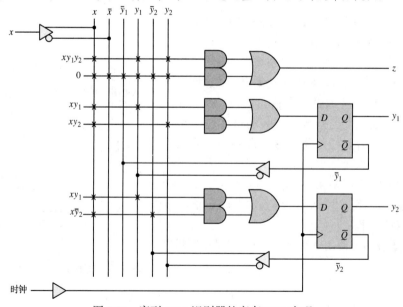

图 7.71　序列 1111 识别器的寄存 PAL 实现

寄存 PLD 可能包括其他有用的可编程函数，例如同步或异步置位和/或清零触发器输入，这些函数通常由 AND 阵列中生成的单个乘积项驱动。但是，某些 PLD 为这些信号提供了专用的控制引脚，以便于实现外部置位/复位线。其他 PLD 选项可能包括选择高电平有效或低电平有效时钟电平的功能，以及选择原码(Q)或反码($\bar{Q}$)触发器输出以驱动外部输出引脚的功能。

PAL 输出宏单元

为了在给定器件中提供更多的设计灵活性，PAL 可以包含可编程逻辑宏单元，而不是简单的组合逻辑或触发器输出。宏单元是一种逻辑电路，与一个输出引脚相关联，该引脚包含一个触发器和许多可编程选项。通过允许以各种方式配置每个输出，可以最大程度地减少给定设计所需的器件类型的数量。典型的可编程选项包括选择 OR 阵列输出或触发器输出以原码或反码形式驱动外部引脚的功能，选择各种触发器选项(置位、清零和时钟电平)的功能，以及选择组合/寄存输出或外部引脚作为反馈信号的功能。

图 7.72 所示的宏单元说明了这一点，该宏单元可以被配置为模拟在寄存 PAL 中发现的许多固定输出配置。2 选 1 数据选择器通过选择反码或原码 CLK 输入，使触发器能够由高电平有效时钟或低电平有效时钟触发，这是通过将时钟选择配置位 C 编程为 1 或 0 来确定的。宏单元输出由 4 选 1 数据选择器的可编程配置位 S_1 和 S_0 确定。4 个输出选项是 PAL 组合输出、输出的反码及触发器 Q 和 $\bar{Q}$ 输出。输出引脚上的三态驱动器由乘积项 $OutputEnable$(输出使能)控制。启用该驱动器，允许数据选择器输出驱动引脚并反馈到 AND 阵列。禁用该驱动器，可使该引脚用作 AND 阵列的外部输入。另外两个 PAL 乘积项 $Clear$(清零)和 $Preset$(预置)为触发器提供异步清零和/或预置操作。如果不需要这些功能，则这些乘积项将被强制为逻辑 0，以防止进行清零和/或预置的操作。

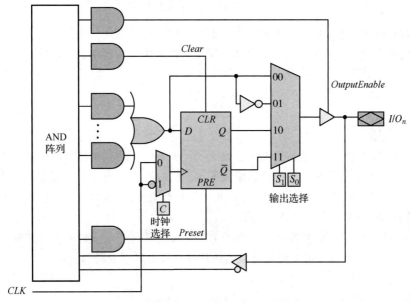

图 7.72　PAL 可编程宏单元结构

7.3.4　复杂 PLD(CPLD)

如图 7.1 的分类图所示，本章讨论的可编程逻辑器件结构通常被归类为"简单 PLD"，因为它们包含具有各种输出选项的单个 AND-OR 阵列组合。现代数字系统通常需要具有更高容量、更好性能和附加函数的可编程器件,而这些函数无法在简单 PLD 中有效实现。为了满足这些需求,人们已经开发了扩展可编程器件功能的复杂 PLD(CPLD)。一个 CPLD 通常包括多个具有全局互连资源网络的 PLD 块,如图 7.73 所示。通过将设计划分为不同的功能块,可以将数字系统设计以自上而下的方式映射到 CPLD,每个功能都在某个 PLD 结构中实现。

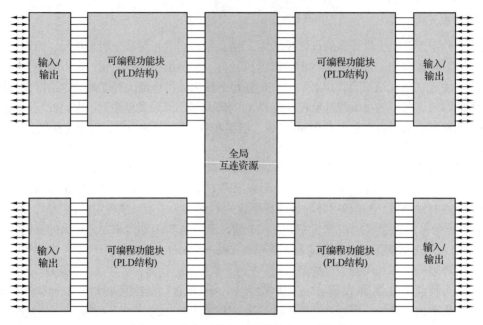

图 7.73   复杂可编程逻辑器件(CPLD)架构

设计工具将在同一个 PLD 块中放置彼此紧密交互的较小功能块。未紧密耦合的功能块可以在不同的 PLD 块中实现,并通过全局互连资源网络与其他块中的功能块进行通信。

CPLD 可以从许多供应商那里获得,不同品牌 CPLD 的架构和特性有很大的不同。参考文献[8, 9]中提供了更多关于 CPLD 架构和 CPLD 设计实现的信息[1-4]。

7.3.5   设计实例

例 7.16   使用 PAL 设计具有并行置数功能的 3 位二进制递增/递减计数器,其输出类似于图 7.72 的宏单元。其输入包括:并行数据输入线 I_2、I_1、I_0;控制信号 L,为高电平时允许加载并行输入,为低电平时进行计数;控制信号 U,用于选择计数方向(递增为 1,递减为 0);时钟信号 CLK 和异步复位信号 RST。输出为 3 位计数 Q_2、Q_1、Q_0。

根据上述说明,用于实现计数器的 PAL 需要 6 个输入、3 个用于计数的寄存输出和一个时钟输入。

我们首先使用第 4 章描述的二进制计数器设计过程得出以下触发器驱动方程:

$$D_0 = LI_0 + \overline{L}\,\overline{Q_0}$$

$$D_1 = LI_1 + \overline{L}U\overline{Q_1}Q_0 + \overline{L}UQ_1\overline{Q_0} + \overline{L}\,\overline{U}\,\overline{Q_1}\overline{Q_0} + \overline{L}\,\overline{U}Q_1Q_0$$

$$D_2 = LI_2 + \overline{L}U\overline{Q_2}Q_1Q_0 + \overline{L}UQ_2\overline{Q_1} + \overline{L}UQ_2\overline{Q_0} + \overline{L}\,\overline{U}\,\overline{Q_2}\overline{Q_1}\overline{Q_0} + \overline{L}\,\overline{U}Q_2Q_0 + \overline{L}\,\overline{U}Q_2Q_1$$

当 $L=1$ 时,每个方程的第一项将相应的输入加载到每个触发器中。当 $L=0$ 时,其余项实现计数功能。D_0 表达式中的第二项补充了每次计数时 Q_0 的状态,无论是递增还是递减计数。D_1 和 D_2 的表达式包括实现 $U=1$ 时递增计数和 $U=0$ 时递减计数的项。鼓励读者验证这些逻辑表达式是否产生正确的二进制计数序列。

将 D_0、D_1 和 D_2 的驱动方程映射到 PAL 上，如图 7.74 所示，乘积项列在每条乘积线的左侧。注意，输出 Q_0、Q_1 和 Q_2 被反馈到 AND 阵列，在此处它们与 L 和 U 输入组合以产生驱动方程的乘积项。

为方便起见，驱动输入 D_0、D_1 和 D_2 分别仅显示了 3 个、5 个和 7 个乘积项。由于 D_0 的驱动方程只需要两个乘积项，因此和中的 3 个乘积项之一被强制为 0。图 7.74 中的每个宏单元都包含一个配置位 0，以为触发器的时钟输入选择未取反的 CLK，从而可以在 CLK 的上升沿激活触发器。在每个宏单元中选择数据选择器输出的两个配置位被设置为 10，以选择触发器的 Q 输出，从而驱动输出信号 Q_0、Q_1 和 Q_2。控制宏单元三态驱动器的乘积项已被编程为逻辑 1，从而使数据选择器输出去驱动输出引脚。RST 信号是乘积项中唯一与每个宏单元中触发器的 CLR 输入相连的文字项。

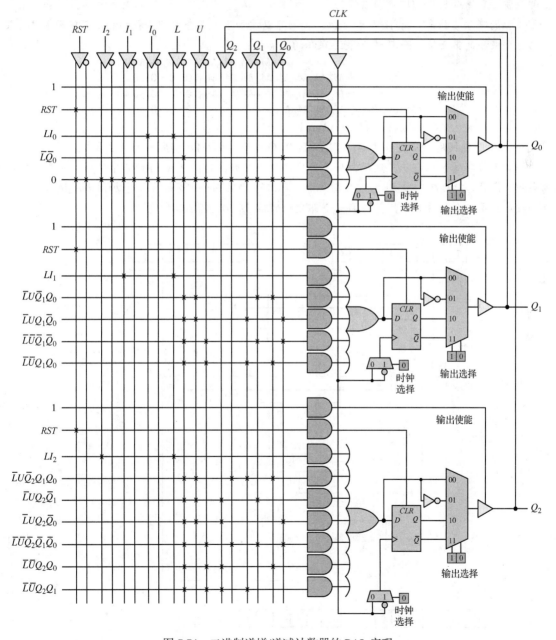

图 7.74　二进制递增/递减计数器的 PAL 实现

例 7.17 使用 PROM 作为查找表执行所有算术运算，实现 8 位×8 位高速二进制乘法器，计算 $P_{15-0} = A_{7-0} \times B_{7-0}$。

与其使用具有 16 个输入和 16 个输出的单个大型 PROM 来实现具有 2^{16} 行的乘法表，不如让我们将两个操作数划分为 4 位，如下所示：

$$P_{15-0} = A_{7-0} \times B_{7-0}$$
$$= ((A_{7-4} \times 2^4) + A_{3-0}) \times ((B_{7-4} \times 2^4) + B_{3-0})$$
$$= (A_{7-4} \times B_{7-4}) \times 2^8 + ((A_{7-4} \times B_{3-0}) + (A_{3-0} \times B_{7-4})) \times 2^4 + A_{3-0} \times B_{3-0}$$

这个运算可以用 4 个 4 位×4 位乘法器来计算每个操作数的 4 位部分积，用 3 个二进制加法器来加上部分积。只需分别将相应项向左移动 4 位和 8 位，即可完成 2^4 和 2^8 的乘法运算。注意，用于 4 位×4 位的乘法查找表只有 16 行和 8 位。我们可以按如下方式查看部分积的和，其中符号 M_{nk} 表示第 n 个乘积的第 k 位，而 P_k 表示最终乘积的第 k 位。

$$
\begin{array}{r}
M_{07}M_{06}M_{05}M_{04}M_{03}M_{02}M_{01}M_{00} \\
+M_{17}M_{16}M_{15}M_{14}M_{13}M_{12}M_{11}M_{10}\ 0\ 0\ 0\ 0 \\
+M_{27}M_{26}M_{25}M_{24}M_{23}M_{22}M_{21}M_{20}\ 0\ 0\ 0\ 0 \\
+M_{37}M_{36}M_{35}M_{34}M_{33}M_{32}M_{31}M_{30}\ 0\ 0\ 0\ 0\ 0\ 0\ 0\ 0 \\
\hline
P_{15}\ P_{14}\ P_{13}\ P_{12}\ P_{11}\ P_{10}\ P_9\ P_8\ P_7\ P_6\ P_5\ P_4\ P_3\ P_2\ P_1\ P_0
\end{array}
$$

图 7.75 的框图包括用于实现乘法器的 PROM。PROM 1～PROM 4 都用一个乘法查找表编程，以形成两个 4 位数字的 8 位乘积。然后由加法器将部分积相加，它们也在 PROM 中实现，以形成最终的乘积。注意，$P_3P_2P_1P_0$ 就是 $M_{03}M_{02}M_{01}M_{00}$。第二个和第三个部分积由一个加法器模块求和，这个和被加到第四个部分积中，并与第一个部分积的位 $M_{07}M_{06}M_{05}M_{04}$ 相连。

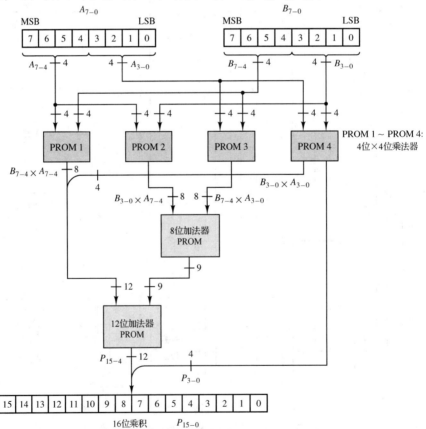

图 7.75 带 PROM 的高速二进制乘法器的实现

7.4 综合性设计实例

7.4.1 二进制除法器

使用自顶向下的设计过程，让我们在 FPGA 中设计并实现一个对两个无符号整数执行算术除法运算的除法器。除法器输入应为 8 位除数和 16 位被除数。商和余数均为 8 位无符号整数值。除法算法将是迭代的"不恢复余数除法"算法，它使用 8 个减/加与移位操作序列(有关恢复余数除法和不恢复余数除法算法的说明，请参阅各种计算机体系结构的教材[19])。

由于要使用迭代算法来执行除法运算，自上而下的设计过程从将设计划分为数据通路和控制器开始，如图 7.76 所示。数据通路包含保存被除数、除数、商和余数的寄存器。如后文所述，16 位被除数最初可以存储在一对寄存器中：9 位寄存器 R 和 8 位寄存器 Q。在算法中，R 最右边被除数的高 8 位替换为 8 位余数，被除数的低 8 位被 8 位商替换。该数据通路包括一个 8 位加法器/减法器来执行所需的算术运算，以及一个数据选择器用于选择被除数或加法器输出的上半部分是否加载到被除数/余数寄存器中。9 位寄存器 R 的最左边位容纳加法器/减法器的符号位。

对于这个例子，将实现一个不恢复余数除法算法。因此，图 7.76 中的控制器将实现图 7.77 中 ASM 图定义的算法。激活 $Start$(开始)输入后，该算法首先加载操作数，然后执行初始减法。商的每一位都由减法/加法结果的符号确定：商位为 0 表示负数，然后进行移位和加法运算；商位为 1 表示正数，然后进行移位和减法运算。最终的加/减结果为余数，如果此结果为负值，则执行最终加法以将其恢复为正值。

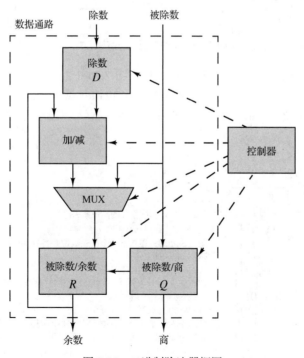

图 7.76 二进制除法器框图

图 7.78 通过列出执行 14÷3 的每个步骤(被除数为 6 位，商为 3 位)来说明上述算法。注意，由于有符号位，因此 R 是一个 4 位寄存器。

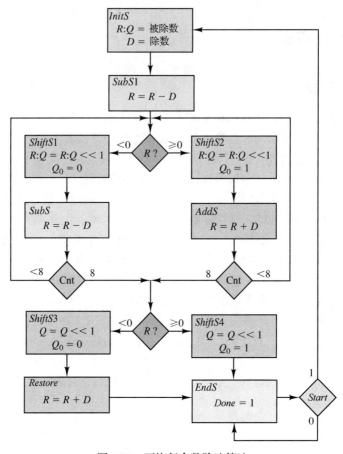

图 7.77   不恢复余数除法算法

对于图 7.78 的算法的每个阶段，表 7.4 中列出了图 7.76 中数据通路中 3 个寄存器的内容。基于对算法的理解，自上而下设计过程的下一步是通过在 Verilog 或 VHDL 中开发每个模块的模型来设计图 7.76 中的各个模块。在此例中，通过为每个模块中输入和输出的位数指定参数，RTL 模型被设计为适应不同的操作数大小。

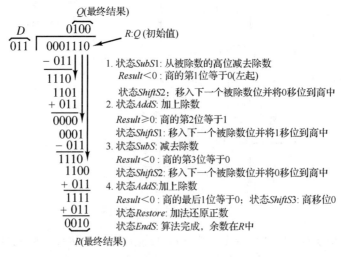

图 7.78   不恢复余数除法 14÷3 产生商 4 和余数 2

表 7.4 示例：14÷3 = 4(余数 2)

时钟	寄存器 D	寄存器 R	寄存器 Q	说明
1	011	0001	110	Load initial values
2	011	$\begin{array}{r} 0001 \\ -011 \\ \hline 1110 \end{array}$	110	Initial Sub $R - D$. Result Negative
3	011	1101	100	Shift RQ; $Q_0 = 0$
4	011	$\begin{array}{r} 1101 \\ +011 \\ \hline 0000 \end{array}$	100	Add $R + D$ Result positive
5	011	0001	001	Shift RQ; $Q_0 = 1$
6	011	$\begin{array}{r} 0001 \\ -011 \\ \hline 1110 \end{array}$	001	Sub $R - D$ Result negative
7	011	1100	010	Shift RQ; $Q_0 = 0$
8	011	$\begin{array}{r} 1100 \\ +011 \\ \hline 1111 \end{array}$	010	Add $R + D$ Result negative
9	011	$\begin{array}{r} 1111 \\ +011 \\ \hline 0010 \end{array}$	010	Restore R: $R + D$
10	011	0010	100	Final shift Q; $Q_0 = 0$

图 7.79 给出了带有选择控制信号 *Sel* 的 N 位加法器/减法器的 Verilog 模型。在这个模型中，左操作数和输出都包含 $N+1$ 位，以允许使用进位/借位条件，控制器将对其进行测试，以确定输出是正还是负。

```verilog
// N-bit Adder/Subtractor with carry
module alu #(parameter N = 8) (
    input [N:0]  A,            //N+1 bit operand
    input [N-1:0] B,           //N bit operand
    output [N:0] Result,       //N+1 bit result (includes carry)
    input Sel                  //Sel = 0 for add, 1 for sub
    );
    assign Result = (Sel == 0) ? (A + B) : (A - B);  // Add or subtract
endmodule
```

图 7.79 N 位加法器/减法器

图 7.80 给出了一个 N 位并行置数移位寄存器的 Verilog 模型，该模型可用于图 7.76 中数据通路的每个寄存器。除数(D)寄存器只需要置数功能，而被除数/余数(R)寄存器和被除数/商(Q)寄存器都需要置数和移位操作。这些操作在移位寄存器模型中分别由控制输入 *LD* 和 *SH* 进行选择。在移位操作中，输入 *SerIn* 被移位到寄存器的最右边。

```verilog
// N-bit register with synchronous load/shift
module shiftreg #(parameter N = 8) (
    input [N-1:0] D,         //N parallel inputs
    output reg [N-1:0] Q,    //N register outputs
    input CLK,               //clock (active high)
    input LD,                //synchronous load select
    input SH,                //synchronous shift select
    input SerIn              //serial shift input
    );
    always @(posedge CLK)    //rising edge of clock
      begin
        if (LD == 1'b1)    Q = D;                    //synchronous load
        else if (SH == 1'b1) Q = {Q[N-2:0], SerIn};  //synchronous left shift
    end
endmodule
```

图 7.80 N 位并行置数移位寄存器

数据通路中的 N 位 2 选 1 数据选择器的 Verilog 模型如图 7.81 所示,具有 N 位输入 A 和 B、N 位输出 Y 和选择控制 S。

```verilog
// 2-to-1 Multiplexer with parameterized width
module mux #(parameter N = 8) (
    input [N-1:0] A, B,              //N-bit inputs
    output [N-1:0] Y,               //N-bit output
    input S                         //select A if S=0, B if S=1
    );
    assign Y = (S == 0) ? A : B;    //select A or B
endmodule
```

图 7.81　N 位 2 选 1 数据选择器

图 7.82 中给出了实现图 7.77 中的 ASM 图的 Verilog 模型。控制器输出分别激活图 7.76 的数据通路中组件的控制输入。该控制器是摩尔型有限状态机,其输出仅是控制器状态的函数,如 **assign** 语句所定义的。在 ASM 图的决策框中测试了 Start 和 Rsign(结果符号)输入。最终,控制器包含一个二进制计数器,该二进制计数器由一个 **always** 块实现,从而对算法迭代次数进行计数,这也是商的位数的函数。状态转换在 **always** 块中使用 **case** 语句建模。为了方便起见,将状态名称定义为指示状态分配的参数。

```verilog
// Divider control unit - FSM design
module dcontrol (
    input Clock,                    //active-high clock
    input Start,                    // start pulse
    input Rsign,                    // sign from alu result
    output AddSub,                  // select add/subtract
    output Dload,                   // enable load D register
    output Rload,                   // enable load R register
    output Qload,                   // enable load Q register
    output Rshift,                  // enable A reg shift
    output Qshift,                  // enable Q reg shift
    output DONE,                    // algorithm done indicator
    output Qbit                     // bit to shift into quotient
    );
 // State definitions
    parameter Inits   = 4'h0;
    parameter Adds    = 4'h1;
    parameter Subs1   = 4'h2;
    parameter Subs    = 4'h3;
    parameter Shifts1 = 4'h4;
    parameter Shifts2 = 4'h5;
    parameter Shifts3 = 4'h6;
    parameter Shifts4 = 4'h7;
    parameter Restore = 4'h8;
    parameter Ends    = 4'h9;

    reg [3:0] State;                //controller state
    reg [2:0] Count;                //iteration count

// decode state variable for Moore model outputs
    assign Rload = ((State == Inits) || (State == Subs1) || (State == Subs) ||
                   (State == Adds) || (State == Restore))? 1'b1: 1'b0;
    assign Dload =  (State == Inits)? 1'b1: 1'b0;
    assign Qload =  (State == Inits)? 1'b1: 1'b0;
    assign AddSub = ((State == Adds) || (State == Restore))? 1'b0: 1'b1;
    assign Rshift = ((State == Shifts1) || (State == Shifts2))? 1'b1: 1'b0;
    assign Qshift = ((State == Shifts1) || (State == Shifts2) || (State == Shifts3) ||
                    (State == Shifts4))? 1'b1: 1'b0;
    assign Qbit = ((State == Shifts1) || (State == Shifts3))? 1'b0: 1'b1;
    assign DONE = (State == Ends)? 1'b1: 1'b0;

// counter for number of iterations
    always @(posedge Clock)
    begin
    if (State == Inits) Count = 0;
    else if ((State == Shifts1) || (State == Shifts2))
      begin
```

图 7.82　除法器控制器

```
                   if (Count == 7) Count = 0; else Count = Count + 1;
            end
         end

// state transitions
initial State = Inits;
always @(posedge Clock)
   begin
      case (State)
            Ends: if (Start == 1'b1) State = Inits;
                  else State = Ends;
            Inits:  State = Subs1;
            Subs1: if (Rsign == 1'b1) State = Shifts1; else State = Shifts2;
            Subs:  if (Count == 0) begin
                        if (Rsign == 1'b0) State = Shifts4; else State = Restore;
                     end
                  else
                        if (Asign == 1'b1) State = Shifts1; else State = Shifts2;
            Adds: if (Count == 0) begin
                        if (Asign == 1'b0) State = Shifts4; else State = Restore;
                     end
                  else if (Asign == 1'b1) State = Shifts1; else State = Shifts2;
            Shifts1: State = Adds;
            Shifts2: State = Subs;
            Shifts3: State = Ends;
            Shifts4: State = Ends;
            Restore: State = Shifts3;
      endcase
   end
endmodule
```

图 7.82(续)　除法器控制器

除法器的 Verilog 顶层模型如图 7.83 所示。该模型定义了除法器的输入和输出，然后实例化图 7.76 的每个模块，包括 3 个寄存器、加法器/减法器、数据选择器和控制器。

```
//Divide 16-bit dividend by 8-bit divisor
module divider (
        input [15:0] Dividend,
        input [7:0] Divisor,
        output [7:0] Quotient,
        output [7:0] Remainder,
        input CLOCK,
        input START,
        output DONE
        );
   wire [8:0] alu_out;
   wire alu_cy;
   wire [8:0] mux_out;
   wire [8:0] mux_in;
   wire [8:0] R_out;
   wire [7:0] Q_out;
   wire [7:0] D_out;
   wire Rload;
   wire Qload;
   wire Dload;
   wire Rshift;
   wire Qshift;
   wire AddSub;
   wire Qbit;

   assign Remainder = R_out[7:0];
   assign mux_in = {1'b0, Dividend[15:8]};

   mux     #(9) Mux1 (alu_out, mux_in, mux_out, Qload);
   shiftreg #(9) Rreg (mux_out, A_out, CLOCK, Rload, Rshift, Quotient[7]);
   shiftreg #(8) Qreg (Dividend[7:0], Quotient, CLOCK, Qload, Qshift, Qbit);
   shiftreg #(8) Dreg (Divisor, D_out, CLOCK, Dload, 1'b0, 1'b0);
   alu      #(8) AdSb (R_out, D_out, alu_out, AddSub);
   dcontrol DivCtrl (CLOCK, START, alu_out[8], AddSub, Dload, Rload, Qload,
                    Rshift, Qshift, DONE, Qbit);

   endmodule
```

图 7.83　除法器的 Verilog 顶层模型

在 FPGA 中实现除法器之前，应通过仿真验证 Verilog 模型。图 7.84 中的仿真输出显示电路将 405(十六进制 0135)除以 40(十六进制 28)。从 START 脉冲开始，我们看到加载的被除数的低 8 位，接着是 8 次移位操作，最后是一次校正。当 DONE 改为 1 时，我们看到商的最终值是期望值 10(十六进制 0A)。余数寄存器加载被除数的高 8 位，并通过初始减法进行更新，然后进行 8 次加法/减法的迭代，并进行移位，余数寄存器和商寄存器同时移位。当激活 DONE 时，我们看到预期的余数 5。这里只是一个简单的例子，Verilog 测试平台应该被设计成用一系列输入组合来测试模型。这将留给读者作为练习。

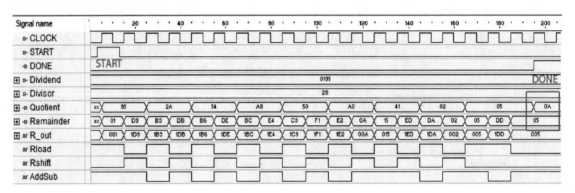

图 7.84　除法器仿真，405 ÷ 40 = 10，余数为 5(十六进制：0135 ÷ 28 = 0A，余数为 05)

除法器是使用 FPGA 设计工具从 Verilog 模型中实现的，用于对目标 FPGA 进行综合、映射、布局和布线。所实现的电路保持了设计层次，如图 7.85 所示。总共使用 41 个查找表和 32 个触发器实现该电路，其中 D 和 Q 寄存器各有 8 个触发器，R 寄存器中有 9 个触发器，控制器中有 3 个触发器用于计数器，以及 4 个用于控制器状态的触发器。如果需要，大多数 FPGA 设计工具都允许检查模块的详细信息。

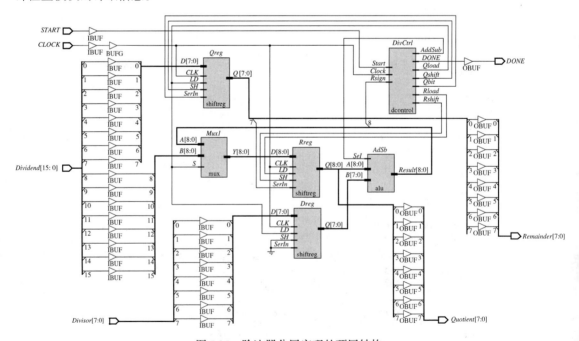

图 7.85　除法器分层实现的顶层结构

7.4.2 多路七段显示控制器

包含多个七段数字的显示器在数字系统中很常见。图 7.86 给出了一个典型的显示系统,其中每个数字包括以图 7.28 的共阳极配置连接的 7 个 LED。多位数字显示器通常被多路复用,而不是为每个数字提供单独的译码器和驱动器。通过一组信号 $SEG[6:0]$ 将图案同时应用于所有 4 位数字的阴极,而数字的阳极则由独立的信号 $AN[3] \sim AN[0]$ 控制。当数字的段模式在 $SEG[6:0]$ 上且其他数字的阳极失效时,通过激活数字的阳极,一次一个数字地写入显示器。图 7.87 中的时序图说明了这一点,从图中我们可以看到数字 3 的七段代码应用于段,而第一个数字的阳极在时刻 140 被 $AN[0]$ 激活,其他 3 个阳极被 $AN[3] \sim AN[1]$ 禁用。因此,数字 3 显示在最左边的数字上。然后,$AN[1]$ 激活阳极以选择下一个数字,同时将数字 5 的七段代码应用于段,然后是数字 2 和 9 的代码,以显示其他数字。

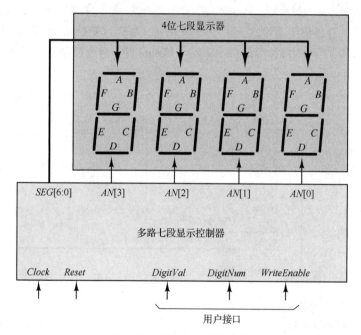

图 7.86　多路七段显示系统

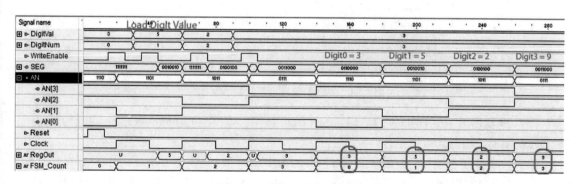

图 7.87　多路显示的时序图

让我们对显示控制器进行自顶向下的 RTL 设计,并在 FPGA 中实现。首先,我们确定可以使用图 7.88 所示的 4 个模块来产生所需的控制器函数。寄存器文档包含要显示的 4 个数字的 BCD 代码,这些数字按显示顺序排列,最右边的数字存储在寄存器 0 中,最左边的数字存储在寄存器 3 中。将要显示的数字编号应用于 *ReadAddress* 输入,选择相应的寄存器以在 *DataOut* 上为该数字提供 BCD 代码。通过将每个数字应用于 *DigitVal*,可以将 BCD 数字存储在寄存器文档中,将显示的数字应用于 *DigitNum*,然后对 *WriteEnable* 施加脉冲。BCD 七段译码器将寄存器文档输出的每个 BCD 代码转换为其七段模式,并将其应用于 *SEG*[6:0]。有限状态机(FSM)通过在 *RA*[1:0]上提供一个数字编号来控制数据选择,同时通过 *AN*[3:0]激活该数字的阳极。FSM 循环显示 4 个数字(每个时钟脉冲显示一个,然后重复)。显示刷新率由二进制计数器确定,该计数器将系统时钟频率除以某个因子以产生所需的显示刷新率,因为系统时钟频率通常比显示器的刷新率快。

设计过程的下一步是为系统的 RTL 设计和图 7.88 的模块开发 HDL 模型。对于本例,我们将使用 VHDL。我们从寄存器文档开始,图 7.89 给出了其 VHDL 模型。该文件建模为 4 个 4 位向量的数组,每个向量对应一个寄存器。*ReadAddress* 输入选择一个寄存器,在 *DataOut* 上提供其 4 位数据(BCD 数字)。寄存器值是通过选择一个带有 *WriteAddress* 输入的寄存器来加载的,在 *DataIn* 输入上提供一个 BCD 数字,并对 *WriteEnable* 输入施加脉冲;所选寄存器在 *WriteEnable* 的下降沿加载。

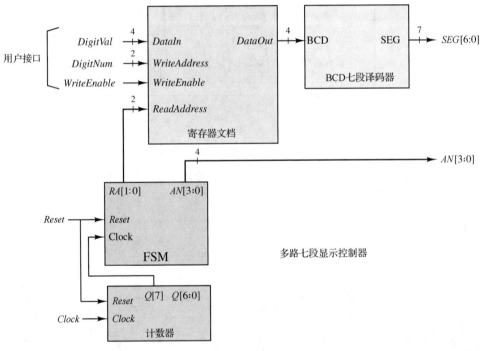

图 7.88　多路七段显示控制器的框图

图 7.29 给出了一位 BCD 七段译码器的 VHDL 模型。该模型的译码函数适用于我们的多路七段显示控制器,如图 7.90 所示。

图 7.91 提供了控制器的有限状态机(FSM)的 VHDL 模型。摩尔型时序逻辑电路中的一个过程在 4 个状态之间循环,从而在其 *RA* 输出上产生 2 位计数。该计数被应用于寄存器文档的 *ReadAddress* 输入,以顺序读取 4 个存储的 BCD 代码中的每一个。在每种控制器状态下,控制器的 *AN* 输出上还会产生一个"单冷"(one-cold)模式,以激活对应 *ReadAddress* 的数字的阳极,同时停用其他阳极。在模型中,通过基于控制器状态的选定信号分配来生成 *AN*。

```vhdl
-- VHDL model of a 4 x 4 Register File
library ieee;
use ieee.std_logic_1164.all;
use ieee.numeric_std.all;
entity RegFile is
 port (DataIn:        in  std_logic_vector (3 downto 0);
       DataOut:       out std_logic_vector (3 downto 0);
       WriteAddress:  in  std_logic_vector (1 downto 0);
       ReadAddress:   in  std_logic_vector (1 downto 0);
       WriteEnable:   in  std_logic );
end RegFile;
architecture Behave of RegFile is
    signal Rfile: array (3 downto 0) of std_logic_vector (3 downto 0);
begin
    DataOut <= Rfile(TO_INTEGER(UNSIGNED(ReadAddress)));
    process (WriteEnable)             --Flip-flop based
    begin
       if falling_edge(WriteEnable) then  --Flip-flop based
           Rfile(TO_INTEGER(UNSIGNED(WriteAddress))) <= DataIn;
       end if;
    end process;
    end;
```

图 7.89　4×4 寄存器文档的 VHDL 模型

```vhdl
-- VHDL model of a BCD to Seven-Segment Decoder
library IEEE;
use IEEE.STD_LOGIC_1164.ALL;
entity bcd2seg7 is
        port ( BCD: in std_logic_vector(3 downto 0);     --BCD code
               SEG: out std_logic_vector(6 downto 0) ); --Segments GFEDCDA
end bcd2seg7;
architecture Behavioral of bcd2seg7 is
begin
   with BCD select     --GFEDCBA patterns for each BCD digit
             SEG <= "1000000" when "0000", --0
                    "1111001" when "0001", --1
                    "0100100" when "0010", --2
                    "0110000" when "0011", --3
                    "0011001" when "0100", --4
                    "0010010" when "0101", --5
                    "0000010" when "0110", --6
                    "1111000" when "0111", --7
                    "0000000" when "1000", --8
                    "0011000" when "1001", --9
                    "1111111" when others; --all off
     end Behavioral;
```

图 7.90　BCD 七段译码器的 VHDL 模型

```vhdl
-- VHDL model of the Display Controller Finite-State Machine
library IEEE;
use IEEE.STD_LOGIC_1164.ALL;
entity FSM is
  port ( RA:   out STD_LOGIC_VECTOR (1 downto 0);      --Display digit number
         AN:   out STD_LOGIC_VECTOR (3 downto 0);      --One-cold pattern for anodes
        RST:   in  STD_LOGIC;
        CLK:   in  STD_LOGIC );
end FSM;
architecture Behavioral of lab4_FSM is
   signal State: STD_LOGIC_VECTOR (1 downto 0);        --Four controller states
begin
process(CLK)                                           --define state transitions
begin
   if rising_edge(CLK) then                            --all operations synchronous
           if (RST = '1') then                         --reset to 00
                   State <= "00";
```

图 7.91　显示控制器有限状态机的 VHDL 模型

```
            else                                --cycle through the four states
                case State is
                    when "00" => State <= "01";
                    when "01" => State <= "10";
                    when "10" => State <= "11";
                    when "11" => State <= "00";
                end case;
            end if;
        end if;
    end process;
    RA <= State;                                --state number is register file read address
    with State select                           --one-cold pattern for active-low outputs
      AN <= "1110" when "00",                    --activate anode for digit 0
            "1101" when "01",                    --activate anode for digit 1
            "1011" when "10",                    --activate anode for digit 2
            "0111" when "11";                    --activate anode for digit 3
    end;
```

图 7.91(续) 显示控制器有限状态机的 VHDL 模型

第 4 章讨论了二进制计数器。为了提供适当的显示刷新率，我们的显示控制器将使用图 7.92 中的 8 位二进制计数器的 VHDL 模型。在此模型中，计数器中的位数指定为通用参数 N，可以根据需要更改该参数，以实现无闪烁的数据选择显示。

通过设计 4 个组件，我们现在可以设计显示控制器的 VHDL 顶层模型，如图 7.93 所示。该模型的实体定义了图 7.86 的显示控制器的输入/输出信号。模型的架构实例化了每个组件，如图 7.88 的框图所示。由于组件必须先声明才能在 VHDL 模型中使用，因此我们在一个 DisplayComps 包中提供了组件声明，如图 7.94 所示。顶层模型中包含了 DisplayComps，并带有 **use** 语句。

```
-- 8-bit binary counter
library ieee;
use ieee.std_logic_1164.all;
use ieee.numeric_std.all;
entity Counter is
  generic (N: integer:= 8);                      --Number of counter bits
  port(CLK:  in  std_logic;                       --System clock
       RST:  in  std_logic;                       --Asynchronous reset
       Q:        out std_logic_vector(N-1 downto 0) );   --Output count
  end Counter;

  architecture rtl of Counter is
    signal Qint: UNSIGNED (N-1 downto 0);          --Internal counter state
  begin

  Q <= STD_LOGIC_VECTOR (Qint_;                    --drive the output

  process (CLK, RST)
  begin
    if RST = '1' then
       Qint <= (others => '0');                    --asynchronous reset
    elsif rising_edge(CLK) then                    --synchronous count on rising clock edge
       Qint <= Qint + 1;                           --count up (using UNSIGNED type)
    end if;
  end process;
end;
```

图 7.92 8 位二进制计数器的 VHDL 模型

```
-- VHDL model of the multiplexed display controller
library IEEE;
use IEEE.STD_LOGIC_1164.ALL;
use work.DisplayComps.all;                         --include component declarations
```

图 7.93 显示控制器的 VHDL 顶层模型

```vhdl
entity DisplayControl is
port ( DataVal:      in std_logic_vector(3 downto 0);   --reg data input
       DigitNum:     in std_logic_vector(1 downto 0);   --reg write address
       WriteEnable:  in std_logic;                      --reg write enable
       SEG:          out std_logic_vector(6 downto 0);  --Seg7 data
       AN:           out std_logic_vector(3 downto 0);  --Seg7 anodes
       Reset:        in std_logic;                       --system reset
       Clock:        in std_logic );                     --system clock
end DisplayControl;
architecture Behavioral of DisplayControl is
    signal Count: std_logic_vector(7 downto 0);         --counter output
    signal RegOut: std_logic_vector(3 downto 0);        --data from register file
    signal FSM_Count: std_logic_vector(1 downto 0);     --encoded FSM state, reg read address
begin

RF: regfile port map (DataIn => DataIn, DataOut => RegOut, WriteAddress => DigitNum,
                      ReadAddress => FSM_Count, WriteEnable => WriteEnable);

FSM: Display_FSM port map (RST => Reset, CLK => Count(7), AN => AN, RA => FSM_Count);

SEG: bin2seg7 port map(BCD => RegOut, SEG => SEG);

CNT: Counter generic map (N => 8)
             port map (CLK => Clock, RST => Reset, Q => Count);

end Behavioral;
```

图 7.93(续)　显示控制器的 VHDL 顶层模型

```vhdl
-- VHDL package declaring the four top-level components
library IEEE;
use IEEE.STD_LOGIC_1164.ALL;
package DisplayComps is
--N-bit counter
component Counter
 generic (N: natural:= 8);                              --Number of counter bits
 port(CLK: in std_logic;                                --FPGA clock
      RST: in std_logic;                                --Asynchronous reset
      Q:   out std_logic_vector(N-1 downto 0));         --Output data
end component;
--4 x 4 register file
component RegFile
 port (DataIn:       in std_logic_vector (3 downto 0);  --BCD digit input
       DataOut:      out std_logic_vector (3 downto 0); --BCD digit output
       WriteAddress: in std_logic_vector (1 downto 0);  --Write address for digit
       ReadAddress:  in std_logic_vector (1 downto 0);  --Read address for digit
       WriteEnable:  in std_logic );                    --Write enable
end component;
--BCD to Seven-Segment Decoder
component bcd2seg7
port ( BCD: in std_logic_vector(3 downto 0);            --BCD digit
       SEG: out std_logic_vector(6 downto 0) );         --Segments GFEDCDA
end component;
--Display Finite-State Machine
component Display_FSM
  Port ( RST:  in STD_LOGIC;                            --System reset
         CLK:  in STD_LOGIC;                            --Clock from refresh counter
         AN:   out STD_LOGIC_VECTOR (3 downto 0);       --Anode control (one-cold)
         RA:   out STD_LOGIC_VECTOR (1 downto 0) );     --Digit read address
end component;

end DisplayComps;
```

图 7.94　顶层模型中包含的组件声明包

在 FPGA 中实现设计之前，应先通过仿真对其进行验证。如图 7.87 的仿真结果所示，在对应数字显示顺序的寄存器地址处，将 BCD 数字的不同组合加载到寄存器文档中。然后，当每个数字的阳极被激活时，针对这些数字验证相应的七段代码序列。在图 7.87 中，我们可以看到数字 3-5-2-9 分别被加载到寄存器 0-1-2-3 中。随着阳极 $AN[0]$ 至 $AN[3]$ 各自被激活，相应的七段代码随即出现在数字上。

在验证了 HDL 模型的功能之后，使用 FPGA 工具来实现显示控制器设计。图 7.95 显示了已实现设计的顶层中的 4 个模块。寄存器文档的实现如图 7.96 所示，是通过 4 个配置为存储器的查找表来实现的，每个查找表都连接到输入 *DigitVal* 的一位和输出 *DataOut* 的相应位。FSM 的实现如图 7.97 所示，使用两个触发器保存 FSM 的状态变量，并用查找表生成触发器输入和 FSM 输出，总共使用了 15 个查找表和 10 个触发器，包括译码器和计数器。

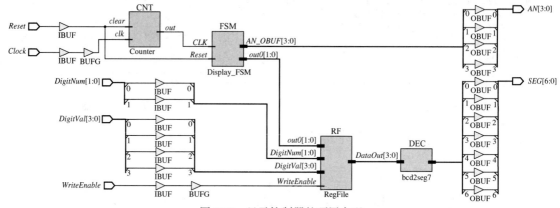

图 7.95　显示控制器的顶层实现

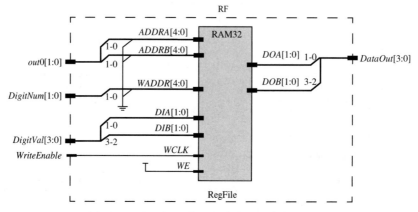

图 7.96　用 4 个 32 位查找表实现的寄存器文档

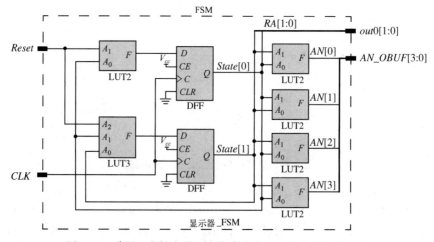

图 7.97　采用两个触发器和查找表来实现四状态有限状态机

7.5　总结和复习

本章研究了几种类型的可编程数字逻辑器件，这些器件包含可由设计人员配置的电路，以实现通常需要许多更小的电路组件才能实现的逻辑函数。我们研究了 FPGA 和 PLD 的基本结构、电路结构、编程技术、可编程特性和运行模式，并研究了如何使用它们来实现数字逻辑电路。本章给出了许多示例，以演示如何使用硬件描述语言（HDL）模型中的可编程器件来实现数字电路。本章介绍的材料对于理解 FPGA 和 CPLD 的结构和性能及在这些器件中实现数字电路和系统是非常重要的。以下问题将帮助读者评估自己的理解水平：

1. 了解不同类型的可编程数字逻辑器件之间的区别。
2. 描述在 FPGA 中如何实现组合逻辑函数。
3. 给定一个组合逻辑函数，在 FPGA 查找表中完成其实现。
4. 给出同步时序逻辑电路的状态图，说明如何在 FPGA 中用查找表和触发器实现同步时序逻辑电路。
5. 在 FPGA 的组件之间实现路由连接。
6. 了解时钟树如何减少 FPGA 中的时钟偏移。
7. 通过 Verilog 或 VHDL 模型，在 FPGA 中实现数字电路。
8. 在可编程逻辑阵列中实现二级组合逻辑函数。
9. 描述不同的 PLD 编程技术的特征。
10. 描述 PLA、PROM 和 PAL 设备之间的区别。
11. 给定组合逻辑函数描述，在 PLA 中给出其实现。
12. 给定组合逻辑函数描述，在 PROM 中给出其实现。
13. 给定组合逻辑函数描述，在 PAL 中给出其实现。
14. 描述 PLD 中可用的各种输出选项。
15. 给定一个状态图，在寄存 PAL 设备中完成其实现。
16. 通过 Verilog 或 VHDL 模型在 CPLD 中实现数字电路。

参考文献

1. I. Grout, *Digital System Design with FPGAs and CPLDs*, Elsevier, 2011.
2. R. Zeidman, *Designing with FPGAs and CPLDs*, 1st Ed., Routledge, 2002.
3. S. Brown and J. Rose, "Architecture of FPGAs and CPLDs: A Tutorial," IEEE Design and Test of Computers, Vol. 13, No. 2, pp 42–55, 1996.
4. M. J. S. Smith, *Application-Specific Integrated Circuits*, Addison-Wesley, 1997.
5. C. H. Roth and L. K. John, *Digital Systems Design Using VHDL*, 3rd Ed., Cengage Learning, 2018.
6. C. E. Shannon and W. Weaver, *The Mathematical Theory of Communication*, University of Illinois Press, 1949.
7. Xilinx Inc., *Vivado Design Suite*.
8. Xilinx Inc., *FPGAs and 3D ICs*.
9. Intel Corporation, *Intel FPGAs*.
10. Microsemi Corporation, *FPGA and SoC*.
11. Intel Corporation, *Intel Quartus Prime Software Suite*.
12. Aldec Inc., *Active-HDL FPGA Design and Simulation*.
13. *Introduction to GAL Device Architectures*, Lattice Semiconductor Corporation, 1996.
14. *Introduction to PEEL Devices*, International CMOS Technology Corporation.
15. R. C. Jaeger and T. N. Blalock, *Microelectronic Circuits Design*, 5th Ed., McGraw-Hill Education, 2015.

16. *PAL Programmable Array Logic Handbook*, 2nd ed. Monolithic Memories, Inc., 1981.
17. E. J. McCluskey, Jr., "Minimization of Boolean Functions," *Bell system Tech. J.*, November 1956, pp. 1417–1444.
18. R. Brayton, G. Hatchel, C. McMullen, and A. Sangiovanni-Vincentelli, *Logic Minimization Algorithms for VLSI Synthesis*, Kluwer Academic Publishers, Boston, MA, 1984.
19. J. P. Hayes, *Computer Architecture and Organization*, 3rd Ed., WCB/McGraw-Hill, 1998.

7.6 小组协作练习

以下这些练习任务由班级成员以 2 到 3 个人为一组来完成,并向全班展示解决方案。练习中有简单的题目,例如基本的理解能力测试;也有具有挑战性的难题,即提升理解力和学习解题技巧的训练。如果配置好软件和设备,那么对于这种以设计为目标的练习,可以由各小组将解决方案向全班同学进行展示。

1. 设计一个组合逻辑乘法器电路,该电路将产生两个 2 位无符号数字的 4 位乘积:$p_3p_2p_1p_0 = a_1a_0 \times b_1b_0$。在以下器件中实现该电路:

   (a) 四输入 FPGA 查找表(LUT)。(将每个 LUT 函数列为真值表。)

   (b) PLA(确定乘积项及和项的数量并列出)。

   (c) PROM(确定乘积项及和项的数量并列出和项)。

   (d) PAL(确定乘积项及和项的数量并列出)。

   PROM/PLA/PAL 格式请参见例 7.12。

2. 推导由图 7.98 中的 PLA 结构实现的函数 $f(A, B, C)$ 的逻辑表达式和真值表。

3. 设计一个串行奇偶校验检测电路,该电路接收一个比特序列,并确定该序列是否包含偶数个或奇数个 1。对于偶校验(即序列包含偶数个 1),电路输出 p 应该为 0;对于奇校验,电路输出 p 应该为 1。在以下器件中实现此设计:

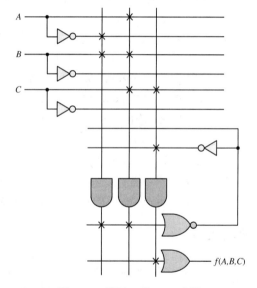

图 7.98　练习 2 的 PLA 电路

   (a) 图 7.10 给出了 FPGA 可配置逻辑模块,其中每个模块都包含一个三输入 LUT 和一个 D 触发器。绘制电路图,并以真值表的形式在每个 LUT 中指定函数。

   (b) 寄存 PAL 器件如图 7.71 所示,具有一个组合输出和一个寄存输出,该输出被反馈到 AND 阵列。可以假定 OR 函数具有与每个函数一样多的乘积项输入。画出 PAL 电路并指定每个乘积项及和项要实现的逻辑表达式。

4. 使用以下方法实现列出的 3 个函数:

   (a) 4-16 线译码器和逻辑门

   (b) PLA(确定乘积项及和项的数量并列出)

   (c) PROM(确定乘积及和项的数量并列出和项)

   (d) PAL(确定乘积项及和项的数量并列出)

   PLA/PROM/PAL 格式请参见例 7.12。

$$f_1(A, B, C, D) = \sum m(0, 1, 2, 3, 6, 9, 11)$$

$$f_2(A, B, C, D) = \sum m(0, 1, 6, 8, 9)$$

$$f_3(A, B, C, D) = \sum m(2, 3, 8, 9, 11)$$

5. 在图 7.99 的 FPGA 可配置逻辑块(CLB)框图上实现同步时序逻辑电路,其行为由以下状态图给出。该电路具有一个输入 X、一个输出 Z 和一个时钟输入 CLK。使用下表中给出的状态变量 $Y1$ 和 $Y2$ 的分配方案。

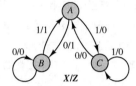

状态	Y1 Y2
A	0 0
B	0 1
C	1 0

- 在图 7.99 的图表上绘制互连,包括来自/去往输入/输出的互连。
- 标记外部输入 X、输出 Z 和状态变量 $Y1$、$Y2$。
- 在每个数据选择器中画一条线,将其输出连接到要通过其配置位选择的输入。
- 为实现该电路所需的每个函数输入 LUT 的内容。这些 LUT 具有 4 个输入,因此包含 16 位。但是它们可以分为两个 8 位 LUT,如图 7.8 所示,以实现在输出 $O3$ 和 $O4$ 上产生的两个三变量(输入 $D2$-$D1$-$D0$)函数。
- 用连接的信号名称标记 LUT 输入 $D2$-$D1$-$D0$ 和输出 $O3/O4$。

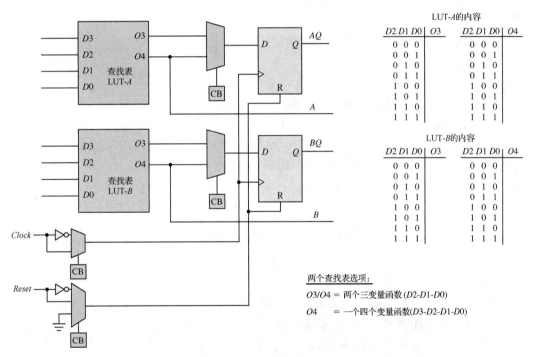

图 7.99　练习 5 的 FPGA 可配置逻辑块(CLB)框图

6. 在实验室的 FPGA 或 CPLD 中进行设计,仿真和实现 HDL 模型,以用于 N 位二进制"并行置数递增/递减计数器",并具有输出 Q、输入 D 及控制输入 CLK、L_Cn 和 U_Dn。D 和 Q 为可变宽度 N 的向量,所有其他信号均为一位。计数器应在 CLK 的下降沿更改如下:

- 如果 $L\_Cn = 1$,则将 D 载入计数器。
- 如果 $L\_Cn = 0$ 和 $U\_Dn = 1$,则递增计数。
- 如果 $L\_Cn = 0$ 和 $U\_Dn = 0$,则递减计数。

习题

7.1 从制造商的网站上，查找并比较两个商用 FPGA 器件的信息，选择一个"低端"器件和一个"高端"器件。对于每种器件，列出逻辑单元、输入/输出引脚和 FPGA 内的嵌入式模块(存储器、DSP、嵌入式处理器、通信模块等)及器件编程技术(SRAM、反熔丝等)。

7.2 从制造商的网站上，查找并比较两个商用 CPLD 的信息，选择一个"低端"器件和一个"高端"器件。对于每个器件，总结其特性(逻辑单元、输入/输出引脚和嵌入式模块，如 RAM、DSP、嵌入式处理器等)及器件编程技术(SRAM、反熔丝等)。

7.3 22V10 可编程逻辑器件由不同的供应商以不同的技术制造。查找一个 22V10 器件的数据表，并总结其特性，包括输入和输出数量、该器件的 PAL 中每个和项的乘积项数量及输出宏单元选项。

7.4 对于一个供应商的 FPGA 开发工具套件，描述从开发设计的 HDL 模型到对选定的 FPGA 器件进行编程，这些工具必须执行的步骤，以在选定的 FPGA 器件中实现设计。

7.5 使用以下方法设计一个 BCD 到五中取二码的代码转换器(请参阅第 1 章)：
(a) FPGA 查找表(以真值表的形式列出每项)
(b) PLA(列出乘积项及和项)
(c) PROM(在每个和项中列出最小项)
(d) PAL(列出乘积项及和项)

7.6 使用以下方法实现列出的 3 个函数。
(a) 四输入 FPGA 查找表(以真值表的形式列出每项)
(b) PLA(确定乘积项及和项的数量并列出)
(c) PROM(确定乘积项及和项的数量并列出和项)
(d) PAL(确定乘积项及和项的数量并列出)
PLA/PROM/PAL 格式请参见例 7.12。

$$f_1(A, B, C, D) = \sum m(0, 1, 2, 3, 6, 9, 11)$$
$$f_2(A, B, C, D) = \sum m(0, 1, 6, 8, 9)$$
$$f_3(A, B, C, D) = \sum m(2, 3, 8, 9, 11)$$

7.7 使用以下方法实现列出的 3 个函数。
(a) 四输入 FPGA 查找表(以真值表的形式列出每项)
(b) PLA(确定乘积项及和项的数量并列出)
(c) PROM(确定乘积项及和项的数量并列出和项)
(d) PAL(确定乘积项及和项的数量并列出)

$$f_1(a, b, c, d) = a\bar{b}c + \bar{b}d + \bar{a}cd$$
$$f_2(a, b, c, d) = (a + \bar{b} + c)(\bar{b} + d)(\bar{a} + c + d)$$
$$f_3(a, b, c, d) = a\bar{b}(\bar{c} + d) + b(\bar{a}d + cd)$$

7.8 使用 32×6 PROM 将 6 位二进制数转换为其相应的 2 位 BCD 表示形式：

$$(a_5a_4a_3a_2a_1a_0)_2 = [(x_3x_2x_1x_0)_{BCD}(y_3y_2y_1y_0)_{BCD}]_{10}$$

以真值表的形式显示 PROM 的内容。

7.9 使用带有四输入 LUT 的 FPGA 重复习题 7.8。绘制 LUT 及其互连的示意图，并以真值表的形式列出每个 LUT 的内容。

7.10 仅使用四输入 LUT，设计一个五输入"多数表决器"的 FPGA 实现，输入为 A、B、C、D、E，输出为 V。如果大多数输入为 1，则输出 V 为 1；否则 V 输出为 0。绘制 LUT 及其互连，并以真值表的形式列出每个 LUT 的内容。

7.11 对 PLA 设备重复习题 7.10 的多数表决器设计：

- 指定所需 PLA 的参数(输入数量、乘积项及和项)。
- 列出将在 PLA 中实现的乘积项及和项。

7.12 设计以下状态表定义的四状态同步时序逻辑电路，并使用指定的状态分配在 FPGA 中实现。该 FPGA 包含可配置的逻辑块，如图 7.10 所示，每个逻辑块均包含一个三输入 LUT 和一个 D 触发器。绘制一个示意图，显示 LUT 和触发器及其互连，包括输入和输出信号，并写出要在 LUT 中实现的逻辑函数的真值表。

状态	y_1	y_2
A	0	0
B	0	1
C	1	1
D	1	0

	x	
	0	1
A	$B/0$	$C/0$
B	$D/0$	$A/1$
C	$A/1$	$D/0$
D	$D/1$	$B/1$

7.13 通过驱动可以在 PAL 的 AND-OR 阵列中实现的逻辑方程，为寄存 PAL 器件设计习题 7.12 的同步时序逻辑电路，该电路类似于图 7.71。可以假设每个 OR 函数都有足够数量的乘积项以适合这种设计。

7.14 设计具有一个输入 x 和一个输出 z 的同步时序逻辑电路的 FPGA 实现，以识别输入序列 1010。序列可能重叠。例如

$$x = 0010100101010101110$$
$$z = 0000010000101010000$$

该 FPGA 包含如图 7.10 所示的可配置逻辑块，每个逻辑块都包含一个 LUT 和一个 D 触发器。可以假设 LUT 具有足够数量的输入以适合该设计。绘制一个示意图，显示 LUT 和触发器及其互连，包括输入和输出信号，并写出要在 LUT 中实现的逻辑函数的真值表。

7.15 给出以下化简的状态表和同步时序逻辑电路的状态分配，使用以下器件设计电路。

(a) FPGA，包含可配置逻辑块，如图 7.10 所示，每个逻辑块包含一个三输入 LUT 和一个 D 触发器。绘制一个示意图，显示 LUT 和触发器及其互连，并以真值表的形式列出 LUT 的内容。

(b) 有一个组合输出和两个寄存输出的寄存 PAL，输出将反馈给 AND 阵列。列出每个触发器输入和输出的逻辑方程，如同在 PAL 中实现的那样。

状态	y_1	y_2
A	0	0
B	0	1
C	1	1
D	1	0

	x	
	0	1
A	$A/0$	$B/0$
B	$C/0$	$B/0$
C	$D/0$	$B/0$
D	$A/1$	$B/0$

7.16 使用以下器件(此处不使用组合输出)设计状态表和此处给出的状态分配所描述的摩尔型时序逻辑电路。

(a) 包含可配置逻辑块的 FPGA 如图 7.10 所示,每个逻辑块都包含一个三输入 LUT 和一个 D 触发器。绘制一个示意图,显示 LUT 和触发器及其互连,并以真值表的形式列出 LUT 的内容。

(b) 有一个组合输出和两个寄存输出的寄存 PAL,输出将反馈给 AND 阵列。列出每个触发器输入和输出的逻辑方程,如同在 PAL 中实现的那样。

状态	y_1 y_2
A	0　0
B	0　1
C	1　1
D	1　0

	x 0	1	z
A	A	B	1
B	C	B	0
C	D	B	0
D	B	A	1

7.17 对于此处所示的化简的状态表和独热状态分配方案,请确定如何在以下器件中实现此功能。

(a) 包含可配置逻辑块的 FPGA,如图 7.10 所示,每个逻辑块都包含一个三输入 LUT 和一个 D 触发器。绘制一个示意图,显示 LUT 和触发器及其互连,并以真值表的形式列出 LUT 的内容。

(b) 具有 6 个寄存输出的寄存 PAL,这些输出将反馈到 AND 阵列。列出每个触发器输入的逻辑方程,如同在 PAL 中实现的那样。

状态	y_1 y_2 y_3 y_4 y_5 y_6
A	1　0　0　0　0　0
B	0　1　0　0　0　0
C	0　0　1　0　0　0
D	0　0　0　1　0　0
E	0　0　0　0　1　0
F	0　0　0　0　0　1

	x 0	1
A	$B/0$	$D/0$
B	$A/0$	$C/1$
C	$D/1$	$C/0$
D	$B/1$	$E/1$
E	$C/0$	$A/0$
F	$E/0$	$F/1$

7.18 摩尔型同步时序逻辑电路具有一个输入 A、一个输出 Z 和一个时钟 CLK(状态在 CLK 的上升沿改变)。如果 A 在一个时钟跳变时为 0 而在下一个时钟跳变时为 1,则 Z 为 1;否则 Z 为 0。设计该电路的 HDL 行为模型,并利用 FPGA 开发工具在 FPGA 中实现。确定实现(LUT、触发器和输入/输出引脚)中使用的组件数。

7.19 通过推导可以在每个触发器输入的 AND-OR 阵列中实现的逻辑方程,设计一个 4 位双向移位寄存器以在寄存 PAL 中实现。移位寄存器具有串行输入 *Sin-Right* 和 *Sin-Left*,并行输入 A、B、C、D,并行输出 Q_A、Q_B、Q_C、Q_D,时钟输入 CLK,两个功能选择输入 S_1、S_0。下表定义了移位寄存器函数:

S_1	S_2	模式
0	0	无操作
0	1	加载
1	0	右移,$Q_A = $ *Sin-Right*
1	1	左移,$Q_D = $ *Sin-Left*

7.20 设计一个在 PAL 器件中实现的 4 位递增/递减模 12 计数器,其中每个输出由图 7.72 的宏单元提供。计数器应具有并行输入 D、C、B、A,输出 Q_D、Q_C、Q_B、Q_A,时钟输入 CLK,两个功能选择输入 S_1、S_0。下表定义了计数器函数。

S_1	S_2	模式
0	0	无操作
0	1	加载
1	0	递增计数
1	1	递减计数

(a) 推导出适用于 PAL 器件的 AND-OR 阵列实现的逻辑方程。

(b) 指出实现计数器所需的寄存 PAL 的特性：输入数量、每个 OR 函数中的乘积项数量及在每个宏单元中选择的选项。

7.21　设计一个串行减法器电路,执行 A–B 运算,其中 $A = a_{n-1}\cdots a_1 a_0$,$B = b_{n-1}\cdots b_1 b_0$,产生 $R = r_{n-1}\cdots r_1 r_0$。这两个操作数被加载到串行减法器输入,每个时钟周期依次产生一个结果位,从 a_0 和 b_0 位开始产生 r_0。确定如何在以下器件中实现该电路。

(a) 图 7.10 所示的一个或两个 FPGA 可配置逻辑块。绘制电路图,包括所有信号,并以真值表的形式列出查找表的内容。

(b) 具有一个寄存输出和一个组合输出的 PAL。推导并列出提供触发器输入和电路输出的逻辑方程。

7.22　设计一个 4 位算术和逻辑单元(ALU)的 HDL 模型,该模型实现下表中定义的四个功能。ALU 具有两个 4 位输入 A 和 B,一个 4 位输出 R 和两个功能选择输入 S_1、S_0。仿真模型以验证其正确性,使用 FPGA 或 CPLD 设计工具综合并实现模型,并在 FPGA 或 CPLD 板上通过对多对输入执行四种操作中的每一种来测试模型。

S_1	S_2	功能
0	0	$R = A + B$
0	1	$R = A - B$
1	0	$R = A \& B$(逻辑与)
1	1	$R = A \mid B$(逻辑或)

7.23　为 8 位"左/右移位寄存器"编写一个 HDL 模型,其中有 8 位输出 Q 和 6 个输入信号:$CLEAR$,$CLOCK$,$ENABLE$,$LEFT\_RIGHTN$,$SERinL$,$SERinR$。如果 $CLEAR = 1$,则寄存器应异步重置为全 0。如果 $CLEAR = 0$ 且 $ENABLE = 1$,则寄存器应在时钟下降沿移动一位,如果 $LEFT\_RIGHTN = 1$,则向左移位,最右边的位替换为 $SERinR$;如果 $LEFT\_RIGHTN = 0$,则右移,最左边的位替换为 $SERinL$。仿真 HDL 模型以验证其正确性,使用 FPGA 或 CPLD 设计工具综合并实现模型,通过执行一系列移位操作在 FPGA 或 CPLD 板上测试模型。

7.24　编写一个 10 位 "二进制递增/递减计数器" 的 HDL 模型并在 FPGA 中实现。计数器有 10 位输出 Y,10 位输入 D,3 个控制信号 $CLRN$、LD_CNTN、UP_DN,以及时钟 CLK。计数器具有以下功能,异步清零功能和其他功能在 CLK 下降沿触发。

CLRN	LD_CNTN	UP_DN	功能
0	×	×	异步清零
1	0	0	递减计数
1	0	1	递增计数
1	1	×	加载 D

7.25 为一个 N 位"递减计数器"编写一个参数化的 HDL 模型,该计数器具有 N 位数据输入 A,N 位输出 Y,时钟输入 CLK,两个控制信号 CNT 和 $LOAD$。操作应在 CLK 下降沿进行,如下所示。

● 如果 $LOAD = CNT = 0$,则计数器状态不变。

● 如果 $LOAD = 1$,则应将数据输入 A 载入计数器。

● 如果 $LOAD = 0$ 且 $CNT = 1$,则计数器的值应减 1,如果计数值减为 0,则计数器的值应重置为最大值。

使用适当的开发工具,在 FPGA 或 CPLD 中进行仿真、综合、实现和测试 HDL 模型。查找并记录用于实现设计的资源(LUT、触发器和输入/输出引脚的数量)。

7.26 图 P7.26 中的"累加器"包括一个 4 位加法器和一个 4 位寄存器,该寄存器将用于累加 4 位输入 N 的一系列数字的和并将结果送入 4 位输出 R(在本练习中可以丢弃进位)。该寄存器由时钟输入 CLK 的上升沿触发,具有分别由 CLR 和 LD 使能的同步"清零"和"置位"功能。寄存器输入由加法器输出 A 提供。当其复位输入被激活时,控制器应清零寄存器,然后在时钟输入的每个脉冲处将输入 N 上的数字加到寄存器中。编写该系统的 HDL 模型,对其进行仿真,用自己的设计工具在目标 FPGA 或 CPLD 上实现,并在 FPGA 或 CPLD 板上进行测试。

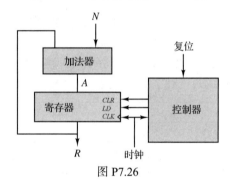

图 P7.26

7.27 4 位寄存器 $R1$、$R2$ 和 $R3$ 如图 P7.27 所示连接,并分别由控制器提供的控制信号 $E1$、$E2$ 和 $E3$ 启用。操作这些寄存器的算法由图中的流程图定义。设计一个实现该数据通路和控制器的 HDL 模型,仿真该模型以验证其运行模式,使用自己的设计工具实现目标 FPGA 或 CPLD 的模型,并通过为控制器输入 X 选择的 4 位输入 N 的不同值,执行一系列寄存器传输,在 FPGA 或 CPLD 板上测试设计。

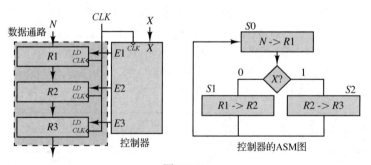

图 P7.27

7.28 图 P7.28 中所示的数据通路和控制算法执行二进制除法运算 $D1 \div D2$,其中 $D1$ 和 $D2$ 分别是 6 位和 4 位数字。ASM 图中定义的算法通过计算 $D1$ 减去 $D2$ 的次数(丢弃余数)来执行除法运算。相关的数据和控制信号标记在数据通路上。$EN1$ 和 $EN2$ 是时钟使能(使得可以向寄存器加载数据)信号，*CLR* 和 *INC* 信号用于激活清零和递增功能，GEZ 表示 $R1 \geqslant 0$(GEZ 是寄存器 $R1$ 的符号位)。所有的信号都是高电平有效的，在 *CLK* 的上升沿寄存器改变。编写此电路的 HDL 模型，包括控制器，仿真该模型以验证其工作情况，使用自己的设计工具实现目标 FPGA 或 CPLD 的模型，并通过执行一系列除法运算在 FPGA 或 CPLD 板上测试设计。

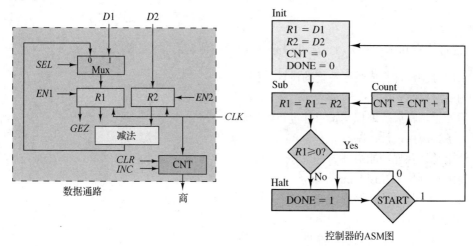

图 P7.28

7.29　修改 7.4.2 节总结性设计实例中描述的多路七段显示控制器，以控制 8 位数字显示。仿真 HDL 模型以验证其操作，使用设计工具实现目标 FPGA 或 CPLD 的模型，并通过执行一系列除法操作在 FPGA 或 CPLD 板上测试设计。

7.30　演示如何修改示例 7.17 中基于 PROM 的高速乘法器，实现两个 12 位数字的乘法运算。可以假设 PROM 器件的可用性，最多有 25 个输入。

第8章 数字系统设计

学习目标

学生通过本章知识点的学习，能获得必要的知识和技能，并完成以下目标：

1. 采用分层设计完成数字系统的设计过程。
2. 构造层次结构图。
3. 用固定逻辑或可编程逻辑组件进行设计。
4. 为各种应用设计控制器。
5. 使用总线互连功能组件。
6. 使用实例化来互连 HDL 模块。
7. 设计一个基本的存储程序处理器。
8. 将随机读取存储器与处理器相连。
9. 异步串行通信协议的工作原理。
10. 整合基本组件以形成复杂的设计。

前几章介绍了设计数字系统所需的概念和工具，每一章都提供了总结性设计实例，以说明如何使用该章介绍的内容设计电路或组件。本章将更详细地讨论设计过程，并通过 4 个设计实例来说明如何集成组件来设计更复杂的系统。

为了最大限度地实现这些目标，读者需要使用计算机辅助设计工具和实际的硬件组件和/或开发板来实现设计实例。现在有各种各样经济实惠的设计工具和硬件可供选择，因此本书选择了通用的案例，以便读者能够使用所选择的工具和硬件加以实现。

8.1 设计过程

通常，要求设计人员完成的电子系统都特别复杂，无法作为单个器件或单元电路来开展设计。因此，必须将此系统拆分为更小的器件或单元，以使设计过程易于管理。自顶向下或分层设计是一种常用的设计方法，本章将对此进行阐述。

8.1.1 分层设计

分层设计源自第 0 章中介绍的抽象层次的概念。从本质上讲，一个系统，比如计算机，代表了一个层次结构的顶层，可以将其分解成较低层次的单元(算术逻辑单元、控制单元和存储单元)，依次类推，直至由基本组件(如门、触发器或其他器件)组成的层次结构的最底层。简单计算机系统的硬件层次结构图如图 8.1 所示。底层单元可能是标准的现成组件，或者可能需要使用前面章节所述方法进行重新设计。

设计过程从系统规范的开发开始。然后，以层次结构图的形式自顶向下地开发系统的架构。接下来，要么从组件库中选择底层单元，要么设计新器件。这些单元被集成和测试，以形成层次结构中的上一级，然后一直到顶层。例如，在简单的计算机中，全加器(FA)由基本逻辑门通过集成而形成。同样，通过集成 FA 可以形成一个串行进位加法器(RCA)，等等。最后一步是集成和测试算术逻辑单元、控制单元和存储单元，以完成设计。图 8.2 以图解形式总结了设计过程。

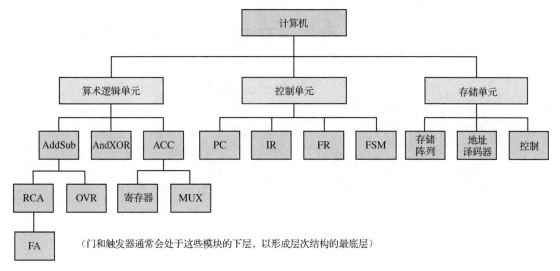

图 8.1 简单计算机系统的硬件层次结构图

8.1.2 固定逻辑与可编程逻辑

如今，数字系统设计人员有许多选择来实现他们的设计。但从广义上讲，只有固定逻辑和可编程逻辑两种基本方法。固定逻辑主要使用门、触发器和模块级组件，然后将这些组件集成到专用集成电路(ASIC)和/或在印制电路板(PCB)上安装和互连。可编程逻辑则使用现场可编程门阵列(FPGA)和复杂可编程逻辑器件(CPLD)等器件。与固定逻辑一样，当需要多个器件时，可编程逻辑器件通常安装在 PCB 上并相互连接。有时，固定逻辑与可编程逻辑在同一块 PCB 上一起使用，以便将一块板与输入/输出设备或另一块 PCB 相连。

8.1.3 数字系统设计流程

设计流程是用来描述数字系统设计的一系列步骤的术语。与可编程逻辑设计相比，固定逻辑设计通常采用完全不同的方法。更具体地说，硬件描述语言通常用于可编程逻辑和 ASIC，而原理图绘制则用于其他固定逻辑设计。大多数现代 CAD 工具都支持这两种方法，如果需要，可以将二者混合在一个设计中。图 8.3 显示了数字系统的典型设计流程。

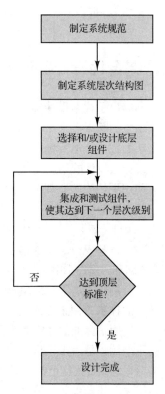

图 8.2 层次化的设计过程

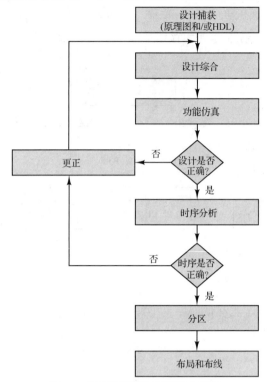

图 8.3　数字系统的典型设计流程

8.2　综合性设计实例

本书给出了许多设计实例。这些例子从简单的到中等难度的不等，通过这些例子来说明各种数字系统中的基本概念和/或基本功能组件。不过，很少有实例演示了如何集成多个组件来设计或构建复杂的系统。本节将主要介绍 4 个设计实例，分别展示了在 4 个不同的应用领域中，采用自顶向下或分层设计的集成方法。部分实例用硬件描述语言来说明寄存器传输级(RTL)设计，而其余实例则使用更传统的原理图绘制方法；部分实例给出了完整的设计细节，而其余实例则给读者留下了一些设计的细节问题。

第一个例子展示了一个简单的 4 位计算机处理单元——TRISC4 的设计。"TRISC"代表微型精简指令集计算机，"4"表示处理器的字长。这个例子说明了一个通用可编程计算机的 RTL 设计，并展示了组合逻辑电路和时序逻辑电路如何一起工作，以获取和执行存储在随机存取存储器(RAM)中的程序。

第二个例子描述了一个单车道交通控制器，并说明了一个专用的、非可编程数字系统的设计。单车道交通控制器用于车流量较小、不需要双车道的临时建筑施工区和长期运行的道路或桥梁。该设计中使用了标准的固定逻辑元件。

第三个例子是通用异步收发器(UART)的设计。UART 是用于计算机系统互连的串行通信网络中普遍存在的组件。这个例子说明了基于 Verilog 的 RTL 设计，并展示了如何使用数据传输协议来实现系统之间的异步通信。

最后一个例子是电梯控制器的设计。电梯控制器是另一个十分常见的专用数字系统的例子。其概念很简单，但由于在设计中必须考虑的情况太多而变得复杂。这个例子展示了如何使用有限状态机作为控制器行为的基本模型来驱动设计。该控制器采用 Verilog 实现。

8.2.1 微型 RISC 4（TRISC4）处理器

本节将设计及部分实现一个简单的 4 位处理器。建议读者自行将书中未完成的剩余组件与已经设计实现的组件进行集成，以获得处理器设计的完整经验。尽管其功能简单，但是 TRISC4 包含了商用微处理器中的基本组件，并展示了这些组件如何在存储程序计算机中工作。TRISC4 具有传统精简指令集计算机（RISC）的一些特性，但并非包含全部特性。例如，TRISC4 具有固定长度的指令格式，在单个内存读取周期中获取指令，使用通用寄存器保存操作数和结果，并使用置数/存储指令访问内存；TRISC4 没有总线，也没有延时分支功能，以及不使用高速缓存。

TRISC4 的设计是寄存器传输级（RTL）设计的一个例子，其中的指令执行由寄存器、处理器和存储器之间的一系列数据传输组成。数据传输（也称为微操作）在后面的表 8.1 中定义，将在下面进行详细说明。

TRISC4 架构

TRISC4 架构如图 8.4 所示。TRISC4 是一种 4 位机器，使用二进制补码系统来编码正整数和负整数，不支持浮点数。算术逻辑单元（ALU）可以对寄存器 A 和 B 中存储的操作数执行加法、减法和异或运算。结果总是存放在寄存器 A 中。寄存器的值可以在没有 ALU 参与的情况下递增或清零。随机存取存储器（RAM）保存 16 个字长，每个字长为 8 位，因此它是一个 $2^4 \times 8$ 的 RAM。程序计数器（PC）是一个 4 位寄存器，它保存下一条要从内存中取出的指令的地址。控制单元（CU）是一个时序逻辑电路，生成从 RAM 获取指令所需的控制信号序列码，并使用寄存器和 ALU 执行指令。本节将更详细地描述每一个组件。

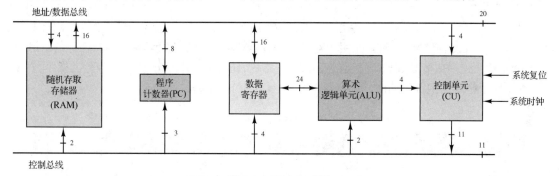

图 8.4　TRISC4 架构

TRISC4 组件通过 20 位地址/数据总线（ADB）和 14 位控制总线（CB）互连，如图 8.5 所示。ADB 分为 3 条总线：内存数据输入（MDI）总线、内存数据输出（MDO）总线和地址（ADR）总线。ADR 总线是一条 4 位总线，传送从 PC 访问 RAM 内存地址寄存器（MAR）的内存位置。MDO 总线是一条 8 位总线，将从内存读取的信息传输到 PC、CU 和 RAM。MDI 是一条 8 位总线，将数据寄存器中保存的信息传送到要存储的 RAM 中。RAM 还包含一个内存数据寄存器（MDR），它向 MDO 总线提供数据并从 MDI 总线获取数据。CB 将 CU 中产生的控制信号传送给各个功能单元。这些控制信号根据需要来触发功能单元中的微操作，以获取和执行指令。

TRISC4 指令和数据格式

TRISC4 指令由 4 位操作码和 4 位操作数地址组成，如图 8.6(a) 所示。操作数地址仅用于加载和存储操作，因为它是访问内存的唯一指令。TRISC4 支持 4 位有符号整数数据，这些数据按照图 8.6(b) 所示的格式存储在内存中。数据使用二进制补码来表示有符号值。注意，数据只占用低位的字节（半字节）。

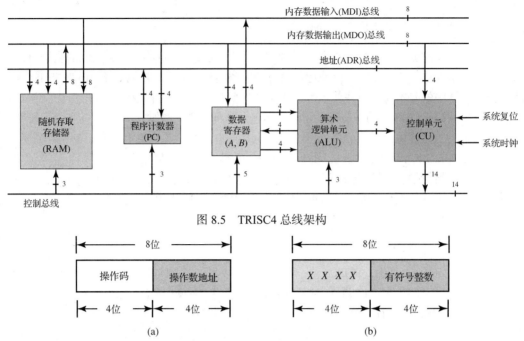

图 8.5　TRISC4 总线架构

图 8.6　TRISC4 指令和数据格式。(a)指令格式；(b)数据格式

TRISC4 指令集

TRISC4 指令集由 16 条基本指令组成，如表 8.1 所示。其中，有 4 条用于数据寄存器和内存之间移动数据的加载/存储指令；有 4 条用于对数据寄存器中的操作数执行算术和逻辑操作的 ALU 指令；有 4 条用于递增或清零数据寄存器的递增/清零指令；还有 4 条用于分支的跳转/分支指令。表 8.1 还详细说明了指令助记符、功能、寄存器传输(微操作)和操作码。

表 8.1　TRISC4 指令集

指令	功能	寄存器传输	操作码
LDA	加载 A	A ← (MDR)	0000
LDB	加载 B	B ← (MDR)	0001
STA	存储 A	MDR ← (A)	0010
STB	存储 B	MDR ← (B)	0011
ADD	A + B	A ← (A) + (B)	0100
SUB	A − B	A ← (A) − (B)	0101
AND	A·B	A ← (A)·(B)	0110
XOR	A ⊕ B	A ← (A) ⊕ (B)	0111
INA	A + 1	A ← (A) + 1	1000
INB	B + 1	B ← (B) + 1	1001
CLA	A ← 0	A ← 0	1010
CLB	B ← 0	B ← 0	1011
JMP	跳转	PC ← (MDR)	1100
BRZ	分支 if 0	PC ← (MDR) if Z = 1	1101
BRN	分支 if <0	PC ← (MDR) if N = 1	1110
BRV	分支 if OV	PC ← (MDR) if V = 1	1111

TRISC4 指令周期

如图 8.7 所示，存储程序计算机的指令周期是从内存中取出并执行指令所需的一系列步骤，对于程序中的每一个指令，都会重复执行指令周期。指令获取的微操作(寄存器传输)每次都是相同的，后面将会详细介绍。其他步骤的微操作取决于正在执行的指令，如同在指令译码步骤中确定的那样。在描述了处理器的各种硬件组件之后，我们将针对选定的指令详细说明这些微操作。

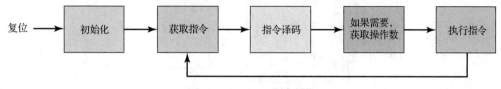

图 8.7　TRISC4 指令周期

数据寄存器

TRISC4 有两个通用数据寄存器 A 和 B。如表 8.1 所示，这些寄存器保存 ADD、SUB、AND 和 XOR 指令的操作数。将这些运算的结果放入寄存器 A，分别使用指令 LDA 和 LDB 从内存给寄存器 A 和 B 置数。可以分别使用指令 STA 和 STB 将寄存器 A 和 B 的内容存储在内存中。INA、INB、CLA 和 CLB 指令用于递增和清零寄存器。数据寄存器的输入/输出框图如图 8.8 所示。注意使用 2 选 1 数据选择器选择寄存器 A 的输入源。这是必需的，因为可以分别从内存或 ALU(ALUR)的输出给寄存器 A 置数。CU 生成一个输入选择(IS)信号，以便在需要时进行适当的选择。另一个 2 选 1 数据选择器用于选择哪一个寄存器的数据将通过 MDI_{3-0} 存储在内存中。CU 的输出选择(OS)将决定选择哪个寄存器。其他控制信号包括递增 A(IA)、清零 A(CA)、递增 B(IB)和清零 B(CB)。数据输出为 ALUA、ALUB 和 MDI_{3-0}。

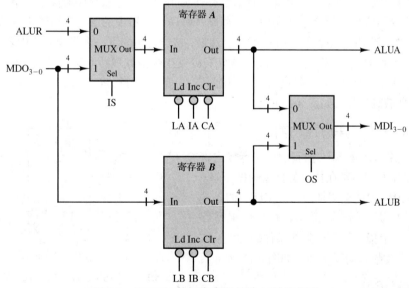

图 8.8　TRISC4 数据寄存器的输入/输出框图

算术逻辑单元(ALU)

算术逻辑单元(ALU)对存储在数据寄存器 A 和 B 中的操作数执行加法、减法、逻辑与及逻辑异或运算，并将结果放入寄存器 A。ALU 框图见图 8.9。注意，缓冲寄存器(BR)用于临时存储 ALU 的输出。当寄存器 A 既是输入又是输出时，需要缓冲以防止通过 ALU 发生振荡。ALU 还生成条件码(CC)Z、N、V 和 C 作为输出。条件码在表 8.2 中定义,并当处理分支指令时在 CU 中使用,这将在后面的设计中看到。控制输入 S_0 和 S_1 用于指定 ALU 将执行的指令,其定义见表 8.3。

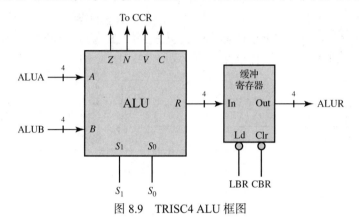

图 8.9　TRISC4 ALU 框图

表 8.2　条件码	
条件码	含义
$Z = 1$	结果为 0
$N = 1$	结果是负的
$V = 1$	操作产生溢出
$C = 1$	操作产生了 1 个进位

表 8.3　ALU 操作码	
$S_1 S_0$	功能
00	加
01	减
10	与
11	异或

程序计数器(PC)

程序计数器(PC)是一个二进制递增计数器,作为指向随机存取存储器位置的指针,在那里存储下一条要获取和执行的指令。换句话说,存储在程序计数器中的值是在获取指令时读取的内存位置的地址。一旦获取了一个指令,PC 值就会递增,这样就指向下一个指令周期中要获取的指令。递增 PC 允许处理器执行一系列顺序指令。跳转和分支指令使处理器能够无序地执行指令。这是通过将一个新地址加载到 PC 而不是仅仅增加当前值来实现的。因此,PC 的功能必须包括清除(CPC)、增量(IPC)和加载(LPC),如图 8.10 所示。

指令寄存器(IR)和条件码寄存器(CCR)

指令寄存器(IR)是一个并行输入/并行输出寄存器,用于保存处理器正在执行的指令的操作码。获取指令后,从 MDO 总线加载 IR。CU 中的条件码寄存器(CCR)是一个并行输入/并行输出寄存器,保存由上一个指令执行产生的条件码的值。IR 和 CCR 都需要置数和清零功能,如图 8.11 所示。

图 8.10　TRISC4 程序计数器的输入/输出框图

随机存取存储器(RAM)

随机存取存储器(RAM)用于存储将由处理器执行和操作的程序指令与数据。通常,RAM 被组织成 2^m 个 n 位字,写作 $2^m \times n$。TRISC4 的 RAM 大小是 $16 \times 8 (2^4 \times 8)$。与每个存储字相关联的是一个 m 位的地址,唯一地标识一个特定的位置,每个字都可以读(读操作)或写(写操作)。RAM 输入/输出框图如图 8.12 所示。读操作的过程如下:首先,将要读取的地址放在地址输入端;然后,激活读/写控制信号(RW = 1),清除写使能信号(WE = 0)。读取的数据将被放置到 MDR 寄存器中,然后在 DataOut 中输出。写操作的过程是：首先将要写入的地址放在地址输入端；然后，将要存储的数据放在数据输入端，并激活写使能信号（WE = 1）和读/写控制信号（RW = 1）。新的数据被放置到 MDR，然后存储在寻址字中，最后由 DataOut 输出。

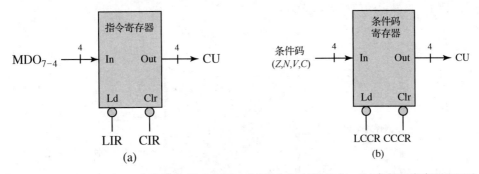

图 8.11 TRISC4 IR 和 CCR 的输入/输出框图。(a)指令寄存器(IR)；(b)条件码寄存器(CCR)

在 TRISC4 中，选择 RAM 操作的地址源需要使用数据选择器。当从 RAM 获取指令时，PC 是要读取地址的源。在获取操作数或存储结果时，MDO 总线是源。AddSel 是用于在两个源之间进行选择的控制信号，如图 8.12 所示。

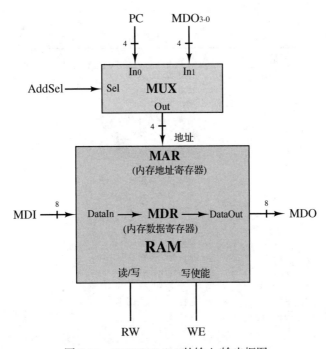

图 8.12 TRISC4 RAM 的输入/输出框图

控制单元（CU）

控制单元（CU）是一个有限状态机，生成实现上述指令周期所需的控制信号序列，如图 8.7 所示。图 8.13 是输入/输出框图。系统时钟（SysClock）和系统复位（SysReset）都是外部输入，用于对控制如前所述的构成处理器的硬件组件所需的微操作进行排序。其他输入是来自 IR 的指令操作码和来自 CCR 的条件码。CU 产生的 14 个控制信号输出如表 8.4 所示。这些控制信号作为图 8.5 的处理器中其他组件的输入控制信号。

设计 CU 的下一步是开发从 RAM 获取指令和在处理器中执行指令所需的微操作序列。图 8.14 显示了 CLA、INA 和 JMP 指令的微操作。每个指令和表示指令周期的指令获取 (IF) 阶段的前 4 个微操作都是相同的。微操作显示在 "//" 的左侧，相应的控制信号以斜体显示在右侧。显示的控制信号表示值为 1；未显示的信号表示值为 0。

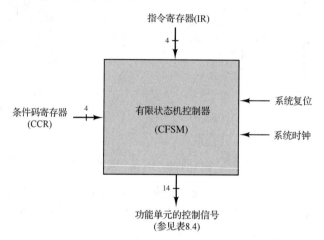

图 8.13　TRISC4 CU 的输入/输出框图

表 8.4　控制信号

名称	功能
AddSel	存储器地址选择
CA, CB	清零寄存器 $A(B)$
CBR	清零缓冲寄存器
CCCR	清零条件码寄存器
CIR	清零指令寄存器
CPC	清零程序计数器
IA, IB	递增寄存器 $A(B)$
IPC	递增程序计数器
IS, OS	输入选择，输出选择
LA, LB	加载寄存器 $A(B)$
LBR	加载缓冲寄存器
LCCR	加载条件码寄存器
LIR	加载指令寄存器
LPC	加载程序计数器
RW	内存读/写
S1, S0	选择 ALU 的功能
SysClock	系统时钟
SysReset	系统复位
WE	内存写使能

(a) CLA	(b) INA	(c) JMP
MAR ← PC//*AddSel*	MAR ← PC//*AddSel*	MAR ← PC//*AddSel*
MDR ← MEM[MAR]//*RW*	MDR ← MEM[MAR]//*RW*	MDR ← MEM[MAR]//*RW*
PC ← PC + 1//*IPC*	PC ← PC + 1//*IPC*	PC ← PC + 1//*IPC*
IR ← MDR_{7-4}//*LIR*	IR ← MDR_{7-4}//*LIR*	IR ← MDR_{7-4}//*LIR*
A ← 0//*CA*	A ← A + 1//*IA*	PC ← MDR_{3-0}//*LPC*

图 8.14　CLA、INA 和 JMP 指令的微操作

获取指令的第一步是将 PC 中的值加载到内存地址寄存器（MAR）。回想一下，PC 包含 RAM 的地址，其中存储了下一条要获取的指令。AddSel = 0 指定 RAM 地址来自 PC。接下来，用 MDR 中捕获的数据发出 RW 信号来读取 RAM。然后，PC 递增，为即将到来的指令周期做好准备。最后，指令字的操作码部分被加载到 IR 中，完成指令获取操作。

对操作码的译码在指令周期的下一个阶段发生，但在微操作序列中没有明确显示，因为这是一个发生在获取和执行阶段之间的组合过程。执行每个指令都需要一个单独的微操作。对于 CLA，寄存器 A 被控制信号 CA 清除。对于 INA，寄存器 A 由控制信号 IA 递增。最后，通过控制信号 LPC 将目标地址从指令字加载到 PC 中，实现 JMP 指令。

现在，让我们为包含 CLA、INA 和 JMP 的部分指令集实现一个 CU。作为设计过程的下一步，可以方便地将图 8.14 中的微操作组合成图 8.15 所示的一个状态图。状态图包含两个额外的状态，下面将与其他特性一起解释这些状态。

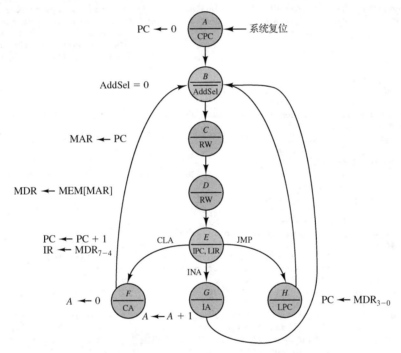

图 8.15 CLA、INA 和 JMP 指令的指令周期状态图

CU 使用摩尔型状态机来简化与输入和状态变化相关的时序问题。因此，每个状态对应于执行相关联的微操作所需的控制信号。状态变化与 SysClock 输入同步发生。状态 A 被认为是状态机的初始状态，通过设置 SysReset 输入来进入该状态。无效的操作码也会使状态机进入状态 A，但状态图中没有显示此功能。状态 B、C 和 D 完成指令获取操作。在状态 B 中，通过使 AddSel = 0（在图中显示为 $\overline{\text{AddSel}}$），选择 PC 作为要读取的存储器地址的源。通过置 RW = 1，将地址传递到状态 C 的存储器中。通过置另一个 RW = 1 信号，在状态 D 中读取寻址字。注意，为了正确操作存储器，RW 必须在状态 C 和 D 之间返回 0。现在，已从内存中读取指令。指令获取是通过递增 PC 并将指令操作码放入 IR 来完成的。这些步骤在状态 E 中并行执行。指令译码也发生在状态 E 中。执行 CLA 指令使机器转移到状态 F，状态 G 用于执行 INA 指令，状态 H 用于执行 JMP 指令。执行之后，机器返回到状态 B，开始获取下一个指令。

CU 的设计是使用传统的门和触发器方法通过实现摩尔型状态机来完成的，或者也可以使用硬件描述语言，如 Verilog 或 VHDL 来完成。在这个例子中，我们使用 Verilog 来实现，相应的代码如图 8.16 所示。注意，将 CLA、INA 和 JMP 指令声明为 Verilog 模块的输入，而不是相应的二进制操作码。这意味着在 IR 和摩尔型状态机之间使用了一个操作码译码器。译码器的设计作为习题在本章末尾给出。还要注意，**case** 语句中的分支 E 用来检测无效指令，如果检测到一个无效指令，则将状态机重置为状态 A。最后要注意的是，每个模块输出的值必须在每个状态下定义，即使它没有改变以前状态的值，也不能是未定义状态。

```verilog
//TRISC4 Controller for CLA, INA, and JMP.
module ControllerCIJ (
    input SysClock,Reset,CLA,INA,JMP,                      //Declare inputs.
    output reg CPC,AddSel,RW,IPC,LIR,CA,IA,LPC);           //Declare outputs.
    reg [2:0] State,NextState;                             //Declare state and next
                                                          // state variables.
    parameter A=3'b000,B=3'b001,C=3'b010,D=3'b011,E=3'b100, //Make state assignment.
              F=3'b101,G=3'b110,H=3'b111;
    always @ (negedge SysClock, negedge Reset) begin       //Trigger on SysClock or Reset input.
        if (Reset==0) State <= A; else State <= NextState; end //Transition to next state. State A
                                                          //  on Reset, otherwise NextState.
    always @ *                                             //Derive NextState which depends on
                                                          //  present State and input.
        case (State)
            //Initialize PC.
            A: begin CPC=1'b1;AddSel=1'b0;RW=1'b0;IPC=1'b0;LIR=1'b0;CA=1'b0;IA=1'b0;LPC=1'b0;
                    NextState = B; end
            //Begin instruction fetch from RAM. RAM address is found in the PC. Select memory
            //  address source.
            B: begin CPC=1'b0;AddSel=1'b0;RW=1'b0;IPC=1'b0;LIR=1'b0;CA=1'b0;IA=1'b0;LPC=1'b0;
                    NextState = C; end
            //Load MAR from PC.
            C: begin CPC=1'b0;AddSel=1'b0;RW=1'b1;IPC=1'b0;LIR=1'b0;CA=1'b0;IA=1'b0;LPC=1'b0;
                    NextState = D; end
            //RAM[MAR] is placed in MDR.
            D: begin CPC=1'b0;AddSel=1'b0;RW=1'b1;IPC=1'b0;LIR=1'b0;CA=1'b0;IA=1'b0;LPC=1'b0;
                    NextState = E; end
            //Increment PC is incremented. Load IR with opcode.
            E: begin CPC=1'b0;AddSel=1'b0;RW=1'b0;IPC=1'b1;LIR=1'b1;CA=1'b0;IA=1'b0;LPC=1'b0;
                    //Derive NextState depending upon instruction to be executed.
                    if (CLA) NextState = F; else if (INA) NextState = G; else if (JMP) NextState = H;
                    else NextState = A; end
            F: begin CPC=1'b0;AddSel=1'b0;RW=1'b0;IPC=1'b0;LIR=1'b0;CA=1'b1;IA=1'b0;LPC=1'b0;
                    NextState = B; end //CLA.
            G: begin CPC=1'b0;AddSel=1'b0;RW=1'b0;IPC=1'b0;LIR=1'b0;CA=1'b0;IA=1'b1;LPC=1'b0;
                    NextState = B; end //INA.
            H: begin CPC=1'b0;AddSel=1'b0;RW=1'b0;IPC=1'b0;LIR=1'b0;CA=1'b0;IA=1'b0;LPC=1'b1;
                    NextState = B; end //JMP.
        endcase
endmodule
```

图 8.16　实现 CLA、INA 和 JMP 指令的控制单元 FSM Verilog 模型

现在，让我们了解 LDA、STA 和 ADD 指令的微操作过程。前两个指令在指令周期的执行阶段涉及 RAM 访问，ADD 需要使用 ALU 计算寄存器 A 和 B 中存储的操作数之和，然后将结果放入 A，详见图 8.17。每个指令的前 4 步为指令获取过程，对于 TRISC4 中的所有指令都是相同的。现在让我们仔细查看每个指令。LDA 的功能是将指定存储字的内容复制到寄存器 A 中。回想一下图 8.6(a)，操作数的 RAM 地址是由指令字的有效低 4 位来指定的。获取操作数需要一个内存读取操作，该操作通过将 MDO_{3-0} 作为地址源(AddSel = 1)并发出两个连续的 RW 信号来完成。读取完成后，通过选择(IS = 0)指令并发出加载 A 控制信号指令(LA)，将获取的值放入寄存器 A。最后一步是更新 CCR，以反映加载到 A 中的新值。

STA 指令将寄存器 A 中存储的值复制到指令字中指定的存储器位置。这是通过选择 A 作为内

存数据输入源(OS = 0)并将值写入 RAM 来实现的。通过使用 MDO_{3-0} 作为地址源(AddSel = 1)，激活写使能信号(WE = 1)，并发出两个连续的 RW 信号来完成内存写入。最后，更新 CCR。执行 ADD 指令的第一步是通过发出控制信号 $S1 = S0 = 0(\overline{S1\,S0})$ 来指定 ALU 进行加法运算。记住，加载 A 和 B 不是 ADD 操作的一部分，必须由 LDA 和 LDB 指令来完成。结果将在一个时钟周期内准备就绪，可以加载到缓冲寄存器(LBR)，然后复制到寄存器 A(LA)。最后，更新 CCR。更新后的关于 LDA、STA 和 ADD 指令的 Verilog 模型，请参见图 8.18。

(a) LDA	(b) STA	(c) ADD
MAR ← PC//$\overline{AddSel}$	MAR ← PC//$\overline{AddSel}$	MAR ← PC//$\overline{AddSel}$
MDR ← MEM[MAR]//$\overline{RW}$	MDR ← MEM[MAR]//$\overline{RW}$	MDR ← MEM[MAR]//$\overline{RW}$
PC ← PC + 1//IPC	PC ← PC + 1//IPC	PC ← PC + 1//IPC
IR ← MDR_{7-4}//LIR	IR ← MDR_{7-4}//LIR	IR ← MDR_{7-4}//LIR
MAR ← MDO_{3-0}//AddSel, RW	MDI ← A//$\overline{OS}$, AddSel	R ← A + B//$\overline{S1},\overline{S0}$
MDO ← MEM[MAR]//$\overline{RW}$	MAR ← MDO_{3-0}//WE, RW	ALUR ← R//LBR
A ← MDO//$\overline{IS}$, LA	MEM[MAR] ← MDI//WE, RW	A ← ALUR//LA
CCR ← ALU//LCCR	CCR ← ALU//LCCR	CCR ← ALU//LCCR

图 8.17　LDA、STA 和 ADD 指令的微操作

```
//TRISC4 Controller for LDA, STA, ADD, CLA, INA, and JMP.
module ControllerLSA (
    input SysClock,Reset,LDA,STA,ADD,CLA,INA,JMP,          //Declare inputs.
    output reg CPC,AddSel,RW,IPC,LIR,CA,IA,LPC,
           IS,OS,LA,WE,S1,S0,LBR,LCCR);                    //Declare outputs.
    reg [4:0] State,NextState;                             //Declare state and next state
                                                           //  variables.
//Make state assignments.
    parameter A=5'b00000,B=5'b00001,C=5'b00010,D=5'b00011,
            E=5'b00100,F=5'b00101,G=5'b00110,H=5'b00111;
    parameter I=5'b01000,I1=5'b01001,I2=5'b01010,I3=5'b01011,J=5'b01100,
            J1=5'b01101,J2=5'b01110,J3=5'b01111,K=5'b10000,K1=5'b10001,K2=5'b10010,K3=5'b10011;
//Trigger on SysClock or Reset.
    always @ (negedge SysClock, negedge Reset) begin
        if (Reset==0) State <=A; else State <=NextState; end  //Transition to next state. State A
                                                              //  on Reset, otherwise NextState.
//Derive NextState which depends on present State and input.
    always @*
    case (State)
        //Initialize PC.
        A: begin CPC=1'b1;AddSel=1'b0;RW=1'b0;IPC=1'b0;
           LIR=1'b0;CA=1'b0;IA=1'b0;LPC=1'b0;IS=1'b0;OS=1'b0;LA=1'b0;WE=1'b0;S1=1'b0;
           S0=1'b0;LBR=1'b0;LCCR=1'b0; NextState = B; end
        //Begin instruction fetch from RAM. RAM address is found in the PC.
        B: begin CPC=1'b0;AddSel=1'b0;RW=1'b0;IPC=1'b0;
           LIR=1'b0;CA=1'b0;IA=1'b0;LPC=1'b0;IS=1'b0;OS=1'b0;LA=1'b0;
           WE=1'b0;S1=1'b0;S0=1'b0;LBR=1'b0;LCCR=1'b0; NextState = C; end
        //Select memory address source.
        //MAR loaded from PC.
        C: begin CPC=1'b0;AddSel=1'b0;RW=1'b1;IPC=1'b0;LIR=1'b0;
           CA=1'b0;IA=1'b0;LPC=1'b0;IS=1'b0;OS=1'b0;LA=1'b0;WE=1'b0;
           S1=1'b0;S0=1'b0;LBR=1'b0;LCCR=1'b0; NextState = D; end
        //RAM[MAR] is placed in MDR.
        D: begin CPC=1'b0;AddSel=1'b0;RW=1'b1;IPC=1'b0;LIR=1'b0;
           CA=1'b0;IA=1'b0;LPC=1'b0;IS=1'b0;OS=1'b0;LA=1'b0;WE=1'b0;S1=1'b0;
           S0=1'b0;LBR=1'b0;LCCR=1'b0; NextState = E; end
        //PC is incremented and IR is loaded with opcode.
```

图 8.18　更新后的关于 LDA、STA 和 ADD 指令的 Verilog 模型

```
E:   begin CPC=1'b0;AddSel=1'b0;RW=1'b0;IPC=1'b1;LIR=1'b1;CA=1'b0;
       IA=1'b0;LPC=1'b0;IS=1'b0;OS=1'b0;LA=1'b0;WE=1'b0;S1=1'b0;S0=1'b0;LBR=1'b0;LCCR=1'b0;
        //Derive NextState depending upon instruction to be executed.
          if (CLA) NextState = F; else if (INA) NextState = G; else if (JMP) NextState = H;
               else if (LDA) NextState = I; else if (STA) NextState = J; else if (ADD)
                        NextState = K;
                   else NextState = A; end
F:   begin CPC=1'b0;AddSel=1'b0;RW=1'b0;IPC=1'b0;LIR=1'b0;CA=1'b1;IA=1'b0;LPC=1'b0;IS=1'b0;
       OS=1'b0;LA=1'b0;WE=1'b0;S1=1'b0;S0=1'b0;LBR=1'b0;LCCR=1'b0; NextState=B; end //CLA.
G:   begin CPC=1'b0;AddSel=1'b0;RW=1'b0;IPC=1'b0;LIR=1'b0;CA=1'b0;IA=1'b1;LPC=1'b0;IS=1'b0;
       OS=1'b0;LA=1'b0;WE=1'b0;S1=1'b0;S0=1'b0;LBR=1'b0;LCCR=1'b0; NextState=B; end //INA.
H:   begin CPC=1'b0;AddSel=1'b0;RW=1'b0;IPC=1'b0;LIR=1'b0;CA=1'b0;IA=1'b0;LPC=1'b1;IS=1'b0;
       OS=1'b0;LA=1'b0;WE=1'b0;S1=1'b0;S0=1'b0;LBR=1'b0;LCCR=1'b0; NextState=B; end //JMP.
I:   begin CPC=1'b0;AddSel=1'b1;RW=1'b1;IPC=1'b0;LIR=1'b0;CA=1'b0;IA=1'b0;LPC=1'b0;IS=1'b1;
       OS=1'b0;LA=1'b0;WE=1'b0;S1=1'b0;S0=1'b0;LBR=1'b0;LCCR=1'b0; NextState=I1; end //LDA.
I1:  begin CPC=1'b0;AddSel=1'b1;RW=1'b1;IPC=1'b0;LIR=1'b0;CA=1'b0;IA=1'b0;LPC=1'b0;IS=1'b0;
       OS=1'b0;LA=1'b0;WE=1'b0;S1=1'b0;S0=1'b0;LBR=1'b0;LCCR=1'b0; NextState=I2; end//LDA.
I2:  begin CPC=1'b0;AddSel=1'b1;RW=1'b0;IPC=1'b0;LIR=1'b0;CA=1'b0;IA=1'b0;LPC=1'b0;IS=1'b1;
       OS=1'b0;LA=1'b1;WE=1'b0;S1=1'b0;S0=1'b0;LBR=1'b0;LCCR=1'b0; NextState=I3; end //LDA.
I3:  begin CPC=1'b0;AddSel=1'b1;RW=1'b0;IPC=1'b0;LIR=1'b0;CA=1'b0;IA=1'b0;LPC=1'b0;IS=1'b1;
       OS=1'b0;LA=1'b0;WE=1'b0;S1=1'b0;S0=1'b0;LBR=1'b0;LCCR=1'b1; NextState=B;  end //LDA.
 J:  begin CPC=1'b0;AddSel=1'b1;RW=1'b1;IPC=1'b0;LIR=1'b0;CA=1'b0;IA=1'b0;LPC=1'b0;IS=1'b0;
       OS=1'b0;LA=1'b0;WE=1'b0;S1=1'b0;S0=1'b0;LBR=1'b0;LCCR=1'b0; NextState=J1; end //STA.
J1:  begin CPC=1'b0;AddSel=1'b1;RW=1'b1;IPC=1'b0;LIR=1'b0;CA=1'b0;IA=1'b0;LPC=1'b0;IS=1'b0;
       OS=1'b0;LA=1'b0;WE=1'b1;S1=1'b0;S0=1'b0;LBR=1'b0;LCCR=1'b0; NextState=J2; end //STA.
J2:  begin CPC=1'b0;AddSel=1'b1;RW=1'b1;IPC=1'b0;LIR=1'b0;CA=1'b0;IA=1'b0;LPC=1'b0;IS=1'b0;
       OS=1'b0;LA=1'b0;WE=1'b0;S1=1'b0;S0=1'b0;LBR=1'b0;LCCR=1'b0; NextState=J3; end //STA.
J3:  begin CPC=1'b0;AddSel=1'b1;RW=1'b0;IPC=1'b0;LIR=1'b0;CA=1'b0;IA=1'b0;LPC=1'b0;IS=1'b0;
       OS=1'b0;LA=1'b0;WE=1'b0;S1=1'b0;S0=1'b0;LBR=1'b0;LCCR=1'b1; NextState=B; end //STA.
K:   begin CPC=1'b0;AddSel=1'b1;RW=1'b0;IPC=1'b0;LIR=1'b0;CA=1'b0;IA=1'b0;LPC=1'b0;IS=1'b0;
       OS=1'b0;LA=1'b0;WE=1'b0;S1=1'b0;S0=1'b0;LBR=1'b0;LCCR=1'b0; NextState=K1; end //ADD
K1:  begin CPC=1'b0;AddSel=1'b1;RW=1'b0;IPC=1'b0;LIR=1'b0;CA=1'b0;IA=1'b0;LPC=1'b0;IS=1'b0;
       OS=1'b0;LA=1'b0;WE=1'b0;S1=1'b0;S0=1'b0;LBR=1'b1;LCCR=1'b0;NextState=K2; end //ADD
K2:  begin CPC=1'b0;AddSel=1'b1;RW=1'b0;IPC=1'b0;LIR=1'b0;CA=1'b0;IA=1'b0;LPC=1'b0;IS=1'b0;
       OS=1'b0;LA=1'b1;WE=1'b0;S1=1'b0;S0=1'b0;LBR=1'b0;LCCR=1'b0;NextState=K3; end //ADD
K3:  begin CPC=1'b0;AddSel=1'b1;RW=1'b0;IPC=1'b0;LIR=1'b0;CA=1'b0;IA=1'b0;LPC=1'b0;IS=1'b0;
       OS=1'b0;LA=1'b0;WE=1'b0;S1=1'b0;S0=1'b0;LBR=1'b0;LCCR=1'b1;NextState=B; end //ADD
    endcase
endmodule
```

图 8.18(续)　更新后的关于 LDA、STA 和 ADD 指令的 Verilog 模型

　　跳转和分支指令用于改变程序的指令序列,而不是对数据执行操作。这涉及将下一个指令获取的新地址加载到 PC 中,如前面所述,JMP 指令会产生无条件跳转。另一方面,TRISC4 分支指令基于条件码所反映的之前 ALU 操作结果的条件跳转。更具体地说,BRN 只有在之前的结果为负时才会产生跳转,如 $N = 1$ 所示。此外,BRZ 将在零结果 $(Z = 1)$ 后跳转,BRV 将在溢出 $(V = 1)$ 后跳转。获取和执行分支指令的微操作如图 8.19 所示。注意,这些步骤与 JMP 指令的步骤相同,但只有在满足相应的分支条件时才加载分支目标地址。

(a) BRN	(b) BRZ	(c) BRV
MAR ← PC//*AddSel*	MAR ← PC//*AddSel*	MAR ← PC//*AddSel*
MDR ← MEM[MAR]//*RW*	MDR ← MEM[MAR]//*RW*	MDR ← MEM[MAR]//*RW*
PC ← PC + 1//*IPC*	PC ← PC + 1//*IPC*	PC ← PC + 1//*IPC*
IR ← MDR$_{7-4}$//*LIR*	IR ← MDR$_{7-4}$//*LIR*	IR ← MDR$_{7-4}$//*LIR*
If $N = 1$,	If $Z = 1$,	If $V = 1$,
PC ← MDR$_{3-0}$//*LPC*	PC ← MDR$_{3-0}$//*LPC*	PC ← MDR$_{3-0}$//*LPC*

图 8.19　BRN、BRZ 和 BRV 指令的微操作

本节小结

　　本节对 TRISC4 处理器的架构和主要组件进行了详细的说明,并且介绍了机器的部分指令集

（16 个中的 9 个）的微操作过程。部分指令集是全部指令集中具有代表性的，其余指令的微操作过程的分析留作课后练习或课题研究。同样，部分指令集控制单元的 Verilog 代码的实现也将留作课后练习。各种功能组件（如寄存器、数据选择器和 ALU）的设计已经在本书前面讨论过，这里不再重复。但是，这些内容会集中出现在本章末尾的习题中。

8.2.2　单车道交通灯控制器

在许多地方，一些车辆不得不在一条单车道上双向行驶，例如农村狭窄的桥、正在维修的道路及城市中狭窄的街道或桥。如图 8.20 所示，单车道通常连接正常的两车道路段。为了控制这条单车道中的双向交通，需要在单车道的每一端设置特殊的信号灯，让车辆在一段时间内朝某一方向行驶；然后，停止此方向行进的车辆，而让另一个方向的车辆行驶，如此来回交替。在每次交通换向时，单车道交通灯控制器必须停止一个方向的交通，并等待车道畅通后，才允许相反方向的车辆行驶。为了达到优化的交通控制，每个方向的车行时间应根据交通状况进行实时调整，在车流量较大的方向上的时间相比另一个方向上的时间要长。车流量的测量可以通过在单车道道路两端安装传感器来实现。

本例中将设计一个自适应的单车道交通灯控制器，协调单车道道路两端的交通信号，以配合实现优化的双向交通。在单车道道路两端安装传感器，统计进出单车道的车辆数。每 5 分钟为一个周期，传感器统计车流量，然后将车流时间分配给每个方向。

系统要求

单车道交通灯控制器控制两个信号灯的红、黄、绿灯（信号灯 1 为 G_1、Y_1 和 R_1，信号灯 2 为 G_2、Y_2 和 R_2），分别安装在单车道道路两端。假设 6 个灯中的每一个都有一个单独的开/关控制线。控制器的输入是来自道路两端的两个传感器 S_1 和 S_2 的信号。每一个传感器在车辆经过时都会产生一个脉冲。另外，通过手动复位按钮来初始化控制器。

控制器的主要功能是确定何时从一种颜色的信号灯切换到另一种颜色的信号灯。对于朝方向 1 行驶的车辆，G_1 将开启一段时间 T_1，每 5 分钟计算一次某个方向的车流量。在时间 T_1 之后，黄灯 Y_1 点亮一个时间单位 T_Y（本例以 10 秒作为基本时间单位），之后红灯 R_1 亮起，直到控制器准备好再次激活 G_1。这种定时模式如图 8.21 所示。

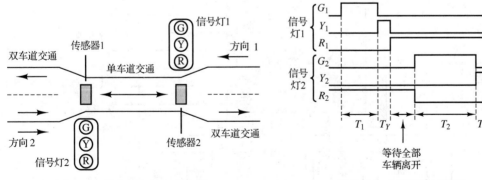

图 8.20　单车道上的双向交通　　　　　　　　图 8.21　交通调度时序图

对于朝方向 2 行驶的车辆，在最后一辆朝方向 1 行驶的车辆离开道路后，G_2 才会亮起。通过比较第一个传感器发出的进入道路的车辆数和另一个传感器发出的离开道路的车辆数，可以计算仍在道路上的车辆数。当该差值为零时，表示道路畅通。绿灯持续时间为 T_2，并且 $T_2 = T_{tot} - T_1$，

其中 T_{tot} 是绿灯亮的总时间。根据每个方向的车流量差异，将在方向 1 和方向 2 之间进行 T_{tot} 的时间分配。

图 8.22 给出了单车道交通灯制器的逻辑框图。控制器的主要组件包括时基振荡器、道路上车辆计数器、计算两个方向的车流量差异的交通计数器、计算两个方向的绿灯时间分配的电路和状态机控制单元。下面简要介绍这些模块的功能。

1. 时基振荡器。时基振荡器将产生一个基准的时钟信号，该信号用于计算信号灯颜色应切换的时间。10 秒的黄灯时间被认为是该系统中时间最短的事件，所有其他切换时间以 10 秒的倍数计算，因此使用周期为 10 秒的时钟信号。分配给每个方向的绿灯时间每 5 分钟计算一次，所以为振荡器增加一个计数器，用于每 5 分钟产生一个脉冲。

2. 道路上车辆计数器。为了确定车辆在绿灯期间是否仍在道路上，使用计数器计算进入道路的车辆数 N_E 和离开道路的车辆数 N_L 之间的差值。当 $N_E - N_L = 0$ 时，认为道路上无车。进入道路的车辆数由一个传感器的脉冲计数确定，离开道路的车辆数由另一个传感器的脉冲计数确定。考虑到我们唯一感兴趣的条件是 $N_E - N_L$ 是否为 0，所以不需要实际计数值。因此，使用递增/递减计数器，该计数器由来自传感器 S_1 的脉冲驱动递增计数，并由来自传感器 S_2 的脉冲驱动递减计数。计数器输出信号指示条件 $N_E - N_L = 0$。

3. 交通计数器。为了确定分配给每个方向的绿灯时间的相对量，使用递增/递减计数器计算在每个方向上行驶过道路的车辆数之间的差异。与道路上车辆计数器一样，朝一个方向行驶的车辆使计数器进行递增计数，而相反方向的车辆则使其进行递减计数。这两种情况都将使用来自 S_1 的脉冲。计数每 5 分钟采样一次，由时基振荡器的脉冲发出信号，之后计数器被重置为零，以开始下一个 5 分钟周期。

4. 绿灯时间分配模块。此模块根据交通计数器的输出，计算每个 5 分钟周期结束时绿灯持续时间 T_1 和 T_2。假设 D_1 为方向 1 的车流量，D_2 为方向 2 的车流量，则当 $D_1 - D_2 > 0$ 时，T_1 增加，当 $D_1 - D_2 < 0$ 时，T_1 将减少。T_2 的计算公式为 $T_{tot} - T_1$，上限值用于确保 T_1 和 T_2 均不会低于 40 秒的最少时间，以防止任何方向上的交通不畅。

5. 状态机控制单元。状态机控制单元协调控制器的操作，并根据图 8.21 中的时序图，生成 6 个灯的开/关信号，开关时间基于道路上车辆计数器和绿灯时间分配模块的输出。

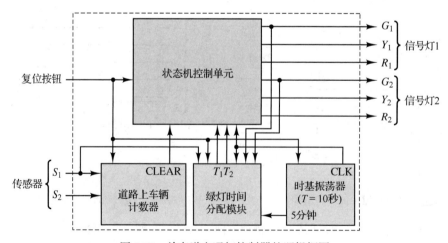

图 8.22　单车道交通灯控制器的逻辑框图

逻辑设计

本节对前面描述的各个模块进行设计。然后将这些模块进行互连，以完成系统设计。

时基振荡器

时钟信号 CLK (周期为 10 秒) 为控制器提供时基。如图 8.23 所示，该时钟信号可由 555 定时器以稳定的多谐振荡器模式运行，以产生周期为 10 秒的方波，或通过其他适当的方式产生。555定时器的设计不在本书的讨论范围。

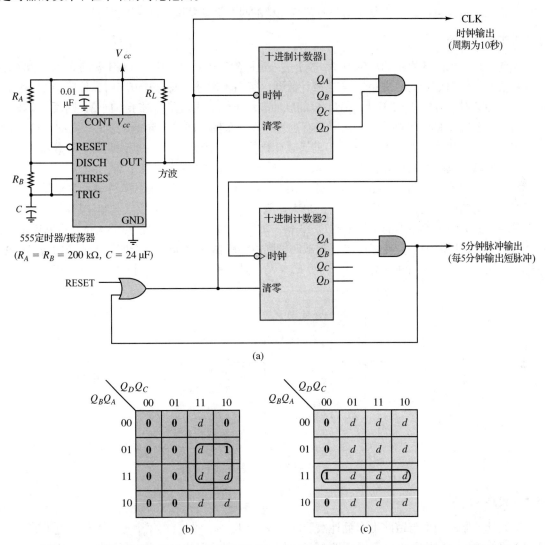

(a)

(b)   (c)

图 8.23 时基振荡器电路设计。(a) 逻辑框图；(b) 计数器 1 的值为 9；(c) 计数器 2 的值为 3

在每个 5 分钟周期结束时，需要一个短脉冲，以触发交通计数器进行采样，并计算绿灯时间分配。这个脉冲由时基振荡器驱动二进制加法计数器而产生。因为

$$5 分钟 = 5 \times 60 秒 = 30 \times 10 秒$$

所以采用模 30 计数器作为分频器产生脉冲。这是通过级联两个 4 位异步复位十进制计数器来实现的，如图 8.23 (a) 所示，计数器 1 除以 10，计数器 2 除以 3。在本例中，计数器 1 的值每 10 秒加 1，

当计数器 1 的值从 9 变为 0 时，计数器 2 的值加 1。参考图 8.23(b) 中的卡诺图，由于计数器 1 的值永远不会超过 9，因此计数器 2 的值加 1 的条件是

$$Q_A \cdot Q_D = 1$$

同样，计数器 2 的值不会超过 3。因此，根据图 8.23(c) 中的卡诺图，两个计数器都被重置时计数器 2 的条件是

$$Q_A \cdot Q_B = 1$$

此外，两个计数器也可以由主复位信号复位。完整的时基振荡器电路如图 8.23(a) 所示。

道路上车辆计数器

如前所述，当离开道路的车辆数 N_L 等于进入道路的车辆数 N_E 时，道路上没有车辆。为了检测这种情况，使用如下的二进制递增/递减计数器。每当车辆进入或离开道路时，传感器 S_1 和 S_2 会产生脉冲。对于方向 1 的车辆，来自 S_1 的脉冲表示车辆进入道路；对于方向 2，则表示车辆离开道路。传感器 S_2 的情况则反之。由于只有进入和离开车辆之间的差异是显著的，因此来自 S_1 的脉冲驱动递增计数器，来自 S_2 的脉冲驱动递减计数器。只要计数为零，就说明两个计数器完成递增计数和递减计数的次数相等；也就是说，$N_L - N_E = 0$，表示道路上没有车辆。

用于该模块的二进制递增/递减计数器必须有足够的位宽，以计算在没有车辆离开的情况下进入道路的车辆的最大数，即计算 $N_L - N_E$ 的最大期望值。本例采用一个 4 位二进制计数器就足够了，也就是在任意时间，道路上的车辆不超过 15 辆。如图 8.24 所示，可配置一个 4 位二进制递增/递减计数器，其递增时钟来自传感器 S_1，递减时钟则由传感器 S_2 控制。一个四输入或非门通过产生逻辑 1 的输出来表示检测到计数为 0，说明 $N_E = N_L$，从而表明所有进入道路的车辆都已离开。

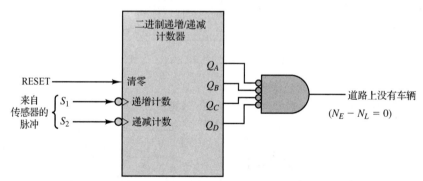

图 8.24　道路上车辆计数器的逻辑框图

交通计数器

交通计数器的操作与道路上车辆计数器的操作类似，它将测量在每个方向上行驶过道路的车辆数之间的差异。同样可以使用递增/递减计数器，分别表示朝某一个方向行驶的车辆增加，或者朝相反方向行驶的车辆减少。这时，只有来自传感器 S_1 的脉冲与来自控制单元的指示交通方向的信号一起起作用。为了减少电路的复杂性，假设在道路两个方向上行驶的车辆数之差不超过 15，因此使用 4 位计数器就足够了。

再次使用 4 位二进制递增/递减计数器，如图 8.25 所示。当 G_1 激活时，S_1 上的每个脉冲都会增加该计数器的值，当 G_2 激活时；S_1 上的每个脉冲都会减少该计数器的值。计数器每 5 分钟重置一次，可以根据以 5 分钟为周期的脉冲或根据需要来使用主重置控制信号。

绿灯时间分配模块

在一个完整的交通信号周期中分配给绿灯的总时间是

$$T_{\text{tot}} = T_1 + T_2$$

其中，T_1 是在方向 1 上绿灯 G_1 亮的时间，T_2 是在方向 2 上绿灯 G_2 亮的时间。如果在 5 分钟内，方向 1 的车流量大于方向 2 的车流量，则 T_1 将增加一个时间单位，T_2 将减少一个时间单位，保持 T_{tot} 不变。为了防止在任何方向上的交通停滞，两个时间都不会减少到指定的最小值以下。

本例设置 $T_{\text{tot}} = 160$ 秒，这相当于 16 个时钟信号周期。这段时间将在 T_1 和 T_2 之间分配，电路如图 8.25 所示。当任意信号灯为绿色时，即当 $G_1 = 1$ 或 $G_2 = 1$ 时，绿灯定时器(计数器)每 10 秒递增一次。当 $G_1 = G_2 = 0$ 时，时钟信号被禁用。假设 G_1 在计数为 0 时开启。比较器将检测到条件 $t = T_1$，此时 G_1 关闭，计数器停止计数，直到 G_2 开启。然后计数到 $15(Q_AQ_BQ_CQ_D = 1111)$，此时 T_2 被置为 1，使控制单元关闭 G_2。

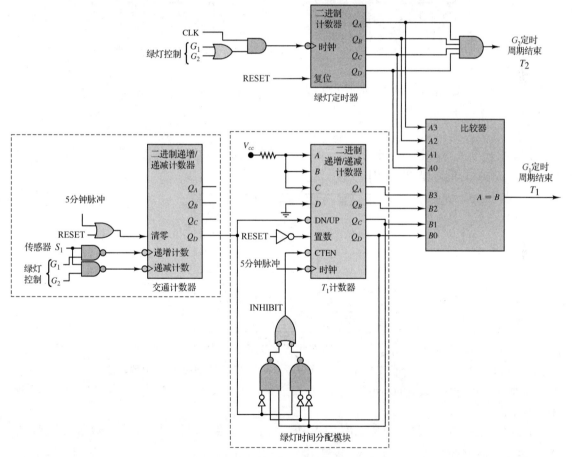

图 8.25　绿灯定时器的逻辑框图

T_1 的时间分配由第二个计数器确定。此计数器在复位时初始化为 7，并设 $T_1 = T_2 = 80$ 秒。然后，计数器每隔 5 分钟根据交通计数器的值执行递增或递减运算，以改变 T_1 的值。T_1 和 T_2 的最短时间为 40 秒。因此，如果 T_1 计数器的值等于 3，则计数器不会递减；如果 T_1 计数器的值等于 12，则计数器不会递增。控制计数器递减和递增的条件来自图 8.26 的卡诺图。请注意，这两个卡诺图都包含"无关项"，计数值绝不会低于 3 或高于 12。用于控制计数器的逻辑表达式如下：

$$\text{INHIBIT} = \text{DN} \cdot (\overline{Q_D\, Q_C}) + \overline{\text{DN}} \cdot (Q_D Q_C)$$

其中，DN 是来自控制 T_1 计数器的 DN/UP 和 $\overline{\text{CTEN}}$ 输入的交通计数器的信号。INHIBIT 信号用于 T_1 计数器的输入：当 INHIBIT = 1 时，禁用计数器；当 INHIBIT = 0 时，启用计数器。逻辑电路如图 8.25 所示。

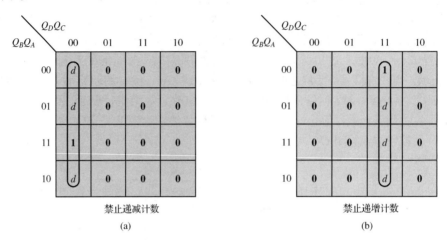

图 8.26　实现绿灯时间限制的逻辑的卡诺图。(a)禁止递减计数的卡诺图；(b)禁止递增计数的卡诺图

控制单元

　　控制单元需要 6 种状态，分别对应于每个方向的信号灯为绿色和黄色及两个信号灯都为红色的时期。这些状态的时序如图 8.21 所示。这 6 种状态的定义如下。

状态	灯 1	灯 2
A	绿色	红色
B	黄色	红色
C	红色	红色
D	红色	绿色
E	红色	黄色
F	红色	红色

　　所需状态图如图 8.27 所示。注意，如前面所定义的，控制单元分别在时间 T_1 和 T_2 之后离开状态 A 和 D；状态 B 和 E 分别在一个时钟周期后退出。当离开道路的车辆数等于进入道路的车辆数时，即道路上车辆计数器的输出为零时，触发全零(All-clear)信号，退出状态 C 和 F，表示道路上没有车辆。

　　在这个状态机中，状态转换是以固定的顺序发生的，就像一个简单的模 6 计数器；也就是处于循环状态 $A - B - C - D - E - F - A$，等等。状态变化的时间取决于 3 个输入 T_1、T_2 和 All-clear。

　　有几种方法可用于设计这种状态机。一种方法是设计一个带有译码器的模 6 计数器，以推导出 6 个输出。计数器根据每次状态的变化而递增；或者，以 6 行、8 列的状态表来设计状态机，对应于 6 个状态和 3 个输入，此电路的实现需要 3 个触发器和各种组合逻辑门电路。

　　本例使用独热状态分配方案。如第 5 章所定义的用一个 6 位移位寄存器来实现状态机，如图 8.28 所示。每个移位寄存器的输出对应机器的一个状态。分别输出 A 和 B 控制 G_1 和 Y_1，以及输出 D 和 E 控制 G_2 和 Y_2。当 G_1 和 Y_1 都关闭时，R_1 开启；同样，当 G_2 和 Y_2 都关闭时，R_2 也开启。

输出方程如下：

$$G_1 = Q_A \qquad G_2 = Q_D$$
$$Y_1 = Q_B \qquad Y_2 = Q_E$$
$$R_1 = (\overline{G_1 + Y_1}) \qquad R_2 = (\overline{G_2 + Y_2})$$

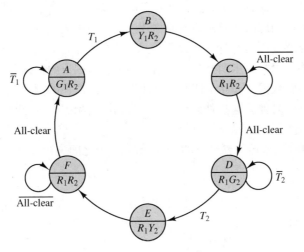

图 8.27 单车道交通灯控制器的状态图

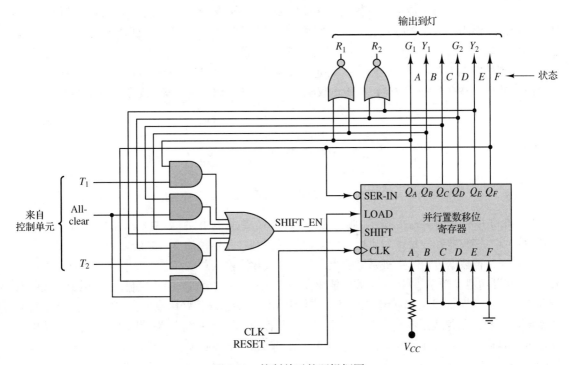

图 8.28 控制单元的逻辑框图

当按下复位（RESET）按钮时，置数（LOAD）输入被激活，移位寄存器的位 0 将初始化为 1，其他位则初始化为 0，即在状态 A 下启动控制器。然后，移位使能（SHIFT_EN）输入被激活，并且寄存器按照状态图中的每个条件进行移位。将这些条件组合表示为 SHIFT_EN 信号：

$$SHIFT\_EN = (A \cdot T_1) + B + (C \cdot CLR) + (D \cdot T_2) + E + (F \cdot CLR)$$

如图 8.28 所示，SHIFT_EN 信号激活 SHIFT 控制输入；CLK 驱动移位寄存器的 CLK 输入，在置数和移位操作期间对寄存器提供时钟信号。

8.2.3　通用异步收发器(UART)

系统之间的数字信息通信有许多方式，涉及不同的互连方法、电信号标准、数据传输协议和数据格式。数据传输可以利用电线或光纤上的物理连接或通过无线链路的虚拟连接。系统之间的数据传输可以使用 N 条导线同时并行传输 N 位信息，或采用串行方式，通过一条导线一次传输一位数据。串行数据传输可以与同步到公共时钟信号的每个数据位的传输和接收同步，或者异步，并且不使用公共时钟传输数据。在异步情况下，使用特殊协议来协调数据的发送和接收，每个发送器和接收器都有独立的时钟。这些时钟必须设置为相同的频率，以控制每秒传输的位数，通常称为"波特率"(f_{baud})。

本例将开发一个通用异步收发器(UART)，能够在系统之间进行数字信息的异步串行通信。

系统要求

图 8.29 说明了一种常用的异步串行数据传输协议，发送器和接收器之间只有一条数据线。当不传输数据时，数据线处于"空闲"状态，即为逻辑 1。为了传输一个字节的数据，发送器首先在第一个 T(其中 $T = 1/f_{baud}$)时间产生低电平的"起始位"，提醒接收器信号即将跟随发出。然后，发送器的数据连续进行高电平或低电平的转换，每一位均持续 T 时间。注意，一个字节的数据传输从最低有效位开始，每次传输一位数据。在最后一位数据传输之后，发送器可以选择性地发送奇偶校验位用于误码检测。之后，发送器将数据置为高电平(持续 T 时间)以创建停止位，表示传输已经结束。如果接收器在等待停止位时未能检测到高电平状态，则会发出帧错误的信号，表明此时段接收到的数据不符合预期；因此，数据被视为错误的。由于发送器和接收器时钟不同步，而两个时钟的频率略有差异，因此每次传输仅限一个字节的数据，可以确保数据的正确接收。

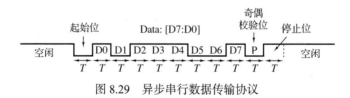

图 8.29　异步串行数据传输协议

UART 是一种使用图 8.29 所示协议发送和接收串行数据的电路。如图 8.30 的框图所示，UART 包括发送器、接收器和波特率发生器。独立的发送器和接收器模块支持系统之间的"全双工"通信，即双向并行数据传输。主机系统的接口包括一条数据输入总线(Din)、一个写入(WR)控制信号(用于向发送器发送字节)、一条数据输出总线(Dout)和一个读取(RD)控制信号(用于从接收器读取接收到的字节)。发送端就绪(TxRDY)信号表示发送端已准备好接收来自主机的新字节，接收端就绪(RxRDY)信号表示有新接收到的字节供主机读取。波特率发生器产生用于在两个模块中提供位定时的时钟。图 8.31 显示了图 8.30 中 UART 框图的 Verilog 顶层模型。

发送器模块

发送器包括图 8.32 所示的 5 个模块。Xmit 控制器实现图 8.29 的协议，其输出控制其他模块，包括 TxD 数据选择器(MUX)，用于选择在 TxD 上传输的数据。Xmit 缓冲区通过 Din[7:0]接收来自主机的数据，当 WR 被激活时，强制 TxRDY 为 0，以指示缓冲区包含新数据。当控制器发现 TxRDY = 0 时，通过强制 TxD 为 0 而创建一个起始位来启动数据传输，将 Xmit 缓冲区数据复制到并行置数移位寄存器，重置奇偶校验发生器，并将 TxRDY 重置为 1，以指示 Xmit 缓冲器已准备好接收新数据。然后，将 8 个数据位从移位寄存器移位到 TxD；同时，奇偶校验发生器计算其奇偶校验值。在最后一个数据位之后，奇偶校验位被发送到 TxD。接下来，发送停止位。最后，控制器将 TxD 返回到空闲状态，直到主机提供新数据。

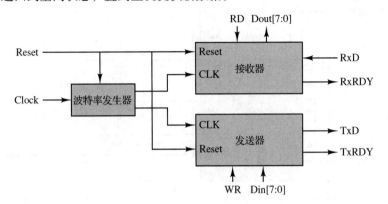

图 8.30　UART 框图

```verilog
// Universal Asynchronous Receiver/Transmitter (UART)
module UART (
    input  [7:0] Din,                   //parallel inputs
    output [7:0] Dout,                  //parallel outputs
    input  RD, WR,                      //read-write parallel data
    input  Clock,                       //system clock
    input  Reset,                       //system reset
    output TxD,                         //transmit data
    input  RxD,                         //receive data
    output TxRDY, RxRDY                 //transmitter-receiver ready
    );
    wire Baud, Baud16;                  //baud rate and 16x baud rate

UART_BaudGen BG (.Clock(Clock), .Reset(Reset), .Bclk(Baud), .Bclk16(Baud16) );

UART_Xmit TX (  .BaudClock(Baud),      //Baud clock
    .Reset(Reset),                      //System reset
    .Din(Din),                          //transmit data in
    .WR(WR),                            //write pulse for Din
    .TxD(TxD),                          //transmit data output
    .TxRDY(TxRDY)                       //transmitter ready for new data
    );

UART_Rcv RX (   .BaudClock(Baud16),    //Baud clock
    .Reset(Reset),                      //System reset
    .Dout(Dout),                        //receive data out
    .RD(RD),                            //read pulse for Dout
    .RxD(RxD),                          //receive data input
    .RxRDY(RxRDY)                       //received data ready to read
    );
endmodule
```

图 8.31　UART 的 Verilog 顶层模型

　　图 8.33 显示了 Xmit 控制器的状态图，对应于图 8.29 所示的 5 个数据传输阶段，控制器输出通过 TxD 数据选择器选择的 TxD 值，如图 8.34 所示。当控制器处于空闲（Idle）状态时，TxD 为逻辑 1；控制器保持该状态，直到 TxRDY = 0 表示 Xmit 缓冲器中有新数据可用。然后控制器进入启动（Start）状态，其中 TxD 被置为逻辑 0 以创建起始位，移位寄存器从 Xmit 缓冲器加载数据。接下来，控制器进入 8 个时钟周期的移位（Shift）状态，其中数据位在计算奇偶校验值时被移位到 TxD。在第 8 个数据位之后，控制器进入奇偶校验（Parity）状态，奇偶校验位被发送到 TxD。控制器进入

停止(Stop)状态，此时通过强制 TxD 为 1 而发送一个停止位。最后，控制器返回到空闲状态，以等待下一个数据字节。

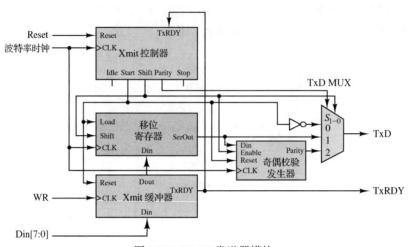

图 8.32　UART 发送器模块

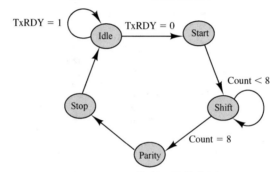

图 8.33　Xmit 控制器的状态图

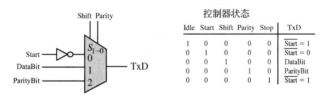

图 8.34　Xmit 控制器控制的 TxD 数据选择器

　　奇偶校验发生器可实现图 8.35 的状态图。当数据位移出移位寄存器时，奇偶校验位进行串行计算。当 Xmit 控制器进入 Start 状态时，奇偶校验发生器的状态被重置；当 Xmit 控制器处于 Shift 状态时，奇偶校验位被启用。

　　UART 发送器的 Verilog 模型如图 8.36 所示。图 8.32 中的每个模块由模型中单独的 **always** 块实现。

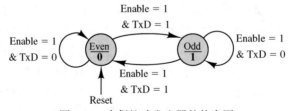

图 8.35　奇偶校验发生器的状态图

```
/*-------------------------------------------------*/
/* -----------Transmitter Section -----------------*/
/*-------------------------------------------------*/
module UART_Xmit (
    input BaudClock,              //Baud clock = 16x rate
    input Reset,                  //System reset
    input  [7:0] Din,             //transmit data in
    input  WR,                    //write pulse for Din
    output TxD,                   //transmit data output
    output TxRDY                  //transmitter ready for new data
);
    reg [2:0] Tcnt;               //transmit bit count
    reg [7:0] Treg, Tbuf;         //transmit shift register and buffer
    reg TparBit;                  //transmit/receive parity bits
    reg Tnew;                     //new transmit data flag
    reg [4:0] Tstate;             //transmission state
    parameter TidleS = 5'b00001, TstartS = 5'b00010, TshiftS = 5'b00100, TparityS = 5'b01000,
        TstopS = 5'b10000;
    wire Idle, Start, Shift, Parity, Stop;
// Transmit data buffer and new data flag
 always @(posedge WR or posedge Start)
    if (Start) Tnew = 1'b0;       //reset new data flag when xmit begins
    else if (WR) begin            //WR pulse
        Tbuf = Din;               //capture Din
        Tnew = 1'b1;              //set new data flag
    end

 assign TxRDY = ~Tnew;           //ready for new data after Tbuf transferred to Treg

// Transmit shift register
 always @(posedge BaudClock)                       //trigger with baud rate clock
    if (Start) Treg = Tbuf;                         //load transmit data
    else if (Shift) Treg = {1'b0, Treg[7:1]};       //shift transmit data

// Transmit parity calculation
 always @(posedge BaudClock)                        //trigger with baud rate clock
    if (Start) TparBit = 1'b0;                       //reset parity bit
    else if (Shift) TparBit = TparBit ^ Treg[0];     //calculate parity

// TxD output multiplexer
 assign TxD = (Start)? 1'b0:                        //start bit
              (Shift)? Treg[0]:                     //data bits
              (Parity)? TparBit:                    //parity bit
                    1'b1;                            //idle

// Transmit controller
 always @(posedge Reset or posedge BaudClock) begin
    if (Reset) Tstate = TidleS;                      //reset to init state
    else
      case (Tstate)
       TidleS:   if (Tnew) Tstate = TstartS;         //idle until new data
       TstartS:  begin
                 Tstate = TshiftS;                   //start bit
                 Tcnt = 3'b000;                      //reset bit counter
             end
       TshiftS:  if (Tcnt == 3'b111) Tstate = TparityS; //8 data bits
             else Tcnt = Tcnt + 1;                   //increment bit count
       TparityS: Tstate = TstopS;                    //parity bit
       TstopS:   Tstate = TidleS;                    //stop bit
      endcase
  end

 assign Start = Tstate[1];
 assign Shift = Tstate[2];
 assign Parity = Tstate[3];

endmodule
```

图 8.36   UART 发送器的 Verilog 模型

接收器模块

UART 接收器模块如图 8.37 所示。起始位检测模块对 RxD 线进行采样，以识别起始位。之后，每个数据位从 RxD 移位到接收器的移位寄存器，同时计算接收的数据位的奇偶性。Baud16 时钟的频率是波特率的 16 倍，用于起始位检测。波特率计数器将该时钟的频率除以 16，以产生控制位采样的实际波特率时钟(BaudClock)。接收控制器是一个时序逻辑电路，其状态对应于接收输入信号的不同状态：空闲、数据移位、奇偶校验和停止位检查。

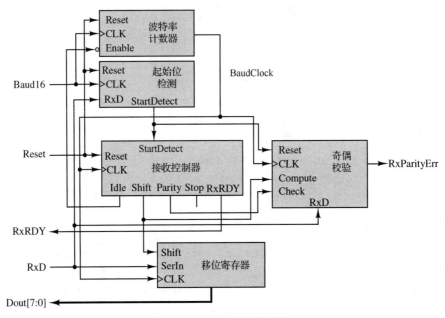

图 8.37　UART 接收器模块

由于数据发送器和接收器位于不同的系统中，并且没有共同的时钟，因此接收器需要一个特殊的电路来识别起始位，并使其时钟与该事件同步，以确保当每个数据位稳定时，将其移入接收器的移位寄存器。起始位检测模块与 Baud16 时钟同步，以便可以在 1/16 的比特时间内检测到起始位，如图 8.38 和图 8.39 所示。电路从状态图的状态 S0 开始，只要接收到的数据位 RxD 空闲(即为逻辑 1)，就保持该状态。如果 RxD 为 0，表示起始位出现，则电路进入状态 S1，该状态保持 8 个时钟周期或半个位周期。如果在此期间 RxD 返回到 1，则判定起始位错误，电路返回 S0 以寻找新的起始位。否则，起始位被认为是有效的，电路进入状态 S2，在该状态下，StartDetected 信号被激活以初始化数据位的移位操作。此时，波特率计数器也被重置并启用，将 Baud16 时钟频率除以 16。波特率计数器输出 BaudClock 作为接收控制器位置、移位寄存器和奇偶校验模块的时钟信号，因此相对于起始位的中间位置，每 T 秒对 RxD 进行一次采样。然后，起始位检测模块在状态 S3 中等待，直到接收控制器返回其空闲状态。

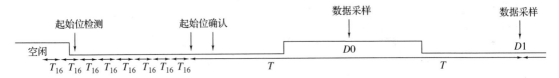

图 8.38　以 16 倍波特率采样的起始位。采样位置在数据位的中间

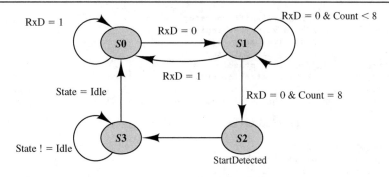

图 8.39　Baud16 作为起始位检测模块的时钟

接收控制器算法的状态图如图 8.40 所示。控制器在空闲(Idle)状态下等待，直到检测到有效的起始位。在移位(Shift)状态下，将 8 个数据位从 RxD 移位到接收器的移位寄存器；同时，计算接收到的数据字节的奇偶校验结果。在最后一位之后，控制器进入奇偶校验(Parity)状态。此时，计算奇偶校验值，与 RxD 的奇偶校验位的状态进行比较。如果不匹配，则发出奇偶校验错误的信号；随后，控制器进入停止(Stop)状态，检查停止位，然后返回到空闲状态，以等待下一次传输的开始。

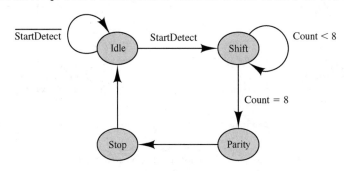

图 8.40　接收控制器算法的状态图

奇偶校验实现电路与发送器的奇偶校验发生器具有相同的状态图，如图 8.35 所示。该电路在检测到起始位时复位，并在接收控制器处于移位状态时计算接收的数据位的奇偶校验值。当控制器进入奇偶校验状态时，对 RxD 位进行采样并与计算出的奇偶校验位进行比较，如果不匹配，则发出奇偶校验错误的信号。

UART 接收器的 Verilog 模型如图 8.41 所示，图 8.37 中的每个模块在模型中由一个单独的 **always** 块实现。

```
/*------------------------------------------------------*/
/* ------------ Receiver Section ------------------*/
/*------------------------------------------------------*/
module UART_Rcv (
    input BaudClock,            //Baud clock = 16x baud rate
    input Reset,                //System reset
    output [7:0] Dout,          //receive data out
    input RD,                   //read pulse for Dout
    input RxD,                  //receive data input
    output reg RxRDY,           //received data ready to read
    output reg RxParityErr      //received parity error
    );
    reg [3:0] BaudCount;        //divide baud clock by 16
    wire BaudRate;              //baud rate clock
    reg [2:0] Rcnt;             //receive bit count
```

图 8.41　UART 接收器的 Verilog 模型

```verilog
    reg [7:0] Rreg;              //receive shift register
    reg [7:0] Rbuf;              //receive buffer register
    reg  RparBit;                //receive parity bit
    wire StartDetect;            //start bit detected flag
    reg [3:0] Rstate;            //receiver state
    reg [3:0] StartState;        //start detection state
    parameter RidleS = 4'b0001, RshiftS = 4'b0010, RparityS = 4'b0100, RstopS = 4'b1000;
    parameter Start0 = 4'b0001, Start1 = 4'b0010, Start2 = 4'b0100, Start3 = 4'b1000;

    initial Rreg = 8'h00;        //for simulation

// Baud rate is BaudClock / 16
  always @(posedge Reset or posedge BaudClock)
    if (Reset || StartState[0]) BaudCount = 4'b0000;
    else BaudCount = BaudCount + 1;
  assign BaudRate = BaudCount[3];

// Start bit detection and baud clock divider
  always @(posedge Reset or posedge BaudClock) begin      //trigger with baud rate clock
    if (Reset) StartState = Start0;                        //search for start bit
    else case (StartState)
        Start0: if (RxD == 1'b0) StartState = Start1;      //start bit detected
        Start1: if (RxD == 1'b1) StartState = Start0;      //false start bit
                else if (BaudCount == 3'b111) StartState = Start2;   //start bit 8 Baud16 ticks
        Start2: if (Rstate[1] == 1'b1) StartState = Start3;  //Cancel StartDetect
        Start3: if (Rstate[0] == 1'b1) StartState = Start0;  //start over in idle state
      endcase
    end
 assign StartDetect = StartState[2];

// Receive shift register
  always @(posedge BaudRate)                               //trigger with baud rate clock
    if (Rstate[1]) Rreg = {RxD, Rreg[7:1]};                //shift receive data

// Receive parity calculation
  always @(posedge StartDetect or posedge BaudRate)        //trigger with baud rate clock
    if (StartDetect) begin
            RparBit = 1'b0;          //reset parity bit
            RxParityErr = 1'b0;      //reset parity error flag
        end
    else if (Rstate[1])
            RparBit = RparBit ^ RxD;     //calculate parity

always @(posedge Reset or posedge RD or posedge BaudRate)
    if ( Reset || RD ) RxRDY = 1'b0;
    else if (Rstate == RstopS) RxRDY = 1'b1;
assign Dout = Rreg;                      //received data on outputs

// Receive control
  always @(posedge Reset or posedge BaudRate) begin
    if (Reset) Rstate = RidleS;          //reset to init state
    else
    case (Rstate)
    RidleS: if (StartDetect == 1'b1) begin
            Rstate = RshiftS;            //shift after start detected
            Rcnt = 3'b000;               //reset bit counter
          end
    RshiftS:  if (Rcnt == 3'b111) Rstate = RparityS;  //parity state after 8 bits
            else Rcnt = Rcnt + 1;        //increment bit count
    RparityS: begin
            Rstate = RstopS;
            if (RxD != RparBit) RxParityErr = 1;
          end
    RstopS:   Rstate = RidleS;
    endcase
  end

endmodule
```

图 8.41(续)　UART 接收器的 Verilog 模型

有了发送器和接收器的 RTL Verilog 模型，就可以设计门级电路来实现每个功能，也可以使用 FPGA/CPLD 设计工具在其中一个器件中合成并实现 UART。这将留给读者作为练习。

8.2.4　电梯控制器

电梯无处不在且易于使用，但其需要一个相当复杂的控制器，以便在不需要人工操作的情况下自动运行。本节首先介绍一个基本的两层电梯控制器的设计，以便深入了解后面设计更复杂控制器时所需的知识。假设人可以在电梯服务的每一层进行呼叫或请求；而且，一旦进入电梯，就可以被送到任何楼层。我们还假设电梯内有一个开门按钮，当电梯停止在某楼层时，该按钮可打开电梯门。控制器必须告知电梯何时移动（Motion = 0 表示停止，Motion = 1 表示移动）及移动方向（0 表示向上，1 表示向下）。控制器还必须控制电梯门的开关（Door = 0 表示打开，Door = 1 表示关闭）。控制器的另一个输入是到达信号（Arrive = 1 表示已到达楼层，Arrive = 0 表示电梯仍在运行）。在大多数情况下，控制器的输入与每层楼或电梯内的按钮开关是异步出现的。假设这些输入被锁定，这样即使按钮被释放，这些值也不会丢失。控制器的最终输入是用于触发控制器状态变化的时钟信号。使用异步输入的时钟控制器似乎并不合适。然而，因为控制输入被锁定，并且以比时钟慢得多的频率变化，所以控制输入类似于时钟电路的电平输入。现在，让我们仔细分析两层电梯控制器。

两层电梯控制器

两层电梯控制器的框图如图 8.42 所示。每层楼都有请求按钮（$R1$ 和 $R2$），电梯室内有楼层（$F1$ 和 $F2$）和开门（Open）按钮，分别将电梯送至所需楼层或打开电梯门。控制器也有到达（AR）和时钟输入。控制器输出移动（Motion）、方向（Direction）和门（Door）信号，以控制电梯的运行。

现在，让我们设计一个有限状态机来实现该控制器，从描述其行为的状态图开始。控制器需要 6 种状态，如图 8.43 所示。这些状态定义如下。

$W1$ 状态：电梯室位于 1 层且门打开。这是电梯在 1 层的初始位置。如果电梯在一个时钟周期内没有收到来自 2 层的请求或被带到 2 层，那么控制器将转换到 $C1$ 状态。反之，控制器转换到 $U2$ 状态。

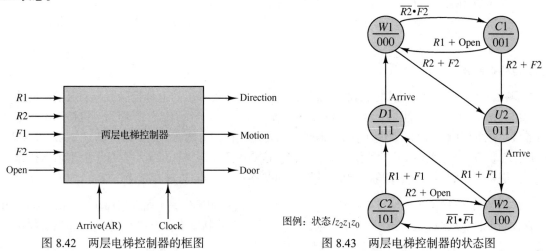

图 8.42　两层电梯控制器的框图　　　　图 8.43　两层电梯控制器的状态图

$C1$ 状态：电梯在 1 层等候且门关闭。如果从 1 层请求电梯或门被打开，则控制器将返回到 $W1$ 状态。如果电梯收到来自 2 层的请求或被带到 2 层，那么控制器将转换到 $U2$ 状态。否则，控制器保持在 $C1$ 状态。

U2 状态：电梯正在向 2 层移动。一旦电梯到达 2 层，即出现到达信号，控制器将转换到 *W2* 状态。

W2 状态：电梯位于 2 层且门打开。这是电梯在 2 层的初始位置。如果电梯在一个时钟周期内没有收到来自 1 层的请求或被带到 1 层，那么控制器将转换到 *C2* 状态。反之，控制器转换到 *D1* 状态。

C2 状态：电梯在 2 层等候且门关闭。如果电梯收到来自 2 层的请求或电梯门打开，那么控制器将返回到 *W2* 状态。如果电梯收到来自 1 层的请求或被带到 1 层，则控制器将转换到 *D1* 状态。否则，控制器保持在 *C2* 状态。

D1 状态：电梯下移到 1 层。一旦电梯到达 1 层，即出现到达信号，控制器转换到 *W1* 状态。

控制器采用摩尔型状态机进行建模，如图 8.43 所示。这是合理的，因为控制输出需要在状态转换期间保持稳定，以避免电梯出现不稳定的移动。状态编码至少需要 3 个状态变量，因为有 6 个状态要编码。控制器也有 3 个输出 ($z_2z_1z_0$)。因此，通过巧妙的状态分配，使每个状态编码都与必须在每个状态下生成的输出值相同。例如，状态 *W1* 被编码为 000，对应于 Direction (z_2) = 0，Motion (z_1) = 0，Door (z_0) = 0。状态 *U2* 被编码为 011，对应于 Direction = 0，Motion = 1，Door = 1。从状态图中可以很容易地看到其余状态的输出模式。如表 8.5 所示，在实现控制器的设计之前，可以根据状态图来构造状态表。为了提高可读性，表中只显示输入的有效值。未激活的值不会导致状态改变。

表 8.5　两层电梯控制器的状态表

状态	输入/次态						输出 ($z_2z_1z_0$)
	R1	*R2*	*F1*	*F2*	Open	Arrive	
W1	*C1*	*U2*	*C1*	*U2*	*C1*	*C1*	000
C1	*W1*	*U2*	*C1*	*U2*	*W1*	*C1*	001
U2	*U2*	*U2*	*U2*	*U2*	*U2*	*W2*	011
W2	*D1*	*C2*	*D1*	*C2*	*C2*	*C2*	100
C2	*D1*	*W2*	*D1*	*C2*	*W2*	*C2*	101
D1	*D1*	*D1*	*D1*	*D1*	*D1*	*W1*	111

现在可以用逻辑门和触发器或可编程逻辑来实现控制器。这里采用后一种方法，并用控制器有限状态机的 Verilog 模型进行说明，如图 8.44 所示。注意，Verilog 模型中包含了复位输入，以便于测试。

三层电梯控制器

现在，我们扩展两层电梯控制器的模型，实现三层或更多层的电梯控制器。三层模型的输入和输出如图 8.45 所示。注意，输出(Direction，Motion，Door)没有改变，因为电机控制不受电梯服务楼层数的影响。而且，到达(AR)和时钟输入也是一样的。然而，用户输入(*R1U*、*R2U*、*R2D*、*R3D*、*F1*、*F2*、*F3* 和 Open)的数量增加了一倍，这是由于 3 层和 2 层电梯配备了上下请求按钮。

三层电梯控制器的状态图需要 10 个状态，如图 8.46 所示。每种状态描述如下。

W1 状态：电梯位于 1 层且门打开。这是电梯在 1 层的初始位置。如果电梯在一个时钟周期内没有收到来自 2 层或 3 层的请求或被带到 2 层或 3 层，则控制器将转换到 *C1* 状态。如果电梯收到来自 2 层或 3 层的请求或被带到 2 层或 3 层，则控制器将转换到 *U2* 状态。

C1 状态：电梯在 1 层等候且门关闭。如果从 1 层请求电梯或门被打开，那么控制器将返回到 *W1* 状态。如果电梯收到来自 2 层或 3 层的请求或被带到 2 层或 3 层，则控制器将转换到 *U2* 状态。否则，控制器保持在 *C1* 状态。

```
//Two Floor Elevator Controller.
module TwoFloor (
  input Clock,Reset,R1,R2,F1,F2,Open,Arrive,          //Declare inputs.
  output reg Z2,Z1,Z0);                               //Declare outputs.
  reg [2:0] State,NextState;                          //Declare state and next state variables.
      parameter W1=3'b000,C1=3'b001,U2=3'b011,W2=3'b100,C2=3'b101,D1=3'b111;
                                                       //Make state assignments.
      always @ (negedge Clock, negedge Reset) begin //Trigger on Clock or Reset input.
        if (Reset==0) State <= W1; else State <= NextState; end //Transition to next state. State
                                                       A on Reset, otherwise NextState.
      always @ *                                       //Derive NextState which depends on
                                                       present State and input.
    case (State)
        W1: begin {Z2,Z1,Z0}=3'b000; if (R2||F2) NextState=U2;
            else NextState=C1; end                     //Stay at floor one with door open until called.
        C1: begin {Z2,Z1,Z0}=3'b001; if (R2||F2) NextState=U2;
            else if (R1||Open) NextState=W1; else NextState=C1; end //Stay at floor one with
                                                       door closed until called.
        U2: begin {Z2,Z1,Z0}=3'b011; if (Arrive) NextState=W2;
            else NextState=U2; end                     //Move up until floor two reached.
        W2: begin {Z2,Z1,Z0}=3'b100; if (R1||F1) NextState=D1;
            else NextState=C2; end                     //Stay at floor 2 with door open until called.
        C2: begin {Z2,Z1,Z0}=3'b101; if (R1||F1) NextState=D1;
            else if (R2||Open) NextState=W2; else NextState=C2; end //Stay at floor two with
                                                       door closed until called.
        D1: begin {Z2,Z1,Z0}=3'b111; if (Arrive) NextState=W1;
            else NextState=D1; end                     //Move down until floor one is reached.
    endcase
endmodule
```

图 8.44　两层电梯控制器的 Verilog 模型

$U2$ 状态：电梯正在向 2 层移动。一旦电梯到达 2 层，即出现到达信号，控制器将转换到 $W2$ 状态，当且仅当电梯收到来自 2 层的请求或被带到 2 层时。否则，控制器将转换到 $U3$ 状态，电梯将继续运行到 3 层。

$W2$ 状态：电梯位于 2 层且门打开。这是电梯在 2 层的初始位置。如果电梯在一个时钟周期内没有收到来自 1 层或 3 层的请求或被带到 1 层或 3 层，那么控制器将转换到 $C2$ 状态。如果电梯收到来自 1 层的请求或被带到 1 层，那和控制器将转换到 $D1$ 状态。如果电梯收到来自 3 层的请求或被带到 3 层，那么控制器将转换到 $U3$ 状态。

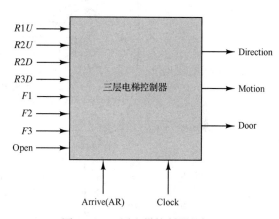

图 8.45　三层电梯控制器的框图

$C2$ 状态：电梯在 2 层等待且门关闭。如果电梯收到来自 2 层的请求或者门被打开，则控制器将返回到 $W2$ 状态。如果电梯收到来自 1 层的请求或被带到 1 层，则控制器将转换到 $D1$ 状态。如果电梯收到来自 3 层的请求或被带到 3 层，则控制器将转换到 $U3$ 状态。否则，控制器保持在 $C2$ 状态。

$U3$ 状态：电梯正在向 3 层移动。一旦电梯到达 3 层，即出现到达信号，控制器将转换到 $W3$ 状态。

$W3$ 状态：电梯位于 3 层且门打开。这是电梯在 3 层的初始位置。如果电梯在一个时钟周期内没有收到来自 1 层或 2 层的请求或被带到 1 层或 2 层，那么控制器将转换到 $C3$ 状态。如果电梯收到来自 1 层或 2 层的请求或被带到 1 层或 2 层，则控制器将转换到 $D2$ 状态。

$C3$ 状态：电梯室在 3 层等待且门关闭。如果电梯收到来自 3 层的请求或门被打开，则控制器将返回到 $W3$ 状态。如果电梯收到来自 1 层或 2 层的请求或被带到 1 层或 2 层，则制器将转换到 $D2$ 状态。否则，控制器保持在 $C3$ 状态。

$D2$ 状态：电梯向下移动到 2 层。一旦电梯到达 2 层，即出现到达信号，控制器将转换到 $W2$ 状态，当且仅当电梯收到来自 2 层的请求或被带到 2 层时。否则，控制器将转换到 $D1$ 状态，电梯将继续运行到 1 层。

$D1$ 状态：电梯向下移动到 1 层。一旦电梯到达 1 层，即出现到达信号，控制器将转换到 $W1$ 状态。

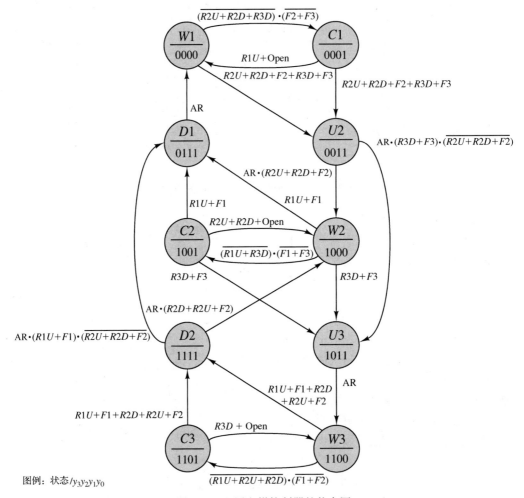

图例：状态/$y_3y_2y_1y_0$

图 8.46　三层电梯控制器的状态图

需要 4 个状态变量($y_3y_2y_1y_0$)对状态图中控制器的 10 个状态进行编码。因此，输出($z_2z_1z_0$)不再与状态变量相同。然而，只在电梯运行时观察方向才有意义，出色的状态分配方案将给出状态变量和输出之间的以下关系。有关状态和输出分配的总结，请参见表 8.6。

$$\text{Direction: } z_2 = y_2, \text{ Motion: } z_1 = y_1, \text{ Door: } z_0 = y_0$$

控制器可以使用固定逻辑电路(门和触发器)实现，也可以通过可编程逻辑实现，类似于图 8.44 中两层控制器的 HDL 模型。这将留给读者作为练习。

表 8.6　三层电梯控制器的状态和输出分配

状态	W1	C1	U2	W2	U3	W3	C3	D2	C2	D1
$y_3y_2y_1y_0$	0000	0001	0011	1000	1011	1100	1101	1111	1001	0111
$z_2z_1z_0$	000	001	011	000	011	100	101	111	001	111

8.3　总结和复习

本章介绍并说明了分层设计的概念，讨论了数字系统设计流程中的步骤，以及基于固定逻辑和可编程逻辑的系统设计。本章通过 4 个设计实例来说明各种概念，其中 3 个例子关注于可编程逻辑(TRISC4、UART 和电梯控制器)的设计，另一个例子则为固定逻辑(单车道交通控制器)的设计。完成本章学习，读者将了解以下概念和/或方法。

1. 分层设计
2. 层次结构图
3. 采用固定逻辑与可编程逻辑的设计
4. 数字系统设计流程
5. 一种基本的存储程序处理器的设计
6. 随机存取存储器(RAM)的基本操作和接口
7. 各种应用的控制器设计
8. 组件集成
9. 使用总线互连功能单元
10. 使用实例化互连 Verilog 模块

8.4　小组协作练习

1. 探索可用于设计实例系统或类似系统的各种计算机辅助设计(CAD)工具。
2. 熟悉实现一个或多个设计实例所需的集成电路芯片组、面包板装置和测试仪器。
3. 探索可用于实现一个或多个可编程逻辑设计实例的各种开发板。
4. 开发新版本的 TRISC4 的规范，该版本具有更丰富的指令集、更通用的寄存器，并且能够支持更大的内存。自行设计新处理器。
5. 开发新处理器的四阶段流水线版本。

习题

8.1　为 8.2.1 节所述的 TRISC4 处理器开发层次结构图。最底层应包括基本功能模块，如寄存器、数据选择器、ALU 和 RAM。

8.2　为 8.2.2 节所述的单车道交通灯控制器开发层次结构图。最底层应该包括基本功能模块，如门、触发器、计数器等。

8.3　为 8.2.3 节所述的通用异步收发器开发层次结构图。最底层应该包括基本的 Verilog 模块和单元。

8.4　TRISC4 处理器设计利用并行输入/并行输出寄存器和计数器实现多种功能，如程序计数器(PC)和通用 ALU 寄存器。使用 Verilog 或 VHDL 设计一个可用于实现这些设备的组件。

8.5　使用 Verilog 或 VHDL 设计 TRISC4 通用寄存器单元，如图 8.8 所示。

8.6　使用 Verilog 或 VHDL 设计 TRISC4 ALU，如图 8.9 所示。

8.7　使用 Verilog 或 VHDL 设计一个用于实现 TRISC4 的四路 2 选 1 数据选择器。

8.8　采用固定逻辑为 TRISC4 指令集设计一个指令译码器，见表 8.1。

8.9　采用 Verilog 或 VHDL 为 TRISC4 指令集设计一个指令解码器，见表 8.1。

8.10　为 TRISC4 设计一个控制单元，实现 TRISC4 指令集中的所有指令，见表 8.1。

8.11　通过整合之前的习题和/或 8.2.1 节中设计的各种组件来实现 TRISC4 处理器。

8.12　采用 Verilog 或 VHDL 设计实现 8.2.2 节的单车道交通灯控制器中的道路上车辆计数器。

8.13　采用 Verilog 或 VHDL 设计实现单车道交通灯控制器中的交通计数器。

8.14　采用 Verilog 或 VHDL 设计实现单车道交通灯控制器中的绿灯时间分配模块。

8.15　采用 Verilog 或 VHDL 设计实现单车道交通灯控制器中的控制单元状态机。

8.16　通过整合习题 8.12、8.13、8.14 和 8.15 中的单元设计，实现单车道交通控制器的 HDL 设计。

8.17　使用固定逻辑元件(如门和触发器)设计图 8.33 中定义的 UART 控制器。尽量减少所需的门和触发器的数量。

8.18　使用固定逻辑元件(如门和触发器)设计一个串行奇偶校验发生器，如图 8.35 所示。比较一下 D 触发器和 JK 触发器实现的复杂性。

8.19　采用固定逻辑实现图 8.39 所述的 UART 起始位检测模块。尽可能减少所需的门和触发器的数量。

8.20　采用固定逻辑实现 UART 接收控制器，如图 8.40 所示。尽量减少所需的门和触发器的数量。

8.21　采用固定逻辑开发两层电梯控制器。

8.22　采用 Verilog 或 VHDL，实现可编程逻辑的三层电梯控制器。

8.23　绘制四层电梯控制器的框图和状态图。

8.24　推导 n 层建筑的电梯控制器所需状态数的方程。实现该控制器需要多少个触发器？假设使用本章的电梯控制器的设计方法。

8.25　为三层电梯设计一个显示楼层位置和运行方向(DOT)的显示器。当电梯未运行时，DOT 指示器应为空白。假设有 3 个低电平有效的七段显示器件用于显示。

附录 A　Verilog 入门

A.1　简介

　　Verilog 语言是当今数字逻辑电路和计算机硬件设计人员常用的硬件描述语言(HDL)。Verilog 是 20 世纪 80 年代中期发明的,经过各种升级和增强,Verilog 已经发展成为使用最广泛的 HDL 之一。它已被标准化为 IEEE 1364,语法与 C 语言类似。

　　本附录的目的是让读者对 Verilog 有一定的了解与掌握,能够理解本书中的示例和工作中的问题。希望更深入了解 Verilog 的读者,建议参考 Palnitkar[1]和 Ciletti[2]的著作,这些入门教程的编写与 Verilog 的 IEEE Std 1364-2005[3]版本一致,可能与早期版本兼容,也可能不兼容。SystemVerilog 是 Verilog 的一个增强版本,虽然 Verilog 的大多数基本特性都适用于 SystemVerilog,但这里没有明确介绍。希望研究 SystemVerilog 的读者可以参考 Zwolinski[4]的著作。

　　Verilog 模型可用于仿真,以验证设计的正确性;或用于综合,进而在可编程逻辑器件[如复杂可编程逻辑器件(CPLD)、现场可编程门阵列(FPGA)、可编程片上系统(PSOC)和专用集成电路(ASIC)]中进行功能实现。Verilog 代码看起来可能与编程语言的代码相似,但本质上是不同的,编译后的 Verilog 模型生成一个可仿真或可综合的网络列表(简称网表)作为其输出,而编译后的 C 程序生成可执行的机器语言。这些差异如图 A.1 所示。

　　Verilog 及其他 HDL 也不同于 C 语言和其他编程语言,它们用于描述本质上并发执行的函数,而编程语言用于描述串行执行的进程。Verilog 语句的执行顺序将在程序块一节中更详细地讨论。

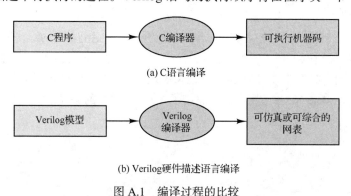

(a) C语言编译

(b) Verilog硬件描述语言编译

图 A.1　编译过程的比较

A.2　一般概念和模块

　　Verilog 的基本结构元素是模块。模块由关键字 **module** 和 **endmodule** 分隔,由描述所建模硬件的输入/输出、结构和/或行为模型的语句组成。结构模型指定如何将预定义的组件互连以实现所需的硬件功能。数据流模型使用赋值语句和表达式描述功能。行为模型使用逻辑、算术和/或条件语句描述功能。数据流和行为模型都没有指定或暗指任何特定的硬件实现。图 A.2 显示了全加器(见图 A.3)的 Verilog 结构和数据流模型。A.3 节和 A.4 节将更详细地介绍这些类型的模型。行为建模将在 A.5 节中讨论。

```
// Structural model of a full adder
module fulladder (si, couti, ai, bi, cini);
    input ai, bi, cini;
    output si, couti;
    wire d,e,f,g;
    xor (d, ai, bi);
    xor (si, d, cini);
    and (e, ai, bi);
    and (f, ai, cini);
    and (g, bi, cini);
    or (couti, e, f, g);
endmodule

// Dataflow model of a full adder
module fulladder (si, couti, ai, bi, cini);
    input ai, bi, cini;
    output si, couti;
    assign si = ai ^ bi ^ cini;                    // ^ is the XOR operator in Verilog
    assign couti = ai & bi | ai & cini | bi & cini;    // & is the AND operator and | is OR
endmodule
```

图 A.2　全加器的 Verilog 结构和数据流模型

图 A.3　全加器的引脚输出

Verilog 是一种区分大小写的语言。特别需要注意的是，关键字是定义语言结构的预定义术语，为小写形式。必须使用空格分隔关键字、变量名等，以便于增强代码的可读性。可以使用 "//" 前缀插入单行注释。多行注释可以分别用 "/*" 前缀和 "*/" 后缀分隔。Verilog 语句以分号（；）结尾。

A.2.1　模块结构

前面的示例说明了模块的结构。通常，模块以关键字 **module** 开头，后跟模块的名称，如 fulladder；输入/输出端口列表，如 si、couti、ai、bi、cini；以及数据类型规范。接下来是一系列使用结构、数据流或行为模型定义模块功能的语句。也可规定用于仿真目的的定时特性。模块以关键字 **endmodule** 结尾。这里总结了 Verilog 模块的一般结构，并将在后面的章节中解释每个元素。

```
module name (port list);
    [port declarations]
    [data type declarations]
    [functionality statements]
    [timing specifications]
endmodule
```

A.2.2　端口声明

与模块相关联的所有输入变量和输出函数必须使用适当的关键字 **input**、**output** 或 **inout** 声明为端口，如下所示。

```
<port type> list of names;
```

input 和 **output** 端口是单向的，而 **inout** 用于声明双向端口。

输入和输出声明如图 A.2 的示例所示。在这些情况下，输入和输出名称会列出两次：一次在模块端口列表中, 一次在端口声明中。Verilog-2005 支持将这些内容组合成一个列表, 如下列所示的结构化全加器模块:

```
module fulladder (input ai,bi,cini, output s1, couti);
```

合并声明语句的一般结构如下:

```
module name (<port type> list of names, <port type> list of names,...,
             <port type> list of names);
```

A.2.3 数据类型

Verilog 定义了两组数据类型: 网络(net)和变量(variable)。网络表示系统功能元素之间的物理连接或节点, 用于结构化 Verilog 模型。这意味着网络由一个元素的输出驱动, 是一个或多个其他元素的输入。最常用的网络数据类型是 **wire** 和 **tri**。

wire 指定回路或框图中的内部节点。
tri 指定三态节点。

图 A.2 中的结构模型显示了使用关键字 **wire** 来声明 d、e、f 和 g 作为全加器电路的内部节点。

变量是存储元素的抽象, 并保存它们从一次赋值到下一次赋值的值。常用的变量数据类型有 **reg**、**integer** 和 **time**。

reg 指定任何长度或位大小的无符号变量。
integer 指定有符号的 32 位变量。长度可能因编译器而异。
time 是一个无符号整数, 用于指定仿真时间。

图 A.4 中的行为模型显示了使用 **reg** 来声明全加器输出 si 和 couti。通常, 变量数据类型用于指定行为模型中的输出和内部变量。

总线或寄存器可以使用以下类似向量的符号声明为网络或变量。

```
<data type> [msb:lsb] <name>;
<data type> [lsb:msb] <name>;
```

下面用几个例子来说明这个概念。

```
wire [15:0] databus;   //declares a 16-bit internal bus named
                       databus with bits numbered right to left from 0 to 15.
reg  [1:20] control;   //declares a 20-bit bus named control with
                       bits numbered left to right from 1 to 20.
reg  [31:0] A, B;      //declares two 32-bit data registers A and B
                       with bits numbered right to left from 0 to 31.
```

寄存器或总线中的位可以单独寻址,也可以按范围寻址。例如, $databus[7]$ 和 $databus[3:0]$ 将分别处理 $databus$ 的位 7 及位 3 到位 0。

A.2.4 数字

Verilog 支持多种数字系统, 包括十进制(d)、二进制(b)、十六进制(h)和八进制(o)。数字以 <size>'<base><value>格式书写。例如,

3 'b101 表示 3 位宽的二进制数 101。
8 'd101 表示 8 位宽的十进制数 101。
8 'h9e 表示 8 位宽的十六进制数 9E。

负数是通过在<size>规范前加一个减号(–)来书写的, 因此-3 'b101 表示负二进制数 101, -8 'h9E 表示负十六进制数 9E。负数以补码形式存储。

　　未指定大小或基数的数字被假定为 32 位十进制数。因此，数字 101 将被解读为十进制 101 并被编码为 32 位二进制数。

　　当在数字中使用字符 _、x、X、z 和 Z 时，具有以下特殊含义：

可插入 _(下画线)以提高可读性，例如 10'd1_024。

x 或 X 表示未知值，例如 4'b101X。

z 或 Z 表示高阻抗值。

当一个数的最高有效位是 0、1、x 或 z 时，分别用 0、0、x 或 z 来填充前导位。最佳做法是将数字的大小指定为所需的最小值，而不允许编译器填充 0。

A.3　门级结构建模

　　Verilog 支持门级和模块级的结构建模。本节介绍了门级结构建模，A.6 节介绍了模块级结构建模。

A.3.1　门级类型

　　如图 A.2 所示，表 A.1 中列出的 12 个预定义逻辑门可用于门级逻辑电路的结构建模。门的最简单形式如下所示。

```
<gate type> (output, input list)
```

表 A.1　预定义逻辑门

关键字	功能	关键字	功能
and	n 输入与门	not	非门
nand	n 输入与非门	buf	缓冲器
or	n 输入或门	notif0	三态非门，低电平有效
nor	n 输入或非门	notif1	三态非门，高电平有效
xor	n 输入异或门	bufif0	三态缓冲器，低电平有效
xnor	n 输入同或门	bufif1	三态缓冲器，高电平有效

A.3.2　门级延时

　　门实例化时可以单独命名，并指定通过门的延时，定义如下：

```
<gate type> #<delay> <instance name> (output, input list)
```

　　下面的例子展示了 10 个不同单位和名称的门延时是如何包含在图 A.2 的全加器结构模型中的。

```
// Structural model of a full adder with gate delays and gate names
module fulladder (si, couti, ai, bi, cini);
    input ai, bi, cini;
    output si, couti;
    wire d,e,f,g;
        xor #10 xor1 (d,ai,bi);
        xor #10 xor2 (si,d,cini);
        and #10 and1 (e,ai,bi);
        and #10 and2 (f,ai,cini);
        and #10 and3 (g,bi,cini);
        or #10 orout (couti,e,f,g);
endmodule
```

　　表 A.2 中列出了 Verilog 运算符。

表 A.2　Verilog 运算符

类型	符号	功能	示例
算术运算	+	加	$10 + 5 = 15$, $3'b1 + 3'b11 = 3'b100$
	−	减	$10 − 5 = 5$, $3'b11 − 3'b1 = 3'b10$, $3'b1 − 3'b11 = 3'b110$
	*	乘	$10*5 = 50$, $3'b10*3'b11 = 3'b110$
	/	除	$10/5 = 2$, $3'b100/3'b10 = 3'b10$
	%	模	$10\%5 = 0$, $3'b101\%3'b10 = 3'b1$
	**	乘方	$10**2 = 100$, $3'b10**3'b10 = 3'b100$
位运算	~	NOT	$\sim3'b010 = 3'b101$
	&	AND	$3'b110\&3'b011 = 3'b010$
	|	OR	$3'b110\|3'b011 = 3'b111$
	^	XOR	$3'b110^3'b011 = 3'b101$
	^~, ~^	XNOR	$3'b110\sim^3'b011 = 3'b010$
缩简运算	&	AND	$\&3'b110 = 1'b0$, $\&3'b111 = 1'b1$
	~&	NAND	$\sim\&3'b110 = 1'b1$, $\sim\&3'b111 = 1'b0$
	|	OR	$\|3'b110 = 1'b'1$, $\|3'b000 = 1'b0$
	~|	NOR	$\sim\|3'b110 = 1'b'0$, $\sim\|3'b000 = 1'b1$
	^	XOR	$^3'b110 = 1'b0$, $^3'b111 = 1'b1$
	^~, ~^	XNOR	$\sim^3'b110 = 1'b1$, $\sim^3'b111 = 1'b0$
关系运算	>	大于	$3'b110 > 3'b011 = 1'b1$, $3'b011 > 3'b110 = 1'b0$
	<	小于	$3'b110 < 3'b011 = 1'b0$, $3'b011 < 3'b110 = 1'b1$
	>=	大于等于	$3'b110 >= 3'b111 = 1'b0$
	<=	小于等于	$3'b110 <= 3'b111 = 1'b1$
相等运算	==	等于	$3'b111 == 3'b111 = 1'b1$
	!=	不等于	$3'b111 != 3'b111 = 1'b0$
	===	全等	$3'b101 === 3'b10x = 3'b0$
	!==	不全等	$3'b101 !== 3'b10x = 3'b1$
逻辑运算	!	NOT	$!1'b0 = 1'b1$, $!3'b101 = 1'b0$
	&&	AND	$3'b110\&\&3'b110 = 1'b1$, $3'b110\&\&3'b011 = 1'b0$
	||	OR	$3'b110\|\|3'b011 = 3'b1$
移位运算	≪	逻辑左移	$3'b011 \ll 2 = 3'b100$
	≫	逻辑右移	$3'b011 \gg 2 = 3'b000$
	≪≪	算术左移	$3'b011 \lll 2 = 3'b100$
	≫≫	算术右移	$3'b011 \ggg 2 = 3'b111$
其他	?:	条件测试	条件表达式? 真_结果: 假_结果
	{}	连接	$\{3'b101, 3'b010\} = 6'b101010$
	{{}}	复制	$\{2\{3'b101\}\} = 6'b101101$

A.4　数据流建模

A.4.1　表达式、操作数和运算符

表达式是在 Verilog 语句中用于描述模块行为的操作数和运算符的字符串。操作数可以是数字、字符串、参数、网络、变量、数组元素或函数调用。Verilog 提供了一组丰富的运算符，类似于

C语言中的运算符，这些运算符可以分类为算术运算、位运算、缩简运算、关系运算、相等运算、逻辑运算、移位运算等。表 A.2 按类别对每个运算符进行了说明。运算符优先级见表 A.3。优先级相等的运算符的使用顺序为从左到右。

表 A.3　运算符优先级

运算符	优先级
+ － ! ~ & ~& | ~| ^ ~^ ^~ (一元运算符)	高
**	
*/ %	
+ － (二元运算符)	
≪ ≫ ≪≪ ≫≫	
< > <= >=	
== != === !==	
& (二元运算符)	
^ ~^ ^~ (二元运算符)	
| (二元运算符)	
&&	
||	低
?:	
{ } { { } }	

A.4.2　连续赋值语句

HDL 的一个强大特性是设计者能够描述电路的功能，而不必在门级指定其实现。这在以前介绍的全加器中有过说明，有时称为数据流建模或寄存器传输级(RTL)建模。

连续赋值语句是定义用于数据流模型的组合函数的一种方便方法。以下是全加器的例子。

```
assign si = ai ^ bi ^ cini;

assign couti = ai & bi | ai & cini | bi & cini;
```

连续赋值语句的左侧必须是网络数据类型。右侧可以是网络或变量数据类型、运算符或函数调用的组合。赋值语句始终处于活动状态，这意味着只要其中一个操作数的值发生变化，就会对右侧求值，并相应地更新左侧。连续赋值语句的一般格式是

```
assign <net name> = expression
```

包含先前声明的网络的赋值语句以 **assign** 关键字开头，这称为显式赋值。或者当不使用关键字声明网络时，可以实现隐式赋值，如下所示：

```
wire si = ai ^ bi ^ cini;
```

A.4.3　连续赋值语句延时

更新连续赋值语句的左侧可以用类似于门延时的方式指定，并采用以下格式。

```
assign #<delay> <net name> = expression
```

以下示例说明如何将 30 个和 20 个单位的延时包含在图 A.2 的全加器的数据流模型中。

```
// Dataflow model of a full adder with delays
module fulladder (si, couti, ai, bi, cini);
   input ai, bi, cini;
   output si, couti;
   assign #30 si = ai ^ bi ^ cini;              // ^ is the XOR operator in Verilog
   assign #20 couti = ai & bi | ai & cini | bi & cini;   // & is the AND operator and | is OR
endmodule
```

A.5　行为建模

门级结构可用于设计相对简单的电路或分析现有电路图。数据流模型便于描述使用 Verilog 运算符编写为逻辑和/或算术表达式的函数。然而，随着硬件设计要求的日益复杂和对时序逻辑电路建模的需要，需要一种更高层次和更强大的方法。行为建模已经成为这些需求的解决方案。

考虑图 A.4 中描述的全加器的 Verilog 行为模型。在这个例子中，**case** 语句用于根据真值表指定全加器的行为。该示例还说明了变量数据类型 **reg**、**always** 块、事件控制@及敏感度列表(ai、bi、cini)。下面将描述行为模型中的元素。

```
//Behavioral model of a full adder
module fulladder (si,couti,ai,bi,cini);
    input ai, bi, cini;
    output reg si, couti;
        always @ (ai,bi,cini)
            case ({ai,bi,cini})
                3'b000: begin si = 1'b0; couti = 1'b0; end
                3'b001: begin si = 1'b1; couti = 1'b0; end
                3'b010: begin si = 1'b1; couti = 1'b0; end
                3'b011: begin si = 1'b0; couti = 1'b1; end
                3'b100: begin si = 1'b1; couti = 1'b0; end
                3'b101: begin si = 1'b0; couti = 1'b1; end
                3'b110: begin si = 1'b0; couti = 1'b1; end
                3'b111: begin si = 1'b1; couti = 1'b1; end
            endcase
endmodule
```

图 A.4　全加器的 Verilog 行为模型

A.5.1　程序块

Verilog 中的行为模型分为过程块 **initial** 和 **always**。过程块表示单独的进程且并发执行。除非另有规定，否则块中的语句按顺序执行。**initial** 块只执行一次，用于仿真时初始化变量值。**always** 块用于描述被建模和连续执行的硬件的功能。**initial** 块和 **always** 块都不能嵌套。**initial** 块和 **always** 块的示例分别如图 A.5 和图 A.6 所示。注意，需要使用 **begin...end** 关键字来分隔包含多个赋值语句的块。块可以通过将名称放在 **begin** 之后来命名。语句的执行可能延时，在语句的开头使用符号#*<delay>*表示延时值。

```
module initial_examples;
    reg a,b,c,x,y,z;
    initial  a = 1'b1;     //single statement initial
    initial  begin         //multiple statements
        b = 1'b0;
        #10 c = 1'b1;      //delay of 10 time steps
    end
    initial  begin: first //initial block named first
        x = 1'b'0;
        #5 y = 1'b1;       //delay of 5 times steps
        #10 z = 1'b1       //delay of 10 additional time steps
    end
endmodule
```

图 A.5　**initial** 块的示例

```
module clock_sig (output reg clock);
    initial clock = 1'b0;      //initialize clock to 0
    always begin: clock_gen    //name the always block as clock_gen
        #10 clock = ~clock;    //toggle clock every 10 time steps
    end
endmodule
```

图 A.6　**initial** 块和 **always** 块的示例

A.5.2　过程赋值语句

过程赋值语句用于更新或派生 **reg**、**integer**、**time** 或 **real** 等变量数据类型的值。因此，过程赋值语句的左侧(LHS)必须是变量数据类型，但右侧(RHS)表达式可以是本附录前面定义的任何有效 Verilog 表达式。Verilog 支持两种类型的过程赋值语句——阻塞和非阻塞。这些语句的格式如下。

```
变量 = [延时或事件列表]表达式      //阻塞赋值
变量<= [延时或事件列表]表达式      //非阻塞赋值
```

阻塞赋值语句按顺序块中列出的顺序执行。语句在仿真时间 0 开始执行，除非指定了延时。指定语句执行时，其后面的语句将被阻止，从开始执行直到该语句完成并更新其 LHS。换句话说，语句以适当的延时顺序执行。下面的示例说明了阻塞赋值语句是如何工作的。

```
A = B;
C = A + 1;
```

首先，读取 B 并将 A 更新为 B 的值。然后 A 的新值加 1。最后，C 更新为 A 的新值，即 B 的原始值加 1。所有这些都发生在仿真时间为 0 时，因为没有指定延时。

非阻塞赋值语句执行时不会阻塞顺序块中跟随在其后的语句的执行。换言之，块中所有非阻塞赋值语句的右侧在 LHS 更新之前被求值。下面的示例说明了这两种赋值语句之间的区别。

```
A <= B;
C <= A + 1;
```

首先，B 被读取，而 A 更新为 B 的值。然后 A 的原始值递增。最后，LHS 被更新，A 的值为 B，C 的值为 A 的原始值加 1。同样，所有这些都发生在仿真时间为 0 时，因为没有指定延时。

当阻塞赋值语句和非阻塞赋值语句同时被调用执行时，阻塞赋值语句将首先执行。但是，通常不建议在同一过程块中混合使用阻塞赋值语句和非阻塞赋值语句。

A.5.3　时序控制

在 Verilog 行为建模中有三种控制语句执行时间的机制——延时、事件和等待。常规延时控制包括指定过程语句左侧的延时，如下所示：

```
#5 x = y //the assignment will be executed after a delay of 5 time units
```

内部分配延时具有以下形式：

```
x = #5 y //the value of y at time 0 will be assigned to x after a delay of 5 time units
```

延时可以指定为无符号数字或参数。

事件被定义为寄存器或网络中的值的变化。控制特定事件的发生由@符号指定，且采用 "@(表达式)" 的形式，其中由表达式定义事件。这将暂停过程语句的执行，直到指定的事件发生时为止。以下示例说明了几个典型的事件。

```
@(clock) x = y;              //assignment executed when value of clock changes
@(posedge clock) x = y;      //assignment executed when positive edge of clock occurs
@(negedge clock) x = y;      //assignment executed when negative edge of clock occurs
@(negedge clock, enable) x = y; //assignment executed when negative edge of clock occurs or
                                 enable changes
```

事件控制可在 **always** 块的开始处使用，以控制 **always** 块何时开始执行。它具有以下通用格式，并在此处进行了说明。

```
always @ (sensitivity list) begin
    statement1
    statement2
        ...
    statementn
end

//Event controlled procedural block
always @ (clock) begin
    count = count + 1;
end
```

Verilog 提供了使用 **wait** 结构控制语句执行的敏感事件级别，如下所示。当 *enable* = 0 时，语句将不执行。当 *enable* = 1 时，语句将在 10 个时间单位后执行，如果 *enable* 保持为 1，则此后每隔 10 个单位执行一次。

```
always wait (enable) #10 count = count + 1;
```

A.5.4　case 语句

图 A.4 中使用了 **case** 语句来模拟全加器的功能。**case** 语句的一般格式如下。

```
case (expression)
    condition1: statement1;
    condition2: statement2;
    condition3: statement3;
        ...
        ...
    default: default_statement;
endcase
```

条件将按写入的顺序进行求值，直至找到匹配项时为止。此时，将执行相应的语句。可以包含一个默认条件，用来处理显式定义的条件都不匹配或并非所有可能的条件都适用的情况。在最简单的形式中，**case** 语句可被视为表示真值表。然而，条件语句可以是复合 Verilog 语句，它定义了比组合函数更复杂的关系。查看 **case** 语句的另一种方法是使用多路分支。

图 A.7 显示了一个 4 选 1 数据选择器的框图、真值表和使用 **case** 语句对其功能进行建模的 Verilog 模型。图 A.8 显示了摩尔型有限状态机(FSM)的状态图和相应的基于 **case** 语句的模型。

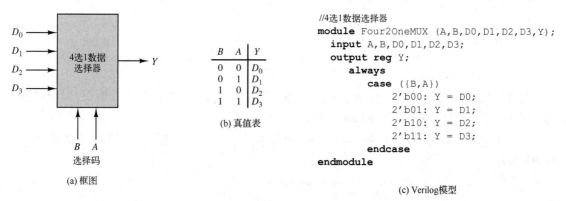

(b) 真值表

B	A	Y
0	0	D_0
0	1	D_1
1	0	D_2
1	1	D_3

(a) 框图

```
//4选1数据选择器
module Four2OneMUX (A,B,D0,D1,D2,D3,Y);
    input A,B,D0,D1,D2,D3;
    output reg Y;
        always
            case ({B,A})
                2'b00: Y = D0;
                2'b01: Y = D1;
                2'b10: Y = D2;
                2'b11: Y = D3;
            endcase
endmodule
```

(c) Verilog模型

图 A.7　采用 **case** 语句进行数据选择器建模

在图 A.8(b)中，**case** 语句用于定义摩尔型有限状态机的状态转换。这实际上是状态机的状态表。语句中的每个条件都对应于一个状态机状态，并表示其现态。次态取决于现态和输入 x 的值。所以 **if...else** 语句用于将次态指定为 x 的函数。Verilog 模型中存在的 **if...else** 语句及其他特性将在后面的 A.5.5 节中讨论。

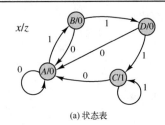

(a) 状态表

```
// Verilog Behavioral Model of a Moore FSM
module MooreFSM (
    input x, Clock, CLR,                          //declare input variables
    output z);                                    //declare output variable
    reg [1:0] state;                              //declare state variables
    parameter A = 2'b00, B = 2'b01, C = 2'b11, D = 2'b10; //make state assignment
    always @ (negedge Clock, negedge CLR)         //detect negative edge of Clock or CLR
    if (CLR == 0) state <= A;                      //go to state A if CLR is low
    else
    case (state)                                  //derive next states as specified in state table
        A: if (~x) state <= A; else state <= B;
        B: if (~x) state <= A; else state <= D;
        C: if (~x) state <= A; else state <= C;
        D: if (~x) state <= A; else state <= C;
    endcase
    assign z = (state == C)? 1'b1: 1'b0;  //derive output as specified in table
endmodule
```

(b) Verilog 模型

图 A.8　摩尔型有限状态机的状态表和 Verilog 模型

A.5.5　if...else 语句

条件语句用于指定在模型中应执行哪些语句，作为与模型相关联的输入值或内部变量的函数，类似于编程语言中的分支语句。**if...else** 语句是 Verilog 中的条件语句。它在前面的示例中已经介绍，具有以下一般形式。

```
if (condition1) statement1;
else if (condition2) statement2;
else if (condition3) statement3;
    ...
    ...
else defaultstatement;
```

条件按从上到下的顺序进行判断。第一个条件为真时将执行相应的语句。当且仅当所有条件都为假时，才会执行与最后一个 **else** 相对应的语句。

图 A.9 中的 Verilog 模型显示了 **if...else** 语句可用于定义图 A.7 中的 4 选 1 数据选择器的行为模型。

```
//Four to One Multiplexer
module Four2OneMUX (A,B,D0,D1,D2,D3,Y);
    input A,B,D0,D1,D2,D3;
    output reg Y;
        always
            if (~B&~A) Y = D0;
                else if (~B&A) Y = D1;
                    else if (B&~A) Y = D2;
                        else Y = D3;
endmodule
```

图 A.9　**if...else** 语句对 4 选 1 数据选择器建模

A.5.6 循环语句

循环语句用于定义时钟、计数器、移位器的功能和其他重复操作。Verilog 提供了 **forever**、**repeat**、**while** 和 **for** 循环，下面将对每个循环进行描述。这些语句类似于 C 语言中的循环语句，具有以下结构。

```
forever statement
repeat (expression) statement
while (expression) statement
for (variable_assignment; expression; variable_ assignment) statement
```

下面是一个 **forever** 循环，它描述具有 10 个时间单位的循环时间和 50% 占空比的时钟信号。**forever** 循环在仿真中很有用，但不可综合。

```
initial
    begin
        clock = 1'b0;
            forever
                #5 clock = ~clock;
    end
```

可以使用 **repeat** 循环来定义前面的时钟，使其运行 10 个周期并停止。**repeat** 循环是可综合的。

```
initial
    begin
        clock = 1'b0;
            repeat (20)
                #5 clock = ~clock;
    end
```

计数器是演示 **while** 循环的一个很好的例子，如下所示，它们可以用于仿真，但不可综合。

```
initial
    begin
        count = 1'b0;
            while (count < 63)
                count = count + 1'b1;
    end
```

for 循环是可综合的，可用于功能单元(如移位器和乘法器)建模。以下举例说明各个单元。

```
//Performs a four-bit left shift on an 8-bit number, in
    module shifter4 (                            //name the module shifter4
        input [7:0] in,                          //declare data in
        input shift,                             //declare shift enable
        output reg [7:0] out);                   //declare output result
        integer i;                               //declare loop index variable
        always @ (in, shift) begin               //look for change in in or shift
            out[7:4] = 1'b0;                     //clear most significant bits
            out[3:0] = in;                       //load least significant bits
            if (shift==1) begin                  //shift enabled
                for (i = 4; i <= 7; i= i + 1) begin  //start the shift
                    out[i] = out[i-4];           //shift one bit each pass
                end
                out[3:0] = 1'b0;                 //clear the least significant bits
            end
        end
    endmodule

/*Multiplies 4-bit numbers A, B to produce 8-bit product P using a shift & add algorithm*/
    module mult4x4 (                             //name the module mult4x4
        input [3:0] A,B,                         //declare multiplicand and multiplier inputs
        output reg [7:0] P);                     //declare product output P
        integer i;                               //declare for loop index i
        always @ (A,B); begin                    //detect presence of inputs
            if (B[0]==1) P = A;                  //load first partial product
            else P = 1'b0;
            for (i = 1; i <= 3; i = i + 1) begin //specify for loop index range and increment
                if (B[i]==1) P = P + (A « i);    //generate and add next partial product to P
            end                                  //P will be the product after loop has finished
        end
    endmodule
```

A.5.7　块执行

Verilog 为块中语句的执行顺序提供了两种模式。顺序块中的语句使用 **begin...end** 关键字合为一组并按顺序执行。之前所有的块示例都是顺序块。顺序块中的定时语句相对于块中的前一个语句执行，如下所示。

```
//Sequential block without timing
reg a,b,f,g;
initial
begin                 //statements executed in sequential order at time 0
    x = 1'b0;
    y = 1'b1;
    f = x|y;
    g = x^y;
end

//Sequential block with timing
reg a,b,f,g;
initial
begin                 //statements executed in sequential order but are delayed as specified
    x = 1'b0;         //executes at time 0
    #5 y = 1'b1;      //executes at time 5
    #5 f = x|y;       //executes at time 10
    #10 g = x^y;      //executes at time 20
end
```

并行块中的语句使用 **fork...join** 关键字且并发执行。下面的示例对比了并行块与前面的顺序块在执行时间上的差异。

```
//Parallel block with timing
reg a,b,f,g;
initial
fork                  //statements executed concurrently but are delayed as specified
    x = 1'b0;         //executes at time 0
    #5 y = 1'b1;      //executes at time 5
    #5 f = x|y;       //executes at time 5
    #10 g = x^y;      //executes at time 10
join
```

由于可能会出现竞争条件，因此必须仔细编写并行块。例如，在上一个示例中，y 和 f 都将在时刻 5 被更新。因此，f 是不确定的，因为实际的执行顺序是未知的。

A.6　分层建模

Verilog 的一个强大特性是它支持使用各种方法(包括函数、任务和模块级结构模型)进行分层建模。本节将对这些方法中的每一种进行说明。

A.6.1　函数和任务

可以将函数和任务看作子程序，并在模块中定义。它们可用于定义公共功能、替换重复的代码部分及提高复杂模块的可读性。

函数使用关键字 **function** 和 **endfunction** 声明。它们在赋值语句表达式中被调用。函数实现组合逻辑，只产生一个结果，至少有一个 **input** 参数，没有 **output** 或 **inout** 参数，不使用非阻塞赋值，并且不包含任何时序规范。函数可以调用其他函数，但不能调用任务。函数的最简单形式如下。

```
function identifier
        [data type declarations]
        [functionality statements]
endfunction
```

在这里使用 mult 函数对先前定义的 mult4x4 模块进行重新编写。

```
//Multiplies two 4-bit numbers A, B to produce an 8-bit product P invoking function mult.
module mult4x4 (                            //name the module mult4x4
   input [3:0] A,B,                         //declare multiplicand (A) and multiplier (B) inputs
   output reg [7:0] P);                     //declare product output P
   always @ (A,B)                           //detect change in input value
        P = mult (A,B);                     //invoke function mult
   function reg [7:0] mult;                 //define function mult
      input [3:0] X,Y;                      //declare function input variables
      reg [7:0] Z;                          //declare internal register
      integer i;                            //declare for loop index i
      begin                                 //begin calculation of product
       if (Y[0]==1) Z = X;                  //load first partial product
        else Z = 1'b0;
        for (i = 1; i <= 3; i = i + 1) begin //specify for loop index range and increment
         if (Y[i]==1) Z = Z + (X << i);     //generate and add next partial product to Z
        end                                 //Z will be the product after loop has finished
       mult = Z;
       end
      endfunction
endmodule
```

任务用关键字 **task** 和 **endtask** 声明。它们是以语句形式调用的，后面将对此进行说明。任务可以实现组合逻辑或时序逻辑，也可以调用其他任务或功能。任务允许出现 **input**、**output** 或 **inout** 参数，还支持定时控制。任务的最简单形式如下。

```
task identifier (port list)
   [port declarations]
   [data type declarations]
   [functionality statements]
   [timing specifications]
endtask
```

图 A.8 中建模的时序状态机在此被重新描述，以说明任务的使用。更具体地说，在给定当前输入和状态的情况下，编写一个任务来推导出状态机的下一个状态。

```
// Verilog Behavioral Model of a Moore FSM incorporating task next
module MooreFSM (
   input x, Clock, CLR,                     //declare input variables
   output z);                               //declare output variable
   reg [1:0] state, nextstate;              //declare state variables
   parameter A = 2'b00, B = 2'b01, C = 2'b11, D = 2'b10; //make state assignment
   always @ (negedge Clock, negedge CLR)  //detect negative edge of Clock or CLR
      if (CLR == 0) state <= A;             //go to state A if CLR is low
         else begin
                next (x,state,nextstate);
                state <= nextstate;
         end
   assign z = (state == C)? 1'b1: 1'b0;    //derive output as specified in table
   task next;
      input x;
      input [1:0] state;
      output reg [1:0] nextstate;
      parameter A = 2'b00, B = 2'b01, C = 2'b11, D = 2'b10;
         case (state)                       //derive next states as specified in state table
            A: if (~x) nextstate = A; else nextstate = B;
            B: if (~x) nextstate = A; else nextstate = D;
            C: if (~x) nextstate = A; else nextstate = C;
            D: if (~x) nextstate = A; else nextstate = C;
         endcase
   endtask
endmodule
```

A.6.2　结构模型

　　A.3 节介绍了门级的结构建模。用户定义的模块也可以通过模块实例化和端口连接在结构上实现连接。以这种方式使用的模块有时称为组件。这些模型是模块化的层次结构，模块间的通信通过声明的输入、输出、双向端口或变量进行处理。模块实例化具有以下通用格式。

```
<component name> #<delay> <instance name> (list of ports);
```

图 A.2 中的全加器模块可以用无延时规范和实例名 FAi 来实例化。注意，实例化时并没有指定使用的全加器的型号。

```
fulladder FAi (si,couti,ai,bi,cini)
```

　　图 A.10 所示的 4 位串行进位加法器(RCA)将用于说明模块级结构建模和实例化。RCA 中的每个阶段将被建模为全加器模块的实例。全加器的每个实例都将以其输出命名，其端口列表将与相关的输入和输出相对应。图 A.11 给出了 RCA 的结构模型。注意，为输入 A 和 B 及输出 S 定义了 4 位向量。定义了 5 位网络向量 C 来表示全加器各级之间的连接。最重要的进位 $C[4]$ 被重新命名为 Cout，以表示它是 RCA 的进位。最低有效级的进位被赋值为 0，这使得相应的全加器成为半加器。这比定义一个单独的半加器模块更有效。

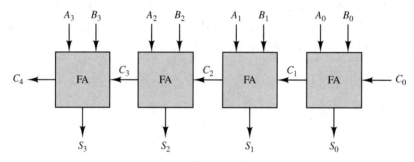

图 A.10　4 位串行进位加法器

```
//Ripple Carry Adder Structural Model
module RippleCarryAdderStructural (
input [3:0] A, B,                          //declare input ports
output [3:0] S,                            //declare output ports for sum
output Cout);                              //declare carry out port
wire [4:0] C;                              //declare internal nets
assign C[0] = 1'b0;                        //assign 0 to least significant carry-in
//instantiate the full adder module for each stage of the ripple carry adder
    fulladder s0 (S[0], C[1], A[0], B[0], C[0]);  //stage 0
    fulladder s1 (S[1], C[2], A[1], B[1], C[1]);  //stage 1
    fulladder s2 (S[2], C[3], A[2], B[2], C[2]);  //stage 2
    fulladder s3 (S[3], C[4], A[3], B[3], C[3]);  //stage 3
    assign Cout = C[4];                    //rename carry out port
endmodule
```

图 A.11　4 位串行进位加法器的结构模型

　　此示例使用与在低级别模块中声明端口的顺序相对应的有序列表来指定端口连接。端口也可以通过低级别模块中使用的端口名称来指定。下面将对全加器的两个实例说明这种方法。回忆一下，完整的加法器端口列表包括 si、couti、ai、bi、cini。

```
fulladder s0 (.si(S[0]), .couti(C[1]), .ai(A[0]), .bi(B[0]), .cini(C[0]));  //stage 0
fulladder s2 (.si(S[2]), .couti(C[3]), .ai(A[2]), .bi(B[2]), .cini(C[2]));  //stage 2
```

按名称引用的方法将不依赖端口的列出顺序而进行正确的连接。因此，任何顺序都可以执行，这有时很方便，而且不容易出错。下面的第 0 级的实例化与前面的实例化等效。

```
fulladder s0 (.ai(A[0]), .bi( B[0]), .cini(C[0]), .couti(C[1]), .si(S[0]));  //stage 0
```

A.7　系统任务和编译器指令

Verilog 提供了许多在 Verilog 模型仿真中可能有用的内置任务。系统任务以$符号开始。表 A.4 列出了一些最常用的系统任务。

Verilog 编译器指令是用于在编译模块之前或期间指导编译器行为的命令。所有编译器指令都以 "`" 字符开头。某些指令必须放在模块结构之外，而其他指令则可以放在模块结构内。表 A.5 列出了一些有用的指令。

表 A.4　常用的 Verilog 系统任务命令

系统任务	功能	示例
$stop	暂停仿真运行	$stop;
$finish	终止仿真运行	$finish;
$time	显示仿真运行中的当前时间	$time;
$display	显示变量或字符串的一次性值	$display ("%b %b %d", A, B, C);
$monitor	显示变量更改时的值	$monitor ("Time = %0d A = %b, B = %b C = %b", $time, A, B, C);
$fopen	打开输出重定向文件	$fopen out_file;
$fclose	关闭打开的文件	$fclose out_file;
$random	生成随机数	$random; or $random (seed);

表 A.5　常用的 Verilog 编译器指令

指令	功能	示例
`timescale	设置仿真的时间单位和时间精度	`timescale 10 ns/100 ps
`include	包含另一个Verilog源文件的内容	`include fulladder.v
`define/undef	定义/取消定义执行文本替换的宏	`define bus_width 8 `undefined bus_width 8
`ifdef	条件编译	`ifdef TEST ... endif
`ifndef	条件编译	`ifndef TEST ... endif
`elseif	条件编译	`ifdef TEST1 ... elseif TEST2 ... endif
`else	条件编译	`ifdef TEST1 ... elseif TEST2 ... else ... endif
`endif	条件编译结束	See above.

A.8　测试平台

测试平台(test bench)是一个 Verilog 模块，用于向另一个 Verilog 模块施加输入激励，并在仿真过程中观察其响应，以验证被测模块的功能。测试平台的简单或复杂，取决于被测试模块的复杂性和测试本身的彻底性。响应观察的可视化或自动化方法也会影响测试平台的复杂度。这里介绍的测试平台相对简单，使用$display 和$monitor 系统任务对响应进行观察。测试平台模块具有以下一般形式。

```
module test_bench_name;
  declare local identifiers
  instantiate the module under test
  define a timer and use $finish to stop the simulation
  generate test patterns using initial and always blocks
  display responses using $display or $monitor
endmodule
```

　　图 A.12 所示为推导先前定义的全加器模块真值表的测试平台。请注意，测试平台将全加器视为一个黑盒，而不考虑测试的是哪种模型。

```
//Full Adder Test Bench
module FATestBench;
   reg A, B, C;                   //declare inputs
   wire S, Cout;                  //declare outputs
fulladder (S,Cout,A,B,C);  //instantiate full adder module
initial #100 $finish;
initial begin
      A = 1'b0; B = 1'b0; C = 1'b0;
      #10 A = 1'b0; B = 1'b0; C = 1'b1;
      #10 A = 1'b0; B = 1'b1; C = 1'b0;
      #10 A = 1'b0; B = 1'b1; C = 1'b1;
      #10 A = 1'b1; B = 1'b0; C = 1'b0;
      #10 A = 1'b1; B = 1'b0; C = 1'b1;
      #10 A = 1'b1; B = 1'b1; C = 1'b0;
      #10 A = 1'b1; B = 1'b1; C = 1'b1;
end
initial
$monitor ("Time = %0d A = %b B = %b C = %b CarryOut = %b Sum = %b", $time,A,B,C,Cout,S);
endmodule
```

图 A.12　全加器模块的测试平台

A.9　特性总结

　　Verilog 是一种应用广泛、功能强大的硬件描述语言(HDL)。它可用于捕获设计，以仿真和/或综合数字硬件。可以使用数据流(行为流或层次结构)在门级进行建模设计。可以仿真现有电路或设计的 Verilog 模型，以得出电路的功能或验证其是否实现了设计规范。作为设计过程的一部分，可以仿真初步设计的模型以验证其正确性。一旦一个设计被验证，它的 Verilog 模型就可以被一个合适的可编程逻辑器件综合实现。

　　表 A.6 总结了 Verilog 的特性，可用于理解本书中的示例和解决发现的问题。想要更深入和/或更广泛地理解 Verilog 的读者，可以参考本附录最后列出的参考文献。

表 A.6　Verilog 的特性总结

类别	特性/关键字	说明	示例
通用	模块	Verilog 模块	
	声明	模块内的多行	
	//注释	单行注释语句	//This is an example.
	module ... **endmodule**	模块分隔符。声明模块名称和 I/O 端口	**module** example (x, z); ... **endmodule**
	;	指定语句的结尾	见上下文。
数据类型	变量(**reg**)	任意位大小的变量	**reg** A;
	网络(**wire**)	表示电路中的节点	**wire** a;
	总线或寄存器	声明一个多位数据类型	[3:0] d
	integer	整数变量数据类型	**integer** i;
端口声明	**input**	声明输入端口	**input** x;
	output	声明输出端口	**output** z;
基本门	**or, and, not, nand, nor, xor**	输出，输入 1，输入 2，…，输入 n	**nand**(z, a, b, c);

续表

类别	特性/关键字	说明	示例
赋值语句	显式(=)	**assign** 连续	**assign** g = a&b | c&d;
	隐式(=)	隐式连续	**wire** g = a&b | c&d;
	程序(=)	阻塞	a = b;
	程序(<=)	非阻塞	a <= b;
运算符	&, |, ~, ^	按位操作	a&d | b&~c | ~b&c
	#	延时	#10
	{ }	连接符	设 A = 0, B = 1. {A, B} = 01
	== , &&, ||, !	检查逻辑 = , AND, OR, NOT	X == Y, X && Y, X||Y, !X
块	**initial** 块	块执行一次	**initial** Q = 1'b0;
	always 块	块连续执行	**always if** (S == 0)Y = A; **else** Y = B;
	begin...end	多个状态块分隔	**always begin** a = b; c = d; **end**
条件语句	**if...else**	**if** (真)语句1 **else** 语句2	参见上面例子
	case...endcase	**case**(表达式) <条件1>: 语句 <条件2>: 语句 ... <条件 *n*>: 语句 **endcase**	**case**({A, B}) 　2'b00: f = A; 　2'b01: f = ~A; 　2'b10: f = B; 　2'b11: f = ~B; **endcase**
数字	二进制	指定以 2 为基数的数字	4'b1001
	十进制	指定以 10 为基数的数字	12'd1234
	十六进制	指定以 16 为基数的数字	16'hA09F
时序	#	延时	#10
	@	边沿敏感事件控制	@(**posedge** *clock*)
	wait	级别敏感事件控制	**wait**(*enable*)i = i + 1
循环	**forever**	永远重复循环	**forever** #5 clock = ~clock;
	repeat	循环重复设定次数	**repeat**(20)#5 clock = ~clock;
	while	满足条件时循环	**while**(i < 8)i = i + 1;
	for	索引范围内循环	**for**(i = 2;i <= 8;i = i+2)a(i) = b(i-1);

参考文献

1. Samir Palnitkar, *Verilog HDL, Second Edition*. Mountain View, CA: SunSoft Press, A Prentice Hall Title, 2003.

2. Michael D. Ciletti, *Advanced Digital Design with the Verilog HDL, Second Edition*. Upper Saddle River, NJ: Prentice Hall, 2011.

3. IEEE Computer Society, *IEEE Standard for Verilog Hardware Description Language, IEEE Std 1364–2005*. New York, NY: IEEE, 2006.

4. Mark Zwolinski, *Digital System Design with SystemVerilog*. Upper Saddle River, NJ: Prentice Hall, 2010.

附录 B　VHDL 入门

B.1　简介

VHSIC(超高速集成电路程序)硬件描述语言(VHDL)被数字逻辑电路和计算机硬件设计人员广泛使用。VHDL 支持设计生命周期的所有阶段,从硬件设计的开发、验证、综合、测试和正式文档化到设计维护和修改。VHDL 的开发是由美国国防部在 20 世纪 80 年代早期发起的,其语法与 ADA 编程语言相似。VHDL 随后于 1987 年作为 IEEE 标准 1076 发布[1],并经过各种升级和增强[2, 3],发展成为使用最广泛的 HDL 之一。

本附录的目的是向读者提供一个关于 VHDL 的基本教程,学习该教程之后足以理解本书中的示例和工作问题。如果希望更深入地学习相关的知识,可以参见参考文献[6]~[8]。本附录的内容与 IEEE Std. 1076-2008 VHDL[3]版本一致,与早期版本可能兼容,也可能不兼容。

VHDL 模型能以适合仿真的格式编译到设计库中,以验证设计的正确性,或用于综合;能够在可编程逻辑器件中生成实现,如现场可编程门阵列(FPGA)和复杂可编程逻辑器件(CPLD);并用于定制专用集成电路(ASIC)。VHDL 代码看起来可能与编程语言相似,但本质上不同,编译后的 VHDL 生成一个可仿真或可综合的网表作为其输出,而编译的 C 程序生成可执行的机器语言。这些差异如图 B.1 所示。

VHDL 和其他 HDL 也不同于 C 语言和其他编程语言,因为它们用于描述固有的并行执行的函数,从而为并行操作的硬件组件建模,而编程语言用于描述串行执行的进程。此外,HDL 模型还考虑了模型化硬件组件的输入和输出之间的延时,而由 C 语句修改的变量是即时更新的。本附录将更详细地讨论 VHDL 语句的行为和执行过程。

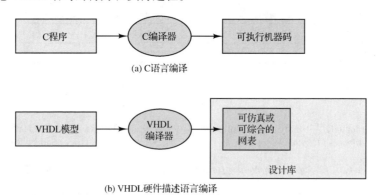

(a) C语言编译

(b) VHDL硬件描述语言编译

图 B.1　编译过程的比较

B.2　设计单元结构

VHDL 设计单元包括一个"实体"声明和一个或多个"架构"。VHDL 实体在形式上描述设计单元的外部视图,定义其输入和输出。例如,图 B.2 所示为 1 位全加器的外部视图,该全加器包含：两个操作数输入，即加数 a 和被加数 b；进位输入 c_{in}；和输出 s；进位输出 c_{out}。

VHDL 架构定义了设计单元的功能行为和/或结构。给定的功能可以在不同的抽象层次和/或不同的设计中进行建模与实现。因此，VHDL 允许为给定的实体定义多个架构。例如，图 B.3 显示了 1 位全加器的和及进位函数的三种不同表示：真值表、逻辑方程和电路结构。

请注意，系统设计人员不需要知道设计单元的实现细节，即可将其用作更高级别设计的组件。只有了解输入/输出信号、它们的各种时序和载入特性，以及设计单元的功能，才能更好地使用它。

B.2.1　信号和数据类型

信号是一个 VHDL 对象，它表示建模系统中的某些信息，如图 B.2 中的全加器输入和输出或图 B.3 中的线路和函数变量。在数字硬件模型中，信号不同于编程语言（如 C 语言）中的变量，因为每个信号都有一个值和“事件”的时间历史，其中事件是信号值在特定时刻的变化。每个信号都是由某个硬件组件产生或驱动的，这些组件可以是建模系统中的一个模块，也可以是该系统外部的某个模块。例如，图 B.3(b) 和 (c) 中的逻辑方程和逻辑门分别驱动其各自的输出信号。

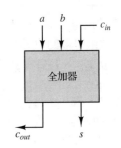

图 B.2　1 位全加器的外部视图

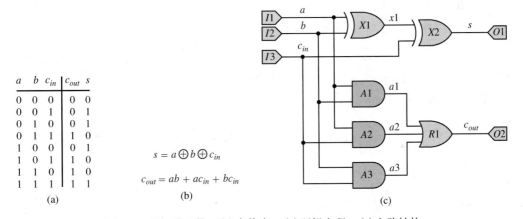

$$s = a \oplus b \oplus c_{in}$$

$$c_{out} = ab + ac_{in} + bc_{in}$$

(a)　　　　　(b)　　　　　(c)

图 B.3　全加器函数。(a) 真值表；(b) 逻辑方程；(c) 电路结构

VHDL 是“强类型”的，这意味着每个信号必须具有声明的数据类型，并且必须定义运算符来操作或组合特定类型的信号。VHDL 编译器验证操作中涉及的信号是否与为该操作定义的信号类型相匹配。这将使由于不恰当地使用信号或未考虑某些条件而导致意外后果的可能性降至最低。

VHDL 信号类型的范围可以从抽象到具体，可以是标量（单个对象）或集合（一组对象）。信号类型是通过指定一组值来定义的，这些值表示信号所传递的信息。这组值可以“枚举”为值列表，也可以指定为数值的“范围”。VHDL 包括几个预定义的类型，它们是在 VHDL 包 standard.vhd 中定义的，每个模型都会自动包含和编译。表 B.1 列出了这些预定义数据类型的一些示例。此外还预定义了字符和字符串类型及一些物理类型（如 **time**），它们同时具有值和单位（10 ns，20 ms，5 s 等）。

例如，标量类型 bit 适合于对图 B.2 和图 B.3 所示的 1 位全加器中的信号进行建模，因为这些信号通常具有逻辑状态“0”或“1”。然而，一个 32 位加法器的输入可能更有效地被建模为 1 位的向量，而不是 32 个单独的位。一个更抽象的加法器模型可以将输入和输出简单地表示为整数或实数。

表 B.1　VHDL 预定义的数字类型的示例

类型	形式	值	注释
bit	标量，枚举	('0', '1')	两个值
boolean	标量，枚举	(FALSE, TRUE)	两个值
integer	标量，范围	$-2147483648 \sim +2147483647$	32 位有符号数
natural	标量，范围	0~整数的最大值	整数的子类型
real	标量，范围	$-1.0E308 \sim +1.0E308$	浮点数
bit_vector	集合	数组(自然数范围<>)	位数组

在位向量(`bit_vector` 类型)的定义中，"数组(自然数范围<>)"表示位信号的一维数组或向量。数组中位的位置由一系列自然数指定，这些自然数使用关键字 **to** 和 **downto** 按升序或降序列出。例如，8 位寄存器的输入和输出可以建模如下：

```
signal Din:   bit_vector (7 downto 0);      -- little-endian format
signal Dout:  bit_vector(1 to 8);           -- big-endian format
```

本例中的 8 位数据是使用 "little-endian" 格式定义和引用的，最高有效(最左边)位的编号为 7，位的编号从左到右减至 0，即为最低有效(最右边)位的编号。相反，Dout 的位使用 "big-endian" 格式进行编号，编号最低的位(位 1)为最高有效位，编号最高的位(位 8)为最低有效位。尽管编号不同，但这两个位向量都是等价的类型，因为每一个都是 bit 类型的 8 个元素的数组。可以通过以下示例引用位向量的各个位或位子集("切片")：

```
Din(5)         <= '1';                -- set bit 5 of Din to '1'
Dout(1 to 4) <= Din(3 downto 0);      -- copy low 4 bits of Din to high 4 bits of Dout
```

位向量字面值(常量)使用双引号或括号中的单个位值列表来表示。例如，下面都是将相同的 8 位文本值分配给前面定义的 8 位向量 Din：

```
Din <= "01010101";              -- 8- bits
Din <= "0101_0101";             -- underscores allowed, to improve readability
Din <=  x"55";                  -- two hexadecimal digits
Din <= o"225";                  -- three octal digits
Din <= ('0','1','0','1','0','1','0','1');    -- array of 8 bits
```

在带圆括号的列表格式中，关键字 **others** 可实现用相同的值填充数组最右边的元素，这对于许多具有相同位的向量非常有用。例如，

```
Din <= ('1','0', others => '1');   -- equivalent to "10111111"
Din <= (others => '0');            -- equivalent to "00000000"
```

设计单元中的每个信号都必须具有声明的类型，无论该信号是单元的外部输入/输出还是单元的内部信号。内部信号是通过将信号名称与数据类型相关联来声明的，如下所示：

```
signal clock:   bit;                    -- single bit named clock
signal address: bit_vector(31 downto 0);  -- 32-bit signal named address
signal count1, count2: integer;         -- two integer signals
signal GND:  bit: = '0';                 -- signal with initial simulation value '0'
```

在最后一个例子中，信号 GND 被赋予初始值 '0'。这是 **signal** 声明语句的一个可选特性，可用于在仿真开始时初始化信号。

为了方便起见，VHDL 允许通过指定类型指示符和该类型的值来声明自定义数据类型。它们可以在模型的架构中声明，也可以在 VHDL 包中提供，后者可以从库中访问。以下示例定义了 3 个自定义数据类型并声明了这些类型的信号：

```
type byte is array (7 downto 0) of bit;   -- Type byte is array of 8 bits
type StateNames is (State1, State2, State3);  -- Sequential circuit state names
signal DataBus: byte;                     -- Signal of type byte
signal State: StateNames;                 -- Signal of type StateNames
```

VHDL 还允许支持已定义基本类型的子类型。例如，下面将 int5 定义为基本类型 integer 的子类型，其值仅限于可以用 5 位表示的整数。

```
subtype int5 is integer range 0 to 31;          -- Values of a 5-bit integer
signal Count: int5;                             -- Signal of type int5
```

相关类型和子类型的信号可以在表达式中组合。例如，可以将二进制计数器的行为指定为

```
Count <= Count + 1;      -- Increment a 5-bit count
```

由于加法运算符是为整数类型定义的，因此它也适用于子类型 int5。子类型的使用允许在建模过程中检测到超出范围的值，或者确保逻辑综合工具生成所需数量的位（在本例中为 5 位，而不是标准整数类型的 32 位）。

除了信号，还可以通过将符号与数据类型和字面值相关联来定义各种数据类型的常量，如下所示：

```
constant GND: bit := '0';                        -- constant GND is logic '0'
constant Zero8: bit_vector(7 downto 0) := "00000000";    -- 8-bit vector of all 0's
```

为了方便和增加语句的清晰度，可以用常量代替字面值。例如：

```
Din <= Zero8;     -- force Din to all '0's
```

IEEE 标准逻辑类型

内置类型 bit 和 bit_vector 有时不足以建模数字电路的各个方面。数字系统建模中常用的数据类型是 IEEE std_logic_1164 包定义的 STD_LOGIC 类型。该包还定义了一个 STD_ULOGIC 类型，它包含 9 个值，表示以下信号逻辑状态和条件，其中有些不能仅用 bit 类型的 "0" 和 "1" 值来表示。

```
type STD_ULOGIC is ( 'U',      -- Uninitialized/undefined value
                     'X',      -- Forcing unknown
                     '0',      -- Forcing 0 (drive to ground)
                     '1',      -- Forcing 1 (drive to supply voltage)
                     'Z',      -- High impedance (floating, undriven, tri-state)
                     'W',      -- Weak unknown
                     'L',      -- Weak 0 (resistive pull-down)
                     'H',      -- Weak 1 (resistive pull-up)
                     '-' );    -- Don't Care (for synthesis minimization)
subtype STD_LOGIC is resolved STD_ULOGIC;
type STD_LOGIC_VECTOR is array (NATURAL range <>) of STD_LOGIC;
```

STD_LOGIC 是 STD_ULOGIC 的一个子类型，具有相同的 9 个值的集合，但它还包括一个 "总线解析函数"，用于解析具有多个驱动器的信号状态，这些驱动器可能试图将该信号强制为不同的值。例如，考虑图 B.4(a) 中的电路，其中指定为驱动器 1 和驱动器 2 的两个模块驱动 STD_LOGIC 类型的相同信号 Y。图 B.4(b) 中的表格定义的分辨函数指定了来自两个驱动器的每个输出组合的 Y 的状态。如果驱动器 1 尝试将 Y 驱动到状态 "0"，而驱动器 2 尝试将 Y 驱动到状态 "1"，反之亦然，则 Y 的状态将是未知的（状态 "X"）。状态 "Z" 表示源没有主动驱动信号。因此，如果驱动器 1 不驱动 Y（输出状态为 "Z"），则驱动器 2 确定 Y 的状态，反之亦然。例如，如果驱动器 1 和驱动器 2 的输出状态分别为 "Z" 和 "0"，则 Y 的状态将为 "0"。如果任何一个驱动器的输出状态是未知的（"X"），那么 Y 的状态也是未知的。"Z" 和 "X" 状态的使用在计算机系统建模中特别有用，其中处理器通过单条数据总线连接到多个内存模块。在禁用其他模块的驱动器的情况下，任何时候都只能有一个模块驱动总线。

类型转换

由于 VHDL 是强类型的，不同类型（例如 bit 和 std_logic）的信号不能在同一表达式中互换使用，即使这些类型可能非常相似。在这种情况下，可以定义 "函数"，可用于将信号值从一

种类型转换为另一种类型。与其他编程语言一样，VHDL 中的函数是一系列语句，通常用一个或多个参数调用，并返回某种类型的值。例如，IEEE std_logic_1164[4]包中有几个函数，可在 `bit` 和 `std_logic` 类型之间及这些类型的向量之间转换信号值。下面的例子说明了这些问题。

```
signal b:  bit;
signal bv: bit_vector(0 to 7);
signal s:  std_logic;
signal sv: std_logic_vector(7 downto 0);

b  <= to_bit(s);               -- convert value of s from type std_logic to type bit
s  <= to_stdlogic(b);          -- convert value of b from type bit to type std_logic
bv <= to_bitvector(sv);        -- convert std_logic_vector sv to bit_vector
sv <= to_stdlogicvector(bv);   -- convert bit_vector bv to std_logic_vector
```

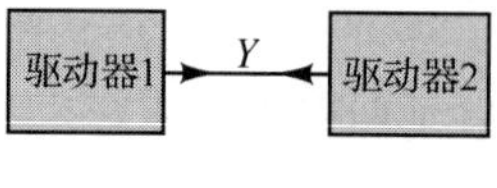

(a)

驱动器2 \ 驱动器1	'0'	'1'	'Z'	'X'
'0'	'0'	'X'	'0'	'X'
'1'	'X'	'1'	'1'	'X'
'Z'	'0'	'1'	'Z'	'X'
'X'	'X'	'X'	'X'	'X'

(b)

图 B.4 由多个驱动器驱动的信号。(a) 信号 *Y* 的两个驱动器；(b) 分辨函数

将信号从 `bit` 转换为 `std_logic` 类型的函数相对简单，因为 `bit` 类型的“0”和“1”值对应于 `std_logic` 类型的值。但是，将信号从 `std_logic` 转换为 `bit` 类型的函数必须指定 `std_logic` 类型的 9 个值中的每一个返回“0”还是“1”。

IEEE numeric_std 包[5]定义了有符号和无符号两种类型的数值，它们是 `std_logic` 元素的向量，可解释为有符号和无符号二进制数。numeric_std 包含了将有符号和无符号类型分别转换为整数和自然类型的函数。

对象属性

有些建模情况需要信号或数据类型的相关信息，例如其最大值或向量中的位数。VHDL 信号和数据类型具有一个或多个指定此类信息的属性。例如，`std_logic_vector` 类型的信号可以定义为向量中位的不同索引范围。信号 `A` 定义如下：

```
signal A: std_logic_vector (31 downto 0);
```

以下数组属性提供关于信号 `A` 的索引信息，这些索引通过指定信号名称、撇号和属性来表示。

Attribute	Definition	Example
'LEFT	left bound of index	A'LEFT = 31
'RIGHT	right bound of index	A'RIGHT = 0
'LENGTH	number of values in the vector	A'LENGTH = 32
'RANGE	range: A'LEFT to A'RIGHT	A'RANGE = 31 downto 0

特定数据类型的属性提供该类型值的相关信息。例如，可以定义以下子类型 `Int5` 来表示 5 位整数值的范围。

```
subtype Int5 is integer range -16 to 15;
```

该类型的以下属性可能有用：

Attribute	Definition	Example
'BASE	base type	Int5'BASE = integer
'LEFT	left bound of the data type	Int5'LEFT = -16
'RIGHT	right bound of the data type	Int5'RIGHT = 15
'HIGH	upper bound of the data type	Int5'HIGH = 15
'LOW	lower bound of the data type	Int5'LOW = -16

在另一个信号操作过程中，一个电路的各种属性与另一个有用的条件相关。

```
Attribute          Definition
S'EVENT            TRUE if an event occurred on signal S at the current time
S'STABLE(T)        TRUE if no event on S over last T time units
S'LAST_VALUE       Value of S prior to its latest change
S'LAST_EVENT       Time at which S last changed
```

例如，如果信号时钟在当前时刻存在上升沿，则以下条件为真：

```
clock'EVENT and clock = '1'
```

这表示时钟上有一个事件，其值现在为"1"。在 VHDL 语言标准[1–3]及各种数据和类型定义包中可以找到其他属性。

B.2.2   运算符和表达式

VHDL 包含表 B.2 中列出的内置运算符，用于在设计单元中形成逻辑和算术表达式。由于 VHDL 是强类型的，因此将为每个运算符定义特定类型的操作数。

表 B.2   VHDL 语言中的内置运算符

类型	运算符	适用的数据类型
逻辑运算	and, or, nand, nor, xor, not	bit, boolean, bit_vector
关系运算	=, /=, <, <=, >, >=	任何类型
移位运算	sll, srl, sla, sra, rol, ror	bit_vector
算术运算	+, -, *, /, mod, rem, **, abs	整数、自然数、正数、实数
连接	&	bit, bit_vector

逻辑运算符对位和布尔操作数执行指定的开关函数。例如，

```
A <= (B and C) or (D and not E);   -- A,B,C,D,E all bit types
F <= G xor H;                      -- F,G,H all 32-bit bit_vector types
```

在第二个示例中，使用 bit_vector 操作数，向量的大小必须相同，并且运算符以位并行的方式应用于每个向量的相应位之间。因此，对于 3 个 bit_vector 中的每个 k，有 F(k)<= G(k) xor H(k)。

关系运算符返回一个布尔值(TRUE/FALSE)，该值指示两个操作数之间的关系，并且可以应用于大多数的操作数类型。两个操作数必须属于同一类型或同一类型的子类型。例如，

```
Y <= A when B /= '0'; -- assign A to Y if bit B is not '0'
```

算术运算符对整数、自然数和实数类型及相关子类型执行指定的操作。

```
A <= (A + B) - (C * D);    -- A,B,C,D all integer types
```

连接运算符将相同基类型的标量/向量合并为单个较大的向量。例如，

```
C <= A & B;      -- concatenate two 8-bit vectors to make a 16-bit vector
D <= '0' & A;    -- concatenate bit '0' and 8-bit vector A to make 9-bit vector D
```

移位运算符将位在向量中向左或向右移动一定数量的位置。逻辑左/右移位(sll/srl)将空位填充为"0"。算术左移(sla)用向量的最右位填充空位。算术右移(sra)用向量的最左(符号)位填充空位。逻辑移位和算术移位都将丢弃移位到向量的最后一位之外的位。旋转左/右运算符(rol/ror)将位从向量的一端移到另一端。例如，假设 B 是一个 4 位向量，其初始值为"1001"，该向量将移动两位的位置。

```
A <= B sll 2; -- "1001" becomes "0100" (upper 2 bits lost, low 2 bits filled with 0)
A <= B srl 2; -- "1001" becomes "0010" (low 2 bits lost, upper 2 bits filled with 0)
A <= B sla 2; -- "1001" becomes "0111" (low 2 bits filled with 1)
A <= B sra 2; -- "1001" becomes "1110" (upper 2 bits filled with 1)
A <= B rol 2; -- "1001" becomes "0110" (shift left, with upper 2 bits to low 2 bits)
A <= B ror 2; -- "1001" becomes "0110" (shift right with low 2 bits to upper 2 bits)
```

可以为其他数据类型定义表 B.2 中的运算符，也可以通过提供指定如何将这些运算符应用于这些数据的函数来定义新运算符。例如，IEEE std_logic_1164 包提供了定义表 B.2 中的每个逻辑运算符、关系运算符和移位运算符的函数，这些运算符用于 std_logic_ 和 std_logic_vector 类型。IEEE numeric_std 包[5]为有符号、无符号、整数和自然数类型的各种组合定义了每个算术运算符。这个包将在后面描述。

与大多数编程语言一样，当运算符在同一表达式中使用时，某些运算符优先于其他运算符，如表 B.3 中所定义的那样。

表 B.3　VHDL 中运算符的优先级

优先级	运算符
最高	** abs not
	* / mod rem
	+ - （一元运算符）
	+ - & （二元运算符）
	sll, srl, sla, sra, rol, ror
	= /= < <= > >=
最低	and, or, nand, nor, xor

例如，考虑以下表达式：

```
A <= B and C or not D xor E + F;
```

此语句将按如下方式执行：

```
A <= B and C or (not D) xor (E + F);
```

由于 not 运算符具有最高优先级，因此它将首先执行。然后，二元加法运算式的优先权比逻辑运算式高，所以它将在下一步执行。最后，将执行逻辑运算符。为了防止由于误解运算符优先级而产生任何意外后果，设计人员通常使用圆括号来明确表示要对哪些操作数执行哪些操作。

B.2.3　设计实体

如前所述，VHDL 模型的实体部分定义了设计单元与其环境之间的接口。实体的语法如下，其中的关键字为粗体。

```
entity design_name is
    generic( generic list);        -- optional generic parameters
    port( port definition list );  -- input/output signal ports
end design_name;
```

design_name 是一个标识符，通过该标识符可以引用此设计单元。可选的通用列表定义了设计单元中所要使用的各种参数，例如数据大小和延时。端口定义列表定义设计单元的输入和输出。

--符号后面的任何内容都被视为"注释"，并被 VHDL 编译器忽略。VHDL 标识符可以包含字母、数字和下画线。与 Verilog 不同，VHDL 不区分大小写。例如，标识符 Adder、adder 和 ADDER 都指向同一个对象，而在区分大小写的 Verilog 语言中，这 3 个对象将被视为 3 个不同的对象。

端口定义

端口在设计单元及其环境之间传递信息。例如，图 B.5 显示了图 B.3 中完整加法器的 VHDL 实体描述，并且列出了它的 5 个端口：3 个输入和两个输出。

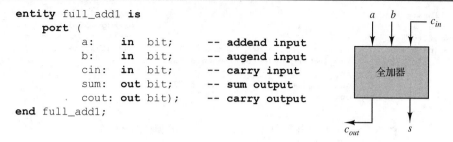

```
entity full_add1 is
    port (
            a:    in  bit;        -- addend input
            b:    in  bit;        -- augend input
            cin:  in  bit;        -- carry input
            sum:  out bit;        -- sum output
            cout: out bit);       -- carry output
    end full_add1;
```

图 B.5 1 位全加器的实体定义

如图 B.5 所示，每个端口定义有 3 个部分：标识符(信号名)、模式和通过该端口传输的数据类型。端口的模式指示通过该端口的信号方向，并且是 **in**、**out**、**buffer** 或 **inout** 中的一种。

- **in**(输入)端口将信息从外部源传递到设计单元中。此信息可以在架构内引用(读取)，但不能更新该信息，即该信息不能由此设计单元驱动。例如，不能通过信号赋值语句为输入端口赋值。
- **out**(输出)端口将信息从该设计单元传送到外部环境，该信息的源在架构中定义。输出端口可以驱动，但不能在架构中引用。例如，架构中的语句可以驱动输出端口，但不能读取和使用其值。(但是，符合 VHDL 2008 版标准的 VHDL 编译器支持读取端口。)
- **buffer**(缓冲)端口类似于输出端口，因为它将信息从这个设计单元传输到外部环境，但是可以在架构中对其进行驱动和引用。
- **inout**(输入/输出)端口是双向的，也就是说，它可以将信息从外部源传输到该设计单元，也可以从架构内的源传输到外部环境。因此，**inout** 端口可以在架构中被引用和驱动。

通常，**in**、**out**、**buffer** 传送由单个源产生的信息，例如逻辑门的输出。相反，可以通过一个或多个外部源及模块内的一个或多个源(例如通过计算机数据总线连接的多个设备)来生成通过 **inout** 端口传输的信息。具有多个驱动器的数字信号应使用 std_logic 类型或其他具有总线解析功能的类型定义。

图 B.6 显示了 1 位全加器实体的另一个定义。在这种情况下，输入和输出的类型为 std_logic。前两个语句告诉 VHDL 编译器访问系统上的 ieee 库，并在此设计中包括该库中的 std_logic_1164 包。

```
library ieee;                        -- supplied library
use  ieee.std_logic_1164.all;        -- package of definitions from the ieee library
entity full_add1 is
        port (                       -- I/O port list
                a:    in std_logic;        -- addend input
                b:    in std_logic;        -- augend input
                cin:  in std_logic;        -- carry input
                sum:  out std_logic;       -- sum output
                cout: out std_logic);      -- carry output
    end full_add1;
```

图 B.6 输入和输出为 std_logic 类型的 1 位全加法器

如果输入和输出是多位信号，则可以使用向量类型，而不是单独列出这些位。图 B.7 显示了一个 8 位全加法器的实体，其中 a、b 和 sum 均为 std_logic_vector 类型的 8 位信号。图 B.8 显示了加法器电路的更抽象的视图，其中输入和输出被简单地定义为 integer 类型的数字。

```
library ieee;                                      -- supplied library
use  ieee.std_logic_1164.all;                      -- package of definitions
entity full_add8 is                                -- 8-bit inputs/outputs
  port ( a:        in  std_logic_vector(7 downto 0);   -- can also use (0 to 7)
         b:        in  std_logic_vector(7 downto 0);
         cin:      in  std_logic;
         sum:      out std_logic _vector(7 downto 0);
         cout:     out std_logic);
end full_add8;
```

图 B.7 输入和输出为 std_logic_vector 类型的 8 位全加器

```
entity integer_adder is
      port ( a:  in  integer;        -- addend input
             b:  in  integer;        -- augend input
             sum: out integer);      -- sum output
      end integer_adder;
```

图 B.8 输入和输出为 integer 类型的加法器的抽象视图

通用参数

泛型允许静态信息与具有相同实体的设计单元的所有架构进行通信。这种信息包含数据大小、时序信息(设置,保持,延时时间)和其他参数。例如,图 B.9 中的实体定义了通用整型参数 N,其输入和输出向量包含 N 位。可以为参数指定一个可选的默认值。在此示例中,N 的默认值为 8。

```
entity registerN is
      generic (N: integer := 8);                   --parameter N, default value 8
      port ( Din:  out bit_vector (N-1 downto 0);  --N-bit input
             Dout: in  bit_vector (N-1 downto 0);  --N-bit output
             Clk:  in  bit);
end register;
```

图 B.9 带参数化宽度的寄存器

在模型中实例化此组件时,将为每个实例指定通用参数 N 的值,从而允许使用同一模型实现大小不同的寄存器。如果没有将通用参数分配给实例,则使用(可选)默认值。

作为另一个示例,以不同技术实现的逻辑门具有从门输入到输出的不同传输延时。图 B.10 中的示例使用通用参数 Tp 来指定与门的传输延时,允许将相同的模型用于不同的技术,并且针对门的不同实例指定了特定于技术的延时。

```
entity and_gate is
      generic ( Tp: time := 5 ns);        -- propagation delay parameter
      port    (a,b: in  bit;
                 c: out bit);
end and_gate;
architecture equations of and_gate is
begin
      c <= a and b after Tp;              -- output changes Tp seconds after input change
end;
```

图 B.10 带参数化传输延时的与门

B.2.4 架构设计

架构定义了某个特定级别的组件行为和/或结构的特定模型。一个实体可能具有多个与之关联的架构,表示该组件的行为/结构的不同视图或设计。一些常见的建模样式如下。

- 行为模型:设计的行为或功能被指定为算法,由流程构造中的顺序、过程性编程语句定义。没有说明任何结构或技术。

- 数据流模型：通过并发信号赋值语句指定设计中通过的信号流。
- 结构模型：电路结构由组件实例及其互连定义，没有明确指定行为。
- 寄存器传输级(RTL)模型：将设计指定为一组寄存器和具有互连信号的组合逻辑功能的行为模型。

使用以下语法定义架构。

```
architecture  architecture_name of entity_name is
    -- component declarations
    -- function and procedure declarations
    -- data type definitions (ie, states, arrays, etc.)
    -- internal signal declarations
begin   -- behavior/structure of the model is described here
    -- concurrent statements
    -- component instantiations
    -- processes
end; -- optionally: END ARCHITECTURE architecture_name;
```

上述声明包括数据类型、常量、信号、文件、组件、属性、子程序及实现描述中使用的其他信息的定义。根据所需的建模风格，使用并发语句、组件实例化和进程对行为和/或结构进行建模。这些内容将在以下章节进行描述。

B.3　行为和数据流模型

在设计架构中，并发语句为设计单元的硬件元件的行为建模。虽然对这些元素建模的语句在架构中是按某种顺序排列的，但在物理系统中，这些元件在对其输入做出反应时是同时操作的。例如，在图 B.11 中，信号 S 是硬件元件 HW1 和 HW2 的输入。因此，信号 S 上的任何事件都会同时影响 HW1 和 HW2，因此它们会同时做出反应，生成新的输出。仿真工具处理并发语句的方式就是对这种并发行为进行建模。因此，并发语句不需要按任何特定顺序列出。

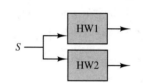

图 B.11　HW1 和 HW2 同时对信号 S 做出反应

B.3.1　并发信号赋值

并发信号赋值语句对硬件进行建模，该硬件以逻辑或算术表达式生成的值连续驱动信号。基本格式是

```
signal <= expression;
```

其中"expression"可以是文字、另一个信号或信号的某些逻辑和/或算术组合。信号赋值运算符的两侧必须具有相同的基本类型。

图 B.12 显示了图 B.3(b)的全加法器的数据流模型，该模型被指定为两个并发信号赋值：分别用于求和与进位输出。请注意，信号 a、b、cin、sum 和 cout 必须都属于同一类型。它们在图 B.5 所示的 full_add1 实体中定义，所有信号类型均为 bit。

图 B.12 中的架构也可以与图 B.6 中定义的实体一起使用，其中所有信号均为 std_logic 类型。

图 B.13 显示了完整加法器的等效数据流模型，但在这种情况下，使用了架构内定义的几个内部信号及实体的加法器输入/输出。该模型中的逻辑表达式与图 B.3(c)中的逻辑门相对应，尽管该模型只是电路的数学表示，但并不一定意味着要使用特定的门来实现它。

```
architecture dataflow1 of full_add1 is
begin
       sum <= a xor b xor cin;
       cout <= (a and b) or (a and cin) or (b and cin);
end;
```

图 B.12   将图 B.3(b)的全加器建模为逻辑方程

```
- behavior  expressed as logic equations with internal signals
architecture dataflow2 of full_add1 is
   signal x1,a1,a2,a3: std_logic;  -- internal signals
begin
       x1    <= a xor b;         -- behavior of XOR gate X1
       sum   <= x1 xor cin;      -- behavior of XOR gate X2
       a1    <= a and b;         -- behavior of AND gate A1
       a2    <= a and cin;       -- behavior of AND gate A2
       a3    <= b and cin;       -- behavior of AND gate A3
       cout  <= a1 or a2 or a3;  -- behavior of OR gate O1
end;
```

图 B.13   使用内部信号的全加器架构

B.3.2   信号延时

由于物理设备无法在零时间内对输入变化做出反应并产生新的输出，因此信号赋值语句不会立即更改被驱动的信号的值，而是延时一定时间之后在该信号上发生"事件"。例如，以下并发信号赋值语句指定信号 y 在其输入事件发生后 1 ns 内更改。

```
y <= a and b after 1 ns;
```

在 T 时刻信号 a 或 b 上的任何事件都将在仿真期间触发语句的执行。如果这导致 y 出现新值，则将安排一个事件在 $T+1$ ns 时刻将 y 更改为该值。

如果在信号赋值语句中未指定任何延时，则将自动插入称为"delta"(δ)的非零无限小延时。考虑以下并发信号赋值语句：

```
a <= b and c;
d <= a and c;
e <= d and c;
```

假设在 T0 时刻的信号值如表 B.4 所示，并且信号 b 在时间 T1 从"0"变为"1"。在信号 b 上该事件触发了表中所示的事件序列，说明了数字系统的事件驱动操作。

表 B.4   由信号 b 的变化触发的事件序列

时刻	a	b	c	d	e	事件
T0	'0'	'0'	'1'	'0'	'0'	(初始条件)
T1	'0'	'1'	'1'	'0'	'0'	b 变为 to '1'
T1 + δ	'1'	'1'	'1'	'0'	'0'	a 变为 to '1'
T1 + 2δ	'1'	'1'	'1'	'1'	'0'	d 变为 to '1'
T1 + 3δ	'1'	'1'	'1'	'1'	'1'	e 变为 to '1' (最终稳定状态)

参考这 3 个信号赋值语句的右侧，在 T1 时刻信号 b 上的事件仅影响第一个语句。因此，此时只执行该语句，导致在 T1 + δ 时刻将信号 a 更改为"1"的事件被调度。在 T1 + δ 时刻的 a 的变化导致第二个语句的执行，并计划一个新事件，在 T1 + 2δ 时刻将信号 d 更改为"1"。最后，d 上的事件触发第三个语句的执行，生成一个事件，该事件将在 T1 + 3δ 时刻将信号 e 更改为"1"。由于这 3 个语句都不受信号 e 的影响，因此在 T1 + 3δ 时刻之后没有进一步的事件发生。

B.3.3　条件信号赋值

条件信号赋值语句使用一个或多个布尔条件来选择要赋给信号的值，其格式为

```
A <= B when condition1 else     -- assign A <= B if condition1 TRUE
     C when condition2 else     -- assign A <= C if condition2 TRUE
     ...
     D when conditionN else     -- assign A <= D if conditionN TRUE
     E;                         -- assign A<= E if none of the conditions are TRUE
```

其中每个条件都是一个布尔表达式。当没有指定条件结果为 TRUE 时，指定要分配的默认值 E 是可选的。例如，图 B.14 给出了一个条件信号赋值语句，该信号用于对具有使能信号 EN 的 2-4 线译码器进行建模，其中 A 是要译码的 2 位向量，Y 是对应于译码器输出的 4 位向量。当 En = '0' 时，译码器被禁用，并且所有 4 个输出均为 "0"。否则，当 En = '1' 时，启用译码器，并激活一个输出（设置为 "1"），这由输入 A 选择。

图 B.15 显示了三态驱动器的功能，其中 A、Y 和 En 均为 std_logic 类型的信号。如果启用了驱动器（En = '1'），则 Y 仅是信号 A 的值。否则，如果禁用了驱动器（En = '0'），则不会驱动 Y，如表示为逻辑状态 'Z'。

```
Y <= "0000" when EN = '0' else
     "0001" when A = "00" else
     "0010" when A = "01" else
     "0100" when A = "10" else
     "1000" when A = "11";
```

图 B.14　2-4 线译码器的条件信号赋值模型

```
Y <= '0' when En = '1' and A = '0' else
     '1' when En = '1' and A = '1' else
     'Z';        -- Y not driven if En = '0'
```

图 B.15　三态驱动器：启用时 Y 由 A 驱动，禁用时不驱动

B.3.4　选择信号赋值

选择信号赋值语句使用求值表达式从一组值中选择一个赋给信号，其格式为

```
with expression select
    A <=  B when expression-value1,
          C when expression-value2,
          ...
          D when others;
```

其中信号 A、B、C 和 D 都是相同的基本类型，表达式是一个逻辑或算术表达式，其计算结果为 expression-value1、expression-value2 等。关键字 **others** 是可选的，表示在表达式与任何选项都不匹配的情况下要分配的值。

图 B.16 显示了一个 4 选 1 数据选择器，建模为选择信号赋值语句，其中 S 是一个 2 位向量，它选择输入 a、b、c 或 d 中的一个来驱动输出。请注意，信号 y、a、b、c 和 d 必须均为相同的基本类型。

选择信号赋值语句可以有效地对由真值表指定的组合逻辑函数的行为进行建模，而无须导出逻辑方程。图 B.17 显示了函数 $Y = f(A, B)$ 的真值表及相应的选择信号赋值语句。默认值 "x" 表示如果 S 为指定的 4 个值以外的其他值，则 Y 的值未知。

　　图 B.18 说明可以用一个选择信号赋值语句对多功能真值表进行建模，在这种情况下，真值表是图 B.3(a)的 1 位全加法器的真值表，其中 3 个输入串联到向量 ADDin 中，并将两个输出转换为向量 ADDout。

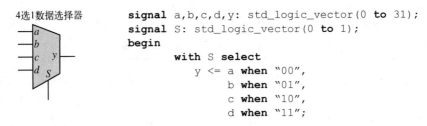

```
signal a,b,c,d,y: std_logic_vector(0 to 31);
signal S: std_logic_vector(0 to 1);
begin
        with S select
            y <= a when "00",
                 b when "01",
                 c when "10",
                 d when "11";
```

图 B.16　采用选择信号赋值语句建模的 4 选 1 数据选择器

A B	Y
0 0	0
0 1	1
1 0	1
1 1	0

```
signal S: std_logic_vector(1 downto 0);
begin
    S <= A & B;                      -- S(1)=A, S(0)=B
    with S select                    -- 4 options for S
        Y <= '0' when "00",
             '1' when "01",
             '1' when "10",
             '0' when "11",
             'X' when others;
```

图 B.17　采用选择信号赋值语句的函数 $Y = f(A, B)$ 的真值表建模

A B Cin	Cout Sum
0 0 0	0　0
0 0 1	0　1
0 1 0	0　1
0 1 1	1　0
1 0 0	0　1
1 0 1	1　0
1 1 0	1　0
1 1 1	1　1

```
ADDin <= A & B & Cin;        -- ADDin is a 3-bit vector
Sum   <= ADDout(0);          -- Sum output (ADDout is 2-bit vector)
Cout  <= ADDout(1);          -- Carry output
with ADDin select
    ADDout <=  "00" when "000",
               "01" when "001",
               "01" when "010",
               "10" when "011",
               "01" when "100",
               "10" when "101",
               "10" when "110",
               "11" when "111",
               "XX" when others;
```

图 B.18　采用选择信号赋值语句建模的全加器真值表

B.4　结构模型和层次模型

　　结构模型包括一组组件实例化及其互连，这些实例化指定了电路结构，其实就电路原理图的文字描述。必须通过分析电路结构和实例化组件的模型来推断行为。

B.4.1　组件声明

　　在架构中实例化组件之前，必须首先由 **component** 语句声明，该语句可以放在该架构的声明部分，也可以从包中导入。**component** 语句指定该设计单元的实体名和端口列表。例如，假设当前工作库包含图 B.19 所示的两个输入和门模型，该模型将在结构模型中实例化。

　　相应的 **component** 语句指定实体名和端口列表，如下所示：

```
component AND2                       -- declare AND gate
        port (z: out bit; x,y: in bit); -- port list
end component;
```

VHDL 编译器使用此语句中的端口列表来验证连接到此组件实例的信号是否具有正确的类型。如果一个实体具有多个架构，或者该模型位于当前工作库以外的其他库中，则还必须按以下方式声明库和架构的名称，以确保实例化模型的正确性。

```
component AND2                         -- declare AND gate
      port (z: out bit; x,y: in bit); -- port list
end component;
for ALL: ADD2 use entity mylibrary.ADD2 (dataflow);
                    entity AND2 is
                          port ( z: out bit; x: in bit;  y: in bit);
                    end AND2;
                    architecture dataflow of AND2 is
                    begin
                          z <= x and y;
                    end;
```

图 B.19　二输入与门的模型

"**for ALL**"语句指定该组件的所有实例都使用 mylibrary 库中的模型，实体名称为 ADD2，架构名称为数据流。如果我们希望对该门的两个不同实例(A1 和 A2)使用不同的架构，那么我们将指定用于每个实例的架构，如下所示：

```
for A1:  AND2 use entity mylibrary.ADD2 (equations);
for A2:  AND2 use entity mylibrary.ADD2 (dataflow);
```

B.4.2　组件实例化

与绘制原理图一样，电路结构是通过用组件实例化语句实例化架构中声明的组件来创建的，每个实例都指定一个唯一的实例名称、要实例化的组件及到组件端口的信号连接映射。

```
Instance_Name: Component_Name port map (port list);
```

考虑如图 B.20 所示的电路及其结构模型，其包括两个连在一起的二输入与门。电路结构是通过将信号(导线)与元件的输入或输出端口相关联来定义的。如图 B.20 所示，端口映射可以使用位置关联或命名关联来指定信号和正式端口名称之间的连接。在位置关联中，如实例 A1 所用的，信号按照正式端口名在组件声明中列出的顺序来连接到组件的端口。因此，在这种情况下，信号 a 连接到二输入与门的输入端口 x，信号 b 连接到端口 y，输出端口 z 驱动信号 d。在命名关联中，每个连接都显式地指定为"formal => actual"。在这种格式中，列表中端口的顺序是任意的。

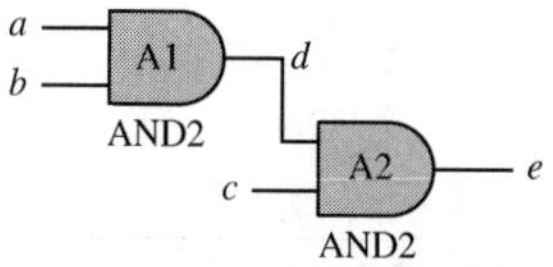

```
architecture structure of circuit is
component AND2
  port    (x, y : in std_logic;       -- formal parameters
           z : out std_logic);
end component;
begin
A1:AND2 port map (a, b, d);           -- positional association
A2:AND2 port map (y=>c, x=>d, z=>e);  -- named association
end;
```

图 B.20　采用位置关联和命名关联的两个二输入与门的实例化

图 B.21 列出了图 B.3(c)的全加器电路的结构模型，其包括两个 XOR2 门(X1 和 X2)、三个 AND2 门(A1、A2、A3)和一个 OR3 门(O1)。信号 x1 将 XOR2 门 X1 的输出端口 z 连接到 XOR2 门 X2 的 x 输入。同样，外部输入 a 和 b 连接到 XOR2 门 X1 的输入端口 x 和 y。

图 B.22 显示了由 4 个 D 触发器组成的寄存器。该电路的结构模型如图 B.23 所示，声明 D 触发器组件，实例化其中的 4 个，并指定它们的互连以形成寄存器。D 输入向量和 Q 输出向量的一位与每个触发器相连，时钟(Clk)、预置(Pre)和清零(Clr)端连接到所有的 4 个组件。

```
architecture structure of full_adder is
                                    -- declare components to be instantiated
    component XOR2                  -- declare XOR gate
        port(z: out bit; x,y: in bit);
    end component;
    component AND2                  -- declare AND gate
        port(z: out bit; x,y: in bit);
    end component;
    component OR3                   -- declare OR gate
        port(z: out bit; w,x,y: in bit);
    end component;
    signal x1,a1,a2,a3: bit;        -- internal signal wires
    begin
    -- instantiate components and specify signals connected to their ports
    X1: XOR2 port map (x1,a,b);
    X2: XOR2 port map (s,x1,cin);
    A1: AND2 port map (a1,a,b);
    A2: AND2 port map (a2,a,cin);
    A3: AND2 port map (a3,b,cin);
    O1: OR3  port map (cout,a1,a2,a3);
end full_adder;
```

图 B.21　全加器电路的结构模型

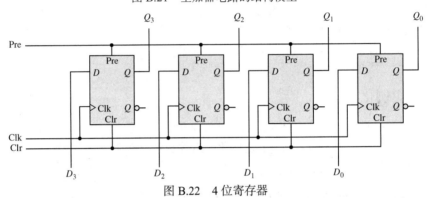

图 B.22　4 位寄存器

在图 B.22 中，触发器具有未连接到输出信号的互补 Q 输出。由于 VHDL 是强类型的，因此组件输入和输出端口可能不会保持未连接状态。因此，图 B.23 中的模型定义了一个"虚拟"信号向量 Qbar，该信号向量连接到触发器的 Qbar 输出，即使没有使用这些输出也是如此。VHDL 标准的新版本[3]包含关键字 **OPEN**，可用于指示端口图中未连接的输出，如图 B.24 所示，从而消除了对"虚拟"信号的需求。但是，输入端口永远都不能断开连接。

```
entity Register4 is
    port ( D: in std_logic_vector (3 downto 0);
           Q: out std_logic_vector (3 downto 0);
           Clk, Clr, Pre: in std_logic );
end Register4;
architecture structure of Register4 is
    component DFF -- declare library component to be used
        port (Preset: in std_logic;
              Clear: in std_logic;
              Clock: in std_logic;
              Data:  in std_logic;
              Q:     out std_logic;
              Qbar:  out std_logic);
    end component;
    signal Qbar: std_logic_vector(3 downto 0); -- dummy for unused Qbar outputs
begin
    -- Signals connect to ports in order listed above
    F3: DFF port map (Pre, Clr, Clk, D(3), Q(3), Qbar(3));
    F2: DFF port map (Pre, Clr, Clk, D(2), Q(2), Qbar(2));
    F1: DFF port map (Pre, Clr, Clk, D(1), Q(1), Qbar(1));
    F0: DFF port map (Pre, Clr, Clk, D(0), Q(0), Qbar(0));
end;
```

图 B.23　图 B.22 中 4 位寄存器的结构模型

```
begin
    -- Keyword OPEN indicates an unconnected output
    F3: DFF port map (Pre, Clr, Clk, D(3), Q(3), OPEN);
    F2: DFF port map (Pre, Clr, Clk, D(2), Q(2), OPEN);
    F1: DFF port map (Pre, Clr, Clk, D(1), Q(1), OPEN);
    F0: DFF port map (Pre, Clr, Clk, D(0), Q(0), OPEN);
end;
```

图 B.24　触发器 Qbar 的输出指定为开路

B.5　混合建模风格

数字电路模型不需要完全是行为模型或结构模型。设计通常以一种分层的、自上而下的方式进行开发，首先将设计划分为对其行为建模的模块。然后分别设计每个模块的电路。在此过程中，某些模块可能具有行为模型和某些结构。同时包含行为和结构组件的设计单元称为混合模式模型。在开发每个模块的逻辑电路时，将其结构插入到整体模型中，代替其实现的行为，并对整个模型进行验证，以确保整体行为是正确的。这使得每个单独的电路可以在整体设计的背景下进行测试，而不必等待整个逻辑电路的开发。

图 B.25 给出了一个混合模式全加器模型，其中"和"由两个异或门构成，进位输出为逻辑方程。

```
architecture mixed of full_adder is
    component XOR2               -- declare XOR gate
        port(z:    out bit;
             x,y: in bit);
    signal x1,a1,a2,a3: bit; -- internal signal wires
begin
    -- produce sum bit with XOR gates
    X1: XOR2 port map (x1,a,b);
    X2: XOR2 port map (s,x1,cin);
    -- produce carry bit with a logic expression
    Cout <= (a and b) or (a and cin) or (b and cin);
end full_adder;
```

图 B.25　全加器电路的混合结构和数据流模型

应当注意，VHDL 及许多其他 HDL 能够以任何所需的抽象级别或任何级别的混合模式来表示电路和系统，从而使设计人员能够在从概念到逻辑电路实现的单一环境中工作。

B.6　顺序行为建模

B.6.1　进程结构

进程结构允许使用传统的编程语言方法来定义设计单元的行为，以描述电路行为。下面显示的进程结构语法包括一个声明部分，用于定义进程和主体中专用的信号与变量，其中包含一系列对电路行为进行建模的顺序语句。敏感度列表(如果提供)是可以触发执行进程的顺序语句的信号列表。

```
label: process (sensitivity list)    -- label and sensitivity list are optional
    ... local declarations ...
    begin
    ... sequential statements ...
    end process label;
```

进程的顺序语句按指定的顺序执行，在仿真开始时总是执行一次。如果指定了敏感度列表，则该进程将在最后一条语句后暂停执行，直到敏感度列表中的某个信号出现后续事件时为止。每个这样的事件在事件发生时都会触发一次进程执行。如果没有指定敏感度列表，则可以插入 **wait** 语句以在进程中的某个时间点暂停执行，直到发生指定的事件或经过一段时间。进程应该包含敏感度列表或 **wait** 语句，但不能同时包含这两个语句。

进程可以为组合逻辑或顺序逻辑建模。对于组合逻辑，进程中引用的所有信号必须都在敏感度列表中，因为任何输入事件都可能导致输出事件。例如，图 B.26 中对图 B.19 的二输入与门进行建模的处理。过程敏感度列表由 x 和 y 两个输入组成，因此任何一个输入上的事件都会触发进程中语句的执行，该语句确定并安排了输出事件。

此进程等效于并发信号赋值语句 "z <= x and y;"，实际上，当编译任何并发信号赋值语句时，它将转换为图 B.26 中的处理形式，并将信号赋值右侧引用的所有信号插入敏感度列表中。

所有组合逻辑输入必须包含在进程的敏感度列表中。考虑图 B.27 中的示例，其从图 B.26 处理的敏感度列表中省略了输入 y。在这种情况下，信号 y 上的事件将不会触发该进程的执行，并且信号 y 上的任何事件都不会影响信号 z，直到下一次由输入 x 上的事件触发进程时为止。

```
-- process equivalent to concurrent statement:  z <= x and y;
    process (x, y)    -- gate reacts to events on x or y
    begin
        z <= x and y; -- executed at time of an event on x or y
    end process;
```

图 B.26　二输入与门的进程建模

```
process (x)            -- sensitivity list should be (x, y)
  begin
    z <= x and y; -- will not react to changes in y
  end process;
```

图 B.27　进程不会对信号 y 的变化做出反应

B.6.2　顺序语句

在过程、进程或功能模块中，顺序语句用于定义表达设计单元行为的算法。顺序语句与常规编程语言的顺序语句相似，并按程序结构指定的顺序执行。本节定义了 VHDL 中最常用的顺序语句的语法，下一节将说明它们在设计单元中对顺序行为进行建模的用法。

顺序信号赋值语句

它们具有与并发信号赋值语句相同的语法，并且它们也是在指定的延时或默认的增量延时之后安排驱动信号的事件。但是，顺序信号赋值语句在执行过程时以指定的顺序执行，而不是由语句中的信号事件触发。顺序信号赋值语句的示例可以参见图 B.26 和图 B.27。

变量赋值语句

可以定义变量，从而在过程、进程和功能模块中使用。与信号对象不同，变量在执行变量赋值语句时会立即更新。它们可以是任何标量或聚合数据类型，并且主要用于行为描述中。可以选择为它们分配初始值(在仿真开始之前仅执行一次)。

变量声明语法类似于信号声明的语法，它指定了变量名称和数据类型，如图 B.28 所示。在此示例中，变量 count 的初始值为 0。变量赋值语句与信号赋值的区别在于使用了 ": =" 运算符，如图 B.28 中的过程主体所示。在此示例中，整型变量计数增加，转换为 8 位向量，并分配给 bit_vector 变量 rega。然后使用信号赋值语句将变量 rega 的值赋值给信号 CountOutput。这两个变量赋值会立即更新 count 和 rega 的值，而信号赋值在增量延时后安排信号 CountOutput 上的事件，因此直到该延时之后，信号 CountOutput 的新值才生效。

```
process (clk)                                -- event on clk triggers process execution
    variable count: integer := 0;
    variable rega: bit_vector(7 downto 0);
begin
    count:= count + 1;                       -- assign new count value
    rega:= to_bit_vector(count,8);           -- convert count 8-bit vector
    CountOutput <= rega;                     -- drive signal CountOutput to new value
end;
```

图 B.28　使用变量作为计数器内部状态的进程

if 语句

if 语句允许通过各种布尔条件选择要执行的互斥语句序列。在这个构造中，**elsif** 和 **else** 子句是可选的，并且 **elsif** 可以多次使用。

```
if condition1 then
    ... sequence of statements...
elsif condition2 then
    ... sequence of statements...
else
    ... sequence of statements...
end if;


-- Example (function selects one of three operations to be performed)
if (function = "01") then
    a <= b and c;
elsif (function = "10") then
    a <= b or c;
else
    a <= b xor c;
end if;
```

case 语句

case 语句还允许利用表达式生成的值选择要执行的互斥语句序列。如果表达式的计算结果不是选项之一，则可以使用关键字 **others** 来指定要执行的默认语句序列。

```
case expression is
    when choices => sequence of statements;
    when choices => sequence of statements;
    ....
    when others => sequence of statements;
end case;


-- Example (function code selects one of four operations)
case function is
    when "00"   => a <= not a;
    when "01"   => a <= a and b;
    when "10"   => a <= a or b;
    when others => a <= a xor b;
end case;
```

for-loop 语句

for-loop 语句序列对指定值范围的循环变量的每个值执行一次。在这种结构中，循环控制变量是"隐含的"，不需要声明。请注意，标签是可选的。

```
-- for-loop statement syntax
[label:] for loop_variable in range loop
        ... sequence of statements...
        end loop [label];


-- Example  (loop control variable k is implied)
    Init: for k in N-1 downto 0 loop
                Q(k) <= '0';
        end loop Init;
```

`while-loop` 语句

`while-loop` 循环指定只要给定的布尔条件为真，就要执行的语句序列。

```
-- while-loop statement format
   [label:] while condition loop
            ... sequence of statements
         end loop [label];

-- Example    (Variable k must be declared as a process variable)
   while (k > 0) loop
            Q(k) <= '0';
            k := k - 1;
   end loop;
```

循环终止语句

循环终止语句可用于终止循环操作的执行。执行 **next** 语句结束当前循环迭代。执行 **exit** 语句后将完全退出正在执行的最内层循环。格式如下：

```
next [when condition];      -- end current loop iteration
exit [when condition];      -- exit innermost loop entirely
```

如果指定了布尔条件，则仅当该条件的值为真时，才会执行下一个/退出动作。否则，下一个/退出动作将会无条件发生。

`wait` 语句

如前所述，**wait** 语句将挂起进程/子程序的执行，直到指定的信号发生变化、条件变为真、已定义的时间段已过或发生了这些情况的某种组合时为止。当且仅当未指定敏感度列表时，才可以将它们插入到进程中。语法是

```
wait [on signal_name {,signal_name}]
     [until condition]
     [for time expression]
```

在下面的示例中，第一个语句暂停进程的执行，直到信号时钟上发生事件时为止。第二个语句暂停执行 10 ns。第 3 个语句暂停进程的执行，直到两个条件中的一个变为真或持续 25 ns，以先发生的为准。

```
wait on Clock;                          -- suspend the process until the next event on signal Clock
wait for 10 ns;                         -- suspend the process for 10 ns
wait until Clock = '1' or Done ='1' for 25 ns;
```

指定过程敏感度列表后，VHDL 编译器会在过程结束时自动插入一个 **wait on** 语句，包括敏感度列表中的信号名称。

B.6.3　时序逻辑电路模型

时序逻辑电路包含保持电路状态的存储器，直到它响应一个或多个信号事件而改变。数字电路中最常见的存储单元是触发器，它保持一个状态直到被时钟信号触发，然后变为由触发器驱动输入决定的新状态。图 B.29 是上升沿触发的 D 触发器模型，其过程模拟了触发器的行为。注意，D 输入不在过程敏感度列表中，因为触发器只能在时钟输入上升沿改变状态。如前所述，Clk 事件是 Clk 信号的一个属性，如果当前 Clk 上有一个事件，则该属性为 TRUE。如果此时 Clk = '1'，则事件是上升沿，即变化为逻辑状态 "1"。下降沿触发的 D 触发器与图 B.29 中的模型几乎相同，但指定 Clk = '0'，表示当前时间状态更改为 "0"。

```
library ieee; use ieee.std_logic_1164.all;
entity DFF is
     port (  D:   in std_logic;          -- excitation input
             Q:   out std_logic;         -- output indicates flip-flop state
             QB:  out std_logic;         -- complementary output
             Clk: in std_logic);         -- clock input
end DFF;
architecture behave of DFF is
begin
     process (Clk)                       -- process triggered by Clk event
     begin
         if (Clk'event and Clk='1') then -- rising edge of clk
             Q <= D;                     -- next state is D
             QB <= not D;                -- complementary output
         end if;
     end process;                        -- wait here for next Clk event
end;
```

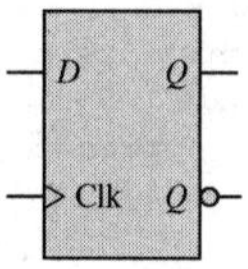

图 B.29　上升沿触发 D 触发器的过程建模

为了方便指定时钟跳变，IEEE std_logic_1164 包[4]为 std_logic 类型的信号定义了两个功能：

```
rising_edge(clk)  = TRUE for '0'->'1', 'L'->'H' and other "rising-edge" conditions
falling_edge(clk) = TRUE for '1'->'0', 'H'->'L' and other "falling-edge" conditions
```

图 B.30 是图 B.29 过程的修改版本，使用 rising_edge() 函数指定了触发时钟条件。

过程语句只在敏感度列表中的信号发生事件的时刻 T 进行评估。过程中的语句使用时刻 T 存在的信号值，信号赋值语句"调度"将来的事件。图 B.31 说明了如何发生意外的时序问题。在这个例子中，假设在时刻 T 处于时钟的上升沿，Q 将在时刻 $T+\delta$ 更改为在时刻 T 上存在的值。由于 Q 尚未改变，因此 QB 将变为在时刻 T 存在的 Q 值的反码，而不是 Q 的新值的反码，新值直到时刻 $T+\delta$ 才会出现。因此，Q 和 QB 最终将具有相同的值。可以通过将第二个语句改为 QB<= not D 来解决此问题。如图 B.30 所示。

```
process (clk)                       -- trigger process on clk event
begin
    if rising_edge(clk) then        -- detect rising edge of Clk
         Q  <= D;                    -- Q and QB change on rising edge
         QB <= not D;
    end if;
end process;
```

图 B.30　指定为"rising_edge(clk)"的上升时钟跳变

```
process (clk)                       -- trigger process on clk event
begin
    if rising_edge(clk) then        -- detect rising edge of clk
         Q  <= D;                    -- Q and QB change on rising edge
         QB <= not Q;                -- timing error here!! (should be QB <= not D;)
    end if;                          -- correct QB appears at next clock transition
end process;
```

图 B.31　使 Q 和 QB 值不同的语句

可以将触发器模型轻松地应用于数字系统中的多位寄存器。图 B.32 中的模型使用一个过程来对带有时钟使能信号的 32 位寄存器进行建模。在该过程中，使用语句"Q<= D;"，如果 Q 和 D 的类型相同，则对任何类型的信号均有效。例如，寄存器的抽象视图可能将 Q 和 D 定义为整数或实数，而不是 bit 或 bit_vector。

B.6.4　同步和异步控制信号

数字电路的同步输入仅在有效时钟跳变时才影响电路的状态。异步输入不与时钟同步；它们会立即更改电路状态，并且通常优先于同步操作。图 B.33 显示了同时对异步和同步输入进行建模的过程的格式。时钟和异步控制信号位于敏感度列表中，而 **if…else** 语句规定了由这些信号触发的事件的优先级。

```
entity Reg32 is
    port (D:   in   std_logic_vector (31 downto 0);
          Q:   out  std_logic_vector (31 downto 0);
          EN:  in   std_logic;
          CLK: in   std_logic);
end Reg32;
architecture behave of Reg32 is
begin
    process(CLK)
    begin
        if rising_edge(CLK) then          -- Active clock transition
            if EN = '1' then              -- Load only if enabled
                Q <= D;                   -- D and Q can be any data type
            end if;
        end if;
    end process;
end;
```

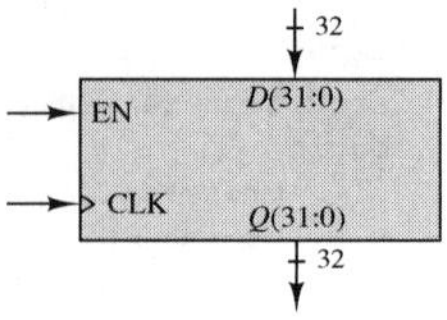

图 B.32　带有时钟使能信号的 32 位寄存器

```
process (clock, asynchronous_signals )
begin
    if (boolean_expression) then
            ...asynchronous signal_assignments
    elsif (boolean_expression) then
            ...asynchronous signal assignments
    elsif (clock'event and clock = constant) then
            ...synchronous signal_assignments
    end if;
end process;
```

图 B.33　进程中的同步和异步事件

图 B.34 是具有异步低电平有效预置(PRE)和清零(CLR)输入的上升沿触发的 D 触发器的模型。CLK、PRE 或 CLR 上的任何事件都会触发该过程的执行。因此，它们构成了敏感度列表。只要 CLR 处于有效状态（"0"），Q 就会强制为"0"。如果 CLR 处于非有效状态，并且 PRE 处于有效状态（"0"），则 Q 被强制为"1"。如果 CLR 和 PRE 均无效，则同步输入 D 在 CLK 的上升沿确定触发器的状态。

```
entity DFF is
    port (D,CLK: in std_logic;            -- D is a sync input
          PRE,CLR: in std_logic;          -- PRE/CLR are async inputs
          Q: out std_logic);
end DFF;
architecture behave of DFF is
begin
    process(CLK,PRE,CLR)
    begin
            if (CLR='0') then             -- async CLR has precedence
                Q <= '0';                 -- reset Q to '0'
            elsif (PRE='0') then          -- then async PRE has precedence
                Q <= '1';                 -- preset Q to '1'
            elsif rising_edge(clk) then   -- sync operation only if CLR=PRE='1'
                Q <= D;                   -- D determines the state
            end if;
    end process;
end;
```

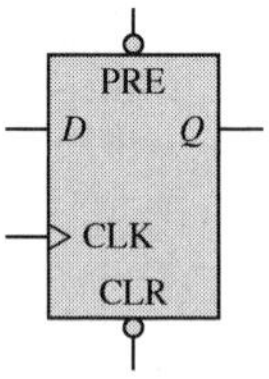

图 B.34　带异步 PRE 和 CLR 输入的 D 触发器

在图 B.34 中，**if-then-else** 语句的组织使 CLR 的优先级高于其他操作，其次是 PRE，然后是 CLK。假设 PRE 和 CLR 未被同时激活。如果担心这种可能性，则可以按如下方式修改 **if-then-else** 结构，以检测该条件并将未知状态分配给触发器。

```
if (CLR='0') and (PRE='0') then
        Q <='X';                        -- unknown state if both CLR and PRE activate
elsif (CLR='0') then                    -- now test CLR and PRE individually
        Q <='0';
elsif...
```

图 B.35 显示了具有使能信号 G 的 D 锁存器的模型，其中，只要使能信号 G 为"1"，D 的变化就会改变状态。相反，触发器仅在时钟跳变时改变状态。

```
entity Dlatch is
    port (D,G: in bit;
          Q: out bit);
end Dlatch;
architecture behave of Dlatch is
begin
    process(D, G)                        -- Either G or D can cause state change
        begin
            if (G='1') then
                Q <= D;                  -- Q follows D if G = 1
            end if;
    end process;
end;
```

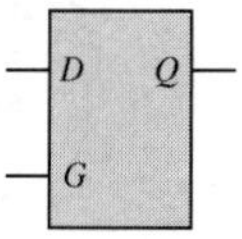

图 B.35　D 锁存器对 G 或 D 的变化做出响应

B.6.5　有限状态机模型

如第 4 章和第 5 章所述，有限状态机(FSM)包含一组表示输入序列的状态，并产生输出，该输出既可以是状态和输入的函数(米利型)，或者仅是状态的函数(摩尔型)。FSM 行为可以通过状态图或状态表指定，可以通过综合过程从中得出电路。

考虑图 B.36(a)所示的米利型 FSM 的状态图。该电路有一个输入 x、一个输出 z 和两个指定为 A 和 B 的状态。

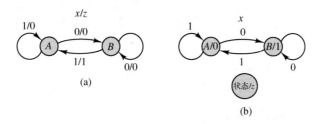

图 B.36　FSM 状态图。(a)米利型；(b)摩尔型

该状态图的行为模型如图 B.37 所示。为了便于对 FSM 行为进行建模，在架构中定义了一个新的枚举数据类型状态，其值是状态名称 A 和 B。然后将 FSM 的存储器建模为 state 信号，并声明为 state 类型。

从状态图中可以看出，当 FSM 处于状态 B 且 $x=1$ 时，输出 z 为 1。在图 B.37 的架构中，这是通过一个条件信号赋值语句来建模的，该语句将此条件的 z 设置为"1"，否则设置为"0"。

图 B.37 的架构中定义的过程对状态图中所示的 FSM 状态转换进行建模。在这种情况下，假定状态变化发生在时钟输入 clk 的上升沿。此过程中的 **case** 语句定义状态转换，当 FSM 处于状态 A 时，为每一个 x 值指定下一个 state 值，然后当 FSM 处于状态 B 时进行状态转换。

图 B.36(b)中的状态图是摩尔型 FSM 的状态图。该 FSM 与图 B.36(a)中的米利型 FSM 的相似之处在于，对于输入 x 的每个值，它们都具有相同的输入和状态，以及相同的状态转换。两种模型的不同之处仅在于确定输出 z 的方式。在米利型 FSM 中，z 是输入和状态的函数，而在摩尔型

FSM 中，z 仅是状态的函数。具体来说，在图 B.36(b)的摩尔型 FSM 中，我们看到当电路处于状态 A 时 z = 0，而当电路处于状态 B 时 z = 1。

```
entity Mealy is
        port ( x:   in std_logic;            -- FSM input
               z:   out std_logic;           -- FSM output
               clk: in std_logic );          -- clock
end Mealy;
architecture behave of Mealy is
    type states is (A,B)                     -- symbolic state names (enumerate)
    signal state: states;                    -- state variable
begin
    -- Output function (combinational logic)
    z <= '1' when ((state = B) and (x = '1'))  -- all conditions for z=1
         else '0';                             -- otherwise z=0
    process (clk) -- trigger state change on clock transition
    begin
        if rising_edge(clk) then             -- change state on rising clock edge
            case state is                    -- change state according to x
                when A => if (x = '0') then  -- Transitions from state A
                    state <= B;              -- From A to B if x=0
                else                         -- if (x = '1')
                    state <= A;              -- Stay in A if x=1
                end if;
                when B => if (x='0') then    -- Transitions from state B
                    state <= B;              -- Stay in B if x=0
                else                         -- if (x = '1')
                    state <= A;              -- From B to A if x=1
                end if;
            end case;
        end if;
    end process;
end;
```

图 B.37　图 B.36(a)的米利型状态图的行为模型

假定两种 FSM 具有相同的状态和状态转换，则图 B.36(b)的摩尔型状态图的行为模型几乎与图 B.37 中的行为模型相同。唯一的区别是产生输出 z 的条件信号赋值语句。在摩尔型的情况下，z 仅由状态决定的。

```
-- Output function (combinational logic)
z <= '0' when (state = A)                    -- z=0 in state A
     else '1';                               -- z=1 in state B
```

B.6.6　寄存器传输级(RTL)设计

在数字系统设计中(在深入介绍位、门和触发器之前)，以寄存器传输级(RTL)查看系统非常有用。RTL 设计和建模将系统视为一种结构，该结构包括保存数据的寄存器、对数据进行操作的功能模块及将寄存器之间的数据流与由寄存器之间的组合逻辑操作的数据进行协调的控制器。考虑图 B.38 中的 RTL 系统图，它包括两个寄存器、一个加法器和一个控制器。该系统的 RTL 结构模型可以简单地仅包含 4 个组件实例化，如图 B.39 所示。在此模型中，假定当前工作库中存在一个包"组件"，其中包含两个寄存器、加法器和控制器的声明。

RTL 的一个更抽象的视图将使用信号赋值语句来对通过系统的数据流进行建模，并使用将在以后要设计或综合的组件。为此，我们需要对向量执行操作，而不是对单个位执行操作。IEEE std_logic_1164 包[4]定义了标准逻辑运算符(and、or、nand、nor、xor、xnor、not)和移位运算符(sll，srl，sla，sra，rol，ror)。

向量之间的标准算术运算在 IEEE numeric_std 包中定义[5]。该程序包定义了两种新类型：SIGNED 和 UNSIGNED，它们只是 STD_LOGIC_VECTOR 数据，分别解释为有符号的数字(补码系统)和无符号的数字。然后，包为这些类型的操作数及这些类型与 INTEGER 和 NATURAL 类型的组合数据定义算术运算符。例如，为以下数据类型组合定义加法运算符。

```
SIGNED = SIGNED + SIGNED
SIGNED = SIGNED + INTEGER
SIGNED = INTEGER + SIGNED
UNSIGNED = UNSIGNED + UNSIGNED
UNSIGNED = UNSIGNED + NATURAL
UNSIGNED = NATURAL + UNSIGNED
```

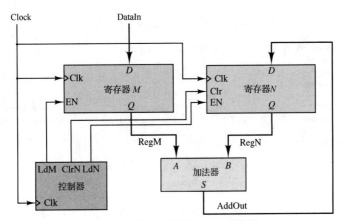

图 B.38　数字系统的 RTL 系统图

```
library ieee;
use ieee.std_logic_1164.all;
use work.components.all;                        -- declarations of register,
                                                -- adder, and controller modules
entity System is
    port ( DataIn: in std_logic_vector (31 downto 0);
           Clock: in std_logic);
end System;
architecture RTL of System is
    signal LdM, LdN, ClrN: std_logic;           -- control signals
    signal RegN, RegM, AddOut: std_logic_vector (31 downto 0);  -- data paths
begin                                           -- Instantiate the four components
    RM:  Register   port map (D=>DataIn, Q=>RegM, EN=>LdM, Clk=>Clock);
    RN:  Register   port map (D=>AddOut, Q=>RegN, EN=>LdN, Clr=>ClrN, Clk=>Clock);
    AD:  Adder      port map (A=>RegM, B=>RegN, S=>AddOut);
    CL:  Controller port map (Clk=>Clock, LdM=>LdM, LdN=>LdN, ClrN=>ClrN);
end;
```

图 B.39　图 B.38 中 RTL 系统图的结构视图

　　其他算术运算符(+，−，*，/，%)和关系运算符(=，/=，<，<=，>，>=)也同样定义。因此，当 VHDL 编译器在语句中遇到这些运算符之一时，它将验证操作数类型是否与为其定义运算符的组合之一相匹配。图 B.40 显示了一个 32 位加法器的 RTL 模型的示例，其输入和输出是 32 位 UNSIGNED 向量。注意，该架构仅包含信号赋值语句"S <= A + B;"，因为"+"运算符是为 UNSIGNED 类型定义的。

　　如果设计中的信号类型为 STD_LOGIC_VECTOR，则可以将它们重新转换为 SIGNED 或 UNSIGNED 类型，因为这些类型密切相关，即它们都是 STD_LOGIC 元素的向量。图 B.41 显示了一个 32 位加法器的 RTL 模型，其输入和输出均为 STD_LOGIC_VECTOR 类型。在此示例中，我们看到通过指定 SIGNED(A)+ SIGNED(B)将输入 A 和 B 分别重新转换为 SIGNED 类型。两个 SIGNED 类型的数据相加的结果也是 SIGNED 类型的，因此必须将总和重新转换为 STD_LOGIC_VECTOR 类型，这是输出 S 的数据类型。

```
-- RTL adder with UNSIGNED inputs/output
library IEEE;
use IEEE.NUMERIC_STD.all;
entity adder is
  port (A, B: in UNSIGNED (31 downto 0);          -- 32-bit unsigned data inputs
        S: out UNSIGNED (31 downto 0));           -- 32-bit unsigned data outputs
end adder;
architecture rtl of adder is
begin
    S <= A + B;                                   -- sum of two signed numbers
  end;
```

图 B.40   32 位加法器的 RTL 模型

```
-- RTL adder with STD_LOGIC_VECTOR inputs/output
library ieee;
use ieee.std_logic_1164.all;
use ieee.numeric_std.all;
entity adder2 is
  port (A, B: in STD_LOGIC_VECTOR (31 downto 0);   -- 32-bit input data
        S: out STD_LOGIC_VECTOR (31 downto 0));    -- 32-bit output data
end adder2;
architecture rtl of adder2 is     Recast STD_LOGIC_VECTOR as SIGNED
begin
    S <= STD_LOGIC_VECTOR(SIGNED(A) + SIGNED(B));
                          Recast SIGNED result as STD_LOGIC_VECTOR
  end;
```

图 B.41   具有 STD_LOGIC_VECTOR 输入/输出的 RTL 加法器

图 B.42 中的示例对具有异步清零和并行输入的 16 位递增/递减计数器进行建模。在此模型中，信号 CntReg 是计数器的内部状态，并声明为 UNSIGNED 类型，因此我们可以使用算术运算符进行递增/递减。对于并行加载，请注意必须将输入数据重新转换为 UNSIGNED 类型，以将其分配给 CntReg，然后必须将 CntReg 重新转换为 STD_LOGIC_VECTOR 类型以将其分配给 Dout。

```
-- Parallel-load up/down counter with asynchronous clear
library ieee;
use ieee.std_logic_1164.all;
use ieee.numeric_std.all;
entity counter is
  port (Din: in STD_LOGIC_VECTOR (7 downto 0);     -- parallel inputs
        Dout: out STD_LOGIC_VECTOR (7 downto 0);   -- parallel outputs
        LD_CNT: in STD_LOGIC;                      -- 1 to load Din, 0 for count mode
        UP_DN: in STD_LOGIC;                       -- 1 for count up, 0 for count down
        CLR: in STD_LOGIC;                         -- active-high asynchronous clear
        CLK: in STD_LOGIC );                       -- clock input
end counter;
architecture rtl of counter is
  signal CntReg: SIGNED (7 downto 0);              -- internal state of the counter
begin
  process (CLK, CLR)                               -- trigger on CLK or async. CLR
  begin
    if (CLR = '1') then
        CntReg <= "00000000";                      -- clear register if CLR active
    elsif rising_edge(CLK) then                    -- otherwise synchronous operation
      if LD_CNT = '1' then
        CntReg <= SIGNED(Din);                     -- load parallel inputs
      elsif UP_DN = '1' then
        CntReg <= CntReg + 1;                      -- count up
      else
        CntReg <= CntReg - 1;                      -- count down
      end if;
    end if;
  end process;

  Dout <= STD_LOGIC_VECTOR(CntReg);                -- assign internal state to output
end;
```

图 B.42   具有异步清零和并行输入的 RTL 递增/递减计数器

图 B.40、图 B.41 和图 B.42 中的示例全部使用单个向量来对每个寄存器的状态进行建模，并将 numeric_std 包中的算术运算符应用于这些向量，从而使我们能够在 RTL 级别而不是位级别对系统进行建模。

B.7　子程序、包和库

B.7.1　函数和过程

与其他编程语言一样，VHDL 的过程和函数是子程序，可以使用顺序语句执行操作或建模行为，就像在进程中所做的那样。函数和过程可以在架构的声明部分中定义，也可以通过库中提供的已编译包将其包含在模型中。

过程是在调用时执行一系列语句的子程序。过程定义的基本格式如下：

```
procedure  proc_name (...parameter list...) is
... local variable declarations...
begin
... sequence of statements...
end proc_name;
```

可以向过程传递要在哪些语句中使用的参数，包括要由该过程驱动的信号。参数的定义方式类似于信号和端口声明，包括标识符和类型。与实体的端口列表一样，参数定义可以选择包含模式（**in**、**out**、**inout**）声明。过程的主体可以使用我们先前定义的用于过程中的任何顺序语句。

在架构中，过程调用是调用过程的并发语句，根据需要传递参数。它具有与"进程"构造相同的功能，并且具有与"进程"构造相同的形式，其中参数列表中的任何信号均形成敏感度列表。例如，下面是一个调用过程 ReadMemory 的并发语句，该过程是在架构或被包含的包中定义的。

```
ReadMemory (DataIn, DataOut, RW, Clk);
```

图 B.43 中的模型是一个 3 位寄存器和一个通过过程调用实现的时钟发生器。寄存器的每个触发器都是通过调用 dff 过程来创建的，该过程对 D 触发器的行为进行建模。它的参数列表包括指定为模式输入的 D 和 C 输入信号，以及指定为模式输出的 Q 输出信号，这意味着 Q 将是该过程的输出（由该过程驱动）。时钟发生器由过程 clockgen 建模，具有两个参数：所需的时钟周期（它是时间类型的常量）和被驱动的信号，该信号被定义为 bit 类型并具有模式输出。此过程仅每半个周期更改一次信号 Clock 的值。

在寄存器架构的主体内，调用 clockgen 过程来生成时钟信号，以控制构成寄存器的 3 个触发器，触发器由 3 个 dff 过程调用实现。使用过程调用定义 dff 行为通常比使用 3 个单独的流程构造指定行为更有效。

函数是一个子程序，该子程序执行使用顺序语句建模的操作并返回单个值。与过程不同，函数主要用于表达式中。图 B.44 显示了一个函数 bv2nat 的示例，该函数将任意大小的 bit_vector 转换为自然数。该函数在架构的声明部分中定义，传递的参数类型为 bit_vector，返回值 N 为自然数类型。在函数内，通过对 B 中所有 1 位的权重求和来执行转换。

该函数调用在图 B.44 的架构中进行了说明，该架构使用 bit_vector 参数 BV 调用该函数，并将返回的结果分配给自然数参数 NN。

```
-- 3-bit register created from a clock generator and dff procedures
entity Register is
   port( din: in bit_vector(2 downto 0);              -- test inputs
         dout: out bit_vector (2 downto 0));          -- test outputs
end Register;
architecture behave of Register is
   -- Procedure to generate a clock signal with the provided period
   procedure clockgen (constant Period: time;  signal Clock: out bit) is
   begin                   -- clock period           -- signal to drive
       while TRUE loop                               -- Repeat forever
           Clock <= '0'; wait for Period/2;          -- Clock low for half period
           Clock <= '1'; wait for Period/2;          -- Clock high for half period
       end loop;
   end procedure;

   -- Procedure to model flip-flop behavior
   procedure dff (signal D: in bit; signal Q: out bit;  signal C: in bit ) is
                   -- D input         -- Q output          -- Clock input
   begin
       if C'event and C = '1' then       -- rising-edge triggered
             Q <= D;                       -- capture D input as new value of Q
       end if;
   end procedure;

   signal clk: bit;                     -- clock signal
   constant period: time := 10 ns;      -- period for this test
begin
   clockgen (period, clk);              -- call clockgen procedure
   dff(din(0), dout(0), clk);           -- call dff procedure for flip-flop 0 of the register
   dff(din(1), dout(1), clk);           -- call dff procedure for flip-flop 1 of the register
   dff(din(2), dout(2), clk);           -- call dff procedure for flip-flop 2 of the register
end;
```

图 B.43   使用时钟发生器和 D 触发器程序建模的寄存器

```
-- Example of a function definition and function call
entity functiontest is
   port (BV: in bit_vector (7 downto 0);              -- vector to be converted to N
         NN: out natural);                            -- natural number represented by BV
end functiontest;
architecture test of functiontest is

   -- Convert bit_vector to natural (unsigned) number
   function bv2nat (B: bit_vector) return Natural is
      variable N: Natural := 0;
   begin
      for i in B'Right to B'Left loop              -- From least to most significant bit of B
          if B(i) = '1' then
                N:= N + (2**i);                    -- Add weight of ith bit
             end if;
      end loop;
      return N;                                    -- return the result
   end function;

begin
   NN  <= bv2nat (BV);                             -- convert bit_vector BV to natural number NN
end;
```

图 B.44   将 bit_vector 类型的数转换为自然数的函数

B.7.2 包和库

VHDL 包(package)包含常量定义、类型定义和/或要在一个或多个设计单元中使用的子程序。每个包都包括一个"声明部分",在其中声明了可用的(即可导出的)常量、类型和子程序;以及一个"包主体",在其中定义了子程序实现及任何内部使用的常量和类型。如果声明部分不包含子程序,则不需要包主体。声明部分代表该包的用户"可见"的包部分。用户对包中子例程的实际实现过程通常不感兴趣。

包声明的定义如下：

```
package package_name is
   ... exported constant declarations
   ... exported type declarations
   ... exported subprogram declarations
end package_name;
```

包声明的示例如图 B.45 所示。这个包(MyPkg)定义了一个常量 maxint；一个数据类型 arith_mode_type；一个函数 minimum，该函数带有两个参数并返回一个整数。

```
-- Example package declaration
package MyPkg is
    constant maxint: integer := 16#ffff#;
    type arith_mode_type is (signed, unsigned);
    function minimum(constant a,b: in integer) return integer;
end MyPkg;
```

图 B.45　包声明的示例

如果包声明部分包含一个或多个子例程，则必须使用以下格式在包主体中定义它们。

```
package body package_name is
 ... exported subprogram bodies
 ... other internally used declarations
end package_name;
```

图 B.46 显示了一个包主体，该主体定义了图 B.45 的 MyPkg 包声明中列出的函数最小值。

```
package body MyPkg is
    function minimum (constant a,b: integer) return integer is
        variable c: integer;                    -- local variable for min value
        begin
            if a < b then                       -- compare a and b
                c := a;                         -- a is min
            else
                c := b;                         -- b is min
            end if;
            return c;                           -- return min value
        end;
end MyPkg;
```

图 B.46　图 B.45 中定义的 MyPkg 包的包主体

通过使用以下格式在设计单元之前放置 **use** 语句，可以使包中的所有物品对设计单元“可见”：

```
use library_name.package_name.all;
```

use 语句可以在要使用包中项目的任何实体或架构的声明之前。如果 **use** 语句在实体声明之前，则该包对于架构也是可见的。

每个用户开发的包都必须先编译到一个库中，然后才能使用。为了使设计单元可以看到当前工作库中的包，可以在 **use** 语句中省略库名。

```
use package_name.all;
```

“std”和“work”这两个库(当前的工作库)是默认库，在编译模型时 VHDL 编译器会自动看到它们。如果要访问任何其他库，都需要一个 **library** 语句，以告诉 VHDL 编译器在何处查找 **use** 语句中命名的包。例如，本附录中的几个示例都需要 IEEE 库中的包。下面的语句告诉编译器，它必须访问 IEEE 库来定位指定的包并使它们对设计单元可见。

```
library IEEE;                    -- make IEEE library visible
use IEEE.STD_LOGIC_1164.all;     -- make all items in IEEE pkg STD_LOGIC_1164  visible
use IEEE.NUMERIC_STD.all;        -- make all items in IEEE pkg NUMERIC_STD visible
```

典型的 VHDL 编译器安装过程会维护一个配置文件,该文件包含所有已安装库的路径。编译器可以访问此文件,以找到两个默认库及 **library** 语句中指定的任何库。

B.8 测试平台

如果要验证 VHDL 模型,则需要对模型进行仿真,并对其输入和输出应用测试模式(激励),以检查其正确性。自动生成测试模式和验证输出的常用技术是使用"测试平台"(test bench),它是一个由 3 个要素组成的 VHDL 模型。首先,声明要测试的组件,在测试平台的架构中实例化该组件,并将其连接到在架构内声明的信号。该组件通常称为被测单元(UUT)。其次,使用过程中的顺序语句生成测试模式序列并将其应用于 UUT 输入。模式可以通过某种算法生成,也可以从预定义模式的数组或文件中访问。最后,检查 UUT 输出,并在模式生成过程中使用 **assert** 语句报告错误。这些测试平台元素在图 B.47 中进行了说明,其中展示了一个 8 位加法器组件的测试平台。

```
-- 8 bit adder testbench
library ieee;
use ieee.std_logic_1164.all;
use ieee.numeric_std.all;
entity adder_bench is                               -- no top-level I/O ports
end    adder_bench;
architecture test of adder_bench is
      component adder is                            -- declare the adder component
          port ( X,Y: in std_logic_vector(7 downto 0);
                 Z: out std_logic_vector(7 downto 0));
      end component;
      signal A,B,Sum: std_logic_vector(7 downto 0); -- internal signals
begin

   UUT:    adder port map (A,B,Sum);                -- instantiate the adder component

   -- Generate test values for 8-bit adder inputs A & B
   process
   begin
     for m in range 0 to 255  loop                  -- 256 addend values
       A <= std_logic_vector (to_UNSIGNED(m,8));    -- apply m to adder input  A
       for n in range 0 to 255 loop                 -- 256 augend values
         B <= std_logic_vector (to_UNSIGNED(n,8));  -- apply n to adder input B
         wait for   100 ns;                         -- allow time for addition
         assert (to_integer (UNSIGNED(Sum)) = (m + n)) -- check for expected sum
            report "Incorrect sum"                  -- print message if incorrect
            severity NOTE;                           -- continue simulating if
       end loop;                                    -- "n loop";
     end loop;                                      -- "m loop"
   end process;
end;
```

图 B.47 验证 8 位加法器组件的测试平台

从图中可以看出,测试平台实体通常不包含任何端口列表,并且在架构内定义了所有的信号。声明要测试的加法器组件,然后在架构中实例化,其输入 X、输入 Y 和输出 Z 分别连接到信号 A、B 和 Sum。然后,该过程将生成与所有可能的加法器输入值(对于 8 位输入有 256 个值)相对应的测试模式,并将其应用于加法器输入。此示例中,在嵌套的 **for-loop** 中生成模式,并将循环变量 m 和 n 转换为它们的 std_logic_vector 类型的等效项,并将其应用于信号 A 和 B 以激励加法器。以这种方式,针对加法器输入 X 的每个值测试加法器输入 Y 的所有值。在对加法器输入施加激励后,**wait** 语句将过程暂停 100 ns,以允许加法器有足够的时间产生和。当该过程恢复时,**assert** 语句检查加法器的输出,然后仿真移至下一个模式。

如图 B.47 所示,**assert** 语句包括 3 个部分:

```
assert [condition]
   report "message"
   severity [level] (one of NOTE, WARNING, ERROR, FAILURE)
```

第一部分 **asserts** 的某些条件应该成立。如果该条件不成立，则第二部分指定要打印到仿真器控制台窗口的消息，而第三部分指定严重性级别，该严重性级别确定检测到此条件后仿真应该继续还是中止。图 B.47 中的 **assert** 语句：

```
assert (to_integer (UNSIGNED(Sum)) = (m + n)
    report "Incorrect sum"
    severity NOTE;
```

验证加法器的 Sum 输出确实等于所施加的输入之和(m + n)。如果不是这种情况，则会显示消息 "Incorrect sum"（不正确的和），并打印为严重性级别 **NOTE**，从而可以继续进行仿真。有四种可能的严重性级别：**NOTE**，**WARNING**，**ERROR**，**FAILURE**。**NOTE** 和 **WARNING** 级别在打印的消息中指示了这些条件，但允许仿真继续进行。打印错误消息后，**ERROR** 和 **FAILURE** 级别中止仿真。由于图 B.47 的测试平台正在测试组合逻辑，一对数字之和的错误并不意味着其他数字也是错误的，因此允许简单地记录错误并继续进行仿真。但是，如果测试的组件是有限状态机，那么如果输入了错误状态，则后续状态也可能是错误的。因此，将无法继续仿真，而应当是严重性级别 **ERROR** 或 **FAILURE**。

前面的示例测试了组合逻辑电路。同步时序逻辑电路需要施加时钟，然后在状态转换后测试电路输出。图 B.48 给出了带有异步复位的 8 位二进制计数器的部分测试平台架构。在这种架构中，时钟由以下语句生成：

```
Clk <= not Clk after 5 ns;
```

这将产生周期为 10 ns 的时钟信号 Clk，并在 5 ns、15 ns、25 ns 等时刻产生上升沿。激励过程首先在复位信号 Rst 上产生一个 8 ns 脉冲并等待 10 ns 再开始，然后再验证计数器输出确实为 0。然后执行 256 次循环，每次等待 10 ns。在该时间间隔内，Clk 的边沿将在 5 ns 后出现，以使计数器递增，并在此后 5 ns 内使计数器输出保持稳定。然后，**assert** 语句通过比较 Cnt 与过程变量 N 来验证计数器是否已正确递增，过程变量 N 通过循环每次都会递增。请注意，这两个 **assert** 语句指定严重性级别 **ERROR**，因为任何时候的错误状态都可能导致在每个连续的时钟周期中出现不正确的状态。

```
architecture test of Counter_bench is
    component Counter
        port (Clock, Reset: in std_logic;
              Count: out std_logic_vector (7 downto 0) );
    end component;
    signal Clk: std_logic := '0';
    signal Rst: std_logic;
    signal Cnt: std_logic_vector (7 downto 0);
begin

    UUT: Counter port map (Clk, Rst, Cnt);        -- instantiate Counter

    Clk <= not Clk after 5 ns;                    -- Clock with rising edges at times 5, 15, 25,...

    process
        variable N: std_logic_vector (7 downto 0) := "00000000";
    begin
        Rst <= '0';                               -- initialize reset signal
        wait for 2 ns;                            -- wait 2 ns
        Rst <= '1';                               -- activate reset
        wait for 8 ns;                            -- wait 8 ns for counter to reset
        assert Cnt = N                            -- Cnt should reset to 0
            report "Counter did not reset" severity ERROR;
        Rst <= '0';                               -- deactivate reset to enable counting
        for i in 0 to 255 loop
            N := std_logic_vector(unsigned(N) + 1);  -- next expected Cnt value
            wait for 10 ns;                       -- allow 5 ns for clock transition and 5 ns for result
            assert Cnt = N                        -- count should have incremented to value of N
                report "Incorrect count" severity ERROR;
        end loop;
    end process;
end;
```

图 B.48　二进制计数器的测试平台架构

B.9　特性和关键字总结

类别	特性/关键字	描述	示例
通用	--注释	单行注释语句	--This is a comment.
	标识符	字母，数字，下画线 (不区分大小写，以字母开头)	ALU2_out
设计单元	**entity**<标识符> **is** 　**port**（<端口列表>）； 　**generic**（<通用列表>）； **end** <标识符>；	设计单元与环境之间的接口	**entity** reg **is** 　**port**(a:**in** bit; z:**out** bit); 　**generic**(N:integer: = 0); **end** reg;
	端口声明： 端口 id：模式类型；	设计单元的输入/输出信号 模式是 **in**、**out**、**inout** 之一	**port**　(a: **in** bit; 　　　　b: **out** bit; 　　　　c: **inout** st_logic);
	通用声明： 通用 id：类型:= 默认	设计单元中使用的通用参数 默认值是可选的	**generic** (N: integer: = 8; 　　　　Td: time: = 5 ns);

	architecture
	　<声明>
	begin
	　<并发语句>
	end
		设计单元的行为/结构，用并发语句建模	**architecture**
			　signal n: bit;
			begin
			　z <= a and n;
			end;

内置数据类型	**bit**	值为 '1' '0' 之一	A<= '1';
	bit_vector	位值数组	BV <= "10110111"; BV<= X"B7";
	boolean	值为 TRUE/FALSE 之一	TF <= TRUE;
	integer **natural**	有符号的数字-**N**...+**N** 无符号数字 0...**N**	Num <= 5;
	real	实数	Num<= 5.13;
	time	带单位的时间值	T <= 5 ns;
IEEE 数据类型	**std_logic**	'U'，'X'，'0'，'1'，'Z'，'H'，'L'， 'W'，'-'之一	**A** <= 'Z';
	std_logic_vector	**std_logic** 值的数组	**BV** <= "ZZ1010"
信号	信号声明： signal <标识符>：类型；	具有值和时间的设计对象	**signal** a: bit;
并发语句	信号赋值	信号 <= 表达式[after time]；	g<= (a and b)or (c and d);
	条件信号赋值	信号 <= 值 1 **when** 布尔表达式 1 **else** 　　　值 2 **when** 布尔表达式 2 **else** 　　　... 　　　**else** 默认值；	g = '0' **when** a = '1' **else** '1' **when** a = '0' **else** 'X';
	选择信号赋值	**with** <标识符> **select** 信号 <= 值 1 **when** 选项 1， 　　　值 2 **when** 选项 2， 　　　... 值 N **when** others；	**with** Sel **select** Y 6 = In0 **when** '0', In1 **when** '1', 'X' **when** others;
	过程	触发时执行顺序语句	参见下面的过程定义
	过程调用	执行顺序语句的子程序	参见下面的程序定义

类别	特性/关键字	描述	示例
内置运算符	and, or, nand, nor, xor, xnor, not	bit, bit_vector, std_logic, std_logic_vector 类型的逻辑运算符	(a and b) or (not c xor d)
	sll, srl, sla, sra, rol, ror	逻辑右移/左移, 算术右/左移, 左/右旋转	"1011011" sll 2 = "11001100"
	&	连接相同的基本类型的标量/向量对象	"1100" & '1' = "11101"
	= , /= , <, <= , >, >=	关系运算符(结果为 TRUE/FALSE)	A <= B when (C <= D);
	+, −, *, /, mod, abs, **	算术运算符	A <= (B + 5)* (C − D);

进程	`process`(敏感度列表)
	　`<声明>`
	`begin`
	　`<顺序语句>`
	`end process;`
		当敏感度列表中的信号发生事件时,将执行顺序语句进行硬件元件建模	`process` (Clk)
			`begin`
			　`if rising_edge(Clk) then`
			　　Q <= D;
			　`end if;`
			`end process;`

顺序语句	`if`(条件 1)`then`
	　`<语句>`
	`elsif` (条件 2)`then`
	　`<语句>`
	...
	`else`
	　`<语句>`
	`end if;`
		有条件地执行一个或多个语句	`if` (A = '1')`then`
			　b <= c and d;
			`elsif` (A = '0')`then`
			　b <= c or d;
			`else`
			　b <= c xor d;
			`end if;`

	`case`(表达式)`is`
	`when`<值 1>
	　`<语句>`
	`when`<值 2>
	　`<语句>`
	...
	`when others =>`
	　`<语句>`
	`end case;`
		由表达式的值选择一个或多个语句执行	`case` (Opcode)`is`
			　`when` "00" => a <= b and c;
			　`when` "01" => a <= b or c;
			　`when` "10" => a <= b xor c;
			　`when` "11" => a <= not b;
			`end case;`

	`for` <标识符> `in` <范围> `loop`
	　`<语句>`
	`end loop;`
		每次循环对范围内的每个值执行一个或多个语句	`for` k `in` 0 to 5 `loop`
			　b(i) <= c(i);
			`end loop;`

	`while`(条件)`loop`
	　`<语句>`
	`end loop;`
		只要条件为 TRUE, 就执行一个或多个语句的循环	`while` (N < 5)`loop`
			　N: = N − 1;
			`end loop;`

	`wait for`<时间>; `wait until`<条件>; `wait on`<信号事件>;	在指定的时间内暂停进程,直到满足某些条件或直到一个或多个信号发生事件时为止	`wait for` 10 ns; `wait until` Clk = '1'; `wait on` Clk, Clear;
	Sig <= 表达式;	顺序信号赋值	Q <= D `after` 1 ns;
	Var: = 表达式;	变量赋值, 变量在进程或子程序中声明	variable A: bit; A := b or c;

子程序	`function` <标识符> (参数)
	　`return`<值>`is`
	　`<声明>`
	`begin`
	　`<顺序语句>`
	　`return`<值>;
	`end;`
		函数使用传递的参数执行顺序语句并返回一个值	`function` nota (a: bit)`return`
			bit `is`
			　`variable` v: bit;
			`begin`
			　v := not a;
			　`return` V;
			`end;`

续表

类别	特性/关键字	描述	示例
子程序	函数调用	在表达式中调用函数	`A <= nota (B);`

	procedure<标识符>(参数)
	is
	<声明>
	begin
	<顺序语句>
	end;
		过程使用传递的参数执行顺序语句。参数可以包含模式(**in**、**out**、**inout**)	`procedure clk (signal C:`
			`out bit)is`
			`begin`
			`  while (TRUE)loop`
			`  C <= '0'; wait for 10 ns;`
			`  C <= '1'; wait for 10 ns;`
			`  end loop;`
			`end;`

	过程调用	过程被称为并发语句	`clk (MyClock);`

包	**package**<标识符> **is**
	<常量定义>
	<类型定义>
	<子程序.声明>
	end<标识符>;
		包声明部分包含常量、类型定义和函数声明。包通过库和 **use** 语句在设计单元中使用	`package MyPkg is`
			`  type val3 is ('X', '0', '1');`
			`  constant valX: val3 := 'X';`
			`  function nota(a:bit)`
			`  return bit;`
			`end MyPkg;`

	package body <标识符> **is**
	<子程序.声明>
	end<标识符>;
		包主体定义了在包声明中声明的所有子程序	`package body MyPkg is`
			`–从上面插入 nota 函数`
			`end MyPkg;`

库	**library**<库>;	声明要访问的库	`library ieee;`

	use<库>.<包>.all;	使用库中包的所有元素(如果是 work 或 std，可省略库)	`use`
			`ieee.std_logic_1164.all;`
			`use mypackage.all;`

参考文献

1. *IEEE Standard VHDL Language Reference Manual, IEEE Std 1076–1987*, The Institute of Electronic Electrical and Electronics Engineers, Inc., March 31, 1988.
2. *IEEE Standard VHDL Language Reference Manual, IEEE Std 1076–1993*, The Institute of Electronic Electrical and Electronics Engineers, Inc., June 6, 1994.
3. *IEEE Standard VHDL Language Reference Manual, IEEE Std 1076–2008*, The Institute of Electronic Electrical and Electronics Engineers, Inc., January 26, 2009.
4. *IEEE Standard Multivalue Logic System for VHDL Interoperability, IEEE Std 1164–1993*, The Institute of Electronic Electrical and Electronics Engineers, Inc., May 26, 1993.
5. *IEEE Standard for VHDL Register Transfer Level (RTL) Synthesis, IEEE 1076.3–1099*, The Institute of Electronic Electrical and Electronics Engineers, Inc., September 16, 1999.
6. C. H. Roth, Jr. and L. K. John, *Digital Systems Design Using VHDL, 3rd Ed.*, Cengage Learning, 2018.
7. S. Brown and Z. Vranesic, *Fundamentals of Digital Logic with VHDL Design, 3rd Ed.*, McGraw-Hill Higher Education, 2009.
8. S. Yalamanchili, *Introductory VHDL: From Simulation to Synthesis*, Prentice-Hall, Inc., 2001.